Kinetik der Tragwerke

Kinetik der Tragwerke

Baudynamik

von
Univ.-Prof. Dr.-Ing. Richard Uhrig,
Universität der Bundeswehr,
München

B·I·

Wissenschaftsverlag

Mannheim/Leipzig/Wien/Zürich

Die Deutsche Bibliothek – CIP-Einheitsaufnahme

Uhrig, Richard:
Kinetik der Tragwerke: Baudynamik / Richard Uhrig. –
Mannheim; Leipzig; Wien; Zürich: BI-Wiss.-Verl., 1992

Gedruckt auf säurefreiem Papier
mit neutralem pH-Wert (bibliotheksfest)

ISBN-13: 978-3-642-95821-2   e-ISBN-13: 978-3-642-95820-5
DOI: 10.1007/978-3-642-95820-5

Vorwort

Der Titel des Buches bedarf der Erklärung: Mit der Wahl dieses Titels folgt der Verfasser der in den sechziger Jahren im deutschen Sprachraum hauptsächlich von Instituten der Mechanik unterstützten Wortwahl, zeitlich veränderliche Vorgänge mit dem Wort $\kappa\iota\nu\eta\sigma\iota\varsigma$ ($\hat{=}$ Bewegung) zu belegen und das Wort $\delta\acute{\upsilon}\nu\alpha\mu\iota\varsigma$ ($\hat{=}$ Kraft) nur in seiner ursprünglichen Bedeutung für die Kraft zu verwenden. Der Verfasser ist sich bewußt, daß dieses Vorhaben von der internationalen Literatur auf dem Gebiet der Strukturberechnung wenig gefördert wird. Dort wird das Wort Dynamik häufig in der Bedeutung von "Bewegung" gebraucht. Dennoch meint der Verfasser, an den "alten" Traditionen festhalten zu sollen, und hat daher dem Titel Kinetik der Tragwerke gegenüber einem Titel Baudynamik den Vorzug gegeben. Als Zugeständnis an die "moderneren" Arbeiten hat er das Wort Baudynamik in den Buchuntertitel aufgenommen.

Das vorliegende Buch ist aus der gleichnamigen Vorlesung für Studenten des Bauingenieurwesens an der Universität der Bundeswehr München hervorgegangen. Es hat das Ziel, den Studenten des Bauingenieurwesens und den in der Baupraxis tätigen Entwurfsingenieur mit den Phänomenen der Tragwerkskinetik und den Methoden zu ihrer Analyse vertraut zu machen.

Einen Überblick über die kinetischen Phänomene im Bauwesen will Kap. 1 liefern. Für eine erfolgreiche Analyse derartiger Phänomene bilden die Grundlagen der Mechanik fester Körper (Kap. 2) die erforderliche Basis. Nur wer mit den Grundlagen vertraut ist, wird auch kompliziertere Aufgaben der Tragwerkskinetik erfolgreich lösen können. Den wohl wichtigsten Schritt bei der Analyse einer Schwingungserscheinung setzt der Entwurfsingenieur mit der Wahl des berechenbaren Ersatzmodells. Dieser Schritt, der auch heute noch durch keine Computersoftware unterstützt wird, entscheidet über Erfolg oder Mißerfolg einer Analyse. Wegen der Bedeutung dieses Schrittes wird der Wahl des berechenbaren Ersatzmodells breiter Raum gegeben (Kap. 3). Die Kap. 4 bis 9 widmen sich den Methoden zur Analyse des kinetischen Verhaltens von Tragwerken, die aus trägheitslosen Rückstellgliedern und punktförmigen, trägen Körpern aufgebaut sind. Lehrbuchartig wird vom Einfachen zum Komplizierten gegangen; d.h., es werden die Methoden zunächst am Beispiel des Schwingers mit einem Freiheitsgrad, danach am etwas schwieriger zu überblickenden Schwinger mit zwei Freiheitsgraden und schließlich am Schwinger mit beliebig vielen (n) Freiheitsgraden vorgestellt. Eine Vielzahl ausführlich durchgerechneter Zahlenbeispiele zeigt die Anwendung der Methoden zur Lösung von Aufgaben der Praxis.

Kap. 8 geht auf die mathematischen Methoden zur Lösung der Bewegungsgleichungen ein. Kap. 9 behandelt "besondere Fragestellungen": den Nachweis der
Standsicherheit von Tragwerken in erdbebengefährdeten Gebieten und den
Nachweis der Tragsicherheit eines Tragwerkes, das unter einer Explosionsbela-
stung steht. Die Kap. 10 bis 12 behandeln Schwinger mit kontinuierlich
verteilter Trägheit und Nachgiebigkeit. Es werden die Gleichungsaufstellung
und die Lösung anhand mehrerer ausführlich durchgerechneter Zahlenbeispiele
gezeigt. Diagramme geben dem Entwurfsingenieur ein Mittel für die rasche
Abschätzung des kinetischen Verhaltens von Stab-, Balken- und Flächenschwin-
gern in die Hand. Kap. 12 gibt einen Überblick über die Berechnung des
kinetischen Verhaltens eines Brückentragwerkes, das durch rasche Fahrzeugbewegungen zu Schwingungen angeregt wird, und schildert kinetische Phänomene an Tragwerken, die unter Windeinwirkungen zu Schwingungen angeregt
werden. Kap. 13 führt in das kinetische Verhalten von Schwingern mit
nichtlinearer Federkennlinie und die zugehörigen charakteristischen Besonderheiten nichtlinearer Schwinger ein. Ein Verzeichnis weiterführender Literatur,
geordnet nach den einzelnen Themenkreisen, und ein Index schließen das
Buch ab.

Das Buch geht auf einige Gebiete der Kinetik der Tragwerke nicht ein. Dazu
gehören die im Bauwesen wichtigen Methoden der wahrscheinlichkeitstheoreti-
schen Betrachtung zeitlich regelloser Vorgänge, das Gebiet der Schwingungserscheinungen im Baugrund und in Fluiden und die mögliche Wechselwirkung
zwischen diesen Medien und den Tragstrukturen. Auch das Gebiet der Chaos-
Theorie, das wegen des Baus von immer schlankeren und leichteren Tragwerken im Bauwesen an Bedeutung gewinnt, wurde aus Gründen der Stoffbe-
schränkung nicht in das Buch aufgenommen.

Das Schreiben eines Buches setzt heute einen Schreibcomputer mit exzellenter
Software und, was entscheidend hinzukommt, einen Bediener oder eine Sekretärin voraus, der/die den Computer und die Software-Möglichkeiten sicher
beherrscht. Die Aufgabe, den Schriftsatz mit seinen umfangreichen und komplizierten mathematischen Formeln zu erstellen, hat meine Sekretärin, Frau
Christa Meier, im vergangenen Jahr mit hohem persönlichen Engagement,
mit großer Sorgfalt und mit unendlicher Geduld für die immer neuen Wün-
sche des Verfassers gelöst. Ihr gehört der ganz besondere Dank des Verfassers.

Dank gilt auch meinen Mitarbeitern, die dazu beigetragen haben, daß dieses
Buch entstehen konnte. Eingeschlossen in den Dank sind auch die
studentischen Hilfskräfte, die einzelne Zahlenbeispiele durchgerechnet, Abbil-

dungen sorgfältig gezeichnet und den Verfasser gelegentlich zum Nachdenken angeregt haben.

Dank gilt nicht zuletzt dem BI-Verlag Mannheim für seine Bereitschaft, das endgültige Layout mit der Montage der Abbildungen und die Gestaltung eines gefälligen Einbandes zu übernehmen.

München-Neubiberg, März 1992

Richard Uhrig

Inhaltsübersicht

Seite

1. Übersicht über kinetische Phänomene im Bauwesen

1.1	Windeinwirkungen	1
1.2	Schwingungsanregung durch bewegliche Maschinenteile	6
1.3	Schwingungsanregung durch seismische Einwirkungen	7
1.4	Schwingungsanregung durch Meereswellen	13
1.5	Schwingungsanregung durch stoßartige Kräfte	14
1.6	Schwingungsanregung durch rasche Fahrzeugbewegungen	19
1.7	Kinetische Kraftwirkungen auf "fliegende Bauten"	20
1.8	Bauvorschriften	20

2. Die Grundlagen der Mechanik fester Körper 22

2.1	Zur Kinematik der Bewegung des Punktkörpers	22
2.2	Zur Kinematik der Bewegung eines festen Körpers	26
2.3	Zur Kinematik der geradlinigen Bewegung des Punktkörpers	29
2.4	Die Verzerrungs-Verschiebungsbeziehungen	32
2.5	Die Grundgleichungen der Kinetik	35
2.6	Die Spannungsvektoren, die Spannungen und die dynamischen Beziehungen	43
2.7	Das Stoffgesetz - die Spannungs-Verzerrungsbeziehungen	45
2.8	Das Trägheitsgesetz	47
2.9	Randbedingungen	47
2.10	Der Arbeitsbegriff - der Arbeitssatz	49
2.11	Fließ- und Bruchbedingungen	49
2.12	Die linearen Grundgleichungen der Mechanik	51
2.13	Möglichkeiten zur Lösung der linearen Grundgleichungen	52
2.14	Lage-, Geschwindigkeits- und Beschleunigungsvektor eines Calypso-Rundfahrgeschäftes	53

3. Das berechenbare Ersatzmodell 57

3.1	Ersatzmodell mit "geklumpten" trägen Körpern	57
3.2	Ersatzmodell mit kontinuierlich verteilter Trägheit und Nachgiebigkeit	58
3.3	Finites Ersatzmodell mit kontinuierlich verteilter Trägheit und Nachgiebigkeit	64
3.4	Ersatzmodell eines Durchlaufträgers mit einem Freiheitsgrad	67
3.5	Massenzuschläge zu den Massen von Punktkörpern	71
3.6	Parallel- und Hintereinanderschaltung von Federelementen	72
3.7	Das Verfahren von W. Ritz	74
3.8	Das Verfahren von B. G. Galerkin	77

A. Lineare Schwingungen des Schwingungssystems mit trägen Körpern und trägheitsslosen Rückstellgliedern — 78

4. Der Schwinger mit einem Freiheitsgrad — 78
4.1   Die Bewegungsgleichung — 78
4.2   Das Eigenverhalten des Schwingers mit einem Freiheitsgrad — 79
4.3   Die harmonische Zwangserregung — 87
4.4   Die Schwebung — 94
4.5   Die nichtperiodische Anregung — 97

5. Methoden zur Lösung der Bewegungsgleichung — 110
5.1   Das Differenzenverfahren — 110
5.2   Das Wilson-θ-Verfahren — 111
5.3   Das Newmark-Verfahren — 113
5.4   Iterative Bestimmung der Übertragungsmatrix **T** — 116

6. Der Schwinger mit zwei Freiheitsgraden
6.1   Das Ersatzmodell und die Bewegungsgleichungen — 118
6.2   Das Eigenverhalten des dämpfungsfreien Schwingers — 119
6.3   Der dämpfungsfreie Schwinger unter harmonischer Zwangserregung — 125
6.4   Der gedämpfte Schwinger unter harmonischer Zwangserregung — 127
6.5   Nichtperiodische - transiente - Anregung — 139

7. Der Schwinger mit n Freiheitsgraden — 140
7.1   Die Grundgleichungen der Kinetik — 140
7.2   Reduktion der Zahl der Unbekannten — 142
    7.2.1 Elimination zweier Größenarten - Die Schnittkraft-Verschiebungsgrößengleichungen, die n-u-Gleichungen — 142
    7.2.2 Elimination dreier Größenarten — 144
7.3   Zur Praxis der Gleichungsaufstellung — 148
    7.3.1 Die Schnittkraft-Verschiebungsgrößengleichungen, n-u-Gleichungen — 148
    7.3.2 Die Gleichungen in den Verschiebungsgrößen **u** — 151
    7.3.3 Die n-u-Gleichungen bei Stab-, Balken- und Rahmenschwingern — 154
    7.3.4 Die Gleichungen in den Verschiebungsgrößen **u** bei ebenen Rahmen- und Gemischttragwerken — 159
7.4   Zur Einführung von Dämpfungsgrößen — 176

8. Analyse des Eigenverhaltens (Modalanalyse) und Lösung der   178
Bewegungsgleichungen

8.1   Das Eigenverhalten des Tragwerkes; die Eigenwertaufgabe   178

      8.1.1 Das Restgrößenverfahren   179

      8.1.2 Methoden der Ähnlichkeitstransformation zur Lösung der   182
      Eigenwertaufgabe

      8.1.3 Iterative Methoden zur Lösung der Eigenwertaufgabe   184

      8.1.4 Kombinierte Verfahren zur Lösung der Eigenwertaufgabe   186

8.2   Orthogonalitätseigenschaften der Eigenvektoren   187

8.3   Das Eigenverhalten des gedämpften Schwingungssystems   188

8.4   Verwendung von Eigenvektoren zur Lösung der Bewegungs-   189
gleichungen

8.5   Direkte Integrationsverfahren   190

9. Besondere Fragestellungen   191

9.1   Zum Nachweis der Standsicherheit von Tragwerken unter Erd-   191
bebeneinwirkungen

9.2   Zum Nachweis der Standsicherheit von Tragwerken, die unter   215
der Einwirkung einer stoßartigen Belastung als Folge der Explosion eines Gas-Luft-Gemisches stehen

B. Kontinuierliche Schwinger, Verwendung eines Ersatzmodells
mit kontinuierlich verteilter Trägheit und Nachgiebigkeit

10. Stab-, Balken- und Rahmenschwinger   232

10.1   Die Grundgleichungen des kontinuierlich mit Trägheit und   232
Nachgiebigkeit belegten Rahmenstabes

10.2   Die Lösung bei zeitlich harmonisch veränderlichen Zustands-   233
größen

10.3   Beispiele   237

10.4   Die Wirkung der richtungstreuen statischen Druckkraft auf das 245
kinetische Verhalten des Balkenschwingers

10.5   Der Stab unter nichtrichtungstreuer statischer Druckkraft   251

10.6   Transversalschwingungen von Stäben, die unter einer zeitlich har- 256
monisch veränderlichen Längsbelastung stehen - Parametererregte
Schwingungen

10.7   Die Saite   261

10.8   Die Gleichungen in den Verschiebungsgrößen u bei Rahmen-   271
und Gemischttragwerken, deren Bauteile kontinuierlich verteilte
Trägheit besitzen

10.9   Das Drehwinkelverfahren in der Anwendung auf harmonisch   287
schwingende ebene Rahmentragwerke

11. Das Eigenverhalten von Flächentragwerken   300
11.1   Die Rechteck- und Kreismembran   300
11.2   Die Rechteckplatte und die Kreisplatte   304
11.3   Die Rotationsschale   326

12. Besondere Fragestellungen   343
12.1   Schwingungsanregung durch rasche Fahrzeugbewegungen   343
12.2   Schwingungsanregung durch Windeinwirkungen   351

C. Nichtlineare Bewegungsgleichungen   365

13. Nichtlineare Schwingungen   365
13.1   Die Bewegungsgleichung des Pendels   365
13.2   Die Duffingsche Bewegungsgleichung   371
13.3   Harmonische Zwangserregung des nichtlinearen Schwingers 376
13.4   Die Van-der-Polsche Bewegungsgleichung   379
13.5   Computerorientierte Lösungsverfahren   380
13.6   Die schwach gespannte Saite   382
13.7   Die ebene Bewegung des schräg angeordneten trägen Seiles 385
13.8   Zur Stabilität einer Bewegung   390

14. Literaturverzeichnis   395

15. Index   411

1. ÜBERSICHT ÜBER KINETISCHE PHÄNOMENE IM BAUWESEN

1.1 Windeinwirkungen

Windeinwirkungen auf Bauwerke werden seit dem Einsturz der Fachwerkbrücke über den Tay-River am 28.12.1879 sehr intensiv untersucht. Aufgrund meteorologischer Daten lassen sich für die einzelnen Länder Zonen größter mittlerer Windgeschwindigkeiten festlegen. Windgeschwindigkeitskarten gibt es für die Bundesrepublik Deutschland, für Großbritannien und wird es in Zukunft für die Westeuropäische Union geben.

Unter Zugrundelegung der in den Vorschriften der einzelnen Länder angegebenen Windgeschwindigkeiten lassen sich die statisch wirkenden Windkräfte mit Hilfe der Formel

$$p_W = c_W (\rho_L/2) v_M^2 = c_W q \tag{1.1}$$

bestimmen. c_W ist der Luftwiderstandsbeiwert, ρ_L ($\approx$ 1,25 kg/m^3) ist die Luftdichte, v_M ist die mittlere Windgeschwindigkeit. q ist der Staudruck.

Die mittlere Windgeschwindigkeit hängt von einer Vielzahl örtlicher Parameter ab. Dazu gehört auch die Bodenrauhigkeit der Geländeoberfläche. Sie führt zu einer Verminderung der Windgeschwindigkeit innerhalb der Grenzschichthöhe, die man Gradientenhöhe nennt und mit h_G bezeichnet. h_G wird je nach Geländebeschaffenheit mit 300 bis 500 m angesetzt. Innerhalb der Gradientenhöhe wählt man für den Windgeschwindigkeitsverlauf den Exponentialansatz:

$$v_M/v_G = (h/h_G)^\alpha . \tag{1.2}$$

v_G heißt Gradientengeschwindigkeit. Sie hängt von der geografischen Lage des betrachteten Ortes ab. Der Exponent α wird der Tabelle 1.1 entnommen.

Tabelle 1.1   Gradientenhöhe und Exponent nach [1.4]

Geländebeschaffenheit	h_G (m)	α
Flaches, offenes Gelände	300	0,16
Rauh bewaldetes Gelände, Außenbezirke von Städten	425	0,28
Stark bebaute städtische Zentren	460	0,40

Die Beziehung (1.2) ist in die DIN 1055, Lastannahmen für Bauten, Bl. 4,

nicht übernommen. Dort wird der Geschwindigkeitsverlauf über der Baugrund-
höhe durch linear veränderliche Funktionen dargestellt. Luftwiderstandsbeiwer-
te c_W sind in den Vorschriften für verschiedene Tragwerksformen angegeben
(DIN 1055, Bl. 4).

Aufgrund der Geländebeschaffenheit kann sich die Geschwindigkeit auch erhöhen. An Bergkuppen und in Tälern ist eine solche Erhöhung beobachtet worden.

Zusätzlich zu der mittleren Windgeschwindigkeit beobachtet man einen zeitlich veränderlichen Geschwindigkeitsanteil, der aus der Turbulenz folgt. Für
die Windgeschwindigkeit setzt man daher an:

$$v(z,t) \;=\; v_M(z) + v_B(z,t) \; . \tag{1.3}$$

Darin ist v_M die mittlere Windgeschwindigkeit und v_B die regellose Schwan-
kung.

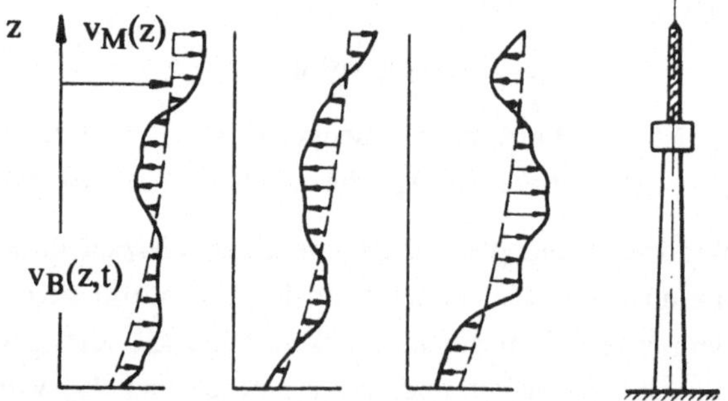

Abb. 1.1 Zeitliche und örtliche Schwankungen der Windgeschwindigkeit

Die zeitlich schwankende Windgeschwindigkeit heißt Bö. Sie kann ein schwin-
gungsanfälliges Tragwerk zu Schwingungen anregen. Man spricht von böenin-
duzierten Bauwerksschwingungen.

Zur elementaren Erfassung der Böenbelastung wird ein Zuschlag zu der
mittleren Windgeschwindigkeit in Form eines Böenreaktionsfaktors eingeführt.
Er wird von der Schwingungsdauer T_1 der Grundschwingung des Tragwerkes,
dem logarithmischen Dämpfungsmaß D und der angenommenen Böenform
abhängig gemacht.

Die Frage nach der Schwingungsanfälligkeit eines Tragwerkes wird in der
DIN 1055 durch das Kriterium

$$h' \;\geq\; 44/(f' - 0{,}05) \tag{1.4}$$

beantwortet. Darin ist h' eine bezogene Höhe und f' eine bezogene Grundfrequenz, die sich aus

$$h' = h/\sqrt{(h/b+1)/20} \, , \quad f' = f_1 \sqrt{D/0,1} \tag{1.5}$$

bestimmen lassen. f_1 ist die Eigenfrequenz der Grundschwingung des Tragwerkes, D ist das logarithmische Dämpfungsmaß; h ist die Bauwerkshöhe und b die Bauwerksbreite, die dem Windangriff ausgesetzt ist. Ist dieses Kriterium erfüllt, so gilt das Tragwerk als nicht anfällig. Ergibt sich ein kleinerer Wert, so wird das Tragwerk als schwingungsanfällig eingestuft.

Eine wirklichkeitsnahe Erfassung der Wirkung der turbulenten Strömung auf das Tragwerk muß von dem regellosen Verlauf der Windgeschwindigkeit ausgehen. Es sind mathematische Methoden zur Analyse der regellosen Größen erforderlich, die den Frequenzgehalt der Windgeschwindigkeit in Frequenzspektren beschreiben.

Aufgrund von Schadensfällen an Schornsteinen und Sendemasten bei relativ niedrigen Windgeschwindigkeiten hat man das Phänomen der durch Wirbel induzierten Schwingungen eingehend studiert. Verantwortlich für die Anregung sind die periodisch an gegenüberliegenden Rändern eines Bauwerkes entstehenden Wirbel, die von der Luftströmung mitgenommen werden und so die nach v. Kármán benannte Wirbelstraße bilden (Abb. 1.2).

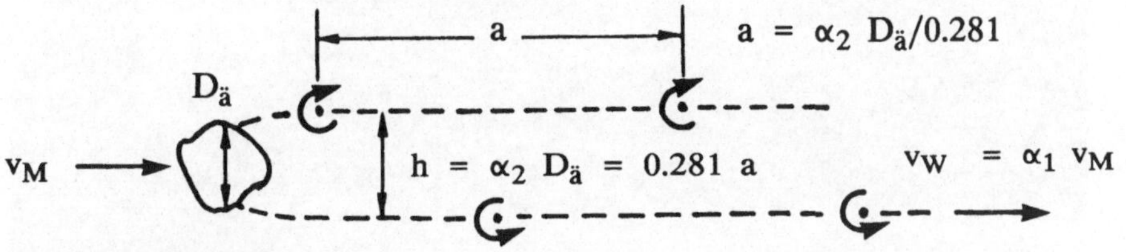

Abb. 1.2 Schematische Darstellung einer v. Kármánschen Wirbelstraße

Die Wirbelablösefrequenz f_K, mit der Wirbel abgelöst werden, wurde von v. Strouhal bereits 1878 angegeben:

$$f_K = S_r \, v_M/D_{\ddot{a}} \, . \tag{1.6}$$

Darin ist S_r die Strouhalzahl, die von der Tragwerksform abhängt und zwischen den Werten 0,125 und 0,200 schwankt. $D_{\ddot{a}}$ ist der aerodynamisch wirksame Durchmesser des Tragwerkes, und v_M ist die mittlere Windgeschwindigkeit.

Bei der Übereinstimmung der Wirbelablösefrequenz f_K mit der Eigenfrequenz der Grundschwingung des Tragwerkes f_1 kommt es zur Wirbelresonanz. Das Tragwerk wird in diesem Falle zu gefährlichen Schwingungen angeregt.

Zur Verhinderung der wirbelinduzierten Schwingungen bringt man an dem Tragwerk Wirbelgeneratoren in Form von Leisten oder ähnlichen Bauteilen an. Sie sorgen für eine möglichst vollständige Verwirbelung der Luftströmung. In der Bundesrepublik und in Großbritannien sieht man häufig an einzelnstehenden Kaminen die nach ihrem Erfinder benannten Scruton-Wendel (Abb. 1.3). Eine andere Möglichkeit zur Verhinderung der Wirbelanregung besteht in konstruktiven Maßnahmen, die die laminare Windströmung stören: Erhöhung der Oberflächenrauhigkeit oder Ausbildung von Durchbrüchen am Trag-

Abb. 1.3 Scruton-Wendel an Kaminen einer chemischen Fabrik (nach [12.36])

werk. Auf Interferenzerscheinungen bei dicht angeordneten Bauwerken mit der Folge erhöhter Windgeschwindigkeiten und damit verbundener zyklischer Wirbelablösung ist zu achten. Der spektakuläre Einsturz von Kühltürmen einer Kühlturmbatterie (Kraftwerk Ferrybridge in Großbritannien) im Jahre 1965 zeigte, daß dieser Art der Schwingungsanregung besondere Aufmerksamkeit geschenkt werden muß. Bei dem Einsturz dürften zugleich ovalisierende Schwingungen der Kühlturmschalen aufgetreten sein, die den Kreisquerschnitt der Schale zu Ellipsen deformierten.

Eine aeroelastische Schwingungsanfachung kann sich ergeben, wenn die aerodynamische Quertriebskraft F(t) mit wachsendem Anstellwinkel α schlagartig abnimmt, ja sogar negativ wird. $\alpha = \text{arctg} \, (w^{\cdot}/v_M)$ (Abb. 1.4):

$$F(t) = (\rho_L/2) \, D_{\ddot{a}} \, v_M^2 \, [c_A(\alpha)/\cos \, \alpha \, + \, c_W(\alpha) \, \text{tg} \, \alpha/\cos \, \alpha] \, . \qquad (1.7)$$

$$c_F(\alpha) = [\, ... \,]$$

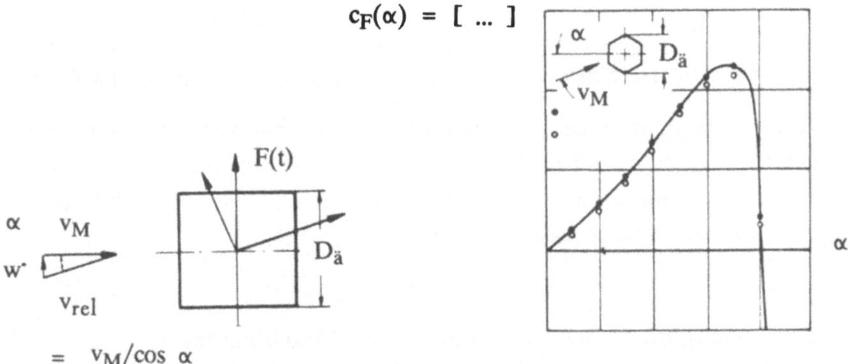

Abb. 1.4 Galloping-Instabilität

$w^{\cdot}$ ist die Quergeschwindigkeit des Objektes. $c_A(\alpha)$ ist der aerodynamische Auftriebs- und $c_W(\alpha)$ der Widerstandsbeiwert. Die sich einstellende Instabilität heißt Galloping-Instabilität (s. Kap. 12).

Abb. 1.5 Tacoma-Narrows-Brücke vor dem Einsturz (nach [12.36])

Im Jahre 1940 stürzte bei einem mäßig starken Wind von $v_M = 67$ km/h die Tacoma-Narrows-Brücke in den USA ein (Abb. 1.5). Die Ursache dieses Einsturzes lag in der Rückkopplung der aerodynamischen Kräfte, der Trägheitskräfte und der Rückstellkräfte begründet. Diese Form der Selbsterregung wird in Anlehnung an das Flattern einer Fahne in mäßigem Wind Flatterinstabilität genannt (s. Kap. 12).

Heute werden bei dem Entwurf weitgespannter Hänge- und Schrägseilbrücken umfangreiche Untersuchungen zum Nachweis der Flatterfreiheit durchgeführt.

Seit kurzem kennt man bei Schrägseilbrücken eine Erregerform, die man Parametererregung nennt. Die Schrägseile führen Querschwingungen als Folge der elastischen Schwingungen der Pylone und der über den Versteifungsträger rasch wandernden Verkehrslasten aus.

1.2 Schwingungsanregung durch bewegliche Maschinenteile

Die Aufstellung von Maschinen mit umlaufenden oder hin- und hergehenden Maschinenteilen erfordert Stützkonstruktionen, die für den einwandfreien Lauf der Maschine sorgen und die Übertragung von Schwingungen in den Baugrund weitgehend verhindern. So wird für die Aufstellung eines Turbo-Genera-

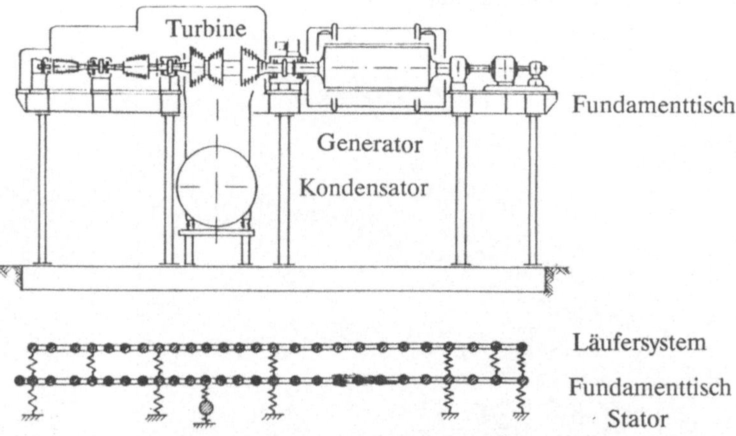

Abb. 1.6 Turbinen-Generator-Fundament-System mit berechenbarem Ersatzmodell

tor-Satzes ein Fundamenttisch aus Stahl oder Stahlbeton als Stützkonstruktion verwendet (Abb. 1.6). Der Entwurfsingenieur hat bei dem Entwurf der Stützkonstruktion nachzuweisen, daß die Laufruhe des Turbo-Generator-Satzes gesichert ist und keine gefährlichen Schwingungen in den Baugrund übertragen werden.

Ähnliche Aufgabenstellungen ergeben sich bei der Aufstellung von Schwingsieben in der Landwirtschaft oder von Schwingförderern in der chemischen Industrie.

Zu derselben Erregerart zählt auch die Anregung von Glockentürmen durch schwingende Glocken. Die zeitlich veränderlichen horizontalen Lagerkräfte H(t) belasten den Glockenturm periodisch nicht nur in der Grundfrequenz der Glockenschwingung, sondern besonders bei großen Ausschlägen auch mit Vielfachen dieser Grundfrequenz (s. Kap. 13).

1.3 Schwingungsanregung durch seismische Einwirkungen

Erdbeben entstehen meist als Folge von Schubbrüchen an den Grenzen der tektonischen Platten der Erdkruste. Diese Platten schwimmen auf dem zähflüssigen Magma des Erdinnern und werden von den dort vorhandenen Konvektionsströmungen mitgenommen. Die Bewegungsgeschwindigkeiten der einzelnen Platten liegen im Bereich von Zehntelmillimetern bis zehn Zentimetern pro Jahr. Stoßen zwei Platten gegeneinander oder gleiten sie aneinander vorbei, so entstehen große Beanspruchungen in den Berührungszonen. Die Gesteinsschichten können unter Freisetzung von zuvor gespeicherter Energie brechen und führen zu tektonischen Beben. Das Zentrum des Bruchvorganges heißt Hypozentrum, der senkrecht darüber auf der Erdoberfläche befindliche Ort Epizentrum. Die Energie wird vom Hypozentrum stoßförmig in die Erdkruste eingeleitet und pflanzt sich als Dilatations- und Scherwellen (P- und S-Wellen) fort. Auf der Erdoberfläche können Rayleigh- und Love-Wellen (R- und L-Wellen) entlanglaufen. Aus dem Vergleich mit der bei großen Sprengstoffexplosionen freigesetzten Energie läßt sich die Energie eines Erdbebens mit Hilfe der Beziehung

$$\log E_S = 11{,}8 + 1{,}5\,M \tag{1.8}$$

abschätzen. Darin ist E_S die im Hypozentrum abgegebene Energie in Erg und M die Stärke (Magnitude) des Erdbebens. M wird mit Hilfe von standardisierten Methoden aus den gemessenen Amplituden eines Seismogrammes abgeleitet. Sie wird durch die "nach oben offene Richterskala" charakterisiert. Die Formel (1.8) liefert für eine Magnitude 6 die Erdbebenenergie von 19^{21} Erg.

Die Magnituden gerade noch spürbarer Erdbeben liegen bei M = 1 bis 2.

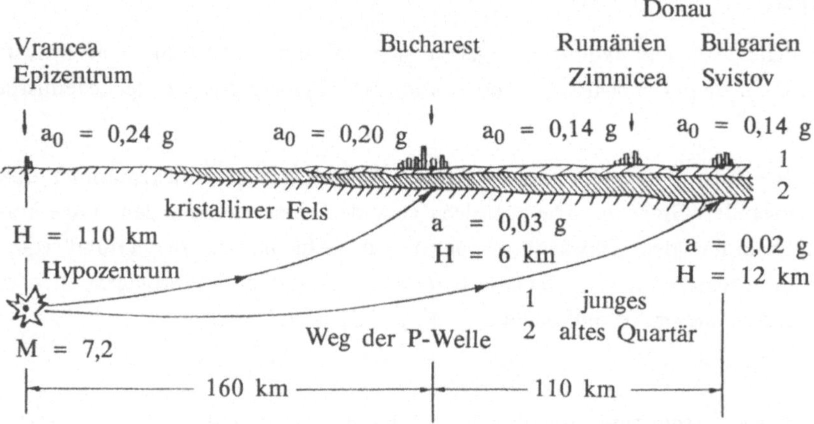

Abb. 1.7 Beschleunigungen am kristallinen Fels und an der Oberfläche

Die seit 1800 in der Bundesrepublik gemessenen Größtwerte liegen bei M = 5 bis 6. Die Stärke des Bebens auf der Schwäbischen Alb im Jahre 1978 wurde mit M = 5,7 ermittelt. Die stärksten, seit 1900 registrierten Beben der Erde hatten eine Magnitude von 8,7.

Die Intensität eines Erdbebens gilt als Maß für seine Wahrnehmbarkeit durch den Menschen oder seine Schadenswirkung auf Bauwerke und Landschaft. Zur Klassifizierung wird eine auf G. Mercalli zurückgehende 12-teilige Skala verwendet. In Europa wird eine Modifizierung in der Form der MSK-Skala (V. Medwedjew, W. Sponheuer und V. Kamik) benutzt (Tabelle 1.2).

Seit 1918 werden die jährlich auftretenden Erdbeben in einem Katalog zusammengestellt. Darin sind die Hypozentren, der Zeitpunkt des Bebeneintrittes, gemessene Geschwindigkeiten von Erdbebenwellen und andere Daten erfaßt. Auf einer Weltkarte sind die registrierten Erdbeben eingetragen. Aus ihr liest man die Erdbebenaktivität (Seismicity) einzelner Zonen ab.

Es zeigt sich, daß sich diese jährlich herausgegebenen Karten praktisch nicht verändern. Die Erdbebenaktivitäten treten stets in den gleichen Zonen auf (Abb. 1.8). Es sind dies die Ränder des pazifischen Ozeans (die San-Andreas-Spalte mit San Francisco, dem Aleutenbogen, die Grenzlinie zwischen der pazifischen Nazca Platte und der südamerikanischen Platte, dem japanischen Tiefseegraben bis zu den Philippinen), ferner ein Band, das sich vom Atlantik durch die mediterrane Senke (Alpengebiet, Jugoslawien, Griechenland) in die transasische Zone (Iran bis zum Himalayagebiet) erstreckt. Es sind

Tabelle 1.2 Intensitätsskala (MSK-Skala)

Grad	Stärke	Personen	Wirkung auf Gebäude	Natur
1	unmerklich	nicht verspürt		
2	sehr leicht	vereinzelt ver-spürt		
3	leicht	vor allem von ruhenden Perso-nen verspürt		
4	mäßig stark	in Häusern allg. verspürt	Fenster klirren	
5	ziemlich stark	im Freien allg. verspürt,auf-weckend	hängende Gegen-stände pendeln,ver-schieben v. Bildern	
6	stark	erschreckend	leichte Schäden an Gebäuden,feine Risse im Verputz,	vereinzelt Risse im feuchten Boden
7	sehr stark	viele flüchten ins Freie	mäßige Schäden an Gebäuden,Risse im Verputz,in Wänden u. Schornsteinen	vereinzelt Erd-rutsch an stei-len Hängen
8	zerstörend	allgemeiner Schrecken	Zerstörungen an Gebäuden,gr. Risse im Mauerwerk,Gie-belteile u. Dachge-simse stürzen ein	Veränderungen in Quellen, Erdrutsch an Straßen
9	verwüstend	Panik	allg. Gebäudesch., an einigen Bauten stürzen Wände u. Dächer ein	Bodenrisse, Bergstürze, viele Erdrutsche
10	vernichtend	allg. Panik	allg. Gebäudezer-störungen,Einstür-ze vieler Bauten	Verbiegung v. Eisenbahnschie-nen, Abgleiten v. Lockerboden an Hängen
11	Katastrophe		schwere Zerstörun-gen,selbst an best-konstruierten Bau-ten	umfangr. Verän-derung des Erd-bodens, Flutwel-le
12	große Katastrophe		Hoch- u. Tiefbau-ten werden total zerstört	tiefgr.Umgestal-tung der Erdo-berfläche

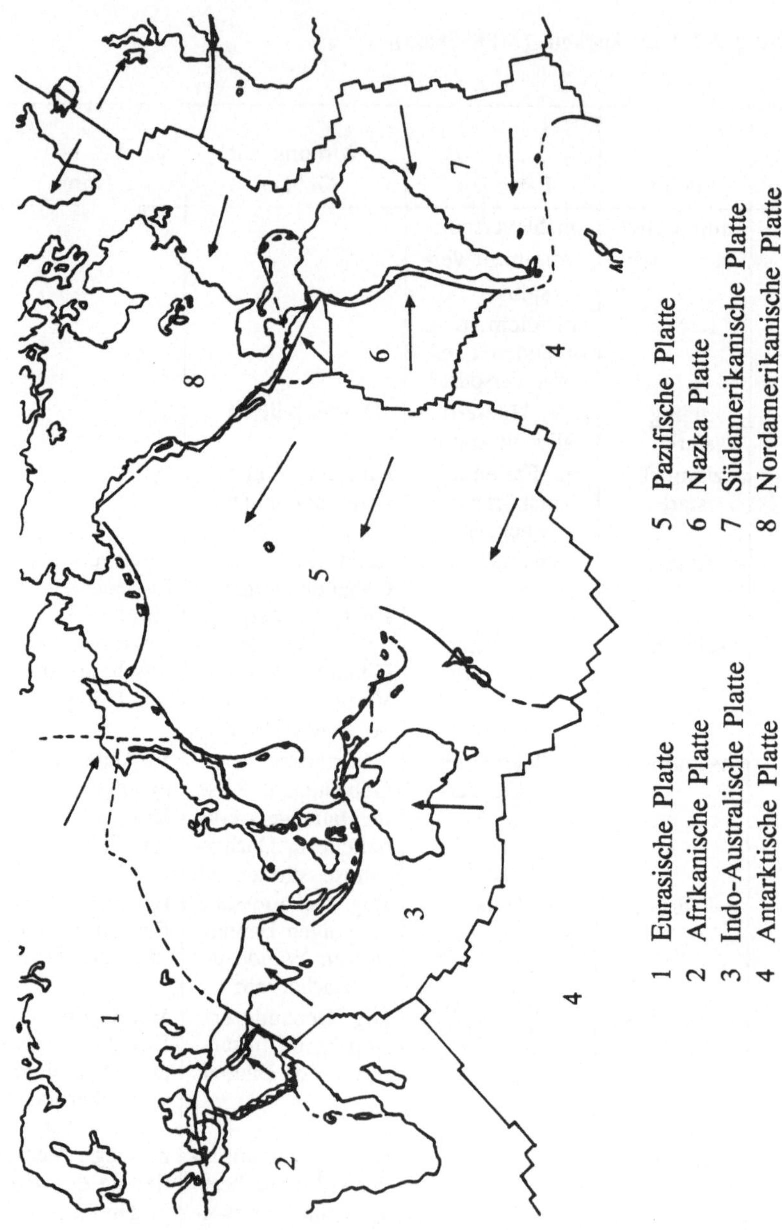

Abb. 1.8 Karte der bekannten Platten der Erdkruste und
ihre Bewegungsrichtungen

dies die Ränder der eurasischen Platte, der adriatischen und türkischen Platte, der iranischen und hellenischen Platte sowie der arabischen und afrikanischen Platte, die zu tektonischen Beben neigen.

Dagegen sind die vordevonischen Schilde (kanadischer Schild, sibirischer Schild, das Nordseegebiet) wegen der dort vorhandenen starken Verfestigungen praktisch erdbebenfrei.

Im deutschen Raum sind die Einbruchgebiete tektonisch besonders aktiv. So stellen der Oberrheingraben als Teil eines vom Mittelmeer bis nach Lappland reichenden alten Spaltensystems, die Schwäbische Alb mit dem Hohenzollerngraben und das Einbruchsfeld der niederrheinischen Bucht den Schwerpunkt dar (Abb. 1.9).

Die vom Hypozentrum ausgehenden Wellen regen ein an der Erdoberfläche errichtetes Bauwerk hauptsächlich zu horizontalen Schwingungen an. Maßgebend für das Schwingungsverhalten des Bauwerkes ist seine Massenverteilung, das elasto-plastische Verhalten seiner Tragstruktur und die Form und die Dauer der horizontalen Baugrundbeschleunigung. Das folgende Beschleunigungsdiagramm, das während des El Centro-Bebens am 18.5.40 aufgenommen wurde, zeigt den regellosen Verlauf und die relativ lange Zeitdauer dieses Be-

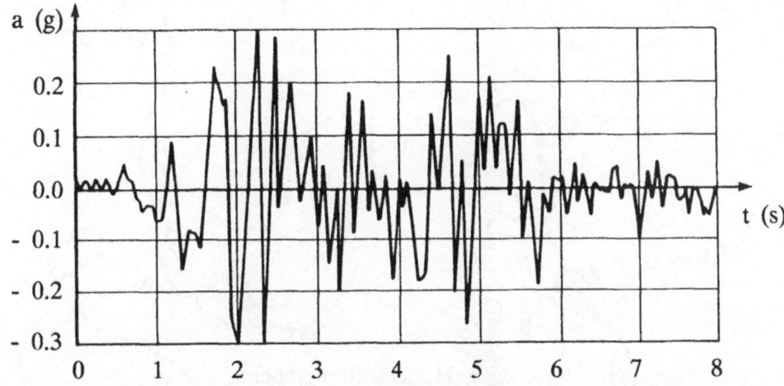

Abb. 1.10 Verlauf der Horizontalbeschleunigungen während des
El Centro-Bebens

bens. Für die wirklichkeitsnahe Berechnung des Schwingungsverhaltens eines Tragwerkes unter Erdbebenbelastung sind wie bei der Böenbelastung mathematische Methoden der Statistik erforderlich. Für untergeordnete Bauwerke gibt die DIN 4149 Berechnungsformeln zur näherungsweisen Erfassung von Erdbebenwirkungen an (s. Kap. 9).

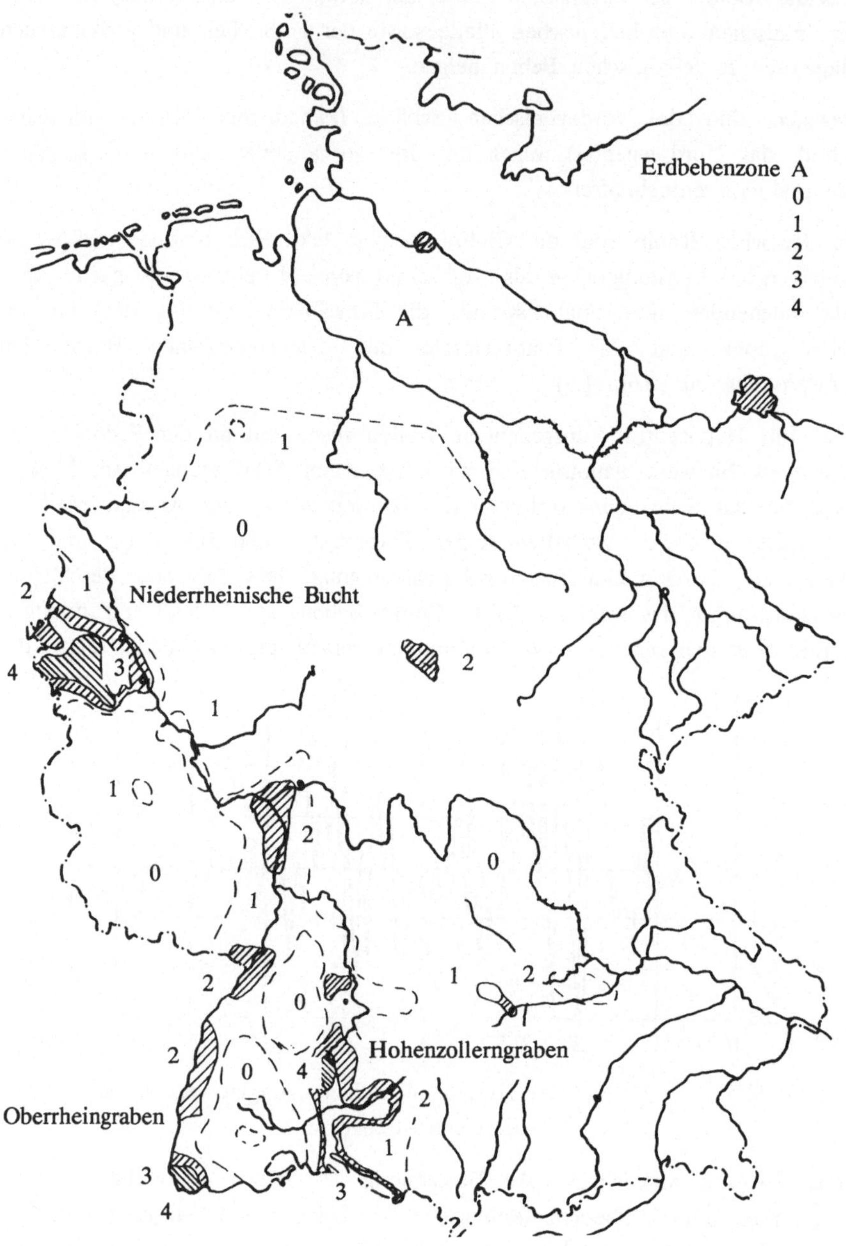

Abb. 1.9 Erdbebenzonen der Bundesrepublik Deutschland (nach DIN 4149)

Die Maximalbeschleunigung a_o wird dort aus der Formel

$$a_o = 1230 \ e^{0,8M} /(s + s_o)^2 \quad \text{(Dimension: } cm/s^2) \qquad (1.9)$$

bestimmt. M ist die Magnitude, für die man in der Bundesrepublik Deutschland den Wert $5 < M < 6$ einsetzen darf. s_o ist die Tiefe des Hypozentrums unter der Erdoberfläche. Sie wird näherungsweise mit 13 km angenommen. s ist der Abstand des Ortes von dem Epizentrum in km. Es werden Erdbebenzonen eingeführt, die die Erdbebenintensitäten der MSK-Skala zusammenfassen:

Intensitäten zwischen 1 bis 5 zählt man zu der Erdbebenzone A. Die Intensität 6 wird der Zone 0 zugeordnet. Intensität 7 erhält die Zonen 1 und 2, und Intensität 8 die Zonen 3 und 4.

Für Bauwerke, die in den Erdbebenzonen 1 bis 4 errichtet werden, sind nach der Vorschrift Standsicherheitsnachweise unter Berücksichtigung von Erdbebenwirkungen zu erbringen.

1.4 Schwingungsanregung durch Meereswellen

Bauwerke, die im oder am Meer errichtet werden, müssen unter der Wirkung von Meereswellen standsicher oder schwimmsicher sein. Zu diesen Bauwerken gehören auch Erdölplattformen oder Erdölspeicher mit Verladepiers, die sowohl als feststehende als auch als schwimmende Plattformen eingesetzt werden. Abb. 1.11 zeigt die für die Bemessung der Struktur eines Halbtauchers ungünstigsten Schwimmlagen in einer Meereswelle.

Tabelle 1.3 Höhe der Jahrhundertwelle in der Nordsee (in m)

Geogr. Breite	jede Jahreszeit	im Sommer
59	28	24
57	25	21
55	22	18
53	18	14
52	16	12

Beobachtungen des Wellenganges während mehrerer Jahre führen zu Angaben über die voraussichtlich höchste Welle in 100 Jahren. Neben der Wellenhöhe, die in der Tabelle 1.3 in Abhängigkeit von der geografischen Breite und der Jahreszeit für die Nordsee angegeben ist, geht in die Berechnung auch die Wellenlänge ein. Sie wird durch die Einführung der Wellensteilheit erfaßt,

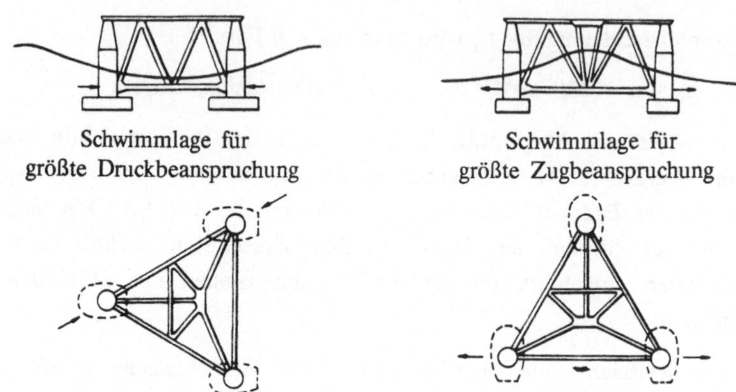

Abb. 1.11 Bemessungsschwimmlagen eines Halbtauchers

für die man näherungsweise 1/10 Wellenhöhe setzt.

1.5 Schwingungsanregung durch stoßartige Kräfte

Der Aufprall eines Straßenfahrzeuges auf ein starres Hindernis führt zu der Stoßkraft F. Sie ergibt sich näherungsweise aus dem Vergleich der Geschwindigkeitsenergie des Fahrzeuges vor dem Aufprall und der entlang des Knautschweges s_K von der konstant anzunehmenden Kraft geleisteten Arbeit:

$$F \ = \ m \, v^2/(2 \, s_K) \, . \tag{1.10}$$

m ist die Fahrzeugmasse und v die Geschwindigkeit vor dem Aufprall.

Die Formel läßt sich verfeinern, wenn man die geringe elastische Energie des geknautschten Fahrzeuges in die Rechnung einbezieht. Formeln, die einen schiefen Aufprall eines Fahrzeuges auf ein starres Hindernis mit der Folge

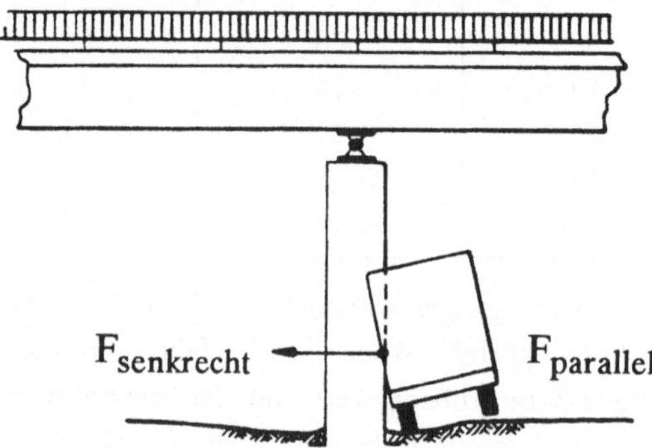

Abb. 1.12 Fahrzeuganprall gegen einen Brückenpfeiler

einer Drehbewegung erfassen, sind in der Unfallkinetik bekannt. Auch der schiefe Aufprall eines Straßenfahrzeuges gegen ein zweites läßt sich mit Hilfe relativ einfacher Formeln beschreiben. Die Kraft F wirkt auf das Bauwerk während der Wirkungszeit t_W, der Stoßzeit. Es kommt zum Kraftstoß $\hat{F} = \int F\, dt$, der das Tragwerk zu Schwingungen anregen kann.

In der Vorschrift DIN 1072, Lastannahmen für Straßen- und Wegbrücken, Abschn. 7, Sonderlasten, ist der Lastfall Fahrzeuganprall gegen einen Brückenpfeiler auf statische Weise geregelt (Abb. 1.12):

7.1 Ersatzlasten für Straßenfahrzeuge

in Fahrtrichtung $\qquad\qquad\qquad F_{Parallel} = 1{,}0$ MN,
senkrecht zur Fahrtrichtung $\qquad F_{Senkrecht} = 0{,}5$ MN
in 1,2 m Höhe über der Fahrbahnoberfläche

Für den Entwurf von Ufereinfassungen und Bauwerken in Hafenbecken geben die Empfehlungen des Arbeitsausschusses Ufereinfassungen, EAU 1985, Hinweise für die auftretenden Anlegegeschwindigkeiten von Schiffen quer zum Liegeplatz v_{quer} für unterschiedliche Schiffsgrößen (in dwt). Angaben über die zu wählende Schiffsmasse m_S findet man ebenfalls dort.

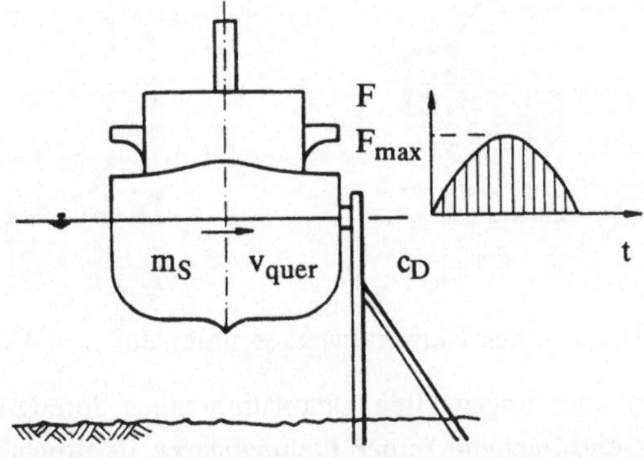

Abb. 1.13 Anlegen eines Schiffes an einem Dalben

Zum Schutze der Uferbefestigungen in Häfen vor Schiffsanlegestößen werden Fender oder Dalben (Abb. 1.13) errichtet. Sie setzen die kinetische Energie des anlegenden Schiffes in elastische und Reibungsenergie des Dalben um. Die maximale Anlegekraft ergibt sich näherungsweise aus dem Vergleich der beiden Energieformen:

$$F_{max} = \sqrt{c_D\, m_S}\; v_{quer} \cdot \qquad\qquad (1.11)$$

Darin ist c_D die Federsteifigkeit des Dalben.

Für den allgemeineren Schiffsanlegefall, der mit einer Quergeschwindigkeit und einer gleichzeitigen Drehgeschwindigkeit ω_S um die Hochachse des Schiffes durch seinen Massenmittelpunkt verbunden ist, gibt es in der EAU 1985 eine verfeinerte Formel für die kinetische Energie des Schiffes vor dem Anlegen.

Wegen der erheblichen Gefahren für die Umwelt, die sich aus unkontrolliertem Entweichen radioaktiven Materials aus einem Kernkraftwerk ergeben können, sind die Sicherheitsanforderungen an einen Kernkraftwerksbau besonders hoch angesetzt. Das Reaktorgefäß, in dem sich die radioaktiven Brennelemente und das zu erwärmende Wasser befinden, und die Wärmetauscher werden von einem flüssigkeits- und gasdichten Kugelbehälter aus Stahl umschlossen. Dieser Kugelbehälter soll auch die bei einem inneren Störfall auftretenden Überdrücke standsicher ertragen können. Gegen äußere Einwirkungen aus dem Lastfall Flugzeugabsturz, Gaswolkenzündung und möglichem Projektilbeschuß wird dieses Bauwerk durch die Sicherheitshülle geschützt (s. Kap. 9).

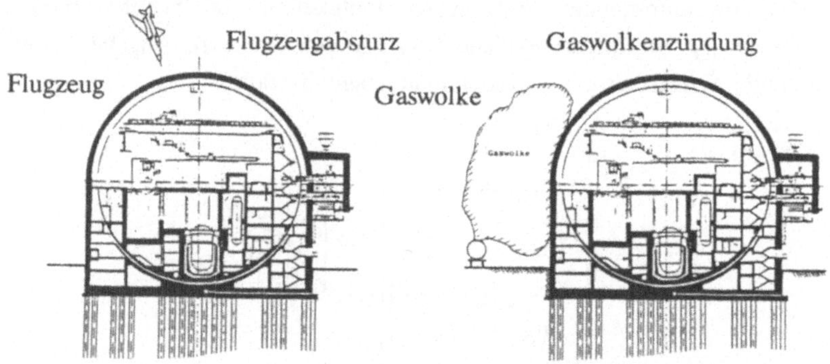

Abb. 1.14 Skizze eines Kernkraftwerkes unter äußeren Einwirkungen

Bei der gewollten oder ungewollten Detonation eines Sprengstoffes in der Atmosphäre werden entsprechend seiner Ladungsstärke in Bruchteilen von Sekunden große Energien frei. Die Atmosphäre heizt sich im Explosionszentrum schlagartig auf. Es bildet sich nach wenigen Millisekunden eine Luftstoßwelle, die sich mit der Wellenausbreitungsgeschwindigkeit u· kugelförmig vom Explosionszentrum ausbreitet. Es ergibt sich eine mehrere Zentimeter dicke schalenförmige Zone, in der der Druck vom Atmosphärendruck p_o auf den Spitzenüberdruck p_{so} springt. Als Folge der bewegten Luftteilchen ergibt sich zusätzlich ein dynamischer Überdruck p_d.

Beim Auftreffen der Luftstoßwelle auf ein "hartes" Hindernis kommt es zur Reflexion. Der maximale Reflexionsüberdruck p_{ro} ergibt sich bei einem Einfallswinkel von 90° und mäßig starkem Spitzenüberdruck aus der Formel ([1.7]):

$$p_{ro} = 2 \, p_{so}(7 \, p_0 + 4 \, p_{so})/(7 \, p_0 + p_{so}) \, . \qquad (1.12)$$

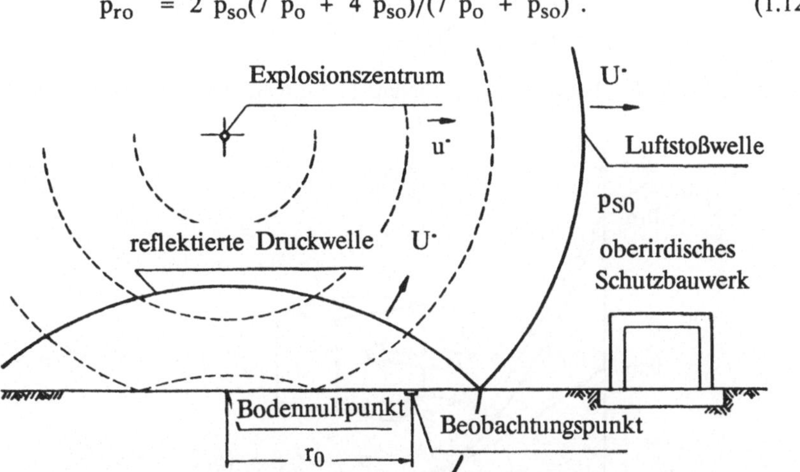

Abb. 1.15 Druckwellenausbreitung nach der Detonation eines
Sprengstoffes in der Atmosphäre

Der zeitliche Verlauf des Überdruckes im Beobachtungspunkt $p_1(t)$ folgt näherungsweise aus:

$$p_1(t) = p_{ro} \, (1 - t/t_0)e^{-\beta t} \, . \qquad (1.13)$$

t_0 ist die Zeitdauer des Druckstoßes, und ß ist ein empirischer Abklingfaktor.

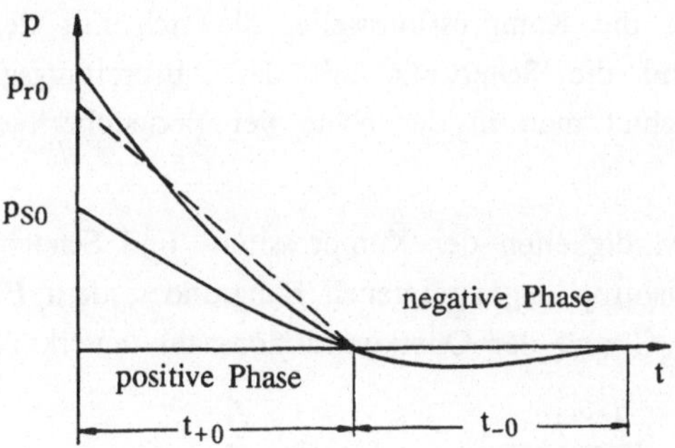

Abb. 1.16 Überdruck-Zeitverlauf nach einer Detonation

Bei einzelnstehenden Gebäuden ist der Überdruck-Zeitverlauf verwickelter. Durch seitliches und höhenmäßiges Umströmen des Gebäudes entstehen Zusatzeffekte. Einen zusätzlichen Anteil an der Kraftwirkung erhält man aus dem dynamischen Druck p_d. Dieser Anteil entspricht dem Luftwiderstand eines Objektes in strömender Luft:

$$p_2(t) = p_d = c_W \, \rho_L \, u^{\cdot 2}/2 \ . \tag{1.14}$$

c_W ist der von der Bauwerksform abhängige Luftwiderstandsbeiwert.

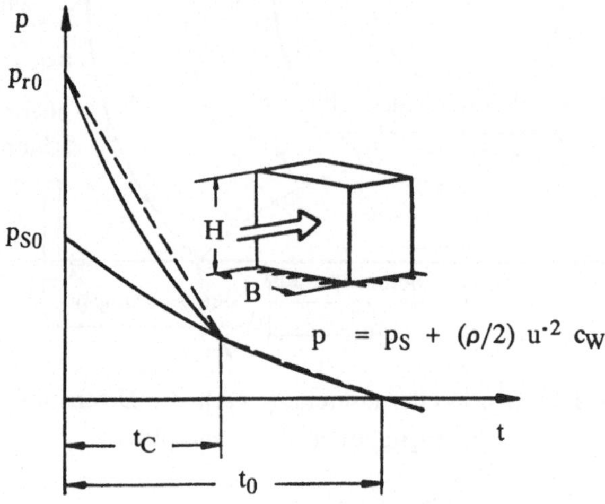

Abb. 1.17   Überdruck an frei stehendem Gebäude nach einer Explosion

Der Überdruck einer Luftstoßwelle induziert im Baugrund Bodenwellen. Man spricht von einem luftinduzierten Erdstoß.

In der Nähe der Erdoberfläche beobachtet man hauptsächlich zwei Formen von Bodenwellen: die Kompressionswelle, die sich mit der Geschwindigkeit c_K ausbreitet, und die Scherwelle mit der Ausbreitungsgeschwindigkeit c_S. Außerdem beobachtet man in der Nähe der Bodenoberfläche Rayleigh- und Love-Wellen.

Die Wellengeschwindigkeiten der Kompressions- und Scherwelle sind mit den Kenngrößen des isotrop angenommenen Baugrundes, dem Elastizitätsmodul E, dem Schubmodul G und der Querkontraktionszahl ν verknüpft:

$$c_K^2 = \frac{E}{\rho} \frac{1+\nu}{(1+\nu)(1-2\nu)} \quad ; \quad c_S^2 = \frac{G}{\rho} \ . \tag{1.15}$$

ρ ist die Dichte des Bodens; G ist mit E und ν über $G = E/2(1+\nu)$ verknüpft.

Mit Hilfe gemessener Wellengeschwindigkeiten c_K und c_S kann man auf G und ν schließen:

$$G = \rho\, c_S^2 \; ; \quad \nu = (c_K^2 - 2\, c_S^2)/2(c_K^2 - c_S^2) \; . \tag{1.16}$$

Treffen Wellenfronten auf Grenzflächen einzelner Bodenschichten mit unterschiedlichen Kenngrößen, so werden die Wellen reflektiert und refraktiert. Die Wellenstrukturen werden dadurch kompliziert und lassen sich nur schwer analysieren.

Bei der Detonation eines Sprengstoffes großer Ladungsstärke in sehr großer Baugrundtiefe ergeben sich im Baugrund Wellenstrukturen, die mit Erdbebenwellen vergleichbar sind.

1.6 Schwingungsanregung durch rasche Fahrzeugbewegungen

Brückentragwerke können durch schnelle Bewegung von Fahrzeugen zu Schwingungen angeregt werden. Erreicht das Fahrzeug die kritische Geschwindigkeit v*, so treten große Ausschläge auf (Abb. 1.18). Näherungsansätze zur Erfassung der raschen Fahrzeugbewegungen auf das Schwingungsverhalten von Brücken stammen von G. Stokes 1849. Die deutsche Bauvorschrift DV 804 erfaßt die kinetische Wirkung des schnell rollenden Eisenbahnzuges in Über-

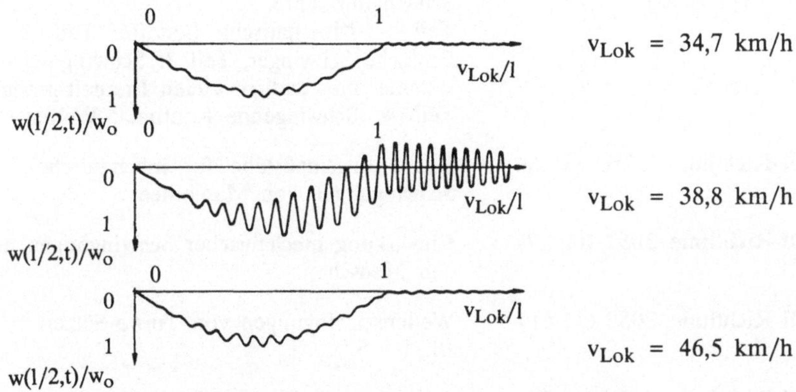

Abb. 1.18 Durchsenkungs-Zeit-Verlauf einer Balkenbrücke, die von einer Lokomotive überfahren wird nach [1.10]

einstimmung mit der UIC durch einen Schwingfaktor Φ. Er ist ausschließlich von der maßgebenden Länge l_Φ des überrollten Bauteiles abhängig. Der Einfluß der Fahrzeuggeschwindigkeit wird nicht erfaßt (s. Kap. 12).

1.7 Kinetische Kraftwirkungen auf "fliegende Bauten"

Zu den "fliegenden Bauten" zählt man Schiffschaukeln, Riesenräder und Karussells der verschiedensten Bauarten. Für den Nachweis der Standsicherheit derartiger Bauten muß man zunächst die auftretenden Fliehkräfte, Anfahr- und Bremskräfte und evtl. Stoßkräfte bei einem möglichen Störfall bestimmen. Wird die Richtung einer oder mehrerer Drehachsen eines Karussells während der Fahrt geschwenkt, so sind die dabei auftretenden Führungs- und Corioliskräfte zu beachten. Die DIN 4112 gibt Hinweise für die Aufstellung der Bewegungsgleichungen zur Berechnung der kinetischen Kräfte, die auf die Stützkonstruktion und auch auf die Fahrzeuge wirken.

1.8 Bauvorschriften, die im Zusammenhang mit Aufgaben der Tragwerkskinetik beachtet werden müssen

DIN 1301 (12.85)	Einheiten
DIN 1302 (08.80)	Allgemeine mathematische Zeichen und Begriffe
DIN 1303 (03.87)	Vektoren, Matrizen, Tensoren
DIN 1304 (03.89)	Formelzeichen
DIN 1311 (02.-12.74)	Schwingungslehre, Teil 1: Kinematische Begriffe, Teil 2: Einfache Schwinger, Teil 3: Schwingungssysteme mit endlich vielen Freiheitsgraden, Teil 4: Schwingende Kontinua, Wellen
VDI-Richtlinie 2056 (10.64)	Beurteilungsmaßstäbe für mechanische Schwingungen von Maschinen
VDI-Richtlinie 2057 (05.87)	Einwirkung mechanischer Schwingungen auf den Menschen
VDI-Richtlinie 2059 (11.81)	Wellenschwingungen von Turbo-Sätzen, Bl. 1 - 5
VDI-Richtlinie 2062 (01.76)	Schwingungsisolierung; Begriffe und Methoden, Isolierelemente
DIN 4150 (09.75)	Erschütterungen im Bauwesen, Teil 1: Grundsätze, Vorermittlung und Messung von Schwingungsgrößen, Teil 2: Einwirkungen auf Menschen in Gebäuden, Teil 3: Einwirkungen auf bauliche Anlagen

DIN 4024 (04.88)	Maschinenfundamente, Teil 1: Elastische Stützkonstruktionen für Maschinen mit rotierenden Massen, Teil 2: Steife (starre) Stützkonstruktionen für Maschinen mit periodischer Erregung
DIN 4025 (10.58)	Fundamente für Amboß-Hämmer (Schabotte-Hämmer), Hinweise für die Bemessung und Ausführung
DIN 4112 (02.83)	Fliegende Bauten, Richtlinien für Bemessung und Ausführung
DIN 4149 (04.81)	Bauten in deutschen Erdbebengebieten, Teil 1: Lastannahmen, Bemessung und Ausführung üblicher Hochbauten
DIN 4131 (E 03.88)	Antennentragwerke in Stahl
DIN 4133 (08.73)	Schornsteine aus Stahl, Statische Berechnung und Ausführung
DIN 1055 (08.86)	Lastannahmen für Bauten, Teil 4: Verkehrslasten, Windlasten bei nicht schwingungsanfälligen Bauwerken
DIN 1056 (10.84)	Freistehende Schornsteine in Massivbauart, Berechnung und Ausführung
DIN 4178 (08.78)	Glockentürme, Berechnung und Ausführung
DIN 45667 (10.69)	Klassierverfahren für das Erfassen regelloser Schwingungen
KTA-Richtlinie 2201E	Auslegung von Kernkraftwerken gegen seismische Einwirkungen, Bemessung der baul. Anlagen
KTA-Richtlinie 2202E	Schutz von Kernkraftwerken gegen Flugzeugabsturz, Grundsätze und Annahmen
KTA-Richtlinie 2203E	Schutz von Kernkraftwerken gegen Flugzeugabsturz, Auslegung der baulichen Anlagen
DIN 25445 (02.78)	Auslegung von Kernkraftwerken gegen seismische Einwirkungen, Seismische Instrumentierung
DIN 25449 (05.87)	Auslegung der Stahlbetonbauteile von Kernkraftwerken unter Belastungen aus inneren Störfällen

2. DIE GRUNDLAGEN DER MECHANIK FESTER KÖRPER

2.1 Zur Kinematik der Bewegung des Punktkörpers

Die Lage des Punktes A (Abb. 2.1) wird im Ausgangszustand durch den Ortsvektor

$$r = x\,e_x + y\,e_y + z\,e_z \tag{2.1}$$

bestimmt. x, y, z sind die Komponenten des Lagevektors in den drei aufeinander senkrecht stehenden Richtungen eines ruhenden, kartesischen Koordinatensystems. Es wird durch die Basisvektoren e_x, e_y, e_z der Länge Eins festgelegt.

Aufgrund einer äußeren Einwirkung verschiebt sich der Punkt A und geht in den Punkt $\hat{A}$ des Grundzustandes über (Abb. 2.1):

$$\hat{r} = r + du \quad . \tag{2.2}$$

du ist das Differential des Verschiebungsvektors:

$$du = du_x\,e_x + du_y\,e_y + du_z\,e_z \quad . \tag{2.3}$$

du_x, du_y, du_z sind seine Komponenten.

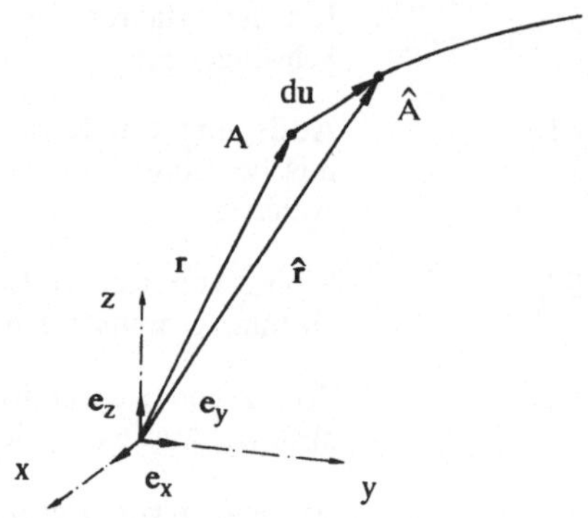

Abb. 2.1 Die Lage des Punktes A im Ausgangs- und Grundzustand

Die Länge von du wird mit ds bezeichnet. Sie folgt aus :

$$(ds)^2 = du\;du = du_x^2 + du_y^2 + du_z^2 \quad . \tag{2.4}$$

Division des Verschiebungsvektors durch seine Länge ergibt einen Einheitsvektor, der in Richtung der Bahntangente zeigt. Er heißt Tangentenvektor:

$$e_T = \frac{du}{ds} = u' \; . \tag{2.5}$$

Die zeitliche Änderung der Lage ergibt den Geschwindigkeitsvektor:

$$v = \frac{d\hat{r}}{dt} = \hat{r}^{\cdot} = \frac{du}{dt} = u^{\cdot} \; . \tag{2.6}$$

Da die Basisvektoren im Inertialsystem unverändert bleiben ($e_x^{\cdot} = e_y^{\cdot} = e_z^{\cdot} = 0$), wird:

$$v = u_x^{\cdot} e_x + u_y^{\cdot} e_y + u_z^{\cdot} e_z = v_x e_x + v_y e_y + v_z e_z \; . \tag{2.7}$$

v_x, v_y, v_z sind die Komponenten des Geschwindigkeitsvektors.

Der Geschwindigkeitsvektor läßt sich auch in Größen der Bahnkoordinate s darstellen:

$$v = \frac{du}{dt} = \frac{du}{ds} \frac{ds}{dt} \; . \tag{2.8}$$

Die zeitliche Änderung der Bahn wird mit v bezeichnet. Sie heißt Bahngeschwindigkeit des Punktes A. Mit dem zuvor gefundenen Tangentenvektor ergibt sich:

$$v = v \, e_T \; . \tag{2.9}$$

Die zeitliche Änderung des Geschwindigkeitsvektors ist der Beschleunigungsvektor **a**:

$$a = \frac{dv}{dt} = v^{\cdot} = \frac{du^{\cdot}}{dt} = u^{\cdot\cdot} = \frac{d^2\hat{r}}{dt^2} = \hat{r}^{\cdot\cdot} \; . \tag{2.10}$$

Entsprechend (2.7) findet man:

$$a = v_x^{\cdot} e_x + v_y^{\cdot} e_y + v_z^{\cdot} e_z = a_x e_x + a_y e_y + a_z e_z \; . \tag{2.11}$$

a_x, a_y, a_z sind die Komponenten des Beschleunigungsvektors.

Der Beschleunigungsvektor läßt sich wie der Geschwindigkeitsvektor in bahnabhängigen Größen darstellen:

$$a = \frac{dv}{dt} = \frac{dv}{ds} \frac{ds}{dt} = v' \, v \; . \tag{2.12}$$

2*

Unter Verwendung des bahnabhängigen Geschwindigkeitsvektors (2.9) wird:

$$a = (v\,e_T)'\,v = v'\,v\,e_T + v^2\,e_T' \quad . \tag{2.13}$$

Zur physikalischen Deutung von e_T' betrachten wir die Bahnkurve der Abb. 2.2. In den Punkten A und $\hat{A}$ sind die Tangentenvektoren e_T und e_T+de_T eingetragen. Die senkrecht darauf stehenden Normalenvektoren e_N und e_N+de_N liegen in der Schmiegungsebene der Bahnkurve und weisen zu dem Krümmungsmittelpunkt M.

Die Strecken $\overline{AM}$ und $\overline{\hat{A}M}$ heißen Krümmungsradius der Bahn. Sie werden mit ρ bezeichnet.

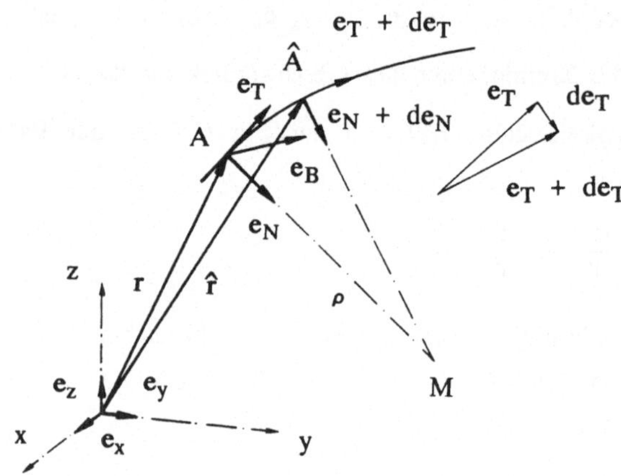

Abb. 2.2 Bahnkurve mit Tangenten- und Normalenvektoren

Die Tangentenvektoren e_T und e_T+de_T besitzen die Länge Eins. de_T muß folglich ein Vektor sein, der senkrecht auf e_T steht. Aus der Ähnlichkeit der Dreiecke in Abb. 2.2 folgt:

$$\frac{|de_T|}{|\,1\,|} = \frac{ds}{\rho} \quad . \tag{2.14}$$

Der Vektor de_T weist in Richtung des Normalenvektors. Also erhält man den Zusammenhang :

$$de_T = \frac{ds}{\rho}\,e_N\,, \tag{2.15}$$

und es ist:

$$\frac{de_T}{ds} = e_T' = \frac{1}{\rho}\,e_N \quad . \tag{2.16}$$

Mit (2.16) verwandelt sich (2.13) in:

$$a = v' v \, e_T + \frac{v^2}{\rho} \, e_N \ . \tag{2.17}$$

Der Beschleunigungsvektor enthält die Tangential- und die Normalkomponente:

$$a_T = v' v = \frac{1}{2} (v^2)' \ , \qquad a_N = \frac{v^2}{\rho} \ . \tag{2.17'}$$

Die Normalkomponente heißt Zentripetalbeschleunigung.

Zusätzlich zu den beiden Richtungsvektoren e_T und e_N führt man einen dritten Richtungsvektor, den Binormalenvektor e_B ein. Er bildet mit den Vektoren e_T und e_N ein Rechtssystem, das begleitende Dreibein des Punktkörpers:

$$\left. \begin{aligned} e_B &= e_T \times e_N \ , \quad e_T = e_N \times e_B \ , \quad e_N = e_B \times e_T \ , \\ e_B \, e_B &= 1 \ , \qquad e_B \, e_T = 0 \ , \qquad e_B \, e_N = 0 \ . \end{aligned} \right\} \tag{2.18}$$

In einigen Fällen ist es vorteilhaft, die Bahnkurve, den Geschwindigkeits- und den Beschleunigungsvektor in Polarkoordinaten anzugeben. Wir wollen diese Größen in einem sich drehenden Koordinatensystem darstellen. Aus Gründen der einfacheren Überblickbarkeit beschränken wir uns hier auf die ebene Bewegung in der x-y-Ebene (Abb. 2.3).

Die Lage des Punktes A wird in diesem Falle durch seinen Abstand vom Koordinatenursprung r und den Basisvektor e_r dargestellt, der gegenüber der x-Achse den Koordinatenwinkel φ einnimmt:

$$r = r \, e_r \ . \tag{2.19}$$

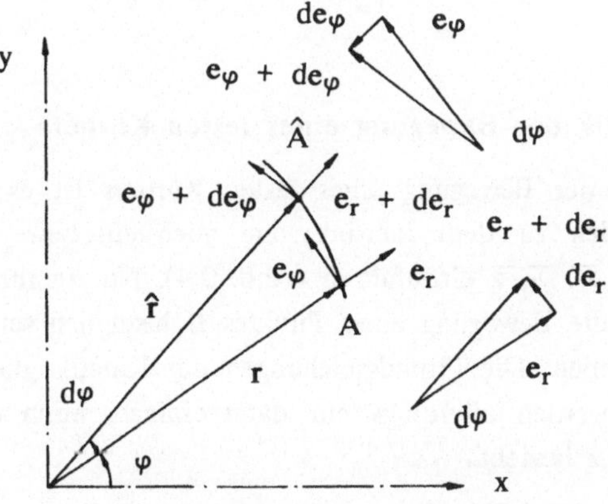

Abb. 2.3 Bahnkurve in Polarkoordinaten

Der Punkt A verschiebt sich und wird zu $\hat{A}$:

$$\hat{r} = r + du \; . \tag{2.20}$$

Der Geschwindigkeitsvektor folgt aus der zeitlichen Ableitung des Lagevektors:

$$v = \frac{d\hat{r}}{dt} = u^{\cdot}\, e_r + r\, e_r^{\cdot} \; . \tag{2.21}$$

Für die Ableitungen der Richtungsvektoren e_r und e_φ liest man aus der Abb. 2.3 ab :

$$de_r = e_\varphi\, d\varphi \; , \qquad de_\varphi = - e_r\, d\varphi \; . \tag{2.22}$$

Division durch dt ergibt:

$$e_r^{\cdot} = e_\varphi\, \varphi^{\cdot} \; , \qquad e_\varphi^{\cdot} = - e_r\, \varphi^{\cdot} \; . \tag{2.22 $'$}$$

Der Geschwindigkeitsvektor erhält mit (2.22 $'$) die endgültige Form:

$$v = u^{\cdot}\, e_r + r\, \varphi^{\cdot}\, e_\varphi \; , \tag{2.23}$$

mit einer Radial- und einer Zirkularkomponente:

$$v_r = u^{\cdot} \; , \qquad v_\varphi = r\, \varphi^{\cdot} \; . \tag{2.23 $'$}$$

Der Beschleunigungsvektor folgt aus der Ableitung von (2.23):

$$\left.\begin{aligned}
a &= v^{\cdot} = (u^{\cdot}\, e_r + r\, \varphi^{\cdot}\, e_\varphi)^{\cdot} \; , \\[2mm]
&= (u^{\cdot\cdot} - r\, \varphi^{\cdot 2})\, e_r + (r\, \varphi^{\cdot\cdot} + 2\, u^{\cdot}\, \varphi^{\cdot})\, e_\varphi \; .
\end{aligned}\right\} \tag{2.24}$$

Der Beschleunigungsvektor besitzt die Radial- und Zirkularkomponente:

$$a_r = u^{\cdot\cdot} - r\, \varphi^{\cdot 2} \; , \qquad a_\varphi = r\, \varphi^{\cdot\cdot} + 2\, u^{\cdot}\, \varphi^{\cdot} \; . \tag{2.24 $'$}$$

2.2 Zur Kinematik der Bewegung eines festen Körpers

Zur Beschreibung der Bewegung eines festen Körpers ist es im allgemeinen notwendig, zusätzlich zu dem Inertialsystem noch ein bewegtes, körperfestes Koordinatensystem $\overline{x}$-, $\overline{y}$-, $\overline{z}$ einzuführen (Abb. 2.4). Nur in ihm lassen sich Informationen über die Bewegung eines Punktes B bezüglich seines Bezugspunktes A leicht gewinnen. Die Grundgleichungen der Kinetik, die wir später formulieren wollen, werden allerdings nur dann einfach, wenn man sie auf ein Inertialsystem x-,y-,z bezieht.

Der Ursprung des körperfesten Koordinatensystems wird in den Bezugspunkt A gelegt. Im Inertialsystem wird die Lage des Punktes A durch den

Lagevektor r_A und diejenige des Punktes B durch r_B beschrieben. Die Lage von B bezüglich A wird im körperfesten Koordinatensystem durch den Vektor r_{AB} festgelegt (Abb. 2.4):

$$r_B = r_A + r_{AB} \quad , \qquad \hat{r}_B = \hat{r}_A + \hat{r}_{AB} \quad . \tag{2.25}$$

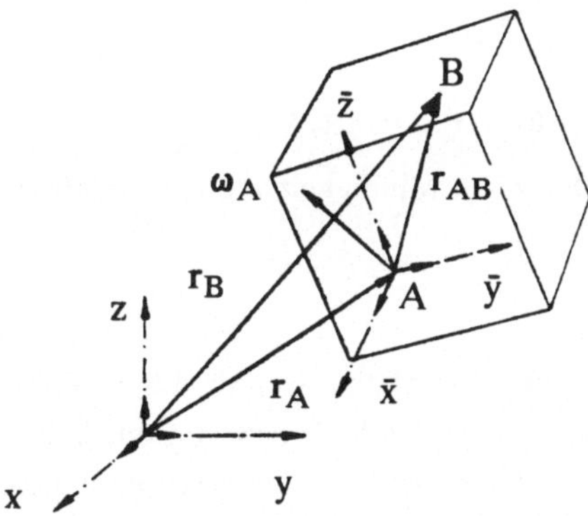

Abb. 2.4 Zur allgemeinen Bewegung eines festen Körpers

Der Geschwindigkeitsvektor folgt aus der Ableitung des Lagevektors:

$$v_B = \frac{d\hat{r}_B}{dt} = \hat{r}_A{}^{\cdot} + \hat{r}_{AB}{}^{\cdot} \quad . \tag{2.26}$$

Aus dem Vektor

$$\hat{r}_{AB} = (r_{AB\bar{x}} + du_{AB\bar{x}})\, e_{\bar{x}} + (r_{AB\bar{y}} + du_{AB\bar{y}})\, e_{\bar{y}} + (r_{AB\bar{z}} + du_{AB\bar{z}})\, e_{\bar{z}} \tag{2.27}$$

findet man seine zeitliche Änderung:

$$\hat{r}_{AB}{}^{\cdot} = u_{AB\bar{x}}{}^{\cdot}\, e_{\bar{x}} + u_{AB\bar{y}}{}^{\cdot}\, e_{\bar{y}} + u_{AB\bar{z}}{}^{\cdot}\, e_{\bar{z}} +$$

$$r_{AB\bar{x}}\, e_{\bar{x}}{}^{\cdot} + r_{AB\bar{y}}\, e_{\bar{y}}{}^{\cdot} + r_{AB\bar{z}}\, e_{\bar{z}}{}^{\cdot} \quad . \tag{2.28}$$

Die ersten drei Terme geben die Relativgeschwindigkeit des Punktes B bezüglich A im körperfesten Koordinatensystem an. Sie wird mit v_R bezeichnet.

Die in der zweiten Zeile auftretenden Ableitungen der Basisvektoren des körperfesten Koordinatensystems ergeben sich entsprechend den Beziehungen (2.22′) der ebenen Bewegung:

$$\left.\begin{aligned}
e_{\bar{x}}{}^{\cdot} &= \psi_{A\bar{z}}{}^{\cdot}\, e_{\bar{y}} - \psi_{A\bar{y}}{}^{\cdot}\, e_{\bar{z}} = \omega_{A\bar{z}}\, e_{\bar{y}} - \omega_{A\bar{y}}\, e_{\bar{z}} \;, \\[4pt]
e_{\bar{y}}{}^{\cdot} &= \psi_{A\bar{x}}{}^{\cdot}\, e_{\bar{z}} - \psi_{A\bar{z}}{}^{\cdot}\, e_{\bar{x}} = \omega_{A\bar{x}}\, e_{\bar{z}} - \omega_{A\bar{z}}\, e_{\bar{x}} \;, \\[4pt]
e_{\bar{z}}{}^{\cdot} &= \psi_{A\bar{y}}{}^{\cdot}\, e_{\bar{x}} - \psi_{A\bar{x}}{}^{\cdot}\, e_{\bar{y}} = \omega_{A\bar{y}}\, e_{\bar{x}} - \omega_{A\bar{x}}\, e_{\bar{y}} \;.
\end{aligned}\right\} \tag{2.29}$$

$\psi_{A\bar{x}}$, $\psi_{A\bar{y}}$, $\psi_{A\bar{z}}$ sind die Komponenten eines im Punkt A fixierten Drehvektors $\boldsymbol{\psi}_A$; $\omega_{A\bar{x}}$, $\omega_{A\bar{y}}$, $\omega_{A\bar{z}}$ sind die Komponenten des Drehgeschwindigkeitsvektors $\boldsymbol{\omega}_A$.

Für die zweite Zeile von (2.28) schreibt man mit den Ableitungen der Basisvektoren (2.29) kürzer:

$$\omega_A \times r_{AB} = (\omega_{A\bar{y}}\, r_{AB\bar{z}} - \omega_{A\bar{z}}\, r_{AB\bar{y}})\, e_{\bar{x}} + (\omega_{A\bar{z}}\, r_{AB\bar{x}} - \omega_{A\bar{x}}\, r_{AB\bar{z}})\, e_{\bar{y}} +$$

$$(\omega_{A\bar{x}}\, r_{AB\bar{y}} - \omega_{A\bar{y}}\, r_{AB\bar{x}})\, e_{\bar{z}} \; . \tag{2.30}$$

Mit (2.30) folgt für den Geschwindigkeitsvektor endgültig:

$$v_B = v_A + v_R + \omega_A \times r_{AB} \; . \tag{2.31}$$

Es bedeuten:

v_A der Geschwindigkeitsvektor des Punktes A,

v_R der Vektor der Relativgeschwindigkeit,

$v_F = \omega_A \times r_{AB}$ der Vektor der Führungsgeschwindigkeit.

Der Beschleunigungsvektor a_B folgt aus der Änderung des Geschwindigkeitsvektors:

$$a_B = \frac{dv_B}{dt} = v_A^{\,\cdot} + v_R^{\,\cdot} + \omega_A^{\,\cdot} \times r_{AB} + \omega_A \times r_{AB}^{\,\cdot} \; . \tag{2.32}$$

Mit den Beziehungen (2.29) findet man nach kurzer Zwischenrechnung:

$$a_B = v_A^{\,\cdot} + v_R^{(\cdot)} + \omega_A^{\,\cdot} \times r_{AB} + 2\,\omega_A \times v_R + \omega_A \times (\omega_A \times r_{AB}) \, ,$$

$$= a_A + a_R + a_F + a_C + a_Z \; . \tag{2.33}$$

Darin bedeuten:

a_A der Beschleunigungsvektor des Punktes A,

$a_R = v_R^{(\cdot)}$ der Vektor der Relativbeschleunigung,

$a_F = \omega_A^{\,\cdot} \times r_{AB}$ der Vektor der Führungsbeschleunigung,

$a_C = 2\,\omega_A \times v_R$ der Vektor der Coriolisbeschleunigung,

$a_Z = \omega_A \times (\omega_A \times r_{AB})$ der Vektor der Zentripetalbeschleunigung.

Für den Vektor der Zentripetalbeschleunigung schreibt man nach Ausführung des doppelten Vektorproduktes:

$$a_Z = -\,\omega_A^2 \, r_{AB}^{*} \; . \tag{2.34}$$

Darin bedeutet r_{AB}^{*} das Lot auf den Drehgeschwindigkeitsvektor ω_A durch den Punkt B.

2.3 Zur Kinematik der geradlinigen Bewegung des Punktkörpers

Der Ortsvektor des Punktes A fällt in diesem Falle mit der x-Achse zusammen:

$$\left.\begin{array}{llllllll}
\mathbf{r} &= x\,\mathbf{e_x}\,, & \hat{\mathbf{r}} &= (\,x + du)\,\mathbf{e_x}\,, & & & & \\
\mathbf{v} &= \dot{\hat{\mathbf{r}}} = \dot{u} &= \dot{u}\,\mathbf{e_x} &= v_x\,\mathbf{e_x}\,, & & & & \\
\mathbf{a} &= \dot{\mathbf{v}} = \ddot{\hat{\mathbf{r}}} &= \ddot{u}\,\mathbf{e_x} &= \dot{v_x}\,\mathbf{e_x} &= a_x\,\mathbf{e_x}\,. & & &
\end{array}\right\} \qquad (2.35)$$

Periodische Zustandsgrößen

Wiederholt sich der zeitliche Verlauf einer Zustandsgröße nach der Zeit T, der Periode, so spricht man von einer periodischen Zustandsgröße (Abb. 2.5). Der Mittelwert der Zustandsgröße wird mit u_0 bezeichnet. Man erhält ihn aus dem Integral:

$$u_0 = \frac{1}{T} \int\limits_{t}^{t+T} u\,dt\ .\qquad (2.36)$$

Jede periodische Zustandsgröße läßt sich in eine Fourierreihe aus sinus- und cosinusförmigen Anteilen zerlegen:

$$u = u_0 + \sum_{j=1}^{\infty} a_j \cos j\omega t + \sum_{j=1}^{\infty} b_j \sin j\omega t\ .\qquad (2.37)$$

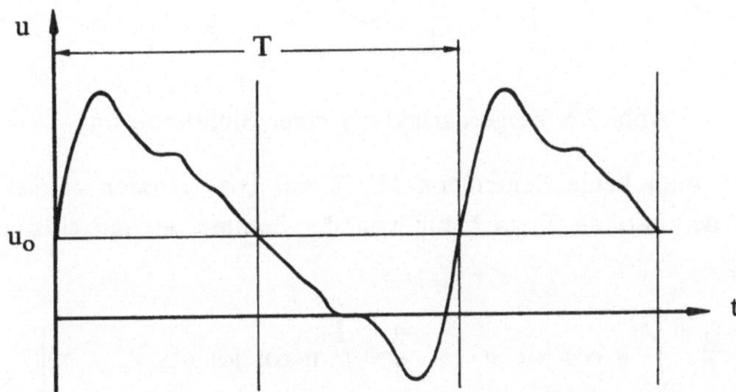

Abb. 2.5   Periodische Zustandsgröße u

a_j, b_j sind die Koeffizienten der Reihenglieder und ω ist die Kreisfrequenz der Grundschwingung. Es ist:

$$\omega = \frac{2\,\pi}{T} = 2\,\pi\,f\,, \qquad \text{mit } f = \frac{1}{T}\ .\qquad (2.38)$$

f ist die Frequenz der Schwingung.

Der Name Kreisfrequenz deutet auf die Zeigerdarstellung einer Sinusschwingung hin. ω ist die Winkelgeschwindigkeit, mit der der Zeiger umläuft (Abb. 2.6).

Für die Bestimmung der Koeffizienten a_j, b_j machen wir uns die Orthogonalitätsbedingungen der Fourierreihenglieder zunutze:

$$\left. \begin{aligned} \int_{-T/2}^{T/2} \cos n\omega t \, \cos m\omega t \, dt &= \begin{cases} 0 & \text{für } n \neq m, \\ \pi/\omega & \text{für } n = m, \end{cases} \quad \int_{-T/2}^{T/2} \sin n\omega t \, \sin m\omega t \, dt = \begin{cases} 0 & \text{für } n \neq m, \\ \pi/\omega & \text{für } n = m, \end{cases} \\ \int_{-T/2}^{T/2} \sin n\omega t \, \cos m\omega t \, dt &= 0 \quad \text{für beliebiges } n \text{ und } m \end{aligned} \right\} \tag{2.39}$$

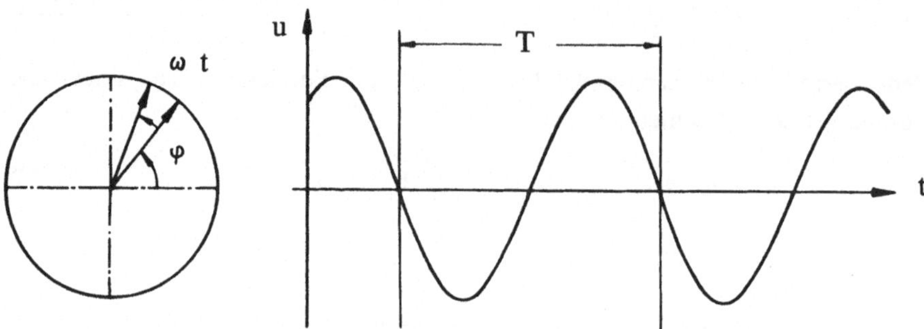

Abb. 2.6 Zeigerdarstellung einer Sinusbewegung

Multipliziert man beide Seiten von (2.37) mit $\cos j\omega t$ oder $\sin j\omega t$ und integriert über der Periode T, so bleibt von der Summe nur ein einziges Reihenglied übrig:

$$\left. \begin{aligned} a_j &= \frac{\omega}{\pi} \int_{-T/2}^{T/2} u \, \cos j\omega t \, dt = \frac{2}{T} \int_{0}^{T} u \, \cos j\omega t \, dt \,, \\ b_j &= \frac{\omega}{\pi} \int_{-T/2}^{T/2} u \, \sin j\omega t \, dt = \frac{2}{T} \int_{0}^{T} u \, \sin j\omega t \, dt \,. \end{aligned} \right\} \tag{2.40}$$

Terme mit gleicher Frequenz lassen sich zusammenfassen. Die geometrische Addition führt mit

$$U_j = \sqrt{a_j{}^2 + b_j{}^2}\,, \quad \cos \varphi_j = \frac{a_j}{U_j}\,, \quad \sin \varphi_j = \frac{b_j}{U_j}\,, \qquad (2.41)$$

zu:

$$u_j = U_j\, [\, \cos \varphi_j \cos j\omega t + \sin \varphi_j \sin j\omega t\,]\ . \qquad (2.41\,')$$

Darin ist φ_j der Phasenverschiebungswinkel des j-ten Reihengliedes, U_j die Amplitude und $j\omega$ die zugehörige Kreisfrequenz. (2.41 ') läßt sich noch kürzer in der Form

$$u_j = U_j \cos (j\omega t - \varphi_j) \qquad (2.41\,''\,)$$

darstellen.

Trägt man die Amplituden U_j und die Phasenverschiebungswinkel φ_j als diskrete Linien bei ω, 2ω, 3ω etc. auf (Abb. 2.6), so ergibt sich das Fourierspektrum des periodischen Vorganges.

Aus (2.41 '') ergeben sich die Geschwindigkeit und die Beschleunigung ($\omega_j = j\omega$):

$$\left.\begin{aligned}
u_j{}^{\cdot} &= - \omega_j\, U_j \sin (\, \omega_j t - \varphi_j)\,, \\[2mm]
u_j{}^{\cdot\cdot} &= - \omega_j{}^2\, U_j \cos (\, \omega_j t - \varphi_j)\ .
\end{aligned}\right\} \qquad (2.42)$$

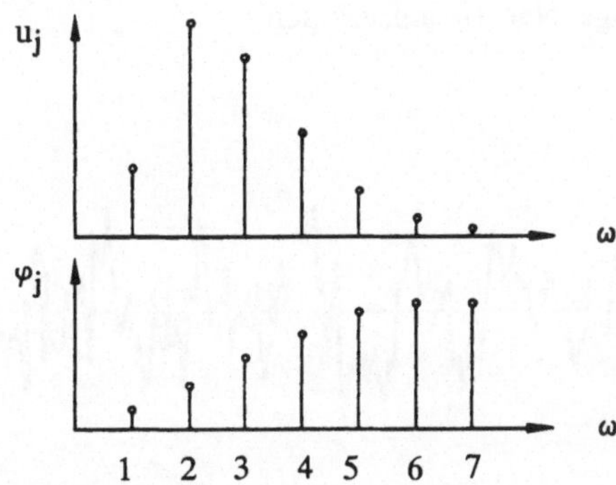

Abb. 2.7 Fourierspektrum einer periodischen Bewegung

Nicht periodischer, transienter Vorgang

Eine Funktion, die nur in einem zeitlich begrenzten Bereich von Null verschieden ist (s. z.B. Abb. 2.8), nennt man transient. Es gibt keine Periodizität. Mit Hilfe der Fouriertransformation kann man eine solche Funktion auf

ihren Frequenzgehalt untersuchen. Das Frequenzspektrum, das sich in diesem
Falle ergibt, ist im Gegensatz zu dem Spektrum einer periodischen Funktion
eine kontinuierliche Funktion.

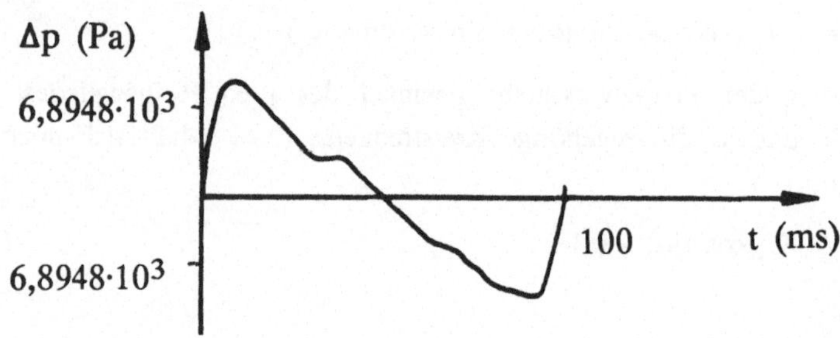

Abb. 2.8 Überdruckverlauf bei einem Überschallknall in der Atmosphäre

Regellose Vorgänge (Zufalls- oder Randomfunktion)

Es gibt eine Anzahl physikalischer Vorgänge, die nicht zu jedem Zeitpunkt
vorhergesagt werden können. Ihr Verlauf ist regellos und läßt sich durch Zu-
falls- oder Randomfunktionen beschreiben. Mit Hilfe statistischer Methoden
der Mathematik lassen sich Mittelwerte solcher Funktionen bestimmen: Wahr-
scheinlichkeitsverteilung der Zufallsfunktion, Standardabweichung, Normalver-
teilung, um nur einige Namen aufzuzählen.

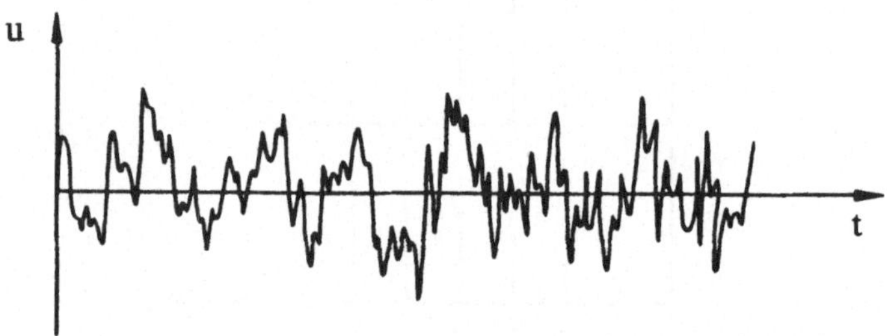

Abb. 2.9 Regelloser Verlauf einer Funktion (Randomfunktion)

2.4 Die Verzerrungs-Verschiebungsbeziehungen

Bei der Relativverschiebung zweier Punkte eines festen Körpers ergeben sich
Verzerrungen. Zu ihrer Herleitung beobachten wir die Verschiebungen der
benachbarten Punkte A und B ausschließlich in dem körperfesten Koor-

dinatensystem des festen Körpers. Aus Gründen der einfacheren Schreibweise verzichten wir in diesem Abschnitt auf die Schreibweise $\overline{x}, \overline{y}, \overline{z}$, sondern verwenden die nicht überstrichene Schreibweise x, y, z.

Für die Lage der benachbarten Punkte A und B gelten im körperfesten Koordinatensystem folgende Lagevektoren (Abb. 2.10):

$$\left.\begin{aligned}
r_A &= x\, e_x + y\, e_y + z\, e_z , \\[2mm]
r_B &= r_A + dr_{AB} = r_A + dr .
\end{aligned}\right\} \tag{2.43}$$

Im Grundzustand ergeben sich die Lagevektoren:

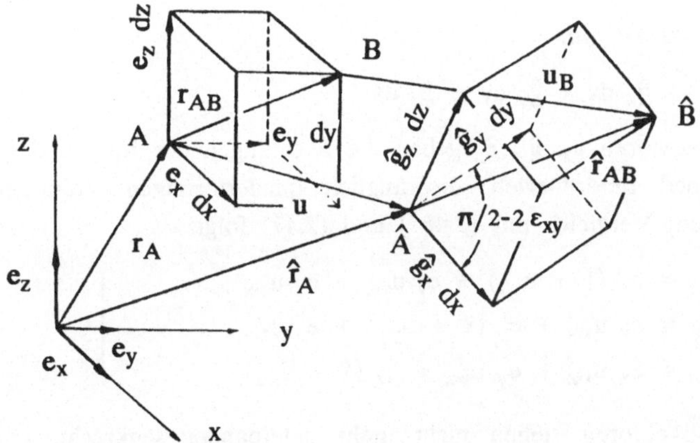

Abb. 2.10 Die Lage der Punkte A und B im Ausgangs- und Grundzustand

$$\hat{r}_A = r_A + u , \qquad\qquad \hat{r}_B = r_B + u_B . \tag{2.44}$$

Es ist:

$$\left.\begin{aligned}
u_B &= u + du , \\[1mm]
u &= u_x\, e_x + u_y\, e_y + u_z\, e_z , \\[1mm]
du &= (u_{,x})\, dx + (u_{,y})\, dy + (u_{,z})\, dz , \\[1mm]
du &= (u_{x,x}\, dx + u_{x,y}\, dy + u_{x,z}\, dz)\, e_x \\
&\quad + (u_{y,x}\, dx + u_{y,y}\, dy + u_{y,z}\, dz)\, e_y \\
&\quad + (u_{z,x}\, dx + u_{z,y}\, dy + u_{z,z}\, dz)\, e_z .
\end{aligned}\right\} \tag{2.45}$$

(Der nach dem Komma stehende Index gibt die partielle Differentiation nach der entsprechenden Koordinate an.)

Entsprechend (2.43) ist:

$$\hat{r}_B = \hat{r}_A + d\hat{r} = r_A + dr + u + du \; . \tag{2.46}$$

Also wird:

$$\left.
\begin{aligned}
d\hat{r} &= dr + du \; , \\
&= (dx + u_{x,x}\, dx + u_{x,y}\, dy + u_{x,z}\, dz)\, e_x \\
&\quad + (dy + u_{y,x}\, dx + u_{y,y}\, dy + u_{y,z}\, dz)\, e_y \\
&\quad + (dz + u_{z,x}\, dx + u_{z,y}\, dy + u_{z,z}\, dz)\, e_z \; .
\end{aligned}
\right\} \tag{2.46'}$$

Für $d\hat{r}$ schreiben wir entsprechend der dritten Beziehung von (2.45):

$$d\hat{r} = (\hat{r}_{,x})\, dx + (\hat{r}_{,y})\, dy + (\hat{r}_{,z})\, dz \; . \tag{2.47}$$

Man führt formal ein:

$$d\hat{r} = \hat{g}_x\, dx + \hat{g}_y\, dy + \hat{g}_z\, dz \; . \tag{2.48}$$

Die Gittervektoren $\hat{g}_x$, $\hat{g}_y$, $\hat{g}_z$ geben die Richtungen der Kanten des zu einem Parallelepiped deformierten, ursprünglich quaderförmigen Volumenelementes an. Aus dem Vergleich mit (2.46') und (2.47) folgt:

$$\left.
\begin{aligned}
\hat{g}_x &= \hat{r}_{,x} = e_x\,(1 + u_{x,x}) + e_y\, u_{y,x} + e_z\, u_{z,x} \; , \\
\hat{g}_y &= \hat{r}_{,y} = e_x\, u_{x,y} + e_y\,(1 + u_{y,y}) + e_z\, u_{z,y} \; , \\
\hat{g}_z &= \hat{r}_{,z} = e_x\, u_{x,z} + e_y\, u_{y,z} + e_z\,(1 + u_{z,z}) \; .
\end{aligned}
\right\} \tag{2.49}$$

Diese Basisvektoren stehen nicht mehr aufeinander senkrecht. Die Längen sind nicht mehr Eins.

Als Maß für die Deformation gelten die Längenänderungen der Kanten des ursprünglichen Einheitsquaders oder, weil das mathematisch einfacher ist, die Differenz der Quadrate der Längen. Es ist:

$$\left.
\begin{aligned}
dr^2 &= dr\, dr = dx^2 + dy^2 + dz^2 \; , \\
d\hat{r}^2 &= d\hat{r}\, d\hat{r} = \hat{g}_x^2\, dx^2 + \hat{g}_y^2\, dy^2 + \hat{g}_z^2\, dz^2 + 2\, \hat{g}_x\, \hat{g}_y\, dx\, dy \\
&\qquad + 2\, \hat{g}_x\, \hat{g}_z\, dx\, dz + 2\, \hat{g}_y\, \hat{g}_z\, dy\, dz \; .
\end{aligned}
\right\} \tag{2.50}$$

Aus der Differenz der Längenquadrate folgt:

$$\begin{aligned}
d\hat{r}^2 - dr^2 &= (\,\hat{g}_x^2 - 1)\, dx^2 + (\,\hat{g}_y^2 - 1)\, dy^2 + (\,\hat{g}_z^2 - 1)\, dz^2 \\
&\quad + 2(\,\hat{g}_x\, \hat{g}_y\, dx\, dy + \hat{g}_x\, \hat{g}_z\, dx\, dz + \hat{g}_y\, \hat{g}_z\, dy\, dz\,) \; .
\end{aligned} \tag{2.51}$$

Die Ausdrücke, die bei den Produkten der Längendifferentiale stehen, gelten unmittelbar als Maß für die Verzerrung. Sie heißen mathematische Komponenten des Verzerrungstensors und werden mit γ_{ij} bezeichnet ($i,j = x,y,z$):

$$
\left.
\begin{aligned}
\gamma_{xx} = \hat{g}_x^2 - 1 &= [\, e_x(1 + u_{x,x}) + e_y\, u_{y,x} + e_z\, u_{z,x}\,]^2 - 1 \ , \\
&= 2\, u_{x,x} + u_{x,x}^2 + u_{y,x}^2 + u_{z,x}^2 \ , \\
\gamma_{xy} = \hat{g}_x\, \hat{g}_y &= [\, e_x(1 + u_{x,x}) + e_y\, u_{y,x} + e_z\, u_{z,x}\,] \\
&\quad \cdot [\, e_x\, u_{x,y} + e_y(1 + u_{y,y}) + e_z\, u_{z,y}\,] \ , \\
&= u_{x,y} + u_{y,x} + u_{x,x}\, u_{x,y} + u_{y,x}\, u_{y,y} + u_{z,x}\, u_{z,y} \ , \\
\dots &
\end{aligned}
\right\} \quad (2.52)
$$

Unter Einführung der Einsteinschen Summationskonvention schreiben wir für (2.52) kürzer:

$$
\gamma_{ij} = u_{i,j} + u_{j,i} + u_{k,i}\, u_{k,j} \ , \qquad (i,\, j = x,\, y,\, z;\ k = x,\, y,\, z) \ . \qquad (2.52')
$$

Für die Definition der mechanischen Arbeit ist es vorteilhaft, anstelle der γ_{ij} die physikalischen Komponenten ε_{ij} einzuführen. Es ist $\gamma_{ij} = 2\,\varepsilon_{ij}$:

$$
\varepsilon_{ij} = \frac{1}{2}\,(u_{i,j} + u_{j,i} + u_{k,i}\, u_{k,j}), \qquad (i,j = x,\, y,\, z;\ k = x,\, y,\, z) \ . \qquad (2.53)
$$

Ausführlich erhalten die kinematischen Beziehungen das folgende Aussehen:

$$
\left.
\begin{aligned}
\varepsilon_{xx} &= u_{x,x} + \frac{1}{2}\,(\, u_{x,x}^2 + u_{y,x}^2 + u_{z,x}^2\,) \ , \\
\varepsilon_{yy} &= u_{y,y} + \frac{1}{2}\,(\, u_{x,y}^2 + u_{y,y}^2 + u_{z,y}^2\,) \ , \\
\varepsilon_{zz} &= u_{z,z} + \frac{1}{2}\,(\, u_{x,z}^2 + u_{y,z}^2 + u_{z,z}^2\,) \ , \\
2\,\varepsilon_{yz} &= u_{z,y} + u_{y,z} + u_{x,y}\, u_{x,z} + u_{y,y}\, u_{y,z} + u_{z,y}\, u_{z,z} = 2\,\varepsilon_{zy} \ , \\
2\,\varepsilon_{zx} &= u_{x,z} + u_{z,x} + u_{x,z}\, u_{x,x} + u_{y,z}\, u_{y,x} + u_{z,z}\, u_{z,x} = 2\,\varepsilon_{xz} \ , \\
2\,\varepsilon_{xy} &= u_{y,x} + u_{x,y} + u_{x,x}\, u_{x,y} + u_{y,x}\, u_{y,y} + u_{z,x}\, u_{z,y} = 2\,\varepsilon_{yx} \ .
\end{aligned}
\right\} \quad (2.53')
$$

$\varepsilon_{xx},\ \varepsilon_{yy},\ \varepsilon_{zz}$ sind die Dehnungen, $2\,\varepsilon_{yz},\ 2\,\varepsilon_{zx},\ 2\,\varepsilon_{xy}$ sind die Gleitungen.

Falls die Verschiebungsableitungen genügend klein sind, so lassen sich die Beziehungen (2.53') linearisieren, d. h. die Produkte aus den Verschiebungsableitungen werden neben den Ableitungen vernachlässigt.

2.5 Die Grundgleichungen der Kinetik

Kräfte und Bewegungsänderungen werden mit dem Trägheitsgesetz verknüpft. Es lautet in der Newton-schen Formulierung:

$$
\dot{\mathbf{p}} = \mathbf{F} \ . \qquad (2.54)
$$

Darin ist $\mathbf{p}$ der Impuls, der das Produkt aus der Masse m des Punktkörpers und dem Geschwindigkeitsvektor **v** darstellt. **F** ist die äußere Kraft. Die Beziehung (2.54) heißt Kräftesatz der Kinetik.

Bei zeitlich konstanter Masse wird:

$$\mathbf{p}^{\cdot} = m\,\mathbf{v}^{\cdot} = m\,\mathbf{a} \quad . \tag{2.54'}$$

Der Kräftesatz erhält die meist verwendete Form:

$$m\,\mathbf{a} = \mathbf{F} \quad . \tag{2.54''}$$

Das Moment des Impulses **p** bezüglich des raumfesten Ursprungspunktes 0 heißt Drehimpuls oder auch Drall des Punktkörpers. Wir bezeichnen ihn mit $\mathbf{D_0}$:

$$\mathbf{D_0} = \mathbf{r} \times \mathbf{p} \quad . \tag{2.55}$$

Die Ableitung des Drehimpulses erhält bei zeitlich konstantem m das Aussehen:

$$\mathbf{D_0^{\cdot}} = (\mathbf{r} \times \mathbf{v})^{\cdot}\, m = \mathbf{r} \times \mathbf{v}^{\cdot}\, m + \mathbf{r}^{\cdot} \times \mathbf{v}\, m \quad . \tag{2.56}$$

Die Multiplikation der rechten Seite des Kräftesatzes (2.54) mit **r** führt zu dem Momentensatz der Kinetik:

$$\mathbf{D_0^{\cdot}} = \mathbf{r} \times \mathbf{F} = \mathbf{M_0} \quad . \tag{2.57}$$

$\mathbf{M_0}$ ist das Moment bezüglich des Ursprungspunktes 0.

Ein fester Körper setzt sich aus den Massenelementen dm = ρ dV (ρ ist die Dichte des Körpers) zusammen. Der Impuls dieses Körpers ergibt sich aus dem Integral der Massenelemente multipliziert mit dem jeweiligen Geschwindigkeitsvektor $\mathbf{v_B}$:

$$\mathbf{p} = \int_m \mathbf{v_B}\, dm \quad . \tag{2.58}$$

Die Geschwindigkeit $\mathbf{v_B}$ läßt sich durch die Geschwindigkeit $\mathbf{v_A}$ eines Bezugspunktes A und die Drehgeschwindigkeit $\boldsymbol{\omega}_A$ multipliziert mit dem Abstand $\mathbf{r_{AB}}$ darstellen:

$$\mathbf{v_B} = \mathbf{v_A} + \boldsymbol{\omega}_A \times \mathbf{r_{AB}} \quad . \tag{2.59}$$

Einsetzen in (2.58) liefert:

$$\mathbf{p} = \int_m (\mathbf{v_A} + \boldsymbol{\omega}_A \times \mathbf{r_{AB}})\, dm = \int_m \mathbf{v_A}\, dm + \boldsymbol{\omega}_A \times \int_m \mathbf{r_{AB}}\, dm \quad . \tag{2.60}$$

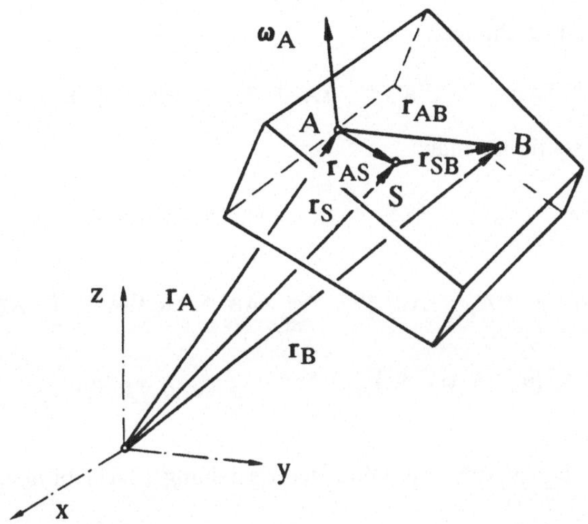

Abb. 2.11 Körper mit den Punkten A und B und dem Massenmittelpunkt S

Das zweite Integral läßt sich mit Hilfe der Lage des Massenmittelpunktes S bezüglich des Bezugspunktes r_{SA}

$$r_{SA}\, m \;=\; \int_{m} r_{AB}\, dm \tag{2.61}$$

umformen:

$$p \;=\; v_A\, m + \omega_A \times r_{AS}\, m \;=\; (\, v_A + \omega_A \times r_{AS}\,)\, m \; . \tag{2.62}$$

Der Klammerausdruck entspricht der Geschwindigkeit des Massenmittelpunktes v_S. Also schreiben wir für (2.60):

$$p \;=\; m\, v_S \; . \tag{2.63}$$

In Worten: Der Impuls eines Körpers ergibt sich aus dem Produkt der Gesamtmasse und der Geschwindigkeit des Massenmittelpunktes.

Die äußeren Kräfte, die auf den Körper einwirken, lassen sich zu der resultierenden Kraft F_{res} zusammenfassen. Man findet so für den festen Körper den Kräftesatz der Kinetik:

$$m\, \dot{v}_S \;=\; F_{res} \; . \tag{2.64}$$

Der Drehimpuls eines festen Körpers bezogen auf den raumfesten Bezugspunkt 0 findet man als:

$$D_O \;=\; \int_{m} r_B \times v_B\, dm \; . \tag{2.65}$$

Führt man die Beziehungen

$$\mathbf{r}_B = \mathbf{r}_A + \mathbf{r}_{AB} , \qquad \mathbf{v}_B = \mathbf{v}_A + \mathbf{v}_R + \boldsymbol{\omega}_A \times \mathbf{r}_{AB} . \qquad (2.66)$$

in (2.65) ein, so findet man:

$$\mathbf{D}_0 = \int_m (\mathbf{r}_A + \mathbf{r}_{AB}) \times (\mathbf{v}_A + \mathbf{v}_R + \boldsymbol{\omega}_A \times \mathbf{r}_{AB})\, dm \qquad (2.67)$$

$$= \int_m \mathbf{r}_{AB} \times (\boldsymbol{\omega}_A \times \mathbf{r}_{AB})\, dm + \int_m \mathbf{r}_{AB} \times \mathbf{v}_R\, dm + \int_m \mathbf{r}_{AB} \times \mathbf{v}_A\, dm$$

$$+ \int_m \mathbf{r}_A \times (\mathbf{v}_A + \boldsymbol{\omega}_A \times \mathbf{r}_{AB})\, dm + \int_m \mathbf{r}_A \times \mathbf{v}_R\, dm . \qquad (2.67\,')$$

Zwei Integrale lassen sich mit Hilfe der Beziehung (2.61) bilden:

$$\mathbf{D}_0 = \int_m \mathbf{r}_{AB} \times (\boldsymbol{\omega}_A \times \mathbf{r}_{AB})\, dm + \int_m \mathbf{r}_{AB} \times \mathbf{v}_R\, dm + \int_m \mathbf{r}_A \times \mathbf{v}_R\, dm$$

$$+ m\, [\, \mathbf{r}_A \times (\mathbf{v}_A + \boldsymbol{\omega}_A \times \mathbf{r}_{AS})\,] + m\, (\mathbf{r}_{AS} \times \mathbf{v}_A) . \qquad (2.68)$$

Der starre Körper

Für den Fall des starren Körpers, den wir im folgenden betrachten wollen, vereinfacht sich (2.68) wegen $\mathbf{v}_R = 0$ in:

$$\mathbf{D}_0 = \int_m \mathbf{r}_{AB} \times (\boldsymbol{\omega}_A \times \mathbf{r}_{AB})\, dm + m\, [\mathbf{r}_{AS} \times \mathbf{v}_A + \mathbf{r}_A \times (\mathbf{v}_A + \boldsymbol{\omega}_A \times \mathbf{r}_{AS})] .$$
$$(2.68\,')$$

Für das verbleibende Integral schreiben wir $\mathbf{D}_A$ und erhalten für den starren Körper:

$$\mathbf{D}_0 = \mathbf{D}_A + m\, [\, \mathbf{r}_{AS} \times \mathbf{v}_A + \mathbf{r}_A \times (\mathbf{v}_A + \boldsymbol{\omega}_A \times \mathbf{r}_{AS})\,] . \qquad (2.69)$$

(2.69) vereinfacht sich bei der Wahl des Massenmittelpunktes S als Bezugspunkt wegen $\mathbf{r}_{AS} = 0$:

$$\mathbf{D}_0 = \mathbf{D}_S + m\, (\mathbf{r}_S \times \mathbf{v}_S) = \mathbf{D}_S + \mathbf{r}_S \times \mathbf{p} . \qquad (2.69\,')$$

Der Momentensatz des starren Körpers ergibt sich mit diesem zuletzt eingeführten Drehimpuls in der Form:

$$\dot{\mathbf{D}}_0 = \dot{\mathbf{D}}_S + (\mathbf{r}_S \times \mathbf{p})^{\cdot} = \mathbf{M}_0 . \qquad (2.70)$$

Darin ist $\mathbf{M}_0$ das resultierende Moment bezogen auf den Ursprungspunkt 0.

Bei der Berechnung des Relativdrehimpulses D_A oder D_S muß man ein Integral

$$\int_m \mathbf{r} \times (\boldsymbol{\omega} \times \mathbf{r}) \, dm$$

auswerten. Das doppelte Vektorprodukt findet man in zwei Einzelschritten:

$$\boldsymbol{\omega} \times \mathbf{r} = \begin{vmatrix} e_{\bar{x}} & e_{\bar{y}} & e_{\bar{z}} \\ \omega_{\bar{x}} & \omega_{\bar{y}} & \omega_{\bar{z}} \\ r_{\bar{x}} & r_{\bar{y}} & r_{\bar{z}} \end{vmatrix} = e_{\bar{x}}(\omega_{\bar{y}} \, r_{\bar{z}} - \omega_{\bar{z}} \, r_{\bar{y}}) + e_{\bar{y}}(\omega_{\bar{z}} \, r_{\bar{x}} - \omega_{\bar{x}} \, r_{\bar{z}}) + \dots,$$

und

$$\mathbf{r} \times \boldsymbol{\omega} \times \mathbf{r} = \begin{vmatrix} e_{\bar{x}} & e_{\bar{y}} & e_{\bar{z}} \\ r_{\bar{x}} & r_{\bar{y}} & r_{\bar{z}} \\ (\omega_{\bar{y}} \, r_{\bar{z}} - \omega_{\bar{z}} \, r_{\bar{y}}) & (\omega_{\bar{z}} \, r_{\bar{x}} - \omega_{\bar{x}} \, r_{\bar{z}}) & (\omega_{\bar{x}} \, r_{\bar{y}} - \omega_{\bar{y}} \, r_{\bar{x}}) \end{vmatrix} .$$

$$\begin{aligned} \mathbf{r} \times \boldsymbol{\omega} \times \mathbf{r} = \quad & e_{\bar{x}} \, [\omega_{\bar{x}} \, (r_{\bar{y}}^2 + r_{\bar{z}}^2) - \omega_{\bar{y}} \, r_{\bar{y}} \, r_{\bar{x}} - \omega_{\bar{z}} \, r_{\bar{x}} \, r_{\bar{z}}] \\ + & e_{\bar{y}} \, [\omega_{\bar{y}} \, (r_{\bar{z}}^2 + r_{\bar{x}}^2) - \omega_{\bar{z}} \, r_{\bar{z}} \, r_{\bar{y}} - \omega_{\bar{x}} \, r_{\bar{y}} \, r_{\bar{x}}] \\ + & e_{\bar{z}} \, [\omega_{\bar{z}} \, (r_{\bar{x}}^2 + r_{\bar{y}}^2) - \omega_{\bar{x}} \, r_{\bar{x}} \, r_{\bar{z}} - \omega_{\bar{y}} \, r_{\bar{z}} \, r_{\bar{y}}] \quad . \end{aligned} \tag{2.71}$$

Die hier verwendeten Basisvektoren $e_{\bar{x}}$, $e_{\bar{y}}$, $e_{\bar{z}}$ sollen ein durch den Punkt A oder S gehendes körperfestes Koordinatensystem beschreiben. $\omega_{\bar{x}}$, $\omega_{\bar{y}}$, $\omega_{\bar{z}}$ sind die Komponenten des entsprechenden Drehgeschwindigkeitsvektors und $r_{\bar{x}}$, $r_{\bar{y}}$, $r_{\bar{z}}$ sind die Komponenten des Lagevektors.

Bei der Berechnung des Relativdrehimpulses sind Integrale der Form

$$\int (r_{\bar{y}}^2 + r_{\bar{z}}^2) \, dm \quad , \qquad \int r_{\bar{y}} \, r_{\bar{x}} \, dm$$

zu bilden. Man führt folgende Abkürzungen ein:

$$\left. \begin{aligned} \hat{m}_{\bar{x}\bar{x}} &= \int (r_{\bar{y}}^2 + r_{\bar{z}}^2) \, dm \, , & \hat{m}_{\bar{y}\bar{z}} &= - \int r_{\bar{y}} \, r_{\bar{z}} \, dm \, , \\ \hat{m}_{\bar{y}\bar{y}} &= \int (r_{\bar{z}}^2 + r_{\bar{x}}^2) \, dm \, , & \hat{m}_{\bar{z}\bar{x}} &= - \int r_{\bar{z}} \, r_{\bar{x}} \, dm \, , \\ \hat{m}_{\bar{z}\bar{z}} &= \int (r_{\bar{x}}^2 + r_{\bar{y}}^2) \, dm \, , & \hat{m}_{\bar{x}\bar{y}} &= - \int r_{\bar{x}} \, r_{\bar{y}} \, dm \, . \end{aligned} \right\} \tag{2.72}$$

Die $\hat{m}_{\bar{x}\bar{x}}$, $\hat{m}_{\bar{y}\bar{y}}$, $\hat{m}_{\bar{z}\bar{z}}$ sind die Drehmassen, die $\hat{m}_{\bar{x}\bar{y}}$, $\hat{m}_{\bar{y}\bar{z}}$, $\hat{m}_{\bar{z}\bar{x}}$ sind die Massendeviationsmomente.

Mit (2.72) erhält der Relativdrehimpuls die übersichtliche Form:

$$\begin{aligned} \mathbf{D}_{rel} = \quad & [\, \hat{m}_{\bar{x}\bar{x}} \, \omega_{\bar{x}} + \hat{m}_{\bar{x}\bar{y}} \, \omega_{\bar{y}} + \hat{m}_{\bar{x}\bar{z}} \, \omega_{\bar{z}}] \, e_{\bar{x}} \\ + & [\, \hat{m}_{\bar{y}\bar{x}} \, \omega_{\bar{x}} + \hat{m}_{\bar{y}\bar{y}} \, \omega_{\bar{y}} + \hat{m}_{\bar{y}\bar{z}} \, \omega_{\bar{z}}] \, e_{\bar{y}} \\ + & [\, \hat{m}_{\bar{z}\bar{x}} \, \omega_{\bar{x}} + \hat{m}_{\bar{z}\bar{y}} \, \omega_{\bar{y}} + \hat{m}_{\bar{z}\bar{z}} \, \omega_{\bar{z}}] \, e_{\bar{z}} \end{aligned} \tag{2.73}$$

Transformationsbeziehungen

a) bei einer Parallelverschiebung des Koordinatensystems um a, b, c (Abb. 2.12):

$$\hat{m}_{\overline{xx}A} = \hat{m}_{\overline{xx}S} + m\,(b^2 + c^2)\,, \quad \hat{m}_{\overline{xy}A} = \hat{m}_{\overline{xy}S} - m\,a\,b\,,$$
$$\hat{m}_{\overline{yy}A} = \hat{m}_{\overline{yy}S} + m\,(a^2 + c^2)\,, \quad \hat{m}_{\overline{yz}A} = \hat{m}_{\overline{yz}S} - m\,b\,c\,, \qquad (2.74)$$
$$\hat{m}_{\overline{zz}A} = \hat{m}_{\overline{zz}S} + m\,(a^2 + b^2)\,, \quad \hat{m}_{\overline{zx}A} = \hat{m}_{\overline{zx}S} - m\,a\,c\,.$$

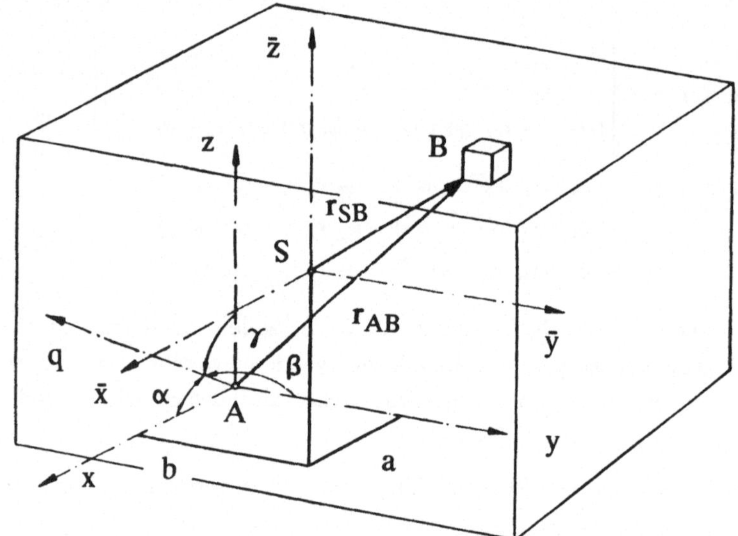

Abb. 2.12 Parallel verschobenes und gedrehtes körperfestes Koordinatensystem

b) bei der Drehung des körperfesten Koordinatensystems um den Punkt A:

$$\hat{m}_{pq} = \hat{m}_{\overline{xx}}\cos^2\alpha + \hat{m}_{\overline{yy}}\cos^2\beta + \hat{m}_{\overline{zz}}\cos^2\gamma$$
$$+ 2[\hat{m}_{\overline{xy}}\cos\alpha\cos\beta + \hat{m}_{\overline{xz}}\cos\alpha\cos\gamma + \hat{m}_{\overline{yz}}\cos\beta\cos\gamma]\,. \qquad (2.75)$$

Darin bezeichnen α, β, γ die Drehwinkel des Ausgangskoordinatensystems (Abb. 2.12) und p,q die Achsen des gedrehten Koordinatensystems.

Die Hauptachsen eines starren Körpers sind dadurch ausgezeichnet, daß die zugehörigen Deviationsmomente verschwinden.

Tabelle 2.1 Drehmassen einiger starrer Körper

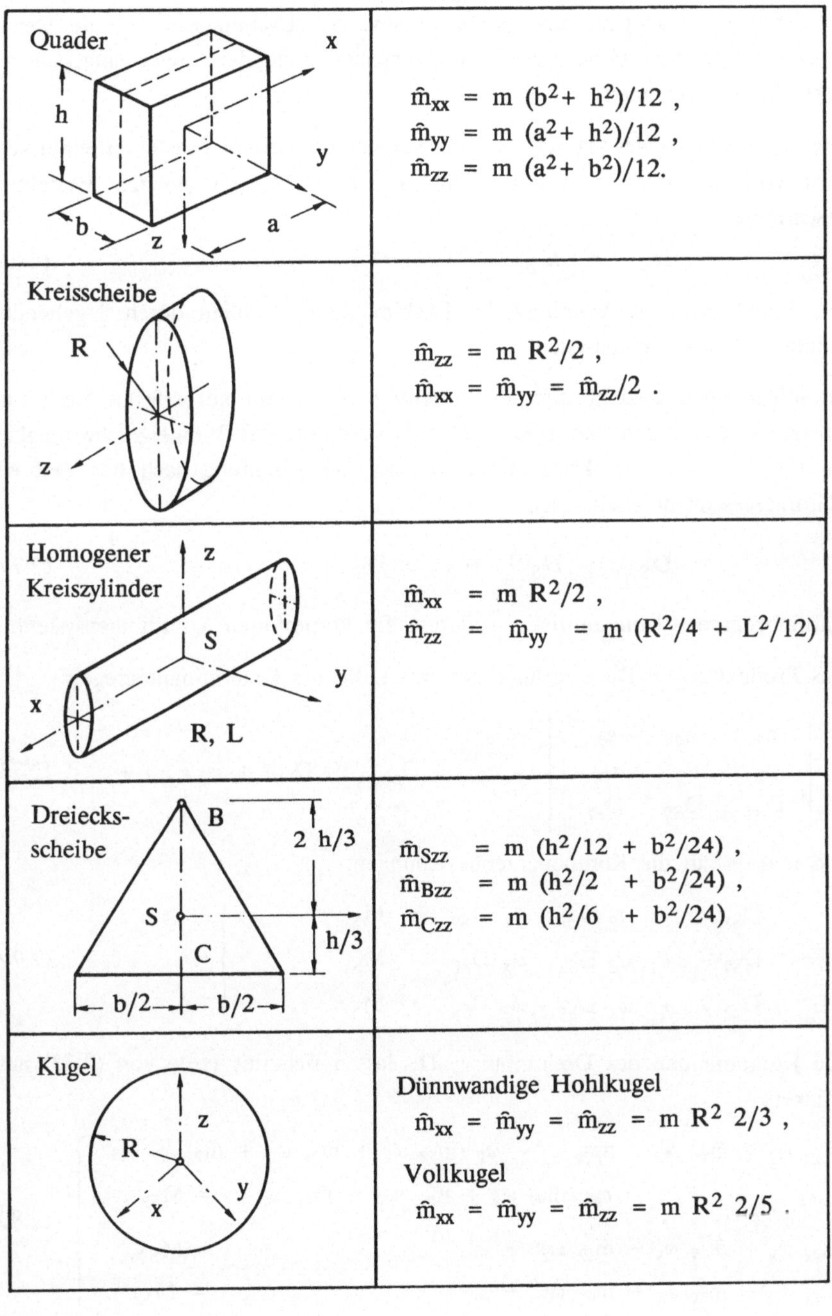

$$\hat{m}_{xx} = m\,(b^2 + h^2)/12\ ,$$
$$\hat{m}_{yy} = m\,(a^2 + h^2)/12\ ,$$
$$\hat{m}_{zz} = m\,(a^2 + b^2)/12.$$

$$\hat{m}_{zz} = m\,R^2/2\ ,$$
$$\hat{m}_{xx} = \hat{m}_{yy} = \hat{m}_{zz}/2\ .$$

$$\hat{m}_{xx} = m\,R^2/2\ ,$$
$$\hat{m}_{zz} = \hat{m}_{yy} = m\,(R^2/4 + L^2/12)$$

$$\hat{m}_{Szz} = m\,(h^2/12 + b^2/24)\ ,$$
$$\hat{m}_{Bzz} = m\,(h^2/2 + b^2/24)\ ,$$
$$\hat{m}_{Czz} = m\,(h^2/6 + b^2/24)$$

Dünnwandige Hohlkugel
$$\hat{m}_{xx} = \hat{m}_{yy} = \hat{m}_{zz} = m\,R^2\,2/3\ ,$$

Vollkugel
$$\hat{m}_{xx} = \hat{m}_{yy} = \hat{m}_{zz} = m\,R^2\,2/5\ .$$

In der Tabelle 2.1 sind die Drehmassen, bezogen auf die Hauptachsen einiger häufig auftretender Körper, angegeben. Setzt sich ein starrer Körper aus mehreren Einzelkörpern zusammen, so sind die Drehmassen und die Deviationsmomente mit Hilfe der Tabellenangaben und den zuvor angegebenen Formeln zu berechnen.

Die reine Drehbewegung des starren Körpers um seinen Massenmittelpunkt S wird von der durch Nullsetzen von r_S in (2.70) gewonnenen Beziehung beschrieben:

$$\dot{\mathbf{D}}_S = \mathbf{M}_S \; . \tag{2.76}$$

Der Punkt bedeutet Ableitung des Drehimpulses in einem durch S gehenden raumfesten Koordinatensystem.

Im allgemeinen bezieht man den Drehimpuls auf ein körperfestes Koordinatensystem, das gegenüber einem Inertialsystem mit der Winkelgeschwindigkeit $\boldsymbol{\omega}_S$ rotiert. In diesem Falle ergibt sich bei der Ableitung nach der Zeit ein Führungsgeschwindigkeitsanteil:

$$\dot{\mathbf{D}}_S = \mathbf{D}_S^{(\cdot)} + \boldsymbol{\omega}_S \times \mathbf{D}_S \; . \tag{2.77}$$

Darin bedeutet $(\cdot)$ die zeitliche Änderung im körperfesten Koordinatensystem.

Das Produkt $\boldsymbol{\omega}_S \times \mathbf{D}_S$ errechnet sich mit Hilfe der Determinantenregel:

$$\begin{vmatrix} \mathbf{e}_{\bar{x}} & \mathbf{e}_{\bar{y}} & \mathbf{e}_{\bar{z}} \\ \omega_{\bar{x}} & \omega_{\bar{y}} & \omega_{\bar{z}} \\ D_{S\bar{x}} & D_{S\bar{y}} & D_{S\bar{z}} \end{vmatrix} = \mathbf{e}_{\bar{x}} (\omega_{\bar{y}} D_{S\bar{z}} - \omega_{\bar{z}} D_{S\bar{y}}) + \mathbf{e}_{\bar{y}} (\ldots) + \ldots \; , \tag{2.78}$$

und man erhält die Komponentenbeziehungen:

$$\left.\begin{aligned} D_{S\bar{x}}^{(\cdot)} + \omega_{\bar{y}} D_{S\bar{z}} - \omega_{\bar{z}} D_{S\bar{y}} &= M_{S\bar{x}} \; , \\ D_{S\bar{y}}^{(\cdot)} + \omega_{\bar{z}} D_{S\bar{x}} - \omega_{\bar{x}} D_{S\bar{z}} &= M_{S\bar{y}} \; , \\ D_{S\bar{z}}^{(\cdot)} + \omega_{\bar{x}} D_{S\bar{y}} - \omega_{\bar{y}} D_{S\bar{x}} &= M_{S\bar{z}} \; . \end{aligned}\right\} \tag{2.79}$$

Die Komponenten des Drehimpulses $\mathbf{D}_S$ lassen sich mit Hilfe von (2.73) ausdrücken:

$$\left.\begin{aligned} \hat{m}_{\bar{x}\bar{x}} \dot{\omega}_{\bar{x}} + \hat{m}_{\bar{x}\bar{y}} \dot{\omega}_{\bar{y}} + \hat{m}_{\bar{x}\bar{z}} \dot{\omega}_{\bar{z}} + \omega_{\bar{y}} (\hat{m}_{\bar{z}\bar{x}} \omega_{\bar{x}} + \hat{m}_{\bar{z}\bar{y}} \omega_{\bar{y}} + \hat{m}_{\bar{z}\bar{z}} \omega_{\bar{z}}) & \\ - \omega_{\bar{z}} (\hat{m}_{\bar{y}\bar{x}} \omega_{\bar{x}} + \hat{m}_{\bar{y}\bar{y}} \omega_{\bar{y}} + \hat{m}_{\bar{y}\bar{z}} \omega_{\bar{z}}) &= M_{S\bar{x}} \; , \\ \hat{m}_{\bar{y}\bar{x}} \dot{\omega}_{\bar{x}} + \hat{m}_{\bar{y}\bar{y}} \dot{\omega}_{\bar{y}} + \hat{m}_{\bar{y}\bar{z}} \dot{\omega}_{\bar{z}} + \ldots &= M_{S\bar{y}} \; , \\ \hat{m}_{\bar{z}\bar{x}} \dot{\omega}_{\bar{x}} + \hat{m}_{\bar{z}\bar{y}} \dot{\omega}_{\bar{y}} + \hat{m}_{\bar{z}\bar{z}} \dot{\omega}_{\bar{z}} + \ldots &= M_{S\bar{z}} \; . \end{aligned}\right\} \tag{2.80}$$

In dem Sonderfall, daß die körperfesten Koordinatenachsen zugleich Trägheitshauptachsen sind, verschwinden die Deviationsmomente. Man findet die Bewegungsgleichungen zur Beschreibung der Hauptachsendrehbewegung:

$$\left.\begin{array}{l} \hat{m}_{\overline{xx}}\, \dot{\omega}_{\overline{x}} + (\hat{m}_{\overline{zz}} - \hat{m}_{\overline{yy}})\, \omega_{\overline{y}}\, \omega_{\overline{z}} = M_{S\overline{x}}\,, \\[2mm] \hat{m}_{\overline{yy}}\, \dot{\omega}_{\overline{y}} + (\hat{m}_{\overline{xx}} - \hat{m}_{\overline{zz}})\, \omega_{\overline{z}}\, \omega_{\overline{x}} = M_{S\overline{y}}\,, \\[2mm] \hat{m}_{\overline{zz}}\, \dot{\omega}_{\overline{z}} + (\hat{m}_{\overline{yy}} - \hat{m}_{\overline{xx}})\, \omega_{\overline{x}}\, \omega_{\overline{y}} = M_{S\overline{z}}\,. \end{array}\right\} \qquad (2.81)$$

Mit der Angabe der Kräfte- und Momentenbeziehungen stellt sich die Frage nach den auf den Körper wirkenden Kräften $\mathbf{F}$ und Momenten $\mathbf{M}$.

Diese können als Wind-, Brems- oder Anfahrkräfte auftreten. Einwirkungen können auch aufgrund von Erdbeben- oder Wasserwellen auftreten. Sie können auch als Schnittkräfte oder -momente von angeschlossenen Bauteilen auf den Körper einwirken.

2.6 Die Spannungsvektoren, die Spannungen und die dynamischen Beziehungen

Ein fester Körper wird bei seiner Deformation aufgrund äußerer Einwirkungen durch innere Kraftgrößen zusammengehalten. Zur Beschreibung dieser Größen und ihrer Kräftebeziehungen betrachten wir ein aus dem Verband mit dem festen Körper herausgeschnittenes Volumenelement. Wir wollen hier wieder für die körperfesten Koordinaten statt der Schreibweise $\overline{x}$, $\overline{y}$, $\overline{z}$ die Schreibweise x, y, z verwenden.

An den Schnittflächen des verformten Volumenelementes wirken von den benachbarten Teilen des festen Körpers Schnittkräfte. Zusätzlich wirkt die Volumenkraft.

Die Schnittkräfte auf den sechs Flächen des verformten Parallelepipeds ergeben sich aus den dort wirkenden Spannungsvektoren

$$- s_x, \ - s_y, \ - s_z \ \text{und} \ s_x + s_{x,x}\, dx, \quad s_y + s_{y,y}\, dy \ \text{und} \ s_z + s_{z,z}\, dz,$$

die per Definition mit den Flächen des undeformierten Volumenelementes also dy·dz, dx·dz und dx·dy multipliziert werden (Abb. 2.13). Die Volumenkraft ergibt sich mit dem Kraftvektor pro Volumeneinheit $\mathbf{F}_M$ als $\mathbf{F}_M$·dx·dy·dz (Multiplikation mit dem undeformierten Volumen).

Die Spannungsvektoren werden definitionsgemäß zerlegt in Komponenten in Richtung der Gittervektoren $\hat{g}_x$, $\hat{g}_y$, $\hat{g}_z$ (Abb. 2.13):

$$\left.\begin{array}{l} s_x = \sigma_{xx}\,\hat{g}_x + \sigma_{xy}\,\hat{g}_y + \sigma_{xz}\,\hat{g}_z \; , \\[4pt] s_y = \sigma_{yx}\,\hat{g}_x + \sigma_{yy}\,\hat{g}_y + \sigma_{yz}\,\hat{g}_z \; , \\[4pt] s_z = \sigma_{zx}\,\hat{g}_x + \sigma_{zy}\,\hat{g}_y + \sigma_{zz}\,\hat{g}_z \; . \end{array}\right\} \qquad (2.82)$$

Die σ_{xx}, σ_{yy}, σ_{zz} heißen Längs-, die σ_{xy}, σ_{yz}, σ_{zx}, ... Schubspannungen.

Diese Definition der Spannungen hat den Vorteil, daß das Momentengleichgewicht

$$\hat{g}_x\,dx \times (s_x\,dy\,dz) + \hat{g}_y\,dy \times (s_y\,dx\,dz) + \hat{g}_z\,dz \times (s_z\,dx\,dy) = 0 \qquad (2.83)$$

unter Vernachlässigung von Gliedern höherer Kleinheit in die Symmetrieaussage

$$\sigma_{yx} = \sigma_{xy}\;, \qquad \sigma_{zy} = \sigma_{yz}\;, \qquad \sigma_{zx} = \sigma_{xz} \qquad (2.84)$$

mündet.

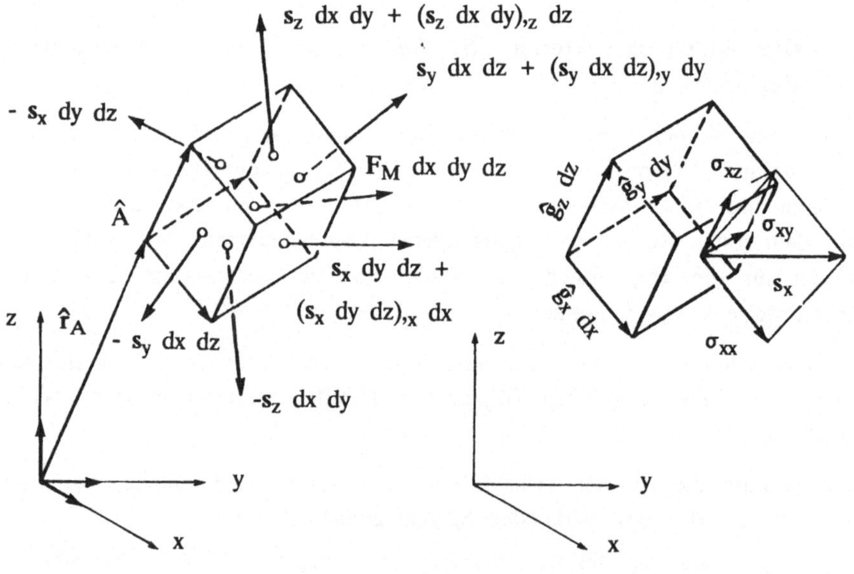

Abb. 2.13 Spannungsvektoren und Spannungen

Ein weiterer Vorteil dieser Spannungsdefinition zeigt sich bei der Aufstellung des Kräftegleichgewichts am deformierten Volumenelement. Man findet aus der Summe der Kräfte und nach Division durch das Volumen des ursprünglichen Volumenelementes die Vektorbeziehung

$$s_{x,x} + s_{y,y} + s_{z,z} + F_M = 0\;. \qquad (2.85)$$

Ersetzt man in dieser Beziehung die Spannungsvektoren durch die Ausdrücke (2.82) und die Gittervektoren durch die Beziehungen (2.49), so ergeben sich nach dem Ordnen der mit den Einheitsvektoren e_x, e_y und e_z behafteten Terme die dynamischen Beziehungen in Komponentenform:

$$\left.\begin{aligned}
&[\ \sigma_{xx}\,(1 + u_{x,x}) + \sigma_{xy}\,u_{x,y} + \sigma_{xz}\,u_{x,z}\ ]_{,x} + \\
&[\ \sigma_{yx}\,(1 + u_{x,x}) + \sigma_{yy}\,u_{x,y} + \sigma_{yz}\,u_{x,z}\ ]_{,y} + \\
&[\ \sigma_{zx}\,(1 + u_{x,x}) + \sigma_{zy}\,u_{x,y} + \sigma_{zz}\,u_{x,z}\ ]_{,z} + F_x = 0\ , \\[6pt]
&[\ \sigma_{xx}\,u_{y,x} + \sigma_{xy}\,(1 + u_{y,y}) + \sigma_{xz}\,u_{y,z}\ ]_{,x} + \\
&[\ \sigma_{yx}\,u_{y,x} + \sigma_{yy}\,(1 + u_{y,y}) + \sigma_{yz}\,u_{y,z}\ ]_{,y} + \\
&[\ \sigma_{zx}\,u_{y,x} + \sigma_{zy}\,(1 + u_{y,y}) + \sigma_{zz}\,u_{y,z}\ ]_{,z} + F_y = 0\ , \\[6pt]
&[\ \sigma_{xx}\,u_{z,x} + \sigma_{xy}\,u_{z,y} + \sigma_{xz}\,(1 + u_{z,z})\ ]_{,x} + \\
&[\ \sigma_{yx}\,u_{z,x} + \sigma_{yy}\,u_{z,y} + \sigma_{yz}\,(1 + u_{z,z})\ ]_{,y} + \\
&[\ \sigma_{zx}\,u_{z,x} + \sigma_{zy}\,u_{z,y} + \sigma_{zz}\,(1 + u_{z,z})\ ]_{,z} + F_z = 0\ .
\end{aligned}\right\} \qquad (2.86)$$

Die F_x, F_y und F_z sind die Komponenten der Volumenkraft in Richtung der Einheitsvektoren e_x, e_y, e_z. Diese Beziehungen kann man unter Einführung des Kroneckersymbols

$$\delta^l_m \quad \left\{\begin{aligned} &= 1 \text{ für } l = m \\ &= 0 \text{ für } l \neq m \end{aligned}\right\} \qquad (2.87)$$

in symbolischer Schreibweise darstellen:

$$[\,(\delta^l_m + u_{l,m})\,\sigma_{nm}\,]_{,n} + F_l = 0\ , \quad (l = x,y,z;\ m = x,y,z;\ n = x,y,z\,)\ . \qquad (2.88)$$

2.7 Das Stoffgesetz - die Spannungs-Verzerrungsbeziehungen

Das Stoffgesetz verknüpft die Spannungen mit den Verzerrungen. Es läßt sich in der linearisierten Form für die Spannungs- und Verzerrungszuwächse $d\sigma_{lm}$ und $d\varepsilon_{pq}$ formulieren:

$$d\sigma_{lm} = E_{lmpq}\,d\varepsilon_{pq} \qquad (l,m = x,y,z;\ p,q = x,y,z)\ . \qquad (2.89)$$

Darin sind die E_{lmpq} die Komponenten eines Tensors vierter Stufe. Sie heißen Steifigkeitszahlen.

Wegen der Symmetrieeigenschaften der Spannungen und Verzerrungen gilt für die Steifigkeitszahlen die Symmetriebedingung:

$$E_{lmpq} = E_{mlpq} = E_{mlqp} = E_{lmqp}\ . \qquad (2.90)$$

Von den insgesamt 36 Steifigkeitszahlen sind also nur 21 voneinander unabhängig.

Für den Sonderfall, daß isotrope Werkstoffeigenschaften vorliegen, sind die Steifigkeitszahlen durch zwei Stoffgrößen, den Elastizitätsmodul E und die Querkontraktionszahl ν, darstellbar:

$$E_{lmpq} = \frac{\nu}{(1+\nu)(1-2\nu)} \, E \, \delta_{lm} \, \delta_{pq} + G \, (\delta_{lp} \, \delta_{mp} + \delta_{lq} \, \delta_{mq}) \, . \qquad (2.91)$$

G ist der Gleitmodul, der mit E und ν über $G = E/[2(1+\nu)]$ verknüpft ist. Ausführlich erhalten wir für den isotropen Werkstoff unter Einführung der Volumendehnung

$$de \ = \ \frac{1}{3} \, (\, d\varepsilon_{xx} + d\varepsilon_{yy} + d\varepsilon_{zz} \,) : \qquad (2.91')$$

$$\left. \begin{array}{ll} d\sigma_{xx} = 2 \, G \, (d\varepsilon_{xx} + \dfrac{3\,\nu}{1-2\nu} \, de) \, , & d\sigma_{xy} = 2 \, G \, d\varepsilon_{xy} \, , \\[2ex] d\sigma_{yy} = 2 \, G \, (d\varepsilon_{yy} + \dfrac{3\,\nu}{1-2\nu} \, de) \, , & d\sigma_{yz} = 2 \, G \, d\varepsilon_{yz} \, , \\[2ex] d\sigma_{zz} = 2 \, G \, (d\varepsilon_{zz} + \dfrac{3\,\nu}{1-2\nu} \, de) \, , & d\sigma_{zx} = 2 \, G \, d\varepsilon_{zx} \, . \end{array} \right\} \qquad (2.91'')$$

Spannungen und Verzerrungen werden für die Formulierung von Plastizierungsgesetzen häufig in ihre kugelsymmetrischen und deviatorischen Anteile aufgespalten. Man findet unter Einführung der Differentiale

$$\left. \begin{array}{lll} ds \ = \ \dfrac{1}{3} \, (d\sigma_{xx} + d\sigma_{yy} + d\sigma_{zz}) & \text{der mittleren Spannung,} \\[2ex] d\sigma_{ij}^{*} \ = \ d\sigma_{ij} - \delta_{ij} \, ds & \text{des Spannungsdeviators,} \\[2ex] d\varepsilon_{ij}^{*} \ = \ d\varepsilon_{ij} - \delta_{ij} \, de & \text{des Verzerrungsdeviators:} \end{array} \right\} \qquad (2.92)$$

$$d\sigma_{ij}^{*} + \delta_{ij} \, ds \ = \ 2 \, G \, d\varepsilon_{ij}^{*} + \delta_{ij} \, 3 \, K \, de \, . \qquad (2.93)$$

Darin ist K der Kompressionsmodul:

$$K \ = \ E/[3(1-2\nu)] \, . \qquad (2.94)$$

Aus der Inversion der Beziehung (2.89) folgt:

$$d\varepsilon_{lm} \ = \ D_{lmpq} \, d\sigma_{pq} \qquad (2.95)$$

mit Nachgiebigkeitszahlen D_{lmpq}, die sich aus der Inversion der Matrix der Steifigkeitszahlen E_{lmpq} ergeben.

Für den Fall der Werkstoffisotropie hat (2.95) das ausführlich angegebene Aussehen:

$$d\varepsilon_{xx} = \frac{1}{2\,G}\left(\,d\sigma_{xx} - \frac{3\,\nu}{1+\nu}\,ds\,\right), \qquad d\varepsilon_{xy} = \frac{1}{2\,G}\,d\sigma_{xy}\,,$$

$$d\varepsilon_{yy} = \frac{1}{2\,G}\left(\,d\sigma_{yy} - \frac{3\,\nu}{1+\nu}\,ds\,\right), \qquad d\varepsilon_{yz} = \frac{1}{2\,G}\,d\sigma_{yz}\,, \qquad (2.95')$$

$$d\varepsilon_{zz} = \frac{1}{2\,G}\left(\,d\sigma_{zz} - \frac{3\,\nu}{1+\nu}\,ds\,\right), \qquad d\varepsilon_{zx} = \frac{1}{2\,G}\,d\sigma_{zx}\,,$$

oder in Indexschreibweise:

$$d\varepsilon_{ij} = \frac{1}{2\,G}\left(\,d\sigma_{ij} - \delta_{ij}\frac{3\,\nu}{1+\nu}\,ds\,\right), \quad (i,j = x,\, y,\, z)\ . \qquad (2.95'')$$

Werkstoffe mit anisotropem Werkstoffverhalten findet man in der Kristallphysik, der Geophysik und in jüngster Zeit bei faserverstärkten Werkstoffen (s. z.B. [2.12], [2.13]).

2.8 Das Trägheitsgesetz

Das Trägheitsgesetz verknüpft die Volumenkraft F_M mit dem Beschleunigungsvektor **a**. In der d'Alembert-schen Formulierung lautet es:

$$F_M = -\rho a\ . \qquad (2.96)$$

ρ ist die Dichte des Körperelementes im deformierten Zustand. (2.96) erhält in Komponentenschreibweise die Form:

$$F_{Mx} = -\rho a_x, \quad F_{My} = -\rho a_y, \quad F_{Mz} = -\rho a_z\ . \qquad (2.96')$$

2.9 Randbedingungen

Die in den Kap. 2.4, 2.6 bis 2.8 angegebenen Gleichungen beschreiben das Verhalten eines festen Körpers unter zeitlich konstanten oder zeitlich veränderlichen Einwirkungen. Man nennt diese Gleichungen die Grundgleichungen der Kontinuumsmechanik. Zusätzlich zu diesen Gleichungen müssen an der Oberfläche des Körpers Randbedingungen formuliert werden.

Die Oberfläche des Körpers B läßt sich in zwei Bereiche unterteilen: einen Bereich B_1, der vorgeschriebene Oberflächenkräfte F_B trägt, und einen zweiten Bereich B_2, der durch vorgeschriebene Verschiebungsgrößen u_B gekennzeichnet ist.

Für den Bereich B_1 ergibt sich mit dem Vektor der Oberflächenkräfte F_B, bezogen auf das nicht deformierte Oberflächenelement dB, die Kräftegleichung:

$$F_B \, dB = s_x \, dy \, dz/2 + s_y \, dz \, dx/2 + s_z \, dx \, dy/2 \ . \tag{2.97}$$

s_x, s_y, s_z sind die Spannungsvektoren (Abb. 2.14).

Der geometrische Zusammenhang zwischen den Flächenelementen läßt sich mit Hilfe des Normalenvektors n_B darstellen:

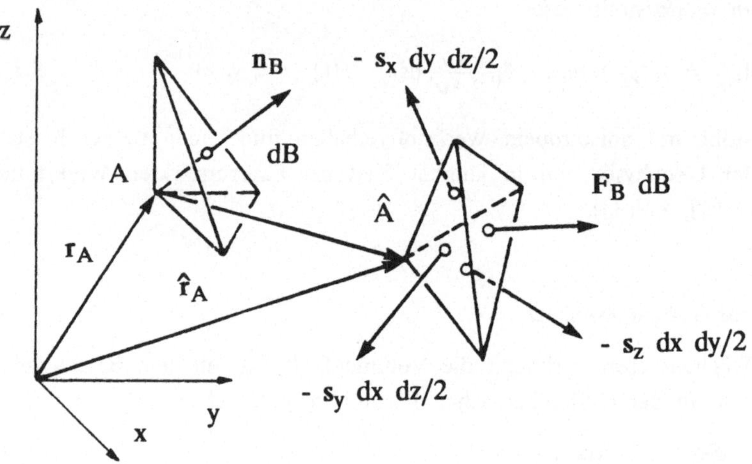

Abb. 2.14 Randtetraeder mit Spannungsvektoren

$$dx \, dy = 2 \, (\, e_z \, n_B \,) \, dB \, , \qquad dy \, dz = 2 \, (\, e_x \, n_B \,) \, dB \, ,$$
$$dz \, dx = 2 \, (\, e_y \, n_B \,) \, dB \ . \tag{2.98}$$

Einsetzen in (2.97) liefert:

$$F_B = (\, e_x \, n_B \,) \, s_x + (\, e_y \, n_B \,) \, s_y + (\, e_z \, n_B \,) \, s_z \, , \tag{2.99}$$

oder bei der Zerlegung des Kraftvektors und der Spannungsvektoren in Richtung der Basisvektoren des Ausgangszustandes:

$$F_{Bl} = \sigma_{mp} \, n_p \, (\, \delta_{lm} + u_{l,m} \,) \, , \qquad (l,m = x,y,z) \ . \tag{2.99'}$$

F_{Bl} sind die Komponenten des Kraftvektors in Richtung der Basisvektoren e_x, e_y, e_z, und $n_p = e_p \, n_B$.

Der zweite Bereich B_2 ist durch vorgeschriebene Randverschiebungen gekennzeichnet:

$$u = u_B \ . \tag{2.100}$$

2.10 Der Arbeitsbegriff - der Arbeitssatz

Eine Gruppe äußerer Kräfte F_j leistet an den Verschiebungsdifferentialen du_j das Differential der äußeren Arbeiten dW_a:

$$dW_a = F_j \, du_j \quad . \tag{2.101}$$

Bei Vorhandensein äußerer Drehkräfte $\hat{F}_j$, von Volumenskräften F_M und kontinuierlich verteilten Oberflächenkräften F_B ergeben sich weitere Anteile, und wir erhalten:

$$dW_A = F_j \, du_j + \hat{F}_k \, d\boldsymbol{\psi}_k + \int_V F_M \, du \, dV + \int_{B_1} F_B \, du \, dB \quad . \tag{2.101'}$$

Darin bedeuten:

$d\boldsymbol{\psi}_k$ das Verdrehungsdifferential,

du das Verschiebungsdifferential,

V, dV das Volumen und das Volumendifferential,

B_1, dB die Oberfläche und das Oberflächendifferential.

Bei deformierbaren Körpern leisten die Spannungen an den Verzerrungsdifferentialen ebenfalls Arbeiten. Sie heißen innere Arbeiten und werden mit dW_i bezeichnet:

$$dW_i = - \int_V \{ \, \sigma_{xx} \, d\varepsilon_{xx} + \sigma_{yy} \, d\varepsilon_{yy} + \sigma_{zz} \, d\varepsilon_{zz} +$$

$$+ 2 \, (\, \sigma_{xy} \, d\varepsilon_{xy} + \sigma_{yz} \, d\varepsilon_{yz} + \sigma_{zx} \, d\varepsilon_{zx} \,) \, \} \, dV \quad . \tag{2.102}$$

Es läßt sich zeigen, daß für einen im statischen oder kinetischen Gleichgewicht befindlichen festen Körper die Summe aus dem Arbeitsdifferential der äußeren und inneren Kräfte verschwindet:

$$dW_i + dW_a = 0 \tag{2.103}$$

Dieses Ergebnis heißt Arbeitssatz. Er ist der Ausgangspunkt der "Prinzipien der Kontinuumsmechanik". Mit Hilfe dieser "Prinzipien" lassen sich die Grundgleichungen der Mechanik besonders elegant herleiten und auch Näherungsformulierungen gewinnen.

2.11 Fließ- und Bruchbedingungen

In Kap. 2.7 wurde das Werkstoffgesetz für die Spannungs- und Verzerrungszuwächse formuliert. Die dort auftretenden Steifigkeitszahlen E_{lmpq} sind bei realen Werkstoffen von einer Vielzahl von Faktoren abhängig: sie sind

Funktionen des Beanspruchungsniveaus σ_{ij}, des Vorzeichens der Laständerung sign σ_{ij}, der Geschwindigkeit der Laststeigerung σ_{ij}, der Temperatur θ etc:

$$E_{lmpq} = E_{lmpq}(\sigma_{ij}, \text{sign } \sigma_{ij}, \sigma_{ij}, \theta, \dots) \ . \tag{2.104}$$

Die Bestimmung dieser Parameter und ihr Einfluß auf die Steifigkeitszahlen ist auch heute noch ein Gebiet intensiver Forschungen.

Aus der Beobachtung des Werkstoffverhaltens findet man, daß sich bei einem bestimmten Beanspruchungsniveau σ_{ijy} der zugehörige Verzerrungszustand schlagartig ändert. Es tritt Werkstofffließen ein. Die Grenzspannung heißt Fließspannung. Zur Beantwortung der Frage, bei welcher Spannung Fließen eintritt, dienen heute die auf die einzelnen Werkstoffe zugeschnittenen Fließbedingungen.

Eines der wohl einfachsten Fließgesetze geht auf A. Coulomb und O. Mohr zurück. Es läßt sich in der Form

$$| \ \sigma_{ijy} \ | = k - \mu_C \ \sigma_{ii} \tag{2.105}$$

angeben. Es bedeuten:

σ_{ijy} die zum Fließen führende maximale Schubspannung,
k ist die Scherfließgrenze,
μ_C ist der innere Gleitreibungsbeiwert,
σ_{ii} ist die maximale Längsspannung.

Dieses Fließgesetz, das mehrfach modifiziert wurde, gilt für einen weiten Bereich von Baustoffen, von Baugrund und von Fels. In der Geophysik wird es vorzugsweise verwendet.

Andere Fließbedingungen bringen den Eintritt des Fließens mit einem bestimmten Maß der Gestaltänderungsarbeit in Zusammenhang. Dazu spaltet man das Differential der Formänderungsarbeit dW_i (2.102) in die Anteile aus Volumenänderungs- und Gestaltänderungsarbeit dW_{iV}, dW_{iG} auf. Mit den Beziehungen (2.92), (2.93) ergibt sich zunächst:

$$dW_i = dW_{iG} + dW_{iV} = - \int_V \sigma_{ij}^* \ d\varepsilon_{ij}^* \ dV - \int_V s \ de \ dV \ ,$$

$$= - \int_V \sigma_{ij}^* \ \frac{1}{2 \ G} \ d\sigma_{ij}^* \ dV - \int_V s \ \frac{1}{K} \ ds \ dV \ . \tag{2.106}$$

Für den Fall eines bis zum Fließen linear elastischen Materials lassen sich die Ausdrücke über den Verzerrungen integrieren und man erhält:

$$W_{iG} = - \int_V \frac{1}{4\,G}\, \sigma_{ij}^*\, \sigma_{ij}^*\; dV \; ,$$

$$W_{iV} = - \int_V \frac{1}{2\,K}\, s^2\; dV \quad . \qquad\qquad (2.107)$$

Die Fließbedingung, die mit den Namen M. T. Huber, R. v. Mises und H. Hencky verbunden ist, lautet also mit der für das Fließen maßgebenden Gestaltänderungsarbeit W_{iGy}:

$$W_{iG} = W_{iGy} \; , \qquad\qquad (2.108)$$

oder in Komponentenschreibweise:

$$[\; \sigma_{xx}^2 + \sigma_{yy}^2 + \sigma_{zz}^2 - \sigma_{xx}\,\sigma_{yy} - \sigma_{yy}\,\sigma_{zz} - \sigma_{zz}\,\sigma_{xx}$$

$$+ 3\,(\,\sigma_{xy}^2 + \sigma_{yz}^2 + \sigma_{zx}^2\,)\,] \;=\; \sigma_y^2 \qquad\qquad (2.108')$$

Wir sollten darauf hinweisen, daß die hier angegebenen Fließbedingungen nicht die einzigen sind, die heute in der Praxis eingesetzt werden (s. z.B. [2.14] bis [2.18]) .

2.12 Die linearen Grundgleichungen der Mechanik

Bei kleinen Deformationen lassen sich die in den Kap. 2.4, 2.6 und 2.7 hergeleiteten Beziehungen durch Vernachlässigung nichtlinearer Terme linearisieren. Man erhält so die linearen Grundgleichungen der Mechanik fester Körper:

$$\begin{aligned}
\varepsilon_{xx} &= u_{x,x}\,, & 2\,\varepsilon_{xy} &= u_{x,y} + u_{y,x} = 2\,\varepsilon_{yx}\,,\\
\varepsilon_{yy} &= u_{y,y}\,, & 2\,\varepsilon_{yz} &= u_{y,z} + u_{z,y} = 2\,\varepsilon_{zy}\,,\\
\varepsilon_{zz} &= u_{z,z}\,, & 2\,\varepsilon_{zx} &= u_{z,x} + u_{x,z} = 2\,\varepsilon_{xz}\,.
\end{aligned} \qquad\qquad (2.109)$$

Auf die gleiche Weise gewinnt man die linearen Kräftebeziehungen:

$$\begin{aligned}
\sigma_{xx,x} + \sigma_{yx,y} + \sigma_{zx,z} + F_x &= 0\,, & \sigma_{yx} &= \sigma_{xy}\,,\\
\sigma_{xy,x} + \sigma_{yy,y} + \sigma_{zy,z} + F_y &= 0\,, & \sigma_{zx} &= \sigma_{xz}\,,\\
\sigma_{xz,x} + \sigma_{yz,y} + \sigma_{zz,z} + F_z &= 0\,, & \sigma_{xy} &= \sigma_{yx}\,.
\end{aligned} \qquad\qquad (2.110)$$

Und für den Fall, daß das Werkstoffgesetz nicht nur für die Spannungs- und die Verzerrungszuwächse, sondern für die Größen unmittelbar gilt, läßt sich ein physikalisch lineares Stoffgesetz in der Form

$$\sigma_{lm} = F_{lmpq}\, \varepsilon_{pq} \qquad\qquad (2.111)$$

angeben.

2.13 Möglichkeiten zur Lösung der linearen Grundgleichungen

Allen Lösungsmethoden ist gemeinsam, daß sie zunächst die Zahl der Unbekannten reduzieren. Wir wollen hier nur die dabei entstehenden Gleichungstypen aufzählen.

Gemischte Gleichungen in den Verschiebungen und Spannungen

Durch Elimination der Verzerrungen und der Trägheitskräfte aus dem System von Grundgleichungen ergeben sich Gleichungen in den Verschiebungen und Spannungen. Diese gemischten Gleichungen wurden im vergangenen Jahrhundert praktisch nicht beachtet. Erst seit dem Aufkommen des elektronischen Rechners in der Mitte dieses Jahrhunderts schenkt man diesen Gleichungen eine zunehmende Aufmerksamkeit (s. z.B. [2.19], [2.20]).

Gleichungen in den Verschiebungen allein

Ein weiterer Eliminationsschritt führt auf Gleichungen, die allein die Verschiebungen als Unbekannte enthalten. Sie sind mit dem Namen J. L. Navier verbunden.

Gleichungen in den Spannungen allein

Eine andere Form von Gleichungen, die allein die Spannungen als Unbekannte enthalten, sind unter dem Namen E. Beltramische Gleichungen bekannt. Sie werden vorzugsweise zur Lösung von statischen Aufgaben eingesetzt.

Hinweise auf die klassischen Lösungsverfahren

Die klassischen Lösungsverfahren zielen darauf ab, eine Lösung zu finden, die die Differentialgleichungen und die Randbedingungen mathematisch streng erfüllen. Bekannt ist der auf H. Helmholtz zurückgehende Ansatz, mit Hilfe einer Verschiebungs-Oberfunktion die Navier-schen Gleichungen zu lösen; der Drei-Funktionen-Ansatz von P.F Papkowitsch und H. Neuber gehört hierzu. Ansätze, mit Hilfe von Spannungs-Oberfunktionen eine strenge Lösung der Beltrami-schen Gleichungen zu finden, sind älter. Sie gehen auf J.C. Maxwell, G. Morera und B. Finzi zurück. Bekannt ist der G.B. Airy-sche Spannungsfunktionsansatz zur Lösung der Scheibenaufgabe; ebenfalls bekannt ist der L. Prandtl-sche Torsionsspannungsfunktionsansatz zur Lösung der Aufgabe der "reinen" Torsion (s. z.B. [2.21]).

In vielen Fällen der Praxis lassen sich zwar die Differentialgleichungen der Einzelaufgaben durch Lösungsansätze erfüllen. Die Erfüllung der Randbedingungen macht jedoch meist Schwierigkeiten.

Man hat daher Lösungsmethoden entwickelt, die unmittelbar auf Näherungsergebnisse abzielen: z.B. das Differenzenverfahren oder das Mehrstellenverfahren. Beide Verfahren wandeln die Differentialgleichungen in algebraische Gleichungen um. Weitere Näherungsverfahren basieren auf einem der Energieprinzipien der Mechanik. An dieser Stelle ist das Verfahren von Rayleigh und W. Ritz besonders hervorzuheben (s. z.B. [2.22] bis [2.24]).

Hinweise auf die computerorientierten Lösungsverfahren

Das Erscheinen des elektronischen Rechners mit der Möglichkeit, eine große Zahl gekoppelter Gleichungen mühelos aufzustellen und zu lösen, hat den numerischen Lösungsmethoden eine herausragende Bedeutung gegeben. Zwei Methoden zur Lösung elastostatischer, elastokinetischer oder elastoplastischer Aufgaben der Kontinuumsmechanik sind zu nennen: Das Verfahren der Übertragungsmatrizen (s. z.B. [2.19], [2.20]) und das schematisierte Verschiebungsgrößenverfahren, das auch unter dem Namen Finite-Element-Methode bekannt ist (s. z.B. [2.8], [2.22] bis [2.24]) . Das Verfahren der Übertragungsmatrizen liefert die Zustandsgrößen eines Gebildes in einem Schritt. Das Verschiebungsgrößenverfahren liefert zunächst die Verschiebungsgrößen, in einem zweiten Schritt die Kraftgrößen. Durch Kombination beider Verfahren läßt sich eine außerordentliche Flexibilität der Berechnungsverfahren gewinnen. Beide Verfahren werden heute mit Erfolg in allen Gebieten der Technik eingesetzt.

2.14 Lage-, Geschwindigkeits- und Beschleunigungsvektor eines Calypso-Rundfahrgeschäftes

Für den Entwurf und den Bau eines Rundfahrgeschäftes (Karussells) ist es notwendig, den Nachweis der Standsicherheit zu liefern. Dazu wiederum müssen die anerkannten Regeln der Baukunst beachtet werden. Hinweise für den Nachweis der Standsicherheit finden sich in der DIN 4112 Fliegende Bauten, Richtlinien für Bemessung und Ausführung, Sept. 1980.

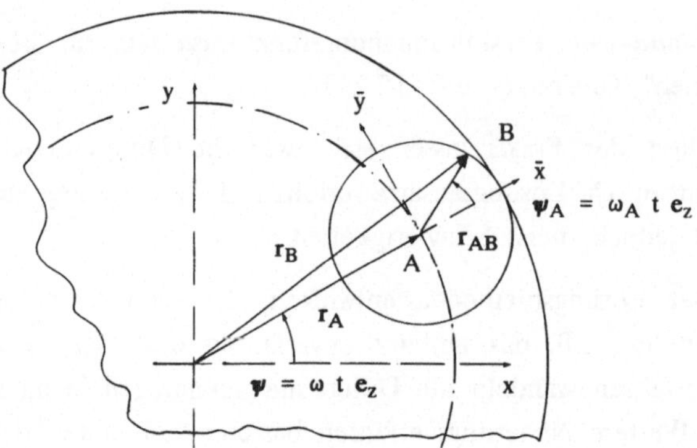

Abb. 2.15 Rotierende Grundscheibe mit rotierender Zusatzscheibe

Wird z. B. die Richtung einer oder mehrer Drehachsen eines Karussells
während der Rotation geschwenkt, so sind die dabei auftretenden Führungs-
und Corioliskräfte zu berücksichtigen. Diese Besonderheiten bei dem Nachweis der Standsicherheit von Stützkonstruktionen von Rund- und Hochfahr-
geschäften (Achterbahnen, Loopingbahnen etc.) erfordern von dem Entwurfsingenieur eine vertiefte Kenntnis der Kinematik und Kinetik.

Im folgenden soll anhand eines Calypso-Rundfahrgeschäftes gezeigt werden,
wie sich der Lagevektor, der Geschwindigkeitsvektor und der Beschleunigungsvektor für einen Sitz darstellen. Aus der Kenntnis des Beschleunigungsvektors
ergeben sich die Kräfte, die von der Tragkonstruktion aufgenommen werden
müssen.

Auf der mit der Winkelgeschwindigkeit $\boldsymbol{\omega} = \omega\, e_z = $ const rotierenden
Grundscheibe des Karussells ist im Abstand r_A eine Zusatzscheibe mit dem
Radius r befestigt. Die Zusatzscheibe rotiert gegenüber der Grundscheibe mit
der Winkelgeschwindigkeit $\boldsymbol{\omega}_B = \omega_B\, e_z$.

Gesucht sind der Lagevektor des Punktes B auf der Zusatzscheibe, sein
Geschwindigkeits- und Beschleunigungsvektor im bewegten und raumfesten Koordinatensystem.

Lösungsweg:

1.: Der Ortsvektor

$$r_B = r_A + r_{AB}\,,$$
$$r_A = r_A\,(\,e_x \cos \omega t + e_y \sin \omega t),$$
$$r_{AB} = r\,(e_{\bar{x}} \cos \omega_B t + e_{\bar{y}} \sin \omega_B t).$$

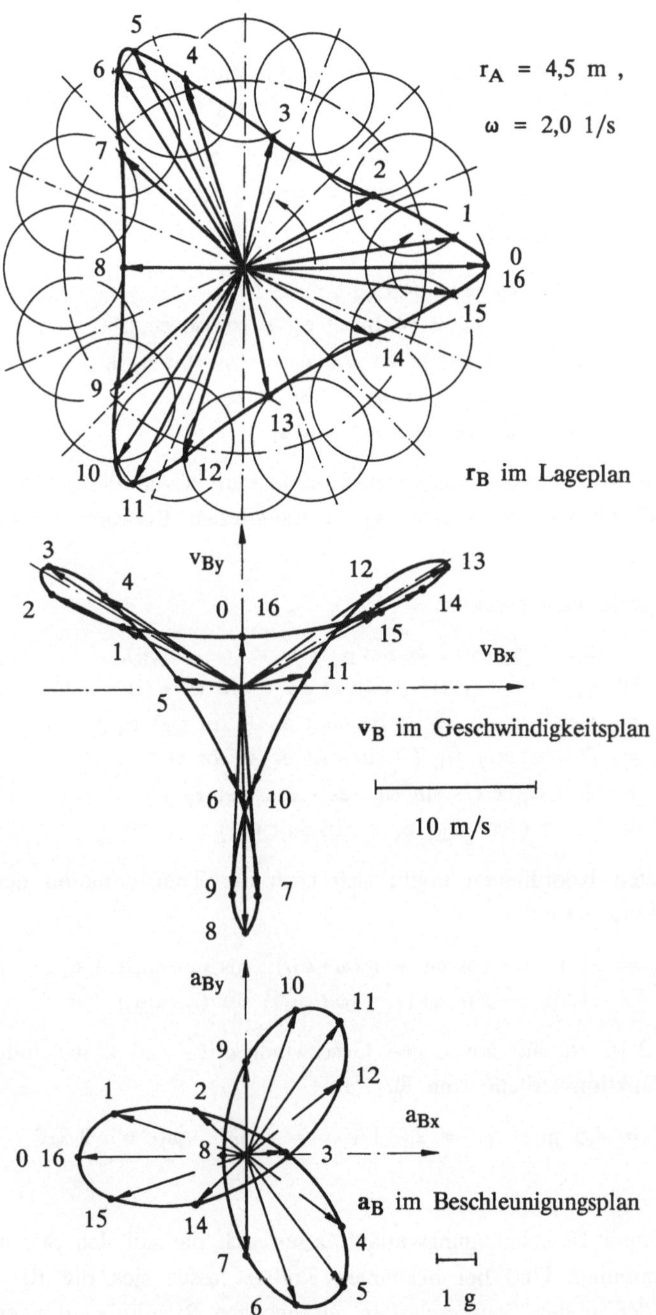

Abb. 2.16 Lage-, Geschwindigkeits- und Beschleunigungsplan

Transformation der körperfesten auf raumfeste Koordinaten:

$$r_{ABx} = r (\cos \omega t \cos \omega_B t - \sin \omega t \sin \omega_B t),$$
$$r_{ABy} = r (\sin \omega t \cos \omega_B t + \cos \omega t \sin \omega_B t).$$

$$r_B = [\ r_A \cos \omega t + r \cos (\omega + \omega_B)t\ ]\ e_x$$
$$+ [\ r_A \sin \omega t + r \sin (\omega + \omega_B)t\ ]\ e_y .$$

2.: Der Geschwindigkeitsvektor:

$$v_B = v_A + v_R + \omega \times r_{AB} ,$$
$$v_A = r_A\dot{} = r_A \omega (- \sin \omega t\ e_x + \cos \omega t\ e_y),$$
$$v_R = r_{AB}^{(\cdot)} = r \omega_B (- \sin \omega_B t\ e_{\bar{x}} + \cos \omega_B t\ e_{\bar{y}}),$$
$$\omega \times r_{AB} = \omega\ e_z \times r (\cos \omega t\ e_{\bar{x}} + \sin \omega t\ e_{\bar{y}}) ,$$
$$= r \omega (\cos \omega_B t\ e_{\bar{y}} - \sin \omega_B t\ e_{\bar{x}}) .$$

Nach Transformation der drehenden Koordinaten in raumfeste Größen ergibt sich der Geschwindigkeitssvektor v_B in raumfesten Koordinaten als Summe der Anteile.

3.: Der Beschleunigungsvektor:

$$a_B = a_A + a_R + 2 \omega \times v_R + \omega \times (\omega \times r_{AB}),$$
$$a_A = v_A\dot{} = - r_A \omega^2 (\cos \omega t\ e_x + \sin \omega t\ e_y),$$
$$a_R = v_R^{(\cdot)} = - r \omega_B^2 (\cos \omega_B t\ e_{\bar{x}} + \sin \omega_B t\ e_{\bar{y}}) ,$$
$$2 \omega \times v_R = 2 \omega\ e_z \times r \omega_B (- \sin \omega_B t\ e_{\bar{x}} + \cos \omega_B t\ e_{\bar{y}}) ,$$
$$= 2 \omega \omega_B r (- \sin \omega_B t\ e_{\bar{y}} - \cos \omega_B t\ e_{\bar{x}}) ,$$
$$- \omega^2 r_{AB} = - \omega^2 r (\cos \omega_B t\ e_{\bar{x}} + \sin \omega_B t\ e_{\bar{y}}) .$$

In raumfesten Koordinaten ergibt sich nach der Transformation der körperfesten Basisvektoren :

$$a_B = - [\ r_A \omega^2 \cos \omega t + r (\omega + \omega_B)^2 \cos (\omega + \omega_B)t\ ]\ e_x$$
$$- [\ r_A \omega^2 \sin \omega t + r (\omega + \omega_B)^2 \sin (\omega + \omega_B)t\ ]\ e_y .$$

Die Abb. 2.16 enthält den Lage-, Geschwindigkeits- und Beschleunigungsvektor. Die Funktionsverläufe sind für

$$r_A = 4{,}5\ \text{m}, \quad \omega = 2{,}0\ 1/s, \quad r = r_A/3, \quad \omega_B = 3 \omega$$

berechnet.

Bei bekanntem Beschleunigungsverlauf lassen sich die auf den Sitz wirkenden Kräfte bestimmen. Und bei bekannten Kräften lassen sich die Bauteile entsprechend der in den Bauvorschriften angegebenen Richtlinien dimensionieren.

3. DAS BERECHENBARE ERSATZMODELL

Das wirkliche Gebilde ist der Berechnung seines physikalischen Verhaltens nicht zugänglich. Man muß es daher in einem ersten Berechnungsschritt auf ein berechenbares Ersatzmodell abbilden. Dieses Ersatzmodell sollte die wesentlichen physikalischen Eigenschaften des wirklichen Tragwerkes wiedergeben können.

In der Praxis haben sich die folgenden Verfahren zur Bestimmung des Ersatzmodells bewährt.

3.1 Ersatzmodell mit "geklumpten" trägen Körpern

Das Ersatzmodell findet man durch Zusammenklumpen der kontinuierlich verteilten Masse des Tragwerkes zu trägen Punktkörpern der Masse m und Drehmasse $\hat{m}$. Die Verbindungselemente, die die Federungseigenschaften der Struktur wiedergeben, werden als masselos angesetzt. Das so gewonnene Ersatzmodell wird im englischen Sprachraum "lumped mass system" genannt und weist auf die Methode des Zusammenklumpens hin.

Die Abb. 3.1 zeigt einen Balkenträger mit kontinuierlich verteilter Trägheit und Nachgiebigkeit. Durch Zusammenklumpen der verteilten Masse entsteht

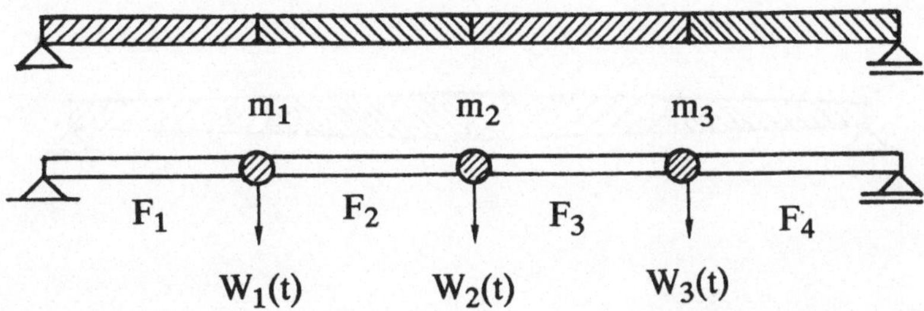

Abb. 3.1 Balkenträger und Ersatzmodell mit geklumpten Punktkörpern

ein Ersatzmodell mit drei trägen Punktkörpern der Masse m_1, m_2, m_3. Auf die Mitnahme der Drehträgheit wird in vorliegendem Fall verzichtet. Die Punktkörper sind durch die Balkenelemente F_1 bis F_4 miteinander verbunden. Zur Beschreibung des Bewegungszustandes dienen die Verschiebungen der Punktkörper W_1, W_2, W_3. Das Ersatzmodell besitzt also die drei Verschiebungsfreiheitsgrade W_1, W_2, W_3.

Von wissenschaftlichem Interesse ist das Ersatzmodell mit trägen Körpern der Länge L_j, die abwechselnd zwischen masselosen Verbindungselementen der Länge l_j angeordnet sind (Abb. 3.2). Dieses "Eisenbahnschienen"-Ersatzmodell hat sich in der Praxis nicht eingeführt, obwohl es in [3.3] eingehend analysiert wurde.

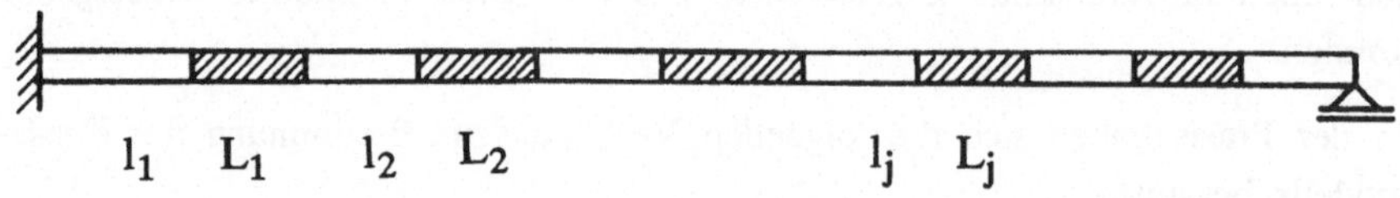

Abb. 3.2 "Eisenbahnschienen"-Ersatzmodell mit trägen Körpern der Länge L_j und masselosen Verbindungselementen der Länge l_j

Der Vorteil des Ersatzmodells mit trägen Körpern gegenüber einem Ersatzmodell mit kontinuierlich verteilter Trägheit und Nachgiebigkeit besteht in dem relativ einfachen Verfahren zu seiner Gewinnung. Nachteilig ist die Unsicherheit bei der Abschätzung der bei der Modellbildung entstehenden Fehler.

3.2 Ersatzmodell mit kontinuierlich verteilter Trägheit und Nachgiebigkeit

Das wirkliche Tragwerk wird bei der Gewinnung des Ersatzmodells nur

Abb. 3.3 Balkenträger und Ersatzmodell mit Feldern konstanter Querschnittsparameter

insoweit vereinfacht, als die Teilgebilde, aus denen es sich zusammensetzt, von einfachen mathematischen Beziehungen beschrieben werden können. Man findet ein solches Ersatzmodell mit kontinuierlich verteilter Trägheit und Nachgiebigkeit, in dem man z.B. die Querschnittsparameter feldweise konstant hält.

Wir verifizieren diese Möglichkeit an einem der Balkenelemente des Ersatz-modells der Abb. 3.3. Die Balkenlänge sei l, die Querschnittsparameter: die Querschnittsfläche A, das Flächenträgheitsmoment I, der Elastizitätsmodul E und die Dichte ρ seien konstant. Die Schubdeformation werde im energe-tischen Mittel unter Einführung der Schubfläche A_S und des Schubmoduls G erfaßt.

Zur Beschreibung des Schwingungsverhaltens dieses Bauteiles in der x-z-Ebene formulieren wir folgende Beziehungen:

Die kinematischen Beziehungen

Die kinematischen Beziehungen des Balkens sind durch die auf L. Euler und J. Bernoulli zurückgehenden Annahmen vom Ebenbleiben des Querschnit-tes während der Deformation und der Querschnittsstarrheit geprägt.

Der Querschnittspunkt A des Ausgangszustandes wird im Grundzustand zum Punkt $\hat{A}$. Der Verschiebungsvektor $\mathbf{u}$ erhält das Aussehen:

$$\mathbf{u} = u_x\,\mathbf{e}_x + u_z\,\mathbf{e}_z \ . \tag{3.1}$$

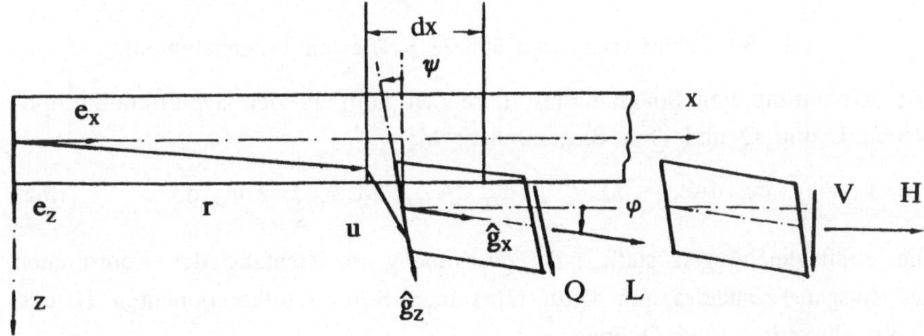

Abb. 3.4 Verschiebungsvektor und Komponenten des Schnittkraftvektors

Mit den zuvor getroffenen Annahmen ergibt sich (Abb. 3.4):

$$\mathbf{u} = (\,u + z\,\psi)\,\mathbf{e}_x + w\,\mathbf{e}_z \ . \tag{3.2}$$

u, w sind die Verschiebungskomponenten eines Punktes in der Schwerelinie des Balkens, ψ ist die Querschnittsdrehung um die y-Achse.

Unter der weiteren Annahme kleiner Verschiebungskomponenten und kleiner Querschnittsdrehungen gelten die linearen Verzerrungs-Verschiebungsbeziehungen (Kap. 2.12, Formel (2.109)):

Die Dehnung: $\quad \varepsilon_{xx} = u_{x,x} = u_{,x} + z\,\psi_{,x}$,

Die Gleitung: $\quad 2\,\varepsilon_{xz} = \gamma_{xz} = u_{z,x} + u_{x,z} = w_{,x} + \psi$.

$$(3.3)$$

Die dynamischen Beziehungen

Der Spannungsvektor s_x, der auf dem Querschnitt wirkt, wird definitionsgemäß in Komponenten in Richtung der Gittervektoren $\hat{g}_x$ und $\hat{g}_z$ zerlegt (Abb. 3.4):

$$s_x = \sigma_{xx}\,\hat{g}_x + \sigma_{xz}\,\hat{g}_z \ . \tag{3.4}$$

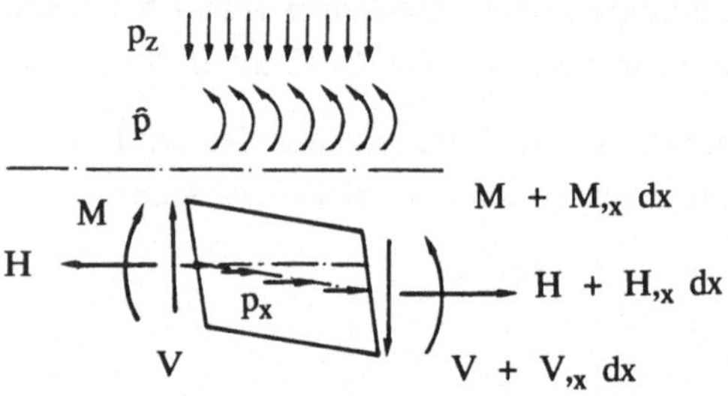

Abb. 3.5 Schnittkräfte und äußere Kräfte am Balkenelement

Die Einführung von Spannungsresultierenden führt zu den Schnittkraftkomponenten L und Q und dem Biegemoment M:

$$L = \int_A \sigma_{xx}\,dA \ , \qquad Q = \int_A \sigma_{xz}\,dA \ , \qquad M = \int_A z\,\sigma_{xx}\,dA \ . \tag{3.5}$$

Die Kräftegleichungen stellt man zweckmäßig in Richtung der Koordinaten des Ausgangszustandes auf. Dazu führt man Schnittkraftkomponenten H und V ein, die mit L und Q über

$$H = L\cos\varphi + Q\sin\psi \ , \qquad V = L\sin\varphi + Q\cos\psi \tag{3.6}$$

verknüpft sind. Bei kleinen Winkeln kann man für $\varphi \cong w_{,x}$ setzen. Damit lautet (3.6) näherungsweise:

$$H = L \cos (w_{,x}) + Q \sin \psi, \quad V = L \sin (w_{,x}) + Q \cos \psi . \qquad (3.6')$$

Auflösen nach der Längs- und Querkraft liefert mit

$$\cos (w_{,x}) \cos \psi - \sin (w_{,x}) \sin \psi = \cos (w_{,x} + \psi) = \cos \gamma \cong 1 \qquad (3.7)$$

die Beziehung:

$$\left.\begin{aligned}
L &= H \cos \psi - V \sin \psi \cong H - V \psi, \\[2mm]
Q &= - H \sin (w_{,x}) + V \cos (w_{,x}) \cong - H\, w_{,x} + V.
\end{aligned}\right\} \qquad (3.8)$$

Unter der Voraussetzung, daß $H >> V$ ist, ergibt sich:

$$L = H , \quad Q = V - H\, w_{,x} . \qquad (3.8')$$

Gleichgewicht am Balkenelement der Länge dx fordert (Abb. 3.5):

$$H_{,x} = - p_x , \quad M_{,x} = V - H\, w_{,x} - \hat{p} , \quad V_{,x} = - p_z . \qquad (3.9)$$

Das Stoffgesetz

Mit dem linearen Stoffgesetz (Hookesches Material) ergeben sich die konstitutiven Beziehungen:

$$L = E\, A\, u_{,x} , \quad Q = G\, A_S\, (w_{,x} + \psi) , \quad M = E\, I\, \psi_{,x} . \qquad (3.10)$$

Das Trägheitsgesetz

Das Trägheitsgesetz verknüpft die Kräfte mit den Beschleunigungen. Aus der Integration der Dichte ρ über der Querschnittsfläche ergeben sich die Masse μ und Drehmasse $\hat{\mu}$ pro Längeneinheit:

$$\mu = \rho\, A , \quad \hat{\mu} = \rho\, I = \mu\, i_\theta^2 . \qquad (3.11)$$

$i_\theta^2 = I/A$ ist das Quadrat des Trägheitsradius.

Unter der Annahme kleiner Verschiebungen wird mit $\partial \triangleq d(...)/dt$:

$$p_x = - \mu\, \partial^2 u , \quad p_z = - \mu\, \partial^2 w , \quad \hat{p} = - \hat{\mu}\, \partial^2 \psi . \qquad (3.12)$$

Zusammenfassung

Die Beziehungen (3.9), (3.10) und (3.12) lassen sich zu folgenden Differentialgleichungen zusammenfassen:

$$\left.\begin{aligned}
u_{,x} &= H/EA \,, \\
H_{,x} &= \mu\,\partial^2 u \,.
\end{aligned}\right\} \qquad (3.13)$$

$$\left.\begin{aligned}
w_{,x} &= -\psi + Q/G\,A_S \,, \\
\psi_{,x} &= M/EI \,, \\
M_{,x} &= \hat{\mu}\,\partial^2\psi - H\,w_{,x} + V \,, \\
V_{,x} &= \mu\,\partial^2 w \,.
\end{aligned}\right\} \qquad (3.14)$$

In der ersten Beziehung von (3.14) wird Q mit Hilfe von (3.8') durch H und V ersetzt:

$$w_{,x} = -\psi/(1 + H/G\,A_S) + V/[G\,A_S(1 + H/G\,A_S)] \,. \qquad (3.15)$$

Elimination von $w_{,x}$ in der dritten Beziehung von (3.14) liefert:

$$M_{,x} = [\,\hat{\mu}\,\partial^2 + H/(1 + H/G\,A_S)]\,\psi + V/(1 + H/G\,A_S) \,. \qquad (3.16)$$

Für viele Aufgaben der Praxis kann man folgende Vereinfachungen einführen:

- Der Einfluß von H auf das Momentengleichgewicht wird vernachlässigt.

- Die Schubnachgiebigkeit $1/G\,A_S$ und die Drehmasse $\hat{\mu}$ werden Null gesetzt.

Die erste Vereinfachung erlaubt, V durch Q zu ersetzen. Man erhält folgendes System von Differentialgleichungen:

$$\left.\begin{aligned}
w_{,x} &= -\psi \,, \\
\psi_{,x} &= M/E\,I \,, \\
M_{,x} &= Q \,, \\
Q_{,x} &= \mu\,\partial^2 w \,.
\end{aligned}\right\} \qquad (3.17)$$

Zur Beschreibung der freien Schwingungen des Balkens wählen wir den zeitlich harmonischen Ansatz mit der Kreisfrequenz ω :

$$\left.\begin{aligned}
w(x,t) &= w(x)\sin\omega t, \quad \psi(x,t) = \psi(x)\sin\omega t, \\
M(x,t) &= M(x)\sin\omega t, \quad Q(x,t) = Q(x)\sin\omega t
\end{aligned}\right\} \qquad (3.18)$$

Er verwandelt (3.17) in das System von Differentialgleichungen der ortskoordinatenabhängigen Zustandsgrößen.

Wir führen bezogene Größen

$$\bar{w} = -w, \quad \bar{\psi} = l\,\psi \,, \quad \overline{M} = M\,l^2/E\,I, \quad \overline{Q} = Q\,l^3/E\,I \qquad (3.19)$$

und den Schwingungsparameter

$$\lambda^4 = \omega^2 \, \mu \, l^4 / E \, I \tag{3.20}$$

ein und erhalten mit $^{\nabla} \triangleq d(...)/d(x/l)$:

$$\begin{bmatrix} \overline{w} \\ \overline{\psi} \\ \overline{M} \\ \overline{Q} \end{bmatrix}^{\nabla} = \begin{bmatrix} 0 & 1 & 0 & 0 \\ 0 & 0 & 1 & 0 \\ 0 & 0 & 0 & 1 \\ \lambda^4 & 0 & 0 & 0 \end{bmatrix} \begin{bmatrix} \overline{w} \\ \overline{\psi} \\ \overline{M} \\ \overline{Q} \end{bmatrix} . \tag{3.21}$$

Der Exponentialansatz für die Zustandsgrößen

$$\overline{w} = A \, e^{\beta \, x/l}, \quad \overline{\psi} = B \, e^{\beta \, x/l}, \quad \overline{M} = C \, e^{\beta \, x/l}, \quad \overline{Q} = D \, e^{\beta \, x/l} \tag{3.22}$$

führt zu der charakteristischen Gleichung:

$$\beta^4 = \lambda^4 , \tag{3.23}$$

und die Lösung lautet:

$$\overline{w} = C_1 \cosh \lambda \, x/l + C_2 \sinh \lambda \, x/l + C_3 \cos \lambda \, x/l + C_4 \sin \lambda \, x/l . \tag{3.24}$$

Die mathematischen Integrationskonstanten C_1 bis C_4 müssen nun an die Randbedingungen und möglicherweise an Übergangsbedingungen angepaßt werden. Bei einem vielgliedrigen Gebilde muß man eine Vielzahl von Bedingungsgleichungen aufstellen, die frequenzabhängige Koeffizienten enthalten. Für die Auswertung sind aber solche Koeffizienten von Nachteil. Der Vorteil des hier entwickelten Ersatzmodells gegenüber dem zuvor gefundenen Modell liegt in seiner besseren mathematischen Fundierung, so daß eine Fehlerbetrachtung des Ergebnisses leichter möglich ist.

Für den beidseitig eingespannt gelagerten Balken der Länge 2 l (Abb. 3.6) lassen sich die Gleichungen in allgemeinen Zeichen lösen. Man erhält (s. auch Kap. 10) unter Beachtung der Randbedingungen an den Rändern x = 0 und x = l:

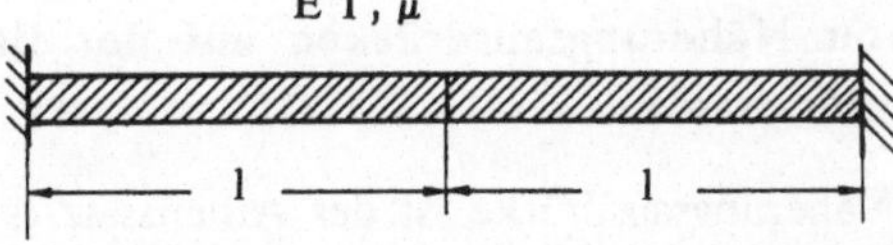

Abb. 3.6 Der beidseitig eingespannt gelagerte Balken

$$\overline{w}(0) = \overline{M}(0) = \overline{\psi}(l) = \overline{Q}(l) = 0 \tag{3.25}$$

für die freien Schwingungen:

$$\overline{w}(l,t) = A \, (E \, I/l^3) \, \lambda^3 \, [\cosh \lambda \sin \lambda + \sinh \lambda \cos \lambda]/(1 - \cosh \lambda \cos \lambda) \sin \omega t. \tag{3.26}$$

Aus (3.26) ergibt sich der niedrigste Eigenwert:

$$\lambda_e = 2{,}365 \ .$$

(3.26 ')

3.3 Finites Ersatzmodell mit kontinuierlich verteilter Trägheit und Nachgiebigkeit

Wegen des zuvor geschilderten Nachteils des Ersatzmodells mit kontinuierlich verteilter Trägheit und Nachgiebigkeit benutzt man in der Praxis gerne ein Ersatzmodell, dessen physikalisches Verhalten durch finite Näherungsausdrücke beschrieben wird und trigonometrische und Hyperbelfunktionen vermeidet. Es besitzt den Vorteil des Ersatzmodells mit trägen Punktkörpern, ist aber gleichzeitig einer Fehlerabschätzung leichter zugänglich.

Zwei Methoden zur Bestimmung eines finiten Ersatzmodells mit kontinuierlich verteilter Trägheit und Nachgiebigkeit haben sich in der Praxis durchgesetzt:

a) Abbruch der Potenzreihenentwicklung der Lösungsfunktionen

Anstelle der mathematisch strengen Lösungsfunktionen (3.24) werden Potenzreihenentwicklungen verwendet, die in der Nähe des Frequenznullpunktes abgebrochen werden (s. auch Kap. 10).

Für den beidseitig eingespannt gelagerten Balken der Abb. 3.6 findet man anstelle von (3.26) die Näherung:

$$\overline{w}(l,t) = A \ (E \ I/l^3) \ [\ 12 - (13/35) \ \lambda^4 - \ldots] \ \sin \omega t \ .$$

(3.27)

b) Entwicklung von Näherungsausdrücken auf der Basis der Energieprinzipien der Mechanik

Ausgangspunkt für Näherungsausdrücke ist der Arbeitssatz (s. Kap. 2, (2.103)):

$$d \ W_i + d \ W_a = 0 \ .$$

(3.28)

Darin ist $d \ W_i$ das Differential der inneren und $d \ W_a$ dasjenige der äußeren Arbeit.

Das Differential der inneren Arbeit läßt sich mit den Annahmen über den Verschiebungsverlauf eines Querschnittspunktes des Balkens (3.2) und der daraus folgenden Verzerrungen (3.3) angeben:

$$d\,W_i = -\int_0^l \int_A \{\ \sigma_{xx}\,d\,\varepsilon_{xx} + \sigma_{xz}\,d\,\gamma_{xz}\ \}\ dA\ dx \tag{3.29}$$

Mit dem Hookeschen Werkstoffgesetz (3.10) ergibt sich:

$$d\,W_i = -\int_0^l \int_A \{\ E\,(u_{,x} + z\,\psi_{,x})\,(d\,u_{,x} + z\,d\,\psi_{,x}) +$$
$$G\,(w_{,x} + \psi)\,(d\,w_{,x} + d\,\psi)\ \}\ dA\ dx \tag{3.30}$$

Die Integration über dem Querschnitt ist möglich. Man erhält:

$$d\,W_i = -\int_0^l \{E\,A\,u_{,x}\,d\,u_{,x} + E\,I\,\psi_{,x}\,d\,\psi_{,x} + G\,A_S\,(w_{,x} + \psi)\,(d\,w_{,x} + d\,\psi)\}\,dx$$
$$\tag{3.31}$$

Dieser Ausdruck kann als Differential einer Energieform betrachtet werden, die wir Formänderungsenergie nennen und mit U_i bezeichnen:

$$-d\,W_i = d\,U_i = d\,[\frac{1}{2}\int_0^l \{E\,A\,u_{,x}^2 + E\,I\,\psi_{,x}^2 + G\,A_S\,(w_{,x} + \psi)^2\}\,dx\,] \tag{3.32}$$

Das Differential der Arbeit der äußeren Kräfte läßt sich mit Hilfe des Trägheitsgesetzes (3.12) als

$$W_a = -\int_0^l \{\ \mu\,\partial^2 u\,d\,u + \mu\,\partial^2 w\,d\,w + \hat{\mu}\,\partial^2 \psi\,d\,\psi\ \}\ dx\ +$$
$$F_{xo}\,d\,u_0 + F_{zo}\,d\,w_0 + \hat{F}_0\,d\,\psi_0 + F_{xl}\,d\,u_l + F_{zl}\,d\,w_l + \hat{F}_l\,d\,\psi_l$$
$$\tag{3.33}$$

schreiben. Es bedeuten (Abb. 3.7):

F_{xo}, F_{zo}, $\hat{F}_0$, F_{xl}, F_{zl}, $\hat{F}_l$ die Kräfte und Drehkräfte an den Rändern $x = 0$
und $x = l$.

$d\,u_0$, $d\,w_0$, $d\,\psi_0$, $d\,u_l$, $d\,w_l$, $d\,\psi_l$ die Verrückungsdifferentiale an den Rändern
$x = 0$ und $x = l$.

Bei einem Tragwerk sind entweder die dynamischen oder die geometrischen Randgrößen Null. Von (3.33) bleibt nur

$$d\,W_a = -\int_0^1 \{\, \mu\,\partial^2 u\,d\,u + \mu\,\partial^2 w\,d\,w + \hat{\mu}\,\partial^2 \psi\,d\,\psi \,\}\,dx \qquad (3.34)$$

übrig. Dieser Ausdruck kann als zeitliche Ableitung eines Energieausdruckes

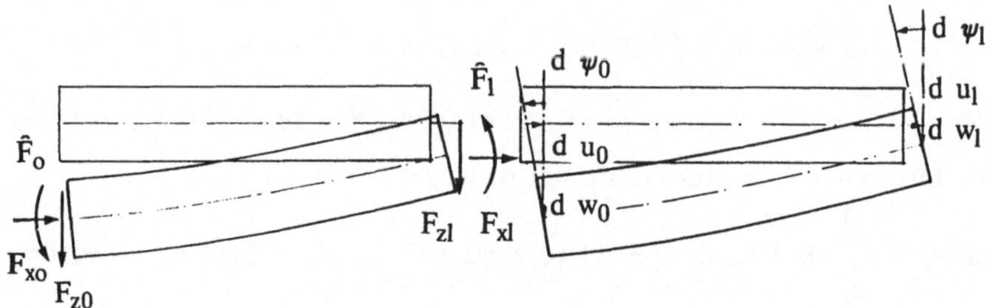

Abb. 3.7 Randkräfte und -drehkräfte und Verrückungsdifferentiale

betrachtet werden, den wir kinetische Energie nennen und mit T bezeichnen:

$$-\frac{d\,W_a}{dt} = \frac{d\,T}{dt} = \frac{d}{dt}\left[\frac{1}{2}\int_0^1 \{\, \mu\,(\partial u)^2 + \mu\,(\partial w)^2 + \hat{\mu}\,(\partial \psi)^2 \,\}\,dx\,\right]. \qquad (3.35)$$

Anstelle von (3.28) finden wir mit (3.32) und (3.35) die für den Balken ohne Dämpfungseigenschaften aufbereitete Form des Energiesatzes der Mechanik:

$$\frac{d}{dt}\,(\,T + U_i) = 0\,. \qquad (3.36)$$

In Worten: Die zeitliche Änderung der Summe aus kinetischer und Formänderungsenergie ist bei einem dissipationsfreien Gebilde Null.

Aus (3.36) folgt unmittelbar:

$$T + U_i = \text{const.} \qquad (3.37)$$

Diesen Energiesatz wählt J.W. Rayleigh zum Ausgangspunkt für die Gewinnung von Näherungsergebnissen.

Für den Balken wählt man bei zeitlich sinusförmigem Verschiebungsverlauf den Produktansatz:

$$w(x,t) = w(x)\,\sin\,\omega t\,. \qquad (3.38)$$

Die Maxima der Energieausdrücke werden, wenn man ohne Verlust an Allgemeingültigkeit auf die Mitnahme von Schubnachgiebigkeit $1/G\ A_S$ und Drehträgheit $\hat{\mu}$ verzichtet, damit:

$$\left.\begin{aligned}
\max U_i &= \frac{1}{2} \int_0^l EI\ (w_{,xx})^2\ dx = U_o\ , \\[2em]
\max T &= \frac{1}{2}\ \omega^2 \int_0^l \mu\ (\partial\ w)^2\ dx = \omega^2\ T_o\ .
\end{aligned}\right\}
\qquad (3.39)$$

Einsetzen von (3.39) in (3.37) ergibt:

$$U_o = \omega^2\ T_o\ . \qquad (3.40)$$

Die Eigenkreisfrequenz der Grundschwingung ω_e^2 gewinnt man aus:

$$\omega_e^2 = U_o/\ T_o\ . \qquad (3.40\ ')$$

Dieser Quotient heißt Rayleigh-Quotient.

Die praktische Bedeutung des Rayleigh-Quotienten liegt darin, daß man anstelle der im allgemeinen nicht bekannten Eigenschwingungsform $w(x)$ eine Näherungsfunktion $w^*(x)$ wählen darf, mit deren Hilfe man unter Verwendung von (3.40 ') einen recht genauen Näherungswert für ω_e^2 finden kann.

Von der Näherungsfunktion muß man fordern, daß sie die geometrischen Rand- und Zwischenbedingungen eines Tragwerkes streng, die dynamischen aber nicht erfüllen muß.

Besitzt das Tragwerk Stützfedern mit der Federsteifigkeit c_i bezw. $\hat{c}_j$, so müssen deren Formänderungsenergie

$$\Delta\ U_i = \frac{1}{2} \left\{ \sum_{i=1}^{M} c_i\ w_i^2 + \sum_{j=1}^{N} \hat{c}_j\ \psi_j^2 \right\} \qquad (3.41)$$

der gesamten Formänderungsenergie des Tragwerkes hinzugefügt werden.

Die Formeln müssen weiter verfeinert werden, wenn das Balkentragwerk Schubnachgiebigkeit und Drehträgheit besitzt oder große Längskräfte L vorhanden sind.

3.4 Ersatzmodell eines Durchlaufträgers mit einem Freiheitsgrad

Gegeben ist das in der Abb. 3.8 skizzierte Brückentragwerk mit kontinuierlich verteilter Masse μ und der Biegenachgiebigkeit $1/E\ I$. Gesucht ist die niedrigste Eigenfrequenz f_e und die zugehörige Eigenschwingungsform der symmetrischen Schwingungen. Für die Berechnung soll das Rayleighsche Verfahren unter Verwendung eines geeigneten Verschiebungsansatzes gewählt werden.

Es ist ferner ein Ersatzmodell zu ermitteln, das in Brückenmitte die mitschwingende Masse m* besitzt. Die zugeordnete Federsteifigkeit eines Schwingers mit einem Freiheitsgrad c* soll sich aus der Durchsenkung des masselosen Balkens unter einer Einheitslast in Brückenmitte ergeben.

Lösungsweg:

Für den Verschiebungsverlauf wählt man näherungsweise den Potenzreihenansatz:

$$w(x) = C_4 x^4 + C_3 x^3 + C_2 x^2 + C_1 x + C_o \ . \tag{3.42}$$

Die Konstanten C_o bis C_4 müssen aus den Rand- und Übergangsbedingungen bestimmt werden. Unter Ausnutzung der Tragwerkssymmetrie lauten sie:

$$w(0) = 0, \quad w_{,xx}(0) = 0, \quad w(l) = 0, \quad w_{,x}(2\,l) = 0 \ . \tag{3.43}$$

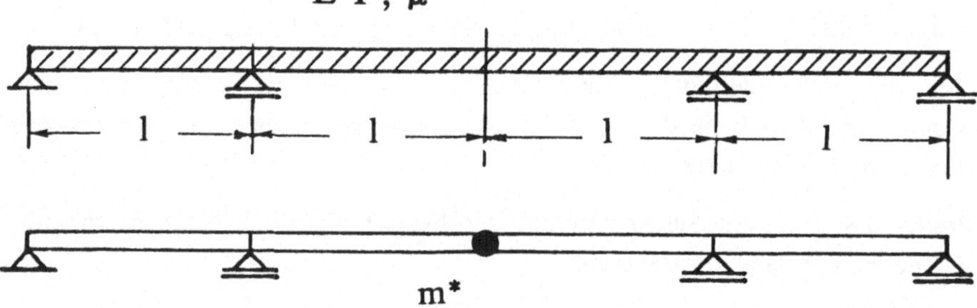

Abb. 3.8 Durchlaufträger und Ersatzmodell mit einem Freiheitsgrad

Die beiden ersten Randbedingungen führen zu $C_o = C_2 = 0$. Die beiden letzten Bedingungen liefern das homogene Gleichungssystem

C_4	C_3	C_1	
l^4	l^3	l	$= 0$,
$4(\,2\,l)^3$	$3(2\,l)^2$	l	$= 0$.

Die Konstanten C_3 und C_4 lassen sich durch C_1 ausdrücken. Dies führt zu dem orts- und zeitkoordinatenabhängigen Verschiebungsansatz ($C_1 = 1$):

$$w(x,t) = l \ \{\frac{11}{20} \ (\frac{x}{l})^4 - \frac{31}{20} \ (\frac{x}{l})^3 + (\frac{x}{l}) \ \} \cdot W(t) \ . \tag{3.44}$$

Einsetzen dieser Funktion in die kinetische Energie liefert:

$$T = \frac{1}{2} (W^{\cdot})^2 \int_0^l \mu \ l^2 \ \left\{ \frac{11}{20} \left(\frac{x}{l}\right)^4 - \frac{31}{20} \left(\frac{x}{l}\right)^3 + \left(\frac{x}{l}\right) \right\}^2 dx \ . \qquad (3.45)$$

Nach kurzer, elementarer Zwischenrechnung findet man:

$$T = \frac{1}{2} (W^{\cdot})^2 \ \mu \ l^3 \ 1{,}1403 \ . \qquad (3.45\,')$$

Die Formänderungsenergie erhält mit dem Ansatz das Aussehen:

$$U_i = \frac{1}{2} W^2 \int_0^l E \ I \ (1/l^2) \ \left\{ \frac{66}{10} \left(\frac{x}{l}\right)^2 - \frac{93}{10} \left(\frac{x}{l}\right) \right\}^2 dx \ . \qquad (3.46)$$

Die Auswertung des Integrals liefert:

$$U_i = \frac{1}{2} W^2 \ E \ I \ (1/l) \ 18{,}384 \ . \qquad (3.46\,')$$

Die Differentialgleichung der Bewegung erfolgt durch Einsetzen der Ausdrücke (3.45 ') und (3.46 ') in den Energiesatz (3.36):

$$W^{\cdot\cdot} \mu \ l^3 \ 1{,}1403 + W \ E \ I \ (1/l) \ 18{,}384 \ = \ 0 \ . \qquad (3.47)$$

Die Eigenkreisfequenz ω_e, mit der das Balkensystem freie Schwingungen ausführen kann, ergibt sich aus dem Rayleigh-Quotienten:

$$\omega_e^2 = \frac{E \ I}{\mu \ l^4} \ \frac{18{,}384}{1{,}1403} = \frac{E \ I}{\mu \ l^4} \ 16{,}122 \ . \qquad (3.48)$$

Daraus folgt die zugehörige Eigenfrequenz:

$$f_e = (\omega_e/2 \ \pi) = \sqrt{(E \ I/\mu \ l^4)} \ 0{,}639 \ . \qquad (3.48\,')$$

Der Vergleich dieses Ergebnisses mit der in Kap. 10 für das gleiche Tragwerk ermittelten Eigenfrequenz zeigt, daß der hier gefundene Wert 2 % oberhalb der mathematisch strengen Lösung liegt.

Zur Bildung des Ersatzmodells mit einer Ersatzmasse m^* in Brückenmitte wird die Durchsenkung in Tragwerksmitte unter der statischen Einheitslast $F = 1$ benötigt. Zwei Wege gibt es zu ihrer Bestimmung:

a) Bestimmung der Durchsenkung h^* mit Hilfe einer statisch unbestimmten Rechnung. Man findet:

$$h^* = (l^3/E \ I)(7/93) = (l^3/E \ I) \ 7{,}527{.}10^{-2} \ . \qquad (3.49)$$

b) Bestimmung von h* mit Hilfe des Energiesatzes in seiner ursprünglichen Form:

Der Verschiebungsansatz (3.44) ist für die statische Durchsenkung verwendbar. Man findet die Formänderungsenergie U_i, die bereits als (3.46') berechnet wurde. Die äußere Kraft F = 1 geht als W_a = (1/2) ("1/2") w(2 l) in die äußere Arbeit ein. "1/2" steht hier deshalb, weil die zuvor berechnete Formänderungsenergie nur für das halbe Tragwerk ermittelt wurde. Gleichsetzen von U_i und W_a führt zu:

$$h^* = (l^3/E\,I)\ 6{,}96.10^{-2}\ . \tag{3.50}$$

Dieses Ergebnis weicht von dem zuvor gefundenen, mathematisch strengen Wert nur um 4% ab.

Die Federsteifigkeit c* ist der Kehrwert der hier berechneten Nachgiebigkeit h*. Auf der Basis der Zahlenrechnung (3.50) findet man:

$$c^* = (E\,I/l^3)\ 14{,}362\ . \tag{3.51}$$

Die in Brückenmitte anzuordnende Ersatzmasse m* ergibt sich aus der Bedingung, daß die zuvor errechnete Eigenkreisfrequenz des Ersatzmodells erhalten bleibt:

$$(EI/\mu\ l^4)\ 16{,}122 = c^*/m^* = (E\,I/l^3)\ 14{,}362/m^*\ . \tag{3.52}$$

Daraus findet man:

$$m^* = \mu\ l\ 0{,}891 = \mu\ 4\ l\ 0{,}225. \tag{3.52'}$$

D.h. das Ersatzmodell besteht aus einer Feder der Federsteifigkeit c* und einem Punktkörper der Ersatzmasse m*, die dem Wert von 0,225 der gesamten Brückenmasse entspricht.

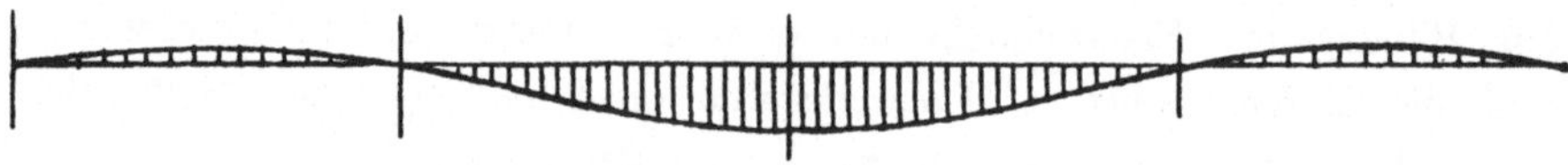

Abb. 3.9 Eigenschwingungsform des Durchlaufträgers

Die Eigenschwingungsform entspricht dem gewählten Verschiebungsansatz. Sie ist in der Abb. 3.9 skizziert.

3.5 Massenzuschläge zu den Massen von Punktkörpern

Schwingungssysteme, die aus Maschinen mit "großen" Punktkörpern und Stützkonstruktionen mit vergleichsweise geringer verteilter Masse zusammengesetzt sind, lassen sich auf ein Ersatzmodell mit Punktkörpern überführen, wenn man die verteilte Masse der Stützkonstruktion der Masse der Punktkörper zuschlägt.

Mit Hilfe der zuvor geschilderten Energiemethode lassen sich diese Zuschläge bestimmen. Wir wählen das Schwingungssystem der Abb. 3.10. Unter der Ein-

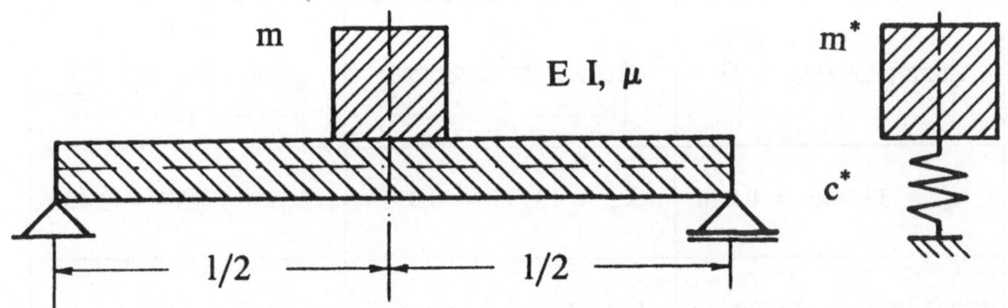

Abb. 3.10 Schwingungssystem mit "großem" Punktkörper und Ersatzmodell

heitslast in Tragwerksmitte ergibt sich die Verschiebungslinie:

$$w(x) = (l^3/48\ E\ I) \{ 3(x/l) - 4(x/l)^3 \} \tag{3.53}$$

Einsetzen dieses Verschiebungsansatzes in die kinetische Energie des schwingenden Balkens ergibt bei zeitlich harmonischem Verlauf:

$$T = \frac{1}{2} (\dot{W})^2 (l^3/48\ E\ I)^2 \{ m + 2\ \mu \int_0^{l/2} [\ 3(x/l) - 4(x/l)^3]^2\ dx \} . \tag{3.54}$$

Die Auswertung des Integrals führt zu:

$$T = \frac{1}{2} (\dot{W})^2 (l^3/48\ E\ I)^2 \{ m + \mu\ l\ 17/35 \} . \tag{3.54'}$$

Die Ersatzmasse des Ersatzmodells m* setzt sich also aus der Masse der Maschine m und dem Massenzuschlag $\Delta m = \mu\ l\ 17/35$ zusammen.

Andere Stützungsarten führen zu anderen Massenzuschlägen. Die folgende Tabelle enthält die für die häufigsten Lagerungsarten erforderlichen Massenzuschläge Δm, die sich mit dem Faktor k_μ in der Form $k_\mu\ \mu\ l$ darstellen lassen.

Auch im Falle einer zusätzlich zur Biegenachgiebigkeit $1/E\ I$ vorhandenen Schubnachgiebigkeit $1/G\ A_S$ läßt sich das zuvor geschilderte Verfahren für die Bestimmung des Massenzuschlages verwenden. Näherungsformeln sind für den Faktor k_μ in der Tabelle unter Einführung des Schubverformungsparameters

$$\kappa_S = 3\ E\ I/(l^2\ G\ A_S) \tag{3.55}$$

angegeben.

Tabelle 3.1

$k_\mu = 33/140 = 0{,}236$	$k_\mu = 13/35 = 0{,}371$	$k_\mu = 17/35 = 0{,}486$
$\{33/140 + \kappa_S\ 11/20 + \kappa_S^2/3\}/(1 + \kappa_S)^2$	$\{13/35 + \kappa_S\ 14/5 + \kappa_S^2\ 16/3\}/(1+4\kappa_S)^2$	$\{17/35 + \kappa_S\ 4/5 + \kappa_S^2/3\}/(1 + \kappa_S)^2$

3.6 Parallel- und Hintereinanderschaltung von Federelementen

In den Fällen, in denen die Stützkonstruktion Einzelfedern enthält, die parallel oder hintereinander angeordnet sind, müssen die Gesetze der Parallel- und Hintereinanderschaltung von Federn beachtet werden.

Parallelschaltung

Bei der Parallelschaltung sind die Ränder der Einzelfedern gleich. Die Kraftwirkungen addieren sich. Die Federsteifigkeit des Federpaketes ergibt sich als Summe der Federsteifigkeiten der Einzelfedern:

$$c = \sum_{j=1}^{N} c_j . \tag{3.56}$$

Wirken Federn der Federsteifigkeit c_j auf einen starren Stab, der an seinem linken Rand gelenkig gelagert ist (Abb. 3.11), so ergibt sich aus der Momentenwirkung entsprechend den einzelnen Hebelarmen l_j eine Drehfedersteifigkeit:

$$\hat{c} = \sum_{j=1}^{N} l_j^2 \, c_j \, .$$
$$(3.56\,')$$

Tabelle 3.2

Nr.	Schwingungssystem	Federnachgiebigkeit h	Bemerkungen
1		$1/E\;A$	**Längsschwingungen** E ist der E-Modul, A Fläche
2		$(1/E)\;4/(d_1\;d_2)$	d_1, d_2 sind die Durchmesser an den Stabrändern
3		$l^3/(3\;E\;I)$	**Querschwingungen des Balkens** I Trägheitsmoment
4		$(a^2\,b^2/l)\;1/(3\;E\;I\,)$	$l = a+b$
5		$(a^3\,b^2/l^2)\dfrac{(3+b/l)}{12\;E\;I}$	
6		$(a^3\,b^3/l^3)/(3\;E\;I)$	
7		$\dfrac{R^2}{16\;\pi\;K}\dfrac{(3+\nu)}{(1+\nu)}$	**Querschwingungen der Kreisplatte** R Radius
8		$R^2/(16\;\pi\;K)$	ν Querkontraktionszahl $K = E\,d^3/[12(1-\nu^2)]$ d Plattendicke
9		$64\;R^3\;n/(G\;d^4)$	**Längsschwingung der Schraubenfeder** n Windungszahl
10		$128\;R\;n/(E\;d^4)$	**Drillschwingungen** d Drahtdicke R Windungsradius

Hintereinanderschaltung

Bei der Hintereinanderschaltung von Federn sind die in den Einzelfedern entstehenden Schnittkräfte gleich. Es addieren sich die Verschiebungsgrößen. Die

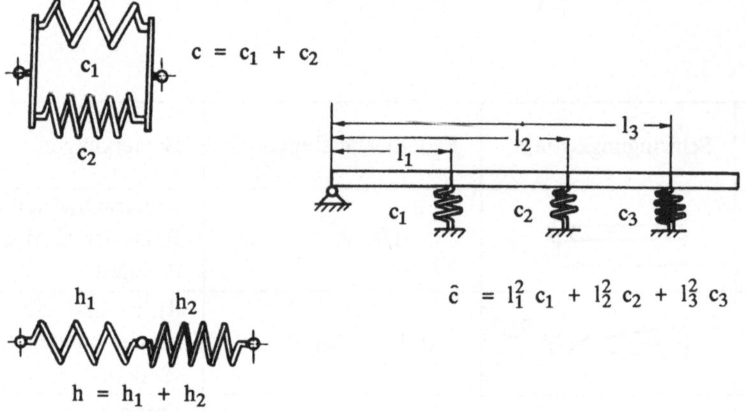

Abb. 3.11 Parallel- und Hintereinanderschaltung von Federn

resultierende Federnachgiebigkeit h ergibt sich als Summe der Federnachgiebigkeiten h_j der Einzelfedern:

$$h = \sum_{j=1}^{N} h_j \ . \tag{3.57}$$

3.7 Das Verfahren von W. Ritz

Das Verfahren von W. Ritz wählt anstelle eines einzigen Ansatzes einen vielgliedrigen Produktansatz (N ist die Anzahl der Glieder):

$$w(x,t) = \sum_{i=1}^{N} w_i(x)\, V_i(t) \ . \tag{3.58}$$

Die Näherungsfunktionen w_i müssen die geometrischen Rand- und Zwischenbedingungen erfüllen. Die V_i sind die zeitabhängigen Amplitudenfunktionen.

Für (3.58) schreibt man unter Einführung des matriziellen Vektors der Ansatzfunktionen

$$\mathbf{a} = \{\, w_1(x) \quad w_2(x) \quad w_3(x) \quad \dots \quad w_N(x) \,\} \tag{3.59}$$

und des Vektors der Amplitudenfunktionen, der aus Platzgründen in transponierter Form geschrieben wird,

$$\mathbf{u}^T = \{ \ V_1(t) \quad V_2(t) \quad V_3(t) \ ... \ V_N(t) \ \} \tag{3.60}$$

kürzer:

$$w(x,t) = \mathbf{a} \ \mathbf{u} \ . \tag{3.61}$$

Mit (3.61) erhält die kinetische Energie die matrizielle Form:

$$T = \frac{1}{2} \mathbf{u}^{\cdot \, T} \left\{ \int_0^1 \mathbf{a}^T \mu \ \mathbf{a} \ dx \right\} \mathbf{u}^{\cdot} \ . \tag{3.62}$$

Die Formänderungsenergie findet man unter Einführung des Vektors der Verzerrungen $\mathbf{b}$ und unter Beachtung des Stoffgesetzes in der Form:

$$U_i = \frac{1}{2} \mathbf{u}^T \left\{ \int_0^1 \mathbf{b}^T E \ I \ \mathbf{b} \ dx \right\} \mathbf{u} \ . \tag{3.63}$$

Der Vektor der Verzerrungen hat beim Balken ohne Schubnachgiebigkeit das Aussehen:

$$\mathbf{b} = \{ \ w_{1,xx} \quad w_{2,xx} \quad w_{3,xx} \ ... \ w_{N,xx} \ \} \ . \tag{3.64}$$

Die Ausdrücke, die in den geschweiften Klammern von (3.62) und (3.63) stehen, sind Matrizen. Aus der kinetischen Energie folgt die Trägheitsmatrix, die wir mit $\mathbf{A}$ bezeichnen. Aus der Formänderungsenergie ergibt sich die Krafteinflußmatrix, die wir mit $\mathbf{C}$ bezeichnen:

$$\mathbf{A} = \int_0^1 \mathbf{a}^T \mu \ \mathbf{a} \ dx \ , \qquad \mathbf{C} = \int_0^1 \mathbf{b}^T E \ I \ \mathbf{b} \ dx \ . \tag{3.64'}$$

Das Ritzsche Verfahren liefert ein System von Bewegungsgleichungen aus der Forderung, daß bei vorgegebenen Ansatzfunktionen die Summe aus kinetischer und potentieller Energie zu einem Optimum wird. Die mathematische Vorschrift lautet:

$$\frac{d}{dt} \ [\ \partial T/\partial V_i^{\cdot} \ + \ \partial \ U/\partial V_i \ ] = 0 \ . \tag{3.65}$$

Unter Verwendung von (3.62) und (3.63) und der in (3.64') definierten Matrizen ergibt sich folgendes System von Bewegungsgleichungen:

$$\mathbf{A} \ \ddot{\mathbf{u}} \ + \mathbf{C} \ \mathbf{u} \ = 0 \ . \tag{3.66}$$

Man findet auf diesem Wege zugleich das Ersatzmodell eines mehrgliedrigen Gebildes.

Der Kragbalken

Gegeben ist der Balken mit konstanten Querschnittsparametern EI und μ, der am Rande $x = 0$ eingespannt, am Rande $x = 1$ frei ist. Gesucht sind die Schwingungsgleichungen des Tragwerkes bei der Wahl eines mehrgliedrigen Ansatzes für den Verschiebungsverlauf.

Für die Beschreibung des Verschiebungszustandes eignet sich folgender Potenzansatz:

$$w(x,t) = (x/l)^2 \, V_1 + (x/l)^3 \, V_2 + (x/l)^4 \, V_3 \; . \tag{3.67}$$

Er erfüllt die geometrischen Randbedingungen am Rande $x = 0$. Mit Hilfe dieses Ansatzes ergibt sich das System von Bewegungsgleichungen:

$$\mu \, l \begin{bmatrix} 1/5 & 1/6 & 1/7 \\ 1/6 & 1/7 & 1/8 \\ 1/7 & 1/8 & 1/9 \end{bmatrix} \begin{bmatrix} V_1{}^{\cdot\cdot} \\ V_2{}^{\cdot\cdot} \\ V_3{}^{\cdot\cdot} \end{bmatrix} + (E \, I/l^3) \begin{bmatrix} 4 & 6 & 8 \\ 6 & 12 & 18 \\ 12 & 18 & 144/5 \end{bmatrix} \begin{bmatrix} V_1 \\ V_2 \\ V_3 \end{bmatrix} = 0 \; .$$

$$\tag{3.68}$$

Die zuerst stehende Matrix ist die Trägheitsmatrix **A**, die folgende die Krafteinflußmatrix **C**. Die drei Amplitudenfunktionen lassen sich zu dem Vektor **u** zusammenfassen.

Anstelle der hier gewählten Ansatzfunktionen können auch solche verwendet werden, die sowohl die geometrischen als auch die dynamischen Randbedingungen erfüllen. Sie lassen sich aus den zuvor verwendeten Potenzfunktionen durch Kombination gewinnen.

Eine vollständige Schematisierung des Ritzschen Verfahrens wurde durch das Erscheinen des elektronischen Rechners gefördert. Die Ansatzfunktionen $w_i(x)$ werden in der Weise gewählt, daß sie nur eine begrenzte Zahl von Bauteilen belegen. Diese Schematisierung ist heute unter dem Namen "Finite-Element-Methode" bekannt und wird in vielen Bereichen der Physik mit Erfolg eingesetzt (s. auch die Kap. 7 und 10).

3.8 Das Verfahren von B. G. Galerkin

Das Galerkinsche Verfahren ist, wie das Ritzsche Verfahren, ein auf den Variationsprinzipien fußendes Lösungsverfahren. Es geht aus von der Differentialgleichung der Aufgabe, hier von der Differentialgleichung des Balkens:

$$(E\ I\ w_{,xx})_{,xx} + \mu\ \ddot{w} = 0\ . \tag{3.69}$$

Statt der mathematisch strengen Lösung der Differentialgleichung wählt das Galerkinsche Verfahren für die Verschiebungsfunktion einen Näherungsansatz:

$$w(x,t) = a^*\ u^*\ . \tag{3.70}$$

Die Vektoren a^*, u^* entsprechen denjenigen der Beziehungen (3.59) und (3.69), können aber gegenüber a, u modifiziert sein. Von den Ansatzfunktionen a^* wird gefordert, daß sie sowohl die geometrischen als auch die dynamischen Randbedingungen erfüllen müssen. Das damit gewonnene System von Differentialgleichungen ($E\ I$, μ konstant)

$$E\ I\ a^*_{,xxxx}\ u^* + \mu\ a^*\ u^* = 0 \tag{3.71}$$

ist nur näherungsweise erfüllt. Es bleibt ein Rest. Um diesen Rest zu minimieren, wird das System von Differentialgleichungen mit einem virtuellen Verschiebungsansatz

$$\delta\,w(x,t) = a^*\ \delta\,u^* \tag{3.72}$$

multipliziert und das Integral über dem Bereich gebildet. Den Ansatz für den virtuellen Verschiebungsverlauf findet man durch Variation der Amplitudenfunktion u^*.

Die Minimierungsforderung führt zu einem System von Bewegungsgleichungen, das demjenigen gleicht, das man bei dem Ritzschen Verfahren erhält:

$$A^*\ \ddot{u^*} + C^*\ u^* = 0\ . \tag{3.73}$$

Die Elemente der Matrizen A^* und C^*, die wir a^*_{ik} und c^*_{ik} nennen, folgen aus:

$$c^*_{ik} = \int_0^1 w^*_i\ E\ I\ w^*_{k,xxxx}\ dx\ , \qquad a^*_{ik} = \int_0^1 w^*_i\ \mu\ w^*_k\ dx\ . \tag{3.74}$$

Das Galerkinsche Verfahren läßt sich auch dann anwenden, wenn die Differentialgleichung der Aufgabe kein zugeordnetes Potential besitzt. In diesen Fällen ist die Anwendung des Ritzschen Verfahrens nicht erlaubt.

A LINEARE SCHWINGUNGEN DES SCHWINGUNGSSYSTEMS MIT TRÄGEN KÖRPERN UND TRÄGHEITSLOSEN RÜCKSTELLGLIEDERN

Unter einem Schwingungssystem mit trägen Körpern und trägheitslosen Rückstellgliedern versteht man das Ersatzmodell einer Tragstruktur, das aus konzentrierten Trägheitsgliedern und trägheitslosen Federelementen besteht. Dämpfungsmechanismen können ebenfalls vorhanden sein.

4. DER SCHWINGER MIT EINEM FREIHEITSGRAD

Das einfachste, schwingungsfähige Ersatzmodell besitzt ein Trägheitsglied in der Form des trägen Punktkörpers mit der Masse m und ein Rückstellglied in der Form einer Feder mit der Federsteifigkeit c.

Der Schwinger mit einem Verschiebungsfreiheitsgrad ist durch ein Dämpfungselement mit dem Dämpfungsbeiwert k ergänzt (Abb. 4.1).

4.1 Die Bewegungsgleichung

Das Verhalten des Schwingers mit einem Verschiebungsfreiheitsgrad wird durch die folgende Bewegungsgleichung beschrieben:

$$m\,\ddot{u} + k\,\dot{u} + c\,u = F(t) \,. \tag{4.1}$$

Darin bedeuten:

    u die von der statischen Ruhelage gezählte Verschiebung des Körpers.

    $\dot{u}, \ddot{u}$ sind die Geschwindigkeit und die Beschleunigung.

    $F(t)$ ist die äußere, zeitabhängige Erregerkraft.

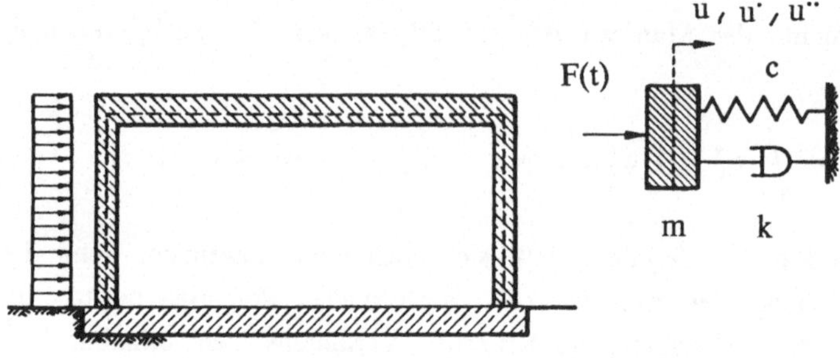

Abb. 4.1 Schwinger mit einem Freiheitsgrad

Die Dämpfungskraft - k u˙ gilt mathematisch streng nur für eine Flüssigkeits-
dämpfung. Dieser lineare Ansatz wird anderen, nichtlinearen Dämpfungskräften, z. B. - k_1 u˙^{2} der Luftdämpfung oder von Mischformen, vorgezogen.
Denn die anderen Formen von Dämpfungskräften bereiten mathematische
Schwierigkeiten.

Die Federsteifigkeit c ist nur für kleine Verschiebungen eine Konstante. Bei
großen Verschiebungen ergibt sich meist eine Rückstellkraft, die über ein
nichtlineares Werkstoffgesetz mit der Auslenkung verknüpft ist.

4.2 Das Eigenverhalten des Schwingers mit einem Freiheitsgrad

Die Lösung der Bewegungsgleichung (4.1) setzt sich aus der Lösung der homogenen Differentialgleichung und dem Partikularintegral zusammen.

Die Lösung der homogenen Differentialgleichung gibt zugleich Auskunft über
das Eigenverhalten des Schwingers bei einer zum Zeitpunkt t = 0 erfolgten
Einwirkung.

Die homogene Differentialgleichung lautet:

$$m\,\ddot{u} + k\,\dot{u} + c\,u = 0 \;. \tag{4.2}$$

Nach Division durch m und Einführung der Abkürzungen

ω^2 = c/m   Kreisfrequenzquadrat der ungedämpften Schwingung

κ = k/(2 $\sqrt{m\,c}$) Dämpfungsmaß nach Lehr

ergibt sich:

$$\ddot{u} + 2\,\kappa\,\omega\,\dot{u} + \omega^2\,u = 0 \;. \tag{4.3}$$

Zur Lösung dieser linearen Differentialgleichung wählt man den Exponentialansatz

$$u = C\,e^{\alpha\,t} \;. \tag{4.4}$$

Man findet damit die charakteristische Gleichung:

$$\alpha^2 + 2\,\kappa\,\omega\,\alpha + \omega^2 = 0 \tag{4.5}$$

mit den beiden Wurzeln:

$$\alpha_{1,2} = \omega\,\{ -\kappa \pm \sqrt{\kappa^2 - 1}\, \} \;. \tag{4.6}$$

Die Diskriminante entscheidet über das Eigenverhalten des Schwingers:

a) $\kappa > 1$

Beide Wurzeln sind reell. Die Lösung stellt sich in der Form

$$u = C_1 e^{\alpha_1 t} + C_2 e^{\alpha_2 t} \qquad (4.7)$$

dar. C_1, C_2 sind Integrationskonstanten, die an die Anfangsbedingungen angepaßt werden müssen. Der Bewegungsablauf ist aperiodisch. Der aperiodische Grenzfall ist dadurch gekennzeichnet, daß $\kappa = 1$ ist. In diesem Falle ist $\alpha_1 = \alpha_2$, und die Lösung lautet mit den Integrationskonstanten C_1^*, C_2^* :

$$u = \{ C_1^* + C_2^* t \} e^{-\kappa \omega t} . \qquad (4.8)$$

Der Bewegungsablauf ist dem zuvor angegebenen aperiodischen Fall ähnlich (Abb. 4.2).

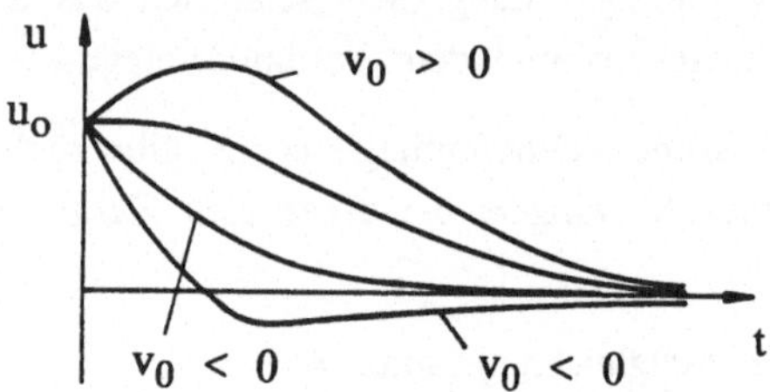

Abb. 4.2 Aperiodische Bewegungen

b) $\kappa < 1$

In diesem Falle ergibt sich:

$$\alpha_{1,2} = -\kappa \omega \pm i \omega_d , \qquad (4.9)$$

worin ω_d die Keisfrequenz der gedämpften Schwingung ist. Sie ist mit der Kreisfrequenz der ungedämpften Schwingung und dem Lehrschen Dämpfungsmaß über

$$\omega_d = \omega \sqrt{1 - \kappa^2} \qquad (4.10)$$

verknüpft.

Die Lösung erhält zunächst die Form:

$$u = e^{-\kappa \omega t} \{ C_1 e^{-i \omega_d t} + C_2 e^{i \omega_d t} \} \qquad (4.11)$$

oder, unter Beachtung der Eulerschen Formeln

$$e^{\pm i \omega_d t} = \cos \omega_d t \pm i \sin \omega_d t : \qquad (4.12)$$

$$u = e^{-\kappa \omega t} \{ D_1 \cos \omega_d t + D_2 \sin \omega_d t \} . \qquad (4.12a)$$

Das Eigenverhalten ist durch einen exponentiell abklingenden Cosinus und Sinus gekennzeichnet (Abb. 4.3).

Die Integrationskonstanten D_1 und D_2 bestimmt man aus den Anfangsbedingungen $u(0) = u_o$ und $u\dot{}(0) = v_o$. u_o ist die Anfangsauslenkung, v_o die Anfangsgeschwindigkeit. Man findet:

$$D_1 = u_o , \qquad D_2 = (v_o + \kappa \, \omega \, u_o)/\omega_d \ . \tag{4.13}$$

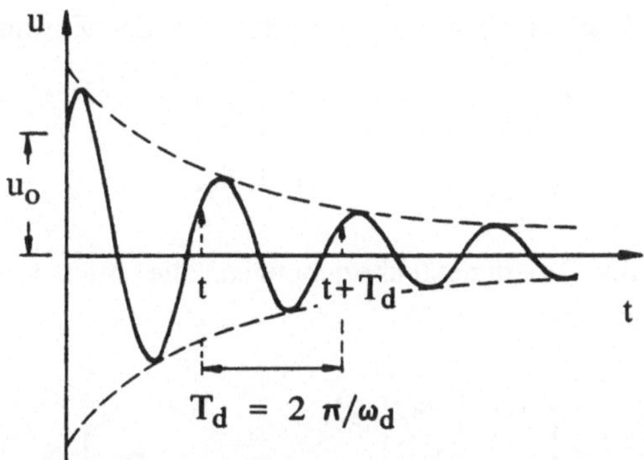

Abb. 4.3 Zeitverlauf der exponentiell abklingenden Schwingung

Die homogene Lösung erhält mit (4.13) die endgültige Form:

$$u = e^{-\kappa \, \omega \, t} \left\{ u_o \cos \omega_d t + \frac{v_o + \kappa \, \omega \, u_o}{\omega_d} \sin \omega_d t \right\} . \tag{4.14}$$

Die Schwingungsamplitude A_o und den Phasenverschiebungswinkel φ findet man aus den Beziehungen:

$$A_o = \sqrt{u_o^2 + (\frac{v_o + \kappa \, \omega \, u_o}{\omega_d})^2} , \quad \varphi = \arctan \frac{v_o + \kappa \, \omega \, u_o}{u_o \, \omega_d} \ . \tag{4.15}$$

Die Geschwindigkeit $u\dot{}$ folgt durch Differentiation von (4.14) :

$$u\dot{} = -u_o \, e^{-\kappa \, \omega \, t} \frac{\omega^2}{\omega_d} \sin \omega_d t + v_o \, e^{-\kappa \, \omega \, t} \left\{ \cos \omega_d t - \frac{\kappa \, \omega}{\omega_d} \sin \omega_d t \right\} .$$

$$\tag{4.16}$$

Die Verknüpfung der Zustandsgrößen zum Zeitpunkt $t = 0$ mit denjenigen des Zeitpunktes t erfolgt mit Hilfe der Matrizenbeziehung:

$$\begin{bmatrix} u \\ u^{\cdot} \end{bmatrix} = \begin{bmatrix} (A + \kappa\,\omega\,B) & B \\ -\omega^2\,B & (A - \kappa\,\omega\,B) \end{bmatrix} \begin{bmatrix} u_o \\ u_o^{\cdot} \end{bmatrix} \; . \qquad (4.17)$$

Darin bedeuten:

$$\left. \begin{array}{l} A = e^{-\kappa\,\omega\,t}\,\cos\,\omega_d t \; , \\[2mm] B = e^{-\kappa\,\omega\,t}\,(1/\omega_d)\,\sin\,\omega_d t \; . \end{array} \right\} \qquad (4.18)$$

Anstelle von (4.17) schreiben wir unter Einführung der Zustandsvektoren

$$z = \begin{bmatrix} u \\ u^{\cdot} \end{bmatrix} \; , \qquad z_o = \begin{bmatrix} u_o \\ u_o^{\cdot} \end{bmatrix} \qquad (4.19)$$

und der Matrix der Koeffizientenbeziehungen, die man Übertragungs- oder Transmissionsmatrix nennt

$$T = \begin{bmatrix} (A + \kappa\,\omega\,B) & B \\ -\omega^2\,B & (A - \kappa\,\omega\,B) \end{bmatrix} : \qquad (4.19')$$

$$z = T\,z_o \; . \qquad (4.20)$$

Faßt man die Zustandsgrößen am Ende des Zeitintervalls t_1 als Anfangsgrößen des folgenden Zeitintervalls auf, so ergibt sich zum Zeitpunkt t_2 :

$$z_2 = T_2\,z_1 \; . \qquad (4.21)$$

Mit (4.20) wird daraus:

$$z_2 = T_2\,T\,z_o \; . \qquad (4.22)$$

Damit ist der Rechenablauf für den Zustandsvektor zum Zeitpunkt t_n vorgezeigt:

$$z_n = T_n\,T_{n-1}\,\ldots\,T_2\,T_1\,z_o = P\,z_o \; . \qquad (4.23)$$

Das Produkt der einzelnen Übertragungsmatrizen ergibt wieder eine Übertragungsmatrix P, die den Zustandsvektor zum Zeitpunkt $t = 0$ auf denjenigen des Zeitpunktes $t = t_n$ überträgt. Wegen dieser Verwandtschaft mit der Übertragungsmatrizenbeziehung (4.20) wird der hier geschilderte Eliminationsprozeß Übertragungsverfahren genannt.

Die Schwingungsamplitude nimmt nach einer Periode T_d um den Faktor $e^{\kappa \omega T_d}$ ab. Das Amplitudenverhältnis

$$u_n/u_{n+1} = e^{-\kappa \omega t}/e^{-\kappa \omega (t+T_d)} = e^{\kappa \omega T_d} \qquad (4.24)$$

ist ein Maß für den Abklingvorgang. Der natürliche Logarithmus dieses Verhältnisses heißt logarithmisches Dekrement und wird mit D bezeichnet:

$$D = \ln (u_n/u_{n+1}) = \kappa \omega T_d \quad . \qquad (4.25)$$

Die Tabelle 4.1 enthält einige Zahlenwerte des logarithmischen Dekrementes D, die aus experimentellen Untersuchungen für die Grundfrequenz der Tragstruktur gefunden wurden.

Tabelle 4.1   Logarithmisches Dekrement D (nach [4.6])

	D
Stahlkamin	
geschweißt ohne Futter	0,01
mit Futter	0,06 - 0,10
Stahlkamin	
geschraubt ohne Futter	0,03
mit Futter	0,06
Abgespannte Stahlmaste	0,05
Stahlpylon der Brücke Speyer	
geschweißt	0,012
Köhlbrandbrücke Hamburg	
Querschwingung	0,09
Schrägseilbrücke Speyer	
Vertikalschwingung	0,08
Querschwingung	0,02
Hochhaus, Stahlverbund	0,05 - 0,07
Stahlbetonkamin	
(Beton Zustand I)	0,05 - 0,06
(Beton Zustand II)	0,10

Das Quadrat des Lehrschen Dämpfungsmaßes ist mit dem logarithmischen Dekrement über die Beziehung

$$\kappa^2 = 1/(1 + 4 \pi^2/D^2) \qquad (4.26)$$

verknüpft.

Auswertung eines Meßschriebes

Gegeben ist ein Balkentragwerk, dessen Kenngrößen experimentell-rechnerisch bestimmt werden sollen.

Zu diesem Zweck wird dem Tragwerk zunächst das Zusatzgewicht $\Delta G = 3$ kN hinzugefügt. Unter diesem Zusatzgewicht ergibt sich die statische Durchsenkung u_{St}. Die Messung ergibt $u_{St} = 0,5$ cm. Anschließend wird durch stoßfreies Ausklinken die Zusatzlast abgeworfen ("Zug-Entlastung") und eine freie Schwingung des Tragwerkes erzeugt. Der sich einstellende Schwingungsverlauf wird mit Hilfe eines Meß- und Registriergerätes aufgezeichnet. Man erhält das Meßprotokoll der folgenden Abbildung.

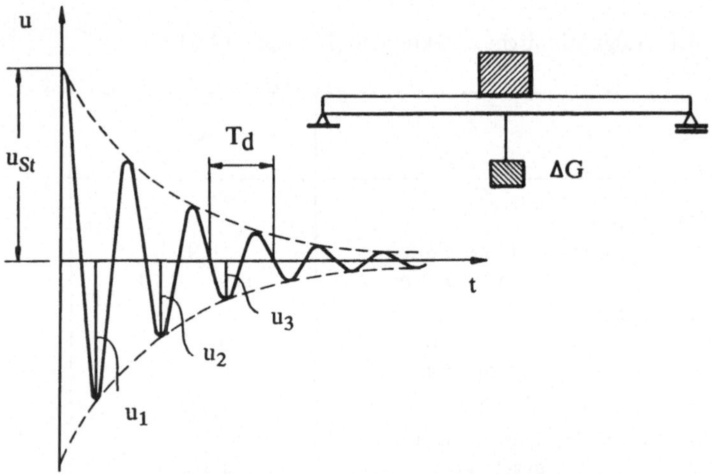

Abb. 4.4 Tragwerk mit Zusatzlast und Meßprotokoll des
Schwingungsvorganges

Aus der statischen Durchsenkung u_{St} folgt die Federsteifigkeit des Ersatzmodells:

$$c^* = \Delta G/u_{St} = 3 \text{ kN}/0,5 = 6 \text{ kN/cm} .$$

Aus dem Meßprotokoll liest man $T_d = 0,3$ s ab. Daraus berechnet sich

$$\omega_d = 2\,\pi/T_d = 2\,\pi/0,3 = 20,94 \quad 1/s .$$

Aus dem Meßprotokoll liest man ferner ab:

$$u_1 = 0,250 \text{ cm} , \quad u_2 = 0,09637 \text{ cm} , \quad u_3 = 0,037148 \text{ cm} .$$

Aus den Quotienten $u_n/u_{n+1} = u_1/u_2 = u_2/u_3$ folgt durch Mittelwertbildung:

$$D = \ln(u_n/u_{n+1}) = \ln(2{,}595) = 0{,}953 \ .$$

Mit

$$\omega_d^2 = \omega^2(1 - \kappa^2)$$

und

$$D^2 = \kappa^2 \ \omega_d^2 \ T_d^2/(1 - \kappa^2) = \frac{4 \ \pi^2 \ \kappa^2}{1 - \kappa^2}$$

findet man das Lehrsche Dämpfungsmaß:

$$\kappa^2 = D^2/(D^2 + 4 \ \pi^2) = 0{,}9532^2/(0{,}9532^2 + 4 \ \pi^2) \ ,$$

$$\kappa^2 = 0{,}0225 \ ,$$

$$\kappa = 0{,}150 \ .$$

Damit ergibt sich die Kreisfrequenz der ungedämpften Schwingung:

$$\omega^2 = \omega_d^2/(1 - \kappa^2) = 20{,}9439^2/(1 - 0{,}0225) = 448{,}743 \ ,$$

$$\omega = 21{,}183 \ 1/s \ .$$

Wegen $c^* = \Delta G/u_{St}$ ergibt sich die mitschwingende Masse m^* als:

$$m^* = c^*/\omega^2 = 6/448{,}743 \ (kN/cm/s^2)$$

$$m^* = 1337 \ kg \ .$$

Näherungsformeln

Wegen der stets sehr kleinen Werte von κ kann man die Eigenfrequenz f_e eines Schwingers aus der Kreisfrequenz des ungedämpften Schwingers ω bestimmen:

$$f_e = \omega_e/2 \ \pi = \sqrt{c/m}/2 \ \pi \ . \tag{4.27}$$

Diese Beziehung läßt sich mit Hilfe der statischen Auslenkung u_{St} des Körpers unter der Gewichtslast $G = m \ g$ ausdrücken:

$$u_{St} = m \ g/c \ . \tag{4.28}$$

Mit $g = 981 \ cm/s^2$ ergibt sich:

$$f_e = \sqrt{g/u_{St}}/2 \ \pi \approx 5 \ \sqrt{u_{St}} \quad (Hz) \ . \tag{4.29}$$

Darin ist u_{St} in cm einzusetzen !

Anstelle von f_e wird häufig die Anzahl der Eigenschwingungen pro Minute n_e gesucht:

$$n_e = 60 \, f_e = \frac{30}{\pi} \sqrt{\frac{g}{u_{St}}} \approx 300/\sqrt{u_{St}} \quad . \tag{4.30}$$

In einem Diagramm mit doppelt logarithmischer Einteilung stellt sich die Eigenfrequenz in Abhängigkeit von der statischen Durchsenkung u_{St} als Gerade dar (Abb. 4.5).

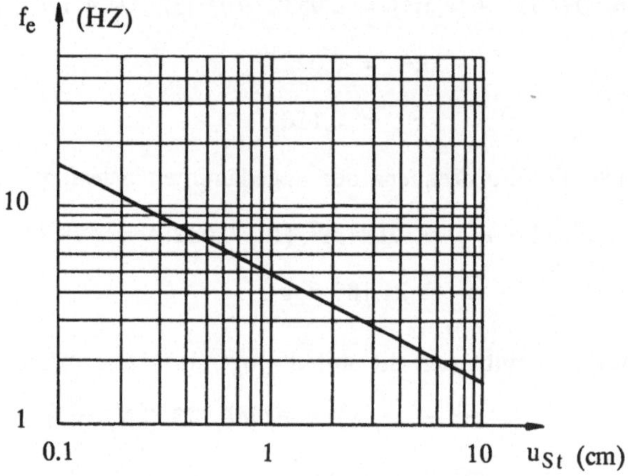

Abb. 4.5 Eigenfrequenz-Durchsenkungsdiagramm

Für die Abschätzung der niedrigsten Eigenfrequenz f_{e1} eines Hochhauses gibt es die empirische Formel:

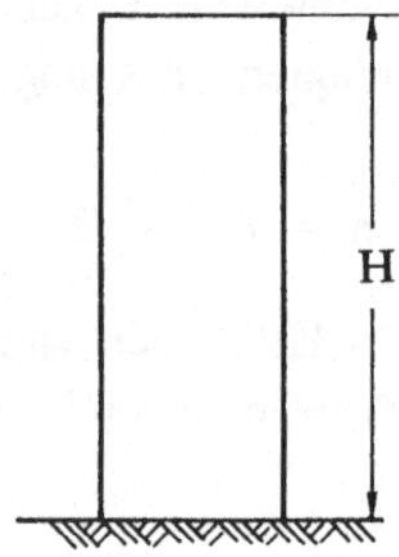

$$\begin{aligned}
f_{e1} &= 0{,}4 \, (100/H)^{1,6} \quad &&\text{für } H \leq 250 \text{ m} , \\
f_{e1} &= \phantom{0{,}4\,} 40/H \quad &&\text{für } H \geq 250 \text{ m} .
\end{aligned} \tag{4.31}$$

Darin ist H die Höhe des Hochhauses in m [4.7].

Für eingleisige Eisenbahn-Balkenbrücken gibt es die Näherungsformel

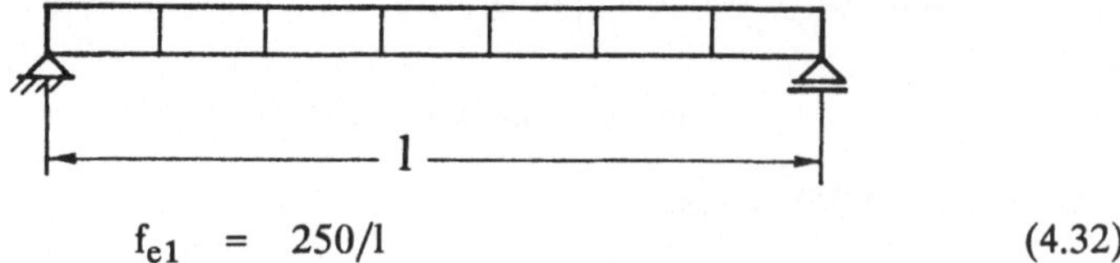

$$f_{e1} = 250/l \tag{4.32}$$

l ist die Stützweite in m ([4.8], s. Kap. 10 mit weiteren Abschätzungformeln).

4.3 Die harmonische Zwangserregung

Man bezeichnet eine Anregung als Zwangserregung, wenn eine zeitabhängige äußere Kraftwirkung auftritt: Im Sonderfall der harmonischen Zwangserregung hat die Funktion F(t) einen zeitlich harmonischen Verlauf.

Der Schwinger mit einem Freiheitsgrad kann auf zwei Arten angeregt werden (Abb. 4.6).

<u>a) Anregung infolge kinematischer Zwangserregung</u>

Bei einer kinematischen Anregung wird der Fußpunkt der Feder des Schwingers mit Hilfe eines Exzenters hin- und herbewegt. Der Fußpunkt erfährt die Verschiebung

$$u_F = R \sin \Omega t \, . \tag{4.33}$$

Ω ist die Kreisfrequenz der Erregung.

Auf den Punktkörper wird eine Kraft F(t) ausgeübt, die proportional der Federverlängerung ist:

$$F(t) = c \, (u - R \sin \Omega t) \, . \tag{4.34}$$

Die Bewegungsgleichung erhält in diesem Falle die Form:

$$\ddot{u} + 2 \, \kappa \, \omega \, \dot{u} + \omega^2 \, u = \omega^2 \, R \sin \Omega t \, . \tag{4.35}$$

Ihre Lösung setzt sich aus der homogenen Lösung und einem Partikularintegral zusammen. Die homogene Lösung wurde bereits in Kap. 4.2 hergeleitet. Sie ist an die Anfangsgrößen u_o und v_o angepaßt.

Bei genügend langer Dauer der Erregung ist die homogene Lösung wegen der stets vorhandenen Dämpfung "weggedämpft". Man spricht vom eingeschwungenen Zustand. Es bleibt nur das Partikularintegral übrig. Zu seiner

4*

Bestimmung wählt man einen Ansatz von der Form der rechten Seite. Wegen des Vorhandenseins von Dämpfung wird ein Phasenverschiebungswinkel β angesetzt:

$$u_P = C \sin (\Omega t - \beta) . \tag{4.36}$$

Einsetzen in (4.35) ergibt:

$$C \{ (- \Omega^2 + \omega^2) \sin (\Omega t - \beta) + 2 \kappa \omega \Omega \cos (\Omega t - \beta) \} = R \omega^2 \sin \Omega t . \tag{4.37}$$

Wir führen $\sin (\Omega t) = \sin (\Omega t - \beta + \beta)$ ein:

$$\sin (\Omega t) = \sin (\Omega t - \beta) \cos \beta + \cos (\Omega t - \beta) \sin \beta. \tag{4.38}$$

Unter Einführung des Verhältnisses Erreger- zu Eigenkreisfrequenz

$$\eta = \Omega/\omega \tag{4.38'}$$

und nach Division durch ω^2 ergibt sich:

$$C \{ (1 - \eta^2) \sin (\Omega t - \beta) + 2 \kappa \eta \cos (\Omega t - \beta) \} =$$
$$= R \{ \sin (\Omega t - \beta) \cos \beta + \cos (\Omega t - \beta) \sin \beta \} . \tag{4.39}$$

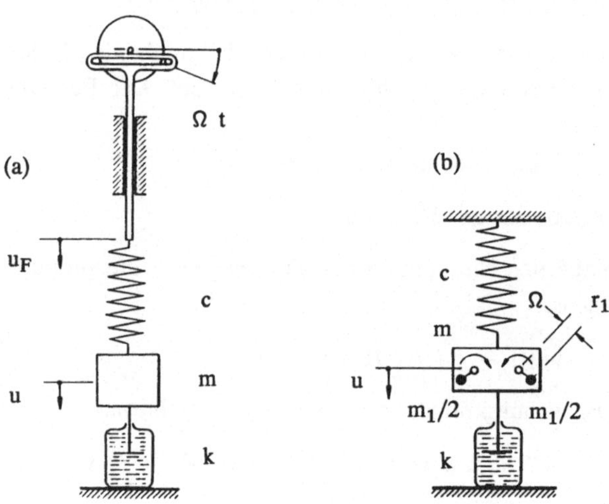

Abb. 4.6 Der kinematisch und dynamisch zwangserregte Schwinger

Damit diese Beziehung zu jedem Zeitpunkt erfüllt ist, müssen die Ausdrücke mit $\sin (\Omega t - \beta)$ und $\cos (\Omega t - \beta)$ einzeln verschwinden. Man erhält auf diese Weise die Bedingungsgleichungen:

$$\left.\begin{array}{l} C\,(1 - \eta^2) = R\,\cos\beta\,, \\[2mm] C\,2\,\kappa\,\eta \;\;= R\,\sin\beta\,. \end{array}\right\} \qquad (4.40)$$

Durch Quadrieren und Addieren findet man daraus:

$$C/R = 1/\sqrt{(1 - \eta^2)^2 + 4\,\kappa^2\,\eta^2}\;. \qquad (4.41)$$

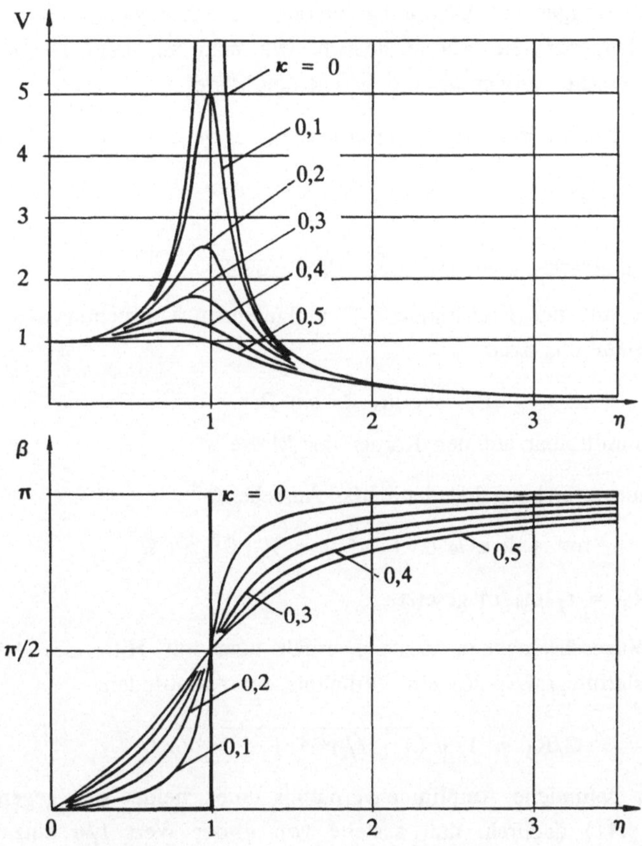

Abb. 4.7 Vergrößerungsfunktion V und Phasenverschiebungswinkel β

Die Division der zweiten Beziehung von (4.40) durch die erste ergibt den Tangens des Phasenverschiebungswinkels β:

$$\tan\beta = 2\,\kappa\,\eta/(1 - \eta^2)\;. \qquad (4.42)$$

Abb. 4.7 zeigt den Funktionsverlauf von C/R und β über η.

Das Verhältnis C/R ist ein Maß für die Vergrößerung der Auslenkung des Fußpunktes bezogen auf die Auslenkung der Punktmasse. Man nennt diese Funktion Vergrößerungsfunktion und bezeichnet sie mit V.

Bei einem dämpfungsfreien Schwinger wachsen die Amplituden für $\eta = 1$ über alle Grenzen. Das Tragwerk kann den dabei auftretenden Beanspruchungen nicht standhalten und wird zerstört. $\eta = 1$ bezeichnet den Zustand der Resonanz.

Bei dem Schwinger mit Dämpfung bleiben die Schwingungsamplituden in der Resonanz begrenzt. Sie werden jedoch, wie man aus dem Diagramm sieht, um ein Vielfaches größer als die Erregeramplitude.

Für $\eta \leq 1$ spricht man von unterkritischer, für $\eta \geq 1$ von überkritischer Erregung.

b) Anregung infolge dynamischer Zwangserregung

Infolge der mit der Kreisfrequenz Ω umlaufenden Unwuchtmassen m_1 (Abb. 4.6 b) entsteht die Kraft

$$F = r_1\, m_1\, \Omega^2 \sin \Omega\, t \ . \tag{4.43}$$

Sie wirkt unmittelbar auf den Körper der Masse m.

Die Bewegungsgleichung hat damit das Aussehen:

$$\ddot{u} + 2\, \kappa\, \omega\, \dot{u} + \omega^2\, u = R_1\, \Omega^2 \sin \Omega\, t \ . \tag{4.44}$$

Darin ist $R_1 = r_1\, m_1/m$ gesetzt.

Für den eingeschwungenen Zustand erhält man mit Hilfe des Ansatzes für das Partikularintegral (4.36) ein Verhältnis der Amplituden:

$$C/R_1 = 1/\sqrt{(1 - 1/\eta^2)^2 + 4\,\kappa^2/\eta^2} \ . \tag{4.45}$$

Dieses hier gefundene Amplitudenverhältnis unterscheidet sich gegenüber dem Ergebnis (4.41) dadurch, daß anstelle von η der Wert $1/\eta$ einzusetzen ist. Das Diagramm der Abb. 4.7 ist auch für diesen Fall verwendbar, wenn man dort η durch $1/\eta$ ersetzt.

Um das Diagramm der Abb. 4.7 für beide Erregungen gleichzeitig verwenden zu können, verkürzt man den η-Bereich zwischen 1 bis ∞ derart, daß er die Länge des Bereiches 0 bis 1 erhält. Die so umgezeichnete Vergrößerungsfunktion läßt sich für die kinematische Erregung von links, für die dynamische Erregung von rechts lesen (Abb. 4.8).

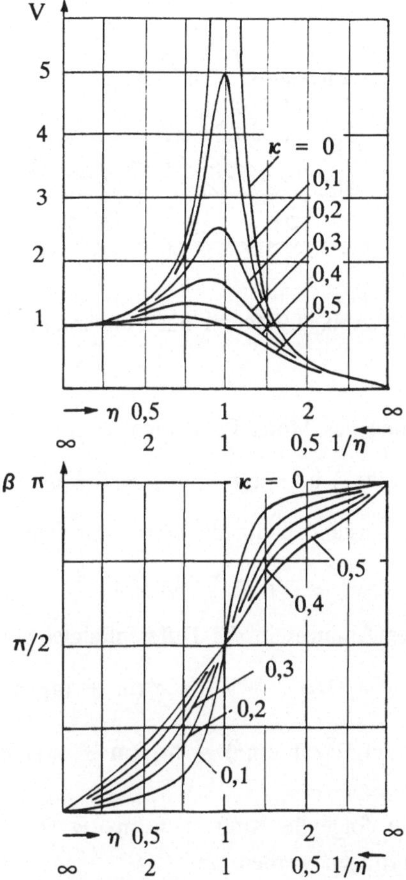

Abb. 4.8 Vergrößerungsfunktion V und Phasenverschiebungswinkel β

Der Tangens des Phasenwinkels β folgt unverändert aus der Beziehung (4.42).

Schwingungsisolation eines Motors

Ein Motor habe einschließlich des Fundamentes das Gewicht G = 40 kN. Der Rotor laufe mit der Drehzahl n = 300 U/min um. Die von der Maschine auf den Baugrund übertragene Kraft N soll durch Zwischenschaltung von parallel geschalteten Federn auf ein Fünftel der Erregerkraft F reduziert werden. (Für die Erregerkraft ist eine Unwucht der Masse m_1 vorstellbar, die im Abstand R um die Drehachse rotiert).

Gesucht ist die Federsteifigkeit c der Federn.

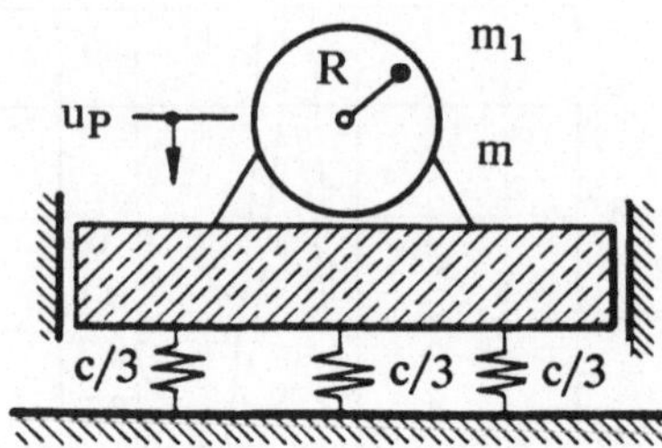

Abb. 4.9 Motor auf Fundament

Lösungweg:

Die Bewegungsgleichung des Motor-Fundament-Systems lautet:

$$(m + m_1)\,\ddot{u} + c\,u = m_1\,R\,\Omega^2 \sin \Omega\,t .$$

Im eingeschwungenen Zustand bleibt das Partikularintegral

$$u_P = U \sin \Omega\,t$$

übrig. Einsetzen dieses Ansatzes in die Differentialgleichung ergibt mit

$$\eta = \Omega/\omega , \qquad \omega^2 = c/(m + m_1) :$$

$$U/R = (m_1/c)\,\Omega^2/(1 - \eta^2) = m_1/(m + m_1)\,\eta^2/(1 - \eta^2) .$$

Die aus der Unwucht folgende Kraft $F = m_1\,R\,\Omega^2$. Sie soll nur zu 1/5 in den Baugrund übertragen werden:

$$c\,U = -\frac{1}{5}\,m_1\,R\,\Omega^2$$

(- ist wegen der Gegenphase von Kraft und Auslenkung erforderlich!) Daraus folgt:

$$\frac{c\,U}{m_1\,R\,\Omega^2} = -\frac{1}{5} = \frac{1}{1 - \eta^2} .$$

Man findet:

$$1 - \Omega^2/\omega^2 = -5 ,$$

oder

$$\Omega^2/\omega^2 = 6 .$$

Bei einem gegenüber m vernachlässigbaren m_1 findet man:

$$c = m\,\Omega^2/6 .$$

Mit den Zahlenwerten ergibt sich:

$$c = \frac{4000\ (300/60)^2\ 4\ \pi^2}{9{,}81 \cdot 6} = \frac{40 \cdot 10^6}{6} = \frac{2}{3}\ 10^3\ \text{kN/m}\ .$$

Entsprechend der Zahl der Einzelfedern läßt sich damit aus der Tabelle einer Herstellerfirma ein geeignetes Federpaket aussuchen.

Wirbelanregung eines Schornsteins

Gegeben ist ein Stahlbetonschornstein mit kreisförmigem Querschnitt. Die Höhe des Schornsteins beträgt $h = 150$ m , seine Querschnittsfläche ist $A = 40{,}84$ m^2. Für das Flächenträgheitsmoment ergibt sich ein mittlerer Wert $I = 867{,}9$ m^4. Der E-Modul wird mit $E_b = 2{,}6 \cdot 10^{10}$ N/m^2 angegeben.

Gesucht ist die für den Schornstein kritische Windgeschwindigkeit v_{krit} , die zu einer möglichen Wirbelresonanz Anlaß geben kann.

Die Wirbelanregung eines Tragwerkes kann durch zyklische Ablösung von Luftwirbeln entstehen. Die Frequenz dieser Wirbelablösung ist (s. Kap. 1, (1.6)):

$$f_K = S_r\ v_M/D_{\ddot{a}}\ .$$

(Darin ist S_r die Strouhal-Zahl, die mit 0,20 angenommen werden darf; $D_{\ddot{a}} = 2\ R_a$ ist der aerodynamisch wirksame Durchmesser).

Die niedrigste Eigenfrequenz des starr im Fundament eingespannten Schorn-

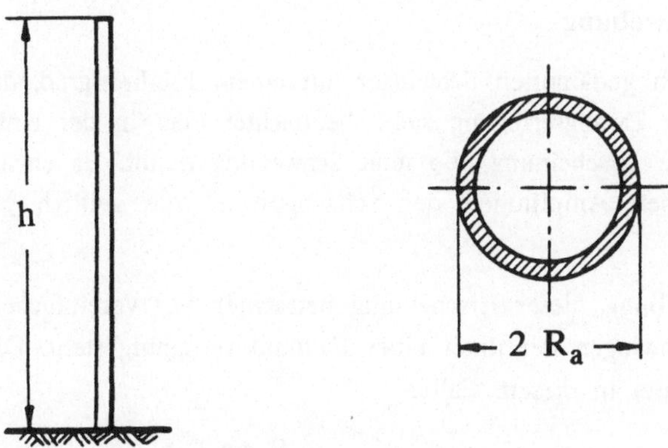

Abb. 4.10 Starr gelagerter Schornstein

steins bestimmt man näherungsweise mit Hilfe des Rayleigh-Verfahrens (s. Kap. 3). Man legt in diesem Fall folgenden Verschiebungsansatz

$$w(x,t) = w(x)\, W(t) = W(t) \left\{ \tfrac{1}{4}(\tfrac{x}{h})^2 - \tfrac{1}{6}(\tfrac{x}{h})^3 + \tfrac{1}{24}(\tfrac{x}{h})^4 \right\}$$

zugrunde und erhält nach kurzer Rechnung:

$$T = \tfrac{1}{2}\, \dot{W}^2\, m/249{,}23\,, \qquad U_i = \tfrac{1}{2}\, W^2\, \frac{EI}{h^3}\, \frac{1}{20}\,.$$

Daraus findet man:

$$f_e = \frac{\omega_e}{2\,\pi} = \frac{1}{2\,\pi}\,\sqrt{\frac{EI}{h^3\, m}}\; 3{,}53\,.$$

Mit den Zahlenwerten der Aufgabenstellung und der Dichte des Betons $\rho = 2{,}28\cdot 10^3$ kg/m³ erhält man:

$$f_e = \frac{1}{2\,\pi}\,\sqrt{\frac{2{,}6\cdot 10^{10}\cdot 867{,}9}{150^4\cdot 2{,}28\cdot 10^3\cdot 40{,}84}} = 0{,}388\ \text{Hz}\,.$$

Die kritische Geschwindigkeit ergibt sich unter Verwendung dieses Ergebnisses:

$$v_K = f_e\, D_{\ddot{a}}/S_r = 5\, f_e\, D_{\ddot{a}}\,.$$

Mit den Zahlenwerten findet man:

$$v_K = 5\cdot 0{,}388\cdot 14 = 27{,}16\ \text{m/s} = 97{,}78\ \text{km/h}\,.$$

Bei einer Windgeschwindigkeit von ca. 100 km/h gibt es keine laminare Strömung, die zu v. Kármánschen Wirbeln führen könnte. Die hier errechnete kritische Windgeschwindigkeit ist daher für den Schornstein ungefährlich.

4.4 Die Schwebung

Beim schwach gedämpften Schwinger mit einem Freiheitsgrad, der unter einer harmonischen Zwangserregung steht, beobachtet man in der Nähe der Eigenfrequenz eine Erscheinung, die man Schwebung nennt. Es entstehen Schwankungen in den Amplituden der Schwingungen, die zeitlich periodisch auftreten.

Zur Beschreibung dieser Erscheinung betrachten wir vereinfachend den ungedämpften Schwinger, der unter einer Fußpunktserregung steht. Die Bewegungsgleichung lautet in diesem Falle:

$$\ddot{u} + \omega^2 u = \omega^2\, R \sin \Omega\, t\,. \tag{4.46}$$

Die Lösung lautet:

$$u = C_1 \cos \omega t + C_2 \sin \omega t + C_3 \sin \Omega t \ . \qquad (4.47)$$

Die Integrationskonstante C_3 erhält die Größe

$$C_3 = R/(1 - \eta^2) \ . \qquad (4.48)$$

Mit den Anfangsbedingungen $u(0) = u_o$, $u'(0) = v_o$ findet man

$$C_1 = u_o \ , \qquad \omega C_2 + \Omega C_3 = v_o \ . \qquad (4.49)$$

Die Lösung erhält damit die endgültige Form:

$$u = u_o \cos \omega t + \frac{v_o}{\omega} \sin \omega t + \frac{R}{1 - \eta^2} (\sin \eta \, \omega t - \eta \sin \omega t) \ . \qquad (4.50)$$

Dafür kann man unter Einführung der Amplitude A und des Phasenverschiebungswinkels β

$$A = \sqrt{u_o^2 + (\frac{v_o}{\omega} - \frac{\eta R}{1 - \eta^2})^2} \ , \qquad \tan \beta = u_o / [\frac{v_o}{\omega} - \frac{\eta R}{1 - \eta^2}] \ . \qquad (4.51)$$

schreiben:

$$u = A \sin (\omega t + \beta) + \frac{R}{1 - \eta^2} \sin \eta \, \omega t \ . \qquad (4.52)$$

Die Bewegung setzt sich also aus zwei phasenverschobenen Schwingungsanteilen unterschiedlicher Kreisfrequenzen γ_1 und γ_2 zusammen:

$$u = A_1 \sin \gamma_1 + A_2 \sin \gamma_2 \ . \qquad (4.53)$$

Mit Hilfe der Substitionen

$$\left. \begin{array}{ll} A_1 = (A_1 + A_2)/2 + (A_1 - A_2)/2 \ , & \gamma_1 = (\gamma_1 + \gamma_2)/2 + (\gamma_1 - \gamma_2)/2 \ , \\[2mm] A_2 = (A_1 + A_2)/2 - (A_1 - A_2)/2 \ , & \gamma_2 = (\gamma_1 + \gamma_2)/2 - (\gamma_1 - \gamma_2)/2 \ . \end{array} \right\} \qquad (4.54)$$

ergibt sich mit den Additionstheoremen:

$$\begin{aligned} u = \ & (A_1 + A_2) \sin (\frac{\gamma_1 + \gamma_2}{2}) \cos (\frac{\gamma_1 - \gamma_2}{2}) \\[2mm] & + (A_1 - A_2) \cos (\frac{\gamma_1 + \gamma_2}{2}) \sin (\frac{\gamma_1 - \gamma_2}{2}) \ . \end{aligned} \qquad (4.55)$$

Unterscheiden sich γ_1 und γ_2 nur sehr wenig, so ist die Kreisfrequenz $(\gamma_1 - \gamma_2)/2$ wesentlich kleiner als die Kreisfrequenz $(\gamma_1 + \gamma_2)/2$. Man kann daher, und das ist die beobachtete Erscheinung, den Schwingungsvorgang betrachten als Schwingung mit der Frequenz

$$\omega_S \approx \Omega \approx \omega \; , \tag{4.56}$$

deren Amplituden mit der Frequenz

$$\omega_M = \alpha\,\Omega \quad (\alpha \ll 1) \tag{4.57}$$

moduliert werden.

Im Sonderfall $\eta = 1$ wird $\omega_M = 0$. Es kommt keine Schwebung zustande. Man kann diesen Vorgang mit Hilfe von (4.50) beschreiben, wenn man dort für $\eta = 1$ setzt. Der letzte Term nimmt dann die unbestimmte Form o/o an. Nach der Differentiation von Zähler und Nenner nach η ergibt sich:

$$u = u_0 \cos \omega\,t + \frac{v_0}{\omega} \sin \omega\,t + \frac{R}{2}[\sin \omega\,t - \omega\,t \cos \omega\,t\,] \tag{4.58}$$

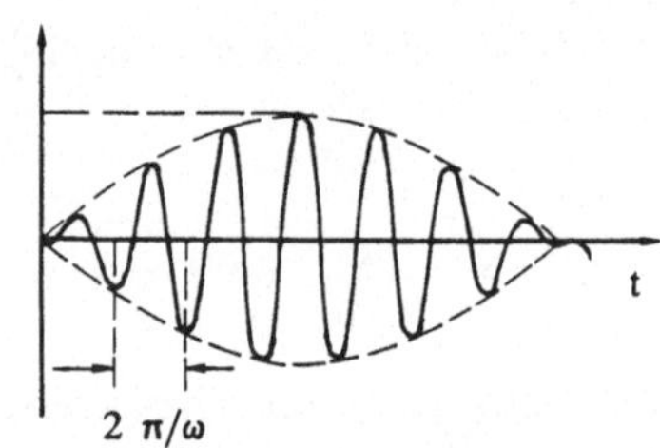

Abb. 4.11 Schwebung einer Schwingung

Dieses Ergebnis zeigt, daß der Faktor t vor cos ω t zu einem zeitlich linearen Amplitudenanstieg führt (Abb. 4.12).

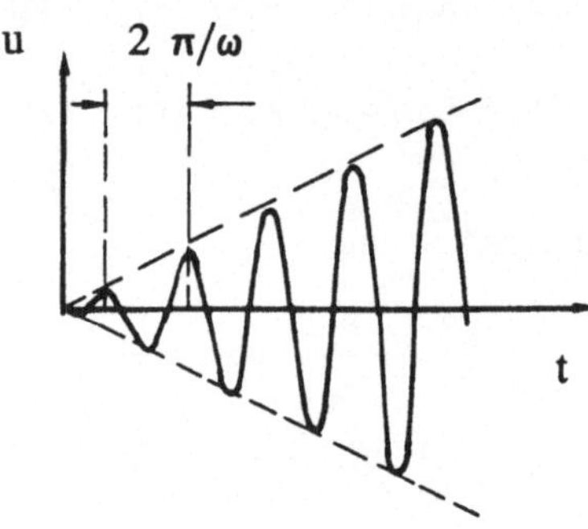

Abb. 4.12 Lineares Anwachsen der Amplituden bei einer
Erregung in Resonanz

4.5 Die nichtperiodische Anregung

Nichtperiodische Anregungen eines schwingungsfähigen Tragwerks ergeben sich bei einer stoßartigen Belastung, wie sie in Kap. 1 beschrieben ist. Die maßgebende Bewegungsgleichung (4.1) läßt sich nach Division durch m unter Einführung der Geschwindigkeit u˙ als neuer Veränderlichen

$$u^{\cdot} \; \hat{=} \; u_1 \tag{4.59}$$

in das System von zwei Differentialgleichungen erster Ordnung überführen:

$$\begin{bmatrix} u^{\cdot} \\ u_1^{\cdot} \end{bmatrix} = \begin{bmatrix} 0 & 1 \\ -\omega^2 & -2\kappa\omega \end{bmatrix} \begin{bmatrix} u \\ u_1 \end{bmatrix} + \begin{bmatrix} 0 \\ F(t)/m \end{bmatrix} . \tag{4.60}$$

Hierfür schreibt man unter Einführung des Zustandsvektors (s. (4.19))

$$z = \begin{bmatrix} u \\ u_1 \end{bmatrix} = \begin{bmatrix} u \\ u^{\cdot} \end{bmatrix} , \tag{4.61}$$

der Matrix der Differentialbeziehungen

$$D_i = \begin{bmatrix} 0 & 1 \\ -\omega^2 & -2\kappa\omega \end{bmatrix} , \tag{4.62}$$

auch Differentialmatrix genannt, und dem Vektor des inhomogenen Gliedes

$$r = \begin{bmatrix} 0 \\ F(t)/m \end{bmatrix} = \begin{bmatrix} 0 \\ r \end{bmatrix} , \tag{4.63}$$

auch Störvektor genannt, kürzer:

$$z^{\cdot} = D_i\, z + r . \tag{4.64}$$

Die Lösung des homogenen Differentialgleichungssystems mit konstanten Koeffizienten ist bekannt (s. (4.20)). Sie lautet:

$$z = e^{D_i\, t}\, z_0 = T\, z_0 . \tag{4.65}$$

T ist die Übertragungsmatrix (s. (4.19')):

$$T = e^{D_i\, t} . \tag{4.66}$$

Zur Lösung der inhomogenen Differentialgleichungen setzen wir die Gesamtlösung in der Form

$$z = e^{D_i\, t}\, y \tag{4.67}$$

mit einem zeitabhängigen Vektor y an. Differentiation liefert:

$$\left.\begin{array}{l} \mathbf{z}^{\cdot} = \mathbf{D_i}\, e^{\mathbf{D_i}\, t}\, \mathbf{y} + e^{\mathbf{D_i}\, t}\, \mathbf{y}^{\cdot}, \\[2mm] \mathbf{z}^{\cdot} = \mathbf{D_i}\, \mathbf{z} \quad\;\; + e^{\mathbf{D_i}\, t}\, \mathbf{y}\,. \end{array}\right\} \qquad (4.68)$$

Aus dem Vergleich mit (4.64) folgt:

$$e^{\mathbf{D_i}\, t}\, \mathbf{y}^{\cdot} = \mathbf{r}\,. \qquad (4.69)$$

Daraus findet man:

$$\mathbf{y}^{\cdot} = e^{-\mathbf{D_i}\, t}\, \mathbf{r}\,, \qquad (4.70)$$

und die Integration führt unter Einführung der Integrationskonstanten zum
Zeitpunkt t = 0 in Form des Zustandsvektors $\mathbf{z_0}$ auf:

$$\mathbf{y} = \int\limits_0^t e^{-\mathbf{D_i}\, \tau}\, \mathbf{r}\,(\tau)\, \mathrm{d}\,\tau + \mathbf{z_0}\,. \qquad (4.71)$$

(τ ist hier als Integrationsvariable anstelle von t eingeführt).

Die Gesamtlösung hat also entsprechend (4.67) das Aussehen:

$$\mathbf{z} = e^{\mathbf{D_i}\, t}\, \{\mathbf{z_0} + \int\limits_0^t e^{-\mathbf{D_i}\, \tau}\, \mathbf{r}(\tau)\, \mathrm{d}\tau\} \qquad (4.72)$$

oder

$$\mathbf{z} = \mathbf{T}\, \mathbf{z_0} + \mathbf{T} \int\limits_0^t \mathbf{T}(\tau)^{-1}\, \mathbf{r}\,(\tau)\, \mathrm{d}\tau\,. \qquad (4.72\,')$$

Das Endergebnis kann zu einer einzigen Übertragungsmatrizenbeziehung zusammengefaßt werden, wenn man für

$$\mathbf{T} \int\limits_0^t \mathbf{T}(\tau)^{-1}\, \mathbf{r}(\tau)\, \mathrm{d}\tau = \hat{\mathbf{t}} \qquad (4.73)$$

schreibt und den Zustandsvektor um eine Eins sowie die Übertragungsmatrix
um eine Zeile und eine Spalte entsprechend

$$\begin{bmatrix} \mathbf{z} \\ 1 \end{bmatrix} = \begin{bmatrix} & \mathbf{T} & & \hat{\mathbf{t}} \\ 0 & & 0 & 1 \end{bmatrix} \begin{bmatrix} \mathbf{z} \\ 1 \end{bmatrix}_0 \qquad (4.74)$$

erweitert. Dafür schreibt man unter Einführung von

$$\overline{\mathbf{z}} = \begin{bmatrix} \mathbf{z} \\ 1 \end{bmatrix}, \quad \overline{\mathbf{T}} = \begin{bmatrix} & \mathbf{T} & & \hat{\mathbf{t}} \\ 0 & & 0 & 1 \end{bmatrix} \qquad (4.75)$$

noch kürzer:

$$\overline{\mathbf{z}} = \overline{\mathbf{T}}\, \overline{\mathbf{z}}_0\,. \qquad (4.76)$$

Mit dieser quasi-homogenen Formulierung läßt sich das zuvor geschilderte Übertragungsverfahren (s. die Bez. (4.20) bis (4.23)) unmittelbar auch auf inhomogene Probleme anwenden.

In vielen Fällen der Praxis ist es möglich, den tatsächlichen Zeitverlauf der äußeren Anregung durch einen Geradenzug zu ersetzen (Abb. 4.13). In

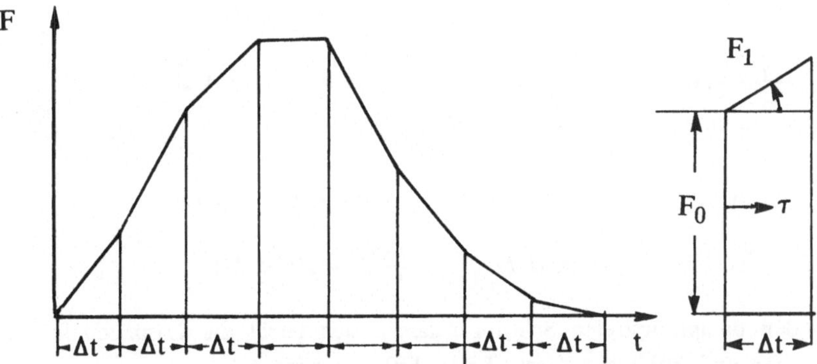

Abb. 4.13 Durch einen Geradenzug ersetzte Kraftfunktion

diesem Fall wird die Kraftfunktion in dem Zeitintervall Δt durch

$$F(t) = F_0 + F_1\, \tau \ , \qquad 0 \le \tau \ge \Delta t \qquad (4.77)$$

beschrieben. F_0 ist der Wert zu Beginn des Zeitintervalls, F_1 ist die Steigung der Kraftfunktion.

Die Partikularlösung läßt sich in diesem Fall als strenge Lösung bestimmen. Man erhält die beiden Elemente des Vektors $\hat{t}$ unter Beachtung der Funktionen A und B entsprechend (4.18):

$$\left.\begin{array}{l}
\hat{t}_1 = \dfrac{F_0}{c}\left\{1-(A + \kappa\,\omega\,B)\right\} + \dfrac{F_1}{c}\left\{\Delta t + 2\,\dfrac{\kappa}{\omega}\,(A-1) - (1-2\,\kappa^2)B\right\} , \\[3mm]
\hat{t}_2 = \dfrac{F_0}{c}\,\omega^2\,B \qquad\qquad\quad + \dfrac{F_1}{c}\left\{1-(A + \kappa\,\omega\,B)\right\} .
\end{array}\right\}$$

$$(4.78)$$

Sie werden mit der Übertragungsmatrizenbeziehung der homogenen Lösung (4.19) zu der quasi-homogenen Übertragungsmatrizenbeziehung

$$\begin{bmatrix} u \\ u^{\cdot} \\ 1 \end{bmatrix}_{t+\Delta t} = \begin{bmatrix} (A + \kappa\,\omega\,B) & B & \hat{t}_1 \\ -\,\omega^2\,B & (A - \kappa\,\omega\,B) & \hat{t}_2 \\ 0 & 0 & 1 \end{bmatrix} \begin{bmatrix} u \\ u^{\cdot} \\ 1 \end{bmatrix}_{t} \qquad (4.79)$$

zusammengefaßt. Die Funktionen A und B sind für das Zeitintervall Δt einzusetzen!

Im Sonderfall des dämpfungsfreien Schwingers mit einem Freiheitsgrad erhalten wir anstelle von (4.78) und (4.79):

$$
\begin{bmatrix} u \\ u^{\cdot} \\ 1 \end{bmatrix}_{t+\Delta t} = \begin{bmatrix} \cos \omega \, \Delta t & \frac{1}{\omega} \sin \omega \, \Delta t & \hat{t}_1 \\ -\omega \sin \omega \, \Delta t & \cos \omega \, \Delta t & \hat{t}_2 \\ 0 & 0 & 1 \end{bmatrix} \begin{bmatrix} u \\ u^{\cdot} \\ 1 \end{bmatrix}_{t} \qquad (4.79\,')
$$

mit

$$
\left. \begin{aligned}
\hat{t}_1 &= \frac{F_0}{c} (1 - \cos \omega \, \Delta t) + \frac{F_1}{c} (\Delta t - \frac{1}{\omega} \sin \omega \, \Delta t) \, , \\
\hat{t}_2 &= \frac{F_0}{c} \omega \sin \omega \, \Delta t + \frac{F_1}{c} (1 - \cos \omega \, \Delta t) \, .
\end{aligned} \right\} \qquad (4.80)
$$

Für den dämpfungsfreien Schwinger lassen sich leicht die Lösungen für parabolischen und kubischen Verlauf von $F(t)$ angeben:

$$
F(t) = F_P + F_K = F_2 \, t^2 + F_3 \, t^3 \, . \qquad (4.81)
$$

Man findet z.B.:

$$
\hat{t}_2 = \frac{F_2}{c} \begin{bmatrix} (\Delta t)^2 - \frac{2}{\omega^2} (1 - \cos \omega \, \Delta t) \\[2ex] 2 \, \Delta t - \frac{2}{\omega} \sin \omega \, \Delta t \end{bmatrix} \, , \qquad (4.81\,')
$$

$$
\hat{t}_3 = \frac{F_3}{c} \begin{bmatrix} (\Delta t)^3 - \frac{6}{\omega^2} (\Delta t - \frac{1}{\omega} \sin \omega \, \Delta Z t) \\[2ex] 3(\Delta t)^2 - \frac{6}{\omega^2} (1 - \cos \omega \, \Delta t) \end{bmatrix} \, . \qquad (4.81\,'')
$$

Der Kraftsprung

Man bestimme die kinetische Antwort $u(t)$ des Schwingers mit einem Freiheitsgrad auf den Kraftsprung F_0 (Abb. 4.14).

Lösungsweg:

Aus (4.80) liest man für den ungedämpften Schwinger ab:

$$
u(t) = \frac{F_0}{c} (1 - \cos \omega \, t) = u_{St} (1 - \cos \omega \, t) \, .
$$

Der Maximalwert als Folge des Kraftsprunges ergibt sich als doppelter statischer Wert:

$$u_{max} = 2 \, u_{St} \; .$$

Für den gedämpften Schwinger mit einem Freiheitsgrad liest man aus (4.78) ab:

$$u(t) = u_{St} \left\{ 1 - (A + \kappa \, \omega \, B) \right\} \; .$$

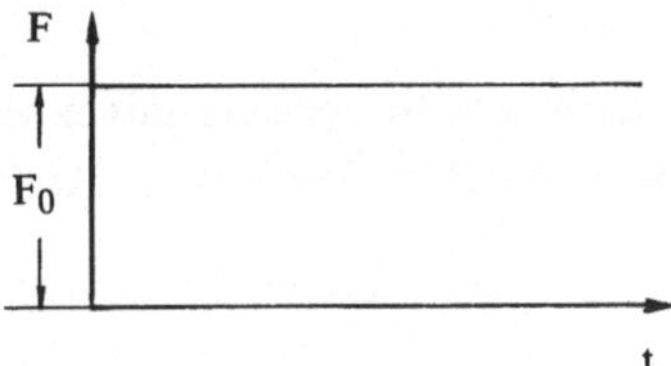

Abb. 4.14 Kraftsprung mit F_0

Die kinetische Antwort des Schwingers auf die Sprungfunktion ist für den ungedämpften und einige gedämpfte Fälle in der Abb. 4.15 skizziert.

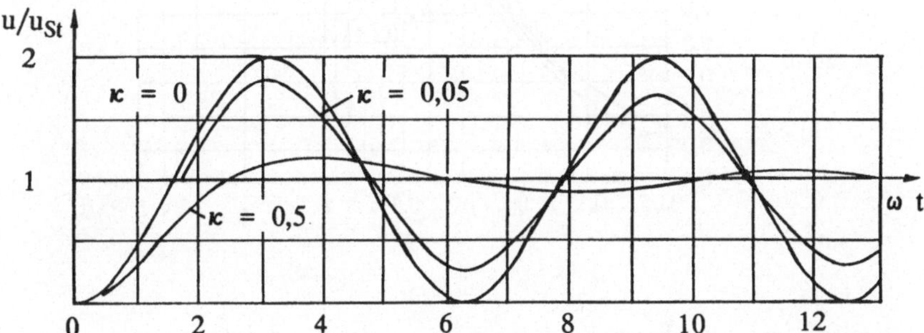

Abb. 4.15 Kinetische Antwort des Schwingers auf den Kraftsprung F_0

Man erkennt, daß der gedämpfte Schwinger den Maximalwert des ungedämpften Schwingers nicht erreicht.

In der Regel interessiert nicht der gesamte Verlauf der Weg-Zeit-Funktion, sondern lediglich das Maximum des Ausschlages.

Bezieht man dieses Maximum auf die Schwingungsdauer des ungedämpften Schwingers mit einem Freiheitsgrad $T = 2 \, \pi/\omega$, so ergibt sich ein Diagramm, das die maximale Federkraft bezogen auf die äußere Maximalkraft F_0 über dem Verhältnis der Kraftanstiegszeit t_1 zu der Eigenschwingungszeit

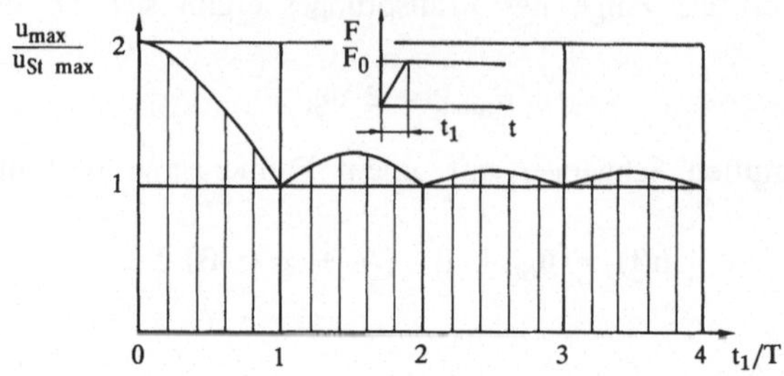

Abb. 4.16 Schockdiagramm des Schwingers mit einem Freiheitsgrad bei
linear auf F_0 anwachsender Kraft

T darstellt (Abb. 4.16). Man nennt dieses Diagramm Schockdiagramm. Man

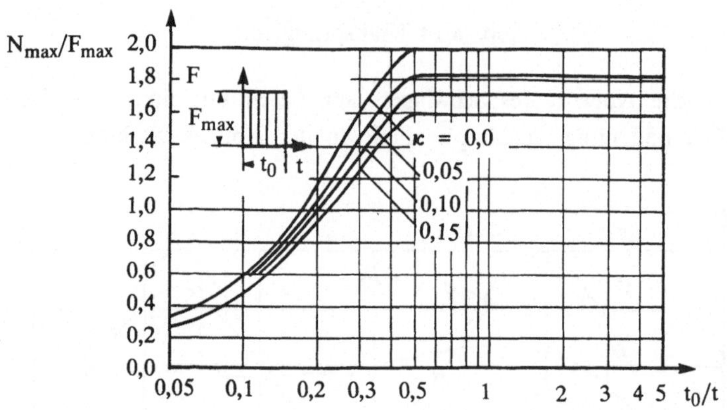

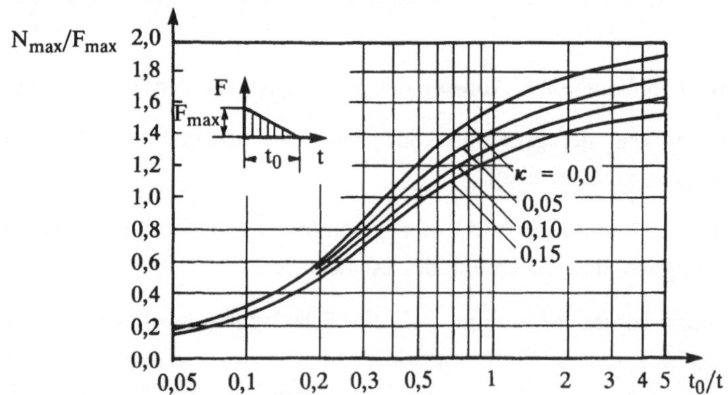

Abb. 4.17 Schockdiagramme für zwei mögliche Stoßbelastungsformen

erkennt daraus, daß die maximale Federkraft den statischen Wert einnimmt, wenn die Zeit t_1 gleich oder einem Vielfachen der Eigenschwingungszeit T ist.

Andere Formen der Belastungsfunktionen ergeben andere Schockdiagramme. Wir zeigen hier nur zwei weitere Diagramme, die sich für die in der Zeit t_o konstante Kraft F_o und für den linear von F_{max} auf Null abfallenden Kraftverlauf ergeben (Abb. 4.17).

Einfacher Rahmen unter Stoßbelastung

Der dargestellte Rechteckrahmen stelle das Ersatzmodell eines einstöckigen Rahmens dar. Der Riegel besitze die Masse m = 38 Mg. Die Pfosten seien masselos und besitzen das Flächenträgheitsmoment I = $2{,}417 \cdot 10^{-4}$. Der Elastizitätsmodul E = $2{,}1 \cdot 10^{11}$ N/m^2.

Das Tragwerk wird einer zeitlich veränderlichen Horizontalkraft F(t) ausgesetzt, deren Zeitverlauf dreieckförmig ist (Abb. 4.18).

Gesucht ist die kinetische Antwort des Tragwerkes und die maximale Scherkraft in den Pfosten.

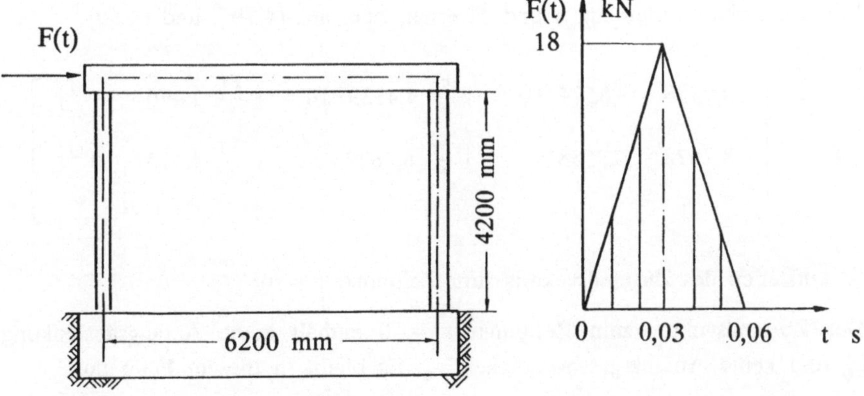

Abb. 4.18 Rahmentragwerk unter zeitlich veränderlicher Belastung

Lösungsweg:

1. Bestimmung der Federsteifigkeit c

Aus einer statischen Berechnung findet man unter der Voraussetzung des biegestarren Riegels für

$$c = 4\left(12\,\frac{E\,I}{h^3}\right) = \frac{12\cdot2,1\cdot10^{11}\cdot4\cdot2,417\cdot10^{-4}}{4,20^3}$$

$$= 3,424\cdot10^7\ \text{N/m}\ .$$

2. Bestimmung der Eigenkreisfrequenz ω und der zugehörigen Schwingungszeit T

$$\omega^2 = c/m = 3,424\cdot10^7/38,5\cdot10^3 = 8,893\cdot10^2\ (1/\text{s}^2)$$

$$\omega = 29,822\ (1/\text{s})\ .$$

Die Eigenschwingungszeit ergibt sich daraus:

$$T = \frac{2\,\pi}{\omega} = \frac{2\cdot3,141}{29,822} = 0,2107\ (\text{s})\ .$$

3. Festlegung der Zeitschrittweite Δt

Zur Beschreibung des Kraftverlaufes legen wir die Zeitschrittweite fest mit

$$\Delta t = 1\cdot10^{-2}\ \text{s} \approx T/20\ .$$

4. Aufstellen der Übertragungsmatrix für das Zeitintervall Δt

Mit den Zahlenwerten für ω und Δt erhält man aus (4.79 ′) und (4.80):

$$T = \begin{bmatrix} 0,9558 & 9,8524\cdot10^{-3} & [\frac{F_o}{c}\,4,4139\cdot10^{-2} + \frac{F_1}{c}\,1,476\cdot10^{-4}] \\[2mm] -8,7622 & 0,9558 & [\frac{F_o}{c}\,8,7622 + \frac{F_1}{c}\,4,4139\cdot10^{-2}] \\[2mm] 0 & 0 & 1 \end{bmatrix}$$

5. Aufstellen des Zustandsvektors zum Zeitpunkt t = 0

Der Zustandsvektor zum Zeitpunkt t = 0 enthält keine Anfangsauslenkung u_o und keine Anfangsgeschwindigkeit v_o. Es bleibt in diesem Falle nur:

$$z_o = \begin{bmatrix} 0 \\ 0 \\ 1 \end{bmatrix}$$

als Anfangsvektor übrig.

6. Die fortgesetzte Multiplikation Matrix mal Vektor liefert nach jedem Zeitschritt die Zustandsgrößen. Das Multiplikationsschema für diesen Berechnungs-

teil ist im folgenden ausführlich angegeben. Das Ergebnis der Berechnung ist grafisch in der Abb. 4.19 dargestellt. Nach der Beendigung der Lastaufbringung schwingt das Tragwerk frei mit den zu diesem Zeitpunkt gefundenen Anfangsbedingungen.

Berechnung der Zustandsgrößen mit Hilfe des Verfahrens der Übertragungsmatrizen			0,0 0,0 1,0
0,95586 - 8,76227 0,0	9,85243E-3 0,95586 0,0	2,5864E-6 7,7346E-4 1,0	2,5864E-6 7,7346E-4 1,0
0,95586 - 8,76227 0,0	9,85243E-3 0,95586 0,0	1,0321E-5 2,3089E-3 1,0	2,0414E-5 3,0256E-3 1,0
0,95586 - 8,76227 0,0	9,85243E-3 0,95586 0,0	1,8055E-5 3,8443E-3 1,0	6,7378E-5 6,5575E-3 1,0
		2,0617E-5 3,8328E-3 1,0	1,4963E-4 9,5105E-3 1,0
		1,2883E-5 2,2974E-3 1,0	2,4961E-4 1,0077E-2 1,0
		5,1482E-6 7,6197E-4 1,0	3,4302E-4 8,2070E-3 1,0
		0,0 0,0 1,0	4,0874E-4 4,8391E-3 1,0
		0,0 0,0 1,0	4,3837E-4 1,0440E-3 1,0
		0,0 0,0 1,0	4,2931E-4 - 2,8432E-3 1,0
		0,0 0,0 1,0	3,8235E-4 - 6,4794E-3 1,0

7. Aus dem Diagramm liest man ab:

$$u_{max} = 0{,}438 \text{ mm} .$$

8. Daraus ergibt sich die maximale Scherkraft

$$N_{max} = c\, u_{max} = 3{,}424 \cdot 10^7 \cdot 0{,}438 \cdot 10^{-3},$$
$$= 15 \text{ kN} .$$

Es ist zu prüfen, ob die Pfosten des Rahmens diese Scherkraft überhaupt übertragen können.

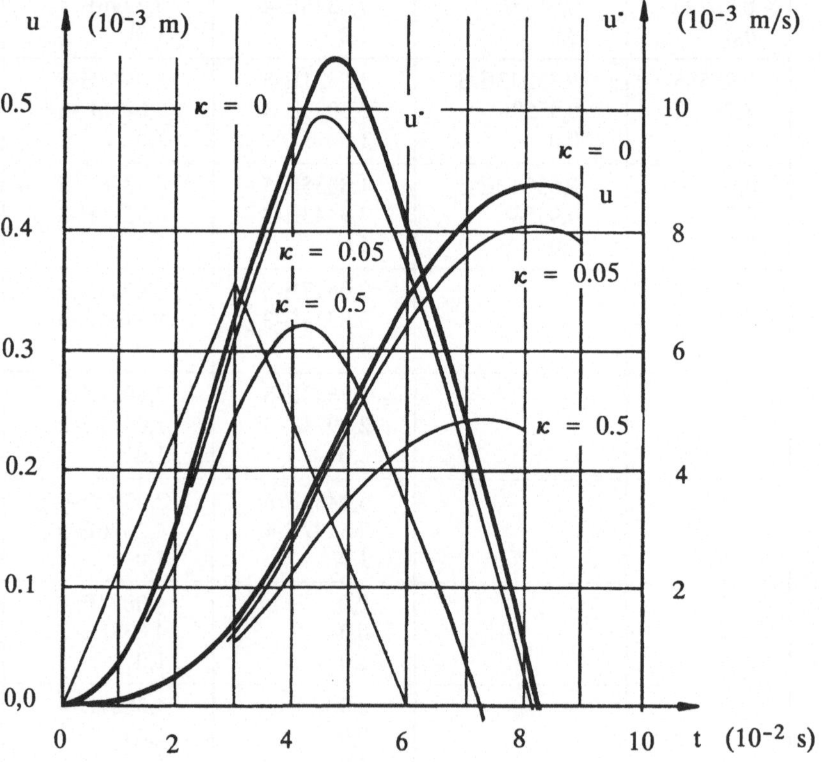

Abb. 4.19 Verlauf der Zustandsgrößen u und u˙ einschließlich der Kraftfunktion

Zeigt sich dabei, daß die Elastizitätsgrenze des Materials überschritten ist, so muß man die Rechnung wiederholen, wobei man die Federkennlinie des Pfostens näherungsweise durch zwei lineare Funktionen entsprechend der Abb. 4.20 approximieren kann. Die Rückstellkraft der Stützen ist in diesem Falle in zwei Bereichen unterschiedlich:

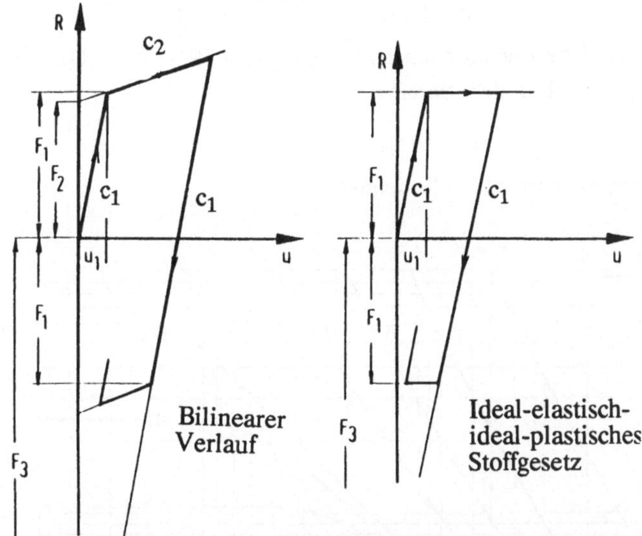

Abb. 4.20 Rückstellkraft bei nichtlinearem Werkstoffverhalten

$$\left.\begin{array}{l} R_1 = c_1\,u\,, \qquad\quad \text{für } u \le u_1\,, \quad \dot{u} \ge 0\,, \\[2mm] R_2 = F_2 + c_2\,u\,, \qquad \text{für } u \ge u_1\,, \quad \dot{u} \ge 0\,. \end{array}\right\} \qquad (4.82)$$

Bei der Entlastung der Feder folgt sie der Entlastungsgeraden

$$R_3 = -F_3 + c_1\,u\,, \quad \text{für } u \ge 0\,, \quad \dot{u} \le 0\,. \qquad (4.82\,')$$

Die Konstanten F_1 , F_2 , F_3 sind Größen, die experimentell bestimmt werden müssen.

In vielen Fällen genügt es, ein ideal-elastisch-ideal-plastisches Stoffgesetz (Abb. 4.20) zu verwenden. In diesem Fall erhält die Rückstellkraft die Form:

$$\left.\begin{array}{l} R_1 = c_1\,u\,, \qquad\quad \text{für } u \le u_1\,, \quad \dot{u} \ge 0\,, \\[2mm] R_2 = F_1\,, \qquad\qquad \text{für } u \ge u_1\,, \quad \dot{u} \ge 0\,, \\[2mm] R_3 = -F_3 + c_1\,u\,, \quad \text{für } u \ge 0\,, \quad \dot{u} \le 0\,. \end{array}\right\} \qquad (4.83)$$

u_1 gibt die Elastizitätsgrenze an (Abb. 4.20).

Für das Werkstoffgesetz (4.83) lassen sich unter Zugrundelegung eines dämp-

fungsfreien Schwingers, d.h. $k = 0$, und unter der Annahme einer konstanten
äußeren Kraft F_0 die Zustandsgrößen für den Bereich

$$u \leq u_1 \, , \qquad u^\cdot \geq 0$$

mit Hilfe der Übertragungsmatrizenbeziehung (4.79′) unter Hinzuziehung von
(4.80) berechnen. Für den Bereich

$$u \geq u_1 \, , \qquad u^\cdot \geq 0$$

gilt die Übertragungsmatrizenbeziehung:

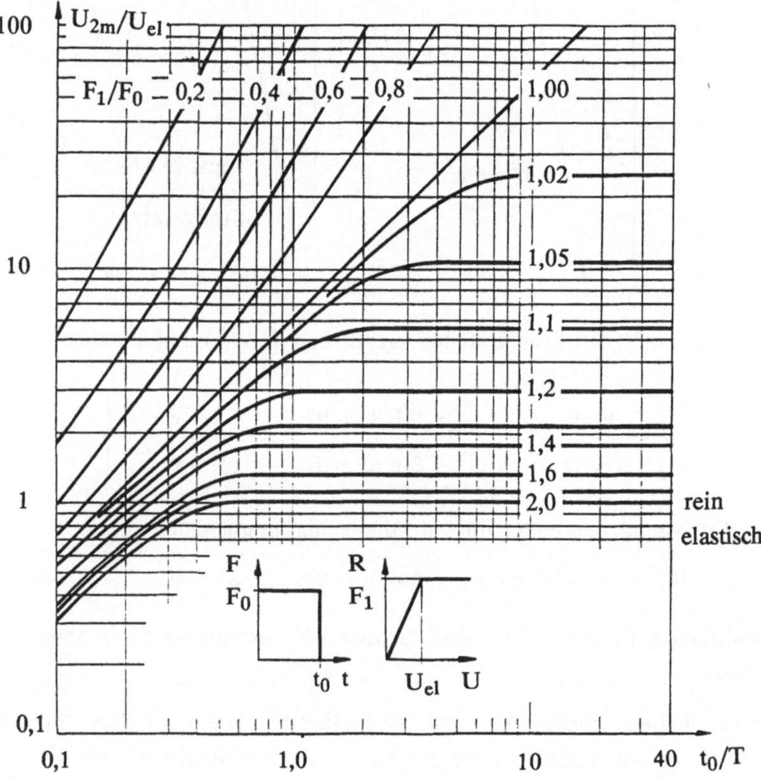

Abb. 4.21 U_{2m}/U_{el} des Schwingers mit einem Freiheitsgrad mit
ideal-elastisch-ideal-plastischer Federkennlinie (nach [1.7])

$$\begin{bmatrix} u \\ u^\cdot \\ 1 \end{bmatrix}_{t_2+\Delta t} = \begin{bmatrix} 1 & \Delta t_2 & (F_0\text{-}F_1)\,\Delta t_2^2/(2\,m) \\ 0 & 1 & (F_0\text{-}F_1)\,\Delta t_2/m \\ 0 & 0 & 1 \end{bmatrix} \begin{bmatrix} u \\ u^\cdot \\ 1 \end{bmatrix}_{t_2} \, . \qquad (4.84)$$

Es bedeuten:

t_2 die bis zum Beginn des plastischen Zustandes der Feder zu zählende Zeit,
Δt ist das Zeitintervall.

Mit Hilfe der beiden Übertragungsmatrizenbeziehungen (4.79') und (4.84) läßt sich ein Schockdiagramm entwickeln, welches das Verhältnis der maximalen Auslenkung im plastischen Bereich U_{2m} zur elastischen Auslenkung U_{el} in Abhängigkeit von der Wirkungsdauer t_0 der konstanten Kraft F_0 und der Größe der maximalen Federkraft F_1 angibt (Abb. 4.21). Weitere Diagramme findet man in [1.7]. Von dort ist auch die Abb. 4.21 übernommen.

5. METHODEN ZUR LÖSUNG DER BEWEGUNGSGLEICHUNG

5.1 Das Differenzenverfahren

Das Differenzenverfahren ersetzt die zeitlichen Ableitungen einer Funktion durch Differenzenausdrücke. Mit der Zeitschrittweite Δt erhält man anstelle der Ableitungen der Verschiebung u die zentralen Differenzenausdrücke:

$$u_t^{\cdot} \Rightarrow [- u_{t-\Delta t} + u_{t+\Delta t}]/(2\ \Delta t)\ ,\ u_t^{\cdot\cdot} \Rightarrow [u_{t-\Delta t} - 2\ u_t + u_{t+\Delta t}]/(2\ \Delta t^2)\ . \qquad (5.1)$$

Einsetzen dieser Ausdrücke in die Bewegungsgleichung (4.1) liefert:

$$[\ \frac{m}{\Delta t^2} + \frac{k}{2\ \Delta t}\ ]\ u_{t+\Delta t} = F_t - [\ c - \frac{2}{\Delta t^2}\ ]\ u_t - [\ \frac{m}{\Delta t^2} - \frac{k}{2\ \Delta t}\ ]\ u_{t-\Delta t}\ . \qquad (5.2)$$

Bei bekannten Größen zum Zeitpunkt t-Δt und t kann man die Verschiebung zum Zeitpunkt t+Δt bestimmen. Bei Bedarf kann man anschließend die Geschwindigkeit $u_t^{\cdot}$ und die Beschleunigung $u_t^{\cdot\cdot}$ mit Hilfe von (5.1) berechnen.

Die Anfangsbedingungen $u(0) = u_0$ und $u^{\cdot}(0) = u_0^{\cdot}$ müssen mit Hilfe einer Anlaufrechnung eingebracht werden. Dazu berechnet man zunächst mit Hilfe der Differentialgleichung die Beschleunigung $u^{\cdot\cdot}(0) = u_0^{\cdot\cdot}$:

$$u_0^{\cdot\cdot} = \frac{F_0}{m} - \frac{k}{m}\ u_0^{\cdot} - \frac{c}{m}\ u_0\ . \qquad (5.3)$$

Aus der Differenzenbeziehung für die zweite Ableitung zum Zeitpunkt t = 0 folgt durch Umstellung:

$$u_{-\Delta t} = u_0 - \Delta t\ u_0^{\cdot} + \frac{\Delta t^2}{2}\ u_0^{\cdot\cdot}\ . \qquad (5.\ 4)$$

Daraus errechnet sich u zum Zeitpunkt t = - Δt und das Differenzenverfahren kann anlaufen.

Die Zeitschrittweite läßt sich nicht beliebig wählen. Sie muß zur Erhaltung der numerischen Stabilität kleiner als die Eigenschwingungszeit T_e des Schwingers mit einem Freiheitsgrad sein. Zur Vermeidung von numerischen Schwierigkeiten wird von R. Courant eine Zeitschrittweite von

$$\Delta t = T_e/10 \qquad (5.5)$$

angegeben. Numerische Schwierigkeiten wurden auch bei einem Wert

$$\Delta t = T_e/\pi \qquad (5.5\ ')$$

bisher nicht beobachtet.

Der Rechenablauf für das Differenzenverfahren läßt sich in folgende Schritte gliedern:

A.: Vorberechnung, die nur ein einziges Mal durchzuführen ist:
1.: c, m, k bestimmen,
2.: Schrittweite Δt bestimmen,
3.: Anfangsbedingungen u_0 und $\dot{u}_0$ festlegen,
4.: Berechnung von $\ddot{u}_0$,
5.: Berechnung der Konstanten
$$a_0 = 1/\Delta t^2 , \quad a_1 = 1/(2\ \Delta t), \quad a_2 = 2\ a_0 , \quad a_3 = 1/a_2 .$$
6.: Berechnung von: $u_{-\Delta t} = u_0 - \Delta t\ \dot{u}_0 + a_3\ \ddot{u}_0$,
7.: Bildung von: $\hat{m} = a_0\ m + a_1\ k$.

B.: Rechenschritt, der für jeden Zeitschritt durchzuführen ist:

$$\hat{m}\ u_{t+\Delta t} = F_t - (c - a_2\ m)\ u_t - (a_0\ m - a_1\ k)\ u_{t-\Delta t} .$$

Bei fehlender Dämpfung läßt sich der Rechnungsgang vereinfachen.

5.2 Das Wilson-θ-Verfahren

Das Wilson-θ-Verfahren ist eine Modifikation des Differenzenverfahrens. Es nimmt innerhalb des Zeitintervalls Δt und darüber hinaus einen linear veränderlichen Beschleunigungsverlauf an (Abb. 5.1):

$$\ddot{u}_{t+\tau} = \ddot{u}_t + (\ddot{u}_{t+\theta\ \Delta t} - \ddot{u}_t)\ \tau/(\theta\ \Delta t) . \tag{5.6}$$

τ bedeutet die im Zeitintervall Δt ablaufende Zeit. θ ist ein Faktor, der stets größer 1 gewählt werden muß.

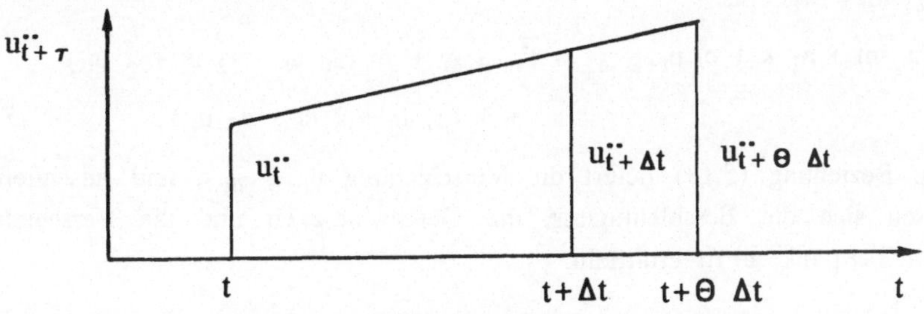

Abb. 5.1 Beschleunigungsverlauf

Aus (5.6) folgen durch Integration die Geschwindigkeit und die Auslenkung:

$$\left. \begin{aligned}
\dot{u}_{t+\tau} &= \dot{u}_t + \ddot{u}_t\,\tau + (\ddot{u}_{t+\Theta\,\Delta t} - \ddot{u}_t)\,\tau^2/(2\,\Theta\,\Delta t)\ , \\[2ex]
u_{t+\tau} &= u_t + \dot{u}_t\,\tau + \ddot{u}_t\,\tau^2/2 + (\ddot{u}_{t+\Theta\,\Delta t} - \ddot{u}_t)\,\tau^3/(6\,\Theta\,\Delta t)\ .
\end{aligned} \right\} \tag{5.7}$$

Für den Zeitpunkt $t+\Theta\,\Delta t$ findet man daraus:

$$\left. \begin{aligned}
\dot{u}_{t+\Theta\,\Delta t} &= \dot{u}_t + (\ddot{u}_{t+\Theta\,\Delta t} + \ddot{u}_t)\,\Theta\,\Delta t/2\ , \\[2ex]
u_{t+\Theta\,\Delta t} &= u_t + \dot{u}_t\,\Theta\,\Delta t + (2\,\ddot{u}_t + \ddot{u}_{t+\Theta\,\Delta t})\,\Theta^2\,\Delta t^2/6\ .
\end{aligned} \right\} \tag{5.8}$$

Durch Auflösen nach der Beschleunigung und der Geschwindigkeit zum Zeitpunkt $t+\Theta\,\Delta t$ ergibt sich:

$$\left. \begin{aligned}
\ddot{u}_{t+\Theta\,\Delta t} &= \frac{6}{(\Theta\,\Delta t)^2}\,(u_{t+\Theta\,\Delta t} - u_t) - \frac{6}{\Theta\,\Delta t}\,\dot{u}_t - 2\,\ddot{u}_t\ , \\[2ex]
\dot{u}_{t+\Theta\,\Delta t} &= \frac{3}{\Theta\,\Delta t}\,(u_{t+\Theta\,\Delta t} - u_t) - 2\,\dot{u}_t - \frac{\Theta\,\Delta t}{2}\,\ddot{u}_t\ .
\end{aligned} \right\} \tag{5.9}$$

Die gleichzeitige Annahme einer im Zeitintervall Δt linear veränderlichen Belastung ergibt zum Zeitpunkt $t+\Theta\,\Delta t$ die fiktive Last:

$$\overline{F}_{t+\Theta\,\Delta t} = F_t + \Theta\,(F_{t+\Delta t} - F_t)\ . \tag{5.10}$$

Für den gleichen Zeitpunkt lautet die Bewegungsgleichung:

$$m\,\ddot{u}_{t+\Theta\,\Delta t} + k\,\dot{u}_{t+\Theta\,\Delta t} + c\,u_{t+\Theta\,\Delta t} = \overline{F}_{t+\Theta\,\Delta t}\ . \tag{5.11}$$

Ersetzt man darin die Beschleunigung und die Geschwindigkeit durch die zuvor gefundenen Ausdrücke, so findet man mit den Faktoren

$$a_0 = 6/(\Theta\,\Delta t)^2,\ a_1 = 3/(\Theta\,\Delta t)\ ,\ a_2 = 2\,a_1,\ a_3 = \Theta\,\Delta t/\,2 \tag{5.12}$$

folgendes Ergebnis:

$$\begin{aligned}
(a_0\,m + a_1\,k + c)\,u_{t+\Theta\,\Delta t} &= \overline{F}_{t+\Theta\,\Delta t} + m\,(a_0\,u_t + a_2\,\dot{u}_t + 2\,\ddot{u}_t) \\[1ex]
&\quad + k\,(a_1\,u_t + 2\,\dot{u}_t + a_3\,\ddot{u}_t)\ .
\end{aligned} \tag{5.13}$$

Die Beziehung (5.13) liefert die Verschiebung $u_{t+\Theta\,\Delta t}$, und anschließend lassen sich die Beschleunigung, die Geschwindigkeit und die Verschiebung zum Zeitpunkt $t+\Delta t$ ermitteln:

$$\left. \begin{aligned}
\ddot{u}_{t+\Delta t} &= a_4\,(u_{t+\Theta\,\Delta t} - u_t) + a_5\,\dot{u}_t + a_6\,\ddot{u}_t\ , \\[1.5ex]
\dot{u}_{t+\Delta t} &= \dot{u}_t + a_7\,(\ddot{u}_{t+\Delta t} + \ddot{u}_t)\ , \\[1.5ex]
u_{t+\Delta t} &= u_t + \Delta t\,\dot{u}_t + a_8\,(\ddot{u}_{t+\Delta t} + 2\,\ddot{u}_t)\ .
\end{aligned} \right\} \tag{5.14}$$

Die Faktoren sind:

$$a_4 = a_0/\Theta \,, \quad a_5 = -\,a_2/\Theta \,, \quad a_6 = 1 - 3/\Theta \,, \quad a_7 = \Delta t/2 \,, \quad a_8 = \Delta t^2/6 \,. \qquad (5.14\,')$$

Mit den Größen zum Zeitpunkt $t+\Delta t$ wird die Rechnung für den folgenden Zeitschritt weitergeführt.

Für den Faktor Θ ist zur Erreichung der numerischen Stabilität des Integrationsverfahrens ein Wert größer als 1,37 zu wählen. In der Regel wählt man für $\Theta = 1{,}4$.

Man kann das Wilson-Θ-Verfahren in gleicher Weise gliedern wie das Differenzenverfahren:

A.: Ein einziges Mal durchzuführende Vorberechnungen:
    1.: Bestimmung von m, k und c .
    2.: Bestimmung der Anfangswerte u_0, $\dot{u}_0$ und $\ddot{u}_0$.
    3.: Wahl der Zeitschrittweite Δt und des Faktors $\Theta = 1{,}4$.
    4.: Berechnen der Konstanten a_0 bis a_8 entsprechend (5.12) u. (5.14 $'$) .
    5.: Bestimmung der effektiven Steifigkeit:

$$\hat{c} = c + a_0\, m + a_1\, k \,.$$

B.: Rechenschritte, die für jeden Zeitschritt erneut durchzuführen sind:
    1.: Berechnung der effektiven Last zum Zeitpunkt $t+\Theta\,\Delta t$. Der Wert entspricht der rechten Seite der Beziehung (5.13):

$$\hat{F}_{t+\Theta\,\Delta t} = F_t + \Theta(F_{t+\Delta t} - F_t) + m\,(a_0\, u_t + a_2\, \dot{u}_t + 2\,\ddot{u}_t)$$
$$+ \, k\,(a_1\, u_t + 2\,\dot{u}_t + a_3\,\ddot{u}_t) \,.$$

    2.: Auflösung der Beziehung (5.13) nach der Verschiebung $u_{t+\Theta\,\Delta t}$.
    3.: Berechnen der Verschiebung, der Geschwindigkeit und der Beschleunigung zum Zeitpunkt $t+\Delta t$ mit Hilfe der Beziehung (5.14).

5.3 Das Newmark-Verfahren

Ausgangspunkt des Integrationsverfahrens von Newmark ist die Bewegungsgleichung zum Zeitpunkt $t+\Delta t$:

$$m\,\ddot{u}_{t+\Delta t} + k\,\dot{u}_{t+\Delta t} + c\,u_{t+\Delta t} = F_{t+\Delta t} \,. \qquad (5.15)$$

Die Beschleunigung wird in Zeitintervall Δt mit dem Mittelwert

$$\ddot{u} = (\ddot{u}_t + \ddot{u}_{t+\Delta t})/2 \qquad (5.16)$$

eingesetzt. Durch Integration folgt daraus:

$$\left.\begin{aligned}
\dot{u}_{t+\Delta t} &= \dot{u}_t + (\ddot{u}_t + \ddot{u}_{t+\Delta t})\,\Delta t/2 \;, \\[2mm]
u_{t+\Delta t} &= u_t + \dot{u}_t\,\Delta t + (\ddot{u}_t + \ddot{u}_{t+\Delta t})\,\Delta t^2/4 \;.
\end{aligned}\right\} \tag{5.17}$$

Die vorherige Beziehung wird nach $\ddot{u}_{t+\Delta t}$ aufgelöst:

$$\ddot{u}_{t+\Delta t} = (4/\Delta t^2)\,(u_{t+\Delta t} - u_t) - (4/\Delta t)\,\dot{u}_t - \ddot{u}_t \;, \tag{5.18}$$

und in die Beziehung für die Geschwindigkeit eingesetzt:

$$\dot{u}_{t+\Delta t} = -\,\dot{u}_t + (2/\Delta t)\,(u_{t+\Delta t} - u_t) \;. \tag{5.19}$$

Mit (5.18) und (5.19) läßt sich die Bewegungsgleichung in die Form

$$\left(\frac{4}{\Delta t^2}\,m + \frac{2}{\Delta t}\,k + c\right) u_{t+\Delta t} = F_{t+\Delta t} \;+$$

$$m\left(\frac{4}{\Delta t^2}\,u_t + \frac{4}{\Delta t}\,\dot{u}_t + \ddot{u}_t\right) + k\left(\frac{2}{\Delta t}\,u_t + \dot{u}_t\right) \tag{5.20}$$

überführen. Bei gegebenem $F_{t+\Delta t}$, u_t, $\dot{u}_t$ und $\ddot{u}_t$ läßt sich daraus $u_{t+\Delta t}$ bestimmen.

Anschließend ergeben sich die Geschwindigkeit und die Beschleunigung zum Zeitpunkt $t+\Delta t$ mit Hilfe der Beziehungen (5.18) und (5.19). Mit den so gefundenen Zahlenwerten wird die Rechnung fortgesetzt.

Die hier geschilderte Integrationsmethode wurde von Newmark modifiziert. Er setzt für die Beschleunigung im Zeitintervall einen gewichteten Mittelwert

$$\ddot{u} = [\,(1 - \delta)\,\ddot{u}_t + \delta\,\ddot{u}_{t+\Delta t}\,] \tag{5.21}$$

an. Darin ist δ ein Wichtungsfaktor. Unter Einführung eines zweiten Wichtungsfaktors α ergibt sich durch Integration:

$$\left.\begin{aligned}
\dot{u}_{t+\Delta t} &= \dot{u}_t + [\,(1 - \delta)\,\ddot{u}_t + \delta\,\ddot{u}_{t+\Delta t}\,]\,\Delta t \;, \\[2mm]
u_{t+\Delta t} &= u_t + \dot{u}_t\,\Delta t + [\,(1/2 - \alpha)\,\ddot{u}_t + \alpha\,\ddot{u}_{t+\Delta t}\,]\,\Delta t^2 \;.
\end{aligned}\right\} \tag{5.22}$$

Mit Hilfe der Faktoren δ und α läßt sich die Genauigkeit und die numerische Stabilität des Integrationsverfahrens steuern. Bei der Wahl von $\delta = 1/2$ und $\alpha = 1/6$ findet man die Beziehungen (5.14) wieder.

Die Bewegungsgleichung (5.15) erhält mit (5.22) die Form:

$$(a_0\,m + a_1\,k + c)\,u_{t+\Delta t} = F_{t+\Delta t} \;+$$

$$m\,(a_0\,u_t + a_2\,\dot{u}_t + a_3\,\ddot{u}_t) + k\,(a_1\,u_t + a_4\,\dot{u}_t + a_5\,\ddot{u}_t) \;. \tag{5.23}$$

Es bedeuten:

$$\left. \begin{array}{l} a_0 = 1/(\alpha \; \Delta t^2), \quad a_1 = \delta/(\alpha \; \Delta t), \quad a_2 = 1/(\alpha \; \Delta t), \\[2mm] a_3 = 1/(2 \; \alpha) - 1 \; , \quad a_4 = \delta/\alpha - 1 \; , \quad a_5 = (\delta/\alpha - 2) \; \Delta t/2 \; . \end{array} \right\} \quad (5.23\,')$$

Aus (5.23) bestimmt man die Verschiebung $u_{t+\Delta t}$ und anschließend mit Hilfe der folgenden Beziehungen die Beschleunigung und die Geschwindigkeit:

$$\left. \begin{array}{l} \ddot{u}_{t+\Delta t} = a_0 \, (u_{t+\Delta t} - u_t) - a_2 \, \dot{u}_t - a_3 \, \ddot{u}_t \; , \\[3mm] \dot{u}_{t+\Delta t} = \dot{u}_t + a_6 \, \ddot{u}_t + a_7 \, \ddot{u}_{t+\Delta t} \; . \end{array} \right\} \quad (5.24)$$

Darin bedeuten:

$$a_6 = \Delta t \, (1 - \delta) \; , \quad a_7 = \delta \; \Delta t \; . \quad\quad (5.24\,')$$

Mit bekannten Zustandsgrößen zum Zeitpunkt $t + \Delta t$ wird die Rechnung für den folgenden Zeitschritt fortgesetzt.

Zur Erzielung numerischer Stabilität müssen die Wichtungsfaktoren mit Werten

$$\delta \geq 1/2 \; , \quad\quad \alpha = \geq 1/4 \quad\quad (5.25)$$

eingesetzt werden. Zur Erreichung größtmöglicher Genauigkeit werden die Mindestwerte eingesetzt.

Gliederung der Rechenschritte des Newmark-Verfahrens

A.: Ein einziges Mal durchzuführende Vorberechnungen:
    1.: Bestimmung von m, k und c.
    2.: Bestimmung der Anfangswerte u_0, $\dot{u}_0$, $\ddot{u}_0$.
    3.: Wahl der Schrittweite Δt, der Wichtungsfaktoren $\delta = 1/2$ und $\alpha = 1/4$.
    4.: Bestimmung der Faktoren a_0 bis a_7 entsprechend (5.23 $'$) und (5.24 $'$).
    5.: Bestimmung der effektiven Steifigkeit

$$\hat{c} = c + a_0 \, m + a_1 \, k \; .$$

B.: Für jeden Zeitschritt durchzuführende Rechenschritte:
    1.: Berechnung der effektiven Last zum Zeitpunkt $t + \Delta t$:

$$\hat{F}_{t+\Delta t} = F_{t+\Delta t} + m \, (a_0 \, u_t + a_2 \, \dot{u}_t + a_3 \, \ddot{u}_t) + k \, (a_1 \, u_t + a_4 \, \dot{u}_t + a_5 \, \ddot{u}_t) \; .$$

    2.: Auflösung der Beziehung (5.23) nach der Verschiebung $u_{t+\Delta t}$.
    3.: Berechnung der Beschleunigung und der Geschwindigkeit entsprechend
        (5.24) .

5.4 Iterative Bestimmung der Übertragungsmatrix T

In Kap. 4.5 wird die Lösung der Bewegungsgleichung mit Hilfe des Verfahrens der Übertragungsmatrizen gezeigt. Man geht von der Differentialbeziehung der Aufgabe aus, die unter Verwendung des Zustandsvektors z (s. (4.61)), der Differentialmatrix D_i (s. (4.62)) und des Störvektors r (s. (4.63)) das folgende Aussehen besitzt:

$$z^{\boldsymbol{\cdot}} = D_i \, z + r \ . \tag{5.26}$$

Dieser inhomogenen Matrizendifferentialgleichung 1. Ordnung kann man unter Hinzufügung einer 1 zu dem Zustandsvektor und einer Nullzeile zu der Differentialmatrix die folgende, quasi homogene Form geben:

$$\begin{bmatrix} z \\ 1 \end{bmatrix}^{\boldsymbol{\cdot}} = \begin{bmatrix} D_i & r \\ 0\ 0\ 0\ 0\ 0 \end{bmatrix} \begin{bmatrix} z \\ 1 \end{bmatrix} \ . \tag{5.26'}$$

Schreibt man für den um eine 1 ergänzten Zustandsvektor $\overline{z}$ und die entsprechende Differentialmatrix $\overline{D}_i$, so findet man anstelle von (5.26 '):

$$\overline{z}^{\boldsymbol{\cdot}} = \overline{D}_i \, \overline{z} \ . \tag{5.26''}$$

Die Lösung läßt sich für zeitlich konstantes r in der Form der Exponentialfunktion

$$\overline{z}_{t+\Delta t} = e^{\overline{D}_i \, \Delta t} \, \overline{z}_t \tag{5.27}$$

angeben. Die Exponentialfunktion ist die Übertragungsmatrix $\overline{T}$ der Lösung. Sie läßt sich numerisch mit Hilfe der Potenzreihe

$$e^{\overline{D}_i \, \Delta t} = E + \overline{D}_i \, \Delta t + \overline{D}_i{}^2 \, \Delta t^2/2! + \overline{D}_i{}^3 \, \Delta t^3/3! + \ldots \tag{5.28}$$

gewinnen. E bedeutet die Einheitsmatrix. Die Reihe konvergiert rasch bei kleinem Δt. Man kann daher die Potenzreihe meist nach wenigen Iterationsschritten abbrechen. Die Zeitschrittweite Δt ist zur Erreichung numerischer Stabilität entsprechend (5.5) zu wählen.

Aus den einzelnen Potenzreihengliedern der numerisch gewonnenen Übertragungsmatrix $\overline{T}$ lassen sich in vielen Fällen die mathematisch strengen Lösungsfunktionen herleiten. Diese Herleitung ist jedoch nicht notwendig.

Die hier geschilderte Methode zur numerischen Gewinnung der Übertragungsmatrix heißt auch Picard-Iteration.

In denjenigen Fällen, in denen der Störvektor r zeitlich veränderlich ist, berechnet man zunächst mit Hilfe von (5.28) die Übertragungsmatrix der homogenen Differentialgleichung für eine Zeitschrittweite von z.B. $\Delta t/10$. Die Inverse dieser Übertragungsmatrix T^{-1} läßt sich ebenfalls numerisch gewinnen. Das Integral (s. (4.73))

$$\int_0^{\Delta t} T(\tau)^{-1}\, r(\tau)\, d\tau$$

bestimmt man mit Hilfe eines numerischen Integrationsverfahrens, z.B. der Simpson-Regel, wobei der Störvektor r an mehreren Stützstellen innerhalb der Zeitschrittweite berechnet und anschließend das Produkt aus diesen Werten mit T^{-1} gebildet wird.

6. DER SCHWINGER MIT ZWEI FREIHEITSGRADEN

6.1 Das Ersatzmodell und die Bewegungsgleichungen

Die Stockwerke eines zweistöckigen Gebäudes (Abb. 6.1) erfahren unter der Wirkung zeitlich veränderlicher äußerer Kräfte hauptsächlich horizontale Bewegungen. Vertikalbewegungen sind in der Regel von untergeordneter Bedeutung und können vernachlässigt werden. Die Biegesteifigkeit der Riegel einschließlich der Anteile aus den Decken ist meist um ein Vielfaches größer als diejenige der schlanken Stützen. Man kann daher die Riegel gegenüber den Pfosten als biegestarr ansehen.

Unter dieser Voraussetzung ergibt sich ein Ersatzmodell, das aus den trägen Riegeln einschließlich möglicher Deckenanteile besteht, die über elastische, masselose Federn miteinander verbunden sind. Man nennt dieses Ersatzmodell

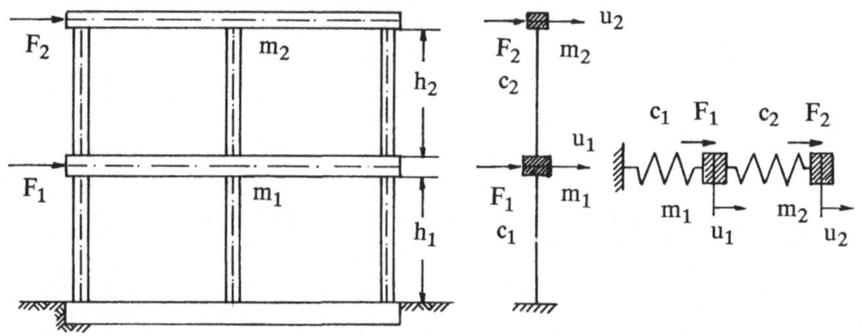

Abb. 6.1 Zweistöckiges Gebäude und zugehöriges Ersatzmodell

Schermodell, da auf die Riegel im wesentlichen Scherkräfte aus den Pfosten wirken. Es ist in der Lage, eine große Zahl von Schwingungserscheinungen ausreichend genau zu beschreiben.

Das Schwingungsverhalten wird durch die Horizontalverschiebungen u_1 und u_2 der beiden Stockwerke beschrieben. Die Federsteifigkeiten der Verbindungsfedern entsprechen den Rückstellkräften der Pfosten, die diese bei einer Einheitsverschiebung ihrer Ränder leisten. Sie sind proportional den Biegesteifigkeiten der einzelnen Pfosten EI_j und umgekehrt proportional der dritten Potenz der Stockwerkshöhe h_j. Man findet (s. auch Kap. 10):

$$c_i = (1/h_i^3) \sum_{j=1}^{N_i} (12\ EI_j) \tag{6.1}$$

N_i gibt die Zahl der Pfosten im i-ten Stockwerk an. Besitzt ein Pfosten an einem Rand ein Biegemomentengelenk, so ist anstelle von ($12EI_j$) der Wert ($3EI_j$) zu setzen.

Die Bewegungsgleichungen des Ersatzmodells ergeben sich als die Newtonschen Gleichungen der beiden Stockwerke. Bezeichnen k_1, k_2 Dämpfungsbeiwerte und F_1 und F_2 die auf die Riegel in horizontaler Richtung wirkenden äußeren Kräfte, so lauten sie:

$$\left. \begin{array}{l} m_1\ u_1^{\cdot\cdot} + k_1\ u_1^{\cdot} + c_1\ u_1 + k_2(u_1^{\cdot} - u_2^{\cdot}) + c_2(u_1 - u_2) = F_1, \\[2ex] m_2\ u_2^{\cdot\cdot} \qquad\qquad\quad + k_2(u_2^{\cdot} - u_1^{\cdot}) + c_2(u_2 - u_1) = F_2. \end{array} \right\} \tag{6.2}$$

Diese Gleichungen lassen sich unter Einführung des Verschiebungsvektors u, des Geschwindigkeitsvektors $u^{\cdot}$, des Beschleunigungsvektors $u^{\cdot\cdot}$ und des Belastungsvektors p mit

$$u = \begin{bmatrix} u_1 \\ u_2 \end{bmatrix}, \ u^{\cdot} = \begin{bmatrix} u_1^{\cdot} \\ u_2^{\cdot} \end{bmatrix}, \ u^{\cdot\cdot} = \begin{bmatrix} u_1^{\cdot\cdot} \\ u_2^{\cdot\cdot} \end{bmatrix}, \ p = \begin{bmatrix} F_1 \\ F_2 \end{bmatrix}, \tag{6.3}$$

sowie der Trägheitsmatrix A, der Dämpfungseinflußmatrix B und der Krafteinflußmatrix C entsprechend

$$A = \begin{bmatrix} m_1 & \\ & m_2 \end{bmatrix}, \ B = \begin{bmatrix} (k_1 + k_2) & -k_2 \\ -k_2 & k_2 \end{bmatrix}, \ C = \begin{bmatrix} (c_1 + c_2) & -c_2 \\ -c_2 & c_2 \end{bmatrix} \tag{6.4}$$

kürzer

$$A\ u^{\cdot\cdot} + B\ u^{\cdot} + C\ u = p \tag{6.5}$$

schreiben.

6.2 Das Eigenverhalten des dämpfungsfreien Schwingers

Das Eigenverhalten des Schwingers mit zwei Freiheitsgraden wird wegen der im allgemeinen kleinen Dämpfungsbeiwerte k_1, k_2 nur gering von der Dämpfung beeinflußt. Es ist daher erlaubt, zunächst auf die Mitnahme der Dämpfung zu verzichten und die freien Schwingungen des dämpfungsfreien Schwingers zu beobachten. Die Bewegungsgleichungen lauten in diesem Fall:

$$A \, \ddot{u} + C \, u = 0 \, . \tag{6.6}$$

Zur Lösung dieses Differentialgleichungssystems wählt man den Ansatz:

$$u = \bar{u} \sin \omega t = \begin{bmatrix} U_1 \\ U_2 \end{bmatrix} \sin \omega t \, . \tag{6.7}$$

ω ist eine noch zu bestimmende Kreisfrequenz, mit der freie Schwingungen möglich sind. $\bar{u}$ ist der Vektor der Amplituden U_1, U_2.

Einsetzen von (6.7) in (6.6) und Abspaltung des Faktors $\sin \omega t$ ergibt:

$$[\, - \omega^2 \, A + C \,] \, \bar{u} = 0 \, . \tag{6.8}$$

Das Gleichungssystem hat nur dann eine von Null verschiedene Lösung, d. h. der Amplitudenvektor $\bar{u}$ ist ungleich Null, wenn die Determinante der Koeffizientenmatrix Null wird. Die Bedingung lautet mathematisch:

$$\det [\, - \omega^2 \, A + C \,] \overset{!}{=} 0 \, . \tag{6.9}$$

Man nennt diese Determinante charakteristische Determinante. Die Werte ω^2, die diese Determinante zu Null machen, heißen charakteristische oder Eigenwerte, hier sind es die Quadrate der Eigenfrequenzen ω_i.

Im Falle des Schwingers mit zwei Freiheitsgraden läßt sich die charakteristische Determinante in das charakteristische Polynom in allgemeinen Zeichen überführen. Man erhält unter Einführung der Eigenkreisfrequenzquadrate von Teilgebilden, die aus dem Riegel 1 zwischen dem Boden und dem festgehaltenen Riegel 2 sowie dem Riegel 2, der an dem festgehaltenen Riegel 1 gelagert ist, bestehen

$$\omega_I^2 = (c_1 + c_2)/m_1 \, , \quad \omega_{II}^2 = c_2/m_2 \tag{6.10}$$

zunächst:

$$\begin{vmatrix} (- \omega^2 + \omega_I^2) & - c_2/m_1 \\ - \omega_{II}^2 & (- \omega^2 + \omega_{II}^2) \end{vmatrix} = 0 \, . \tag{6.11}$$

Daraus findet man das charakteristische Polynom:

$$(- \omega^2 + \omega_I^2) \, (- \omega^2 + \omega_{II}^2) - \omega_{II}^2 \, c_2/m_1 = 0, \tag{6.12}$$

oder in anderer Form:

$$(\omega^2)^2 - (\omega_I^2 + \omega_{II}^2) \, \omega^2 + \omega_{II}^2 (\, \omega_I^2 - c_2/m_1) = 0. \tag{6.12$'$}$$

Ihre Wurzeln sind:

$$(\omega_{1,2})^2 = (\omega_I^2 + \omega_{II}^2)/2 \; \pm \; \sqrt{(\omega_I^2 + \omega_{II}^2)^2/4 - \omega_{II}^2(\omega_I^2 - c_2/m_1)} \qquad (6.13)$$

oder

$$(\omega_{1,2})^2 = (\omega_I^2 + \omega_{II}^2)/2 \; \pm \; \sqrt{(\omega_I^2 - \omega_{II}^2)^2/4 + \omega_{II}^2 \, c_2/m_1} \; . \qquad (6.13\,')$$

Beide Wurzeln sind, wie man aus (6.13') erkennt, reell. Daß auch die kleinere Wurzel stets positiv ist, folgt aus:

$$\omega_I^2 - c_2/m_1 \geq 0 \; . \qquad (6.14)$$

Der Radikant in (6.13') ist stets kleiner als $(\omega_I^2 + \omega_{II}^2)/2$.

Sowohl der Ansatz mit $\sin \omega \, t$ als auch ein gleicher mit $\cos \omega \, t$ führt zu den gleichen Wurzeln der charakteristischen Gleichung. Also lautet die vollständige Lösung der Bewegungsgleichung (6.6):

$$u = \begin{bmatrix} u_1 \\ u_2 \end{bmatrix} = \begin{bmatrix} C_1 \\ D_1 \end{bmatrix} \cos \omega_1 t + \begin{bmatrix} C_2 \\ D_2 \end{bmatrix} \sin \omega_1 t + \begin{bmatrix} C_3 \\ D_3 \end{bmatrix} \cos \omega_2 t + \begin{bmatrix} C_4 \\ D_4 \end{bmatrix} \sin \omega_2 t \; .$$

$$(6.15)$$

Die acht Integrationskonstanten C_1 bis D_4 müssen an die Anfangsbedingungen angepaßt werden: Zum Zeitpunkt $t = 0$ stehen aber nur vier Bedingungen zur Verfügung:

$$u_1(0) = u_{10}, \quad u_1'(0) = v_{10}, \quad u_2(0) = u_{20}, \quad u_2'(0) = v_{20} \; . \qquad (6.16)$$

Die noch fehlenden Bedingungsgleichungen findet man durch Einsetzen der einzelnen Lösungen in das Differentialgleichungssystem und anschließendem Vergleich der mit derselben Zeitfunktion behafteten Koeffizienten.

$$\text{z.B.:} \quad \{ - \omega_1^2 m_1 + (c_1 + c_2) \} \, C_1 - c_2 \, D_1 = 0 \; . \qquad (6.17)$$

Daraus folgt das Verhältnis C_1/D_1. Es stimmt mit dem Verhältnis C_2/D_2 überein:

$$C_1/D_1 = C_2/D_2 = c_2/\{ - \omega_1^2 m_1 + (c_1 + c_2) \} \; . \qquad (6.18)$$

Aus der zweiten Zeile des Gleichungssystems findet man das gleiche Ergebnis:

$$C_1/D_1 = C_2/D_2 = \{ - \omega_1^2 m_2 + c_2 \}/c_2 \; . \qquad (6.18\,')$$

Für die mit $\cos \omega_2 \, t$ und $\sin \omega_2 \, t$ gehenden Koeffizienten ergibt sich entsprechend:

$$C_3/D_3 \;=\; C_4/D_4 \;=\; c_2/\{\,-\,\omega_2^2\,m_1 \,+\, (c_1 \,+\, c_2\,)\,\}\;. \qquad (6.19)$$

Die Amplitudenverhältnisse heißen Formzahlen oder Eigenschwingungsformen. Die zu der niedrigsten Eigenfrequenz ω_1 gehörige Eigenschwingungsform wird mit x_1, die zu der höheren Eigenfrequenz ω_2 gehörige mit x_2 bezeichnet:

$$x_1 \;=\; \begin{bmatrix} x_{11} \\ 1 \end{bmatrix}, \qquad x_2 \;=\; \begin{bmatrix} x_{12} \\ 1 \end{bmatrix}. \qquad (6.20)$$

Darin bedeuten x_{11} und x_{12} die allgemein bezeichneten Amplitudenverhältnisse.

Mit diesen Eigenschwingungsvektoren erhält die Gesamtlösung die Form:

$$u \;=\; D_1\,x_1 \cos\omega_1 t \,+\, D_2\,x_1 \sin\omega_1 t \,+\, D_3\,x_2 \cos\omega_2 t \,+\, D_4\,x_2 \sin\omega_2 t\;.$$

$$(6.21)$$

Die vier verbliebenen Integrationskonstanten können nun an die Anfangsbedingungen angepaßt werden.

Durch geschickte Wahl der Anfangsbedingungen ist es möglich, freie Schwingungen einzuleiten, die nur mit einer der beiden Eigenfrequenzen auftreten. Man nennt derartige Schwingungen Haupt- oder Normalschwingungen. In der Abb. 6.2 sind die Verschiebungsverläufe für die Hauptschwingungen eines Schwingers mit zwei Freiheitsgraden dargestellt. Man erkennt, daß bei dem Schwingungsvorgang mit der ersten Eigenfrequenz die beiden Punktkörper gleichgerichtete Bewegungen ausführen. Sie schwingen in Phase. Bei der zweiten Hauptschwingung sind die Verschiebungen der Punktkörper gegeneinander gerichtet. Sie schwingen in Gegenphase.

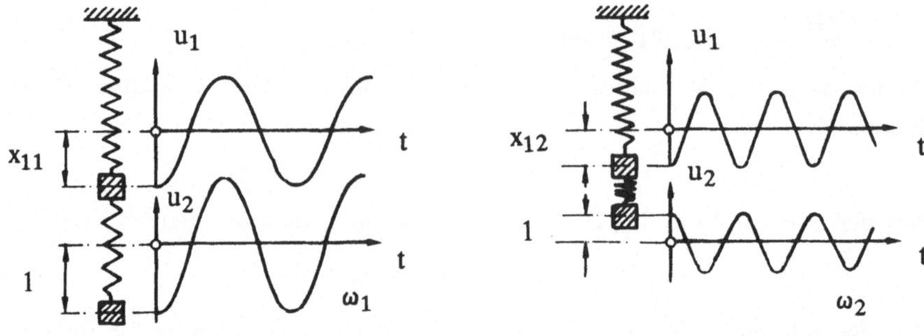

Abb. 6.2 Hauptschwingungen eines Schwingers mit zwei Freiheitsgraden

Die Verschiebungseinflußzahlen h_{ik} und die Krafteinflußzahlen c_{ik}

Bei der Aufstellung der Bewegungsgleichungen ergibt sich die Krafteinflußmatrix C aus einer rein statischen Betrachtung. Die Elemente dieser Matrix, die wir c_{ik} nennen, findet man unter der physikalischen Vorstellung, im Knotenpunkt k die Einheitsverschiebung 1 aufzubringen und zu fragen, welche Zwangskraft im Knotenpunkt i für diesen Einheitsverschiebungszustand erforderlich ist. Die Größe dieser Zwangskräfte berechnet sich nach den Regeln der Statik (s. Abb. 6.3).

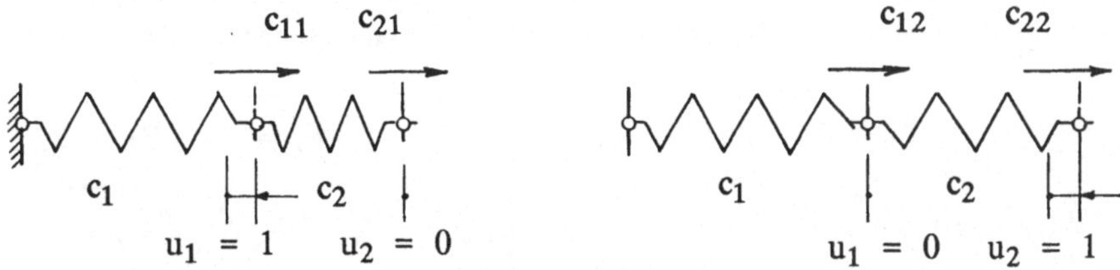

Abb. 6.3 Einheitsverschiebungszustände und zugehörige Zwangskräfte c_{ik}

Anstelle der Bewegungsgleichungen (6.5) kann man mit Hilfe einer dualen Betrachtungsweise Verschiebungsgleichungen wählen, die die Verschiebungen eines Knotenpunktes i infolge der d'Alembert-schen Trägheitskräfte beschreiben. Mit den beiden Trägheitskräften $X_{T1} = -m_1 \, \ddot{u}_1$, $X_{T2} = -m_2 \, \ddot{u}_2$ ergibt sich das Gleichungssystem:

$$u_1 = h_{11} X_{T1} + h_{12} X_{T2} = -h_{11} m_1 \ddot{u}_1 - h_{12} m_2 \ddot{u}_2 \, ,$$
$$u_2 = h_{21} X_{T1} + h_{22} X_{T2} = -h_{21} m_1 \ddot{u}_1 - h_{22} m_2 \ddot{u}_2 \, . \qquad (6.22)$$

Die h_{ik} sind die Verschiebungseinflußzahlen. Sie geben die Verschiebung des Punktes i infolge der Einheitsbelastung F = 1 im Punkte k an. Sie lassen sich zu der Verschiebungseinflußmatrix

$$H = \begin{bmatrix} h_{11} & h_{12} \\ h_{21} & h_{22} \end{bmatrix} \qquad (6.23)$$

zusammenfassen. Mit den zuvor eingeführten Vektoren und Matrizen läßt sich für (6.22) kürzer

$$H \, \Lambda \, \ddot{u} + E \, u = 0 \qquad (6.24)$$

schreiben. E ist die Einheitsmatrix.

Aus der Gegenüberstellung der Gleichungen (6.24) mit (6.5) findet man, daß die Krafteinflußmatrix **C** und die Verschiebungseinflußmatrix **H** zueinander invers sind:

$$ \mathbf{C} = \mathbf{H}^{-1}, \quad \mathbf{H} = \mathbf{C}^{-1} . \tag{6.25} $$

In denjenigen Fällen, in denen man die Verschiebungseinflußzahlen einfacher als die Krafteinflußzahlen bestimmen kann, wird man zunächst die h_{ik} und anschließend durch Inversion die c_{ik} bestimmen.

Zur Berechnung der h_{ik} bringt man nacheinander in den Punkten k des Tragwerkes die Einheitskräfte F = 1 auf und berechnet nach den Regeln der Statik in den Punkten i die daraus folgenden Verschiebungen (s. Abb. 6.4).

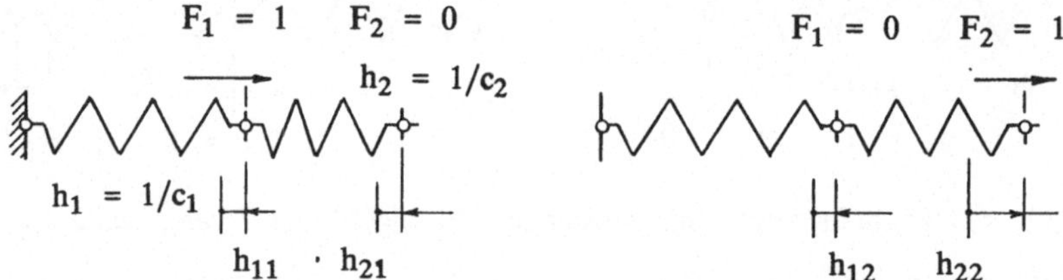

Abb. 6.4 Einheitslasten F = 1 und Verschiebungen h_{ik}

Geht man mit dem harmonischen Ansatz (6.7) in die Bewegungsgleichungen (6.24), so ergibt sich für den Vektor der Amplituden das algebraische Gleichungssystem:

$$ \{ - \omega^2 \, \mathbf{H} \, \mathbf{A} + \mathbf{E} \} \, \bar{\mathbf{u}} = 0 . \tag{6.26} $$

Zur Bestimmung der Eigenfrequenzen benötigt man die Nullstellen der Eigenwertdeterminante:

$$ | \, \mathbf{H} \, \mathbf{A} - (1/\omega^2) \, \mathbf{E} \, | \overset{!}{=} 0 . \tag{6.27} $$

Bei dem Schwinger mit zwei Freiheitsgraden läßt sich diese Determinante in allgemeinen Zeichen in die charakteristische Gleichung

$$ (1/\omega^2)^2 - (1/\omega^2) \, [\, h_{11} \, m_1 + h_{22} \, m_2] - h_{12}{}^2 \, m_1 \, m_2 = 0 \tag{6.28} $$

überführen. Aus ihr ergeben sich dieselben Eigenwerte wie aus (6.12 ').

Die Bestimmung der Bewegungsgleichung unter Verwendung von Verschiebungseinflußzahlen scheitert, wenn das zu untersuchende Tragwerk "schwimmend" gelagert ist, d.h. wenn die Lagerung um ein Vielfaches nachgiebiger ist als die Nachgiebigkeit des Tragwerkes selbst (z.B. Lagerung auf Luftlagern). In diesem Falle muß man die Bewegungsgleichungen entsprechend (6.9) formulieren. Eine Inversion der Krafteinflußmatrix C ist wegen ihrer Singularität in diesem Fall nicht möglich.

6.3 Der dämpfungsfreie Schwinger unter harmonischer Zwangserregung

Zur Beobachtung des Schwingungsverhaltens eines dämpfungsfreien Schwingers mit zwei Freiheitsgraden, der unter einer harmonisch veränderlichen Krafterregung steht, wählen wir einen Belastungsvektor p, der mit der Kraftamplitude F_1 nur an dem Körper 1 angreift:

$$p = \begin{bmatrix} F_1 \\ 0 \end{bmatrix} \sin \Omega t = \bar{p} \sin \Omega t. \qquad (6.29)$$

Ein mögliches Tragwerk und das zugehörige Ersatzmodell ist in der Abb. 6.5 skizziert. Unterhalb des angeregten Punktkörpers 1 befindet sich ein zweiter Körper der Masse m_2, der mit einer Feder der Federsteifigkeit c_2 an dem

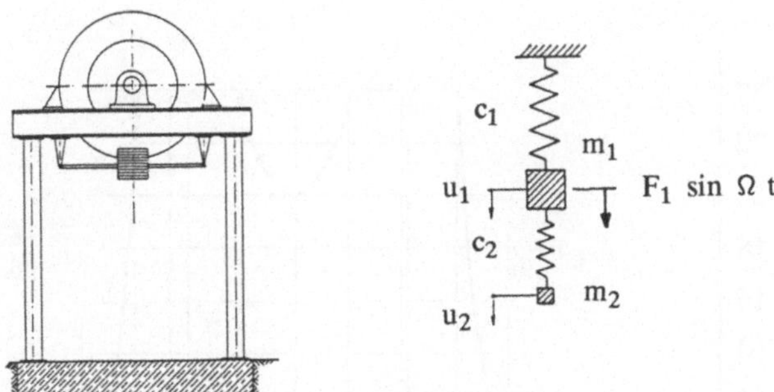

Abb. 6.5 Schwingungssystem mit zwei Freiheitsgraden, das unter einer harmonischen Zwangserregung steht

ersten angebunden ist. Im eingeschwungenen Zustand bleibt von der Lösung der Bewegungsgleichungen wegen der praktisch unvermeidlichen Materialdämpfung nur die Partikularlösung übrig. Für sie wählt man den Ansatz:

$$u_P = \begin{bmatrix} U_{1P} \\ U_{2P} \end{bmatrix} \sin \Omega t = \bar{u}_P \sin \Omega t. \qquad (6.30)$$

Einsetzen dieses Ansatzes in die Bewegungsgleichungen des dämpfungsfreien

Schwingers, die sich durch Nullsetzen der Dämpfungseinflußmatrix **B** ergeben, führt zu:

$$\{ -\Omega^2 \mathbf{A} + \mathbf{C} \}\, \overline{\mathbf{u}}_P = \overline{\mathbf{p}} \, . \tag{6.31}$$

Die Gleichungsauflösung ist möglich, solange die Erregerfrequenz Ω nicht mit einer der Eigenfrequenzen ω_1 oder ω_2 zusammenfällt. Zur Darstellung der

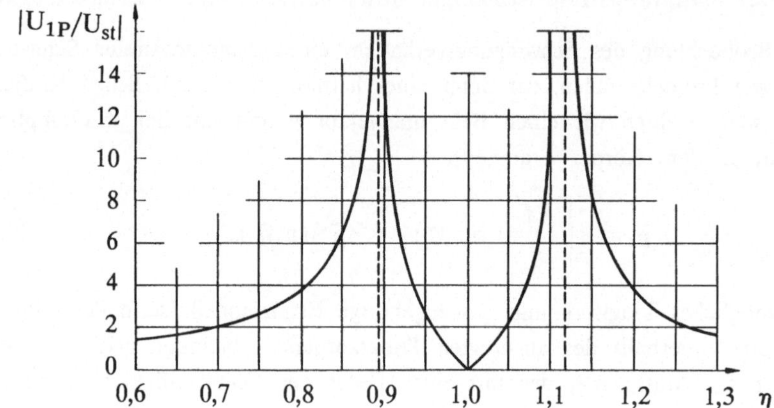

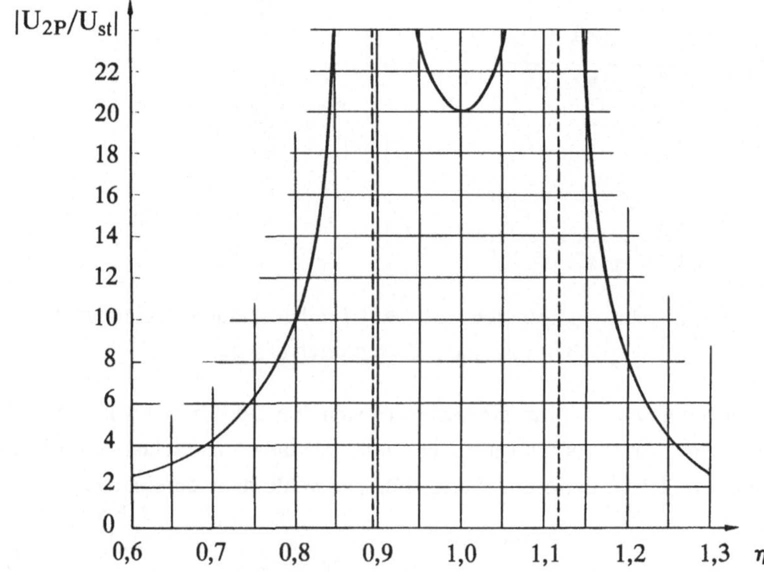

Abb. 6.6 Vergrößerungsfunktionen $\left| U_{1P}/U_{St} \right|$ und $\left| U_{2P}/U_{St} \right|$ für die Verhältnisse $\mu = 1/20$ und $\nu = 1$

Lösung führen wir folgende Abkürzungen ein:

$U_{st} = F_1/c_1$ Statische Durchsenkung des Punktkörpers 1,

$\eta^2 = \Omega^2 \, m_1/c_1$ Erregerfrequenzquadrat, bezogen auf das Quadrat der Eigenkreisfrequenz eines fiktiven Schwingers, der aus der Masse m_1 und der Federsteifigkeit c_1 aufgebaut ist,

$\mu = m_2/m_1$ Massenverhältnis,

$\nu^2 = (c_2/m_2)/(c_1/m_1)$ Verhältnis der Eigenfrequenzquadrate fiktiver Teilschwinger,

$$\Delta(\eta^2) = \eta^4 - \eta^2 \, [\, 1 + \nu^2 + \mu \, \nu^2] + \nu^2 \;.$$

Unter Verwendung dieser Abkürzungen ergibt sich die Lösung von (6.31) in der Form:

$$U_{1P} = \frac{\nu^2 - \eta^2}{\Delta(\eta^2)} \, U_{st} \,, \qquad U_{2P} = \frac{\nu^2}{\Delta(\eta^2)} \, U_{st} \,. \tag{6.32}$$

Zur Diskussion dieses Ergebnisses wird für das Massenverhältnis $\mu = 1/20$ und das Frequenzverhältnis $\nu = 1$ der Verlauf von $|U_{1P}/U_{st}|$ und $|U_{2P}/U_{st}|$ grafisch in der Abb. 6.6 dargestellt.

Man erkennt, daß $|U_{1P}/U_{st}|$ zwischen den beiden Resonanzstellen $\eta_1 = \sqrt{0{,}8}$ und $\eta_2 = \sqrt{1{,}25}$, die sich aus den Nullstellen der Funktion $\Delta(\eta^2)$ ergeben, eine Nullstelle bei $\eta = 1$ besitzt. In dem Punkt $\eta = 1$ wird die Bewegung des Körpers 1, an der die äußere Erregerkraft F_1 angreift, durch das Schwingungssystem c_2/m_2 "getilgt". Dieser Punkt des Diagrammes fällt mit demjenigen zusammen, der für das Grundsystem c_1/m_1 ohne Zusatzsystem die Resonanz anzeigt. Das Zusatzsystem heißt wegen seiner Wirkung auf das Grundsystem Tilger.

Der Körper der Masse m_2 macht nicht etwa Ausschläge in Resonanz. Wie das Diagramm zeigt, besitzt die Vergrößerungsfunktion für die Tilgeramplitude im Bereich $\eta = 1$ ein Minimum. Aber natürlich macht der Tilger mit der sehr kleinen Masse ($\mu = 1/20$) große Ausschläge mit $|U_{2P}/U_{st}| = 20$. Die Frage nach der Beanspruchung der Tilgerfeder muß beantwortet werden.

6.4 Der gedämpfte Schwinger unter harmonischer Zwangserregung

In der Regel ist die Dämpfung eines Schwingungssystems nicht Null. Zur genaueren Beschreibung des wirklichen Schwingers muß man daher von den

Gleichungen (6.5) ausgehen. Die Krafterregung setzen wir zunächst allgemein als Anregung beider Körper an:

$$p = \bar{p}\, e^{\,i\,\Omega\,t} = \bar{p}_c \cos \Omega\,t + \bar{p}_s \sin \Omega\,t \; . \tag{6.33}$$

Darin bedeuten:

$\bar{p}$ der Vektor der Kraftamplituden F_1 und F_2,

$\bar{p}_c$ der Vektor der mit dem $\cos \Omega\,t$ gehenden Kraftkomponenten F_{c1} und F_{c2},

$\bar{p}_s$ der Vektor der mit dem $\sin \Omega\,t$ gehenden Kraftkomponenten F_{s1} und F_{s2}, mit

$$\bar{p} = \begin{bmatrix} F_1 \\ F_2 \end{bmatrix}, \quad \bar{p}_c = \begin{bmatrix} F_{c1} \\ F_{c2} \end{bmatrix}, \quad \bar{p}_s = \begin{bmatrix} F_{s1} \\ F_{s2} \end{bmatrix}. \tag{6.34}$$

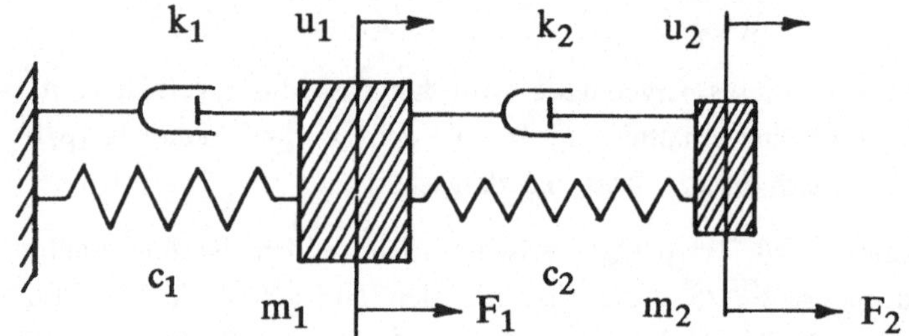

Abb. 6.7 Gedämpfter Schwinger unter allgemeiner Zwangserregung

Im eingeschwungenen Zustand bleibt nur die Partikularlösung der Bewegungsgleichung übrig, die von der Form der rechten Seite des Gleichungssystems geprägt ist:

$$u_P = \bar{u}_P\, e^{\,i\,\Omega\,t} = \bar{u}_c \cos \Omega\,t + \bar{u}_s \sin \Omega\,t \; . \tag{6.35}$$

Der Aufbau der Verschiebungsvektoren entspricht demjenigen der Kraftvektoren:

$$\bar{u}_P = \begin{bmatrix} A_1 \\ A_2 \end{bmatrix}, \quad \bar{u}_c = \begin{bmatrix} U_{c1} \\ U_{c2} \end{bmatrix}, \quad \bar{u}_s = \begin{bmatrix} U_{s1} \\ U_{s2} \end{bmatrix}. \tag{6.36}$$

$\bar{u}_P$ ist der Vektor der Verschiebungsamplituden, $\bar{u}_c$, $\bar{u}_s$ sind die Vektoren der Verschiebungskomponenten, die mit dem $\cos \Omega\,t$ und dem $\sin \Omega\,t$ gehen.

Einsetzen des Ansatzes (6.35) in die Bewegungsgleichung (6.5) und Ordnen nach den Gliedern mit $\cos \Omega\,t$ und $\sin \Omega\,t$ ergibt das folgende algebraische

Gleichungssystem:

$$\begin{bmatrix} (-\Omega^2 \mathbf{A} + \mathbf{C}) & \Omega \mathbf{B} \\ -\Omega \mathbf{B} & (-\Omega^2 \mathbf{A} + \mathbf{C}) \end{bmatrix} \begin{bmatrix} \overline{u}_c \\ \overline{u}_s \end{bmatrix} = \begin{bmatrix} \overline{p}_c \\ \overline{p}_s \end{bmatrix} . \qquad (6.37)$$

Dafür schreiben wir kürzer:

$$\widetilde{C} \; \widetilde{u} = \widetilde{p} . \qquad (6.37\,')$$

Die mit einer Tilde versehenen Größen sind als Matrix und als Vektoren in (6.37) enthalten. Die Komponenten des Verschiebungsvektors findet man durch Auflösung nach $\widetilde{u}$. In einem anschließenden Rechenschritt lassen sich die Verschiebungsamplituden A_1, A_2 durch geometrische Addition entsprechend

$$\overline{u}_P = \begin{bmatrix} A_1 \\ A_2 \end{bmatrix} = \begin{bmatrix} \sqrt{U_{c1}{}^2 + U_{s1}{}^2} \\ \sqrt{U_{c2}{}^2 + U_{s2}{}^2} \end{bmatrix} \qquad (6.38)$$

bestimmen. Die Phasenverschiebungswinkel φ_1, φ_2 folgen aus den Arcustangens der Komponentenverhältnisse:

$$\begin{bmatrix} \varphi_1 \\ \varphi_2 \end{bmatrix} = \begin{bmatrix} \arctan (U_{s1}/U_{c1}) \\ \arctan (U_{s2}/U_{c2}) \end{bmatrix} \qquad (6.39)$$

Wir wollen die Wirkung des gedämpften Tilgers auf das ungedämpfte Grundsystem ausführlich untersuchen und wählen die Krafterregung in der Form:

$$p = \overline{p}_c \cos \Omega t = \begin{bmatrix} F_1 \\ 0 \end{bmatrix} \cos \Omega t . \qquad (6.40)$$

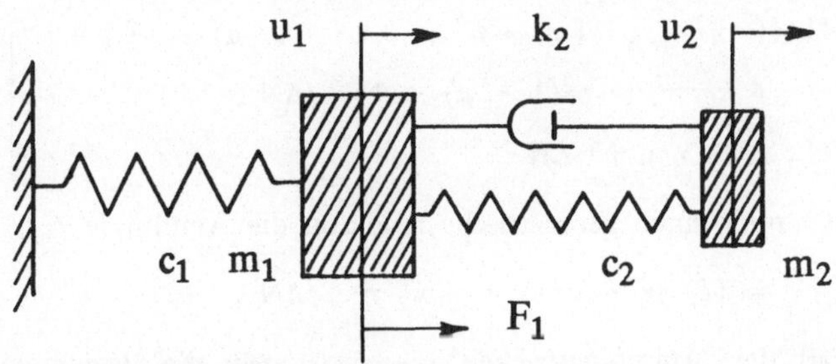

Abb. 6.8 Ungedämpftes Grundsystem mit gedämpftem Tilger

Einsetzen von (6.40) in die Beziehung (6.37) ergibt nach der Division der einzelnen Zeilen des Gleichungssystems durch c_1 und unter Verwendung der zuvor eingeführten Abkürzungen (s. nach Formel (6.31))

$$U_{st} = F_1/c_1 \ , \ \omega_1{}^2 = \ c_1/m_1 \ , \ \omega_2{}^2 = c_2/m_2 \ , \ \eta^2 = \Omega^2/\omega_1{}^2,$$

$$\mu = m_2/m_1 \ , \ \nu^2 = (\omega_2/\omega_1)^2, \ \nu^2 \mu = c_2/c_1$$

sowie

$$\kappa_2 = k_2/(2 \ m_2 \ \omega_1) \tag{6.41}$$

folgendes, ausführlich angegebenes Gleichungssystem:

U_{c1}	U_{c2}	U_{s1}	U_{s2}	U_{st}
$-\eta^2 + 1 + \nu^2 \mu$	$-\nu^2 \mu$	$2 \eta \kappa_2 \mu$	$-2 \eta \kappa_2 \mu$	1
$-\nu^2$	$-\eta^2 + \nu^2$	$-2 \eta \kappa_2$	$2 \eta \kappa_2$	0
$-2 \eta \kappa_2 \mu$	$2 \eta \kappa_2 \mu$	$-\eta^2 + 1 + \nu^2 \mu$	$-\nu^2 \mu$	0
$2 \eta \kappa_2$	$-2 \eta \kappa_2$	$-\nu^2$	$-\eta^2 + \nu^2$	0

$$\tag{6.42}$$

Die Determinante der Koeffizientenmatrix lautet:

$$\Delta N = \{ \eta^4 - \eta^2(1 + \nu^2 + \nu^2 \mu) + \nu^2\}^2 + 4 \ \kappa_2^2 \ \eta^2 \{- \eta^2(1 + \mu) + 1 \}^2 \ . \tag{6.43}$$

Für die Verschiebungskomponenten des ersten Körpers ergeben sich die Beziehungen:

$$U_{c1} = U_{st}\{(- \eta^2 + \nu^2)[\eta^4 - \eta^2 (1 + \nu^2 + \nu^2 \mu) + \nu^2] +$$
$$4 \ \kappa_2^2 \ \eta^2 [- \eta^2(1 + \mu) + 1] \}/\Delta N \ ,$$
$$U_{s1} = U_{st} \ 2 \ \kappa_2 \ \eta \ \mu \ \eta^4/\Delta N \ . \tag{6.44}$$

Daraus findet man durch geometrische Addition die Amplitude A_1:

$$(A_1/U_{st})^2 = \{(- \eta^2 + \nu^2)^2 + 4 \ \kappa_2^2 \ \eta^2 \}/\Delta N \ . \tag{6.45}$$

Für den Fall der Dämpfungsfreiheit ($\kappa_2 = 0$) geht die Beziehung (6.45) in die erste der Beziehungen (6.32) über.

Zur Beobachtung der Wirkung des gedämpften Tilgers auf das Grundsystem werten wir die Beziehung (6.45) für die Verhältnisse $\mu = 1/20$ und $\nu = 1$ für die beiden Dämpfungsparameter $\kappa_2 = 0,10$ und $0,32$ aus (Abb. 6.9). Man erkennt, daß der Funktionsverlauf $\left| A_1/U_{st} \right|$ unabhängig von der Größe des Beiwertes κ_2 ist und durch die Punkte S und T geht. Für die Auslegung eines Tilgers ist es günstig, wenn beide Punkte der Vergrößerungsfunktion auf dem gleichen Niveau liegen. Denn damit erhält man einen in einem breiten Frequenzbereich gut arbeitenden Tilger.

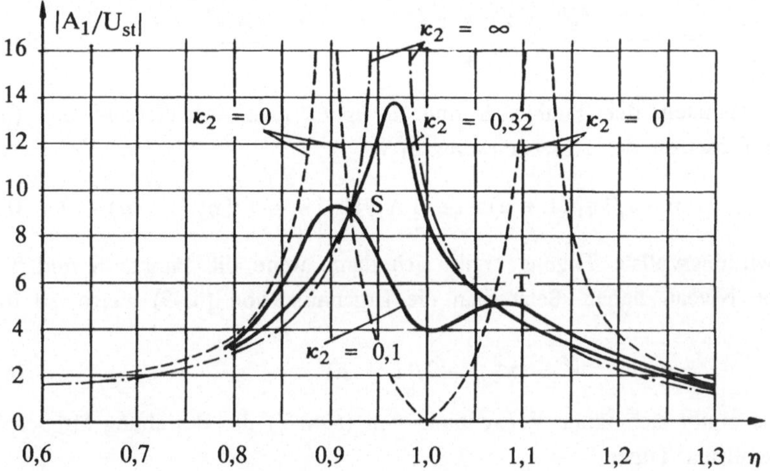

Abb. 6.9 Vergrößerungsfunktion $\left| A_1/U_{st} \right|$ bei einem gedämpften Tilger mit $\mu = 1/20$ und $\nu = 1$

Wegen der Unabhängigkeit der Punkte S und T von dem Dämpfungsparameter κ_2 kann man ihre Lage sowohl mit Hilfe der Beziehung (6.32) des ungedämpften Tilgers:

$$\left| A_1/U_{st} \right| = (- \eta^2 + \nu^2)/[\eta^4 - \eta^2(1 + \nu^2 + \nu^2 \mu) + \nu^2]$$

als auch mit der Beziehung des extrem stark gedämpften Tilgers gewinnen. Aus der Beziehung (6.44) ergibt sich für $\kappa_2 = \infty$:

$$\left| A_1/U_{st} \right| = 1/[- \eta^2(1 + \mu) + 1] . \tag{6.46}$$

Für diesen Schwinger mit einem Freiheitsgrad ergibt sich das kritische Erreger/Eigenfrequenz-Verhältnis

$$\eta_{cr} = 1/\sqrt{1 + \mu} . \tag{6.47}$$

Durch Gleichsetzen von (6.32) und (6.46) findet man die Beziehung für die Lage der Abszissen der Punkte S und T:

$$\frac{-\eta^2 + \nu^2}{\eta^4 - \eta^2(1 + \nu^2 + \nu^2 \mu) + \nu^2} = \frac{1}{\eta^2(1 + \mu) - 1} \ . \tag{6.48}$$

Umformung dieser Beziehung führt auf die in η^2 quadratische Gleichung:

$$\eta^4 - 2\,\eta^2(1 + \nu^2 + \nu^2 \mu)/(2 + \mu) + 2\,\nu^2/(2 + \mu) = 0 \ . \tag{6.48$'$}$$

Als Lösung findet man:

$$\eta_{1,2}^2 = \frac{1 + \nu^2(1 + \mu) \pm \sqrt{(1 - \nu^2)^2 + \nu^4\mu\,(2 + \mu)}}{2 + \mu} \ . \tag{6.48$''$}$$

Die Ordinaten der Punkte S und T findet man anschließend aus (6.46) durch Einsetzen der Abszissenwerte $\eta_{1,2}^2$:

$$\left|A_1/U_{st}\right|_S = -1/[\eta_1^2\,(1 + \mu) - 1]; \quad \left|A_1/U_{st}\right|_T = 1/[\eta_2^2\,(1 + \mu) - 1] \ . \tag{6.49}$$

Die wirkungsvollste Tilgung ergibt sich dann, wenn die Punkte S und T das gleiche Niveau haben. Setzt man die Ergebnisse von (6.49) gleich, so findet man:

$$\eta_1^2 + \eta_2^2 = 2/(1 + \mu) \ . \tag{6.50}$$

Daraus ergibt sich unter Verwendung von (6.48$''$) die Beziehung für den wirkungsvollsten Tilger:

$$2/(1 + \mu) = 2[1 + \nu^2(1 + \mu)]/(2 + \mu) \ , \tag{6.51}$$

aus der sich die "optimale" Abstimmung

$$\nu_{Opt} = 1/(1 + \mu) \tag{6.52}$$

herleiten läßt.

Dieser Wert führt auf die Abszissen der Punkte S und T des "optimalen" Tilgers:

$$\eta_{1,2\ Opt} = \frac{1}{1 + \mu} \left\{ 1 \pm \sqrt{\frac{\mu}{2 + \mu}} \right\} \ . \tag{6.53}$$

Die Ordinaten der Punkte S und T findet man durch Einsetzen von (6.53) in die Beziehung (6.49):

$$\left|A_1/U_{st}\right|_S = \left|A_1/U_{st}\right|_T = \sqrt{(2 + \mu)/\mu} \ . \tag{6.54}$$

Wenn es schließlich gelingt, durch die Wahl eines geeigneten Dämpfungsparameters κ_2 die Tangenten an die Vergrößerungsfunktion in den Punkten S und T zu Horizontalen werden zu lassen, dann hat man die "optimale, breitbandige" Tilgung erreicht.

Diesen "optimalen" Dämpfungsparameter findet man, wenn man zunächst die Masse des Tilgers m_2 und damit μ festlegt. Mit Hilfe von (6.52) ergibt sich die optimale Abstimmung. In einem nächsten Schritt bestimmt man die Lage von S und T, d.h. $\eta_{1\text{Opt}}^2$ und $\eta_{2\text{Opt}}^2$ mit Hilfe der Beziehung (6.53). In einem nachfolgenden Schritt ergibt sich der optimale Dämpfungsparameter $\kappa_{2\text{Opt}}$ durch Einsetzen der Ergebnisse in die Beziehung (6.45) und Auflösung nach κ_2:

$$\kappa_2^2 = [\ N - Q\ (A_1/U_{st})^2]/[M\ (A_1/U_{st})^2 - P\ ]\ . \tag{6.55}$$

Darin bedeuten:

$$\left.\begin{aligned}
P &= 4\ \eta^2, \\
Q &= [\ \eta^4 - \eta^2(1 + \nu^2 + \nu^2\ \mu) + \nu^2]^2, \\
N &= (\eta^2 - \nu^2)^2, \\
M &= 4\ \eta^2\ [\ \eta^2(1 + \mu) - 1]^2.
\end{aligned}\right\} \tag{6.55$'$}$$

Beim Einsetzen von $\eta_{1\text{Opt}}$ in die Beziehung (6.55) entsteht ein unbestimmter Ausdruck. Es ist daher zweckmäßig, einen gegenüber $\eta_{1\text{Opt}}$ geringfügig veränderten Wert einzusetzen. Der Wert von κ_2 ändert sich dadurch praktisch nicht.

Stahlkamin mit gedämpftem Tilger

Gegeben ist ein Stahlkamin der Höhe h = 70 m. Bei einer Horizontallast an der Spitze des Kamins von 1 kN ergibt sich dort eine statische Auslenkung U_{st}, aus der sich die Federsteifigkeit $c_1 = 3{,}33 \cdot 10^5$ N/m herleiten läßt. Ein Ausschwingversuch führt zu der niedrigsten Eigenfrequenz des Kamins $f_1 = 0{,}32$ HZ.

Es ist für diesen Kamin zur Begrenzung der Ausschläge infolge einer möglichen Windanregung durch v. Kármán-sche Wirbel ein "optimaler" Tilger zu entwerfen. Er soll als Pendelschwinger mit Dämpfung ausgeführt werden. Die Vergrößerungsfunktion $\left| A_1/U_{St} \right|$ ist grafisch darzustellen.

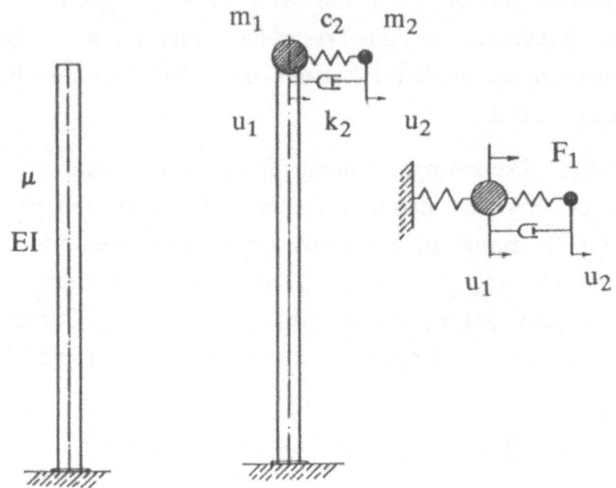

Abb. 6.10 Stahlkamin und Ersatzmodell für den Tilgerentwurf

Lösungsweg:

1.: Bestimmung der mitschwingenden Masse

Aus $\omega_1^2 = c_1/m_1 = (2\,\pi\,f_1)^2$ folgt: $m_1 = c_1/(2\,\pi\,f_1)^2$. Mit den Zahlenwerten wird: $m_1 = 3{,}33 \cdot 10^5/(2 \cdot \pi \cdot 0{,}32)^2 = 8{,}245 \cdot 10^4$ kg.

2.: Wahl der Tilgermasse

Das Massenverhältnis wird zwischen 4 und 8 % angenommen. Wir wählen entsprechend der Masse m_1 eine Masse $m_2 = 6 \cdot 10^3$ kg und erhalten

$$\mu = 6 \cdot 10^3/8{,}245 \cdot 10^4 = 7{,}276\ \%.$$

3.: Optimale Abstimmung und Wahl der Pendellänge des Pendelschwingers

Aus (6.52) ergibt sich $\omega_2^2 = \omega_1^2/(1 + \mu)^2 = (2\,\pi\,f_1)^2/(1 + \mu)^2$. Mit den zuvor gefundenen Zahlenwerten findet man:

$$\omega_2^2 = 2{,}0106^2/1{,}0727^2 = 3{,}5132.$$

Das Kreisfrequenzquadrat eines Pendels ergibt sich aus seiner Bewegungsgleichung

$$m\,l^2\,\ddot{\psi} + m\,g\,l\,\sin\psi = 0,$$

worin ψ der Winkelausschlag des Pendels und l seine Pendellänge ist. Man führt ein $\omega_2^2 = g/l$: Daraus folgt $l = g/\omega_2^2$. Mit den Zahlenwerten findet man:

$$l = 9{,}81/3{,}5132 = 2{,}792\ \text{m}.$$

4.: Lage der Punkte S und T

Mit Hilfe von μ = 7,276 % und ν_{Opt} = 1/1,0727 = 0,9322 findet man aus (6.53):

$$\eta^2_{1,2Opt} = 0,9322 \{ 1 \pm \sqrt{7,27 \cdot 10^{-2}/2,0727} \} ,$$
$$= 0,9322 \{ 1 \pm 0,187283 \} ,$$
$$\eta_{1Opt} = 1,05205 , \qquad \eta_{2Opt} = 0,8704 .$$

Die Ordinaten der Punkte S und T findet man mit (6.49):

$$\left| A_1/U_{st} \right|_S = \left| A_1/U_{st} \right| = 1/[1,10681 \cdot 1,0727 - 1] = 5,3395.$$

5.: "Optimaler" Dämpfungsparameter κ_2

Bei der Wahl von η_1^* = 1,00 ergeben sich aus (6.55 ') die Werte:

P = 4·1,0 = 4,0; Q = $\{ 1 - 1 \cdot (1+0,9322) + 0,9322^2 \}^2$ = 3,9974·10⁻³;

N = $[1 - 0,9322^2]^2$ = 1,7174·10⁻²; M = 4·[1·1,0727 - 1]² = 2,1176·10⁻².

Einsetzen in (6.55) liefert das Quadrat des optimalen Dämpfungsparameters:

$$\kappa_2^2 = [- 9,6792 \cdot 10^{-2}]/[- 3,3962] = 2,84996 \cdot 10^{-2},$$

$$\kappa_2 = 0,1688.$$

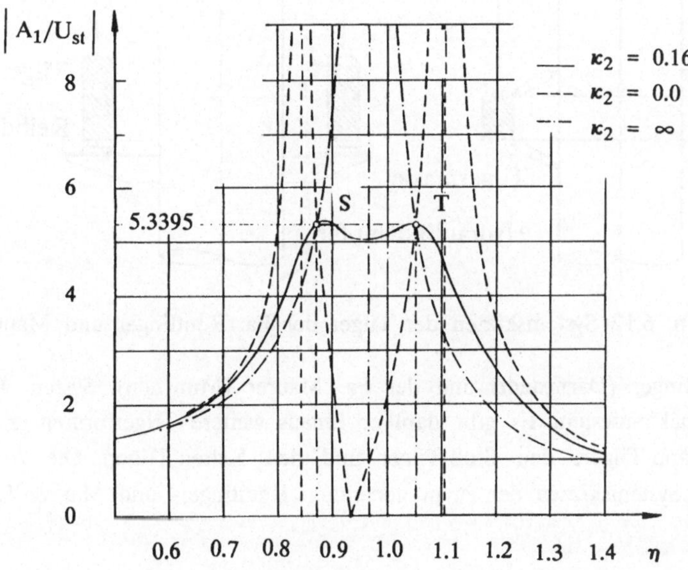

Abb. 6.11 Vergrößerungsfunktion für den optimalen Tilger

Gewählt wird ein $\kappa_{2gew} = 0{,}160$.

6.: Verlauf der Vergrößerungsfunktion $\left| A_1/U_{st} \right|$:

Mit den zuvor gefundenen Werten ergibt sich das Diagramm der Abb. 6.11.

7.: Dämpfungsbeiwert k_2

Aus der Definition von κ_2 folgt: $k_2 = \kappa_2 \, 2 \, m_2 \, (2 \, \pi \, f_1)$. Mit den Zahlenwerten findet man:

$$k_2 = 0{,}16 \cdot 2 \cdot 6 \cdot 10^3 \cdot (2 \, \pi \, 0{,}32) = 3{,}86 \cdot 10^3 \text{ N s/m}.$$

8.: Konstruktive Ausbildung von Pendeltilgern

Zur konstruktiven Ausbildung von Pendeltilgern gibt es eine Vielzahl von Vorschlägen. In der Bundesrepublik Deutschland sind die Tilger der Fa.

Tilger System Reutlinger   Tilger System Maurer/Petersen

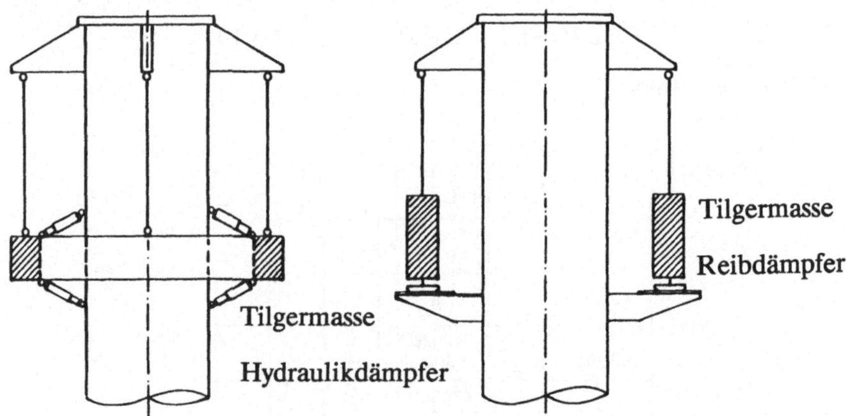

Abb. 6.12 Systemskizzen der Tilger der Fa. Reutlinger und Maurer

Reutlinger (Darmstadt) und der Fa. Maurer (München), System Petersen, die bekanntesten. Es gibt darüber hinaus weitere Tilgerformen, z. B. den Schwapp-Tilger, den Stoß-Tilger und den Ketten-Tilger. Die Abb. 6.12 zeigt Systemskizzen der zuvor genannten Reutlinger- und Maurer-Tilger.

Das Blockfundament

Für die Aufstellung von Maschinen mit hin- und hergehenden oder umlaufenden Maschinenteilen werden meist Blockfundamente verwendet. Sie sollen die

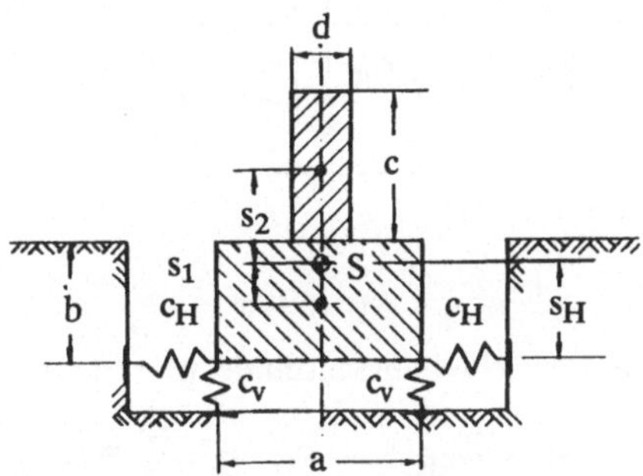

Abb. 6.13 Blockfundament mit Maschine auf Federelementen

Übertragung von Schwingungen auf den umgebenden Baugrund möglichst verhindern. Das Blockfundament besteht meist aus einem Betonklotz mit Öffnungen für die Aufnahme der Maschine. Es ist in der Regel auf Federelementen gelagert.

Das Ersatzmodell eines Blockfundamentes einschließlich der Maschine ist in der Abb. 6.13 skizziert. Gesucht sind die Eigenfrequenzen des in der Ebene frei schwingenden Systems. Aus dem Eigenverhalten läßt sich auf das Verhalten des unter Zwangserregung stehenden Gebildes schließen. Gegeben seien die Massen und die Abmessungen der Einzelteile: Fundament und Maschine. Gesucht sind die Beziehungen für die Eigenkreisfrequenzen des Systems.

Lösungsweg

1.: Berechnung des gemeinsamen Schwerpunktes

Das statische Moment der Massen bezogen auf die untere Kante des Fundamentes liefert die Lage s_H des gemeinsamen Schwerpunktes:

$$(m_1 + m_2)\, s_H = m_1\, b/2 + m_2(b + c/2).$$

2.: Berechnung der Gesamtmasse und -Drehmasse

$$m = m_1 + m_2 \,, \quad \hat{m} = m_1(a^2 + b^2)/12 + m_1 s_1^2 + m_2(c^2 + d^2)/12 + m_2\, s_2^2$$

3.: Bestimmung der Rückstellkräfte und des Rückstellmomentes bezogen auf den Schwerpunkt des Systems. Aus der Betrachtung der Einheitsverschiebungszustände der Abb. 6.14 findet man die zugeordneten Zwangskräfte:

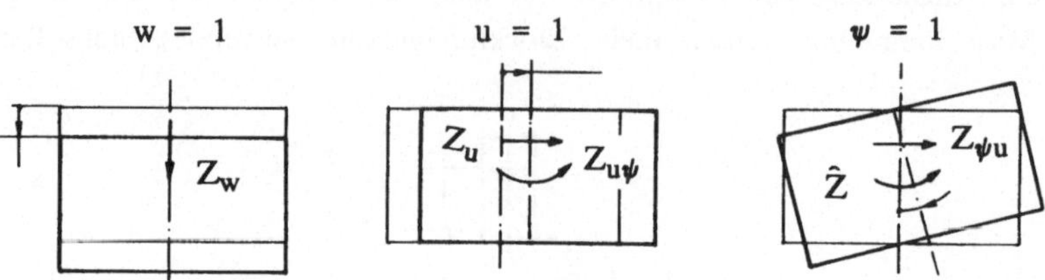

Abb. 6.14 Einheitsverschiebungszustände w = 1, u = 1 und ψ = 1

$$Z_w = 2\,c_v \; , \; Z_u = 2\,c_H \; , \; Z_{u\psi} = 2\,c_H\,s_H \; , \; \hat{Z} = 2\,[\,c_v(a/2)^2 + c_H\,s_H^2\,]$$

Die Zwangskräfte entsprechen den Koeffizienten der Krafteinflußmatrix.

4.: Die Bewegungsgleichungen des frei schwingenden Blockfundamentes

$$\left.\begin{aligned}
m\,\ddot{w} + 2\,c_v\,w &= 0, \\
m\,\ddot{u} + 2\,c_H\,u + 2\,c_H\,s_H\,\psi &= 0, \\
\hat{m}\,\ddot{\psi} + 2[c_v(a/2)^2 + c_H\,s_H{}^2] + 2\,c_H\,s_H\,u &= 0.
\end{aligned}\right\}$$

Die Gleichung für die w-Verschiebung ist von den gekoppelten Gleichungen für die u- und ψ-Verschiebung entkoppelt.

5.: Das Eigenverhalten des Blockfundamentes einschließlich der Maschine

Mit dem Ansatz für die harmonische Bewegung

$$w(t) = W\,\sin\omega\,t, \quad u(t) = U\,\sin\omega\,t \; , \quad \psi(t) = \Psi\,\sin\omega\,t$$

findet man aus der ersten Bewegungsgleichung die Eigenkreisfrequenz

$$\omega_w^2 = 2\,c_v/m\,.$$

Die gekoppelten Bewegungsgleichungen werden in die algebraische Gleichungen umgewandelt:

U	Ψ	
$[\,-\omega_k^2\,m + 2\,c_H\,]$	$2\,c_H\,s_H$	$= 0,$
$2\,c_h\,s_H$	$[-\omega_k^2\,\hat{m} + 2\,(c_v(a/2)^2 + c_H\,s_H^2)\,]$	$= 0.$

Aus der Determinante der Koeffizientenmatrix

$$[\,-\omega_k^2\,m + 2\,c_H\,]\,[\,-\omega_k^2\,\hat{m} + 2\,(c_v(a/2)^2 + c_H\,s_H^2)\,] - (2\,c_H\,s_H)^2$$

findet man die charakteristische Gleichung:

$$\omega_k^4 \, m \, \hat{m} \; - \omega_k^2 \, [2 \, c_H + 2(c_v(a/2)^2 + c_H \, s_H^2 \,) \,] - 2 \, c_H^2 \, s_H^2 \; = 0.$$

Ihre Lösung liefert die beiden Eigenkreisfrequenzen der gekoppelten Schwingungen.

6.5 Nichtperiodische - transiente - Anregung

Der Schwinger mit zwei Freiheitsgraden unter nichtperiodischer Anregung wird von den Bewegungsgleichungen (6.5) beschrieben. Die Lösung dieser Matrizendifferentialgleichung läßt sich mit den in Kap. 5 angegebenen Methoden finden, wenn man dort anstelle der Verschiebung u, der Geschwindigkeit u˙ und der Beschleunigung u˙˙ die entsprechenden matriziellen Vektoren **u**, **u**˙ und **u**˙˙ setzt. An die Stelle der Masse m, der Dämpfungskonstante k und der Federsteifigkeit c sind dort die Trägheitsmatrix **A**, die Dämpfungseinflußmatrix **B** und die Krafteinflußmatrix **C** zu setzen.

Aus der Beziehung (6.5) läßt sich unter Einführung des unabhängigen Vektors der Geschwindigkeiten entsprechend

$$\mathbf{u}_1 = \mathbf{u}^\cdot \tag{6.56}$$

das System von Differentialgleichungen erster Ordnung

$$\begin{bmatrix} \mathbf{u} \\ \mathbf{u}_1 \end{bmatrix}^\cdot = \begin{bmatrix} \mathbf{O} & \mathbf{E} \\ -\mathbf{A}^{-1}\mathbf{C} & -\mathbf{A}^{-1}\mathbf{B} \end{bmatrix} \begin{bmatrix} \mathbf{u} \\ \mathbf{u}_1 \end{bmatrix} + \begin{bmatrix} \mathbf{O} \\ \mathbf{A}^{-1}\mathbf{p} \end{bmatrix} \tag{6.57}$$

herleiten. **O** ist die Nullmatrix und **E** die Einheitsmatrix. Diese Form der Matrizendifferentialgleichung erster Ordnung entspricht der Beziehung (5.26) und läßt sich daher mit dem in Kap. 5.4 angegebenen Verfahren der Übertragungsmatrizen lösen.

7. DER SCHWINGER MIT n FREIHEITSGRADEN

7.1 Die Grundgleichungen der Kinetik

Das Rahmentragwerk der Abb. 7.1 ist eine auf n Stockwerke erweiterte Form des zweistöckigen Tragwerkes, das in Kap. 6 betrachtet wurde. Unter den dort gewählten Annahmen: Das Tragwerk werde hauptsächlich in horizontaler Richtung belastet, die Trägheit der Pfosten läßt sich gegenüber den Riegeln vernachlässigen, und die Riegel sind gegenüber den Pfosten praktisch biegestarr, ergibt sich ein Ersatzmodell, das unter dem Namen Schermodell bekannt ist. In vorliegendem Fall erhält man als Ersatzmodell eine vielgliedrige Schwingerkette, bei der sich die Verbindungsfedern und die starren, trägen Stockwerksriegel gegenseitig abwechseln.

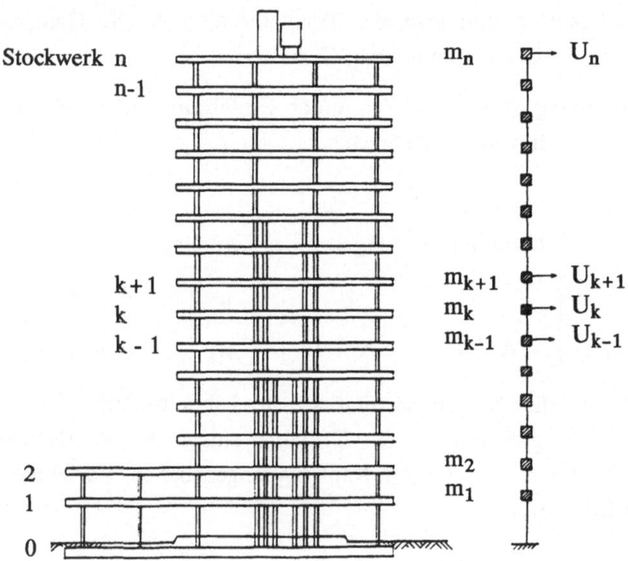

Abb. 7.1 Vielstöckiges Rahmentragwerk und Ersatzmodell

Für die Benennung der Punktkörper des Ersatzmodells wird die Stockwerksbezeichnung gewählt. Die Verbindungsfedern werden nach dem darüber liegenden Stockwerk benannt. Die zugehörigen Federsteifigkeiten bezeichnen wir mit c. Ihre Berechnung ist in Kap. 6, Beziehung (6.1), für das i-te Pfostenbündel gezeigt. Wir gehen zunächst von einem dämpfungsfreien Tragwerk aus.

Zur Herleitung der Grundgleichungen der Kinetik betrachten wir das k-te Stockwerk der Masse m_k. Es kann die Horizontalverschiebung U_k, die Geschwindigkeit $\dot{U}_k$ und die Beschleunigung $\ddot{U}_k$ erfahren. Beim Herausschneiden des trägen Körpers werden Scherkräfte der benachbarten Pfosten, die Schnittkräfte S_k und S_{k+1} als äußere Kräfte geweckt (s. Abb. 7.2), die gemeinsam mit der äußeren Kraft F_k auf den k-ten Körper wirken.

Es ergibt sich

a) pro Stockwerk die dynamische Beziehung (Kräftegleichung):

$$X_k = S_k - S_{k+1} + F_k \; . \tag{7.1}$$

Darin bedeutet X_k die Trägheitskraft in horizontaler Richtung.

b) zwischen dem k-ten und (k-1)-ten Stockwerk die kinematische Beziehung (Geometriegesetz):

$$\Delta U_k = U_k - U_{k-1} \; . \tag{7.2}$$

ΔU_k ist die Relativverschiebung der beiden Körper k und k-1.

c) für das Verbindungselement das Stoffgesetz:

$$\Delta U_k = h_k \, S_k \; . \tag{7.3}$$

$h_k = 1/c_k$ ist die Federnachgiebigkeit der k-ten Verbindungsfeder.

d) pro Stockwerk das Trägheitsgesetz in der d'Alembertschen Formulierung:

$$X_k = - \, m_k \, \ddot{U}_k . \tag{7.4}$$

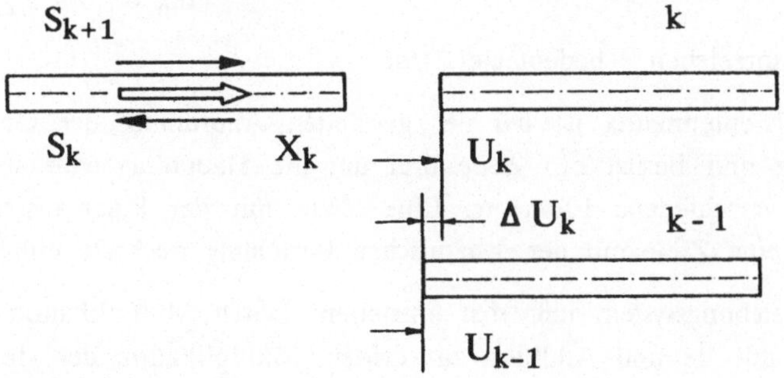

Abb. 7.2 k-ter Körper mit Trägheitskraft, Scherkräften und Relativverschiebung

Man erhält, wenn das Tragwerk insgesamt n träge Körper besitzt, 4 n Gleichungen. Sie heißen: Grundgleichungen der Kinetik.

7.2 Reduktion der Zahl der Unbekannten

Bevor man die 4 n Grundgleichungen der Kinetik weiterverarbeitet, wird man die Zahl der Unbekannten durch Teilelimination zu reduzieren versuchen.

7.2.1 Elimination zweier Größenarten - Die Schnittkraft-Verschiebungsgrößengleichungen, die n-u-Gleichungen

Durch Elimination der Trägheitskräfte in den Beziehungen a) mit Hilfe der Beziehungen d) und der Relativverschiebung in den Beziehungen b) mit Hilfe der Beziehungen c) ergeben sich Gleichungen in den Scherkräften und den Verschiebungen.

Für die am Rande 0 gefesselte und am Rande n freie Schwingerkette erhalten wir das folgende Gleichungssystem:

$$
\begin{array}{cccccccc}
S_1 & U_1 & S_2 & U_2 & S_3 & U_3 & \cdots & U_n \\
\hline
h_1 & -1 & & & & & & & = 0, \\
1 & m_1\,\partial^2 & -1 & & & & & & = F_1, \\
& 1 & h_2 & -1 & & & & & = 0, \\
& & 1 & m_2\,\partial^2 & -1 & & & & = F_2, \\
& & & 1 & h_3 & -1 & & & = 0, \\
& & & & & \ddots & & \vdots & \\
& & & & & & m_n\,\partial^2 & & = F_n.
\end{array}
\qquad (7.5)
$$

Das Operatorzeichen ∂ bedeutet $d(...)/dt$.

Die Koeffizientenmatrix ist bei der gewählten Anordnung der Unbekannten bandförmig und besitzt pro Zeile drei um die Hauptdiagonale angeordnete, von Null verschiedene Elemente. Eine Zeile mit der kinematischen Beziehung und eine Zeile mit der dynamischen Beziehung wechseln einander ab.

Dieses Gleichungssystem läßt sich umstellen: Durch Multiplikation der zweiten Zeile mit h_2 und Addition zur dritten, Multiplikation der vierten Zeile mit h_3 und Addition zur fünften u.s.f.. Wenn man noch formal die Identität $S_0 = S_1$ hinzufügt, so ergibt sich folgendes Gleichungssystem, dessen Koeffizientenmatrix doppelzeilig und doppelspaltig in der angedeuteten Art aufgefaßt werden kann:

S_0	S_1	U_1	S_2	U_2	S_3 ...	
1	- 1					= 0,
h_1		- 1				= 0,
	1	$m_1\,\partial^2$	- 1			= F_1,
	h_2	$(1 + m_1\,h_2\,\partial^2)$		- 1		= $h_2\,F_1$,
			1	$m_2\,\partial^2$	- 1	= F_2
			h_3	$(1 + m_2\,h_3\,\partial^2)$	...	= $h_3\,F_2$
					...	

$$(7.6)$$

Für eine Doppelzeile erhält man die allgemeine Beziehung:

$$\begin{bmatrix} 1 & m_k\,\partial^2 \\ h_{k+1} & (1 + m_k\,h_{k+1}\,\partial^2) \end{bmatrix} \begin{bmatrix} S \\ U \end{bmatrix}_k - \begin{bmatrix} S \\ U \end{bmatrix}_{k+1} = F_k \begin{bmatrix} 1 \\ h_{k+1} \end{bmatrix}, \qquad (7.7)$$

Die Koeffizientenmatrix ist die in Operatorzeichen geschriebene Übertragungsmatrix, die wir mit T_{k+1}^* bezeichnen. Die Vektoren der Zustandsgrößen S und U fassen wir zu w_k und w_{k+1} mit

$$w_k = \begin{bmatrix} S \\ U \end{bmatrix}_k, \qquad w_{k+1} = \begin{bmatrix} S \\ U \end{bmatrix}_{k+1} \qquad (7.8)$$

zusammen. Für die rechte Seite von (7.7) schreiben wir $F_k\,h_{k+1}$ mit dem in (7.7) erkennbaren Vektor der Federnachgiebigkeit. Man erhält anstelle von (7.7):

$$T_{k+1}^*\,w_k - w_{k+1} = F_k\,h_{k+1}. \qquad (7.9)$$

Das Gleichungssystem (7.6) erhält mit (7.9) die übersichtliche Form:

$$\begin{aligned} T_1^*\,w_0 - w_1 &= 0, \\ T_2^*\,w_1 - w_2 &= F_1\,h_2, \\ T_3^*\,w_2 - w_3 &= F_2\,h_3, \\ &\;\;\vdots \\ w_n &= F_{n-1}\,h_n. \end{aligned} \qquad (7.10)$$

Die Randbedingungen des Randes 0 schreiben jeweils eine der beiden Randgrößen vor. Im Falle der Schwingerkette, die am Rand 0 gelagert ist, wird U_0 Null. Es bleibt also von dem Vektor w_0 nur die Schnittkraft S_0 übrig. Von dem Zustandsvektor des Knotenpunktes n bleibt in vorliegendem Fall des freien Randes nur U_n übrig. Die Schnittkraft S_n am freien Rand verschwindet.

7.2.2 Elimination dreier Größenarten

Bevor wir eine weitere Größe aus dem Gleichungssystem der Stabkette eliminieren, ordnen wir die Unbekannten um, indem wir zunächst alle Verschiebungen U_k und danach die Schnittkräfte S_k anordnen:

$$\left.\begin{array}{ccc|ccc|c}
U_1 & U_2 & U_3 \; \dots & S_1 & S_2 & S_3 \; \dots & \\
\hline
-1 & & & h_1 & & & = 0, \\
1 & -1 & & & h_2 & & = 0, \\
& 1 & -1 & & & h_3 & = 0, \\
& & \dots & & & \dots & \dots\, , \\
\hline
m_1\,\partial^2 & & & 1 & -1 & & = F_1, \\
& m_2\,\partial^2 & & & 1 & -1 & = F_2, \\
& & m_3\,\partial^2 & & & 1 & = F_3, \\
& & \dots & & & \dots & \dots\, .
\end{array}\right\} \qquad (7.11)$$

Zur knapperen Darstellung führen wir ein: Die Trägheitsmatrix $\mathbf{A}$, die Matrix der Federnachgiebigkeiten $\mathbf{G}$ und die Verknüpfungsmatrix $\mathbf{F}$ sowie den Vektor der äußeren Kräfte $\mathbf{p}$ entsprechend:

$$\left.\begin{aligned}
\mathbf{A} &= \begin{bmatrix} m_1 & & \\ & m_2 & \\ & & m_3 \\ & & \dots \end{bmatrix} ; \quad
\mathbf{G} = \begin{bmatrix} h_1 & & \\ & h_2 & \\ & & h_3 \\ & & \dots \end{bmatrix} ; \\[2ex]
\mathbf{F} &= \begin{bmatrix} 1 & & \\ -1 & 1 & \\ & -1 & 1 \\ & & \dots \end{bmatrix} ; \quad
\mathbf{p} = \begin{bmatrix} F_1 \\ F_2 \\ F_3 \\ \dots \end{bmatrix} .
\end{aligned}\right\} \qquad (7.12)$$

Die Verschiebungen werden zu dem Verschiebungsvektor $\mathbf{u}$ und die Schnittkräfte zu dem Schnittkraftvektor $\mathbf{n}$ zusammengefaßt:

$$\mathbf{u} = \begin{bmatrix} U_1 \\ U_2 \\ U_3 \\ \dots \end{bmatrix} , \qquad
\mathbf{n} = \begin{bmatrix} S_1 \\ S_2 \\ S_3 \\ \dots \end{bmatrix} . \qquad (7.13)$$

Mit (7.12) und (7.13) läßt sich die Beziehung (7.11) kürzer

$$\begin{bmatrix} \mathbf{F} & -\mathbf{G} \\ \mathbf{A}\,\partial^2 & \mathbf{F}^T \end{bmatrix}
\begin{bmatrix} \mathbf{u} \\ \mathbf{n} \end{bmatrix} =
\begin{bmatrix} \mathbf{0} \\ \mathbf{p} \end{bmatrix} \qquad (7.14)$$

schreiben. ^{T} bedeutet Transposition der Matrix.

Nach dieser Umordnung läßt sich entweder der Schnittkraft- oder der Verschiebungsvektor auf jeweils zwei unterschiedlichen Wegen eliminieren.

Die Gleichungen in den Verschiebungsgrößen u, die u-Gleichungen

Durch Auflösen der zweiten Gleichung von (7.14) nach den Schnittkräften ergibt sich zunächst:

$$n = - (F^T)^{-1}(A \, \partial^2 \, u - p) \quad . \tag{7.15}$$

Einsetzen in die erste Zeile von (7.14) liefert:

$$[E + F^{-1} G \, (F^T)^{-1} A \, \partial^2] \, u = F^{-1} G \, (F^T)^{-1} p \quad . \tag{7.16}$$

Das Produkt $F^{-1} G \, (F^T)^{-1}$ führt, wie sich leicht verifizieren läßt, auf die Matrix der Verschiebungseinflußzahlen:

$$H = \begin{bmatrix} h_{11} & h_{12} & \dots & h_{1n} \\ h_{21} & h_{22} & \dots & h_{2n} \\ \vdots & \vdots & & \vdots \\ h_{n1} & h_{n2} & \dots & h_{nn} \end{bmatrix} \quad . \tag{7.17}$$

Die Elemente dieser Verschiebungseinflußmatrix h_{ik} geben die Verschiebung im Punkte i infolge der statisch wirkenden Einheitskraft 1 im Punkte k an. Die Matrix ist wegen des Maxwell-Bettischen Reziprozitätssatzes symmetrisch, d.h.:

$$h_{ki} = h_{ik} \quad . \tag{7.17'}$$

Im vorliegenden Fall der Schwingerkette (s. auch Kap. 6) ist:

$$\left. \begin{aligned} & h_{11} = h_1, \quad h_{22} = h_1 + h_2, \ \dots, \ h_{nn} = h_1 + h_2 + h_3 \dots h_n, \\ & h_{12} = h_1, \quad h_{21} = h_1, \qquad \dots, \ h_{n1} = h_1, \\ & h_{13} = h_1, \quad h_{23} = h_1 + h_2, \ \dots, \ h_{n2} = h_1 + h_2, \\ & \ \vdots \qquad\qquad \vdots \qquad\qquad\qquad\ \ \vdots \end{aligned} \right\} \tag{7.17''}$$

Mit (7.17) schreiben wir für die Beziehung (7.16):

$$[E + H A \, \partial^2] \, u = H \, p \quad . \tag{7.18}$$

Ein zweiter Weg zu den Verschiebungsgrößengleichungen löst die erste der Beziehungen (7.14) nach n auf:

$$n = G^{-1} F \, u \tag{7.19}$$

und setzt das Ergebnis in die zweite Beziehung (7.14) ein:

$$[\ A\ \partial^2 + F^T\ G^{-1}\ F\ ]\ u = p\ .$$ (7.20)

Das Produkt $F^T\ G^{-1}\ F$ führt, wie sich leicht zeigen läßt, auf die Krafteinflußmatrix C (s. auch Kap. 6):

$$C = \begin{bmatrix} c_{11} & c_{12} & \cdots & c_{1n} \\ c_{21} & c_{22} & \cdots & c_{2n} \\ \cdot & \cdot & & \cdot \\ \cdot & \cdot & & \cdot \\ \cdot & \cdot & & \cdot \\ c_{n1} & c_{n2} & \cdots & c_{nn} \end{bmatrix}\ .$$ (7.21)

Die Elemente der Krafteinflußmatrix c_{ik} geben die Zwangskraft im Punkte i an, die bei der Einheitsverschiebung des Punktes k geweckt wird. Die Krafteinflußmatrix ist wegen des zweiten Maxwell-Bettischen Reziprozitätssatzes symmetrisch, d.h.

$$c_{ki} = c_{ik}\ .$$ (7.21$'$)

Im Falle der Kettenstruktur des Schwingungssystems hat die Matrix C das spezielle Aussehen:

$$C = \begin{bmatrix} (c_1+c_2) & -\,c_2 & & \\ -c_2 & (c_2+c_3) & -\,c_3 & \\ & -\,c_3 & (c_3+c_4) & \cdots \\ & & \cdot & \\ & & & \cdot \end{bmatrix}\ .$$ (7.21$''$)

Mit (7.21) schreiben wir für (7.20) (s. auch Kap. 6):

$$[\ A\ \partial^2 + C\ ]\ u = p\ .$$ (7.22)

Aus dem Vergleich von (7.22) mit (7.18) folgert man:

$$C = H^{-1}, \qquad H = C^{-1}\ .$$ (7.23)

Die Gleichungen in den Schnittkräften n, die n-Gleichungen

Durch Elimination der Verschiebungen u mit Hilfe der ersten Zeile von (7.14) aus der zweiten findet man:

$$[\ E + (F^T)^{-1}\ A\ F^{-1}\ G\ \partial^2\ ]\ n = (F^T)^{-1}p\ .$$ (7.24)

Unter Einführung einer Massenmatrix $M_g = (F^T)^{-1}\ A\ F^{-1}$, deren Aufbau demjenigen der Verschiebungseinflußmatrix ähnelt, schreibt man für (7.24) kürzer:

$$[\; E + M_g \; G \; \partial^2 \;] \; n \; = \; (F^T)^{-1} p \;\; .$$
(7.25)

Der zweite Weg zur Bestimmung der n-Gleichungen ist nur bei harmonisch veränderlichen Zustandsgrößen begehbar. In diesem Falle ist:

$$\partial^2 \; u \; = \; - \; \omega^2 \; u \; , \qquad \partial^2 \; n \; = \; - \; \omega^2 \; n \;\; .$$
(7.26)

Auflösung der zweiten Gleichung von (7.14) nach u ergibt in diesem Falle:

$$u \; = \; (1/\omega^2) \; A^{-1} \; [\; F^T \; n \; - \; p \;] \;\; .$$
(7.27)

Einsetzen in die erste Gleichung von (7.14) liefert:

$$[\; G + (1/\omega^2) \; F \; A^{-1} \; F^T \;] \; n \; = \; (1/\omega^2) \; F \; A^{-1} \; p \;\; .$$
(7.28)

Für das Produkt $(1/\omega^2) \; F \; A^{-1} \; F^T$ läßt sich die Matrix der Beweglichkeitseinflußzahlen B_g setzen. Sie hat bei der Stabkette unter Verwendung der im englischen Sprachraum eingeführten Größe Mobility ("Massenbeweglichkeit") entsprechend

$$b_k \; = \; - \; 1/(\omega^2 \; m_k)$$
(7.29)

die spezielle Bauart:

$$B_g \; = \; \begin{bmatrix} (b_1 + b_2) & - \; b_2 & & \\ - \; b_2 & (b_2 + b_3) & - \; b_3 & \\ & - \; b_3 & (b_3 + b_4) \; . \; . \; . & \\ & & . & \\ & & & . \end{bmatrix} \;\; .$$
(7.30)

Mit (7.30) schreibt man für (7.28):

$$[\; G + B_g] \; n \; = \; (1/\omega^2) \; F \; A^{-1} \; p \;\; .$$
(7.31)

Die hier angegebenen Gleichungen in den Schnittkräften n lassen sich zur Lösung von Aufgaben der Statik nicht verwenden. Sie sind daher auch zur Lösung von Aufgaben der Kinetik praktisch nicht bekannt.

Zusammenfassend läßt sich feststellen, daß die Gleichungen in den Übertragungsmatrizenbeziehungen (7.10) und die beiden Formen der Gleichungen in den Verschiebungen (7.18) und (7.22) für die Lösung von Aufgaben der Kinetik gegenüber den zuletzt hergeleiteten Gleichungen in den Schnittkräften (7.25) und (7.31) Vorteile bieten.

7.3 Zur Praxis der Gleichungsaufstellung

7.3.1 Die Schnittkraft-Verschiebungsgrößengleichungen, n-u-Gleichungen

Die Übertragungsmatrizenbeziehung (7.7) läßt sich aus zwei Einzelbeziehungen herleiten: Der Übertragungsmatrizenbeziehung, die den Übergang über den Punktkörper der Masse m_k beschreibt, und derjenigen, die den Übergang über das trägheitslose Federelement der Federnachgiebigkeit $h_k = 1/c_k$ darstellt.

Die beiden Beziehungen lassen sich mit den Bezeichnungen der Abb. 7.3 folgendermaßen formulieren:

$$\left.\begin{aligned}
\begin{bmatrix} S \\ U \end{bmatrix}_{k_R} &= \begin{bmatrix} 1 & m_k\,\partial^2 \\ 0 & 1 \end{bmatrix} \begin{bmatrix} S \\ U \end{bmatrix}_{k_L} - \begin{bmatrix} F_k \\ 0 \end{bmatrix}, \\[2em]
\begin{bmatrix} S \\ U \end{bmatrix}_{k+1_L} &= \begin{bmatrix} 1 & 0 \\ h_{k+1} & 1 \end{bmatrix} \begin{bmatrix} S \\ U \end{bmatrix}_{k_R}.
\end{aligned}\right\} \qquad (7.32)$$

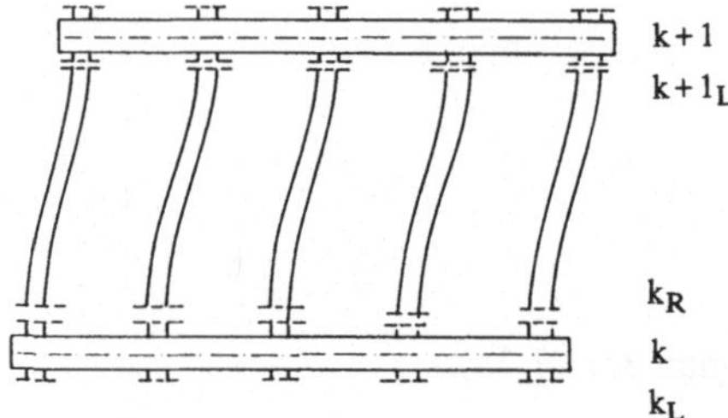

Abb. 7.3 Bezeichnung der Schnittstellen

Elimination des Zustandsvektors w_{k_R} durch Multiplikation der beiden Übertragungsmatrizen von (7.32) liefert das Ergebnis (7.7).

Die Hierarchie der Zustandsgrößen geht von der Verschiebung U zur Schnittkraft S, die proportional der Ableitung von U ist. Es ist daher sinnvoll, die Reihenfolge von S und U zu tauschen:

$$\left.\begin{aligned}
\begin{bmatrix} U \\ S \end{bmatrix}_{k_R} &= \begin{bmatrix} 1 & 0 \\ m_k\,\partial^2 & 1 \end{bmatrix} \begin{bmatrix} U \\ S \end{bmatrix}_{k_L} - \begin{bmatrix} 0 \\ F_k \end{bmatrix}, \\[2em]
\begin{bmatrix} U \\ S \end{bmatrix}_{k+1_L} &= \begin{bmatrix} 1 & h_{k+1} \\ 0 & 1 \end{bmatrix} \begin{bmatrix} U \\ S \end{bmatrix}_{k_R}.
\end{aligned}\right\} \qquad (7.32\,')$$

Für die Aufstellung der **n-u**-Gleichungen sind also in einem ersten Schritt die Übertragungsmatrizenbeziehungen (7.32 ') zu bestimmen. Durch Zwischenelimination des Zustandsvektors w_{kR} läßt sich die Zahl der Unbekannten reduzieren.

Die hier für das Schermodell geschilderte Vorgehensweise läßt sich unmittelbar auf die Torsionsschwingungen eines Tragwerkes um seine z-Achse übertragen. Als Verschiebungsgröße erscheint in diesem Fall die Drehung ψ_z. Anstelle der Schnittkraft S erscheint das Torsionsmoment M_D. Die in (7.32 ') erscheinende Masse m_k wird durch die Drehmasse $\hat{m}_k$ ersetzt:

$$\hat{m}_k = m_k\, i_\theta^2 \ . \tag{7.33}$$

i_θ ist der Trägheitsradius der k-ten Masse. Und an die Stelle der Federnachgiebigkeit h_k tritt bei der Torsionsschwingung die Drehfedernachgiebigkeit

$$\hat{h}_k = 1/\hat{c}_k = l_k/(G\ I_D) \ . \tag{7.34}$$

l_k ist die Stablänge, G ist der Schubmodul und I_D ist das Torsionsträgheitsmoment des trägheitslosen Stabes. Für den Fall des aus vielen Pfosten zusammengesetzten Torsionsstabes ergibt sich die Drehfedersteifigkeit des Pfostenbündels als Summe der Momentenwirkungen der einzelnen Pfosten auf den elastischen Mittelpunkt EMP (Abb. 7.4):

$$\hat{c}_k = (1/l_k) \sum_{j=1}^{N} \{12\ [E\ I_{yyj}\ y_j^2 + E\ I_{xxj}\ x_j^2]/l_k^2 + G\ I_{Dj}\} \ . \tag{7.35}$$

Es bedeuten:

$E\ I_{yyj}$, $E\ I_{xxj}$ Biegesteifigkeiten des j-ten Stabes um die x- und y-Achse,
$\quad G\ I_{Dj}$ Torsionssteifigkeit des j-ten Stabes,
$\quad x_j$, y_j Abstände des j-ten Stabes von dem elastischen Mittelpunkt,
$\quad N$ Zahl der Stäbe.

Mit $\hat{h}_k = 1/\hat{c}_k$ findet man die Übertragungsmatrizenbeziehungen des Torsionsstabes:

$$\left.\begin{array}{c} \begin{bmatrix} \psi \\ M_D \end{bmatrix}_{kR} = \begin{bmatrix} 1 & 0 \\ \hat{m}_k\, \partial^2 & 1 \end{bmatrix} \begin{bmatrix} \psi \\ M_D \end{bmatrix}_{kL} , \\[3em] \begin{bmatrix} \psi \\ M_D \end{bmatrix}_{k+1_L} = \begin{bmatrix} 1 & \hat{h}_{k+1} \\ 0 & 1 \end{bmatrix} \begin{bmatrix} \psi \\ M_D \end{bmatrix}_{kR} . \end{array}\right\} \tag{7.36}$$

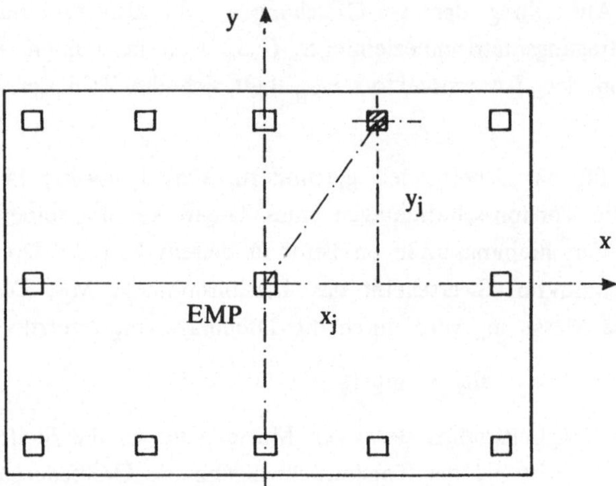

Abb. 7.4 Zur Drehfedersteifigkeit $\hat{c}$ eines Pfostenbündels

Für den Fall, daß der Massenmittelpunkt der Stockwerksscheibe MMP und der elastische Mittelpunkt EMP nicht zusammenfallen (Abb. 7.5), sind die Verschiebungsgrößen U_k, V_k und ψ_k miteinander gekoppelt. Es ist in diesem Fall zweckmäßig, die Verschiebungs- und Kraftgrößen zu Untervektoren

$$\mathbf{u}_k = \begin{bmatrix} U_k \\ V_k \\ \psi_k \end{bmatrix} \quad , \qquad \mathbf{n}_k = \begin{bmatrix} S_{xk} \\ S_{yk} \\ M_{Dk} \end{bmatrix} \tag{7.37}$$

zusammenzufassen. Unter Einführung der Massenmatrix $\mathbf{M}_k$ der k-ten Stockwerksscheibe, der Nachgiebigkeitsmatrix $\mathbf{H}_k$ des k-ten Pfostenbündels

$$\mathbf{M}_k = \begin{bmatrix} m_k & & \\ & m_k & \\ & & \hat{m}_k \end{bmatrix} \;, \; \mathbf{H}_k = \begin{bmatrix} h_{xxk} & h_{xyk} & h_{xzk} \\ h_{yxk} & h_{yyk} & h_{yzk} \\ h_{zxk} & h_{zyk} & h_{zzk} \end{bmatrix} \tag{7.38}$$

und der Einheitsmatrix

$$\mathbf{E}_3 = \begin{bmatrix} 1 & & \\ & 1 & \\ & & 1 \end{bmatrix} \tag{7.38$'$}$$

findet man die entsprechenden Übertragungsmatrizenbeziehungen:

$$\begin{bmatrix} \mathbf{u} \\ \mathbf{n} \end{bmatrix}_{k_R} = \begin{bmatrix} \mathbf{E}_3 & \mathbf{0} \\ \mathbf{M}_k \, \partial^2 & \mathbf{E}_3 \end{bmatrix} \begin{bmatrix} \mathbf{u} \\ \mathbf{n} \end{bmatrix}_{k_L} , \tag{7.39}$$

und

$$\begin{bmatrix} \mathbf{u} \\ \mathbf{n} \end{bmatrix}_{k+1_L} = \begin{bmatrix} \mathbf{E}_3 & \mathbf{H}_{k+1} \\ \mathbf{0} & \mathbf{E}_3 \end{bmatrix} \begin{bmatrix} \mathbf{u} \\ \mathbf{n} \end{bmatrix}_{k_R} . \qquad (7.39\,')$$

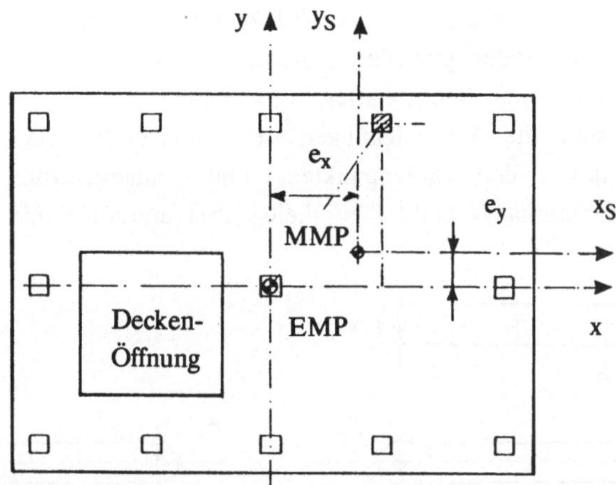

Abb. 7.5 Massenmittelpunkt MMP und elastischer Mittelpunkt EMP
fallen nicht zusammen

Mit Hilfe der zuvor angegebenen Übertragungsmatrizenbeziehungen lassen sich die Gleichungen in den Verschiebungs- und Kraftgrößen leicht aufstellen. Man erhält entsprechend der Kettenstruktur des Tragwerkes ein bandförmiges Gleichungssystem.

7.3.2 Die Gleichungen in den Verschiebungsgrößen u

Die Aufstellung der Bewegungsgleichungen in den Verschiebungsgrößen $\mathbf{u}$ reduziert sich auf die Bestimmung der Trägheitsmatrix $\mathbf{A}$ und der Krafteinflußmatrix $\mathbf{C}$.

Die Trägheitsmatrix $\mathbf{A}$ ist in ihrer Diagonalen mit den Massen der Stockwerksscheiben und möglicherweise mit den Drehmassen besetzt. Zu ihrer Aufstellung kann man auf die Massenmatrix $\mathbf{M}_k$ der k-ten Stockwerksscheibe zurückgreifen (s. die Bez. (7.38)).

Die Aufstellung der Krafteinflußmatrix $\mathbf{C}$ läßt sich unter Einführung der Steifigkeitsmatrizenbeziehung des j-ten Federelementes (hier Pfostenbündels) schematisieren. Für das j-te Pfostenbündel gilt:

6*

$$\begin{bmatrix} K_{ik} \\ K_{ki} \end{bmatrix} = \begin{bmatrix} c_j & -c_j \\ -c_j & c_j \end{bmatrix} \begin{bmatrix} U_i \\ U_k \end{bmatrix} = S_j \begin{bmatrix} U_i \\ U_k \end{bmatrix} . \qquad (7.40)$$

Darin bedeuten (Abb. 7.6):

K_{ik}, K_{ki} Teilzwangskräfte an den Rändern des j-ten Federelementes; der erste Index gibt den Wirkungsort der Teilzwangskraft, der zweite Index den benachbarten Knotenpunkt an.

U_i, U_k sind die Verschiebungen der Ränder des j-ten Federelementes, das in den Knotenpunkten i und k angeschlossen ist.

Die Koeffizientenmatrix heißt Steifigkeitsmatrix und wird mit S_j bezeichnet.

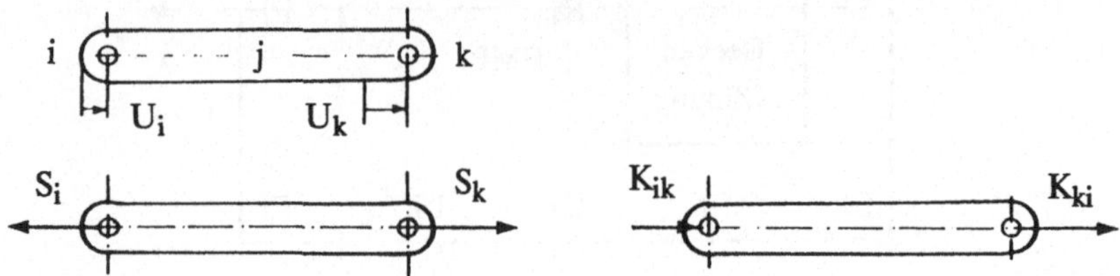

Abb. 7.6 Verschiebungen, Schnittkräfte und Teilzwangskräfte des j-ten Federelementes

Die Teilzwangskräfte K_{ik} und K_{ki} sind derart definiert, daß sie auf den Knotenpunkt, an dem sie angreifen, stets eine rückstellende Wirkung erzeugen.

Die Summe der an einem Knotenpunkt wirkenden Teilzwangskräfte ergibt die Zwangskraft c_{ik}, die in der i-ten Zeile und k-ten Spalte der Krafteinflußmatrix **C** erscheint.

Die Aufstellung der Krafteinflußmatrix **C** läßt sich weiter schematisieren, wenn man die Steifigkeitsmatrizen S_j der einzelnen Bauteile unmittelbar verwendet. Mit Hilfe eines "Überschiebungsprozesses" der Steifigkeitsmatrizen entsprechend der folgenden Skizze und Addition der sich überdeckenden Matrixelemente findet man die Krafteinflußmatrix **C** des zunächst nicht gelagerten Tragwerkes. In einem anschließenden Schritt werden die Lagerungsbedingungen eingearbeitet (Abb. 7.7).

Die Steifigkeitsmatrizenbeziehung (7.40) läßt sich aus der Übertragungsmatrizenbeziehung des Federelementes (7.32) durch Auflösen nach den Schnittkräften gewinnen:

$$\left.\begin{aligned} S_{k_R} &= -c_{k+1} \left(U_{k_R} - U_{k+1_L} \right) , \\ S_{k+1_L} &= -c_{k+1} \left(U_{k_R} - U_{k+1_L} \right) . \end{aligned}\right\} \qquad (7.41)$$

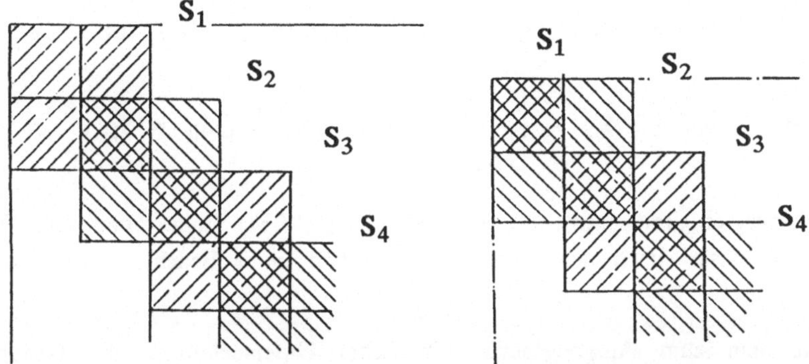

Abb. 7.7 "Überschieben" der Steifigkeitsmatrizen und Einführung
der Lagerungsbedingungen

Die Scherkraft S_{k_R} ist aber, wenn man den Index k_R durch i ersetzt,
identisch mit der negativen Teilzwangskraft K_{ik}. Man muß also beim Wechsel
von der Scherkraft S_i auf die Teilzwangskraft K_{ik} die Scherkraft mit Minus
Eins multiplizieren. Man erhält, wenn man den Index $k+1_L$ durch k ersetzt:

$$\begin{bmatrix} K_{ik} \\ K_{ki} \end{bmatrix} = \begin{bmatrix} -S_{k_R} \\ S_{k+1_L} \end{bmatrix} = c_{k+1} \begin{bmatrix} 1 & -1 \\ -1 & 1 \end{bmatrix} \begin{bmatrix} U_i \\ U_k \end{bmatrix} . \qquad (7.42)$$

(Natürlich kann man bei bekannter Steifigkeitsmatrizenbeziehung auch auf die
Übertragungsmatrizenbeziehung umsteigen. Die Rechenschritte sind umkehrbar.)

Die Steifigkeitsmatrizenbeziehung des Stabbündels, das die Stockwerksebene i
und k miteinander verbindet, läßt sich für den Fall, daß der elastische Mittelpunkt EMP nicht mit dem Massenmittelpunkt der Stockwerksebene MMP zusammenfällt, am einfachsten durch Aufbringen eines Einheitsverrückungszustan-
des entwickeln. Man bringt z. B. im Punkt k die Einheitsverrückung $U_k = 1$
auf; alle übrigen Verrückungen werden Null gesetzt. Die bei diesem Einheits-
verrückungszustand geweckten Zwangskräfte sind die Teilzwangskräfte K_{xik},
K_{xki}, K_{yik}, K_{yki} und die Teilzwangsdrehkräfte $\hat{K}_{ik}$, $\hat{K}_{ki}$. Es ergibt sich folgende
Steifigkeitsmatrizenbeziehung:

$$\begin{bmatrix} K_{xik} \\ K_{yik} \\ \hat{K}_{ik} \\ K_{xki} \\ K_{yki} \\ \hat{K}_{ik} \end{bmatrix} = \begin{bmatrix} & S_{ii} & \vdots & S_{ik} & \\ & \cdots & \cdots & \cdots & \\ & S_{ki} & \vdots & S_{kk} & \end{bmatrix} \begin{bmatrix} U_i \\ V_i \\ \psi_i \\ U_k \\ V_k \\ \psi_k \end{bmatrix} . \qquad (7.43)$$

Die Untermatrizen von (7.43) haben das Aussehen l_x, l_y, (s. Abb. 7.5):

$$S_{ii} = S_{kk} = - S_{ki} = \begin{bmatrix} c_{xj} & 0 & 0 \\ 0 & c_{yj} & 0 \\ c_{xj}\,e_y & c_{yj}\,e_x & \hat{c}_j \end{bmatrix}, \quad S_{ik} = S_{ki}^T . \qquad (7.43\,')$$

Die Nachgiebigkeitsmatrix H_k der Beziehung (7.38) findet man aus (7.43) durch Auflösen nach den Verschiebungsgrößen unter Beachtung der Vorzeichenregel.

Wählt man zum Ausgangspunkt kinetischer Untersuchungen die Beziehung (7.18), so ist die Verschiebungseinflußmatrix H aufzustellen. Man erhält ihre Elemente aus einer statischen Untersuchung des Tragwerkes unter den Einheitslasten $F_k = 1$, die in den Punkten i die Verschiebungsgröße h_{ik} hervorrufen (s. auch die Bez. (7.17 ')).

7.3.3 Die n-u-Gleichungen bei Stab-, Balken- und Rahmenschwingern

Brückentragwerke, Rahmen- und Gemischttragwerke lassen sich nicht auf das zuvor behandelte Schermodell abbilden. Für diese Tragwerke wählt man ein Ersatzmodell, das aus masselosen Stabelementen und "geklumpten" Punktkörpern zusammengesetzt ist (Abb. 7.8). (Ein Ersatzmodell, dessen kontinuierlich verteilte Masse verteilt beibehalten wird, betrachten wir in Kap. 10).

Für die Beschreibung des Schwingungsverhaltens des Brückentragwerkes der Abb. 7.8 ist es notwendig, zunächst die Übertragungsmatrizenbeziehungen des trägheitslosen Stabes und Balkens und des trägen Punktkörpers zu ermitteln.

Zur Herleitung der Matrizenbeziehung des trägheitslosen Stabes und Balkens gehen wir von den Grundgleichungen der Mechanik aus. Sie sind in Kap. 3 ausführlich beschrieben. Von dort übernehmen wir unter Verzicht auf die dort mitgenommenen Trägheitsglieder und des Einflusses der Längskraft H auf das Biegemoment die Beziehungen:

$$\begin{bmatrix} u_{,x} \\ H_{,x} \end{bmatrix} = \begin{bmatrix} 0 & 1/E\,A \\ 0 & 0 \end{bmatrix} \begin{bmatrix} u \\ H \end{bmatrix}, \qquad (7.44)$$

$$\begin{bmatrix} w_{,x} \\ \psi_{,x} \\ M_{,x} \\ Q_{,x} \end{bmatrix} = \begin{bmatrix} 0 & -1 & 0 & 1/G\,A_S \\ 0 & 0 & 1/E\,I & 0 \\ 0 & 0 & 0 & 1 \\ 0 & 0 & 0 & 0 \end{bmatrix} \begin{bmatrix} w \\ \psi \\ M \\ Q \end{bmatrix}. \qquad (7.45)$$

(Vergleiche auch (3.17) des schubstarren Balkens.)

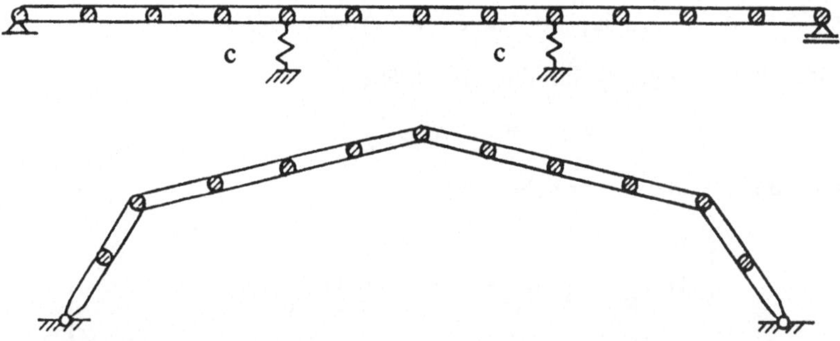

Abb. 7.8 Ersatzmodell für ein Brücken- und Rahmentragwerk

Die Lösung der beiden entkoppelten Differentialgleichungssysteme läßt sich zu den beiden folgenden Übertragungsmatrizenbeziehungen zusammenfassen:

$$\begin{bmatrix} u \\ H \end{bmatrix}_1 = \begin{bmatrix} 1 & 1/E\,A \\ 0 & 1 \end{bmatrix} \begin{bmatrix} u \\ H \end{bmatrix}_0 ,$$

$$\left.\begin{bmatrix} w \\ \psi \\ M \\ Q \end{bmatrix}_1 = \begin{bmatrix} 1 & -1 & -1^2/2\,E\,I & -1^3(1/6 - k_Q)/E\,I \\ 0 & 1 & 1/E\,I & 1^2/2\,E\,I \\ 0 & 0 & 1 & 1 \\ 0 & 0 & 0 & 1 \end{bmatrix} \begin{bmatrix} w \\ \psi \\ M \\ Q \end{bmatrix}_0 \right\} \quad (7.46)$$

Es bedeutet: $k_Q = E\,I/(1^2\,G\,A_S)$. Die Indizes 0, 1 bedeuten Stabrand $x = 0$ und $x = 1$.

Für den Übergang über den Punktkörper der Masse m und Drehmasse $\hat{m}$ mit $\hat{m} = m\,i_{\Theta}^2$ und gleichzeitig über die Stützfeder mit der Federsteifigkeit c und der Drehfedersteifigkeit $\hat{c}$ (Abb. 7.9) findet man mit dem Trägheitsgesetz für die Trägheitskräfte in x- und z-Richtung sowie die Drehkraft um die y-Achse

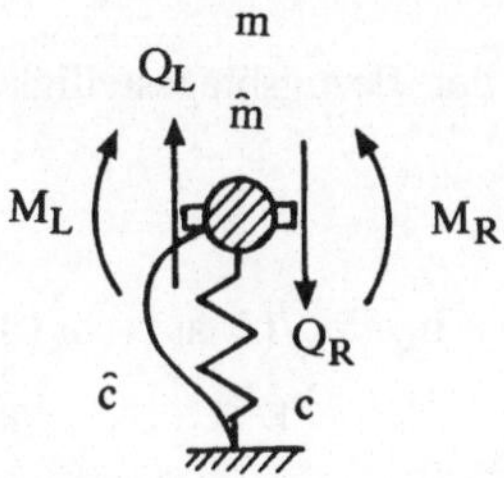

Abb. 7.9 Punktkörper und Stützfeder

$$X_T = - m\, \partial^2 u \ , \quad Z_T = - m\, \partial^2 w \ , \quad \hat{Y}_T = - \hat{m}\, \partial^2 \psi \qquad (7.47)$$

und dem Werkstoffgesetz für die Federkräfte

$$F_F = c\, w \ , \quad \hat{F}_F = \hat{c}\, \psi \qquad (7.48)$$

die Übertragungsmatrizenbeziehungen:

$$\left.\begin{array}{c}
\begin{bmatrix} u \\ H \end{bmatrix}_R = \begin{bmatrix} 1 & 0 \\ m\, \partial^2 & 1 \end{bmatrix} \begin{bmatrix} u \\ H \end{bmatrix}_L , \\[2em]
\begin{bmatrix} w \\ \psi \\ M \\ Q \end{bmatrix}_R = \begin{bmatrix} 1 & 0 & 0 & 0 \\ 0 & 1 & 0 & 0 \\ 0 & (\hat{c} + \hat{m}\, \partial^2) & 1 & 0 \\ (c + m\, \partial^2) & 0 & 0 & 1 \end{bmatrix} \begin{bmatrix} w \\ \psi \\ M \\ Q \end{bmatrix}_L .
\end{array}\right\} \qquad (7.49)$$

Mit Hilfe der Übertragungsmatrizenbeziehungen (7.46) und (7.49) läßt sich das Bewegungsverhalten des Durchlaufträgers der Abb. 7.8 formulieren und ein Gleichungssystem der Form (7.10) aufstellen. Wegen der Entkopplung der Stabgrößen u und H von den Balkengrößen w, ψ, M, Q wird man die Gleichungen getrennt aufstellen.

Zur Anwendung des Verfahrens der Übertragungsmatrizen auf das ebene Rahmentragwerk der Abb. 7.8 werden die Stab- und Balkengrößen zu dem Zustandsvektor

$$\mathbf{w}^T = \{\, u \quad H \quad w \quad \psi \quad M \quad Q \,\} \qquad (7.50)$$

zusammengefaßt (^{T} bedeutet Transposition des Vektors $\mathbf{w}$). Die erweiterte Übertragungsmatrizenbeziehung des trägheitslosen Rahmenstabes lautet unter Einführung der bezogenen Zustandsgrößen (s. auch Kap. 3, (3.19))

$$\left.\begin{array}{l}
\bar{u} = u, \quad \bar{H} = H\, \bar{l}^3 / \bar{E}\, \bar{I}, \\[1em]
\bar{w} = - w, \quad \bar{\psi} = \psi\, \bar{l}, \quad \bar{M} = M\, \bar{l}^2 / \bar{E}\, \bar{I}, \quad \bar{Q} = Q\, \bar{l}^3 / \bar{E}\, \bar{I}
\end{array}\right\} \qquad (7.51)$$

mit der Bezugslänge $\bar{l}$ und der Bezugsbiegesteifigkeit $\bar{E}\, \bar{I}$:

$$\begin{bmatrix} \bar{u} \\ \bar{H} \\ \bar{w} \\ \bar{\psi} \\ \bar{M} \\ \bar{Q} \end{bmatrix}_k = \begin{bmatrix} 1 & \bar{h}_k & & & & \\ 0 & 1 & & & & \\ & & 1 & b_k & b_k^2/(2\,a_k) & b_k^3(1/6 - k_Q)/a_k \\ & & 0 & 1 & b_k/a_k & b_k^2/(2\,a_k) \\ & & 0 & 0 & 1 & b_k \\ & & 0 & 0 & 0 & 1 \end{bmatrix} \begin{bmatrix} \bar{u} \\ \bar{H} \\ \bar{w} \\ \bar{\psi} \\ \bar{M} \\ \bar{Q} \end{bmatrix}_{k-1} .$$

$$(7.52)$$

Es bedeuten:

$\overline{h}_k = (\overline{E}\ \overline{I}/\overline{l}^3)(l_k/E\ A_k)$ die dimensionslose Federnachgiebigkeit des Dehnstabes,

$b_k = l_k/\overline{l}$ die bezogene Länge,

$a_k = E\ I_k/\overline{E}\ \overline{I}$ die bezogene Biegesteifigkeit.

Eine Zusammenfassung der Übertragungsmatrizenbeziehungen (7.49) zu einer einzigen Beziehung entsprechend (7.52) macht es gemeinsam mit der Beziehung (7.52) möglich, die Schwingungsuntersuchung des Rahmentragwerkes der Abb. 7.8 durchzuführen.

Beim Übergang über eine Rahmenecke (Abb. 7.10) müssen die Zustandsgrößen der Schnittstelle vor dem Eckpunkt auf diejenigen unmittelbar danach

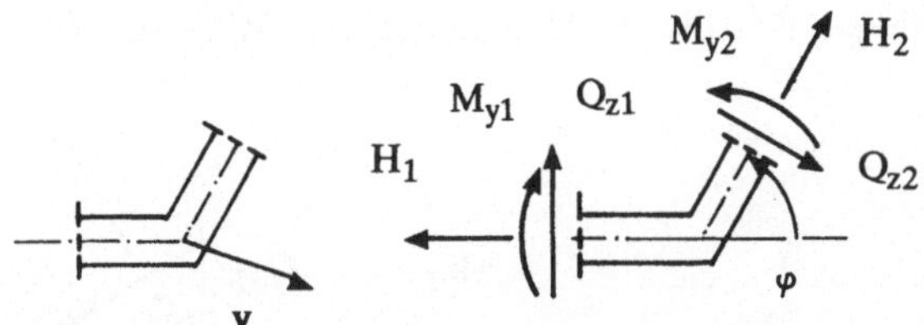

Abb. 7.10 Transformation der Verschiebungsgrößen und Schnittkräfte

transformiert werden. Aus der Abb. 7.10 liest man ab:

$$\begin{bmatrix} \overline{u} \\ \overline{H} \\ \overline{w} \\ \overline{\psi} \\ \overline{M} \\ \overline{Q} \end{bmatrix}_2 = \begin{bmatrix} \cos\varphi & 0 & -\sin\varphi & 0 & 0 & 0 \\ 0 & \cos\varphi & 0 & 0 & 0 & -\sin\varphi \\ \sin\varphi & 0 & \cos\varphi & 0 & 0 & 0 \\ 0 & 0 & 0 & 1 & 0 & 0 \\ 0 & 0 & 0 & 0 & 1 & 0 \\ 0 & \sin\varphi & 0 & 0 & 0 & \cos\varphi \end{bmatrix} \begin{bmatrix} \overline{u} \\ \overline{H} \\ \overline{w} \\ \overline{\psi} \\ \overline{M} \\ \overline{Q} \end{bmatrix}_1 . \quad (7.53)$$

Zur Untersuchung des Schwingungsverhaltens eines ebenen Rahmentragwerkes, das senkrecht zur Tragwerksebene schwingt, ist es notwendig, die für diesen Fall gültigen Übertragungsmatrizenbeziehungen anzugeben.

Die Zustandsgrößen sind in diesem Fall die Verdrillung ψ_x, das Drillmoment M_D, die Verschiebung w, die Querschnittsdrehung ψ_y, das Biegemoment M_y und die Querkraft Q_z. Man erhält für die dimensionsgleichen Größen

$$\left.\begin{aligned} \overline{\psi}_x &= \psi_x\ \overline{l}, \quad \overline{M}_D = M_D\ \overline{l}^2/\overline{E}\ \overline{I}, \\ \overline{w} &= -w, \quad \overline{\psi}_y = \psi_y\ \overline{l}, \quad \overline{M}_y = M_y\ \overline{l}^2/\overline{E}\ \overline{I}, \quad \overline{Q}_z = Q_z\ \overline{l}^3/\overline{E}\ \overline{I}: \end{aligned}\right\} \quad (7.54)$$

die Übertragungsmatrizenbeziehung des geraden, trägheitslosen Rahmenstabes

$$\begin{bmatrix} \overline{\psi}_x \\ \overline{M}_D \\ \overline{w} \\ \overline{\psi}_y \\ \overline{M}_y \\ \overline{Q}_z \end{bmatrix}_1 = \begin{bmatrix} 1 & \overline{h}_k & & & & \\ 0 & 1 & & & & \\ & & 1 & b_k & b_k^2/(2\,a_k) & b_k^3/(6\,a_k) \\ & & 0 & 1 & b_k/a_k & b_k^2/(2\,a_k) \\ & & 0 & 0 & 1 & b_k \\ & & 0 & 0 & 0 & 1 \end{bmatrix} \begin{bmatrix} \overline{\psi}_x \\ \overline{M}_D \\ \overline{w} \\ \overline{\psi}_y \\ \overline{M}_y \\ \overline{Q}_z \end{bmatrix}_0 \quad . \quad (7.55)$$

Die bezogene Torsionsfedernachgiebigkeit ist:

$$\overline{\overline{h}} = (\overline{E}\ \overline{I/l^2})(l_k^2/G\ I_D) \ . \qquad (7.55\,')$$

Beim Übergang über eine in der x-y-Ebene liegende Rahmenecke (Abb. 7.11) transformieren sich die Zustandsgrößen mit Hilfe der Beziehung:

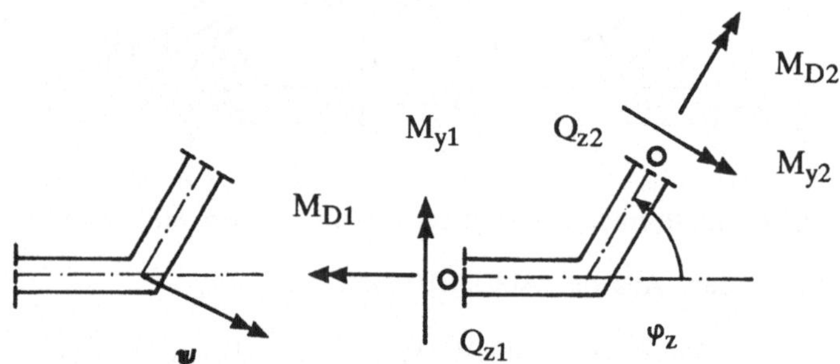

Abb. 7.11 Transformation der Zustandsgrößen vor und nach der Rahmenecke

$$\begin{bmatrix} \overline{\psi}_x \\ \overline{M}_D \\ \overline{w} \\ \overline{\psi}_y \\ \overline{M}_y \\ \overline{Q}_z \end{bmatrix}_2 = \begin{bmatrix} \cos\varphi_z & 0 & 0 & -\sin\varphi_z & 0 \\ 0 & \cos\varphi_z & 0 & 0 & -\sin\varphi_z \\ 0 & 0 & 1 & 0 & 0 \\ \sin\varphi_z & 0 & 0 & \cos\varphi_z & 0 \\ 0 & \sin\varphi_z & 0 & 0 & \cos\varphi_z \\ 0 & 0 & 0 & 0 & 0 \end{bmatrix} \begin{bmatrix} \overline{\psi}_x \\ \overline{M}_D \\ \overline{w} \\ \overline{\psi}_y \\ \overline{M}_y \\ \overline{Q}_z \end{bmatrix}_1 \quad . \quad (7.56)$$

Durch Kombination der hier zusammengestellten Übertragungsmatrizenbeziehungen des trägheitslosen Stabes mit denjenigen des trägen Punktkörpers, die wir hier nicht angeben, läßt sich das Schwingungsverhalten ebener Rahmentragwerke, die senkrecht zur Tragwerksebene schwingen, untersuchen.

7.3.4 Die Gleichungen in den Verschiebungsgrößen u bei Rahmen- und Gemischttragwerken

Zur Aufstellung der Krafteinflußmatrix **C** des ebenen Rahmentragwerkes der Abb. 7.12 ist es notwendig, die Steifigkeitsmatrizenbeziehungen der trägheitslosen Bauteile herzuleiten. Diese Beziehung verknüpft bei der Verschiebung des

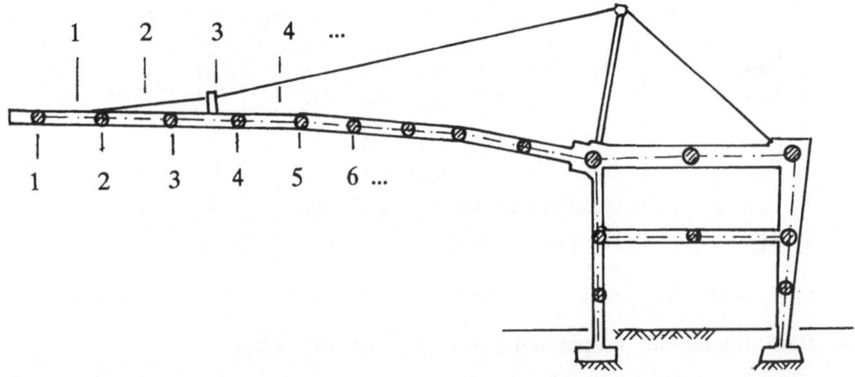

Abb. 7.12 Ebenes Rahmentragwerk mit Knotenpunkts- und Stabbezeichnung

Rahmenstabes in der Tragwerksebene die Teilzwangskräfte K_{xik}, K_{zik}, K_{xki}, K_{zki} und Teilzwangsdrehkräfte $\hat{K}_{ik}$, $\hat{K}_{ki}$ mit den Verschiebungsgrößen an den Stabrändern i und k: U_i, W_i, ψ_i, U_k, W_k, ψ_k (Abb. 7.13). (Die Teilzwangsdrehkräfte werden in der Statik vielfach auch Stabendmomente genannt.

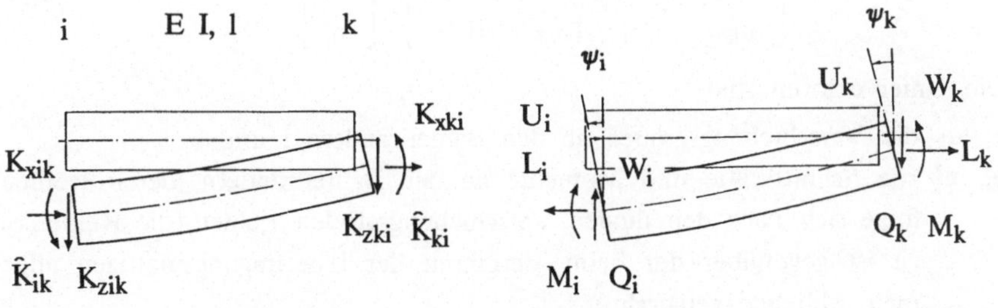

Abb. 7.13 Teilzwangskräfte und -drehkräfte, Schnittkräfte und Momente und Verschiebungsgrößen des j-ten Rahmenstabes

Wegen möglicher Verwechslungen mit den Biegemomenten bleiben wir bei der Bezeichnung Teilzwangsdrehkräfte.)

Die Schnittkräfte und Momente an den Stabrändern i und k und die entsprechenden Teilzwangskräfte und -drehkräfte sind über folgende Beziehungen miteinander verknüpft:

$$
\begin{bmatrix} K_{xik} \\ K_{zik} \\ \hat{K}_{ik} \end{bmatrix} = - \begin{bmatrix} H_i \\ Q_i \\ M_i \end{bmatrix}, \qquad
\begin{bmatrix} K_{xki} \\ K_{zki} \\ \hat{K}_{ki} \end{bmatrix} = \begin{bmatrix} H_k \\ Q_k \\ M_k \end{bmatrix}. \tag{7.57}
$$

Die Steifigkeitsmatrizenbeziehung hat das folgende, allgemeingültige Aussehen:

$$
\begin{bmatrix} K_{xik} \\ K_{zik} \\ \hat{K}_{ik} \\ K_{xki} \\ K_{zki} \\ \hat{K}_{ki} \end{bmatrix} =
\begin{bmatrix}
s_{11} & s_{12} & s_{13} & s_{14} & s_{15} & s_{16} \\
 & s_{22} & s_{23} & s_{24} & s_{25} & s_{26} \\
 & & s_{33} & s_{34} & s_{35} & s_{36} \\
 & & & s_{44} & s_{45} & s_{46} \\
 \text{symmetrisch zur} & & & & s_{55} & s_{56} \\
 \text{Hauptdiagonalen} & & & & & s_{66}
\end{bmatrix}
\begin{bmatrix} U_i \\ W_i \\ \psi_i \\ U_k \\ W_k \\ \psi_k \end{bmatrix}. \tag{7.58}
$$

Die s_{ik} sind die Elemente der Steifigkeitsmatrix S_j des j-ten Rahmenstabes.

Zur Bestimmung der Matrizenelemente gibt es drei Wege:

a) Die Differentialgleichungsmethode - Die Übertragungsmatrizenmethode

Die Steifigkeitsmatrizenbeziehung findet man bei bekannter Übertragungsmatrizenbeziehung durch Auflösen nach den Schnittkräften. Die Übertragungsmatrizenbeziehung wird zu diesem Zweck in Untermatrizen R_{ik} und Untervektoren unterteilt:

$$
\begin{bmatrix} u_k \\ n_k^* \end{bmatrix} = \begin{bmatrix} R_{11} & R_{12} \\ R_{21} & R_{22} \end{bmatrix} \begin{bmatrix} u_i \\ n_i^* \end{bmatrix}. \tag{7.59}
$$

Die Untervektoren sind:

u_i, u_k die Verschiebungsgrößen an den Bauteilrändern i und k,

n_i^*, n_k^* die Schnittkräfte und Momente an den Bauteilrändern, deren Reihenfolge sich nach den dualen Verschiebungsgrößen richtet (die Reihenfolge ist gegenüber der beim Verfahren der Übertragungsmatrizen allgemein üblichen getauscht.).

Die Auflösung von (7.59) nach den Kraftgrößen liefert zunächst:

$$
\left.\begin{aligned}
n_i^* &= - R_{12}^{-1}\, R_{11}\, u_i && + R_{12}^{-1}\, u_k\,, \\
n_k^* &= (R_{21} - R_{22}\, R_{12}^{-1}\, R_{11})\, u_i &&+ R_{22}\, R_{12}^{-1}\, u_k\,.
\end{aligned}\right\} \tag{7.60}
$$

Eine Vorzeichenumkehr der Kraftgrößen am Rande i entsprechend (7.57) führt unmittelbar zu den Teilzwangskräften und -drehkräften. Wir fassen sie allgemein zu den Kraftvektoren $\mathbf{k}_i$ und $\mathbf{k}_k$ zusammen und erhalten die Steifigkeitsmatrizenbeziehung unter Verwendung von Untermatrizen $\mathbf{S}_{ik}$:

$$\begin{bmatrix} \mathbf{k}_i \\ \mathbf{k}_k \end{bmatrix} = \begin{bmatrix} \mathbf{S}_{11} & \mathbf{S}_{12} \\ \mathbf{S}_{21} & \mathbf{S}_{22} \end{bmatrix} \begin{bmatrix} \mathbf{u}_i \\ \mathbf{u}_k \end{bmatrix} . \tag{7.61}$$

Es sind:

$$\left. \begin{aligned} \mathbf{S}_{11} &= \mathbf{R}_{12}^{-1}\, \mathbf{R}_{11}\ , \\ \mathbf{S}_{12} &= -\, \mathbf{R}_{12}^{-1}\ , \\ \mathbf{S}_{21} &= \mathbf{S}_{12}^T = \mathbf{R}_{21} - \mathbf{R}_{22}\, \mathbf{R}_{12}^{-1}\, \mathbf{R}_{11}\ , \\ \mathbf{S}_{22} &= \mathbf{R}_{22}\, \mathbf{R}_{12}^{-1}\ . \end{aligned} \right\} \tag{7.62}$$

Das Vorgehen soll am biege- und schubnachgiebigen Balken ausführlich erläutert werden. Die Übertragungsmatrizenbeziehung des Balkens (7.46) stellen wir zunächst um:

$$\begin{bmatrix} w \\ \psi \\ Q \\ M \end{bmatrix}_k = \begin{bmatrix} 1 & -1 & -l^3(1/6 - k_Q)/E\,I & -l^2/2\,E\,I \\ 0 & 1 & l^2/2\,E\,I & l/E\,I \\ 0 & 0 & 1 & 0 \\ 0 & 0 & 1 & 1 \end{bmatrix} \begin{bmatrix} w \\ \psi \\ Q \\ M \end{bmatrix}_i . \tag{7.63}$$

Die Inverse der Untermatrix

$$\mathbf{R}_{12} = \begin{bmatrix} -\,l^3(1/6 - k_Q)/E\,I & -\,l^2/E\,I \\ l^2/E\,I & l/E\,I \end{bmatrix}$$

lautet mit $\kappa_S = 3\,k_Q$:

$$\mathbf{R}_{12}^{-1} = E\,I/[l^3(1 + 4\,\kappa_S)] \begin{bmatrix} 12 & 6\,l \\ -\,6\,l & 2\,l^2(1 - 2\,\kappa_S) \end{bmatrix} .$$

Die Multiplikation dieser Matrix entsprechend der Vorschrift (7.62) mit den Matrizen

$$\mathbf{R}_{11} = \begin{bmatrix} 1 & -1 \\ 0 & 1 \end{bmatrix} \quad \text{und} \quad \mathbf{R}_{22} = \begin{bmatrix} 1 & 0 \\ 1 & 1 \end{bmatrix}$$

liefert die Steifigkeitsmatrizenbeziehung des Balkens:

$$\begin{bmatrix} K_{zik} \\ \hat{K}_{ik} \\ K_{zik} \\ \hat{K}_{ik} \end{bmatrix} = B \begin{bmatrix} 12 & -6\,l & -12 & -6\,l \\ & 4\,l^2(1 + \kappa_S) & 6\,l & 2\,l^2(1 - 2\,\kappa_S) \\ \text{symmetrisch zur} & & 12 & 6\,l \\ \text{Hauptdiagonalen} & & & 4\,l^2(1 + \kappa_S) \end{bmatrix} \begin{bmatrix} w_i \\ \psi_i \\ w_k \\ \psi_k \end{bmatrix} .$$

$$\tag{7.64}$$

Es bedeutet: $B = E I/[l^3(1 + 4\kappa_S)]$.

Diese Steifigkeitsbeziehung des Balkens läßt sich durch Hinzufügen der Beziehung des Dehnstabes (s. (7.40)) zu derjenigen des dehn-, biege- und schubnachgiebigen Rahmenstabes erweitern. Mit den dimensionsgleichen Größen des Stabrandes i

$$\overline{K}_{xik} = K_{xik}\,\overline{l}^3/\overline{E}\,\overline{I}, \quad \overline{K}_{zik} = K_{zik}\overline{l}^3/\overline{E}\,\overline{I}, \quad \hat{\overline{K}}_{ik} = \hat{K}_{ik}\,\overline{l}^2/\overline{E}\,\overline{I}, \quad \overline{\psi}_i = \psi_i\,\overline{l} \qquad (7.65)$$

und den entsprechenden Größen des Randes k findet man die Steifigkeitsmatrizenbeziehung mit einer dimensionslosen Steifigkeitsmatrix, in der die Größen $\overline{c}$ und A

$$\overline{c} = (E A/l)(\overline{l}^3/\overline{E}\,\overline{I}), \quad A = a/b^3(1 + 4\kappa_S) \qquad (7.66)$$

bedeuten:

$$\begin{bmatrix} \overline{K}_{xik} \\ \overline{K}_{zik} \\ \hat{\overline{K}}_{ik} \\ \overline{K}_{xki} \\ \overline{K}_{zki} \\ \hat{\overline{K}}_{ki} \end{bmatrix} = \begin{bmatrix} \overline{c} & 0 & 0 & -\overline{c} & 0 & 0 \\ & 12\,A & -6\,A\,b & 0 & -12\,A & -6\,A\,b \\ & & 4\,A\,b^2(1+\kappa_S) & 0 & 6\,A\,b & 2\,A\,b^2(1-2\kappa_S) \\ & & & \overline{c} & 0 & 0 \\ & \text{symmetrisch zur} & & & 12\,A & 6\,A\,b \\ & \text{Hauptdiagonalen} & & & & 4\,A\,b^2(1+\kappa_S) \end{bmatrix} \begin{bmatrix} U_i \\ W_i \\ \overline{\psi}_i \\ U_k \\ W_k \\ \overline{\psi}_k \end{bmatrix}.$$

$$(7.67)$$

Die Steifigkeitsmatrizenbeziehung des Rahmenstabes mit einem Momentengelenk am linken Bauteilrand i findet man auf dem gleichen Weg:

$$\begin{bmatrix} \overline{K}_{xik} \\ \overline{K}_{zik} \\ \hat{\overline{K}}_{ik} \\ \overline{K}_{xki} \\ \overline{K}_{zki} \\ \hat{\overline{K}}_{ki} \end{bmatrix} = \begin{bmatrix} \overline{c} & 0 & 0 & -\overline{c} & 0 & 0 \\ & A_g & 0 & 0 & -A_g & -A_g\,b \\ & & 0 & 0 & 0 & 0 \\ & & & \overline{c} & 0 & 0 \\ & \text{symmetrisch} & & & A_g & A_g\,b \\ & \text{zur Hauptdiagonalen} & & & & A_g\,b^2 \end{bmatrix} \begin{bmatrix} U_i \\ W_i \\ \overline{\psi}_i \\ U_k \\ W_k \\ \overline{\psi}_k \end{bmatrix}. \qquad (7.68)$$

Es ist $A_g = 3\,a/[b^3(1 + \kappa_S)]$.

Aus dem Grenzübergang $\kappa_S \rightarrow 0$, d.h. Verschwinden der Schubnachgiebigkeit, ergeben sich aus (7.67) und (7.68) die meist verwendeten Steifigkeitsmatrizenbeziehungen des schubstarren Rahmenstabes.

b) Das Prinzip vom Minimum des elastischen Potentials

In Kap. 3 wurde der Energiesatz der Mechanik in seiner allgemeinen Formulierung als Beziehung (3.36) angegeben:

$$\frac{d}{dt}(T + U) = 0 \ . \tag{7.69}$$

Darin bedeuten T die kinetische Energie und U das Potential der Kräfte. T verschwindet bei dem trägheitslosen Stab, den wir hier betrachten. U ist die Summe aus dem Potential der inneren und äußeren Kräfte. Wir übernehmen von Kap. 3 für den trägheitslosen Rahmenstab (s. die Bez. (3.32) und (3.33) und die dort angegebenen Erläuterungen):

$$dU_i + dU_a = d\,[\frac{1}{2}\int_0^l \{E\,A\,u_{,x}^2 + E\,I\,\psi_{,x}^2 + G\,A_S(w_{,x} + \psi)^2\}\,dx\,]$$

$$- F_{x0}\,d\,u_0 - F_{z0}\,d\,w_0 - \hat{F}_0\,d\,\psi_0 - F_{xl}\,d\,u_l - F_{zl}\,d\,w_l - \hat{F}_l\,d\,\psi_l = 0 \ . \tag{7.70}$$

Die hier angegebenen Differentiale brauchen nicht wirklich aufzutreten, sondern können gedachte, "virtuelle" Größen sein. An die Stelle von (7.70) tritt dann unter Einführung des Zeichens $\delta(...)$ für eine virtuelle Größe:

$$\delta\,U_i + \delta\,U_a = \int_0^l \{E\,A\,u_{,x}\,\delta u_{,x} + E\,I\,\psi_{,x}\,\delta\psi_{,x} + G\,A_S(w_{,x} + \psi)\,(\delta w_{,x} + \delta\psi)\}\,dx$$

$$- F_{x0}\,\delta u_0 - F_{z0}\,\delta w_o - \hat{F}_0\,\delta\psi_0 - F_{xl}\,\delta u_l - F_{zl}\,\delta w_l - \hat{F}_l\,\delta\psi_l = 0 \ . \tag{7.71}$$

Die äußeren und inneren Kräfte leisten an den virtuellen Verrückungen die virtuellen Arbeiten $\delta\,W_i$ und $\delta\,W_a$, die definitionsgemäß zu einer Abnahme des Potentials führen.

Zur Vereinfachung der Betrachtung verzichten wir im folgenden auf die Mitnahme der Schubdeformation, d.h. die Geometriebeziehung verlangt bei fehlender Gleitung $w_{,x} = -\,\psi$, und es ist $\psi_{,x} = -\,w_{,xx}$.

Die Größe der Randkräfte F_{x0}, F_{z0}, $\hat{F}_0$ etc, die mit den Teilzwangskräften an den Stabrändern i und k übereinstimmen, findet man näherungsweise, wenn man in die Beziehung (7.71) Ansatzfunktionen für die Verschiebungsverläufe u(x) oder w(x) einsetzt. Von diesen Ansatzfunktionen muß man verlangen, daß sie mindestens zweimal stetig differenzierbar sein müssen. Weitere Beschränkungen der Ansatzfunktionen sind nicht vorhanden. Führt man für die virtuellen Verschiebungen $\delta\,u(x)$, $\delta\,w(x)$ die gleichen Ansatzfunktionen, lediglich mit variierter Amplitude ein, so entspricht der Integralausdruck in (7.71) der Variation der Formänderungsenergie. Wir schreiben dafür $\delta\,U_i$.

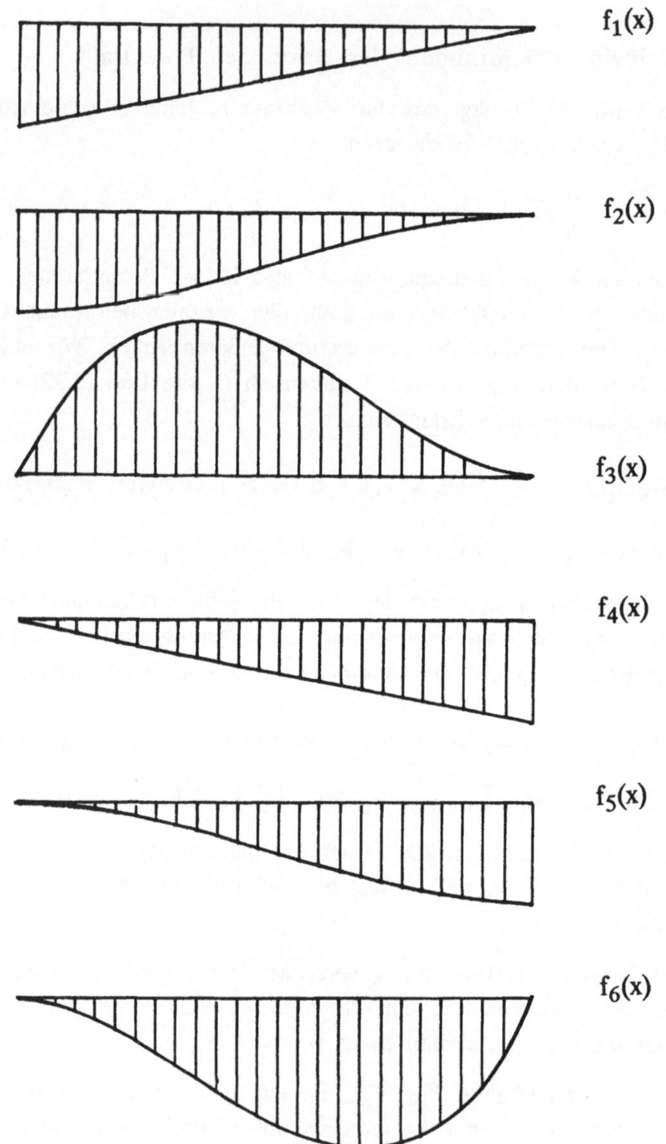

Abb. 7.14 Einheitsverschiebungsfunktionen $f_\rho(x)$ des Rahmenstabes

Die Verschiebungsfunktionen setzt man aus den in der Abb. 7.14 skizzierten Einheitsverschiebungsfunktionen $f_\rho(x)$ zusammen:

$$\left. \begin{aligned} u(x) &= U_i\, f_1(x) + U_k\, f_4(x), \\ w(x) &= W_i\, f_2(x) + \psi_i\, f_3(x) + W_k\, f_5(x) + \psi_k\, f_6(x). \end{aligned} \right\} \qquad (7.72)$$

Wählt man für den virtuellen Verschiebungszustand $\delta u(x)$ oder $\delta w(x)$ nur eine der Einheitsverschiebungsfunktionen multipliziert mit der zugehörigen virtuellen Randverrückung, so findet man die Teilzwangskräfte einzeln.

Wir zeigen die Vorgehensweise ausführlich anhand der Berechnung der Teilzwangskraft K_{zik}: Die virtuelle Verschiebung, die nur K_{zik} eine virtuelle Arbeit leisten läßt, lautet (s. die Bez. (7.84), wenn man dort $\kappa_s = 0$ setzt):

$$\delta w(x) = \delta W_i \, f_2(x) = \delta W_i \, [1 - 3(x/l)^2 + 2(x/l)^3] \, . \tag{7.73}$$

Die Funktionen $f_1(x)$ und $f_4(x)$ sind von $\delta w(x)$ entkoppelt. Wir erhalten durch Einsetzen von (7.73) in die Beziehung (7.71):

$$K_{zik} \, \delta W_i = \int_0^l E \, I \, \{ W_i \, f_{2,xx} + \psi_i \, f_{3,xx} + W_k \, f_{5,xx} + \psi_k \, f_{6,xx} \} \, \delta W_i \, f_{2,xx} \, dx \, . \tag{7.74}$$

Die Ableitungen der Einheitsverschiebungsfunktionen (s. (7.84) mit $\kappa_s = 0$) sind:

$$\left. \begin{aligned} f_{2,xx} &= - 6 \, (1 - 2 \, x/l)/l^2, & f_{5,xx} &= 6 \, (1 - 2 \, x/l)/l^2, \\ f_{3,xx} &= 2 \, (1 - 3 \, x/l)/l, & f_{6,xx} &= 2 \, (1 - 3 \, x/l)/l \, . \end{aligned} \right\} \tag{7.75}$$

Die Integrale $\int_0^l f_{2,xx} \, f_{2,xx} \, dx, \ \int_0^l f_{3,xx} \, f_{2,xx} \, dx$, etc, lassen sich leicht bilden, und man erhält:

$$K_{zik} = (E \, I/l^3) \, \{ 12 \, W_i - 6 \, l \, \psi_i - 12 \, W_k - 6 \, l \, \psi_k \} \, . \tag{7.76}$$

Das Ergebnis stimmt mit der ersten Zeile der Steifigkeitsmatrizenbeziehung (7.64) überein, wenn man dort κ_S Null setzt. Die übrigen Zeilen der Steifigkeitsmatrizenbeziehung findet man auf dem gleichen Wege.

Die Berechnung der Steifigkeitsmatrix läßt sich schematisieren, wenn man die Verschiebungsfunktionen $u(x)$ und $w(x)$ zu dem Vektor

$$\mathbf{u} = \begin{bmatrix} u(x) \\ w(x) \end{bmatrix} \tag{7.77}$$

zusammenfaßt, die Einheitsverschiebungsfunktionen in die Matrix der Einheitsverschiebungen des j-ten Bauteiles

$$\mathbf{A_j}(x) = \begin{bmatrix} f_1(x) & 0 & 0 & f_4(x) & 0 & 0 \\ 0 & f_2(x) & f_3(x) & 0 & f_5(x) & f_6(x) \end{bmatrix} \tag{7.78}$$

einschreibt und den Vektor der Bauteilverschiebungen

$$\mathbf{v}_j^T = \{ \ U_i \quad W_i \quad \psi_i \quad U_k \quad W_k \quad \psi_k \ \} \tag{7.79}$$

einführt. Der Verschiebungszustand läßt sich in diesem Falle als Matrizenprodukt

$$\mathbf{u} = \mathbf{A}_j(x) \ \mathbf{v}_j \tag{7.80}$$

schreiben. Aus den Verschiebungen folgen die Verzerrungen mit Hilfe der Verzerrungs-Verschiebungsbeziehungen. Beim Rahmenstab sind die Verzerrungen durch die Dehnung ε_{xx}, die Verkrümmung κ_{xx} und die Gleitung γ_{xz} repräsentiert. Sie werden zu dem Vektor der Verzerrungen zusammengefaßt. Man findet für den Rahmenstab:

$$\varepsilon = \begin{bmatrix} \varepsilon_{xx} \\ \kappa_{xx} \\ \gamma_{xz} \end{bmatrix} = \begin{bmatrix} u_{,x} \\ \psi_{,x} \\ w_{,x} + \psi \end{bmatrix} . \tag{7.81}$$

Die Anwendung der Operationen (7.81) auf die Matrix der Einheitsverschiebungen führt zu den Verzerrungen, die sich unter Einführung der Matrix der Verzerrungen $\mathbf{B}_j(x)$ als Matrizenprodukt

$$\varepsilon = \mathbf{B}_j(x) \ \mathbf{v}_j \tag{7.81'}$$

schreiben lassen.

Die Verzerrungen sind über das Stoffgesetz mit den Beanspruchungen verknüpft. Führt man in die Rechnung die Spannungsresultierenden: die Längskraft L, das Biegemoment M und die Querkraft Q ein, so läßt sich der Vektor der Schnittkräfte durch den Verzerrungsvektor ausdrücken:

$$\begin{bmatrix} L \\ M \\ Q \end{bmatrix} = \begin{bmatrix} E\,A & 0 & 0 \\ 0 & E\,I & 0 \\ 0 & 0 & G\,A_S \end{bmatrix} \begin{bmatrix} \varepsilon_{xx} \\ \kappa_{xx} \\ \gamma_{xz} \end{bmatrix} . \tag{7.82}$$

Die Matrix der Werkstoffbeziehungen bezeichnen wir mit $\mathbf{G}_j$.

Unter Verwendung der hier eingeführten Matrizen erhält die Formänderungsenergie des Rahmenstabes das Aussehen (s. Kap. 3, Beziehung (3.7)):

$$U_i = \frac{1}{2} \ \mathbf{v}_j^T \{ \int_0^l \mathbf{B}_j(x)^T \, \mathbf{G}_j \, \mathbf{B}_j(x) \ dx \} \ \mathbf{v}_j \ . \tag{7.83}$$

Der Ausdruck in der geschweiften Klammer ist die Steifigkeitsmatrix $\mathbf{S}_j$ des j-ten Rahmenstabes.

Wir verifizieren die Einzelschritte für den schubnachgiebigen Rahmenstab, für den wir als Ansatzfunktionen die statischen Einheitsverschiebungsfunktionen wählen:

$$
\left.
\begin{aligned}
f_1(x) &= 1 - x/l \ , \\
f_2(x) &= 1 - f_5(x) \ , \\
f_3(x) &= - l \ [\ x/l - (x/l)^2 \ ] + f_6(x) \ , \\
f_4(x) &= x/l \ , \\
f_5(x) &= \{\ 3\,(x/l)^2 - 2\,(x/l)^3 + 4\,\kappa_S(x/l)\ \}\,/(1 + 4\,\kappa_S) \ , \\
f_6(x) &= l\ \{\ (1 - 2\,\kappa_S)\,(x/l)^2 - (x/l)^3 + 2\,\kappa_S(x/l)\ \}\,/(1 + 4\,\kappa_S) \ .
\end{aligned}
\right\}
\tag{7.84}
$$

Die statischen Einheitsverschiebungsfunktionen halten die Querkraft im Rahmenstab und damit die Gleitung konstant. Die Ableitung der Gleitung verschwindet also in diesem Falle:

$$
\gamma_{xz} = (E\,I/G\,A_S)\ \psi_{,xx} = -\,\kappa_S\,(l^2/3)\,w_{,xxx} \ . \tag{7.85}
$$

Die Matrix der Verzerrungen erhält in diesem Falle das Aussehen:

$$
\mathbf{B}_j^T =
\begin{bmatrix}
- 1/l & 0 & 0 \\
0 & 6\,(1 - 2\,x/l)/l^2(1 + 4\,\kappa_S) & -\,4\,\kappa_S/l(1 + 4\,\kappa_S) \\
0 & -\,2\,[2\,(1 + \kappa_S) - 3\,x/l]/l(1 + 4\,\kappa_S) & 2\,\kappa_S/(1 + 4\,\kappa_S) \\
1/l & 0 & 0 \\
0 & -\,6\,(1 - 2\,x/l)/l^2(1 + 4\,\kappa_S) & 4\,\kappa_S/l(1 + 4\,\kappa_S) \\
0 & -\,2\,[(1 - 2\,\kappa_S) - 3\,x/l]/l(1 + 4\,\kappa_S) & 2\,\kappa_S/(1 + 4\,\kappa_S)
\end{bmatrix} \ .
$$

$$\tag{7.86}$$

Einsetzen von (7.86) in die Beziehung (7.83) führt nach kurzer Zwischenrechnung zu der Steifigkeitsmatrix der Beziehung (7.67), wenn man dort die Größen $a = b = 1$ setzt.

c) Das Prinzip vom Extremum des elastischen Ergänzungspotentials

Neben dem Prinzip vom Minimum des elastischen Potentials hat sich im Bauwesen ein zweites Prinzip, das Prinzip vom Extremum des elastischen Ergänzungspotentials, erfolgreich eingeführt.

Formal läßt sich das Prinzip vom Extremum des Ergänzungspotentials durch Vertauschen der δ-Zeichen gewinnen. Physikalisch wird jedoch gegenüber dem Prinzip vom Minimum des elastischen Potentials eine grundsätzliche Veränderung vorgenommen: Es werden anstelle virtueller Verrückungen virtuelle Kraftgrößen eingeführt, die an den wirklichen Verrückungen virtuelle "Ergänzungsarbeiten" leisten. Man findet:

$$\delta U_a^* + \delta U_i^* = \int_0^l \{ E A \, \delta u_{,x} \, u_{,x} + E I \, \delta \psi_{,x} \, \psi_{,x} + G A_S \, \delta \gamma_{xz} \, \gamma_{xz} \} \, dx$$

$$- U_0 \, \delta F_{x0} - W_o \, \delta F_{z0} - \psi_0 \, \delta \hat{F}_0 - U_l \, \delta F_{xl} - W_l \, \delta F_{zl} - \psi_l \, \delta \hat{F}_l = 0. \quad (7.87)$$

Die virtuellen Kraftgrößen und wirklichen Verrückungen lassen sich durch die Beziehungen

$$\left. \begin{array}{ll} E A \, \delta u_{,x} = \delta N, & u_{,x} = N/E A, \\ E I \, \delta \psi_{,x} = \delta M, & \psi_{,x} = M/E I, \\ G A_S \, \delta \gamma_{xz} = \delta Q, & \gamma_{xz} = Q/G A_S \end{array} \right\} \quad (7.88)$$

ausdrücken, und man erhält anstelle von (7.87):

$$\delta U_a^* + \delta U_i^* = \int_0^l \{ \, \delta N \, (N/E \, A) + \delta M \, (M/E \, I) + \delta Q \, (Q/G \, A_S) \, \} \, dx$$

$$- \delta F_{x0} \, U_0 - \delta F_{z0} \, W_0 - \delta \hat{F}_0 \, \psi_0 - \delta F_{xl} \, U_l - \delta F_{zl} \, W_l - \delta \hat{F}_l \, \psi_l = 0 \, . \quad (7.89)$$

δ N, δ M, δ Q sind virtuelle Schnittkräfte, die sich aufgrund einer Belastung des Tragwerkes mit einer virtuellen Kraftgruppe ergeben. δ F_{x0}, δ F_{z0}, δ $\hat{F}_0$, und δ F_{xl}, δ F_{zl}, δ $\hat{F}_l$ sind virtuelle Randkräfte an den Rändern Null und l.

Mit Hilfe von (7.89) bestimmt man zunächst nicht Kräfte infolge von Verrückungen, sondern Verrückungen infolge von Kräften. Diese Berechnung ist einfach, solange man die Schnittgrößen N, M, Q aufgrund äußerer Kraftwirkung und die δ N, δ M, δ Q als Folge einer virtuellen Kraftwirkung mühelos bestimmen kann. Dies ist möglich, wenn ein statisch bestimmtes Grundsystem für die Untersuchung vorliegt.

Man wird also zunächst ein statisch bestimmtes Grundsystem wählen und danach die statisch unbestimmte Rechnung, wie sie in der Statik üblich ist, unter Beachtung von Verformungsbedingungen durchführen.

Wir wählen als statisch bestimmtes Grundsystem den links eingespannten, rechts freien Balken und lassen am freien Rand die Randkraft K_{zki} und die Randdrehkraft $\hat{K}_{ki}$ wirken (Abb. 7.15). Es entstehen in dem Balken Biegemomente und Querkräfte.

Zur Bestimmung der Verschiebung W_k am Rande k bringt man dort die virtuelle Kraft δ $F_{zk} = 1$ auf. Sie führt zu den virtuellen Schnittgrößen δ M und δ Q. Wenn wir getrennt die virtuelle Drehkraft δ $\hat{F}_k = 1$ wirken lassen und die daraus entstehende Schnittgröße δ M in eine getrennte Berechnung einführen, so findet man die Verschiebungsgrößen am k-ten Stabrand:

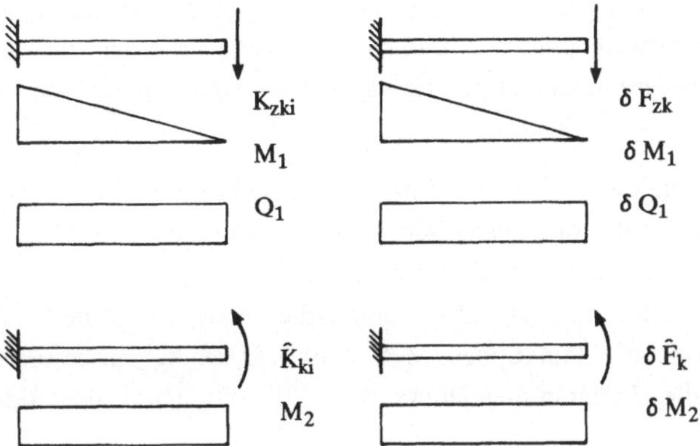

Abb. 7.15 Schnittgrößen infolge wirklicher und virtueller Belastung

$$\begin{bmatrix} W_k \\ \psi_k \end{bmatrix} = \begin{bmatrix} h_{11} & h_{12} \\ h_{21} & h_{22} \end{bmatrix} \begin{bmatrix} K_{zki} \\ \hat{K}_{ki} \end{bmatrix} . \tag{7.90}$$

Darin bedeutet h_{ik} die Verschiebung oder Verdrehung des Randes k, wenn der Balken unter der Einheitskraftgröße K_{zki} = 1 oder $\hat{K}_{ki}$ = 1 steht. h_{ik} ergibt sich aus dem Arbeitsintegral:

$$h_{ik} = \int\limits_0^1 \{ M_i\, \delta M_k / E\,I + Q_i\, \delta Q_k / G\,A_S \}\, dx . \tag{7.91}$$

Die inverse Beziehung von (7.90) liefern die Teilzwangskräfte in Abhängigkeit von den Verschiebungsgrößen:

$$\begin{bmatrix} K_{zki} \\ \hat{K}_{ki} \end{bmatrix} = (1/N) \begin{bmatrix} h_{22} & - h_{12} \\ - h_{21} & h_{11} \end{bmatrix} \begin{bmatrix} W_k \\ \psi_k \end{bmatrix} . \tag{7.92}$$

N ist die Determinante der Koeffizientenmatrix: $N = h_{11}\, h_{22} - h_{12}{}^2$.

Die Teilzwangskräfte am gegenüberliegenden Rand i findet man unter Beachtung der Gleichgewichtsbeziehung:

$$\begin{bmatrix} K_{zik} \\ \hat{K}_{ik} \end{bmatrix} = \begin{bmatrix} - 1 & 0 \\ 1 & - 1 \end{bmatrix} \begin{bmatrix} K_{zki} \\ \hat{K}_{ki} \end{bmatrix} . \tag{7.93}$$

Einsetzen von (7.92) ergibt:

$$\begin{bmatrix} K_{zik} \\ \hat{K}_{ik} \end{bmatrix} = (1/N) \begin{bmatrix} - h_{22} & h_{12} \\ (h_{21} + h_{22}\, l) & - (h_{11} + h_{12}\, l) \end{bmatrix} \begin{bmatrix} W_k \\ \psi_k \end{bmatrix} . \tag{7.94}$$

Die Beziehungen (7.92) und (7.94) liefern die beiden letzten Spalten der Steifigkeitsmatrizenbeziehung des Balkens. Die Wiederholung der Rechnung für den rechts eingespannten, links freien Balken liefert die beiden ersten Spalten der Matrix.

Der hier geschilderte Weg zur Bestimmung der Steifigkeitsmatrix des Balkens ist dann vorteilhaft, wenn der Stab aufgrund veränderlicher Querschnittsabmessungen eine veränderliche Biegesteifigkeit besitzt (Balkenträger mit Vouten). In diesem Falle sind für die numerische Auswertung des Arbeitsintegrals (7.91) zunächst die Funktionen $M/E\,I$ und $Q/G\,A_S$ zu bestimmen und anschließend die Integrationen numerisch z.B. mit Hilfe der Simpson-Formel auszuführen.

Der beliebig in der x-z-Ebene angeordnete Rahmenstab

Beim beliebig in der x-z-Ebene angeordneten Rahmenstab (Abb. 7.16) muß man die Längs- und Querverschiebungen der Knoten i und k und die Knotendrehwinkel von einem an den Stab gebundenen, körperfesten Koordinatensystem auf diejenigen des raumfesten Koordinatensystems transformieren. Die Verschiebungsgrößen im körperfesten Koordinatensystem bezeichnen wir mit U_i^*, W_i^*, ψ_i^* und U_k^*, W_k^*, ψ_k^*. Im raumfesten Koordinatensystem werden die Größen ohne Stern geschrieben. Die erforderliche Transformationsbeziehung liest man aus der Abb. 7.16 ab:

$$
\begin{bmatrix} U_i^* \\ W_i^* \\ \psi_i^* \\ U_k^* \\ W_k^* \\ \psi_k^* \end{bmatrix}
=
\begin{bmatrix}
\cos\varphi & -\sin\varphi & & & & \\
\sin\varphi & \cos\varphi & & & & \\
 & & 1 & & & \\
 & & & \cos\varphi & -\sin\varphi & \\
 & & & \sin\varphi & \cos\varphi & \\
 & & & & & 1
\end{bmatrix}
\begin{bmatrix} U_i \\ W_i \\ \psi_i \\ U_k \\ W_k \\ \psi_k \end{bmatrix} \, .
\qquad (7.95)
$$

Die Tranformationsmatrix des j-ten Rahmenstabes bezeichnen wir mit U_j; die Vektoren der Verschiebungsgrößen im körper- und raumfesten Koordinatensystem werden mit v_j^* und v_j abgekürzt. Für (7.95) schreibt man kürzer:

$$ v_j^* = U_j\, v_j \, . \qquad (7.95\,') $$

Eine gleich gebaute Transformationsbeziehung stellt man für die Teilzwangskräfte und -drehkräfte auf. Mit dem Vektor der Teilzwangskräfte im körperfesten Koordinatensystem k_j^* und demjenigen in raumfesten Koordinaten k_j lautet die entsprechende Transformationsbeziehung:

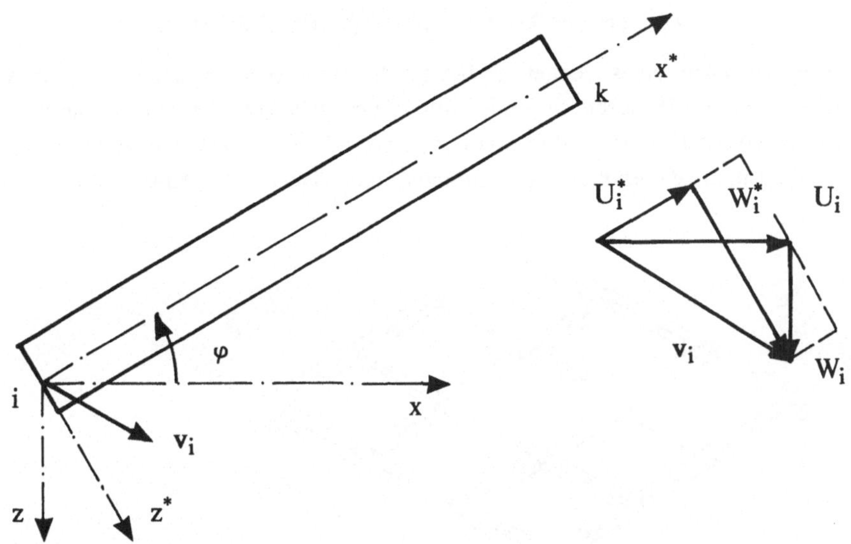

Abb. 7.16 Der beliebig in der x-z-Ebene angeordnete Rahmenstab

$$\mathbf{k}_j^* = \mathbf{U}_j \, \mathbf{k}_j \, . \tag{7.96}$$

Die Steifigkeitsmatrizenbeziehung im körperfesten x^*-z^*-Koordinatensystem hat mit der Steifigkeitsmatrix $\mathbf{S}_j^*$ das Aussehen:

$$\mathbf{k}_j^* = \mathbf{S}_j^* \, \mathbf{v}_j^* \, . \tag{7.97}$$

Ersetzt man darin die Größen des körperfesten Koordinatensystems durch diejenigen des raumfesten, so ergibt sich mit (7.95 ') und (7.96):

$$\mathbf{k}_j = \mathbf{U}_j^{-1} \, \mathbf{S}_j^* \, \mathbf{U}_j \, \mathbf{v}_j \, . \tag{7.98}$$

Wegen $\mathbf{U}_j^{-1} = \mathbf{U}_j^{T}$ ergibt sich die Steifigkeitsmatrix $\mathbf{S}_j$, die die Vektoren $\mathbf{k}_j$ mit $\mathbf{v}_j$ verknüpft, aus:

$$\mathbf{S}_j = \mathbf{U}_j^{T} \, \mathbf{S}_j^* \, \mathbf{U}_j \, . \tag{7.99}$$

Nach der Bestimmung der Steifigkeitsmatrizen der einzelnen Bauteile im raumfesten x-z-Koordinatensystem läßt sich die Krafteinflußmatrix C mit dem zuvor bei dem Schermodell geschilderten Überschiebungsprozeß aufbauen. Man muß darauf achten, daß beim ebenen Rahmen- und Gemischttragwerk pro Knotenpunkt die drei Verschiebungsgrößen in der Reihenfolge u, w, ψ einzuführen sind.

Der senkrecht zur Tragwerksebene schwingende Trägerrost

Die Bewegungen eines ebenen Stabtragwerkes senkrecht zu seiner Tragwerksebene (Abb. 7.17) lassen sich mit Hilfe gleich gebauter Verschiebungsgrößengleichungen beschreiben. Man muß zunächst für die einzelnen Bauteile die Steifigkeitsmatrizenbeziehungen bestimmen und danach die Krafteinflußmatrix

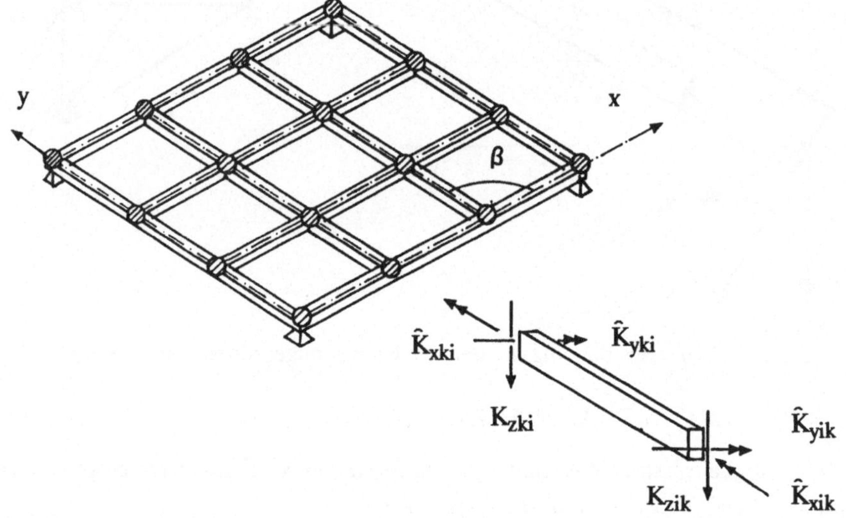

Abb. 7.17 Trägerrostsystem mit einem Bauteil in der x-y-Ebene

aufstellen. Wir erhalten für die bezogenen Teilzwangskräfte und -drehkräfte des Stabrandes i (s. Abb. 7.17):

$$\bar{\hat{K}}_{xik}^{*} = \hat{K}_{xik}^{*}\,\bar{l}^{2}/\overline{E\,I}, \quad \bar{K}_{zik}^{*} = K_{zik}^{*}\,\bar{l}^{3}/\overline{E\,I}, \quad \bar{\hat{K}}_{yik}^{*} = \hat{K}_{yik}^{*}\,\bar{l}^{2}/\overline{E\,I}, \tag{7.100}$$

und die entsprechenden Größen des Randes k die folgende Steifigkeitsmatrizenbeziehung (vergl. (7.67)):

$$
\begin{bmatrix}
\bar{\hat{K}}_{xik}^{*} \\
\bar{K}_{zik}^{*} \\
\bar{\hat{K}}_{yik}^{*} \\
\bar{\hat{K}}_{xki}^{*} \\
\bar{K}_{zki}^{*} \\
\bar{\hat{K}}_{yki}^{*}
\end{bmatrix}
=
\begin{bmatrix}
\bar{c}_D & 0 & 0 & -\bar{c}_D & 0 & 0 \\
 & 12\,A & -6\,A\,b & 0 & -12\,A & -6\,A\,b \\
 & & 4\,A\,b^2(1+\kappa_S) & 0 & 6\,A\,b & 2\,A\,b^2(1-2\kappa_S) \\
 & & & \bar{c}_D & 0 & 0 \\
 & \text{symmetrisch zur} & & & 12\,A & 6\,A\,b \\
 & \text{Hauptdiagonalen} & & & & 4\,A\,b^2(1+\kappa_S)
\end{bmatrix}
\begin{bmatrix}
\bar{\psi}_{xi}^{*} \\
W_i^{*} \\
\bar{\psi}_{yi}^{*} \\
\bar{\psi}_{xk}^{*} \\
W_k^{*} \\
\bar{\psi}_{yk}^{*}
\end{bmatrix}
$$

$$\tag{7.101}$$

Die $\overline{\psi}^{*}_{xi}$, $\overline{\psi}^{*}_{xk}$ und $\overline{\psi}^{*}_{yi}$, $\overline{\psi}^{*}_{yk}$ sind die bezogenen Querschnittsdrehungen der Stabränder um die x^{*}- und die y^{*}-Achse, und es bedeuten:

$$\overline{c}_D = (G\ I_D/l)\ (\overline{\overline{l/E\ I}}) , \qquad A = a/[b^3(1 + 4\,\varkappa_S)] . \qquad (7.102)$$

Die Größen des x^{*}-y^{*}-Koordinatensystems werden in diejenige des x-y-Koordinatensystems mit Hilfe der an die Aufgabe des Trägerrostes angepaßten Transformationsbeziehung überführt. Die erforderliche Transformationsmatrix hat in vorliegendem Fall die Form:

$$U_j = \begin{bmatrix} \cos ß & 0 & -\sin ß & & & \\ 0 & 1 & 0 & & & \\ \sin ß & 0 & \cos ß & & & \\ & & & \cos ß & 0 & -\sin ß \\ & & & 0 & 1 & 0 \\ & & & \sin ß & 0 & \cos ß \end{bmatrix} . \qquad (7.103)$$

ß ist der Winkel zwischen der x^{*}-Achse des Bauteils und der x-Achse.

Die räumlich gekoppelte Bewegung des Stabtragwerkes

Zur Untersuchung der räumlich gekoppelten Bewegung eines beliebig aufgebauten Stabtragwerkes (Abb. 7.18) mit Hilfe der Verschiebungsgrößengleichungen sind zunächst die Steifigkeitsmatrizen der einzelnen Bauteile S_j zu berechnen. Am i-ten Randpunkt eines Bauteiles führt man die sechs Verschiebungsgrößen in der Reihenfolge U^{*}_i, V^{*}_i, W^{*}_i, ψ^{*}_{xi}, ψ^{*}_{yi}, ψ^{*}_{zi} und die zugeordneten Teilzwangskräfte und -drehkräfte K^{*}_{xik}, K^{*}_{yik}, K^{*}_{zik}, $\hat{K}^{*}_{xki}$, $\hat{K}^{*}_{yki}$, $\hat{K}^{*}_{zki}$ ein. Entsprechende Größen ergeben sich am k-ten Bauteilrand.

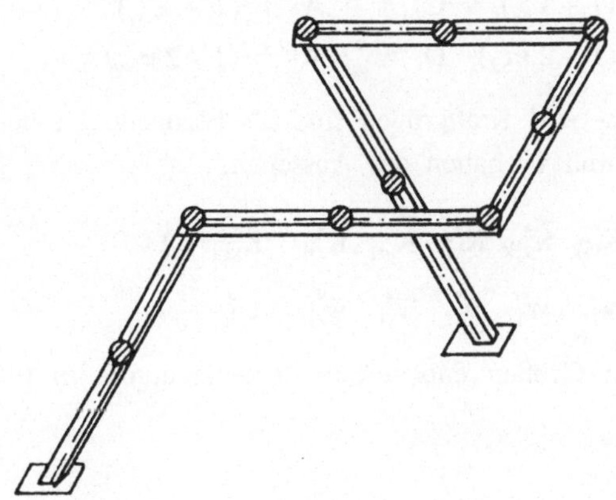

Abb. 7.18 Stabtragwerk mit allgemein räumlicher Tragwirkung

Die Steifigkeitsmatrizenbeziehung erhält unter Einführung von Untermatrizen S_{11}^*, S_{12}^*, S_{21}^*, S_{22}^* das Aussehen:

$$k_j^* = \begin{bmatrix} S_{11}^* & S_{12}^* \\ S_{21}^* & S_{22}^* \end{bmatrix} v_j^* . \tag{7.103}$$

$$S_{11}^* = \begin{bmatrix} \bar{c} & 0 & 0 & 0 & 0 & 0 \\ & A_z & 0 & 0 & 0 & -B_z \\ & & A_y & 0 & -B_y & 0 \\ & & & \bar{c}_D & 0 & 0 \\ \text{symmetrisch zur} & & & & C_y & 0 \\ \text{Hauptdiagonalen} & & & & & C_z \end{bmatrix}, \quad S_{22}^* = \begin{bmatrix} \bar{c} & 0 & 0 & 0 & 0 & 0 \\ & A_z & 0 & 0 & 0 & B_z \\ & & A_y & 0 & B_y & 0 \\ & & & \bar{c}_D & 0 & 0 \\ \text{symmetrisch zur} & & & & C_y & 0 \\ \text{Hauptdiagonalen} & & & & & C_z \end{bmatrix},$$

$$S_{12}^* = \begin{bmatrix} -\bar{c} & 0 & 0 & 0 & 0 & 0 \\ 0 & -A_z & 0 & 0 & 0 & -B_z \\ 0 & 0 & -A_y & 0 & -B_y & 0 \\ 0 & 0 & 0 & -\bar{c}_D & 0 & 0 \\ 0 & 0 & B_y & 0 & D_y & 0 \\ 0 & B_z & 0 & 0 & 0 & D_z \end{bmatrix}, \quad S_{21}^* = S_{12}^{*\,T}. \tag{7.104}$$

Es bedeuten:

$$\left. \begin{aligned} \bar{c} &= (E\ A/l)\ (\bar{l}^3/\bar{E}\ \bar{I}), & \bar{c}_D &= (G\ I_D/l)\ (\bar{l}/\bar{E}\ \bar{I}), \\ a_y &= E\ I_y/\bar{E}\ \bar{I}, & a_z &= E\ I_z/\bar{E}\ \bar{I}, \quad b = l/\bar{l}, \\ \kappa_{Sz} &= E\ I_y/(l^2\ G\ A_{Sz})\,, & \kappa_{Sy} &= E\ I_z/(l^2\ G\ A_{Sy}), \\ A_1 &= a_y/[b^3(1 + 4\,\kappa_{Sz})], & A_2 &= a_z/[b^3(1 + 4\,\kappa_{Sy})]. \\ A_y &= 12\ A_1, & A_z &= 12\ A_2, \\ B_y &= 6\ A_1\ b, & B_z &= 6\ A_2\ b, \\ C_y &= 4\ A_1\ b^2(1 + \kappa_{sz}), & C_z &= 4\ A_2\ b^2(1 + \kappa_{Sy}), \\ D_y &= 2\ A_1\ b^2(1 - 2\,\kappa_{Sz}), & D_y &= 2\ A_2\ b^2(1 - 2\,\kappa_{Sy})\ . \end{aligned} \right\} \tag{7.105}$$

Die Verschiebungs- und Kraftgrößen sind als bezogene Größen eingeführt, d.h die Vektoren k^* und v^* haben das Aussehen:

$$\left. \begin{aligned} k_j^* &= \{\ \bar{K}_{xik}^*\ \bar{K}_{yik}^*\ \bar{K}_{zik}^*\ \bar{\bar{K}}_{xik}^*\ \bar{\bar{K}}_{yik}^*\ \bar{\bar{K}}_{zik}^*\ \bar{K}_{xki}^*\ ...\}, \\ v_j^* &= \{\ U_i^*\ V_i^*\ W_i^*\ \bar{\psi}_{xi}^*\ \bar{\psi}_{yi}^*\ \bar{\psi}_{zi}^*\ U_k^*\ ...\}. \end{aligned} \right\} \tag{7.105'}$$

Die überstrichenen Größen entsprechen denjenigen, die in (7.65) und (7.100) eingeführt wurden.

Bei beliebiger Anordnung des Rahmenstabes ergibt sich eine Steifigkeitsmatrix S_j in raumfesten Koordinaten aus einer Transformation der Matrix S_j^* entsprechend (7.99): Bezeichnen α_x^*, α_y^*, α_z^*, β_x^*, β_y^*, β_z^*, γ_x^*, γ_y^*, γ_z^* die Richtungswinkel der Achsen x^*, y^*, z^* gegen die Achsen x, y, und z (Abb. 7.19), so lautet die Transformationsbeziehung für die Verschiebungen:

$$\begin{bmatrix} U_i^* \\ V_i^* \\ W_i^* \end{bmatrix} = \begin{bmatrix} \cos \alpha_x^* & \cos \beta_x^* & \cos \gamma_x^* \\ \cos \alpha_y^* & \cos \beta_y^* & \cos \gamma_y^* \\ \cos \alpha_z^* & \cos \beta_z^* & \cos \gamma_z^* \end{bmatrix} \begin{bmatrix} U_i \\ V_i \\ W_i \end{bmatrix}. \qquad (7.106)$$

Die Koeffizientenmatrix von (7.106) bezeichnen wir mit U_{11}, und wir erhal-

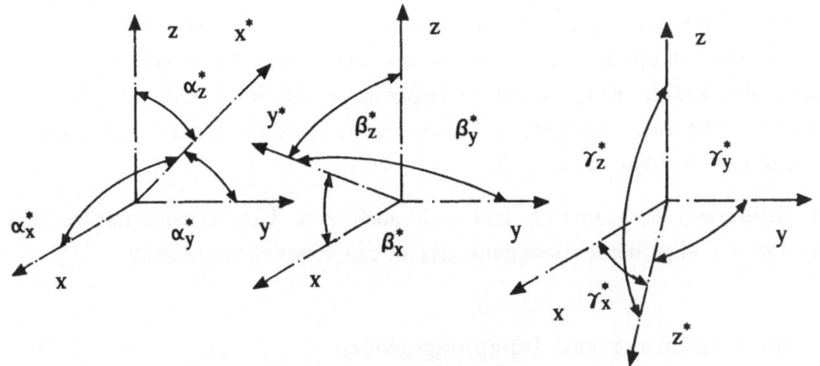

Abb. 7.19 Richtungswinkel der Achsen x^*, y^*, z^*

ten die Transformationsbeziehung in der allgemeinen Form:

$$\begin{bmatrix} U_i^* \\ V_i^* \\ W_i^* \\ \psi_{xi}^* \\ \psi_{yi}^* \\ \psi_{zi}^* \\ U_k^* \\ V_k^* \\ W_k^* \\ \psi_{xk}^* \\ \psi_{yk}^* \\ \psi_{zk}^* \end{bmatrix} = \begin{bmatrix} U_{11} & & & \\ & U_{11} & & \\ & & U_{11} & \\ & & & U_{11} \end{bmatrix} \begin{bmatrix} U_i \\ V_i \\ W_i \\ \psi_{xi} \\ \psi_{yi} \\ \psi_{zi} \\ U_k \\ V_k \\ W_k \\ \psi_{xk} \\ \psi_{yk} \\ \psi_{zk} \end{bmatrix}. \qquad (7.107)$$

Die gleich gebaute Transformationsbeziehung ergibt sich für den Zusammenhang zwischen den Teilzwangskräften und -drehkräften in den beiden Koordinatensystemen.

Der im Raum angeordnete Punktkörper liefert Trägheitskräfte und -drehkräfte. Die Aufstellung der Trägheitsmatrix **A** läßt sich durch Einführung der Massenmatrix

$$
\mathbf{M}_k = \begin{bmatrix}
m_k & & & & & \\
& m_k & & & & \\
& & m_k & & & \\
& & & \hat{m}_{xxk} & & \\
& & & & \hat{m}_{yyk} & \\
& & & & & \hat{m}_{zzk}
\end{bmatrix} . \tag{7.108}
$$

schematisieren. Darin ist m_k die Masse des k-ten Körpers, $\hat{m}_{xxk}$, $\hat{m}_{yyk}$, $\hat{m}_{zzk}$ sind seine Drehmassen, bezogen auf die mit den x-, y-, z-Koordinaten zusammenfallenden Hauptachsen. Es ist zu bemerken, daß die allgemeine Drehbewegung des starren Körpers auf gekopppelte, nichtlineare Differentialgleichungen führt. Die hier angegebene Massenmatrix muß in diesem Falle beträchtlich erweitert werden (s. Kap. 2).

Mit Hilfe der Massenmatrix läßt sich auch eine Übertragungsmatrizenbeziehung für die allgemeine Bewegung des trägen Körpers herleiten.

7.4 Zur Einführung von Dämpfungsgrößen

Zur Beschreibung der Bewegung eines gedämpften Systems werden häufig Dämpfungselemente in der Form von Hydraulikdämpfern eingeführt. Meist wählt man ein lineares Dämpfungsgesetz, das die Dämpfungskraft R_k mit den Geschwindigkeiten zweier Nachbarpunkte verknüpft (s. auch Kap. 1 und 6):

$$
R_k = - k_k \, (\dot{u}_{k+1} - \dot{u}_k) . \tag{7.109}
$$

$\dot{u}_{k+1} - \dot{u}_k$ ist die Relativgeschwindigkeit zweier benachbarter Knotenpunkte.

Bei einer kontinuierlich verteilten Strukturdämpfung führt man eine Dämpfungsmatrix **B** ein, die an die Krafteinflußmatrix **C** angelehnt wird:

$$
\mathbf{B} = \alpha_1 \, \mathbf{C} . \tag{7.110}
$$

α_1 ist ein Proportionalitätsfaktor, der experimentell an die Aufgabenstellung angepaßt werden muß. Bei einem derartigen Dämpfungsgesetz werden die höherfrequenten Schwingungen unrealistisch stark gedämpft. Man hat daher die Formel (7.110) modifiziert:

$$
\mathbf{B} = \alpha_1(\omega_0/\omega) \, \mathbf{C} . \tag{7.110'}
$$

Der Proportionalitätsfaktor fällt dadurch mit wachsender Kreisfrequenz ω ab.

In vielen Fällen führt man für das kontinuierlich gedämpfte Tragwerk eine "modale" Dämpfung mit einer Dämpfungskonstante k_j^* ein. Diese Vorgehensweise betrachtet zunächst das dämpfungsfreie Schwingungssystem und bestimmt die Eigenfrequenzen und zugehörigen Eigenschwingungsformen. Anschließend bildet man aus den gekoppelten Bewegungsgleichungen eine Vielzahl von entkoppelten Gleichungen. Man erhält mit den generalisierten Massen m_j^* und der generalsierten Federsteifigkeit c_j^* die j-te Bewegungsgleichung (s. auch Kap. 8):

$$m_j^* \, y_j^{\cdot\cdot} + c_j^* \, y_j = p_j^* \, . \tag{7.111}$$

y_j ist die generalisierte Verschiebung. Dieser Beziehung wird ein geschwindigkeitsproportionales Dämpfungsglied hinzugefügt:

$$m_j^* \, y_j^{\cdot\cdot} + k_j^* \, y_j + c_j^* \, y_j = p_j^* \, . \tag{7.111'}$$

Die Dämpfungskonstante k_j^* wird an die Konstante der Grundschwingung k_0^* angepaßt, denn diese läßt sich experimentell meist recht gut ermitteln. Zur Anpassung wählt man das Verhältnis der Formänderungsenergien und erhält:

$$k_j^* = (\, U_{ij}/U_{i0}) \, k_0^* \tag{7.112}$$

Darin bedeutet U_{i0} die zur Grundschwingung und U_{ij} die zur j-ten Eigenschwingung gehörende Formänderungsenergie.

Äußere Dämpfung wird meist ebenfalls als geschwindigkeitsproportionale Rückstellkraft mit einem Dämpfungselement eingeführt:

$$R_k = - \, k_k \, u_k^{\cdot} \, . \tag{7.113}$$

Bei einer kontinuierlich verteilten äußeren Dämpfung führt man in der Regel eine Dämpfungsmatrix **B** ein, die sich an der Trägheitsmatrix **A** orientiert:

$$\mathbf{B} = \alpha_2 \, \mathbf{A} \, . \tag{7.114}$$

Der Proportionalitätsfaktor α_2 muß experimentell an das Tragwerksverhalten angepaßt werden.

Die kontinuierlich verteilte innere Dämpfung läßt sich auch durch die Einführung komplexer Werkstoffmoduln erfassen:

$$\widetilde{E} = E + i \, E', \qquad \widetilde{G} = G + i \, G' \, . \tag{7.115}$$

E, G sind die Realteile und E', G' die Imaginärteile des komplex anzusetzenden Elastizitäts- und Schubmoduls $\widetilde{E}$, $\widetilde{G}$.

8. ANALYSE DES EIGENVERHALTENS (MODALANALYSE) UND LÖSUNG DER BEWEGUNGSGLEICHUNGEN

8.1 Das Eigenverhalten des Tragwerkes; die Eigenwertaufgabe

In Kap. 7.3 werden die Bewegungsgleichungen des Schwingungssystems in den für die Praxis wichtigsten Formen der Schnittkraftverschiebungsgrößengleichungen unter Verwendung von Übertragungsmatrizen (s. auch (7.10))

$$\begin{bmatrix} \mathbf{T}_1^* - \mathbf{E} & & & \\ & \mathbf{T}_2^* - \mathbf{E} & & \\ & & \mathbf{T}_3^* - \mathbf{E} & \\ & & & \cdot \cdot \cdot \end{bmatrix} \begin{bmatrix} \mathbf{w}_0 \\ \mathbf{w}_1 \\ \mathbf{w}_2 \\ \vdots \end{bmatrix} = 0 \tag{8.1}$$

oder der Verschiebungsgrößengleichungen (s. auch (7.18) und (7.22) oder (6.6) und (6.24))

$$\left. \begin{aligned} [\, \mathbf{A} \, \partial^2 \, + \, \mathbf{C} \,] \, \mathbf{u} \, &= \, 0 \, , \\ [\, \mathbf{E} + \mathbf{H} \, \mathbf{A} \, \partial^2 \,] \, \mathbf{u} \, &= \, 0 \end{aligned} \right\} \tag{8.2}$$

aufgestellt. (Dämpfungsglieder sind hier weggelassen.)

Diese Bewegungsgleichungen beschreiben das Eigenverhalten des ungedämpften Schwingungssystems.

Für den zeitlichen Verlauf der Zustandsgrößen wählt man den harmonischen Ansatz (s. auch (6.10)):

$$S_k(t) = \overline{S}_k \, \sin \, \omega t \, , \qquad u_k(t) = \overline{u}_k \, \sin \, \omega t \tag{8.3}$$

mit den Amplituden der Schnittkraft und der Verschiebung $\overline{S}_k, \overline{u}_k$. ω ist die zunächst noch unbekannte Kreisfrequenz, mit der freie Schwingungen möglich sind.

Aus (8.3) folgt die Beschleunigung:

$$u_k\ddot{\,}(t) = - \, \omega^2 \, u_k(t) = - \, \omega^2 \, \overline{u}_k \, \sin \, \omega t \, . \tag{8.4}$$

Einsetzen der Beschleunigungen in die Beziehungen (8.1) oder (8.2) verwandelt die Operatorbeziehungen in algebraische Matrizenbeziehungen:

$$\begin{bmatrix} T_1 - E & & & \\ & T_2 - E & & \\ & & T_3 - E & \\ & & & \ddots \end{bmatrix} \begin{bmatrix} \overline{w}_0 \\ \overline{w}_1 \\ \overline{w}_2 \\ \vdots \end{bmatrix} = 0 \; , \qquad (8.5)$$

$$\left. \begin{array}{l} [\, -\omega^2 A \; + \; C \,] \, \overline{u} \; = \; 0 \; , \\[2mm] [\, E \, - \, \omega^2 \, H \, A \,] \, \overline{u} \; = \; 0 \; . \end{array} \right\} \qquad (8.6)$$

(Die zuvor mit einem hochgesetzten Stern bezeichneten Operator-Übertragungs-matrizen enthalten jetzt anstelle der Operatoren ∂^2 die Größe $-\omega^2$ und verlieren das Sternsymbol.)

Die Gleichungen (8.5) und (8.6) haben nur dann eine von Null verschiedene Lösung, wenn die Determinante der Koeffizientenmatrix verschwindet (s. auch Kap. 6). Die Nullstellen der Determinante liefern die Eigenkreisfrequenzen ω_j, mit denen freie Schwingungen möglich sind. Die Amplituden der Zustandsgrößen stehen in einem ganz bestimmten Verhältnis zueinander. Diese Verhältniszahlen werden zu der zu der j-ten Eigenfrequenz gehörigen Eigenschwingungsform x_j zusammengefaßt.

Welche Methoden zur Bestimmung der Eigenwerte und der zugehörigen Eigenschwingungsformen sind gebräuchlich?

8.1.1 Das Restgrößenverfahren

In vielen Fällen liegen die Bewegungsgleichungen in der allgemeinsten Form

$$\widetilde{A}(\lambda) \, z \; = \; 0 \qquad (8.7)$$

vor. Darin ist $\widetilde{A}(\lambda)$ eine im allgemeinen nichtsymmetrische Matrix, deren Koeffizienten a_{ik} von dem charakteristischen Wert λ ($\hat{=}$ ω^2 dem Quadrat der Eigenkreisfrequenz) abhängen. z ist der Vektor der Zustandsgrößen. Die Nullstellen der Determinante der Matrix $\widetilde{A}$ liefern die Eigenwerte λ_j.

Wegen der Abhängigkeit der Koeffizienten von λ gibt es für die Bestimmung der Eigenwerte nur das Restgrößenverfahren. Es berechnet für ein geschätztes λ die Koeffizienten a_{ik} und bestimmt anschließend die Determinante

$$\det \widetilde{A}(\lambda) \; . \qquad (8.8)$$

Die Berechnung der Determinante kann unter Verwendung des Gaußschen

Algorithmus durch eine Zerlegung der Ausgangsmatrix $\widetilde{A}(\lambda)$ in eine obere und untere Dreiecksmatrix $R(\lambda)$ und $L(\lambda)$ entsprechend

$$\widetilde{A} = L\,R \tag{8.9}$$

erfolgen.

Die beiden Dreiecksmatrizen haben das Aussehen:

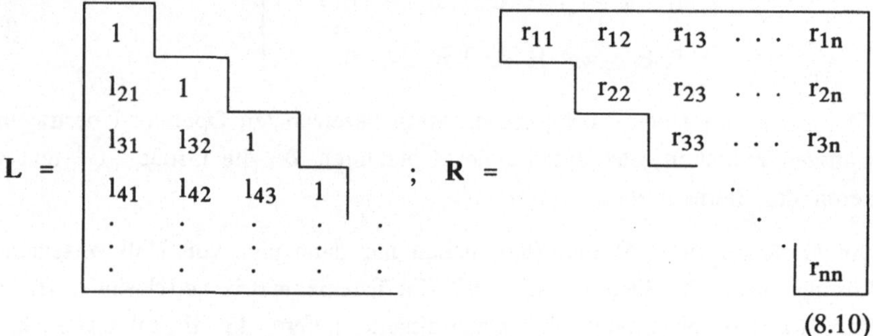

$$\tag{8.10}$$

Die Determinante ergibt sich aus:

$$\det \widetilde{A} = \det (L\,R) = \det L \, \det R \,. \tag{8.11}$$

Wegen des Aufbaus der beiden Dreiecksmatrizen ist $\det L = 1$, und man erhält:

$$\det \widetilde{A} = \det R = r_{11}\, r_{22}\, r_{33} \cdots r_{nn}\,. \tag{8.12}$$

In der Regel wird der Wert der Determinante von Null verschieden sein. Es bleibt ein Rest. Man wiederholt daher die Rechnung mit einem neuen Wert λ und findet auf diesem Wege den Verlauf der Funktion $\det \widetilde{A}$ in Abhängigkeit von λ (Abb. 8.1).

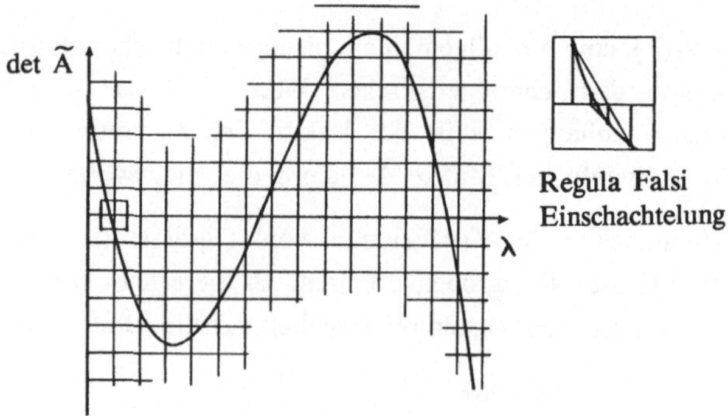

Abb. 8.1 det $\widetilde{A}$ in Abhängigkeit von λ

Die Funktion det $\widetilde{A}$ wechselt im allgemeinen das Vorzeichen nach einem Nulldurchgang. Die Nullstelle läßt sich mit Hilfe der Regula Falsi einschachteln (s. die Einkreisung der Nullstelle in der Abb. 8.1). Der Eigenwert ist gefunden, wenn die Funktion eine zuvor festgelegte numerische Schranke unterschritten hat.

Das Verschwinden der Determinante fordert wegen (8.12), daß mindestens ein Diagonalelement der R-Matrix Null wird. Bei einer Dreieckszerlegung unter Verwendung der Pivot-Suche ist es stets das letzte Element r_{nn}. In dem Eigenwert λ_j ist also:

$$R(\lambda_j) = \begin{bmatrix} r_{11} & r_{12} & r_{13} & \cdots & r_{1\,n-1} & r_{1n} \\ & r_{22} & r_{23} & \cdots & r_{2\,n-1} & r_{2n} \\ & & r_{33} & \cdots & r_{3\,n-1} & r_{3n} \\ & & & \cdot & \cdot & \cdot \\ & & & & \cdot & \cdot \\ & & & & r_{n-1\,n-1} & r_{n-1\,n} \\ & & & & & 0 \end{bmatrix} \tag{8.13}$$

Das Verhältnis der Amplituden des Gleichungssystems läßt sich durch Verkürzen der R-Matrix um die letzte Zeile und durch Rückwärts-Aufrechnen entsprechend

$$\left.\begin{aligned} z_{n-1} &= -\left(r_{n-1\,n}/r_{n-1\,n-1}\right) z_n \,, \\ z_{n-2} &= -\left(r_{n-2\,n-1}\, z_{n-1} + r_{n-2\,n}\, z_n\right)/r_{n-2\,n-2} \,, \\ &\;\vdots \end{aligned}\right\} \tag{8.14}$$

bestimmen. Die so gewonnenen Amplitudenverhältnisse sind die zu dem Eigenwert λ_j gehörige Eigenform x_j.

Dem hier beschriebenen Eigenwertproblem ist bei unsymmetrischer Matrix $\widetilde{A}(\lambda)$ das zweite Eigenwertproblem

$$\widetilde{A}(\lambda)^T \, y = 0 \tag{8.15}$$

zugeordnet. $\widetilde{A}(\lambda)^T$ ist die Transponierte der Matrix $\widetilde{A}(\lambda)$; y ist der zugeordnete Linksvektor.

Mit Hilfe des zuvor beschriebenen Restgrößenverfahrens ergeben sich die gleichen Eigenwerte λ_j. Die zugehörigen Eigenvektoren heißen im Unterschied zu den zuvor bestimmten (Rechts-)Eigenvektoren Linkseigenvektoren. Man bezeichnet sie mit y_j .

Liegt das Eigenwertproblem in der Form der Übertragungsmatrizengleichungen (8.5) vor, so gelingt es, die Eigenwertdeterminante nach der Elimination der Zwischengrößen, d.h. aller zwischen den Rändern des Tragwerkes auftretenden Zustandsgrößen, entsprechend

$$\left. \begin{aligned} \overline{w}_1 &= T_1 \, \overline{w}_o \ , \\ \overline{w}_2 &= T_2 \, T_1 \, \overline{w}_o \ , \\ &\vdots \\ \overline{w}_n &= P \, \overline{w}_o = T_n \, T_{n-1} \, \ldots \, T_2 \, T_1 \, \overline{w}_o \end{aligned} \right\} \tag{8.16}$$

aus der Determinante der Produktmatrix

$$\det P(\lambda) \tag{8.17}$$

zu bestimmen.

Man kann auch die in den Übertragungsmatrizenbeziehungen aufgebaute Hypermatrix (s. (8.5)) mit Hilfe von Determinantenmatrizen T_i^Δ in Unterdeterminanten entwickeln und anschließend die Determinante als Produkt dieser Determinantenmatrizen gewinnen:

$$\det A(\lambda) = T_n^\Delta \, T_{n-1}^\Delta \, \ldots \, T_2^\Delta \, T_1^\Delta \tag{8.18}$$

(Wegen Einzelheiten zu den Determinantenmatrizen s. [8.1] u. [8.2]).

8.1.2 Methoden der Ähnlichkeitstransformation zur Lösung der Eigenwertaufgabe

In vielen praktischen Fällen liegen die Bewegungsgleichungen in der Form der Beziehungen (8.6) vor. Das allgemeine Eigenwertproblem

$$[-\lambda A + C] \, \overline{u} = 0 \tag{8.19}$$

läßt sich unter Einführung der Matrix

$$\widetilde{A} = A^{-1} C \tag{8.20}$$

in das spezielle

$$[\widetilde{A} - \lambda E] \, \overline{u} = 0 \tag{8.21}$$

überführen. Das Eigenwertproblem mit symmetrischer Matrix $\widetilde{A}_s$ ergibt sich daraus, wenn man zusätzlich eine Ähnlichkeitstransformation der Form

$$\widetilde{A}_s = A^{1/2}\,(A^{-1}\,C)\,A^{-1/2} \tag{8.22}$$

vornimmt. Bei dieser Ähnlichkeitstransformation werden die Eigenwerte nicht verändert. Auf dem Prinzip der Ähnlichkeitstransformation bauen die folgenden Lösungsverfahren auf.

Das Verfahren von K. Hessenberg

Das Verfahren von Hessenberg führt die fast dreieckförmige Hessenbergmatrix P ein, die man unter Zuhilfenahme einer dreieckförmigen Matrix Z gewinnt. Es gilt die Verknüpfung

$$\widetilde{A}\,Z + Z\,P = 0 . \tag{8.23}$$

Eine nachfolgende Transformation liefert eine Matrix F, aus der man schließlich die Koeffizienten des zu det $\widetilde{A}$ gehörigen charakteristischen Polynoms

$$\lambda^n + f_{n-1}\,\lambda^{n-1} + f_{n-2}\,\lambda^{n-2} + \ldots + f_0 = 0 \tag{8.24}$$

unmittelbar bestimmen kann. Die Nullstellen dieses Polynoms liefern die Eigenwerte λ_j. (Wegen Einzelheiten s. [8.3]).

Das Jacobische Rotationsverfahren

Das Jacobische Rotationsverfahren überführt die Matrix $\widetilde{A}_s$ durch eine Folge von Ähnlichkeitstransformationen, ebene Rotationen genannt, in eine Diagonalmatrix. Die Diagonalelemente dieser Matrix sind die Eigenwerte λ_j.
Die Operation

$$\widetilde{A}_{sk+1} = R_k^T\,\widetilde{A}_{sk}\,R_k \tag{8.25}$$

mit der Rotationsmatrix

$$R_k = \begin{bmatrix} 1 & & & & & & \\ & \ddots & & & & & \\ & & \cos\beta_k & & -\sin\beta_k & & \\ & & & 1 & & & \\ & & & & \ddots & & \\ & & & & & 1 & \\ & & \sin\beta_k & & \cos\beta_k & & \\ & & & & & & 1 \\ & & & & & & & \ddots \end{bmatrix} \tag{8.26}$$

läßt die Elemente $\widetilde{a}_{ij}$ und $\widetilde{a}_{ji}$ verschwinden. Es ist

$$\left. \begin{array}{ll} \tan 2\beta_k = 2\ \widetilde{a}_{ij}/(\widetilde{a}_{ii} - \widetilde{a}_{jj}) & \text{für } \widetilde{a}_{ii} \neq \widetilde{a}_{jj}\ , \\[2mm] \beta_k = \pi/4 & \text{für } \widetilde{a}_{ii} = \widetilde{a}_{jj}\ . \end{array} \right\} \qquad (8.27)$$

Das Rotationsverfahren wird solange wiederholt, bis alle Elemente außerhalb der Diagonalen verschwunden sind, d.h. eine zuvor festgelegte numerische Schranke unterlaufen haben. Die Eigenvektoren ergeben sich als Produkt der einzelnen Rotationsmatrizen:

$$\mathbf{X} = [\ \mathbf{R}_1\ \mathbf{R}_2\ \mathbf{R}_3\ \ldots\ \mathbf{R}_n\ ] = \mathbf{x}_1\ \mathbf{x}_2\ \mathbf{x}_3\ \ldots\ \mathbf{x}_n\ . \qquad (8.28)$$

Die Matrix $\mathbf{X}$ enthält alle Eigenvektoren des Problems. Sie heißt Modal-Matrix.

Das Jacobische Rotationsverfahren läßt sich verallgemeinern für die Lösung des allgemeinen Eigenwertproblems (8.19). In diesem Falle sind die Rotationsmatrizen nicht mehr symmetrisch und ihre außerhalb der Diagonalen stehenden Elemente müssen durch eine aufwendige Zwischenrechung bestimmt werden (wegen Einzelheiten s. [8.3], [8.4]).

Das Verfahren von A.S. Householder

Das Verfahren von A.S. Householder modifiziert das Verfahren von K. Hessenberg, indem es die bei der dortigen Transformation (8.23) entstehende unsymmetrische Matrix $\mathbf{P}$ vermeidet und stattdessen eine Matrix findet, die automatisch symmetrisch und tridiagonal wird (s. auch [8.3]).

Das Verfahren von J.W. Givens

Das Verfahren von J.W. Givens transformiert, ähnlich wie das Jacobische Rotationsverfahren, die Ausgangsmatrix $\widetilde{\mathbf{A}}_S$ mit Hilfe einer Folge von ebenen Rotationen in eine symmetrische Tridiagonalmatrix. Daraus ergeben sich anschließend mit Hilfe einfacher Rekursionsformeln die Koeffizienten des charakteristischen Polynoms (s. [8.3], [8.4] oder [8.7]).

8.1.3 Iterative Methoden zur Lösung der Eigenwertaufgabe

Iterative Methoden zur Lösung der Eigenwertaufgabe umgehen die Aufstellung des charakteristischen Polynoms. Sie werden vorzugsweise dann verwendet, wenn nur wenige Eigenwerte mit den zugehörigen Eigenvektoren gesucht sind.

Das R. v. Misessche Iterationsverfahrens

Liegt die Eigenwertaufgabe in der Form des speziellen Eigenwertproblems

$$[\ \widetilde{A} - \lambda\ E\ ]\ z\ =\ 0 \tag{8.29}$$

vor, so eignet sich zur Bestimmung des größten Eigenwertes λ_{max} und des zugehörigen Eigenvektors das v. Misessche Iterationsverfahren besonders gut. Man schreibt (8.29) um in die Form:

$$\lambda_{max}\ z\ =\ \widetilde{A}\ z\ . \tag{8.30}$$

D.h.: Die Multiplikation der Ausgangsmatrix $\widetilde{A}$ mit dem bereits bekannten Eigenvektor z liefert den mit dem Eigenwert λ_{max} multiplizierten Eigenvektor.

Das v. Misessche Iterationsverfahren wählt einen Ausgangsvektor z_0, der sich aus einer Schätzung des Eigenvektors oder, falls keine Schätzung möglich ist, als Einheitsvektor

$$z_0\ =\ \begin{bmatrix} 1 \\ 0 \\ 0 \\ \cdot \\ \cdot \\ \cdot \end{bmatrix} \tag{8.31}$$

ergibt. Die Multiplikation mit der Ausgangsmatrix $\widetilde{A}$ führt auf:

$$z_1\ =\ \widetilde{A}\ z_0\ . \tag{8.32}$$

Nach dem ν-ten Iterationsschritt erhält man:

$$z_\nu\ =\ \widetilde{A}\ z_{\nu-1}\ =\ (\ \widetilde{A}\ )^\nu\ z_0\ . \tag{8.33}$$

Die Vektoren z_ν konvergieren (s. [8.3]) unter der Voraussetzung, daß der größte Eigenwert λ_{max} zu dem nächstgrößten einen genügend großen Abstand besitzt zu dem zu λ_{max} gehörigen Eigenvektor x_n .

Den Eigenwert λ_{max} findet man näherungsweise aus dem Verhältnis der Vektorkomponenten:

$$(\lambda_{max})_i\ =\ (z_{\nu i}/z_{\nu-1\,i}) \tag{8.34}$$

oder aus dem Mittelwert der möglichen N Quotienten:

$$\lambda_{max}\ \cong\ \frac{1}{N}\sum_i^N\ (\lambda_{max})_i\ . \tag{8.35}$$

Das Verfahren von Koch zur Bestimmung höherer Eigenwerte

Ist der größte Eigenwert λ_{max} und der zugehörige Eigenvektor x_n bekannt, so läßt sich der benachbarte Eigenwert λ_2 und der zugehörige Eigenvektor x_{n-1} dadurch gewinnen, daß man den Iterationsprozeß mit einem Ausgangsvektor z_0^* beginnt, der von dem Eigenvektor x_n "gereinigt" ist. Das bedeutet, daß der Ausgangsvektor z_0^* und der zu dem Eigenwert λ_{max} gehörige Linkseigenvektor y_n orthogonal aufeinander stehen:

$$y_n^T \, z_0^* \;=\; 0 \; . \tag{8.36}$$

Die Reinigung des Ausgangsvektors z_0 geschieht derart, daß man zunächst das Produkt

$$y_n^T \, z_0 \;=\; \delta_{no} \tag{8.37}$$

bildet und anschließend den Vektor

$$z_0^* \;=\; z_0 \,-\, \delta_{no} \, x_n \tag{8.38}$$

herstellt. Die vielmalige Multiplikation mit diesem von dem Eigenvektor x_n gereinigten Iterationsvektor z_ν^* führt, wie die Zahlenrechnungen zeigen, zu dem Eigenvektor x_{n-1} des benachbarten Eigenwertes. Der Reinigungsprozeß ist nach jedem Rechenschritt wegen unvermeidlicher numerischer Ungenauigkeiten zu wiederholen. Sind zwei Eigenwerte λ_{max}, λ_{n-1} und die zugehörigen Eigenvektoren x_n, x_{n-1} bekannt, so läßt sich das Verfahren für die Bestimmung des nächstfolgenden Eigenwertes verallgemeinern (s. [8.3]).

Gebrochene Iteration nach Wielandt

Eine Möglichkeit, einen zuvor geschätzten Eigenwert und den zugehörigen Eigenvektor auf iterativem Wege beliebig genau zu approximieren, bietet die gebrochene Iteration nach Wielandt (s. auch [8.3]).

8.1.4 Kombinierte Verfahren zur Lösung der Eigenwertaufgabe

Viele moderne Methoden zur Lösung der Eigenwertaufgabe transformieren die Ausgangsmatrix mit Hilfe einer Ähnlichkeitstransformation in eine für die anschließende iterative Bearbeitung günstige Form. Sie stellen damit eine Kombination der auf der Ähnlichkeitstransformation und der Iteration beruhenden Lösungsverfahren dar. Wir gehen hier nicht auf diese kombinierten Verfahren ein, sondern verweisen auf die Literatur [8.3] und [8.6].

8.2 Orthogonalitätseigenschaften der Eigenvektoren

Einige der zuvor geschilderten Verfahren zur Bestimmung der Eigenwerte und der zugehörigen Eigenvektoren machen von den Orthogonalitätseigenschaften der Eigenvektoren Gebrauch.

Schreibt man die Rechts- und Links-Eigenvektoren in die Modalmatrizen X und Y entsprechend

$$\left. \begin{array}{l} X = [x_1 \; x_2 \; x_3 \; \ldots \; x_n] \, , \\[2mm] Y = [y_1 \; y_2 \; y_3 \; \ldots \; y_n] \end{array} \right\} \qquad (8.39)$$

ein, so gilt die Orthogonalitätsbedingung:

$$Y^T X = D \qquad (8.40)$$

mit einer Diagonalmatrix D. Bei einer geeigneten Normierung der Eigenvektoren ergibt sich als Diagonalmatrix die Einheitsmatrix E.

Im Falle des speziellen Eigenwertproblems mit symmetrischer Ausgangsmatrix $\widetilde{A}_s$ wird wegen $Y = X$:

$$X^T X = D \; . \qquad (8.40\,')$$

Es gilt außerdem beim Vorliegen der Bewegungsgleichungen in der Form (8.2) die Orthogonalitätsbedingung:

$$X^T A X = A^*_{Diag} \; . \qquad (8.41)$$

Die Diagonalelemente der Trägheitsmatrix A^*_{Diag} heißen generalisierte Massen:

$$m^*_{kk} = x^T_k A x_k \; . \qquad (8.41\,')$$

Es gilt ferner:

$$X^T C X = C^*_{Diag} \; . \qquad (8.42)$$

Die Elemente der Diagonalmatrix C^*_{Diag} sind die generalisierten Federsteifigkeiten:

$$c^*_{kk} = x^T_k C x_k \; . \qquad (8.42\,')$$

Bei Tragwerken mit Dämpfung enthält die Bewegungsgleichung zusätzlich den Term $B \, u^{\cdot}$. Die Transformation

$$X^T B X = B^* \qquad (8.43)$$

liefert in der Regel keine Diagonalmatrix. Es besteht also keine Orthogonalität der Eigenvektoren mit der Dämpfungseinflußmatrix B .

In vielen Fällen der Praxis setzt man zur Vereinfachung der Rechnung die außerhalb der Diagonalen der Matrix $\mathbf{B}^*$ stehenden Elemente rigoros Null und erhält so vollständig entkoppelte Bewegungsgleichungen.

Entkoppelte Bewegungsgleichungen erhält man auch dann, wenn man zunächst von den Bewegungsgleichungen des ungedämpften Tragwerkes (z.B. (8.2)) ausgeht, die Transformationen (8.41) und (8.49) durchführt und anschließend eine modale Dämpfung mit Hilfe eines Dämpfungsbeiwertes b_{kk}^* einführt (s. hierzu Kap. 7.4). Dieser Dämpfungsbeiwert ergibt sich aus experimentell gefundenen Zahlenwerten.

8.3 Das Eigenverhalten des gedämpften Schwingungssystems

In den meisten Fällen der Praxis geht man zur Untersuchung des Eigenverhaltens eines Tragwerkes von den Bewegungsgleichungen des ungedämpften Schwingungssystems aus. Denn die Erfahrung zeigt, daß die Dämpfung keinen merklichen Einfluß auf die Eigenwerte und die Eigenvektoren ausübt.

In denjenigen Fällen, in denen ein Einfluß der Dämpfung jedoch erwartet wird, muß man von den Bewegungsgleichungen des gedämpften Schwingungssystems

$$\mathbf{A}\,\mathbf{u}^{\cdot\cdot} + \mathbf{B}\,\mathbf{u}^{\cdot} + \mathbf{C}\,\mathbf{u} = 0 \tag{8.44}$$

ausgehen. Die Beziehung (8.44) läßt sich unter Einführung des Vektors der Zustandsgrößen

$$\mathbf{z} = \begin{bmatrix} \mathbf{u} \\ \mathbf{u}^{\cdot} \end{bmatrix} \tag{8.45}$$

und der zur Nebendiagonalen symmetrischen Hilfsmatrizen

$$\widetilde{\widetilde{\mathbf{A}}} = \begin{bmatrix} \mathbf{A} & \mathbf{O} \\ \mathbf{B} & \mathbf{A} \end{bmatrix} \quad , \qquad \widetilde{\widetilde{\mathbf{C}}} = \begin{bmatrix} \mathbf{O} & \mathbf{A} \\ \mathbf{C} & \mathbf{O} \end{bmatrix} \tag{8.46}$$

in die Form

$$\widetilde{\widetilde{\mathbf{A}}}\,\mathbf{z}^{\cdot} + \widetilde{\widetilde{\mathbf{C}}}\,\mathbf{z} = 0 \tag{8.47}$$

überführen.

Der Ansatz

$$\mathbf{z} = \overline{\mathbf{z}}\,e^{\lambda t} \tag{8.48}$$

mit dem Vektor der Amplituden $\bar{z}$ ergibt die allgemeine Eigenwertaufgabe:

$$[\lambda \, \widetilde{\widetilde{A}} + \widetilde{\widetilde{C}}] \, \bar{z} = 0 . \tag{8.49}$$

Die Eigenwerte sind in vorliegendem Falle paarweise konjugiert komplex, d.h.

$$\begin{matrix} \lambda_k \\ \lambda_{k+1} \end{matrix} = \alpha_k \pm i \, \beta_k \tag{8.50}$$

mit dem Realteil α_k und dem Imaginärteil β_k.

Methoden zur Bestimmung der komplexen Eigenwerte und der zugehörigen Eigenvektoren sind in [8.3], [8.4] und [8.6] beschrieben. Wir verweisen auf die Spezialliteratur.

8.4 Verwendung von Eigenvektoren zur Lösung der Bewegungsgleichungen

Die Bewegungsgleichungen seien in der Form

$$A \, u^{\cdot\cdot} + B \, u^{\cdot} + C \, u = p \tag{8.51}$$

vorhanden (s. z.B. (6.8)).

Der Vektor der Verschiebungen u läßt sich mit Hilfe der Matrix der Eigenvektoren X und dem Vektor der Amplituden der Eigenvektoren y durch

$$u = X \, y \tag{8.52}$$

darstellen. Ersetzt man in (8.51) den Vektor der Verschiebungen mit Hilfe von (8.52) durch den Vektor y, so ergibt sich zunächst:

$$A \, X \, y^{\cdot\cdot} + B \, X \, y^{\cdot} + C \, X \, y = p . \tag{8.53}$$

Die nachfolgende Multiplikation dieser Beziehung mit X^T liefert:

$$X^T \, A \, X \, y^{\cdot\cdot} + X^T \, B \, X \, y^{\cdot} + X^T \, C \, X \, y = X^T \, p . \tag{8.54}$$

Wegen der zuvor gefundenen Orthogonalitätsbedingungen ((8.41) und (8.42)) ergibt sich:

$$A^*_{Diag} \, y^{\cdot\cdot} + B^* \, y^{\cdot} + C^*_{Diag} \, y = p^* . \tag{8.55}$$

Bei schwacher Dämpfung läßt man die außerhalb der Diagonalen der Dämpfungsmatrix B^* stehenden Elemente weg. Man erhält so entsprechend der Zahl der Eigenvektoren entkoppelte Gleichungen der Form:

$$m^*_{kk} \, y^{\cdot\cdot}_k + b^*_{kk} \, y^{\cdot}_k + c^*_{kk} \, y_k = p^*_k . \tag{8.56}$$

Die Lösung dieser Bewegungsgleichung für die k-te generalisierte Verschiebungskomponente y_k ist mit Hilfe der in Kap. 5 geschilderten Methoden leicht möglich.

Nach der Kenntnis dieser Lösungen ergibt sich die Lösung der Bewegungsgleichungen (8.51) durch Überlagerung der Einzellösungen entsprechend (8.52).

8.5 Direkte Integrationsverfahren

In der Praxis haben sich zur direkten Integration der Bewegungsgleichungen (8.51) folgende Verfahren bewährt:

1.: Integration mit Hilfe von Differenzengleichungen (s. Kap. 5.1, Das Differenzenverfahren). Die dort für den Schwinger mit einem Freiheitsgrad entwickelten Formeln müssen sinngemäß auf die Matrizengleichung (8.51) übertragen werden.

2.: Picard-Iteration zur Bestimmung der Übertragungsmatrizenbeziehung (s. Kap. 5.4) unter sinngemäßer Übertragung auf die Matrizengleichung (8.5).

3.: Numerische Integration mit Hilfe des Newmarkverfahrens (s. Kap. 5.3).

4.: Numerische Integration mit Hilfe des Wilson-θ-Verfahrens (s. Kap. 5.2).

Den direkten Integrationsverfahren wird heute gegenüber der Lösung der Bewegungsgleichungen mit Hilfe von Eigenvektoren meist der Vorzug gegeben, da viele Aufgaben aus dem Gebiet der kinetischen Untersuchung von Tragwerken ein elasto-plastisches Werkstoffverhalten berücksichtigen. Und in diesem Falle ist der in Kap. 8.4 geschilderte Weg nicht gangbar.

9. BESONDERE FRAGESTELLUNGEN

9.1 Zum Nachweis der Standsicherheit von Tragwerken unter Erdbebeneinwirkungen

Bei dem Entwurf eines Tragwerkes des konstruktiven Ingenieurbaus, dessen Standort in einem durch Erdbeben gefährdeten Gebiet liegt, ist zunächst das seismische Risiko abzuschätzen. Für diese Abschätzung sind die geologischen Bedingungen am Standort ausschlaggebend. Je nach Bodenbeschaffenheit werden Erdbebenbeschleunigungen stärker oder weniger stark vergrößert (Sedimentgesteine können die Beschleunigungen der tiefer liegenden kristallinen Felsgesteine um Faktoren 5 und mehr erhöhen (s. Kap. 1, Abb. 1.7). Das seismische Risiko muß besonders hoch eingestuft werden, wenn der Standort in unmittelbarer Nähe einer tektonisch unruhigen Erdspalte liegt.

Das Erdbebenrisiko läßt sich recht gut abschätzen, wenn für den Standort eine genügend große Zahl an Erdbebenabläufen in Form von Akzelerogrammen vorliegt. In diesem Fall kann man mit den mathematischen Methoden der Wahrscheinlichkeitstheorie Aussagen über die Intensität möglicher zukünftiger Beben machen. So hat man nach dem starken Beben am 6. Mai 1976 im Gebiet von Friuli, Norditalien, für diese Region eine umfangreiche Analyse der Meßwerte vorgenommen ([9.13]) und zur Abschätzung des Erdbebenrisikos mehrere empirische Formeln entwickelt:

Die Beziehung zur Bestimmung der Zahl der Beben pro Jahr N_c, die eine vorgegebene Magnitude M erreichen, lautet:

$$\log N_c = -2,02 + 1,29 \, M - 0,21 \, M^2. \tag{9.1}$$

Der Zusammenhang zwischen N_c und M ist grafisch in der Abb. 9.1 dargestellt. Man erkennt die gute Erfassung der Meßwerte durch die Formel (9.1).

Die allgemeingültige Beziehung für die Spitzenbeschleunigung a_S

$$\log a_S = b_1 + b_2 \, M + b_3 \log (R + \alpha) + \varepsilon \tag{9.2}$$

(b_1, b_2, b_3 sind Beiwerte, R ist der Abstand des Beobachtungspunktes vom Hypozentrum in km. α, ε sind Beiwerte zur Anpassung der Formel an die Meßwerte) wurde an die speziellen Bedingungen dieser Region angepaßt:

$$\log a_S = 2,91 + 0,21 \, M - 1,29 \log (R + 25) \tag{9.3}$$

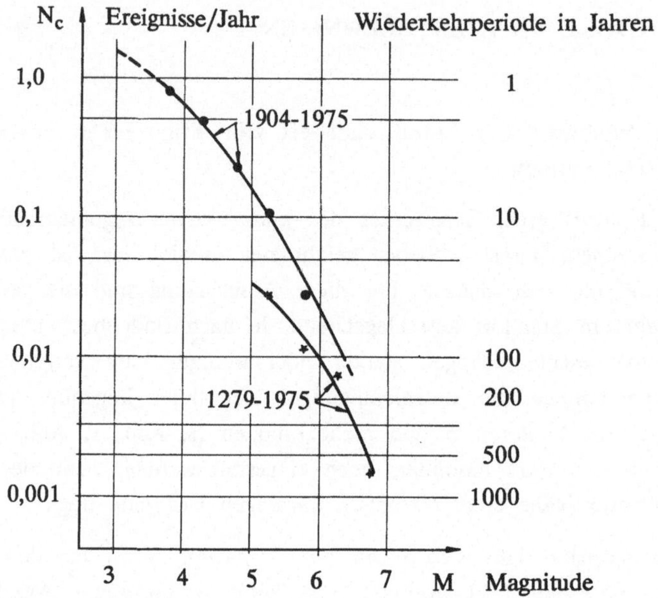

Abb. 9.1 Häufigkeit von Beben in der Region Friuli N_c mit der
Magnitude M (nach [9.13])

Für die zu erwartenden Spitzenbeschleunigungen auf kristallinem Felsgestein
lassen sich Isolinien zeichnen. Ihre Wiederkehr-Periode läßt sich wahrschein-
lichkeitstheoretisch abschätzen. So hat man für die Region Tolmezzo-Friuli-
Udine Landkarten mit Isolinien für die Wiederkehrperioden 50 und 500
Jahre entwickelt. Wir übernehmen von [9.13] die Karte für die 50-Jahr-Wie-
derkehrperiode (Abb. 9.2).

In denjenigen Fällen, in denen für den geplanten Standort nur eine geringe
Zahl von Aufzeichnungen über Erdbebenabläufe vorliegt, muß man die Magnitude eines möglichen Bebens abschätzen. Aus einer Zuordnungstabelle liest
man die Spitzenbeschleunigung a_S bei gegebener Magnitude ab.

Spitzenbeschleunigung a_S	Magnitude M
0,50 g	8,5
0,33 g	7,0
0,16 g	5,75
0,08 g	4,75
0,04 g	4,25

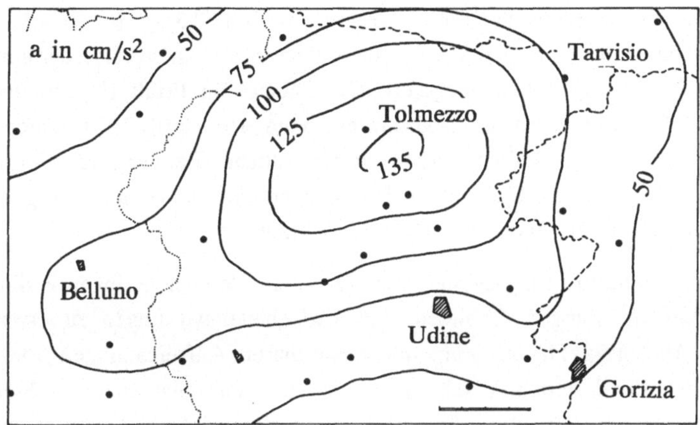

Abb. 9.2 Zu erwartende Spitzenbeschleunigungen auf Felsgestein in der Region Friuli mit der 50-Jahr-Wiederkehrperiode (nach [9.13])

Der Wert der Spitzenbeschleunigung allein genügt für die Abschätzung des Erdbebenrisikos nicht. Es kommt wesentlich auch auf den zeitlichen Verlauf der Erdbebenbeschleunigungen an.

Die US-amerikanische Vorschrift stützt sich auf das Akzelerogramm des El-Centro-Bebens aus dem Jahre 1941 (s. Kap. 1, Abb. 1.10). Es enthält in kurzen Zeitabständen zwei Beschleunigungsmaxima. Es handelt sich also prak-

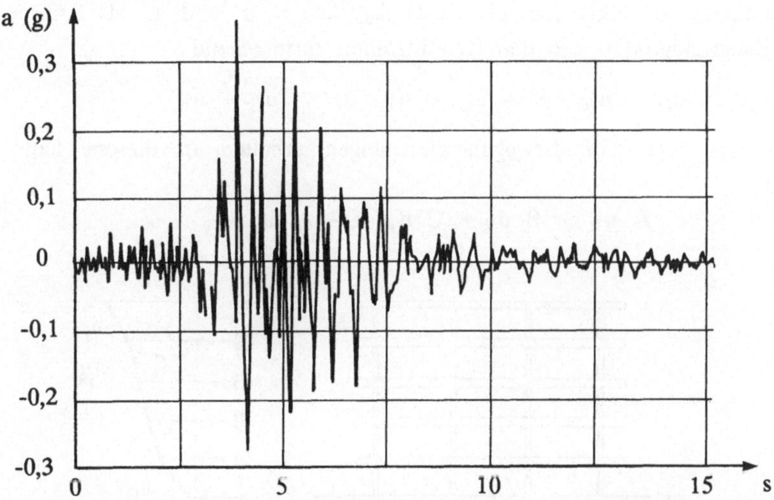

Abb. 9.3 Akzelerogramm des Bebens von Friuli (nach [9.14])

tisch um ein Doppelbeben mit Amplituden von 0,3 g (g ist die Erdbeschleunigung mit g = 10 m/s^2). Inzwischen hat man Akzelerogramme von anderen Beben ausführlich analysiert. Die Beben von Friuli (Norditalien) vom 6. Mai 1976 und Petrovac (Jugoslawien) vom 15. April 1979 zeigen gegenüber dem El-Centro-Beben recht unterschiedliche Zeitverläufe. Beide europäische Beben weisen Spitzenbeschleunigungen von mehr als 0,3 g auf und erstrecken sich über einen recht langen Zeitraum.

Die Bundesrepublik Deutschland liegt in einem Bereich geringer Erdbebenaktivität. Nur in wenigen Gebieten sind Erdbebeneinwirkungen zu erwarten (s. Kap. 1, Abb. 1.9). Da die Zahl der verwertbaren Aufzeichnungen von Erdbeben in der Bundesrepublik sehr gering ist, hat man sich an die US-amerikanische Vorschrift angelehnt. Die dort angegebenen Methoden zum Nachweis der Standsicherheit von Tragwerken unter kinetischen Lasten aus Erdbebeneinwirkungen wurden in die DIN 4149 aufgenommen.

Für den rechnerischen Nachweis der Standsicherheit eines Tragwerkes unter seismischen Einwirkungen gibt es folgende Berechnungsmethoden:

1. Zeitverlaufberechnung durch direkte Integration der Bewegungsgleichungen

Zunächst werden die Bewegungsgleichungen für das zu untersuchende Tragwerk aufgestellt. Wegen der Anregung des Baugrundes durch die Baugrundbeschleunigung $u_{\ddot{G}}$ führt man die Zustandsgrößen **u**, **u·** und **u··** als Summe aus den Baugrundgrößen und den Relativgrößen entsprechend

$$u = u_G + u_R, \quad u^{\cdot} = u_G^{\cdot} + u_R^{\cdot}, \quad u^{\cdot\cdot} = u_G^{\cdot\cdot} + u_R^{\cdot\cdot} \tag{9.4}$$

ein (Abb. 9.4). Die Bewegungsgleichungen erhalten in diesem Falle die Form:

$$A\,u_R^{\cdot\cdot} + B\,u_R^{\cdot} + C\,u_R = -A\,u_G^{\cdot\cdot} \,. \tag{9.5}$$

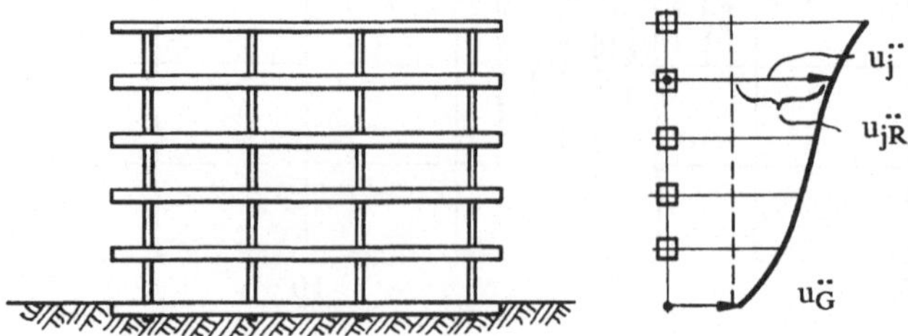

Abb. 9.4 Tragwerk unter horizontaler Baugrundbeschleunigung

Der Beschleunigungsvektor $u_G^{\cdot\cdot}$ läßt sich durch die Baugrundbeschleunigung $u_G^{\cdot\cdot}$ und den nur mit Einsen besetzten Einheitsvektor **e** darstellen:

$$u_G^{\cdot\cdot} = e\, u_G^{\cdot\cdot} \ . \tag{9.6}$$

Bei vorgegebenem Zeitverlauf der Baugrundbeschleunigung in Form eines Akzelerogrammes läßt sich die Lösung dieser Bewegungsgleichungen durch direkte Integration gewinnen (Integrationsverfahren sind in Kap. 5 und 8 geschildert.). Man muß allerdings die Zeitschrittweite genügend klein wählen, damit die einzelnen Spitzen des zugrundegelegten Akzelerogrammes erfaßt werden.

Diese Methode ist rechenzeitaufwendig. Sie war bis vor kurzem nur mit einem leistungsfähigen Rechner durchführbar. Falls plastische Deformationen des Tragwerkes zugelassen werden sollen, ist sie jedoch die einzige zulässige Methode zur Berechnung der Zustandsgrößen.

2. Zeitverlaufberechnung unter Verwendung von Eigenformen des Tragwerkes

Die zweite Methode zur Lösung der Bewegungsgleichungen untersucht zunächst das Eigenverhalten des Tragwerkes mit Hilfe der Modalanalyse. Die Eigenkreisfrequenzen ω_i und die zugehörigen Eigenschwingungsformen x_i findet man mit Hilfe einer der in Kap. 8 geschilderten Methoden. Die Eigenschwingungsformen werden zu der Modalmatrix **X** zusammengefaßt.

Mit Hilfe der Modalmatrix wird anschließend der Vektor der Verschiebungen u_R durch den Vektor y_R entsprechend

$$u_R = X\, y_R \ . \tag{9.7}$$

ausgedrückt.

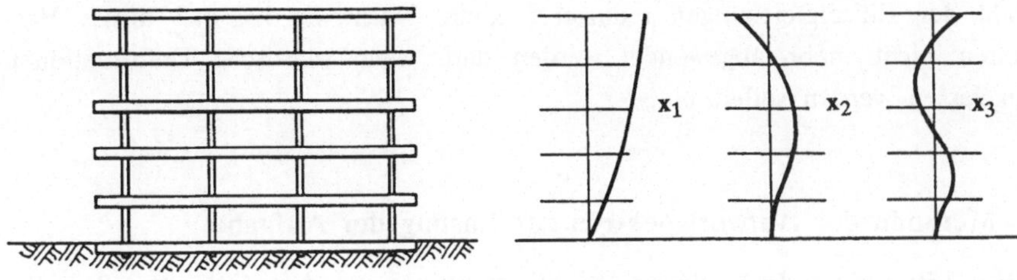

Abb. 9.5   Einige Eigenschwingungsformen eines Bauwerkes

Die Bewegungsgleichung (9.5) wird mit Hilfe von (9.7) transformiert:

$$\mathbf{A}\,\mathbf{X}\,\ddot{y}_R + \mathbf{B}\,\mathbf{X}\,\dot{y}_R + \mathbf{C}\,\mathbf{X}\,y_R = -\,\mathbf{A}\,e\,\ddot{u}_G \ . \tag{9.8}$$

Nach der Multiplikation mit $\mathbf{X}^T$ findet man:

$$\mathbf{A}^*\,\ddot{y}_R + \mathbf{B}^*\,\dot{y}_R + \mathbf{C}^*\,y_R = -\,p\,\ddot{u}_G \ . \tag{9.9}$$

Darin bedeuten:

$$\mathbf{A}^* = \mathbf{X}^T \mathbf{A}\,\mathbf{X} \ , \ \ \mathbf{B}^* = \mathbf{X}^T \mathbf{B}\,\mathbf{X} \ , \ \ \mathbf{C}^* = \mathbf{X}^T \mathbf{C}\,\mathbf{X} \ , \ \ p = \mathbf{X}^T \mathbf{A}\,e \ . \tag{9.9'}$$

Wegen der Orthogonalität der Eigenvektoren sind die Matrizen $\mathbf{A}^*$ und $\mathbf{C}^*$ Diagonalmatrizen (s. Kap. 8). Die Matrix $\mathbf{B}^*$ wird durch rigoroses Weglassen von Gliedern außerhalb der Diagonalen in die Form einer Diagonalmatrix gezwungen. Man erhält auf diese Weise ein System entkoppelter Bewegungsgleichungen. Die i-te Zeile lautet:

$$\ddot{y}_{R\,i} + 2\,\kappa_i\,\omega_i\,\dot{y}_{R\,i} + \omega_i{}^2\,y_{R\,i} = -\,p_i\,\ddot{u}_G \ . \tag{9.10}$$

Es bedeuten:

$$\left.\begin{aligned} \kappa_i &= b_i^*/2\,\sqrt{m_i^*\,c_i^*} \ \ \text{mit}\ m_i^* = x_i^T \mathbf{A}\,x_i \ , \ c_i^* = x_i^T \mathbf{C}\,x_i, \\ &\qquad\qquad\qquad \text{und}\ b_i^* = x_i^T \mathbf{B}\,x_i \ . \\ p_i &= x_i^T \mathbf{A}\,e/m_i^* \ . \end{aligned}\right\} \tag{9.11}$$

Die Einzeldifferentialgleichungen (9.10) lassen sich mathematisch streng mit den in Kap. 4 und 5 geschilderten Methoden für ein vorgegebenes Akzelerogramm lösen. Das Ergebnis ist der Zeitverlauf der Funktionen $y_{R\,i}$. Aus den $y_{R\,i}$ ergibt sich anschließend der Verschiebungsvektor u_R mit Hilfe der Transformation (9.7).

Die hier geschilderte Methode zur Lösung der Aufgabe hat gegenüber der zuerst betrachteten den Vorzug, daß man bereits mit einer geringen Zahl an Eigenvektoren das kinetische Verhalten recht gut beschreiben und so die Zahl der Einzelgleichungen reduzieren kann. Nachteilig ist, daß dieses Verfahren nicht mehr angewendet werden darf, wenn plastische Deformationen zugelassen werden sollen.

3. Methode der Antwortspektren zur Lösung der Aufgabe

Eine dritte Methode bestimmt nur die Maximalwerte der Zustandsgrößen. Sie stützt sich auf das kinetische Verhalten eines vielgliedrigen Schwingers unter einer harmonischen Zwangserregung: Bei genügend großem Abstand der Eigenfrequenzen untereinander ergibt sich das Gesamtergebnis der Schwingungsantwort praktisch aus der Überlagerung von Einzelantworten. Diese Einzelantworten kann man unmittelbar aus den Vergrößerungsfunktionen von Schwingern mit einem Freiheitsgrad übernehmen, deren Eigenfrequenz mit einer der Eigenfrequenzen des vielgliedrigen Schwingers übereinstimmt.

Man berechnet also für den Schwinger mit einem Freiheitsgrad und der Eigenschwingungszeit T_i die kinetische Antwort auf ein vorgegebenes Erdbebenakzelerogramm. Der Berechnungsweg wird durch die Abb. 9.6 veranschaulicht. Die betragsgrößten Werte von $u_{R\,i}$, $\dot{u}_{R\,i}$ und $\ddot{u}_{R\,i}$ überträgt man in

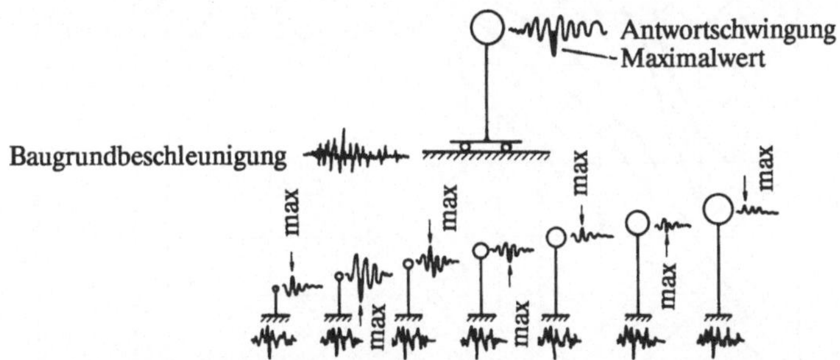

Abb. 9.6 Zur Methode der Antwortspektrenberechnung (nach [9.1])

drei getrennte Diagramme und erhält so das Antwortspektrum der Beschleunigung S_a (a = acceleration), der Verschiebung S_d (d = displacement) und der Geschwindigkeit S_v (v = velocity). Die Abb. 9.7 zeigt das der Arbeit [9.10] entnommene S_v (s. auch [9.8], [9.9]).

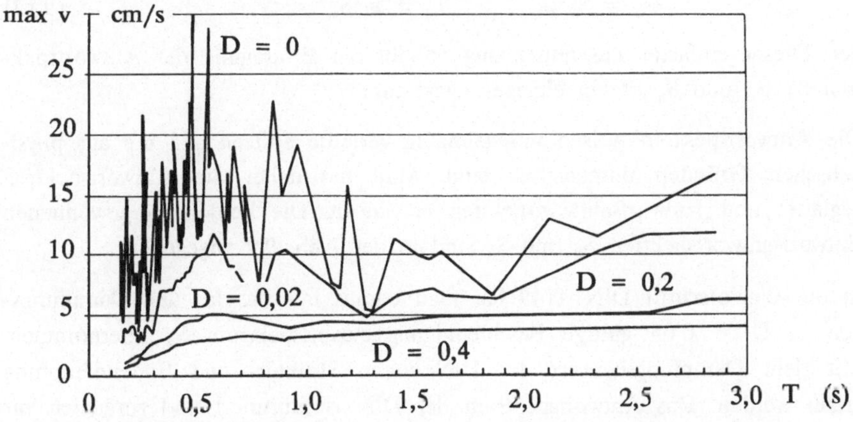

Abb. 9.7 Antwortspektrum S_v bezogen auf das El-Centro-Beben (nach [9.10])

Wegen des beträchtlichen Aufwandes bei der Berechnung der Antwortspektren hat man sich auf die Berechnung von S_v beschränkt. Aus ihm leitet man

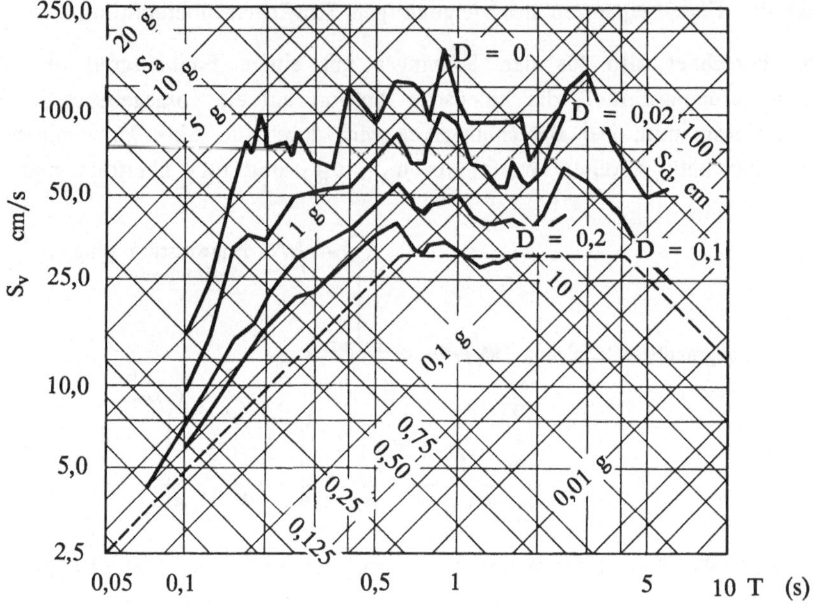

Abb. 9.8 Diagramm der Pseudo-Antwortspektren S_d, S_v und S_a bezogen auf das El-Centro-Beben (nach [9.10])

Pseudo-Antwortspektren entsprechend

$$S_d = S_v/\omega_i \ , \qquad S_a = \omega_i \, S_v \qquad\qquad (9.12)$$

her. Dieser einfache Zusammenhang erlaubt die Eintragung der Antwortspektren S_v, S_d und S_a in ein einziges Diagramm.

Die Antwortspektren weisen unregelmäßig verteilte Spitzen auf, die aus physikalischen Gründen unrealistisch sind. Man hat daher die Antwortspektren geglättet und Entwurfsantwortspektren entwickelt. Die beiden so gewonnenen Entwurfsantwortspektren S_v und S_a sind in der Abb. 9.9 angegeben.

In die Bauvorschrift DIN 4149 hat man daraus nur das für den Dämpfungsbeiwert D = 0,05 gültige Beschleunigungsantwortspektrum S_a übernommen. Mit dem Dämpfungsbeiwert der DIN sollen Struktur- und Bodendämpfung erfaßt werden. Das Antwortspektrum der DIN ist normiert und zusätzlich zur Berücksichtigung inelastischer Tragreserven empirisch abgemindert (Abb. 9.10).

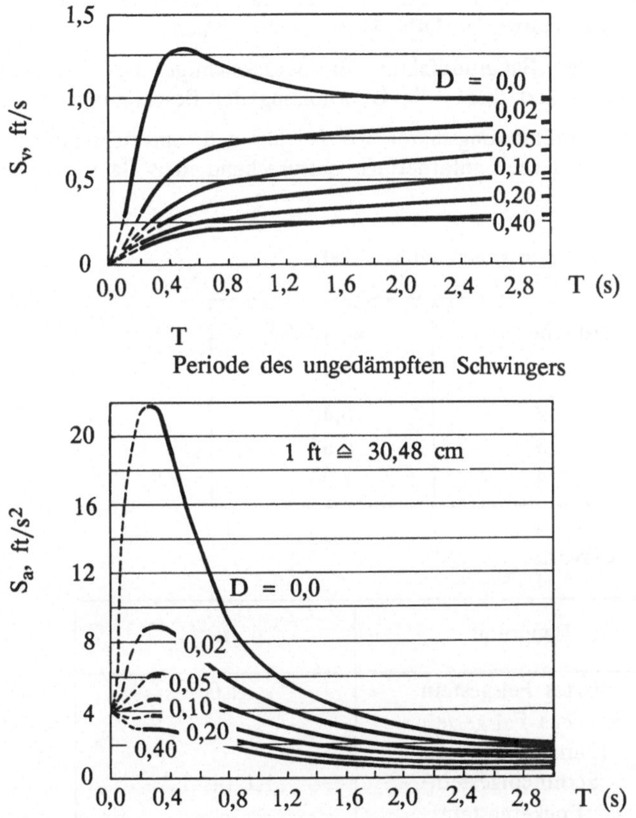

Abb. 9.9 Entwurfsantwortspektren S_v und S_a (nach [9.10])

Die Berechnung der Zusatzschnittkräfte in einem Tragwerk infolge Erdbebeneinwirkungen erfolgt nach der DIN 4149 in folgenden Schritten:

1. Wahl eines Ersatzmodells des Tragwerkes (z. B. Schermodell).

2. Aufstellen der Bewegungsgleichungen des ungedämpften Ersatzmodells.

3. Bestimmung des Eigenverhaltens des Tragwerkes, d.h. der Eigenkreisfrequenzen ω_i und der zugehörigen Eigenschwingungsformen x_i.

4. Bestimmung eines Rechenwertes der Beschleunigung cal a unter Verwendung von Tabellenwerten der DIN 4149:

$$\text{cal } a = a_0 \, \kappa \, \alpha \ . \tag{9.13}$$

Es bedeuten:

a_0 Regelwert für die Horizontalbeschleunigung; er ist abhängig von der Erdbebenzone, in der der Standort des Tragwerkes liegt. Die Erdbebenzone ist der Landkarte der DIN 4149 zu entnehmen.

κ ist hier der Baugrundfaktor; er berücksichtigt die Nachgiebigkeit des Baugrundes und damit die Überhöhung der Beschleunigung durch ihn.

α ist der Abminderungsfaktor; er ist für den unterschiedlichen Grad der Erdbebensicherheitsanforderung entsprechend der Bauwerksklasse zuständig.

Tabelle der a_0-Werte (nach DIN 4149)

Erdbebenzone	a_0 (m/s^2)
1	0,25
2	0,40
3	0,65
4	1,00

Tabelle der κ-Werte

Baugrund	κ
hartes Felsgestein	1,0
weiches Felsgestein (Sandstein, festes Sedimentgestein)	1,1 bis 1,2
Lockergestein (Kiese, Sande, Schluffe)	1,2 bis 1,4

Tabelle der α-Werte

Bauwerksklasse	Erdbebenzonen			
	1	2	3	4
1	0,5	0,6	0,7	0,8
2	0,6	0,7	0,8	0,9
3	0,7	0,8	0,9	1,0

5. Es werden horizontale Ersatzlasten H_E für den Nachweis der Standsicherheit in der j-ten Stockwerksebene aus der Beziehung

$$H_{Ej,i} = m_j \, \beta_i \, \gamma_{j,i} \, \text{cal } a \tag{9.14}$$

bestimmt. Darin bedeuten:

Index i   Ordnungszahl der betrachteten Eigenschwingungsform des Bauwerkes,

Index j   Nr. des Stockwerks oder der Stockwerksebene des Gebäudes,

$m_j = G_j/g$ Masse des j-ten Stockwerks,

$g = 10$ m/s^2 Erdbeschleunigung,

G_j Gewicht des j-ten Stockwerks einschließlich Verkehrslast,

$ß_i$ Beiwert des normierten Antwortspektrums für die zur i-ten Eigenfrequenz gehörenden Schwingungsdauer T_i,

$$ß_i = 1.0 \text{ für } T_i \leq 0{,}45 \text{ s}, \quad ß_i = 0{,}528 \; T_i^{-0{,}8} \text{ für } T_i \geq 0{,}45 \text{ s}.$$

$x_{j,i}$ Ausschlag der i-ten Eigenschwingungsform an der Stelle j,

$\gamma_{j,i}$ Beiwert für das kinetische Verhalten des Bauwerkes in Abhängigkeit von der i-ten Eigenschwingungsform:

$$\gamma_{j,i} = x_{j,i} \left(\sum_{j=1}^{N} m_j \; x_{j,i}\right) \bigg/ \left(\sum_{j=1}^{N} m_j \; x_{j,i}^2\right)$$

N   Anzahl der Komponenten des i-ten Eigenvektors.

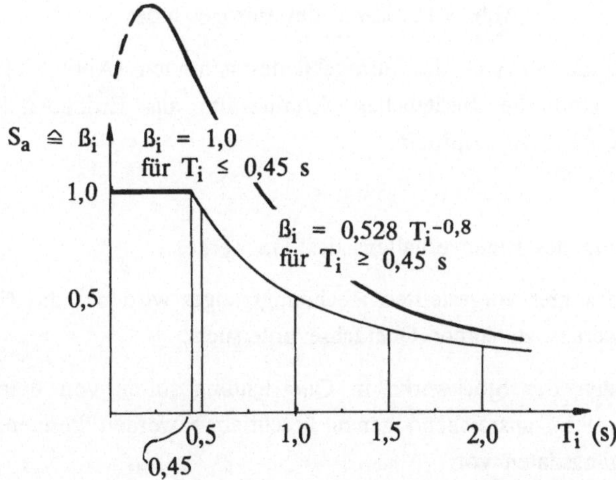

Abb. 9.10 Entwurfsantwortspektrum $S_a (\triangleq ß_i$ der DIN 4149)

6. Aufbringen der Ersatzlasten der i-ten Eigenschwingungsform in den j Stockwerken und Berechnung der Schnittkräfte in den Pfosten. Grafische Darstellung der Biegemomente, Querkräfte und möglicherweise Längskräfte.

7. Nachweis der Standsicherheit des Tragwerkes unter Beachtung der Bauvorschriften (z. B. DIN 1045 Stahlbeton, DIN 1050 Stahl im Hochbau, DIN 1054 Grundbau).

4. Beispiel eines Bürogebäudes

Auf der Grundlage einer Vorberechnung, in der die statischen Lasten aus ständiger Last, Verkehrs-, Wind- und Schneelast berücksichtigt werden, hat

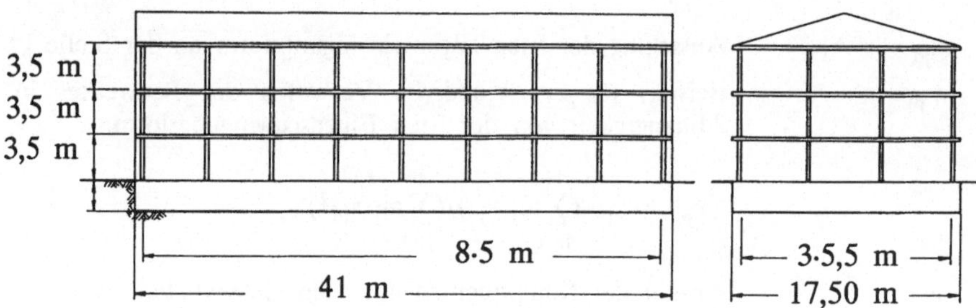

Abb. 9.11 Skizze des Bürogebäudes

man die tragende Struktur des Bürogebäudes gefunden (Abb. 9.11). Für dieses Gebäude sind die zusätzlichen Schnittkräfte aus Erdbebeneinwirkungen nach der DIN 4149 zu ermitteln.

Lösungsweg:

1. Untersuchung des Eigenverhaltens des Tragwerkes

Im Rahmen des hier vorgestellten Rechnungsganges wird nur das Eigenverhalten des Tragwerkes zu seiner Querachse untersucht.

Die Bewegungen der Stockwerke in Querrichtung sollen von dem Schermodell der Abb. 9.12 ausreichend genau beschrieben werden können. Es liegen folgende Ausgangsdaten vor:

Massen der Stockwerke

Aus dem Deckengewicht der einzelnen Stockwerke einschließlich dem Gewicht der Außen- und Zwischenwände oder der Dachkonstruktion findet man:

$$m_1 = 0{,}673 \text{ MN } s^2/m, \quad m_2 = 0{,}632 \text{ MN } s^2/m, \quad m_3 = 0{,}591 \text{ MN } s^2/m.$$

Federsteifigkeiten der Verbindungsfedern

Der Elastizitätsmodul der Stahlbetonpfosten wird mit $E = 3{,}4 \cdot 10^4$ MN/m^2 angesetzt.

Die Flächenträgheitsmomente I der einzelnen Pfosten ergeben sich als:

$$I_{(20/30)} = 0{,}20 \cdot 0{,}30^3/12 = 4{,}50 \cdot 10^{-4} \; \text{m}^4,$$
$$I_{(30/30)} = 0{,}30 \cdot 0{,}30^3/12 = 6{,}75 \cdot 10^{-4} \; \text{m}^4,$$
$$I_{(25/30)} = 0{,}25 \cdot 0{,}30^3/12 = 5{,}625 \cdot 10^{-4} \; \text{m}^4.$$

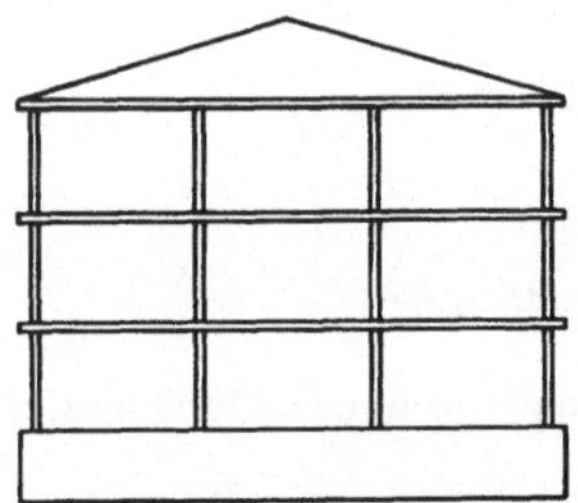
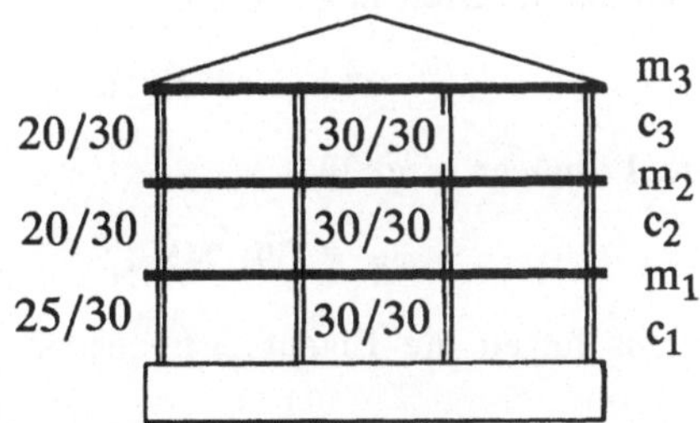

Abb. 9.12 Ersatzmodell des Tragwerkes für die Querbewegung

Die Federsteifigkeiten der Verbindungsfedern ergeben sich unter Verwendung der Bez. (6.1):

$$c_2 = c_3 = (12/3{,}275^3) \cdot 3{,}4 \cdot 10^4 \cdot 18 \cdot (4{,}5 + 6{,}75) \cdot 10^{-4} = 235{,}21 \; \text{MN/m},$$

$$c_1 = (12/3{,}275^3) \cdot 3{,}4 \cdot 10^4 \cdot 18 \cdot (6{,}75 + 5{,}625) \cdot 10^{-4} = 258{,}75 \; \text{MN/m}.$$

Man findet mit den Massen und den Federsteifigkeiten die Trägheitsmatrix A und die Krafteinflußmatrix C:

$$A = \begin{bmatrix} 0{,}673 & & \\ & 0{,}632 & \\ & & 0{,}591 \end{bmatrix}, \quad C = \begin{bmatrix} 493{,}96 & -235{,}21 & \\ & 470{,}42 & -235{,}21 \\ \text{symmetrisch} & & 235{,}21 \end{bmatrix}.$$

Zur Bestimmung der Eigenfrequenzen und Eigenschwingungsformen gehen wir von dem speziellen Eigenwertproblem

$$[-\omega^2 \, E + A^{-1} \, C] \, \bar{u} = 0$$

aus. Wir erhalten:

$$A^{-1} \, C = \begin{bmatrix} 7{,}3393 \cdot 10^2 & -3{,}4949 \cdot 10^2 & \\ -3{,}7217 \cdot 10^2 & 7{,}4434 \cdot 10^2 & -3{,}7217 \cdot 10^2 \\ & -3{,}9799 \cdot 10^2 & 3{,}9799 \cdot 10^2 \end{bmatrix}.$$

Die Nullstellen der Determinante dieser Matrix liefern die Eigenwerte, hier die Quadrate der Eigenkreisfrequenzen. Durch Auflösen der Eigenwertdeterminante ergibt sich das charakteristische Polynom:

$$- \omega^6 + 1{,}87626 \cdot 10^3 \; \omega^4 - 8{,}5644 \cdot 10^5 \; \omega^2 + 5{,}69428 \cdot 10^7 \stackrel{!}{=} 0.$$

Zur Bestimmung der niedrigsten Nullstelle dieses Polynoms verwenden wir das Horner-Schema (s. z.B. [8.1]) und finden:

$$\omega_1^2 = 79{,}867 \;\; 1/s^2.$$

Nach der Division des charakteristischen Polynoms durch ω_1^2 ergibt sich die quadratische Gleichung:

$$\omega^4 - 1{,}79639 \cdot 10^3 \; \omega^2 + 7{,}12967 \cdot 10^5 \stackrel{!}{=} 0.$$

Ihre Lösungen sind:

$$\omega_2^2 = 591{,}945 \; 1/s^2 \; , \quad \omega_3^2 = 1204{,}446 \; 1/s^2.$$

Daraus folgen die Eigenkreisfrequenzen und Eigenfrequenzen des Gebäudes.

i	ω_i (1/s)	f_i (Hz)
1	8,937	1,422
2	24,330	3,872
3	34,705	5,523

Zur Berechnung der Eigenvektoren werden die Eigenkreisfrequenzen einzeln in das homogene Gleichungssystem

$$[- \omega_i^2 \, \mathbf{A} + \mathbf{C}] \; \bar{\mathbf{u}} = 0$$

eingesetzt. Die Amplitudenverhältnisse berechnet man nach der Dreieckszerlegung der Matrix aus einem um die letzte Zeile verkürzten Gleichungssystem. Wir zeigen die Vorgehensweise für die erste Eigenfrequenz. Für $\omega_1^2 = 79{,}867$ findet man das Gleichungssystem:

U_1	U_2	U_3	
440,189	- 235,210		= 0,
- 235,210	419,943	- 235,210	= 0,
	- 235,210	188,008	= 0.

Die Zerlegung der Gleichungssystems mit Hilfe des Gaußschen Algorithmus liefert die gestaffelte Form:

$$\begin{array}{ccc} U_1 & U_2 & U_3 \\ \hline \end{array}$$

$$\begin{array}{lll} 440{,}189 & -235{,}210 & = 0, \\ & 294{,}262 & -235{,}210 & = 0, \\ & & -1{\cdot}10^{-7} & = 0. \end{array}$$

Das letzte Element der oberen Dreiecksmatrix ist praktisch Null. Durch Streichen der letzten Zeile des Gleichungssystems ist es möglich, die Größen U_1 und U_2 durch U_3 auszudrücken. Wählt man $U_3 = 1$, so findet man durch Auflösen des Restgleichungssystems die Amplitudenverhältnisse:

$$U_1/U_3 = 0{,}4271 \ , \ U_2/U_3 = 0{,}7993 \ , \ (U_3/U_3 = 1) \ .$$

Sie werden zu dem Eigenschwingungsvektor

$$x_1^{*T} = \{ \ 0{,}4271 \quad 0{,}7993 \quad 1{,}0000 \ \}$$

zusammengefaßt. Man normiert diesen Vektor anschließend derart, daß das Skalarprodukt des Eigenschwingungsvektors $x_1^T x_1 = 1$ wird. Man findet:

$$x_1^T = \{ \ 0{,}31648 \quad 0{,}59228 \quad 0{,}74098 \ \} .$$

Auf dem hier geschilderten Weg findet man auch die übrigen Eigenvektoren x_2 und x_3. Alle Eigenvektoren werden in der Modalmatrix

$$X = \begin{bmatrix} 0{,}31648 & 0{,}73323 & 0{,}55438 \\ 0{,}59228 & 0{,}29790 & -0{,}74633 \\ 0{,}74098 & -0{,}61125 & 0{,}36831 \end{bmatrix}$$

zusammengefaßt. Mit Hilfe der Beziehungen (9.7) lassen sich die entkoppelten Bewegungsgleichungen (9.9) unter Beachtung von (9.9 ′) bestimmen.

Man findet:

$$\begin{aligned} 0{,}61359 \ \ddot{y}_1 + \quad 49{,}006 \ y_1 &= 0 , \\ 0{,}63872 \ \ddot{y}_2 + 378{,}090 \ y_2 &= 0 , \\ 0{,}63904 \ \ddot{y}_3 + 769{,}688 \ y_3 &= 0 , \end{aligned}$$

oder

$$\ddot{y}_1 + \omega_1^2 \ y_1 = 0, \quad \ddot{y}_2 + \omega_2^2 \ y_2 = 0, \quad \ddot{y}_3 + \omega_3^2 \ y_3 = 0 \ .$$

Einen Dämpfungsbeiwert der Grundschwingung schätzen wir mit Hilfe der Werte der Tabelle 4.1 ab: $\kappa_1 = 0{,}07$. Daraus errechnet man:

$$2 \ \kappa_1 \ \omega_1 = 2{\cdot}0{,}07{\cdot}8{,}937 = 1{,}251 .$$

Man findet die Dämpfungskonstante:

$$k_1^* = 2 \ \kappa_1 \ \omega_1 \ m_1^* = 1{,}251{\cdot}0{,}61359 = 0{,}7676,$$

worin m_1^* die generalisierte Masse ist, die zur Grundschwingungsform gehört. Die Schwingungsgleichung des gedämpften Schwingers lautet mit diesem Dämpfungsbeiwert:

$$\ddot{y}_1 + 1{,}251\ \dot{y}_1 + 79{,}867\ y_1 = 0\ .$$

Die Dämpfungsbeiwerte der Schwinger, die zu den höheren Eigenschwingungsformen gehören, findet man aus dem Verhältnis der zugeordneten Formänderungsenergien (s. Kap. 7.4). Die Formänderungsenergie U_i, die zur Grundschwingungsform gehört, ergibt sich aus dem Biegemomentenverlauf $M(x)$ in den j Pfosten des Schermodells:

$$U_{i,1} = \frac{1}{2}\ \{\sum_{j=1}^{N} \int M_j(x)^2\, dx/EI_j\}\ .$$

N ist die Gesamtzahl der Pfosten. Der Biegemomentenverlauf in den Pfosten ist linear mit einem Nullpunkt in Pfostenmitte. Die Biegemomente an den Pfostenrändern sind proportional der Relativverschiebung der Stockwerke:

$$- M_{Ri}\ h_j^2/EI_c = M_{Rk}\ h_j^2/EI_c = 6\ EI_j/EI_c\ (w_k - w_i)\ .$$

Darin bedeuten:

M_{Ri}, M_{Rk} Biegemoment am Pfostenrand im i-ten und k-ten Stockwerk,

w_i, w_k Horizontalverschiebung des i-ten und k-ten Stockwerks.

EI_j, EI_c Biegesteifigkeit des j-ten Pfostens, Bezugsbiegesteifigkeit,

h_j Höhe des j-ten Pfostens zwischen i-tem und k-tem Stockwerk.

Der Anteil des j-ten Pfostens an der Formänderungsenergie folgt aus dem Integral über der Pfostenhöhe:

$$\frac{1}{2}\ \{\int M_j(x)^2\ dx/EI_j\} = \frac{1}{2}\ \{(2/3)\ M_{Rk}^2\ h_j/(2\ EI_j)\} = 6\ EI_j/h_j^3(w_k - w_i)^2$$

Für die Formänderungsenergie aller Pfosten ergibt sich damit:

$$U_{i,1} = EI_c\ \{\sum_{j=1}^{N} 6\ EI_j/(h_j^3\ EI_c)\ (w_k - w_i)^2\}$$

oder

$$U_{i,1} = EI_c\ \{\sum_{j=1}^{N} (M_{kj}/EI_c)\ (w_k - w_i)/h_j\}\ .$$

Mit Hilfe der Biegemomentenverteilung (Abb. 9.13) und den Biegesteifigkeiten der Bauteile ergeben sich die Formänderungsenergien, die den einzelnen Eigenschwingungsformen zugeordnet sind:

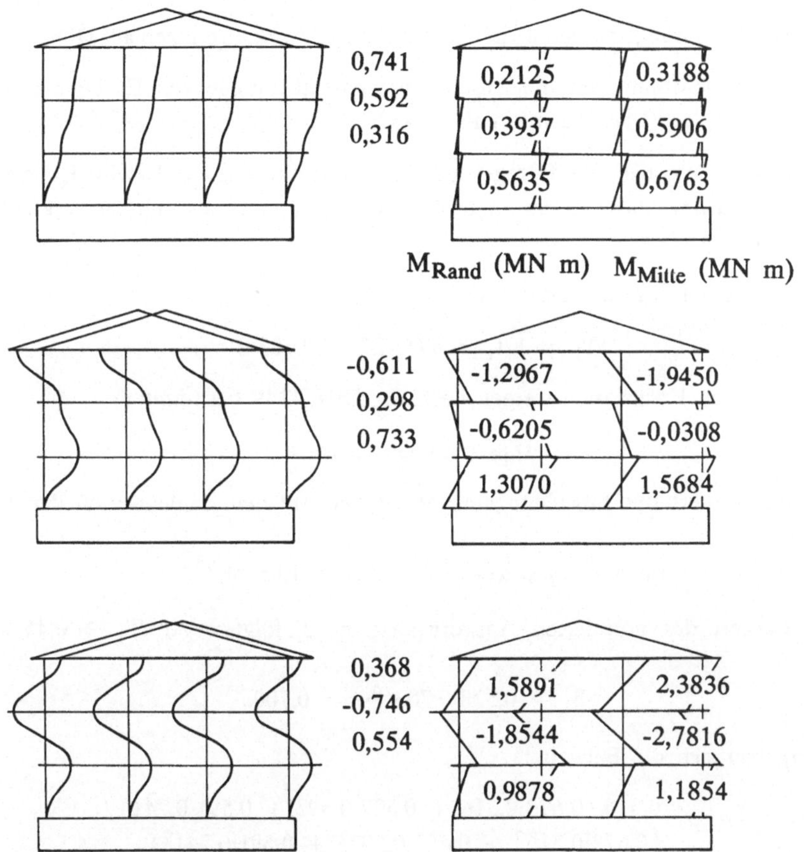

Abb. 9.13 Eigenschwingungsformen und zugehöriger Biegemomentenverlauf

$$U_{i,1}\ h_j^3/EI_c = 37{,}48, \quad U_{i,2}\ h_j^3/EI_c = 289{,}17, \quad U_{i,3}\ h_j^3/EI_c = 588{,}35.$$

Aus dem Verhältnis der Formänderungsenergien lassen sich die modalen Dämpfungsbeiwerte abschätzen:

$$k_2^* = k_1^*\ U_{i,2}/U_{i,1} = 0{,}7676 \cdot 7{,}715 = 5{,}922,$$

$$k_3^* = k_1^*\ U_{i,3}/U_{i,1} = 0{,}7676 \cdot 15{,}698 = 12{,}050,$$

Die Bewegungsgleichungen für die Funktionen y_2 und y_3 lauten damit:

$$\ddot{y}_2 + 9{,}272\ \dot{y}_2 + 591{,}945\ y_2 = 0, \quad \ddot{y}_3 + 18{,}856\ \dot{y}_3 + 1204{,}446\ y_3 = 0.$$

Mit Hilfe der drei entkoppelten Bewegungsgleichungen und speziell für ein Erdbebenakzelerogramm entwickelten Gliedern p_1 bis p_3 läßt sich der Verlauf der Funktionen y_i bestimmen. Wir verfolgen diesen Weg hier nicht.

2. Zusätzliche Biegemomente infolge Erdbebeneinwirkungen gemäß DIN 4149

Stattdessen berechnen wir die Zusatzbiegemomente infolge von Erdbebeneinwirkungen nach der Bauvorschrift DIN 4149.

Wir nehmen an, daß das Bürogebäude in der Erdbebenzone 4 steht. Es gehöre der Bauwerksklasse 3 an, und der Baugrund wird als muschelkalkhaltig eingestuft.

Zur niedrigsten Eigenfrequenz gehört die Eigenschwingungszeit:

$$T_1 = 1/f_1 = 1/1{,}422 = 0{,}703 \text{ s} .$$

Die statischen Ersatzlasten werden nach der DIN 4149 bestimmt:

$$H_{Ej{,}i} = m_j \, \mathrm{ß}_i \, \gamma_{j{,}i} \text{ cal a} .$$

Der Rechenwert der Beschleunigung ergibt sich mit den Zahlenwerten der Tabellen:

$$\text{cal a} = a_0 \, \kappa \, \alpha = 1{,}0 \cdot 1{,}2 \cdot 0{,}9 = 1{,}08 \text{ m/s}^2 .$$

Der Beiwert des normierten Antwortspektrums $\mathrm{ß}_i$ folgt wegen $T_1 \geq 0{,}45$ s aus:

$$\mathrm{ß}_1 = 0{,}528 \cdot 0{,}703^{-0{,}8} = 0{,}700 .$$

Es ergeben sich die Beiwerte:

$$\begin{aligned}
\gamma_{1{,}1} &= 0{,}316 \, \{0{,}673 \cdot 0{,}316 + 0{,}632 \cdot 0{,}592 + 0{,}591 \cdot 0{,}741\} / \\
& \quad \{0{,}673 \cdot 0{,}316^2 + 0{,}632 \cdot 0{,}592^2 + 0{,}591 \cdot 0{,}741^2\}, \\
&= 0{,}361 \cdot 1{,}0247/0{,}6132 = 0{,}316 \cdot 1{,}67113 = 0{,}528, \\
\gamma_{2{,}1} &= 0{,}592 \cdot 1{,}67113 \qquad\qquad\qquad\quad = 0{,}989, \\
\gamma_{3{,}1} &= 0{,}741 \cdot 1{,}67113 \qquad\qquad\qquad\quad = 1{,}238.
\end{aligned}$$

Mit diesen Zwischenwerten findet man die statischen Ersatzlasten:

$$\begin{aligned}
H_{E1{,}1} &= 0{,}673 \cdot 0{,}700 \cdot 0{,}528 \cdot 1{,}08 = 0{,}2686 \text{ MN}, \\
H_{E2{,}1} &= 0{,}632 \cdot 0{,}700 \cdot 0{,}989 \cdot 1{,}08 = 0{,}4725 \text{ MN}, \\
H_{E3{,}1} &= 0{,}591 \cdot 0{,}700 \cdot 1{,}238 \cdot 1{,}08 = 0{,}5533 \text{ MN}.
\end{aligned}$$

Sie werden zu dem Belastungsvektor **p** zusammengefaßt.

Die Horizontalverschiebungen **u** der Stockwerke infolge der statischen Ersatzlasten findet man aus der Beziehung:

$$\mathbf{u} = \mathbf{H} \, \mathbf{p} .$$

$\mathbf{H} = \mathbf{C}^{-1}$ ist die Verschiebungseinflußmatrix. Sie erhält das Aussehen:

$$H = \begin{bmatrix} 3{,}865{\cdot}10^{-3} & 3{,}865{\cdot}10^{-3} & 3{,}865{\cdot}10^{-3} \\ 3{,}865{\cdot}10^{-3} & 8{,}116{\cdot}10^{-3} & 8{,}116{\cdot}10^{-3} \\ 3{,}865{\cdot}10^{-3} & 8{,}116{\cdot}10^{-3} & 1{,}237{\cdot}10^{-2} \end{bmatrix} .$$

Das Produkt **H p** liefert:

$$u_{1,1} = 5{,}003{\cdot}10^{-3} \text{ m}, \quad u_{2,1} = 9{,}364{\cdot}10^{-3} \text{ m}, \quad u_{3,1} = 1{,}172{\cdot}10^{-2} \text{ m}.$$

Die Biegemomente an den Pfostenrändern findet man mit Hilfe der zuvor angegebenen Beziehung. Das Berechnungsergebnis ist in der Abb. 9.14 darge-

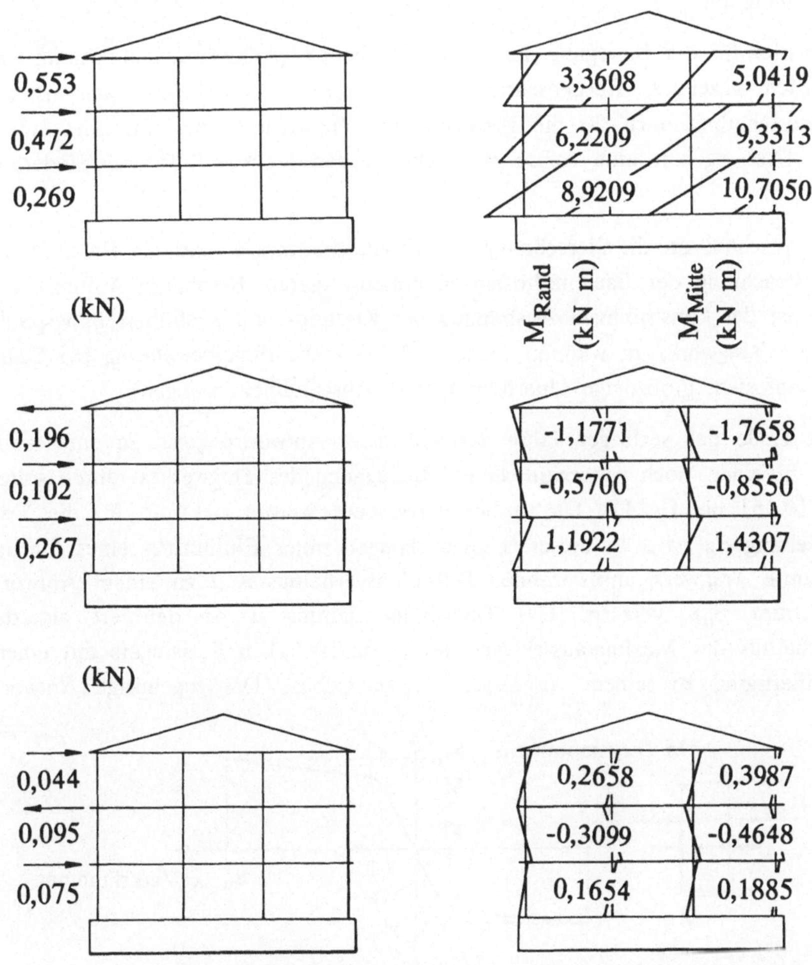

Abb. 9.14 Biegemomentenverlauf infolge der statischen Ersatzlasten

stellt. In der Abb. 9.14 sind auch die Zusatzbiegemomente angegeben, die aus der Belastung mit Ersatzlasten der höheren Eigenschwingungsformen folgen.

Aus der Überlagerung der drei Zustandslinien der Biegemomente findet man die Zusatzmomente infolge der Erdbebeneinwirkungen. Es ist bei der Überlagerung der Biegemomente erlaubt, eine Mittelung entsprechend der Quadrat-Summen-Regel

$$M_k = \sqrt{M_{k,1}^2 + M_{k,2}^2 + M_{k,3}^2}$$

vorzunehmen.

Die hier für die Bewegung der Stockwerksebenen in Gebäudequerrichtung ausführlich gezeigten Rechenschritte müssen zum vollständigen Nachweis der Standsicherheit auch für die Bewegung in Längsrichtung und für eine mögliche Drehung um eine Achse senkrecht zu den Stockwerksebenen wiederholt werden.

Im Anschluß an die Berechnung der Zusatzschnittkräfte sind die Bauteile unter Beachtung der Bauvorschriften zu dimensionieren. Besondere Aufmerksamkeit ist der konstruktiven Ausbildung der Krafteins- und Kraftüberleitungspunkte des Tragwerks zu widmen (enge und reichliche Bügelbewehrung bei Stahlbetonpfosten; großzügige Überführung von Anschlußbewehrungen).

Seit Ende der sechziger Jahre versucht man, Antwortspektren zu entwickeln, die zu einer "noch wirtschaftlicheren" Bemessung des Tragwerkes führen sollen (s. [9.15] bis [9.24]). Das bisher verwendete Antwortspektrum für die Verschiebung S_d wird in diesen Untersuchungen unter Einführung eines für das gesamte Tragwerk anzusetzenden Duktilitätsverhältnisses μ zu einem Antwortspektrum S_{dP} verzerrt. Das Duktilitätsverhältnis μ ist definiert als das Verhältnis des Maximalausschlages des elastoplastischen Schwingers mit einem Freiheitsgrad zu seinem elastischen Grenzausschlag. Das zugehörige Antwort-

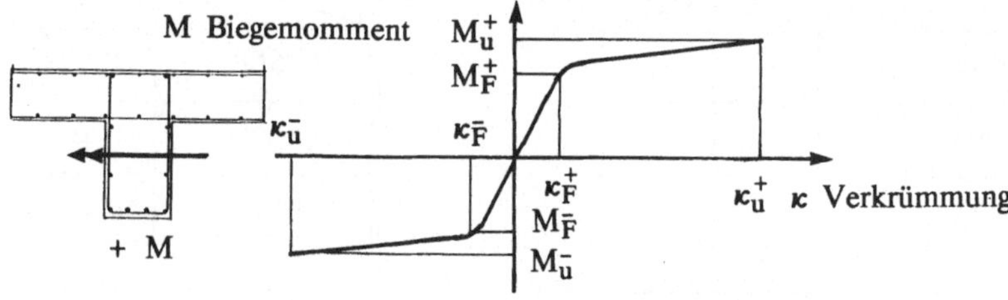

Abb. 9.15 Elasto-plastisches Werkstoffgesetz

spektrum der Beschleunigung S_{aP} ergibt sich aus dem ursprünglichen S_a durch eine Abminderung um den Faktor μ.

Neuere Arbeiten [9.17] bis [9.20] weisen darauf hin, daß die Einführung eines für das Gesamttragwerk gültigen Duktilitätsverhältnisses zu einer unsicheren Beurteilung des Tragverhaltens eines Bauwerkes führen kann. Sie empfehlen daher, sich bei dem Nachweis der Zusatzschnittkräfte ausschließlich auf eine Zeitverlaufberechnung unter Berücksichtigung möglicher inelastischer Tragwerksdeformationen zu stützen.

5. Zeitverlaufberechnung der Zusatzschnittkräfte für ein gegebenes Akzelerogramm

Wir wollen das Verhalten des zuvor betrachteten Bürogebäudes nochmals unter der Einwirkung der Beschleunigungen eines vorgegebenen Erdebenakzelerogrammes bestimmen. Wir wählen das Akzelerogramm des Friuli-Bebens (Abb. 9.3) als mögliches Bezugs-Beschleunigungs-Zeitdiagramm.

Der Zeitverlauf der Stockwerksausschläge und der Biegemomente in den Pfosten wird nach der Aufstellung der Bewegungsgleichungen mit Hilfe des matriziell aufbereiteten Wilson-θ-Verfahrens berechnet. Wir stellen die Rechenergebnisse für zwei Tragwerksmodelle vor:

1.: Das dämpfungsfreie Tragwerk

Die Bewegungsgleichungen lauten mit den zuvor angegebenen Matrizen **A** und **C** und dem Vektor der Verschiebungen und Beschleunigungen **u** und **u**$^{\cdot\cdot}$ ausführlich:

$$\begin{bmatrix} 0{,}673 & & \\ & 0{,}632 & \\ & & 0{,}591 \end{bmatrix} \begin{bmatrix} u_1 \\ u_2 \\ u_3 \end{bmatrix}^{\cdot\cdot} + \begin{bmatrix} 493{,}96 & -235{,}21 & \\ -235{,}21 & 470{,}42 & -235{,}21 \\ & -235{,}21 & 235{,}21 \end{bmatrix} \begin{bmatrix} u_1 \\ u_2 \\ u_3 \end{bmatrix} =$$

$$- \begin{bmatrix} 0{,}673 \\ 0{,}632 \\ 0{,}591 \end{bmatrix} u_{\ddot{G}} \; .$$

$u_{\ddot{G}}$ ist der Zeitverlauf der Baugrundbeschleunigung. Der von dem Rechner von dem Diagramm der Abb. 9.3 übernommene Zeitverlauf der Baugrundbeschleunigungen ist in der Abb. 9.16 skizziert. Die Abb. 9.17 zeigt den Zeitverlauf der Stockwerksverschiebungen u_{R1}, u_{R2} und u_{R3}. Erwartungsgemäß hinken die Verschiebungen des zweiten und dritten Stockwerks zeitlich hinter derjenigen des ersten Stockwerks nach. Der Ausschlag des dritten Stockwerks

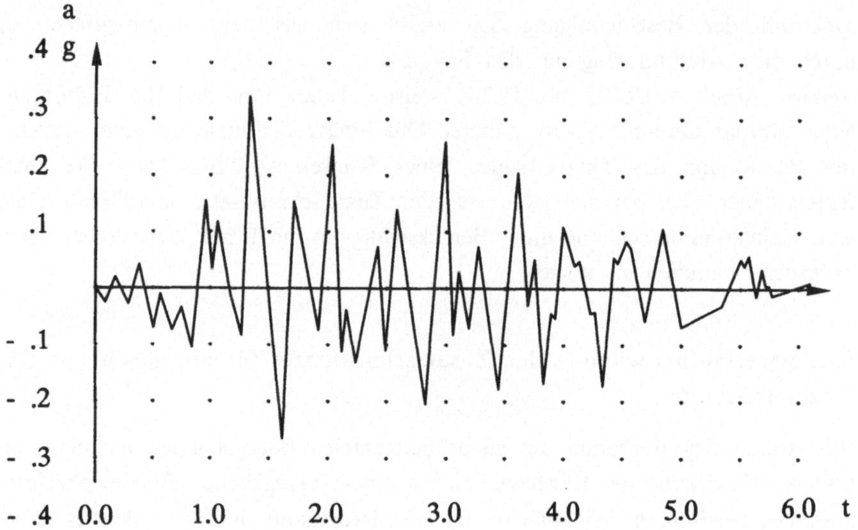

Abb. 9.16 Vom Rechner verarbeitetes Akzelerogramm

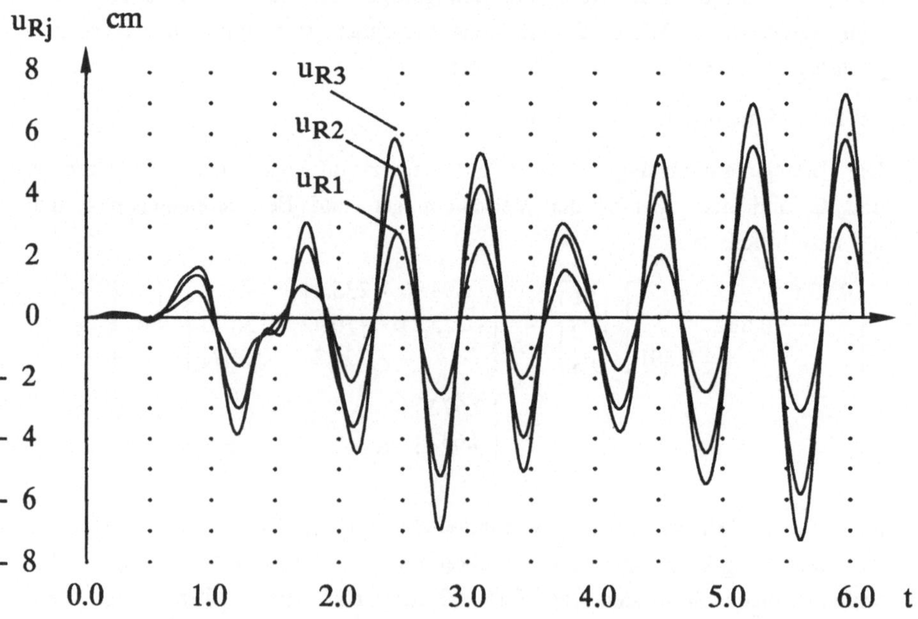

Abb. 9.17 Verschiebungsverlauf u_{R1}, u_{R2}, u_{R3}

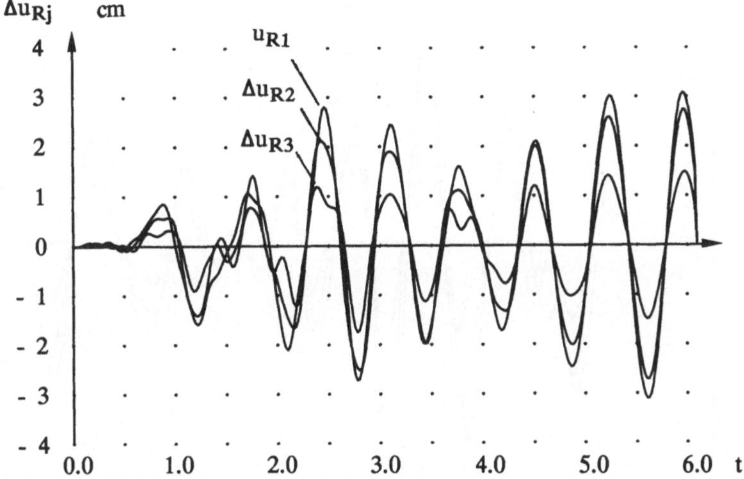

Abb. 9.18 Zeitverlauf der Relativverschiebungen

erreicht erst am Ende der Baugrundanregung sein Maximum.

Für die Beurteilung der Schnittkraftverläufe sind die Relativverschiebungen der Stockwerke untereinander maßgebend. In der Abb. 9.18 sind neben u_{R1} Verschiebungsdifferenzen $(u_{R2}-u_{R1})$ und $(u_{R3}-u_{R2})$ dargestellt. Erwartungsgemäß liefert die Verschiebung u_{R1} praktisch den Größtwert, und die Schnittkräfte in dem zum ersten Stockwerk führenden Pfostenbündel erreichen den Maximalwert.

2.: Das Tragwerk mit Strukturdämpfung

Die zuvor ermittelten Dämpfungsbeiwerte k_1^*, k_2^* und k_3^* werden mit Hilfe der Modalmatrix in eine Dämpfungsmatrix **B** entsprechend

$$\mathbf{B} = \mathbf{X} \begin{bmatrix} k_1^* & 0 & 0 \\ 0 & k_2^* & 0 \\ 0 & 0 & k_3^* \end{bmatrix} \mathbf{X}^T$$

zurücktransformiert. Mit den zuvor gefundenen Zahlenwerten ergibt sich:

$$\mathbf{B} = \begin{bmatrix} 6{,}964 & -3{,}548 & -0{,}014 \\ -3{,}548 & 7{,}506 & -4{,}053 \\ -0{,}014 & -4{,}053 & 4{,}268 \end{bmatrix} \, .$$

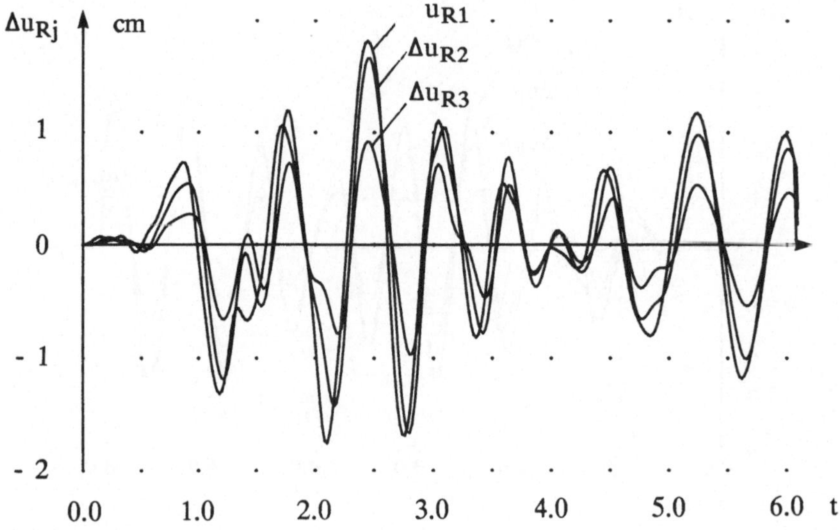

Abb. 9.19 Verschiebungsverlauf der Stockwerke des gedämpften Bauwerkes

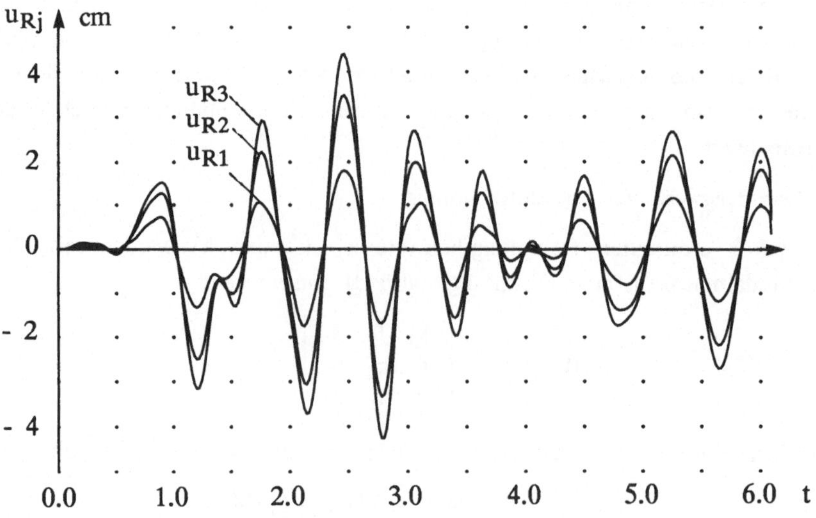

Abb. 9.20 Zeitverlauf der Relativverschiebungen des gedämpften Bauwerkes

Diese Matrix manipulieren wir in eine dem Aufbau der C-Matrix entsprechende Form:

$$\mathbf{B} = \begin{bmatrix} 7,00 & -3,50 & 0,00 \\ -3,50 & 7,50 & -4,00 \\ 0,00 & -4,00 & 4,00 \end{bmatrix} .$$

Mit der hier gezeigten Rücktransformation ist es gelungen, aus den modalen Dämpfungswerten eine Dämpfungsmatrix $\mathbf{B}$ zu konstruieren. Sie wird mit dem Geschwindigkeitsvektor u_R multipliziert und der zuvor angegebenen Bewegungsgleichung hinzugefügt. Das Ergebnis der Berechnung ist in den Abbildungen 9.19 und 9.20 grafisch dargestellt.

Der Vergleich der Ergebnisse mit den zuvor für das dämpfungsfreie Tragwerk gefundenen zeigt, das die Mitnahme der Dämpfung erwartungsgemäß zu einer Ermäßigung der Maximalwerte führt.

9.2 Zum Nachweis der Standsicherheit von Tragwerken, die unter der Einwirkung einer stoßartigen Belastung als Folge einer Explosion eines Gas-Luft-Gemisches stehen

Man spricht von einem sicherheitstechnisch relevanten Störfall, wenn es in einer Anlage der chemischen Industrie wegen einer Leckage eines Behälters, einer Rohrleitung oder eines chemischen Reaktors zur Freisetzung einer nennenswerten Menge eines leicht brennbaren Stoffes kommt. Das freigesetzte Medium kann sich mit dem Sauerstoff der Luft zu einem hochexplosiven Gas-Luft-Gemisch vereinigen, und die ungewollte Zündung dieser Gaswolke führt zur Explosion mit möglicherweise beachtlichen Spitzenüberdrücken.

Der Betreiber solcher Anlagen ist durch die Störfallverordnung (s. [9.25]) gehalten, den Nachweis zu erbringen, daß Maßnahmen zur Verhinderung und Begrenzung der Auswirkungen eines solchen Störfalles auf die tragende Struktur des Gebäudes und der Fundamente ergriffen worden sind. Es muß "im Falle eines solchen Störfalles der Schutz des Bedienungspersonals vor einer Lebensgefahr oder der Gefahr schwerwiegender Gesundheitsbeeinträchtigung gewährleistet sein".

Analyse denkbarer Störfälle

In einem ersten Schritt zum Nachweis der Standsicherheit oder der Grenztragfähigkeit der Stützkonstruktion ist eine ausführliche Analyse denkbarer Störfälle mit dem Ziel durchzuführen, einen möglichen Überdruck-Zeitverlauf beim

Zünden des in Frage kommenden Gas-Luft-Gemisches abzuschätzen. Entscheident für den Überdruck-Zeitverlauf ist die Explosionsform: Detonation oder Deflagration (Gaswolkenzündung). In die Höhe des Spitzenüberdruckes gehen die chemische Zusammensetzung des Gas-Luft-Gemisches, sein Volumen, der Abstand R der tragenden Struktur oder der Meßwarte vom Explosionszentrum und weitere örtlich bedingte Einflüsse ein.

Nachweis der Standsicherheit oder Grenztragfähigkeit

Im Anschluß an die Analyse denkbarer Störfälle führt man den Nachweis der Standsicherheit eines neu zu errichtenden Anlagengebäudes oder der Grenztragfähigkeit eines bestehenden Bauwerkes in folgenden Einzelschritten durch:

1. Entwurf des Tragwerkes aufgrund der in den Normen vorgeschriebenen Lasten aus Eigengewicht, Verkehr und aus Zusatzlasten.

2. Untersuchung des Eigenverhaltens der tragenden Struktur einschließlich der Meßwarte. Der Vergleich der größten Eigenschwingungszeit mit der Einwirkdauer des Explosionsdruckes entscheidet über die Nachweismethode: Genügt eine statische Betrachtung oder ist eine umfangreichere kinetische Untersuchung durchzuführen.

3. Berechnung der Schnittkräfte aus der Belastung mit dem Explosionsüberdruck.

4. Nachweis der Standsicherheit oder der Grenztragfähigkeit der tragenden Struktur des Anlagengebäudes und der Meßwarte unter Beachtung der Bauvorschriften.

Beispiel eines Nachweises

Als Beispiel für den Nachweis der Grenztragfähigkeit eines bestehenden Anlagengebäudes wählen wir die tragende Struktur einer Polymerisationsanlage zur Herstellung von Grundstoffen der chemischen Industrie. Sie bestehe aus einer Stahlbetonkonstruktion, die auf der zweiten Bühnenebene mehrere chemische Reaktoren trägt. In den Reaktoren werden neben Wasser und anderen chemischen Grundstoffen auch Äthylen (ebenfalls mit Ethylene bezeichnet mit der chem. Formel C_2H_4) zu einem Polymerisationsprodukt verarbeitet. Mit den Regeleinrichtungen, die in einer Meßwarte untergebracht sind und dort von dem Bedienungspersonal beobachtet werden, wird der Umwandlungsprozeß überwacht und gesteuert. Die Meßwarte ist ebenfalls in der zweiten Bühnenebene untergebracht. Sie wird von einer Stahlbetonwand gegen den Gebäudeteil mit den chemischen Reaktoren abgeschlossen (Abb. 9.21). Die Außenwände des Anlagengebäudes bestehen aus Glasfenstern und leichten Hösch-ISO-

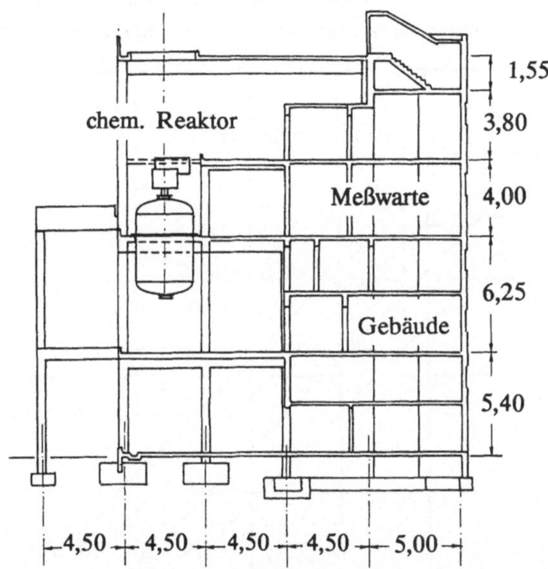

Abb. 9.21 Querschnitt durch die tragende Struktur einer Polymerisationsanlage

Wänden. Von ihnen kann angenommen werden, daß sie einem inneren oder äußeren Überdruck praktisch keinen Widerstand entgegensetzen.

Störfallanalyse

Als maßgebender sicherheitstechnisch relevanter Störfall wird der vollständige unkontrollierte Austritt des in einem Reaktor befindlichen Äthylenvolumens angesehen. D.h. für eine Sicherheitsanalyse wird das vollständige Versagen aller Überwachungs- und Unterdrückungseinrichtungen in Erwägung gezogen. Die Vermischung mit dem Sauerstoff der Luft und die ungewollte Zündung dieses Gas-Luft-Gemisches durch einen elektrischen Funken ist nicht auszuschließen.

Unter der zuvor getroffenen Annahme, daß die Außenwände des Anlagengebäudes keinem Überdruck standhalten, kann man davon ausgehen, daß bei der Zündung des Gas-Luft-Gemisches ein Deflagrationsvorgang eingeleitet wird. Für die Abschätzung des dabei entstehenden Spitzenüberdruckes gibt es sehr wenige verwertbare Unterlagen. Nur die Untersuchung, die nach der Explosion eines Äthylen-Luft-Gemisches in den Rheinischen Olefinwerken Wesse-

ling 1985 durchgeführt wurde, enthält zwei Diagramme, die den Spitzenüberdruck Δp_{S0} in Abhängigkeit von dem Gewicht des beteiligten Äthylen-
Luft-Gemisches und dem Abstand R vom Explosionszentrum angeben
([9.28]). Wir übernehmen von dort eines dieser Diagramme (Abb. 9.22).

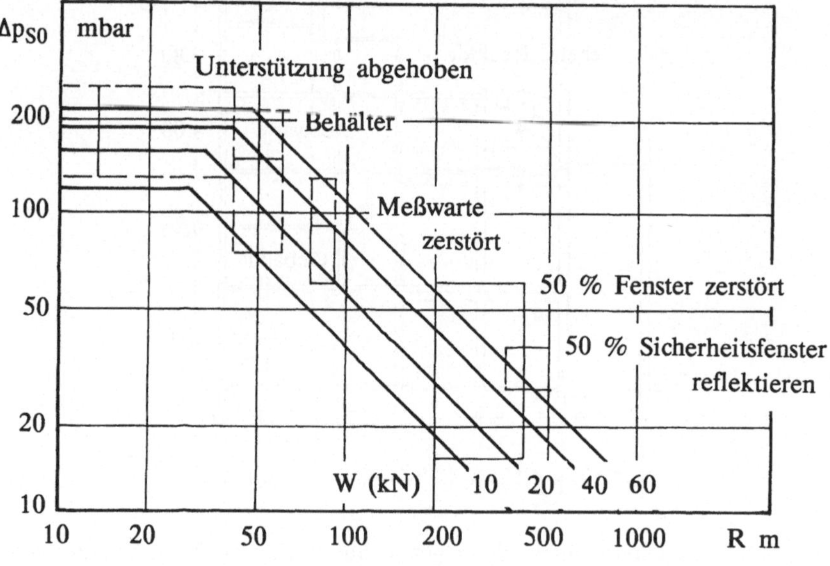

Abb. 9.22 Spitzenüberdruck-Abstand-Diagramm (nach [9.28])

Für die zur Diskussion stehende Anlagenkonstellation wird ein Gewichtsanteil
an Äthylen in einem der Reaktoren von 17.5 kN gewählt. Aus dem Diagramm liest man für einen Abstand der Pfosten, der Wände und der Decken
von dem Explosionszentrum von R < 10 m den Wert

$$\Delta p_{S0} = 0,15 \text{ bar}$$

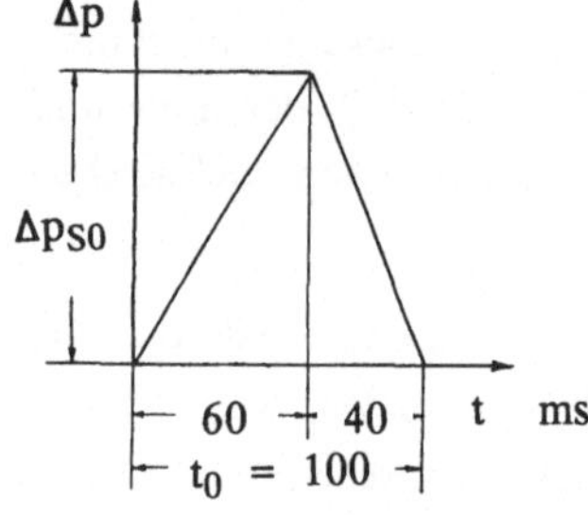

Abb. 9.23 Überdruck-Zeitverlauf

ab. Der Zeitverlauf des Druckanstiegs und -abfalls wird als linear abgeschätzt mit einer Anstiegszeit von 60 ms und einer Abfallzeit von 40 ms (Abb. 9.23).

Der Spitzenüberdruck wird an den Wänden und Decken des Anlagengebäudes reflektiert. Es entsteht bei der Reflexion ein Reflexionsüberdruck Δp_{R0}, der im ungünstigsten Fall den doppelten Spitzenüberdruck erreicht:

$$\Delta p_{R0} = 2 \cdot \Delta p_{S0} = 0{,}30 \text{ bar} .$$

Grenztragfähigkeitsnachweis

Für den zuvor ermittelten Reflexionsüberdruck ist die bestehende Struktur nicht ausgelegt. Man wird also in diesem Falle nicht die Standsicherheit sondern die Grenztragfähigkeit des bestehenden Tragwerkes nachweisen. Es wird in diesem Falle der von dem Tragwerk gerade noch ertragbare Reflexionsüberdruck ermittelt. Ist dieser größer als der zuvor gefundene, so kann das Bauwerk ohne zusätzliche Verstärkung der Bauteile genutzt werden. Allerdings sind beim Eintreten des zuvor betrachteten Störfalles plastische Schäden an dem Tragwerk nicht auszuschließen.

Wir wollen hier nicht für alle Bauteile des Tragwerkes den Nachweis der Grenztragfähigkeit erbringen, sondern nur an einem Teilgebilde die Nachweismethode zeigen. Als Teilgebilde wählen wir den in der Abb. 9.24 skizzierten Halbrahmen aus. Er trägt einen Teil des Reaktors und die entsprechenden Deckenanteile. Der Riegel ist im Feldbereich als Plattenbalken, über der Zwischenstütze und in den Eckpunkten als Rechteckquerschnitt ausgebildet. Zur Untersuchung des Eigenverhaltens wird das in der Abb. 9.25 skizzierte

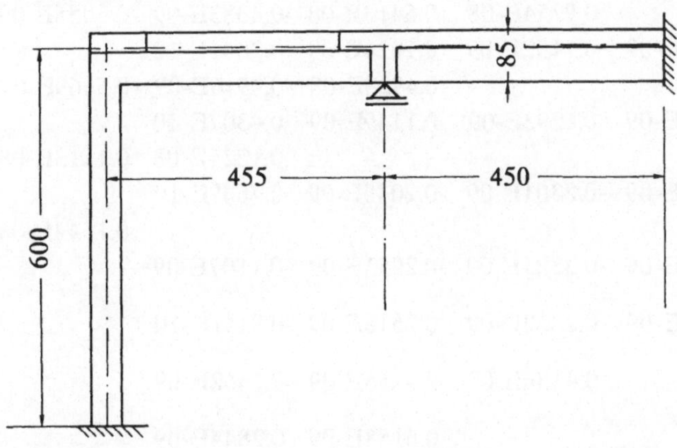

Abb. 9.24 Halbrahmen als Teilgebilde des Tragwerkes

Rahmengebilde verwendet. Die konzentrierten Körper der Masse m_j setzen sich aus Anteilen der Massen des Pfostens und der Riegel einschließlich der Deckenanteile und des Reaktors zusammen. Man erhält nach einer hier nicht wiedergegebenen Zwischenrechnung:

$$m_1 = m_2 = m_3 = 7{,}5 \cdot 10^2 \text{ kg,}$$
$$m_4 = 3{,}09 \cdot 10^3 \text{ kg,} \quad m_5 = 5{,}059 \cdot 10^4 \text{ kg,} \quad m_6 = 3{,}09 \cdot 10^3 \text{ kg,}$$
$$m_7 = 3{,}22 \cdot 10^3 \text{ kg,} \quad m_8 = 4{,}17 \cdot 10^3 \text{ kg,} \quad m_9 = 3{,}22 \cdot 10^3 \text{ kg.}$$

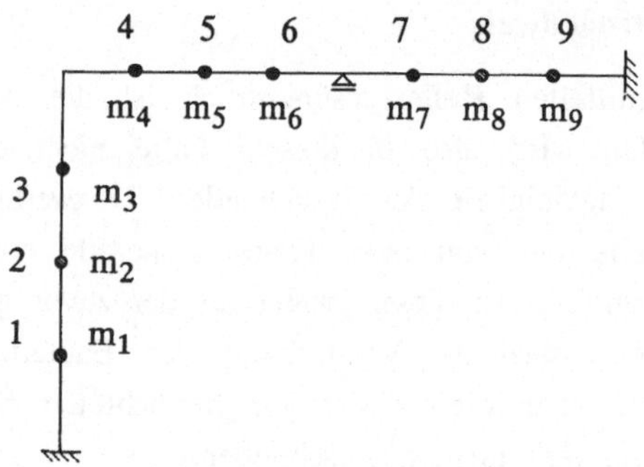

Abb. 9.25 Ersatzmodell des Halbrahmens für die Untersuchung des
Eigenverhaltens

Die Krafteinflußmatrix **C** errechnen wir in vorliegendem Falle auf dem "Umweg" über die Verschiebungseinflußmatrix **H**. Wir erhalten aus einer hier nicht vorgestellten statischen Berechnung zunächst **H**: (Zeilennummer)

$$
\begin{array}{llll}
0.3896\text{E-}08 & 0.4775\text{E-}08 & 0.2158\text{E-}08 & -0.1645\text{E-}09 & -0.1898\text{E-}09 \quad (1)\\
-0.1025\text{E-}09 & 0.4325\text{E-}10 & 0.3845\text{E-}10 & 0.1442\text{E-}10 \\
& 0.9754\text{E-}08 & 0.5413\text{E-}08 & -0.4383\text{E-}09 & -0.5055\text{E-}09 \quad (2)\\
-0.2731\text{E-}09 & 0.1152\text{E-}09 & 0.1024\text{E-}09 & 0.3841\text{E-}10 \\
& & 0.4928\text{E-}08 & -0.4916\text{E-}09 & -0.5669\text{E-}09 \quad (3)\\
-0.3063\text{E-}09 & 0.1292\text{E-}09 & 0.1149\text{E-}09 & 0.4307\text{E-}10 \\
& & & 0.1224\text{E-}08 & 0.1113\text{E-}08 \quad (4)\\
0.5582\text{E-}09 & -0.2301\text{E-}09 & -0.2045\text{E-}09 & -0.7669\text{E-}10 \\
& & & & 0.1344\text{E-}08 \quad (5)\\
0.7731\text{E-}09 & -0.3321\text{E-}09 & -0.2952\text{E-}09 & -0.1107\text{E-}09 \\
0.5838\text{E-}09 & -0.2832\text{E-}09 & -0.2518\text{E-}09 & -0.9441\text{E-}10 \quad (6)\\
& 0.4186\text{E-}09 & 0.4255\text{E-}09 & 0.1662\text{E-}09 \quad (7)\\
& & 0.6158\text{E-}09 & 0.2844\text{E-}09 \quad (8)\\
\text{symmetrisch zur Hauptdiagonalen} & & 0.2068\text{E-}09 \quad (9)
\end{array}
$$

Aus der Inversion ergibt sich $C = H^{-1}$.

$$
\begin{bmatrix}
6.9780E+08 & -4.4070E+08 & 1.7930E+08 & 8.8368E+05 & 9.0920E+06 \\
-2.4430E+06 & -1.8420E+05 & 5.1680E+04 & -1.6160E+04 & \\
 & 5.4170E+08 & -4.0530E+08 & -2.9300E+06 & -3.1820E+07 \\
8.5440E+06 & 6.3880E+05 & -1.7500E+05 & 5.2030E+04 & \\
 & & 5.8340E+08 & 1.1830E+07 & 1.2850E+08 \\
-3.4490E+07 & -2.5680E+06 & 6.9450E+05 & -2.0060E+05 & \\
 & & & 3.9300E+09 & -4.5940E+09 \\
2.3980E+09 & 1.7840E+08 & -4.8000E+07 & 1.3710E+07 & \\
 & & & & 8.6160E+09 \\
-7.2940E+09 & -8.6550E+08 & 2.3300E+08 & -6.6580E+07 & \\
1.0340E+10 & 3.3530E+09 & -9.0270E+08 & 2.5790E+08 & \\
 & 1.1120E+10 & -8.3900E+09 & 3.7340E+09 & \\
 & & 1.1430E+10 & -9.2810E+09 & \\
\text{symmetrisch zur Hauptdiagonalen} & & & 1.4680E+10 &
\end{bmatrix}
$$

Die Lösung der Eigenwertaufgabe

$$[-\omega^2\, A + C]\, \bar{u} = 0$$

liefert die Quadrate der Eigenkreisfrequenzen. Man findet aus einer hier nicht wiedergegebenen Rechnung den niedrigsten Wert:

$$\omega_1^2 = 116{,}75 \ 1/\text{s} \ .$$

Daraus ergibt sich die zugehörige Eigenschwingungszeit:

$$T_1 = 2\,\pi/\omega_1 = 53{,}8 \ \text{ms} \ .$$

Die Wirkungsdauer der Stoßbelastung $t_0 = 100$ ms ist größer als die Eigenschwingungszeit:

$$t_0 = 1{,}858 \ T_1 \ .$$

Sie ist also nahezu doppelt so groß wie T_1. Aus der Beobachtung des Schwingers mit einem Freiheitsgrad unter einer Stoßbelastung (s. Kap. 4) kommen wir zu dem Schluß: Die Explosionslasten dürfen zum Nachweis der Maximalbeanspruchung als quasistatische Lasten mit dem Maximalwert Δp_{R0} aufgebracht werden. Eine aufwendige kinetische Untersuchung kann man ohne Genauigkeitseinbuße vermeiden.

Wir kommen zu den beiden quasistatischen Lastfällen: Überdruck Δp_{R0} aus der Explosion des Gas-Luft-Gemisches oberhalb und unterhalb der zweiten Bühne. Lastbilder für die beiden Lastfälle sind in der Abb. 9.26 skizziert. Die Riegelbelastung ist in beiden Fällen betragsgleich.

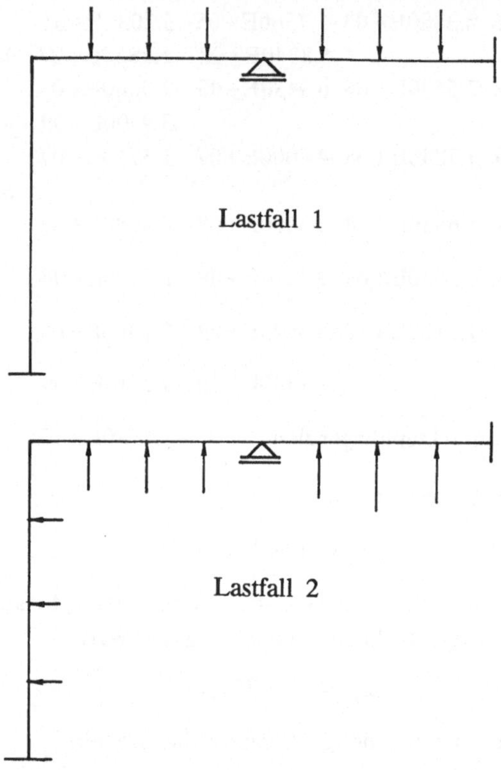

Abb. 9.26 Lastbilder für die beiden Lastfälle

Eine statische Berechnung unter der Annahme elastischen Materialverhaltens ist in vorliegendem Falle nicht sinnvoll. Denn die sich ergebenden Schnittkräfte können ohne Zulassung plastischer Gelenke von dem bestehenden Tragwerk nicht aufgenommen werden.

Wir bestimmen deshalb die Grenzlast p_G, die durch Bildung von plastischen Biegemomentengelenken in dem Halbrahmen eine kinematische Kette erzeugen. Die Berechnung der Grenzlast erfolgt mit Hilfe des Prinzips der virtuellen Verrückungen, welches die virtuellen Arbeiten der plastischen Biegemomente M_u (ultimate) an den virtuellen Verdrehungen mit den Arbeiten der äußeren Kräfte an den virtuellen Verschiebungen gleichsetzt (s. [9.31]). Für den Lastfall: Explosion oberhalb der zweiten Bühne kann man für die

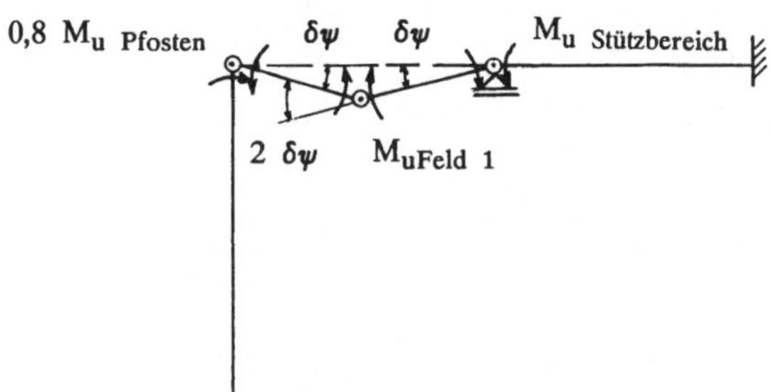

Abb. 9.27 Kinematische Kette mit virtueller Verrückung

Grenzbetrachtung das Verformungsbild der Abb. 9.27 zugrundelegen. Man erhält die Arbeitsgleichung in der Form:

$$- \{0,8\ M_{uPfosten} + 2\ M_{uFeld} + M_{uStütze}\}\ \delta\psi$$

$$+ p_G\ 4,55^2/2\ \delta\psi \qquad \text{(aus Explosionsüberdruck)}$$

$$\left.\begin{array}{l} + 2,715{\cdot}10^4{\cdot}1,1375^2\ \delta\psi \\[2mm] + 1,744{\cdot}10^5{\cdot}1,1375^2{\cdot}4\ \delta\psi \end{array}\right\} \quad \text{(aus ständiger Last)}$$

$$+ 1,25{\cdot}10^4{\cdot}4,55^2/2\ \delta\psi \qquad \text{(aus Verkehrslast } 1,25{\cdot}10^4\ \text{N/m)}$$

$$= 0\ .$$

Der Faktor 0,8 wurde hier zur Ermäßigung des Pfostenmomentes im Anschlußbereich der Bewehrungseisen gewählt.

Die Schwierigkeit bei der Bestimmung der Grenzbiegemomente M_{uj} liegt bei gegebener Bewehrung in den noch ertragbaren Verzerrungsmaßen des Stahlbetons: ε_b, ε_{s1} und den Faktoren k_b, k_x, k_z.

Die Bestimmung der ertragbaren Verzerrungsmaße und der zugehörigen Faktoren ist in der DIN 1045 geregelt. Wir wollen die Berechnung erläutern und übernehmen von dort die Querschnittsskizze (Abb. 9.28) mit den Bezeichnungen ([9.32]). Es bedeuten:

Die "äußeren Schnittgrößen":   M, L   Biegemoment und Längskraft.
Die inneren Kräfte:

$$D_b = k_b\ ß_R\ b\ h \qquad \text{Resultierende Betondruckkraft,}$$

$$k_b = \alpha_R\ k_x \qquad \text{Beiwert für Betondruckspannungen,}$$

$$\alpha_R = \sigma_m/ß_R \qquad \text{Formbeiwert für Parabel-Rechteck-}$$
$$\text{verlauf der Betondruckspannungen.}$$

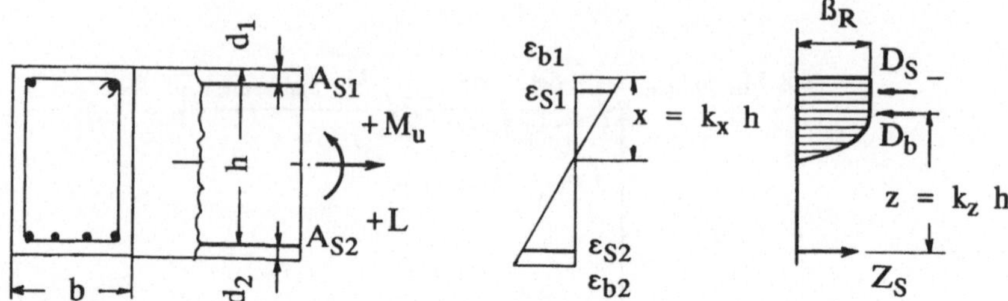

Abb. 9.28 Stahlbetonrechteckquerschnitt (nach DIN 1045, Ausgabe Juli 1988)

$$D_S = A_{S1}\ \sigma_{S1}$$ Druckkraft in der Druckbewehrung,

$$Z_S = A_{S2}\ \sigma_{S2}$$ Zugkraft in der Zugbewehrung,

A_{S1}, A_{S2} Flächen der Stahlquerschnitte,

σ_{S1}, σ_{S2} Stahlspannungen,

Hilfsgrößen:

$k_x = x/h$ Beiwert für die Höhe der Druckzone x,

$k_z = z/h$ Beiwert für den Hebelarm z der Betondruckkraft D_b,

$k_a = a/x$ Beiwert für den Abstand a der Betondruckkraft D_b vom oberen Querschnittsrand,

$\mu_1 = A_{S1}/b\ h$ Bewehrungsgrade für Druck- und Zugbewehrung,

$\mu_2 = A_{S2}/b\ h$,

$\omega_1 = \mu_1\ \text{ß}_S/\text{ß}_R$, $\omega_2 = \mu_2\ \text{ß}_S/\text{ß}_R$ mechanische Bewehrungsgrade .

Folgende Beziehungen zur Bestimmung der Kraft- und Momentengrößen stehen zur Verfügung:

Kräftegleichgewicht: $L + D_b + D_S - Z_S = 0$,

Momentengleichgewicht: $M_u - L\ z_S - D_S\ h(1 - d_1/h) - D_b\ z = 0$,

Kinematische Beziehung: $k_x = x/h = |\varepsilon_b|/(|\varepsilon_b| + |\varepsilon_{s2}|)$.

Ersetzt man die inneren Kräfte D_b, D_S, Z_S durch die Hilfsgrößen, so ergibt sich:

$$L = \mu_2\ b\ h\ \sigma_{S2} - \alpha_R\ \text{ß}_R\ k_x\ b\ h - \mu_1\ b\ h\ \sigma_{S1},$$
$$M_u = L\ z_S +$$
$$\mu_1\ b\ h^2\ \sigma_{S1}(1 - d_1/h) + \alpha_R\ \text{ß}_R\ k_x\ b\ h^2(1 - k_a\ k_x) .$$

In der DIN 1045 werden für die Verwendung von Bemessungshilfen dimensionslose Größen

$$n = L/b\ h\ \text{ß}_R\ , \quad m_u = M_u/b\ h^2\ \text{ß}_R$$

eingeführt. Man erhält die dimensionslos dargestellte Kräfte- und Momentenbeziehung:

$$n = \omega_2 \, \sigma_{S2}/\beta_R - \omega_1 \, \sigma_{S1}/\beta_R - \alpha_R \, k_x \, ,$$

$$m_u = (z_S/h) \, n + \omega_1 \, \sigma_{S1}/\beta_R(1 - d_1/h) + \alpha_R \, k_x(1 - k_a \, k_x) \, .$$

Diese Beziehungen sind in der DIN 1045 angegeben. Dort wird auch darauf hingewiesen, daß die Lösung dieser Beziehungen wegen der notwendigen Fallunterscheidungen schwierig ist. Es sind daher Formeln entwickelt worden, die den Zusammenhang zwischen M_u und den Hilfsgrößen wiedergeben. Diesen Zusammenhang hat man in einem Diagramm dargestellt. Wir übernehmen von [9.32] die Tafel 1 b:

Tafel 9.1 (nach [9.32])

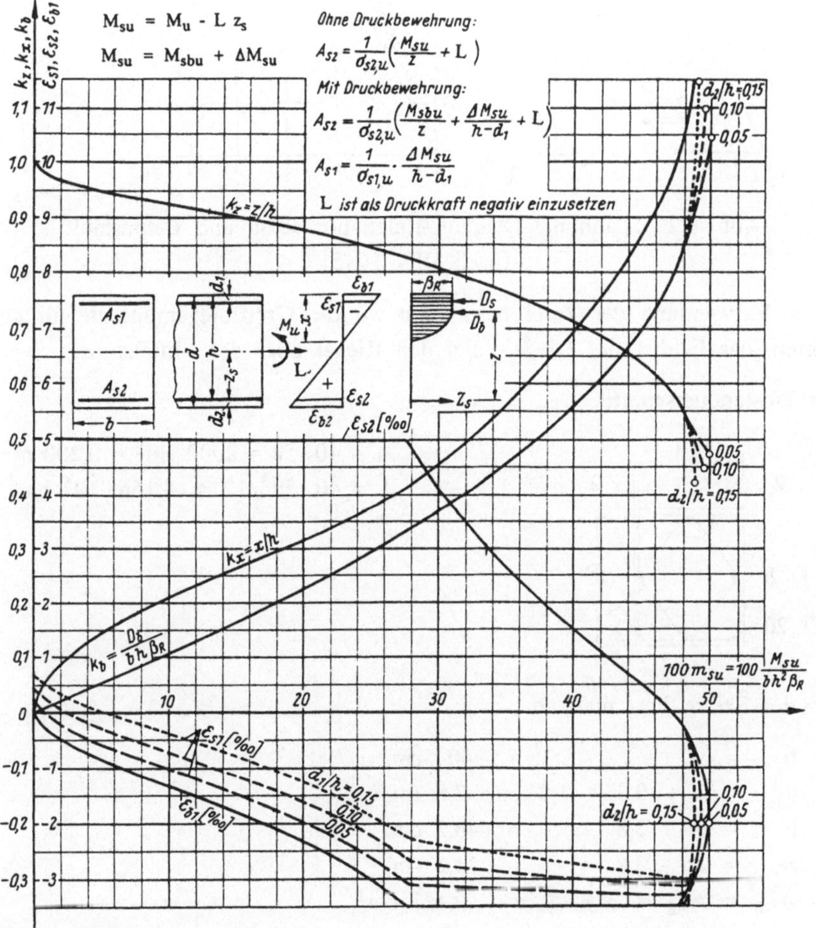

Für die Anwendung der Tafel 9.1 formen wir die Momentenbeziehung nochmals um in:

$$M_u = L\, z_S + \mu_1\, b\, h^2\, \beta_S(1 - d_1/h) + k_b\, b\, h^2\, \beta_R\, k_z\;.$$

Darin bedeuten β_R die Fließspannung des Betons und β_F diejenige des Be-
tonstahls. Bei Beton B 35 ist β_R = 35 N/mm^2, bei Betonstahl BSt 420 ist
β_F = 420 N/mm^2 (s. Abb. 9.29).

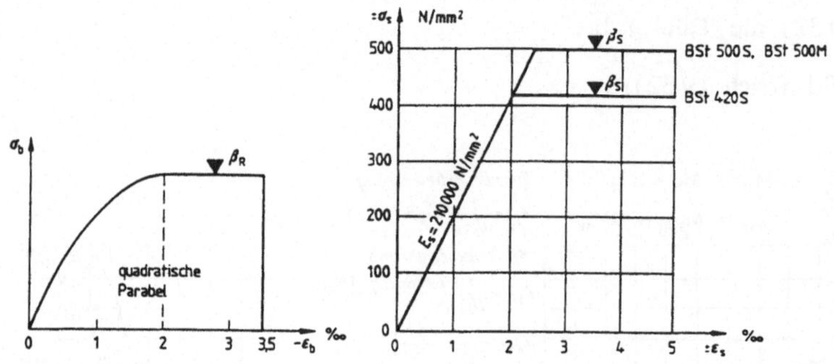

Abb. 9.29 Spannungs-Dehnungslinien für Beton und Betonstahl
(nach DIN 1045)

Unter Verwendung der Tafel bestimmen wir die Grenzbiegemomente für den
Pfosten, das Feld 1 des Riegels und den Riegel über der Mittelstütze.

Der Pfostenquerschnitt:

$A = 40 \cdot 50 = 2000$ cm^2 = 0,200 m^2,

$I = 40 \cdot 50^3/12 = 4,166 \cdot 10^5$ cm^4 .

Aus der Skizze liest man ab:

$$
\begin{aligned}
b   &=   &= 40\ \text{cm,}\\
d_1 &= 2 + 0,8 + 1,0   &= 3,8\ \text{cm,}\\
h   &= 50 - 3,8   &= 46,2\ \text{cm,}\\
z_S &= 25 - 3,8   &= 21,2\ \text{cm,}\\
A_{S1} &= A_{S2} = 3\ \varnothing\ 20 &= 9,425\ \text{cm}^2,\\
L   &= -\,1,515 \cdot 10^6\ \text{N} &\text{(aufgrund einer statischen Vorberechnung).}
\end{aligned}
$$

Rechenwerte:

$$b\,h = 0,4 \cdot 0,462 \qquad\qquad = 0,1848\ \text{cm}^2,$$
$$b\,h^2 = 0,4 \cdot 0,462^2 \qquad\quad = 8,537 \cdot 10^{-2}\ \text{m}^3,$$
$$d_1/h = 3,8/46,2 \qquad\qquad = 0,082\ ,$$
$$\mu_1 = \mu_2 = A_{S1}/b\,h = 9,425/40 \cdot 46,2 = 5,10\ \%o.$$

In einem ersten Iterationsschritt wählt man ein ε_{S2} von 5 %o. In der Tafel ergibt sich damit ein ε_{S1}, welches unterhalb der Fließgrenze liegt. Nur für diese Konstellation ist Kräfte- und Momentengleichgewicht der inneren und "äußeren" Kraftgrößen möglich. Durch mehrfaches Probieren findet man aus der zuvor angegebenen Formel M_u. Es muß außerdem das Kräftegleichgewicht erfüllt sein, d.h. die Summe der Kräfte muß verschwinden.

Aus der Tafel liest man für ein gewähltes ε_b = 2,5 %o ab:

$$\varepsilon_{S1} = 1,8\ \%o,$$
$$k_b = 0,24,$$
$$k_x = 0,33,$$
$$k_z = 0,87,$$

Es ist: $\qquad\qquad E_S = 2,1 \cdot 10^{11}\ \text{N/m}^2.$

Man findet:

$$M_u = -\ 1,515 \cdot 10^6 \cdot 0,212 +$$
$$+\ 5,1 \cdot 10^{-3} \cdot 8,537 \cdot 10^{-2} \cdot 2,1 \cdot 10^{11} \cdot 1,8 \cdot 10^{-3} \cdot (1 - 0,082) +$$
$$+\ 0,24 \cdot 8,537 \cdot 10^{-2} \cdot 3,5 \cdot 10^7 \cdot 0,87 = 4,538 \cdot 10^5\ \text{N m}.$$

Kontrolle: $\qquad -\ Z_S + L + D_S + D_b \overset{!}{=} 0\ :$

$$-\ 5,1 \cdot 10^{-3} \cdot 0,1848 \cdot 4,2 \cdot 10^8 - 1,515 \cdot 10^6 +$$
$$+\ 0,24 \cdot 0,1848 \cdot 3,5 \cdot 10^7 + 5,1 \cdot 10^{-3} \cdot 0,1848 \cdot 2,1 \cdot 10^{11} \cdot 1,8 \cdot 10^{-3} = 0\ ,$$

$$=\ -\ 2,26 \cdot 10^3\ (\text{ dies ist praktisch Null !}).$$

Der Riegelquerschnitt im Feld 1:

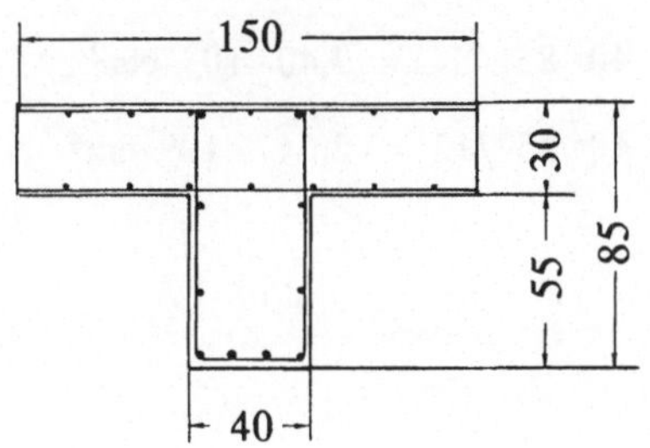

$$A_1 = 150 \cdot 30 + 55 \cdot 40 = 6,7 \cdot 10^3\ \text{cm}^2,$$
$$S_1 = 150 \cdot 30 \cdot 15 + 55 \cdot 40 \cdot 57,5$$
$$= 1,94 \cdot 10^5\ \text{cm}^3,$$
$$x_S = S_1/A \qquad\qquad = 28,955\ \text{cm}\ ,$$
$$I_1 = 150 \cdot 30^3/12 + 150 \cdot 30 \cdot 13,955^2$$
$$+\ 40 \cdot 55^3/12 + 40 \cdot 55 \cdot 28,544^2$$
$$= 3,560 \cdot 10^6\ \text{cm}^4.$$

Aus der Skizze liest man für den Plattenbalken ab:

$$
\begin{aligned}
b_m &= & &= 150 \ \text{cm,}\\
d &= & &= 30 \ \text{cm,}\\
d_1 &= 2 + 0,8 + 0,8 &= 3,6 \ \text{cm,}\\
d_2 &= 2 + 0,8 + 1,1 &= 3,9 \ \text{cm,}\\
h &= 85 - 3,9 &= 81,1 \ \text{cm,}\\
z_S &= 42,5 - 3,9 &= 38,6 \ \text{cm,}\\
A_{S1} &= 2 \ \varnothing \ 16 &= 4,02 \ \text{cm}^2,\\
A_{S2} &= 4 \ \varnothing \ 22 &= 15,205 \ \text{cm}^2,\\
L &= \text{praktisch Null,}\\
b_m \ h &= 1,50 \cdot 0,811 &= 1,2165 \ \text{m}^2,\\
b_m \ h^2 &= 1,50 \cdot 0,811^2 &= 0,9865 \ \text{m}^3,\\
d_1/h &= 3,6/81,1 &= 4,44 \cdot 10^{-2} \ .
\end{aligned}
$$

Mit Hilfe der Tafel findet man nach einigen Probierschritten:

$\varepsilon_b = 0,51 \ \permil$. Aus der Abb. 9.29 liest man ab: $\beta_R = 1,635 \cdot 10^7 \ \text{N/m}^2$,

$\varepsilon_{S1} = 0,49 \ \permil$,

$k_b = 0,03$, $k_x = 0,10$, $k_z = 0,96$.

Mit diesen Ausgangswerten ergibt sich:

$$M_u = A_{S1} \ \varepsilon_{s1} \ E_S \ h \ (1 - d_1/h) + k_b \ b \ h^2 \ \beta_R \ k_z \ ,$$

$$4,02 \cdot 10^{-4} \cdot 0,49 \cdot 10^{-3} \cdot 2,1 \cdot 10^{11} \cdot 0,811 \cdot (1 - 4,44 \cdot 10^{-2}) +$$

$$+ \ 0,03 \cdot 0,9865 \cdot 1,635 \cdot 10^7 \cdot 0,96 \ = \ 4,965 \cdot 10^5 \ \text{N m} \ .$$

Kontrolle: $- Z_S + D_S + D_b = 0$.

$$- \ 15,205 \cdot 10^{-4} \cdot 4,2 \cdot 10^8 + 4,02 \cdot 10^{-4} \cdot 0,49 \cdot 10^{-3} \cdot 2,1 \cdot 10^{11} +$$

$$+ \ 0,03 \cdot 1,2165 \cdot 1,635 \cdot 10^7 \ = \ 1,39 \cdot 10^3 \ \text{(praktisch Null).}$$

Der Rechteckquerschnitt im Bereich der Innenstütze:

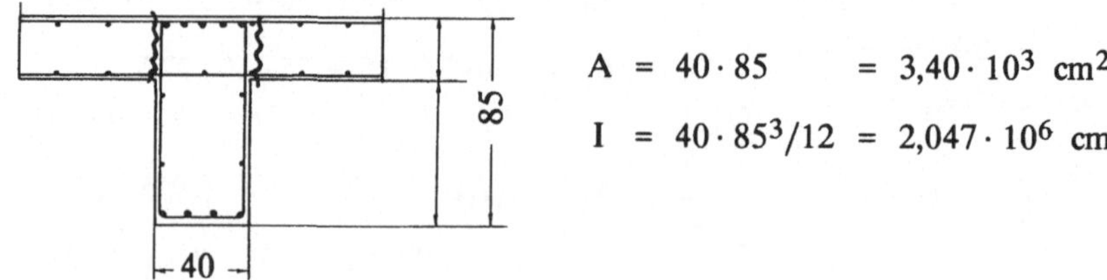

$$A = 40 \cdot 85 \qquad = 3,40 \cdot 10^3 \ \text{cm}^2,$$

$$I = 40 \cdot 85^3/12 = 2,047 \cdot 10^6 \ \text{cm}^4 \ .$$

$$
\begin{aligned}
b \quad &= \qquad\qquad\qquad &&= 40 \quad cm, \\
d_1 \quad &= 2 + 0,8 + 0,7 &&= 3,5 \quad cm, \\
d_2 \quad &= 2 + 0,8 + 1,0 &&= 3,8 \quad cm, \\
h \quad &= 85 - 3,8 &&= 81,2 \quad cm, \\
A_{S1} &= 4 \; \emptyset \; 14 &&= 6,757 \; cm^2, \\
A_{S2} &= 2 \; \emptyset \; 16 + 3 \; \emptyset \; 20 &&= 13,446 \; cm^2, \\
b \; h \quad &= 0,40 \cdot 0,812 &&= 0,3248 \; m^2, \\
b \; h^2 &= 0,40 \cdot 0,812^2 &&= 0,2637 \; m^3, \\
d_1/h \quad &= 3,5/81,2 &&= 4,31 \cdot 10^{-2}.
\end{aligned}
$$

Nach mehreren Probierschritten findet man aus der Tafel:

$\varepsilon_b = 0,95$ ‰, Aus der Abb. 9.29 liest man ab: $\beta_R = 2,45 \cdot 10^7 \; N/m^2$,

$\varepsilon_{S1} = 0,82$ ‰,

$k_b = 0,058, \quad k_x = 0,15, \quad k_z = 0,95$.

Mit diesen Ausgangsdaten berechnet man:

$$
\begin{aligned}
M_u = \quad &6,757 \cdot 10^{-4} \cdot 0,82 \cdot 10^{-3} \cdot 2,1 \cdot 10^{11} \cdot 0,812 \cdot (1 - 4,31 \cdot 10^{-2}) + \\
&+ 0,058 \cdot 0,2637 \cdot 2,45 \cdot 10^7 \cdot 0,95 = 4,464 \cdot 10^5 \; N \; m .
\end{aligned}
$$

Kontrolle: $\quad - 13,446 \cdot 10^{-4} \cdot 4,2 \cdot 10^8 + 6,757 \cdot 10^{-4} \cdot 0,82 \cdot 10^{-3} \cdot 2,1 \cdot 10^{11} +$

$\qquad\qquad + 0,058 \cdot 0,3248 \cdot 2,45 \cdot 10^7 = 2,73 \cdot 10^3$ (praktisch Null) .

Einsetzen der hier ermittelten Grenzbiegemomente M_u in die Arbeitsgleichung liefert zunächst:

$$
- \{ \; 0,8 \cdot 4,538 \cdot 10^5 + 2 \cdot 4,965 \cdot 10^5 + 4,464 \cdot 10^5 \; \} \; \delta\psi + \ldots = 0.
$$

Daraus ergibt sich:

$$
p_G \cdot 10,351 = 7,353 \cdot 10^5 \; N \; m ,
$$

und die Grenzlast pro Längeneinheit ist:

$$
p_G = 7,103 \cdot 10^4 \; N/m .
$$

Daraus ermittelt man mit der Wirkungsbreite des Grenzüberdruckes Δp_{RG} von $A_W = 1,50$ m:

$$
\Delta p_{RG} = 7,103 \cdot 10^4 / 1,50 = 4,73 \cdot 10^4 \; N/m^2,
$$

$$
\Delta p_{RG} \; \hat{=} \; 0,473 \; bar.
$$

Dieser Wert ist größer als der zu erwartende Wert von $\Delta p_{R0} = 0,3$ bar.

Daraus ist zu folgern:

Der Halbrahmen hält der Belastung aus dem größten angenommenen Störfall ohne zusammenzubrechen stand.

Mit diesem hier geschilderten Nachweis der Grenztragfähigkeit des Halbrahmens ist noch nicht der Nachweis der Grenztragfähigkeit des gesamten Tragwerkes geführt. Die übrigen Bauteile sind auf dem gleichen Wege zu überprüfen.

Eine ähnliche Untersuchung ist für die Seitenwände, die Decken- und die Bodenplatte der Meßwarte durchzuführen. Die Untersuchung der Grenztragfähigkeit dieser Plattentragwerke stützt sich auf die Fließlinientheorie. Sie ist in [9.33] ausführlich geschildert. Wir wollen auf diesen Teil eines Grenztragfähigkeitsnachweises hier nicht eingehen, sondern verweisen auf die Literatur.

Mit diesem Beispiel ist auch gezeigt, daß eine kinetische Untersuchung zum Nachweis der Grenztragfähigkeit eines bestehenden Tragwerkes, das unter einer Explosionslast steht, nicht immer notwendig ist.

Ergebnis einer kinetischen Untersuchung eines Kernkraftwerksanbaus

Die Kerntechnischen Regeln schreiben für kerntechnische Anlagen den Lastfall Gaswolkenexplosion vor und geben einen Überdruck-Zeitverlauf an (Abb. 9.30). Der Anbau an ein bestehendes Kernkraftwerk, dessen kinetisches Ver-

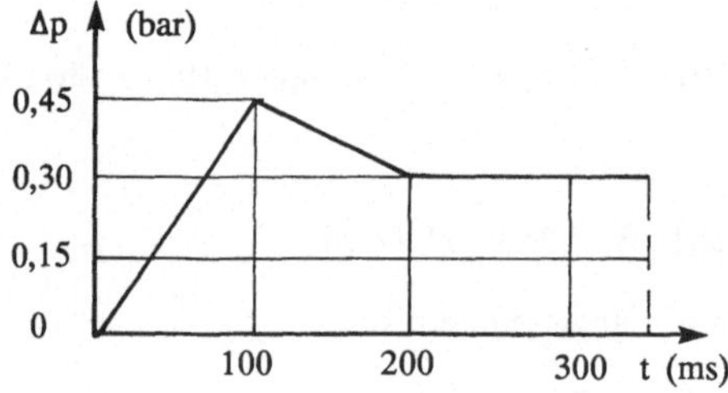

Abb. 9.30 Überdruck-Zeitverlauf (nach den KTA-Regeln)

halten unter einer Gaswolkenexplosion untersucht wurde (s. [9.34]), ist in der Abb. 9.31 skizziert. Das Ersatzmodell ("Stimmgabelmodell") für die kinetische Untersuchung ist ebenfalls dargestellt.

Aus der Vielzahl der Rechenergebnisse sei nur der Verlauf der Horizontalverschiebung des Punktes 9 ausgewählt. Man findet das erwartete Ergebnis, daß

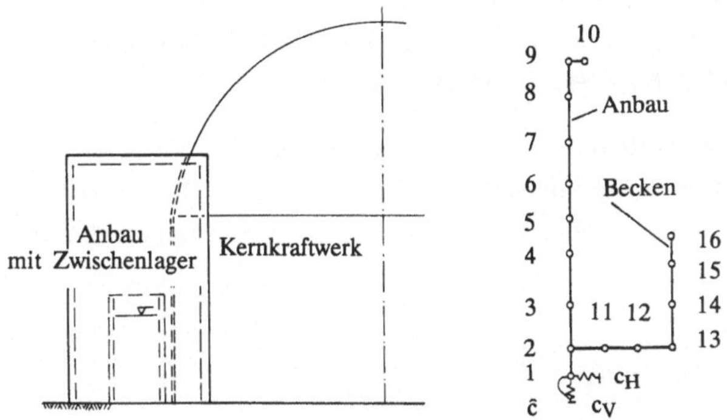

Abb. 9.31 Anbau an ein bestehendes Kernkraftwerk und Ersatzmodell

zunächst die Auslenkung auf dem statischen Wert des konstant angenommenen Überdruckes verharrt. Da das Ersatzmodell keine Dämpfung kennt,

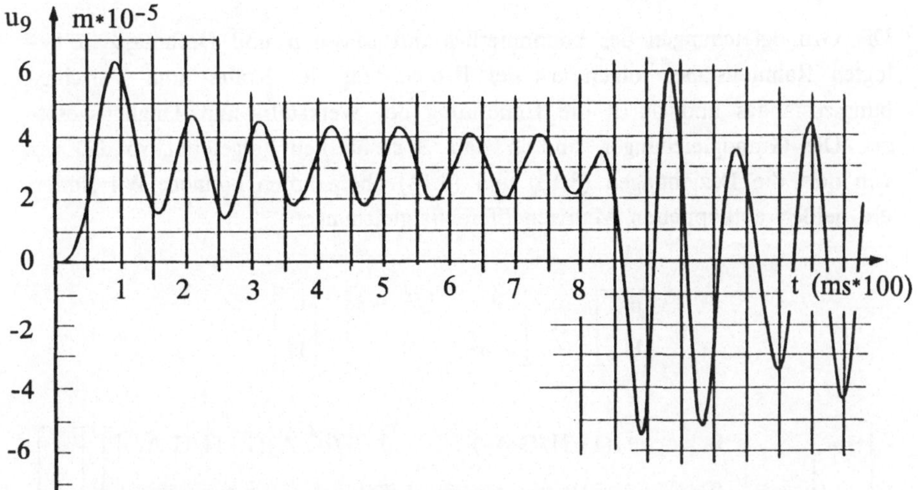

Abb. 9.32 Horizontalverschiebung des Punktes 9 des Ersatzmodells

schwingt der Ausschlag um diesen statischen Mittelwert. Erst nach Abbruch
des Überdruckes treten überraschenderweise nennenswerte Ausschläge auf. Diese Erscheinung ist unphysikalisch und hat ihre Ursache in der wirklichkeitsfer-
nen Festlegung des Überdruck-Zeitdiagrammes.

B. KONTINUIERLICHE SCHWINGER, VERWENDUNG EINES ERSATZMODELLS MIT KONTINUIERLICH VERTEILTER TRÄGHEIT UND NACHGIEBIGKEIT

Das Schwingungsverhalten eines Tragwerkes, dessen Trägheits- und Nachgiebigkeitseigenschaften kontinuierlich verteilt sind, läßt sich mit Hilfe eines Ersatzmodells beschreiben, dessen Trägheit und Nachgiebigkeit kontinuierlich verteilt beibehalten werden. Ein solches Ersatzmodell nennen wir kontinuierlichen Schwinger.

10. STAB-, BALKEN- UND RAHMENSCHWINGER

10.1 Die Grundgleichungen des kontinuierlich mit Trägheit und Nachgiebigkeit belegten Rahmenstabes

Die Grundgleichungen des kontinuierlich mit Masse μ und Drehmasse $\bar{\mu}$ belegten Rahmenstabes folgen aus der Beobachtung des Kräfte- und Verschiebungszustandes und durch die Einführung des Werkstoff- und Trägheitsgesetzes. Die Grundgleichungen sind in Kap. 3 ausführlich hergeleitet, so daß wir von dort die Beziehungen (3.13) und (3.14) übernehmen können. Wir finden die beiden entkoppelten Matrizendifferentialgleichungen:

$$\begin{bmatrix} u_{,x} \\ H_{,x} \end{bmatrix} = \begin{bmatrix} 0 & 1/E\,A \\ \mu\,\partial^2 & 0 \end{bmatrix} \begin{bmatrix} u \\ H \end{bmatrix},$$

$$\begin{bmatrix} w_{,x} \\ \psi_{,x} \\ M_{,x} \\ V_{,x} \end{bmatrix} = \begin{bmatrix} 0 & -1/(1+H/G\,A_S) & 0 & 1/[G\,A_S(1+H/G\,A_S)] \\ 0 & 0 & 1/E\,I & 0 \\ 0 & [\bar{\mu}\,\partial^2+H/(1+H/G\,A_S)] & 0 & 1/(1+H/G\,A_S) \\ \mu\,\partial^2 & 0 & 0 & 0 \end{bmatrix} \begin{bmatrix} w \\ \psi \\ M \\ V \end{bmatrix}$$

$$(10.1)$$

(s. auch (7.44) und (7.45) für den masselosen Stab ohne Berücksichtigung des Längskrafteinflusses auf das Biegemoment).

10.2 Die Lösung bei zeitlich harmonisch veränderlichen Zustandsgrößen

In vielen Anwendungsfällen sind die Zustandsgrößen zeitlich harmonisch veränderlich. Zu diesen Fällen gehören die freien und die harmonisch zwangserregten Schwingungen. Wir setzen an:

$$\left.\begin{aligned}
u(x,t) &= u(x,0) + u(x)\,\sin\omega t\,, \\
H(x,t) &= H(x,0) + H(x)\,\sin\omega t\,, \\
w(x,t) &= w(x,0) + w(x)\,\sin\omega t\,, \\
\vdots \quad &\qquad \vdots \qquad\quad \vdots
\end{aligned}\right\} \qquad (10.2)$$

Die $u(x,0)$, $H(x,0)$, $w(x,0)$ etc. sind zeitlich konstante, also statische Größen.

Einsetzen von (10.2) in die erste Gleichung von (10.1) liefert:

$$\begin{bmatrix} u(x)_{,x} \\ H(x)_{,x} \end{bmatrix} = \begin{bmatrix} 0 & 1/E\,A \\ -\omega^2\mu & 0 \end{bmatrix} \begin{bmatrix} u(x) \\ H(x) \end{bmatrix}\,. \qquad (10.3)$$

Die statische Dehnung

$$u(x,0)_{,x} = H(x,0)/E\,A \qquad (10.4)$$

haben wir, da sie für das Schwingungsverhalten keine Bedeutung hat, Null gesetzt.

Die Lösung des Systems gewöhnlicher Differentialgleichungen erster Ordnung mit konstanten Koeffizienten erhält unter Einführung des Stabparameters

$$\lambda_L^2 = \omega^2\,\mu\,l^2/E\,A \qquad (10.5)$$

die Form:

$$\begin{bmatrix} u(x) \\ \overline{H}(x) \end{bmatrix} = \begin{bmatrix} \cos\lambda_L\,x/l & (1/\lambda_L)\,\sin\lambda_L\,x/l \\ \lambda_L\,\sin\lambda_L\,x/l & \cos\lambda_L\,x/l \end{bmatrix} \begin{bmatrix} u_0 \\ \overline{H}_0 \end{bmatrix}\,. \qquad (10.6)$$

Es bedeuten: $\overline{H} = H\,l/E\,A$ die bezogene Schnittkraft,

u_0 ist die Verschiebung und

H_0 die Schnittkraft am Rande $x=0$.

Mit Hilfe der Übertragungsmatrizenbeziehung (10.6) lassen sich die Eigenfrequenzen und die zugehörigen Eigenschwingungsformen von Stabschwingern mit beliebigen Randbedingungen leicht ermitteln.

Der beidseitig gelagerte Stab

Gegeben ist der beidseitig gelagerte Stab mit kontinuierlich verteilter Masse μ und der Dehnsteifigkeit E A. Gesucht sind die Eigenfrequenzen und die zugehörigen Eigenschwingungsformen.

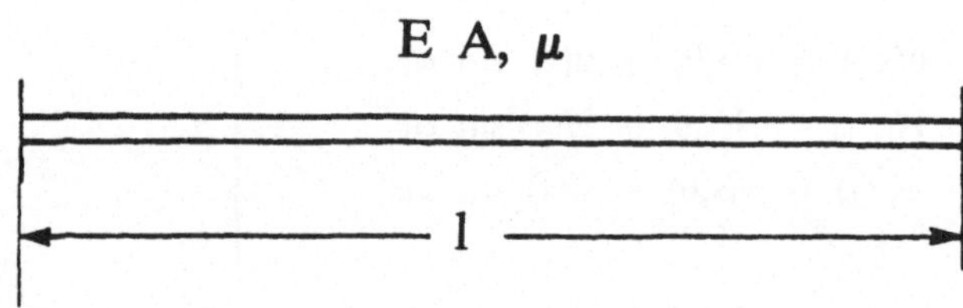

Abb. 10.1 Der beidseitig gelagerte Stab

Lösungsweg:

Die Randbedingungen des linken und rechten Randes schreiben

$$u_0 = 0 \ , \qquad u(l) = 0$$

vor. $\overline{H}_0$ und $\overline{H}(l)$ sind von Null verschieden. Aus der ersten Zeile von (10.6) ergibt sich die Bedingung:

$$u(l) = 0 = \overline{H}_0 \ (1/\lambda_{Le}) \sin \lambda_{Le} \ .$$

Sie ist für die Eigenwerte $\lambda_{Le} = \pi, \ 2\pi, \ ..., \ n \ \pi$ erfüllt.

Mit diesen Eigenwerten ergeben sich aus (10.5) die Eigenkreisfrequenzen ω_{en}:

$$\omega_{en}^2 = E \ A \ n^2 \ \pi^2/(\mu \ l^2) \ .$$

Die Eigenschwingungsformen findet man aus der Übertragungsmatrizenbeziehung, wenn man den Eigenwert in die Verschiebungszeile von (10.6) einsetzt:

$$u(x) = \overline{H}_0 \ (1/\lambda_{Le}) \sin n \ \pi \ x/l \ .$$

Der Vorfaktor des Sinus bleibt unbestimmt. Er ist für die Form der Eigenschwingung unerheblich. Er wird daher Eins gesetzt. Die Eigenschwingungsform ist der Sinus.

Die Ergebnisse für Stabschwinger mit anderen Lagerungsbedingungen sind in der folgenden Tabelle zusammengestellt.

Tabelle 10.1

Symbol	Eigenwertbe- dingung	Eigenwerte λ_{Le}	Eigenschwin- gungsform
	$\sin \lambda_{Le} = 0$	$n\,\pi$	$\sin n\,\pi\,x/l$
	$\cos \lambda_{Le} = 0$	$(2n-1)\,\pi/2$	$\sin \lambda_{Le}\,x/l$
	$\sin \lambda_{Le} = 0$	$n\,\pi$	$\cos n\,\pi\,x/l$

Die zweite Matrizendifferentialgleichung von (10.1) beschreibt das Bewegungsverhalten des Balkens mit Biege- und Schubnachgiebigkeit unter Berücksichtigung des Einflusses der "großen" Längskraft H auf das Biegemoment.

Sie wurde bereits in Kap. 3 unter folgenden Vereinfachungen betrachtet: H sei klein und ihr Einfluß auf das Momentengleichgewicht läßt sich vernachlässigen; die Schubnachgiebigkeit und die Drehmasse lassen sich wegen ihrer Kleinheit Null setzen. Wir wollen an diesen Vereinfachungen zunächst festhalten und übernehmen von Kap. 3 die Beziehung (3.17):

$$\begin{bmatrix} w_{,x} \\ \psi_{,x} \\ M_{,x} \\ Q_{,x} \end{bmatrix} = \begin{bmatrix} 0 & -1 & 0 & 0 \\ 0 & 0 & 1/E\,I & 0 \\ 0 & 0 & 0 & 1 \\ \mu\partial^2 & 0 & 0 & 0 \end{bmatrix} \begin{bmatrix} w \\ \psi \\ M \\ Q \end{bmatrix} . \tag{10.7}$$

Die Einführung des harmonischen Ansatzes entsprechend (10.2) ergibt:

$$\begin{bmatrix} w(x)_{,x} \\ \psi(x)_{,x} \\ M(x)_{,x} \\ Q(x)_{,x} \end{bmatrix} = \begin{bmatrix} 0 & -1 & 0 & 0 \\ 0 & 0 & 1/E\,I & 0 \\ 0 & 0 & 0 & 1 \\ -\omega^2\mu & 0 & 0 & 0 \end{bmatrix} \begin{bmatrix} w(x) \\ \psi(x) \\ M(x) \\ Q(x) \end{bmatrix} . \tag{10.8}$$

Die Lösung erhält mit dem Schwingungsparameter des Balkens (s. (3.20))

$$\lambda^4 = \omega^2\,\mu\,l^4/E\,I \tag{10.9}$$

die allgemeine Form (s. auch Kap. 3, (3.24)):

$$w(x) = C_1 \cosh \lambda x/l + C_2 \sinh \lambda x/l + C_3 \cos \lambda x/l + C_4 \sin \lambda x/l \; .$$

$$(10.10)$$

Ersetzt man die Konstanten C_1 bis C_4 durch die physikalischen Größen des Randes $x=0$, so findet man für die dimensionsgleichen Zustandsgrößen

$$\overline{w} = - w \; , \quad \overline{\psi} = l \, \psi \; , \quad \overline{M} = M \, l^2/E \, I \; , \quad \overline{Q} = Q \, l^3/E \, I \qquad (10.11)$$

unter Einführung der Funktionsabkürzungen:

$$\left.\begin{aligned}
C(x) &= (\cosh \lambda x/l + \cos \lambda x/l)/2 \; , \\[2mm]
S(x) &= (\sinh \lambda x/l + \sin \lambda x/l)/(2 \, \lambda) \; , \\[2mm]
c(x) &= (\cosh \lambda x/l - \cos \lambda x/l)/(2 \, \lambda^2) \; , \\[2mm]
s(x) &= (\sinh \lambda x/l - \sin \lambda x/l)/(2 \, \lambda^3)
\end{aligned}\right\} \qquad (10.12)$$

die Übertragungsmatrizengleichung:

$$\begin{bmatrix} \overline{w}(x) \\[2mm] \overline{\psi}(x) \\[2mm] \overline{M}(x) \\[2mm] \overline{Q}(x) \end{bmatrix} = \begin{bmatrix} C(x) & S(x) & c(x) & s(x) \\[2mm] \lambda^4 s(x) & C(x) & S(x) & c(x) \\[2mm] \lambda^4 c(x) & \lambda^4 s(x) & C(x) & S(x) \\[2mm] \lambda^4 S(x) & \lambda^4 c(x) & \lambda^4 s(x) & C(x) \end{bmatrix} \begin{bmatrix} \overline{w}_0 \\[2mm] \overline{\psi}_0 \\[2mm] \overline{M}_0 \\[2mm] \overline{Q}_0 \end{bmatrix} \; . \qquad (10.13)$$

Der Index Null bezeichnet die Zustandsgrößen des Randes $x = 0$.

Bei ungleichen Feldlängen l_j und Biegesteifigkeiten $E \, I_j$ bezieht man die Zustandsgrößen auf die Bezugslänge $\overline{l}$ und die Bezugsbiegesteifigkeit $\overline{E} \; \overline{I}$. Die Übertragungsmatrizenbeziehung erhält in diesem Falle mit den Abkürzungen (s. auch Kap. 7)

$$a = E \, I_j / \overline{E} \; \overline{I} \; , \qquad b = l_j / \overline{l} \qquad (10.14)$$

die allgemeingültige Form:

$$\begin{bmatrix} \overline{w} \\[2mm] \overline{\psi} \\[2mm] \overline{M} \\[2mm] \overline{Q} \end{bmatrix} = \begin{bmatrix} C & b \, S & (b^2/a) \, c & (b^3/a) \, s \\[2mm] (1/b) \, \lambda^4 s & C & (b/a) \, s & (b^2/a) \, c \\[2mm] (a/b^2) \, \lambda^4 c & (a/b) \, \lambda^4 s & C & b \, S \\[2mm] (a/b^3) \, \lambda^4 S & (a/b^2) \, \lambda^4 c & (1/b) \, \lambda^4 s & C \end{bmatrix} \begin{bmatrix} \overline{w}_0 \\[2mm] \overline{\psi}_0 \\[2mm] \overline{M}_0 \\[2mm] \overline{Q}_0 \end{bmatrix} \; . $$

$$(10.15)$$

Man beachte: Die überstrichenen Zustandsgrößen sind jetzt auf $\overline{l}$ und $\overline{E} \; \overline{I}$, die Funktionen C, S, c, s auf das jeweilige Feld bezogen!

Das Verfahren der Übertragungsmatrizen ist bereits in Kap. 7 eingehend geschildert. Wir können daher seine Anwendung anhand weniger Zahlenbeispiele erläutern.

10.3 Beispiele

Der beidseitig gelenkig gelagerte Balken

Gegeben ist der beiseitig gelenkig gelagerte Balken der Länge l, der kontinuierlich verteilten Masse μ und der Biegenachgiebigkeit 1/E I.

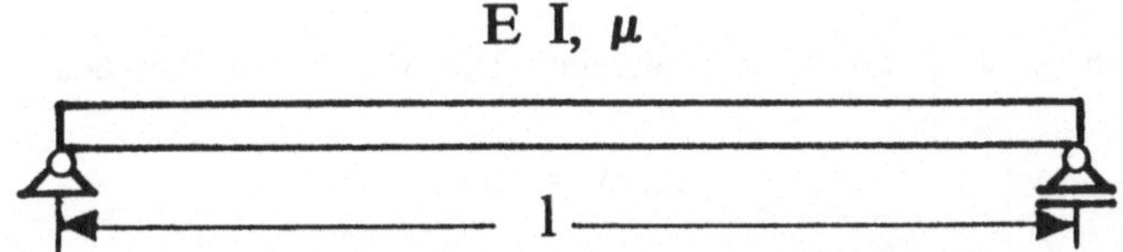

Abb. 10.2 Der beidseitig gelenkig gelagerte Balken

Gesucht sind die Eigenwerte λ_e und die zugehörigen Eigenschwingungsformen.

Lösungsweg:

Die Randbedingungen am linken und rechten Balkenrand schreiben

$$\overline{w}_0 = \overline{M}_0 = 0 \, , \qquad \overline{w}(l) = \overline{M}(l) = 0$$

vor. Von Null verschieden sind: $\overline{\psi}_0$ und $\overline{Q}_0$ und $\overline{\psi}(l)$ sowie $\overline{Q}(l)$. Wir erhalten zunächst:

$$\begin{bmatrix} \overline{w}(x) \\ \overline{\psi}(x) \\ \overline{M}(x) \\ \overline{Q}(x) \end{bmatrix} = \begin{bmatrix} S(x) + s(x) \\ C(x) + c(x) \\ \lambda^4 s(x) + S(x) \\ \lambda^4 c(x) + C(x) \end{bmatrix} \begin{bmatrix} \overline{\psi}_0 \\ \overline{Q}_0 \end{bmatrix} \cdot$$

Die Randbedingungen des rechten Randes greifen die erste und dritte Zeile heraus. Man erhält die beiden Eigenwertgleichungen:

$$\begin{array}{ccl} \overline{\psi}_0 & \overline{Q}_0 & \\ \hline S & s & = 0 \ (\text{wegen } \overline{w}(l) = 0) \, , \\ \lambda^4 s & S & = 0 \ (\text{wegen } \overline{M}(l) = 0) \, . \end{array}$$

Dieses homogene Gleichungssystem hat nur dann eine von Null verschiedene
Lösung, wenn die Determinante der Koeffizientenmatrix verschwindet:

$$\det \begin{vmatrix} S & s \\ \lambda^4\,s & S \end{vmatrix} = S^2 - \lambda^4\,s^2 \ .$$

Die Nullstellen der charakteristischen Gleichung liefern die Eigenwerte λ_e.
Setzt man die Funktionen entsprechend (10.12) ein, so findet man:

$$(\sinh^2 \lambda \ + \ 2\,\sinh \lambda \ \sin \lambda \ + \ \sin^2 \lambda)/(4\,\lambda^2)$$

$$- \ (\lambda^4/4\,\lambda^6)\,(\sinh^2 \lambda \ - \ 2\,\sinh \lambda \ \sin \lambda \ + \ \sin^2 \lambda) \ \overset{!}{=} \ 0 \ .$$

Die Zusammenfassung ergibt:

$$(1/\lambda^2)\,\sinh \lambda \ \sin \lambda \ \overset{!}{=} \ 0 \ .$$

Wegen $\sinh \lambda \ \neq \ 0$ für $\lambda \ \neq \ 0$ ergeben sich die Nullstellen aus der Forderung:

$$\sin \lambda \ \overset{!}{=} \ 0 \ .$$

Der Sinus wird für die Eigenwerte $\lambda_e = n\,\pi$ Null. Mit diesen Werten folgen aus (10.9) die Eigenkreisfrequenzen des Balkenschwingers:

$$\omega_{en}^2 = n^4\,\pi^4\,E\,I/(\mu\,l^4) \ .$$

Man erkennt, daß der kontinuierlich mit Masse und Nachgiebigkeit belegte
Balken freie Schwingungen mit unendlich vielen Eigenfrequenzen ausführen
kann.

Zur Berechnung der zugehörigen Eigenschwingungsformen setzen wir den
Eigenwert in die Verschiebungsbeziehung ein:

$$\overline{w}(l) \ = \ 0 \ = \ \overline{\psi}_0\,(\sinh n\,\pi \ + \ \sin n\,\pi)/(2\,n\,\pi) \ +$$
$$\overline{Q}_0\,(\sinh n\,\pi \ - \ \sin n\,\pi)/(2\,n^3\,\pi^3) \ .$$

Wegen $\sin n\,\pi = 0$ läßt sich $\overline{Q}_0$ durch $\overline{\psi}_0$ ausdrücken:

$$\overline{\psi}_0/\overline{Q}_0 \ = \ - 1/(n^2\,\pi^2) \ .$$

Das Amplitudenverhältnis bestimmt die Eigenform. Einsetzen dieses Verhältnisses in die Verschiebungszeile von (10.13) liefert die Eigenschwingungsform:

$$\overline{w}(x) \ = \ \overline{Q}_0 \ \big\{ - (\sinh n\,\pi\,x/l \ + \ \sin n\,\pi\,x/l)/(2\,n^3\,\pi^3) \ +$$
$$+ \ (\sinh n\,\pi\,x/l \ - \ \sin n\,\pi\,x/l)/(2\,n^3\,\pi^3) \big\} \ ,$$

$$\overline{w}(x) \ = \ - \overline{Q}_0/(n\,\pi)^3 \ \sin n\,\pi\,x/l \ .$$

Der Vorfaktor vor dem Sinus hat für das Aussehen der Eigenschwingungsform keine Bedeutung; man setzt ihn Eins. Die Eigenschwingungsform des beidseitig gelenkig gelagerten Balkens ist die Sinusfunktion.

Die folgende Tabelle enthält die Eigenwertgleichung und die Eigenwerte des Balkens bei unterschiedlichen Lagerungsbedingungen.

Tabelle 10.2

Symbol	Eigenwertgleichung	1. Eigenwert	2. Eigenwert	Eigenwert bei größerem n
	$\cos \lambda = 0$	$\pi/2$	$3\,\pi/2$	$(n-1/2)\,\pi$
	$1 + \cos \lambda \cosh \lambda = 0$	1,875	4,694	$(n-1/2)\,\pi$
	$\tanh \lambda + \tan \lambda = 0$	2,365	5,498	$(n-1/4)\,\pi$
	$\sin \lambda = 0$	π	$2\,\pi$	$n\,\pi$
	$\tanh \lambda - \tan \lambda = 0$	3,926	7,068	$(n+1/4)\,\pi$
	$1 - \cos \lambda \cosh \lambda = 0$	4,730	7,853	$(n+1/2)\,\pi$

Der frei schwingende Durchlaufträger

Gegeben ist der Durchlaufträger der Abb. 10.3 . Seine Biegesteifigkeit E I und die kontinuierlich verteilte Masse μ seien konstant.
Gesucht sind die drei niedrigsten Eigenfrequenzen der symmetrischen Tragwerksschwingungen.

$$l = 15 \text{ m}, \quad E = 2{,}1 \cdot 10^{11} \text{ N/m}^2, \quad I = 1{,}747 \cdot 10^{-2} \text{ m}^4, \quad \mu = 657{,}46 \text{ kg/m}$$

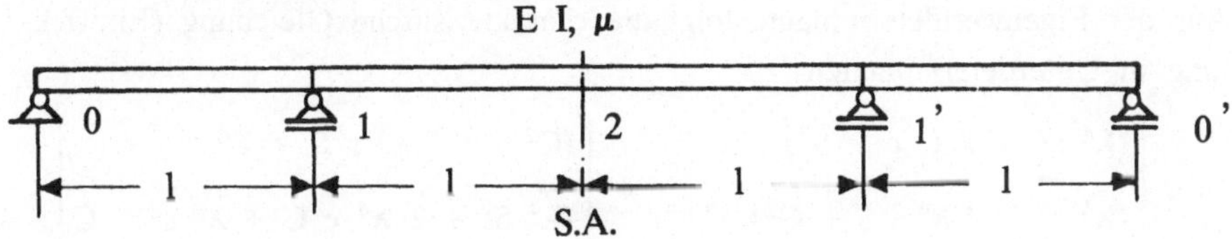

Abb. 10.3 Durchlaufträger

Lösungsweg:

Zur Untersuchung der symmetrischen Tragwerksschwingungen genügt es, nur das halbe Tragwerk zu betrachten. Die Randbedingungen in Tragwerksmitte schreiben in diesem Falle $\psi_2 = Q_2 = 0$ vor.

Am linken Rand werden wegen der gelenkigen Lagerung $w_0 = M_0 = 0$.

Zwischen dem ersten und zweiten Balkenfeld befindet sich ein starres Lager. Es schreibt die Zwischenbedingung $w_1 = 0$ und gleichzeitig einen Querkraftsprung ΔQ_1 vor.

Zur Berechnung der Eigenwertdeterminante eignet sich das folgende Multiplikationsschema:

				$\bar{\psi}_0$	$\bar{Q}_0$	$\Delta\bar{Q}_1$	
				0	0	0	
				1	0	0	
				0	0	0	
				0	1	0	
C	S	c	s	S	s	0	$= \bar{w}_1 = 0$
$\lambda^4 s$	C	S	c	C	c	0	$= \bar{\psi}_1$
$\lambda^4 c$	$\lambda^4 s$	C	S	$\lambda^4 s$	s	0	$= \bar{M}_1$
$\lambda^4 S$	$\lambda^4 c$	$\lambda^4 s$	C	$\lambda^4 c$	C	1	$= \bar{Q}_1$
C	S	c	s				$= \bar{w}_2$
$\lambda^4 s$	C	S	c	$*$	$*$	$*$	$= \bar{\psi}_2 = 0$
$\lambda^4 c$	$\lambda^4 s$	C	S				$= \bar{M}_2$
$\lambda^4 S$	$\lambda^4 c$	$\lambda^4 s$	C	$*$	$*$	$*$	$= \bar{Q}_2 = 0$

Man findet aus der Zwischenbedingung $w_1 = 0$ und den Randbedingungen $\psi_2 = Q_2 = 0$ in Tragswerksmitte die Eigenwertgleichungen:

$\bar{\psi}_0$	$\bar{Q}_0$	$\Delta\bar{Q}_1$	
S	s	0	$= 0$
$2\lambda^4 s S + C^2 + \lambda^4 c^2$	$\lambda^4 s^2 + 2 C c + S^2$	c	$= 0$
$\lambda^4 S^2 + 2\lambda^4 c C + \lambda^8 s^2$	$\lambda^4 c^2 + 2\lambda^4 s S + C^2$	C	$= 0$

Aus der Eigenwertdeterminante folgt die charakteristische Gleichung (Entwicklung in Unterdeterminanten):

$$S \begin{vmatrix} (\lambda^4 s^2 + 2 C c + S^2) & c \\ (\lambda^4 c^2 + 2\lambda^4 s S + C^2) & C \end{vmatrix} - s \begin{vmatrix} (C^2 + 2\lambda^4 s S + \lambda^4 c^2) & c \\ (\lambda^4 S^2 + 2\lambda^4 c C + \lambda^8 s^2) & C \end{vmatrix}$$

Daraus ergibt sich:

$$\left\{ \cosh \lambda \, \cos \lambda \, (\cosh \lambda \, \sin \lambda - \sinh \lambda \, \cos \lambda) + \right.$$
$$\left. \sinh \lambda \, \sin \lambda \, (\cosh \lambda \, \sin \lambda + \sinh \lambda \, \cos \lambda) \right\} / \lambda^3 \overset{!}{=} 0 \; .$$

Für die zuvor angegebenen Zahlenwerte wurde die charakteristische Gleichung ausgewertet. Die Funktion der Eigenwertdeterminante in Abhängigkeit von der Kreisfrequenz ω ist in der Abb. 10.4 dargestellt. Die Nullstellen dieser Funktion sind die Eigenkreisfrequenzen:

$$\omega_{e1} = 40{,}467 \; 1/s \; , \quad \omega_{e2} = 130{,}141 \; 1/s \; , \quad \omega_{e3} = 273{,}628 \; 1/s \; .$$

Daraus ergeben sich die Eigenfrequenzen:

$$f_{e1} = 6{,}440 \; Hz \; , \quad f_{e2} = 20{,}712 \; Hz \; , \quad f_{e3} = 43{,}549 \; Hz \; .$$

Die Nullstelleneinschachtelung erfolgt zweckmäßig mit Hilfe der Regula Falsi.

Zur Berechnung der Eigenschwingungsform setzt man die Eigenkreisfrequenz in die Eigenwertgleichungen ein und drückt ψ_0 und Q_0 durch ΔQ_1 aus. Man erhält so die Eigenform der Unbekannten. Mit ihr geht man anschließend in das Übertragungsmatrizenschema und berechnet w(x) für einzelne Feldkoordinaten x.

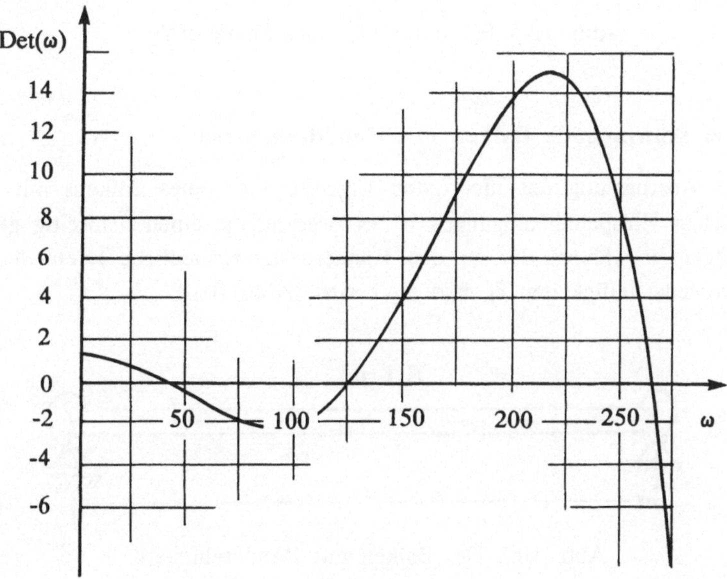

Abb. 10.4 Eigenwertdeterminante Det(ω)

Die folgende Abb. 10.5 gibt den Eigenwert λ_e der symmetrischen und antimetrischen Schwingung des dreifeldrigen, symmetrischen Durchlaufträgers in

Abhängigkeit von dem Verhältnis der Länge des Randfeldes l_R zur halben Länge 1 des Mittelfeldes an.

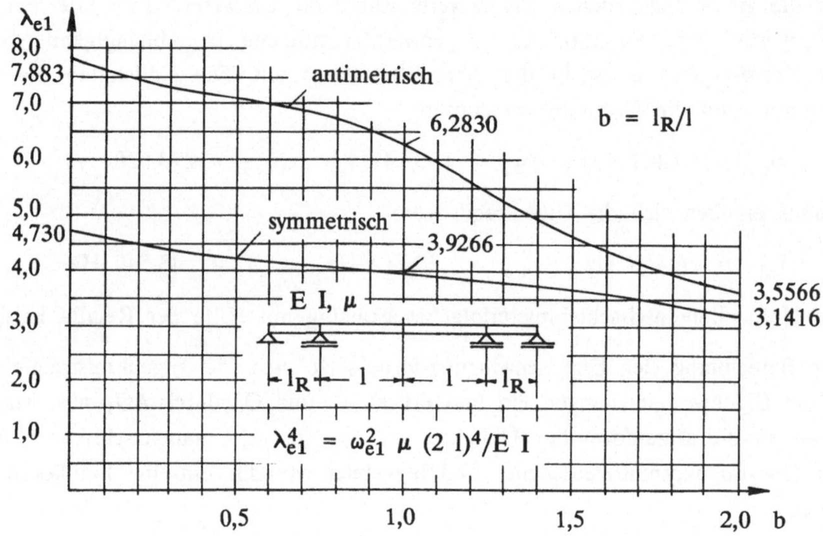

Abb. 10.5 Eigenwerte λ_{e1} des Dreifeldträgers

Der frei schwingende Balken mit Randdrehfedern

Für die Abschätzung der niedrigsten Eigenfrequenz eines Balkens mit unterschiedlichen Einspannbedingungen ist es zweckmäßig, einen beidseitig gelagerten Träger zu wählen, der an den Rändern unterschiedliche Drehfedern mit den Drehfedersteifigkeiten $\hat{c}_L$ und $\hat{c}_R$ besitzt (Abb. 10.6).

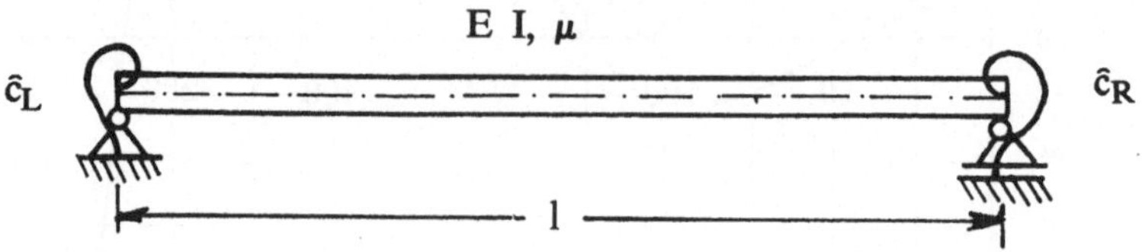

Abb. 10.6 Der Balken mit Randdrehfedern

Die Übertragungsmatrizenbeziehung, die den Übergang über eine Stütze mit der Federsteifigkeit c und der Drehfedersteifigkeit $\hat{c}$ beschreibt, ist in Kap. 7 angegeben. Von dort übernehmen wir (s. (7.49)):

$$
\begin{bmatrix} \overline{w} \\ \overline{\psi} \\ \overline{M} \\ \overline{Q} \end{bmatrix}_R = \begin{bmatrix} 1 & 0 & 0 & 0 \\ 0 & 1 & 0 & 0 \\ 0 & \Gamma_M & 1 & 0 \\ -\Gamma_Q & 0 & 0 & 1 \end{bmatrix} \begin{bmatrix} \overline{w} \\ \overline{\psi} \\ \overline{M} \\ \overline{Q} \end{bmatrix}_L . \qquad (10.16)
$$

Es bedeuten:

$$
\Gamma_Q = (c - \omega^2 m)\overline{l}^{\,3}/\overline{E}\,\overline{I} , \qquad \Gamma_M = (\hat{c} - \omega^2 \hat{m})\overline{l}/\overline{E}\,\overline{I} . \qquad (10.17)
$$

m, $\hat{m}$ ist die Masse und Drehmasse des Lagers; c, $\hat{c}$ ist die Federsteifigkeit und Drehfedersteifigkeit der Lagerfeder. Der Index L und R bedeutet links und rechts von der Stützfeder.

Der Vollständigkeit wegen stellen wir hier die Übertragungsmatrizenbeziehung bereit, die über ein Gelenk mit der inneren Dreh- und Verschiebungsfeder (Abb. 10.7) führt. Die Federsteifigkeiten werden mit c_M und c_Q bezeichnet.

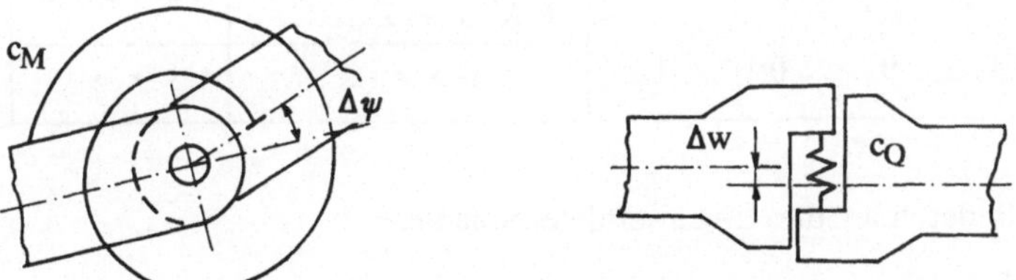

Abb. 10.7 Gelenk mit Drehfeder und Verschiebungsfeder

Man findet aus den Verformungsbedingungen die Beziehungen:

$$
w_R = w_L + Q_L/c_Q , \qquad \psi_R = \psi_L + M_L/c_M . \qquad (10.18)
$$

Mit den bezogenen Federnachgiebigkeiten

$$
\overline{h}_Q = \overline{E}\,\overline{I}/(c_Q\,\overline{l}^{\,3}) , \qquad \overline{h}_M = \overline{E}\,\overline{I}/(c_M\,\overline{l}) \qquad (10.19)
$$

ergibt sich die Übertragungsmatrizenbeziehung:

$$
\begin{bmatrix} \overline{w} \\ \overline{\psi} \\ \overline{M} \\ \overline{Q} \end{bmatrix}_R = \begin{bmatrix} 1 & 0 & 0 & -\overline{h}_Q \\ 0 & 1 & \overline{h}_M & 0 \\ 0 & 0 & 1 & 0 \\ 0 & 0 & 0 & 1 \end{bmatrix} \begin{bmatrix} \overline{w} \\ \overline{\psi} \\ \overline{M} \\ \overline{Q} \end{bmatrix}_L . \qquad (10.20)
$$

Zur Berechnung der Eigenwerte des Balkens mit Randdrehfedern (Abb. 10.6) dient das folgende Multiplikationsschema:

				$\overline{\psi}_0$	$\overline{Q}_0$	
				0	0	
				1	0	
				Γ_{M_L}	0	
				0	1	
C	S	c	s	$S + \Gamma_{M_L}\, c$	s	
$\lambda^4\, s$	C	S	c	$C + \Gamma_{M_L}\, S$	c	
$\lambda^4\, c$	$\lambda^4\, s$	C	S	$\lambda^4\, s + \Gamma_{M_L}\, C$	S	
$\lambda^4\, S$	$\lambda^4\, c$	$\lambda^4\, s$	C	$\lambda^4\, c + \Gamma_{M_L}\, \lambda^4\, s$	C	
1	0	0	0	$S + \Gamma_{M_L}\, c$	s	$\overline{w}(l) = 0$
0	1	0	0	* * *	* * *	
0	Γ_{M_R}	1	0	$\Gamma_{M_R}(C + \Gamma_{M_L} S)$ $+ \lambda^4\, s + \Gamma_{M_L}\, C$	$\Gamma_{M_R}\, c + S$	$\overline{M}(l) = 0$
0	0	0	1	* * *	* * *	

Daraus findet man die Eigenwertdeterminante:

$$\begin{vmatrix} (S + \Gamma_{M_L}\, c) & s \\ (\Gamma_{M_R}(C + \Gamma_{M_L} S) + \lambda^4\, s + \Gamma_{M_L}\, C) & (\Gamma_{M_L}\, c + S) \end{vmatrix} \overset{!}{=} 0 \ .$$

Sie wird zur charakteristischen Gleichung

$$\Gamma_{M_L}\, \hat{B} + \Gamma_{M_L}\, \Gamma_{M_R}\, (1 - \hat{E})/\lambda^4 + \Gamma_{M_R}\, \hat{B} + 2\, \hat{S} = 0$$

umgeformt.

Es bedeuten: $\quad \hat{B} = (\cosh \lambda \sin \lambda - \sinh \lambda \cos \lambda)/(2\, \lambda^3)\ ,$

$$\hat{S} = \sinh \lambda \sin \lambda /(2\, \lambda^2)\ ,$$

$$\hat{E} = (1 + \cosh \lambda \cos \lambda)/2 \ .$$

Die Auswertung der Gleichung für verschiedene Federsteifigkeiten zeigt Abb. 10.8.

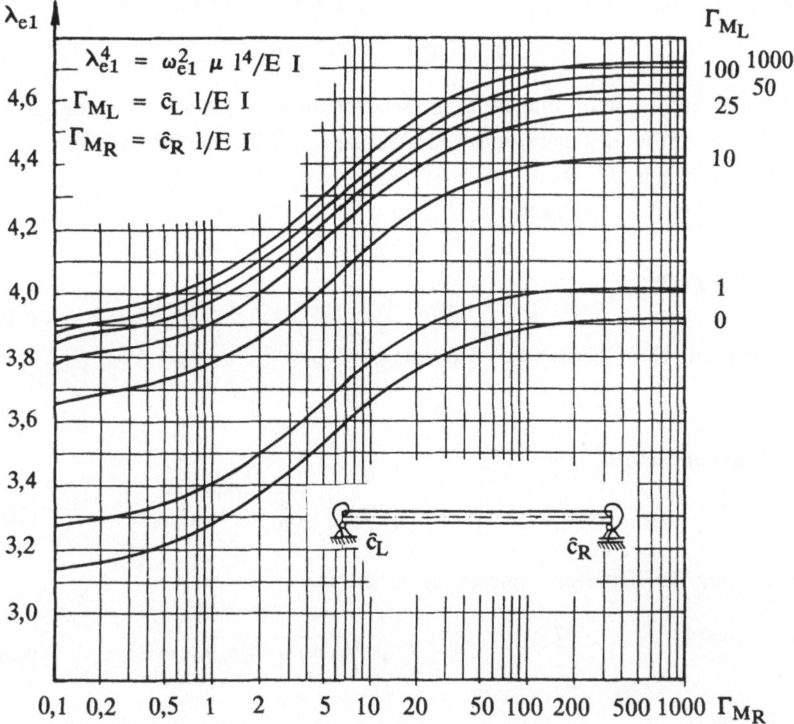

Abb. 10.8 Eigenwerte λ_{e1} in Abhängigkeit von Γ_{ML} und Γ_{MR}

10.4 Die Wirkung der richtungstreuen statischen Druckkraft auf das kinetische Verhalten des Balkenschwingers

In vielen Fällen der Praxis führt die Gewichtskraft in einzelnen Stäben des Tragwerkes zu "großen" statischen Druckkräften F_x. In diesen Fällen muß man ihren Einfluß auf das Momentengleichgewicht berücksichtigen.

Aus dem zweiten Satz der Differentialgleichungen von (10.1) erhält man unter der Annahme: Schubnachgiebigkeit und Drehträgheit verschwinden:

$$
\begin{bmatrix} w_{,x} \\ \psi_{,x} \\ M_{,x} \\ V_{,x} \end{bmatrix}
=
\begin{bmatrix}
0 & -1 & 0 & 0 \\
0 & 0 & 1/E\,I & 0 \\
0 & -F_x & 0 & 1 \\
\mu\,\partial^2 & 0 & 0 & 0
\end{bmatrix}
\begin{bmatrix} w \\ \psi \\ M \\ V \end{bmatrix} .
\tag{10.21}
$$

Aus (10.21) folgt unter Einführung des Druckbiegungsparameters

$$\lambda_K^2 = F_x \, l^2/E \, I \tag{10.22}$$

und des bereits zuvor eingeführten Schwingungsparameters des Balkens λ (s. (10.9)) mit Hilfe des harmonischen Ansatzes für die Zustandsgrößen die Differentialgleichung ($\nabla \triangleq d(...)/(dx/l)$):

$$\overline{w}^{\nabla\nabla\nabla\nabla} + \lambda_K^2 \, \overline{w}^{\nabla\nabla} - \lambda^4 \, \overline{w} = 0 \; . \tag{10.23}$$

Der Lösungsansatz

$$\overline{w} = C \, e^{\alpha x/l} \tag{10.24}$$

führt auf die charakteristische Gleichung:

$$\alpha^4 + \lambda_K^2 \, \alpha^2 - \lambda^4 = 0 \; . \tag{10.25}$$

Ihre Wurzeln sind:

$$\alpha_{1,2}^2 = \frac{1}{2} \left[- \lambda_K^2 \pm \sqrt{\lambda_K^4 + 4 \, \lambda^4} \, \right] \; . \tag{10.26}$$

Die Lösung der Differentialgleichung erhält mit

$$\begin{aligned} \beta_1^2 \\ \beta_2^2 \end{aligned} = \left| \mp \lambda_K^2 + \sqrt{\lambda_K^4 + 4 \, \lambda^4} \, \right|/2 \tag{10.26$'$}$$

die Form:

$$\overline{w}(x) = C_1 \cosh \beta_1 \, x/l + C_2 \sinh \beta_1 \, x/l + C_3 \cos \beta_2 \, x/l + C_4 \sin \beta_2 \, x/l \; . \tag{10.27}$$

Die Konstanten C_1 bis C_4 werden anschließend durch die Zustandsgrößen des Randes $x = 0$ ersetzt. Auf diese Weise findet man die Übertragungsmatrizenbeziehung:

$$\begin{bmatrix} \overline{w} \\ \overline{\psi} \\ \overline{M} \\ \overline{V} \end{bmatrix} = \begin{bmatrix} C_I & S_I & c & s_I \\ \lambda^4 \, s_I & C_{II} & S_{II} & c \\ \lambda^4 \, c & \lambda^4 \, s_{II} & C_{II} & S_I \\ \lambda^4 \, S_{III} & \lambda^4 \, c & \lambda^4 \, s_I & C_I \end{bmatrix} \begin{bmatrix} \overline{w}_0 \\ \overline{\psi}_0 \\ \overline{M}_0 \\ \overline{V}_0 \end{bmatrix} \; . \tag{10.28}$$

Es bedeuten:

$$A_0 = 1/(\beta_1^2 + \beta_2^2), \quad A_1 = \beta_1^2/(\beta_1^2 + \beta_2^2), \quad A_2 = \beta_2^2/(\beta_1^2 + \beta_2^2) \; . \tag{10.29}$$

Unter Beachtung von

$$\beta_1^2 - \beta_2^2 = - \lambda_K^2 \, , \qquad \beta_1^2 \, \beta_2^2 = \lambda^4 \tag{10.29$'$}$$

lauten die Abkürzungen:

$$
\left.
\begin{aligned}
C_I &= A_2 \cosh \beta_1 \, x/l + A_1 \cos \beta_2 \, x/l \ , \\
C_{II} &= A_1 \cosh \beta_1 \, x/l + A_2 \cos \beta_2 \, x/l \ , \\
S_I &= (A_1/\beta_1) \sinh \beta_1 \, x/l + (A_2/\beta_2) \sin \beta_2 \, x/l \ , \\
S_{II} &= A_0 \, (\beta_1 \sinh \beta_1 \, x/l + \beta_2 \sin \beta_2 \, x/l) \ , \\
S_{III} &= (A_2/\beta_1) \sinh \beta_1 \, x/l + (A_1/\beta_2) \sin \beta_1 \, x/l \ , \\
c &= A_0 \, (\cosh \beta_1 \, x/l - \cos \beta_2 \, x/l) \ , \\
s_I &= A_0 \, [(1/\beta_1) \sinh \beta_1 \, x/l - (1/\beta_2) \sin \beta_2 \, x/l] \ , \\
s_{II} &= A_0 \, [(\beta_1/\beta_2^2) \sinh \beta_1 \, x/l - (\beta_2/\beta_1^2) \sin x/l] \ .
\end{aligned}
\right\} \qquad (10.29'')
$$

Bei fehlender Druckkraft, d.h. $\lambda_K = 0$, geht (10.28) in die Beziehung (10.13) über.

Die statische Druckbiegung

Für den Sonderfall der Statik des Stabes unter der Wirkung einer "großen" Druckkraft F_x vereinfacht sich die Differentialgleichung (10.23). Anstelle der Eigenwerte (10.26') ergeben sich in diesem Falle:

$$
\beta_1 = \beta_2 = 0 \ , \qquad \beta_{3,4} = \pm \, i \, \lambda_K \ . \tag{10.30}
$$

Die Lösung der Differentialgleichung erhält das Aussehen:

$$
\overline{w}(x) = C_1 + C_2 \, x/l + C_3 \cos \lambda_K \, x/l + C_4 \sin \lambda_K \, x/l \ . \tag{10.31}
$$

Die zugehörige Übertragungsmatrizenbeziehung lautet:

$$
\begin{bmatrix} \overline{w} \\ \overline{\psi} \\ \overline{M} \\ \overline{V} \end{bmatrix}_1
=
\begin{bmatrix}
1 & S_B & C_D & S_D \\
0 & C_B & S_B & C_D \\
0 & -\lambda_K^2 S_B & C_B & S_B \\
0 & 0 & 0 & 1
\end{bmatrix}
\begin{bmatrix} \overline{w} \\ \overline{\psi} \\ \overline{M} \\ \overline{V} \end{bmatrix}_0 \ . \tag{10.32}
$$

Es bedeuten:

$$
\left.
\begin{aligned}
C_B &= \cos \lambda_K \ , & S_B &= (1/\lambda_K) \sin \lambda_K \ , \\
C_D &= (1 - \cos \lambda_K)/\lambda_K^2 \ , & S_D &= (1/\lambda_K^3) \, (\lambda_K - \sin \lambda_K) \ .
\end{aligned}
\right\} \qquad (10.32')
$$

Der beidseitig gelenkig gelagerte Balken

Gegeben ist der beidseitig gelenkig gelagerte Balken (Abb. 10.9), der unter der statischen Druckkraft F_x steht. Gesucht sind die charakteristischen Balkenparameter λ_e, mit denen der Balken freie Schwingungen ausführen kann.

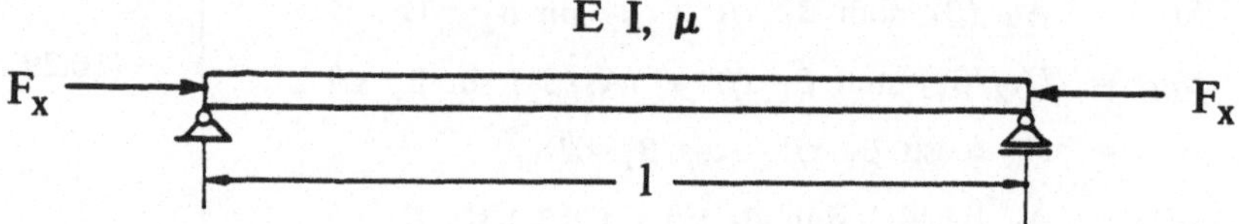

Abb. 10.9 Der beiseitig gelenkig gelagerte Balken unter der
statischen Druckkraft F_x

Lösungsweg:

Die Randbedingungen schreiben

$$\overline{w}(0) = \overline{M}(0) = \overline{w}(1) = \overline{M}(1) = 0 \qquad (10.33)$$

vor. Sie führen zu den Eigenwertgleichungen:

$$
\begin{array}{ccccc}
\overline{\psi}_0 & \overline{V}_0 & & & \\
\hline
S_I & s_I & = 0 & = \overline{w}(1) \ , & \\
\lambda^4 \, s_{II} & S_I & = 0 & = \overline{M}(1) \ . &
\end{array}
\qquad (10.34)
$$

Aus der Determinante der Koeffizientenmatrix folgt die charakteristische Gleichung:

$$S_I^2 - \lambda^4 \, s_I \, s_{II} = 0 \ . \qquad (10.35)$$

Sie läßt sich mit den Beziehungen (10.29) bis (10.29′′) in

$$(\beta_1^2 + \beta_2^2)/(\beta_1 \, \beta_2) \sinh \beta_1 \sin \beta_2 = 0 \qquad (10.35\,')$$

überführen. Nullstellen ergeben sich für $\beta_2 = n \, \pi$.

Der Zusammenhang zwischen dem Balkenparameter und dem Druckbiegungsparameter folgt mit (10.26′):

$$(n \, \pi)^2 = \left| \ \lambda_K^2 + \sqrt{\lambda_K^2 + 4 \, \lambda_e^4} \ \right| / 2 \ . \qquad (10.36)$$

Dieser Ausdruck wird umgeformt:

$$(\lambda_e/n \, \pi)^2 = \sqrt{1 - (\lambda_K/n \, \pi)^2} \ . \qquad (10.37)$$

Diese Beziehung läßt sich für die niedrigsten Eigenwerte durch die Einführung des Balkenparameters λ_{e1} und des entsprechenden Druckbiegungsparameters λ_{K1}, der zum Knicken des Stabes unter statischer Druckkraft führt (Euler-Knicken, Eulerfall 2), verallgemeinern:

$$(\lambda_e/\lambda_{e1})^2 = \sqrt{1 - (\lambda_K/\lambda_{K1})^2} \; . \tag{10.38}$$

Das folgende kinetische Interaktionsdiagramm zeigt die Abhängigkeit des charakteristischen Balkenparameters λ_e von der großen Druckkraft. Die Schwingungsfrequenz nimmt mit wachsender Druckkraft ab.

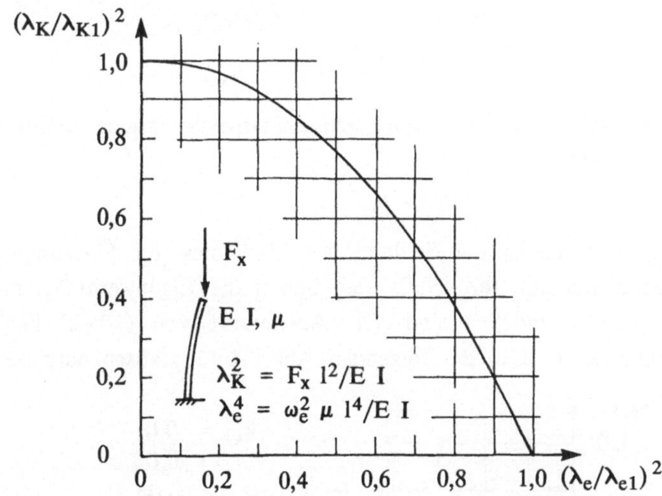

Abb. 10.10 Kinetisches Interaktionsdiagramm

Dieses Interaktionsdiagramm ist unabhängig von den Lagerungsbedingungen des Stabes. Man muß nur die niedrigsten charakteristischen Werte einsetzen.

So ist z.B. für den Kragträger der niedrigste Balken- und Druckbiegungsparameter:

$$\lambda_{e1} = 1{,}875 \, , \qquad \lambda_{K1} = \pi/2 \tag{10.39}$$

in die zuvor angegebene Formel einzusetzen.

Bei Stäben mit dünnwandigem Querschnitt muß man die Schubnachgiebigkeit berücksichtigen. In diesem Falle muß man von den unter (10.1) angegebenen Differentialgleichungen ausgehen. Setzt man dort $H = -F_x$ und wählt für die Zustandsgrößen den harmonischen Ansatz entsprechend (10.2), so ergibt sich für die dimensionsgleichen Größen das folgende System von Differentialgleichungen:

$$\begin{bmatrix} \overline{w} \\ \overline{\psi} \\ \overline{M} \\ \overline{V} \end{bmatrix}^{\nabla} = \begin{bmatrix} 0 & 1/(1-\lambda_K^2 k_Q) & 0 & -k_Q/(1-\lambda_K^2 k_Q) \\ 0 & 0 & 1 & 0 \\ 0 & [-\lambda^4(i_\theta/l)^2 - \lambda_K^2/(1-\lambda_K^2 k_Q)] & 0 & 1/(1-\lambda_K^2 k_Q) \\ \lambda^4 & 0 & 0 & 0 \end{bmatrix} \begin{bmatrix} \overline{w} \\ \overline{\psi} \\ \overline{M} \\ \overline{V} \end{bmatrix} ,$$

$$\tag{10.40}$$

$k_Q = EI/(l^2 GA_S)$ ist der Schubdeformationsbeiwert.

Die Lösung dieser Matrizendifferentialgleichung wird zweckmäßig auf numerischem Wege mit Hilfe der Picard-Iteration (s. Kap. 5) gefunden.

Durch Einsetzen der Randbedingungen des Kragbalkens

$$\overline{w}_0 = \overline{\psi}_0 = 0 \text{ und } \overline{M}(l) = \overline{V}(l) = 0 \tag{10.41}$$

in die numerisch gewonnene Übertragungsmatrizenbeziehung ergibt sich die Eigenwertdeterminante:

$$t_{33}\, t_{44} - t_{34}\, t_{43} \stackrel{!}{=} 0 . \tag{10.42}$$

(Die Indices i, k geben die Stellung des Elementes der Übertragungsmatrix im Matrizenschema an). Ihre Nullstellen liefern die Eigenwerte λ_e, mit denen freie Schwingungen möglich sind. Die Auswertung von (10.42) für $i_\theta = 0$ (keine Drehträgheit) ist in der folgenden Abb. 10.11 grafisch dargestellt.

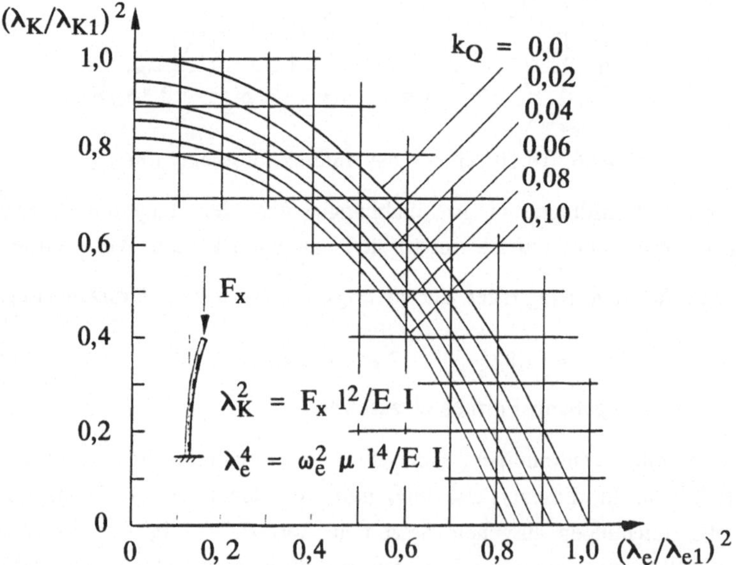

Abb. 10.11 Kinetisches Interaktionsdiagramm für den Kragbalken bei Berücksichtigung der Schubnachgiebigkeit

Es sei darauf hingewiesen, daß andere Lagerungsbedingungen zu einer anderen Form der Reduktion des Eigenwertes λ_e in Abhängigkeit von k_Q führen.

Das vorliegende Ergebnis läßt sich in die allgemeingültige Form

$$(\lambda_e/\lambda_{eS1})^2 = \sqrt{1 - (\lambda_K/\lambda_{KS1})^2} \qquad (10.43)$$

bringen. Darin bezeichnen λ_{eS1} und λ_{KS1} den Schwingungs- und den Druckbiegungsparameter des schubnachgiebigen Balkens. Diese Größen lassen sich unter Verwendung der Parameter des schubstarren Kragbalkens λ_{e1} und λ_{K1} aus den Beziehungen

$$(\lambda_{eS1}/\lambda_{e1})^2 = 1 - \lambda_{e1}\,k_Q\,, \quad (\lambda_{KS1}/\lambda_{K1})^2 = 1/(1 + \lambda_{K1}^2\,k_Q) \qquad (10.44)$$

bestimmen.

10.5 Der Stab unter nichtrichtungstreuer statischer Druckkraft

Eine Flüssigkeit, die aus einem Rohr ins Freie strömt, übt auf die Öffnung einen statischen Druck aus. Die Richtung dieser Druckkraft ist tangential zur Rohrachse gerichtet, auch dann, wenn sich das Rohr seitlich auslenkt (Abb. 10.12). Man spricht in diesem Falle von einer nichtrichtungstreuen oder nichtkonservativen Druckkraft.

Man beobachtet, daß das Rohrende beim Erreichen der kritischen Druckkraft plötzlich mit Schwingungen antwortet. Ein solches Phänomen läßt sich nicht

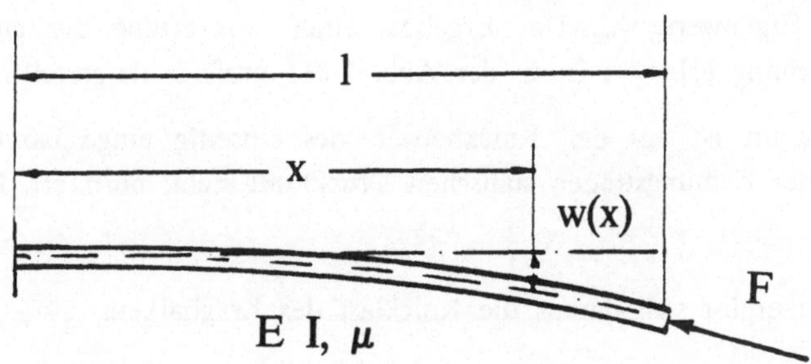

Abb. 10.12 Kragbalken unter nichtrichtungstreuer statischer
Druckkraft (Beckscher Stab)

mit Beziehungen der Statik, sondern nur mit denen der Kinetik beschreiben.

Wir gehen zur Lösung der Aufgabe von der Schwingungsdifferentialgleichung (10.23) aus. Ihre Lösung lautet (s. (10.27)):

$$\bar{w}(x) = C_1 \cosh \beta_1 \, x/l + C_2 \sinh \beta_1 \, x/l + C_3 \cos \beta_2 \, x/l + C_4 \sin \beta_2 \, x/l \, .$$

$$(10.45)$$

Die Randbedingungen des Kragbalkens, der unter der tangentialen Folgelast F_K steht, lauten:

$$x = 0: \quad \bar{w}_0 = \bar{\psi}_0 = 0 \quad \text{und} \quad x = l: \quad \overline{M}(l) = \overline{Q}(l) = 0 \, . \quad (10.46)$$

Unter Beachtung der Geometriebeziehungen und des Stoffgesetzes ergibt sich damit das folgende Gleichungssystem:

C_1	C_2	C_3	C_4	
1	0	1	0	$= 0 \, ,$
0	β_1	0	β_2	$= 0 \, ,$
$\beta_1^2 \cosh \beta_1$	$\beta_1^2 \sinh \beta_1$	$-\beta_2^2 \cos \beta_2$	$-\beta_2^2 \sin \beta_2$	$= 0 \, ,$
$\beta_1^3 \sinh \beta_1$	$\beta_1^3 \cosh \beta_1$	$\beta_2^3 \sin \beta_2$	$-\beta_2^3 \cos \beta_2$	$= 0 \, .$

$$(10.47)$$

Die Determinante des Gleichungssystems läßt sich zu der charakteristischen Gleichung

$$(\beta_1^4 + \beta_2^4) + 2 \, \beta_1^2 \, \beta_2^2 \cosh \beta_1 \cos \beta_2 + \beta_1 \, \beta_2 \, (\beta_2^2 - \beta_1^2) \sinh \beta_1 \sin \beta_2 \overset{!}{=} 0$$

$$(10.47\,')$$

zusammenfassen. Die Beiwerte β_1 und β_2 sind Funktionen von λ_K und λ. Für fest vorgegebene Werte λ_K findet man aus den Nullstellen der Determinante die Eigenwerte λ_e. Das Ergebnis einer Auswertung der charakteristischen Gleichung (10.47$\,'$) ist in der Abb. 10.13 grafisch dargestellt.

Das Diagramm ist auf den Knickbeiwert des einseitig eingespannten Stabes, der unter der richtungstreuen statischen Druckkraft steht, normiert. Es gilt:

$$\lambda_{K1}^2 = \pi^2/4 \, . \quad (10.48)$$

Mit (10.22) ergibt sich daraus die Knicklast des Kragbalkens:

$$F_{K1} = \pi^2 \, E \, I/(2 \, l)^2 \, . \quad (10.48\,')$$

Die Abszisse des Diagramms ist auf den Schwingungsbeiwert des frei schwingenden Kragbalkens (ohne Druckkraft)

$$\lambda_{e1} = 1{,}875 \quad (10.49)$$

normiert.

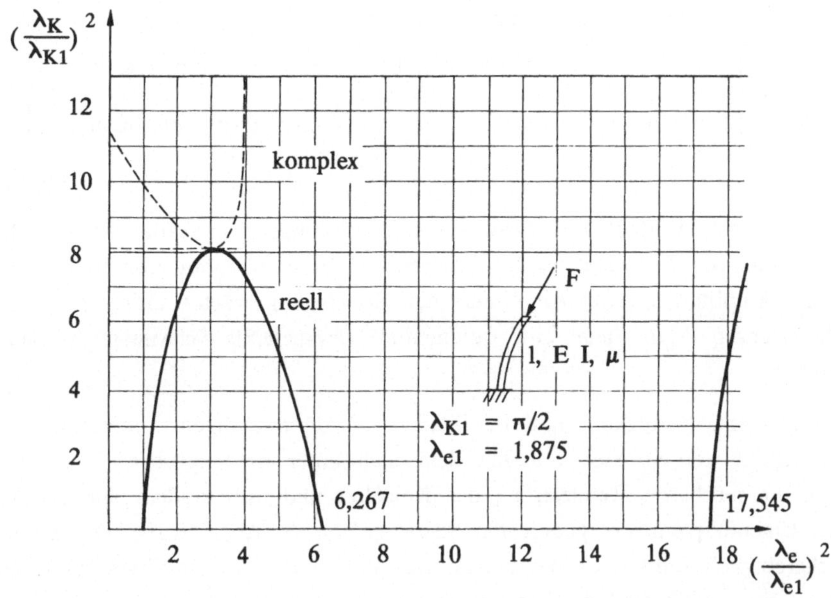

Abb. 10.13 Kinetisches Interaktionsdiagramm des Kragbalkens unter
tangentialer Folgelast

Aus dem Diagramm erkennt man, daß sich der erste und zweite Eigenwert
mit wachsendem $(\lambda_K/\lambda_{K1})^2$ einander annähern.

Bei dem kritischen Wert

$$(\lambda_{Kr}/\lambda_{K1})^2 = F_{Kr}/F_{K1} = 8,107 \qquad (10.50)$$

fällt der erste mit dem zweiten Eigenwert zusammen. Eine weitere Steigerung
der nichtrichtungstreuen Druckkraft führt zu konjugiert komplexen Eigenwerten, die man allgemein in der Form

$$\lambda_{1,2} = a \pm i\, b \qquad (10.51)$$

darstellen kann.

Aus diesem Resultat folgert man: Für eine tangentiale Folgelast F_K, die
kleiner als $8,107\, F_{K1}$ ist, kann der Kragbalken freie Schwingungen mit den
in dem Diagramm angegebenen Eigenwerten ausführen.

Für $F_K > 8,107\, F_{K1}$ sind Ausschläge zu erwarten, die mit sin $(\lambda_{1,2})$ t und
cos $(\lambda_{1,2})$ t gehen.

Es gelten die Additionstheoreme:

$$\left.\begin{array}{l}
\sin \left(\begin{smallmatrix}\lambda_1\\\lambda_2\end{smallmatrix}\right) t = \sin (a \pm i\, b)\, t = \cosh bt \sin at \pm i \sinh bt \cos at\ , \\[2ex]
\cos \left(\begin{smallmatrix}\lambda_1\\\lambda_2\end{smallmatrix}\right) t = \cos (a \pm i\, b)\, t = \cosh bt \cos at \pm i \sinh bt \sin at\ .
\end{array}\right\}$$

$$(10.52)$$

Der zeitliche Verlauf der Schwingung wird durch den reellen Anteil der Funktionen $\sin \lambda t$ oder $\cos \lambda t$ beschrieben. Er enthält mit $\cosh bt$ anwachsende Amplituden. Die Amplitude der Schwingung wächst also rasch über alle Grenzen. Man findet eine exponentiell anwachsende Schwingung (s. auch [10.5]).

Die Schubnachgiebigkeit muß bei Stäben mit dünnwandigem Querschnitt berücksichtigt werden. Sie hatte bei dem Stab unter richtungstreuer Druckkraft zu einer spürbaren Reduzierung der Knicklast und insbesondere der niedrigsten Eigenfrequenz des gedrückten Stabes geführt (s. Abb. 10.10). Die Schubnachgiebigkeit führt auch bei einem Stab mit dünnwandigem Querschnitt, der unter einer tangentialen Folgelast steht, zu einer Reduktion der kritischen Last.

Zur Untersuchung des Einflusses der Schubnachgiebigkeit auf die kritische Folgelast, die sich in dem Schubbeiwert k_Q ausdrückt, gehen wir von dem System von Differentialgleichungen 1. Ordnung aus, das zugleich für die Randschnittgröße Q umgestellt ist (s. dagegen (10.40)). Es lautet:

$$\begin{bmatrix}\overline{w}\\[1ex]\overline{\psi}\\[1ex]\overline{M}\\[1ex]\overline{Q}\end{bmatrix}^{\mathsf{V}} = \begin{bmatrix} 0 & 1 & 0 & -k_Q \\[1ex] 0 & 0 & 1 & 0 \\[1ex] 0 & -\lambda^4(i_\theta/l)^2/(1-\lambda_K^2 k_Q) & 0 & 1 \\[1ex] \lambda^4/(1-\lambda_K^2 k_Q) & 0 & -\lambda_K^2/(1-\lambda_K^2 k_Q) & 0 \end{bmatrix} \begin{bmatrix}\overline{w}\\[1ex]\overline{\psi}\\[1ex]\overline{M}\\[1ex]\overline{Q}\end{bmatrix}.$$

$$(10.53)$$

Die Lösung dieses Differentialgleichungssystems gewinnen wir auf numerischem Wege. Zur Berechnung der Eigenwerte werden Elemente der numerisch gefundenen Übertragungsmatrix zur Eigenwertdeterminante zusammengefügt (s. auch die Beziehungen (10.40) bis (10.42) des Stabes unter richtungstreuer Druckkraft). Die Auswertung der Determinante führt zu dem in der Abb. 10.14 grafisch dargestellten Ergebnis (s. auch [10.6]).

Man erkennt, daß die Schubnachgiebigkeit des dünnwandigen Stabes auf die kritische Folgelast F_{Kr} einen beträchtlichen Einfluß hat.

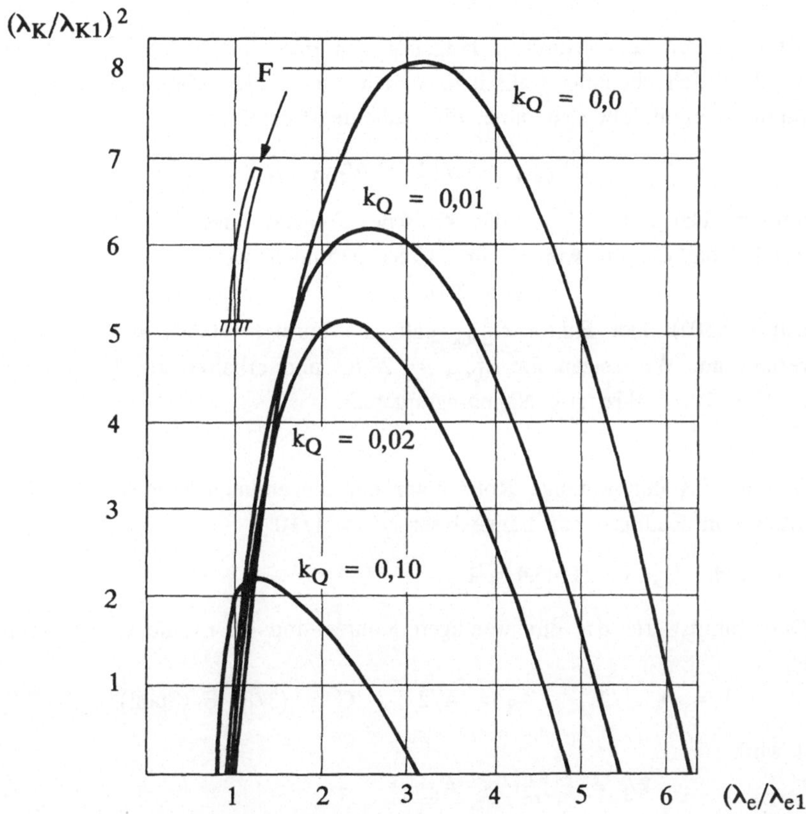

Abb. 10.14 Eigenwerte des Kragträgers unter der tangentialen Folgelast

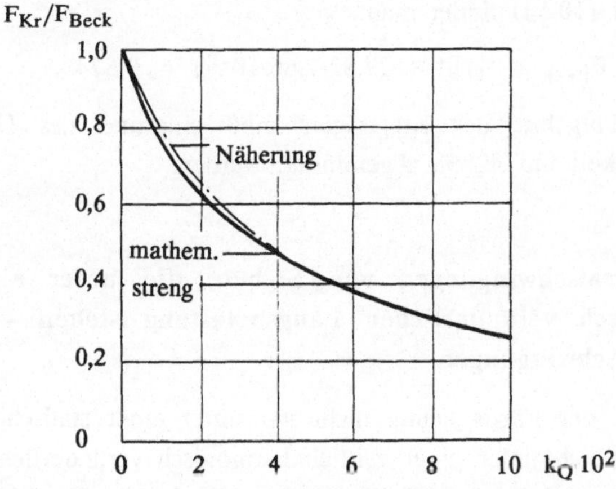

Abb. 10.15 Verhältnis der kritischen Folgelast in Abhängigkeit von k_Q

Die Abhängigkeit der kritischen Folgelast von dem Schubnachgiebigkeitsbei-
wert k_Q läßt sich ebenfalls grafisch darstellen. Der in der Abb. 10.15 skizzierte Funktionsverlauf läßt sich durch die Näherungsformel

$$F_{Kr}/F_{Beck} = 1/[1 + \alpha_{Beck}^2 \, k_Q] \qquad\qquad (10.54)$$

beschreiben. Darin ist F_{Beck} die kritische Folgelast des Kragträgers ohne
Schubnachgiebigkeit, so wie er in [10.8] gefunden wurde:

$$F_{Beck} = 8{,}107 \; F_{K1}$$

(s. auch (10.50)). Der Faktor α_{Beck}^2 paßt die Formel (10.54) an den Funktionsverlauf an. Wir setzen für $\alpha_{Beck}^2 = 27{,}82$ und erhalten aus (10.54) das
in der Abb. 10.15 skizzierte Näherungsergebnis.

Beispiel:

Gegeben ist das dünnwandige Rohr unter der tangentialen Folgelast F_K. Das
Verhältnis von Radius r zur Länge l sei $r/l = 1/10$.

Gesucht ist die kritische Folgelast F_{Kr}.

Die Querschnittswerte des dünnwandigen Rohres sind (A ist die Querschnittsfläche):

$$I = A \, r^2/2 \, , \quad A_S = A/2 \, , \quad G = (3/8) \, E \text{ (Stahl)} \, .$$

Damit wird:

$$k_Q = E \, I/(l^2 \, G \, A_S) \, ,$$
$$= (8 \, A \, r^2/2)/(3 \, l^2 \, A/2) = (8/3) \, (r/l)^2 \, ,$$
$$= 2{,}666 \cdot 10^{-2} \, .$$

Aus der Formel (10.54) findet man:

$$F_{Kr}/F_{Beck} = 1/[1 + 27{,}82 \cdot 2{,}66 \cdot 10^{-2}] = 0{,}574 \, .$$

Die kritische Folgelast des Kragträgers muß aufgrund des Einflusses der
Schubnachgiebigkeit um 42 % abgemindert werden!

10.6 Transversalschwingungen von Stäben, die unter einer zeitlich harmonisch veränderlichen Längsbelastung stehen - Parameter-erregte Schwingungen

Stäbe stehen in der Praxis häufig nicht nur unter einer statischen Längskraft
F_0, sondern zugleich unter einer zeitlich harmonisch veränderlichen Zusatzlast
$F_t = \Delta F \cos \Omega \, t$. Darin ist ΔF die Kraftamplitude und Ω die Kreisfrequenz
der Kraftänderung.

Bei solchen Stäben hat man Transversalschwingungen beobachtet, die bei bestimmten Grenzfrequenzen Ω_G der Erregung über alle Grenzen anwachsen.

Wir wollen dieses Phänomen an dem beseitig gelenkig gelagerten Stab untersuchen und gehen von der Bewegungsgleichung (10.23) aus. In diese setzen wir anstelle von

$$\lambda_K^2 = F\,l^2/E\,I = [\,F_0 + \Delta F \cos \Omega\, t\,]\,l^2/E\,I \tag{10.55}$$

ein und erhalten (s. auch [10.3]):

$$\overline{w}^{VVVV} + \lambda_{K0}^2\,[\,1 + (\Delta F/F_0)\cos \Omega\, t\,]\,\overline{w}^{VV} + \mu l^4/E\,I\,\overline{w}^{\cdot\cdot} = 0\,. \tag{10.56}$$

Darin ist

$$\lambda_{K0}^2 = F_0\,l^2/E\,I \tag{10.57}$$

der Druckbiegungsbeiwert für die statische Belastung.

Die Randbedingungen schreiben an den Rändern $x = 0$ und $x = l$

$$\overline{w}(0,t) = \overline{M}(0,t) = 0\,, \qquad \overline{w}(l,t) = \overline{M}(l,t) = 0 \tag{10.58}$$

vor.

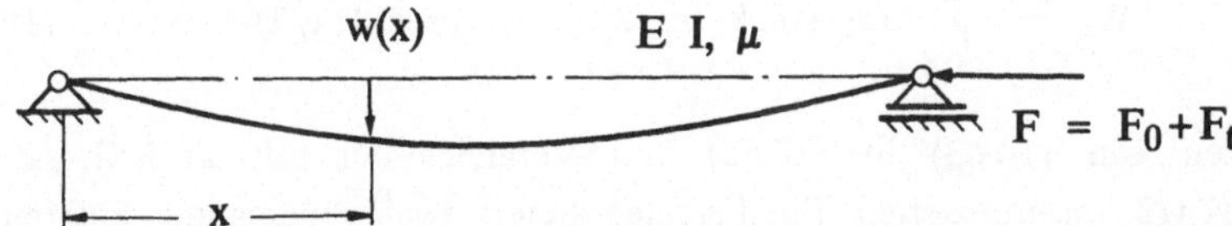

Abb. 10.16 Stab unter statischer und zeitlich veränderlicher Druckkraft

Zur Lösung dieser partiellen Differentialgleichung mit zeitlich veränderlichen Koeffizienten wählen wir den Produktansatz

$$w(x,t) = \sum_{n=1}^{\infty} W_n(t)\,\sin n\,\pi\,x/l\,. \tag{10.59}$$

Er erfüllt die Differentialgleichung und auch die speziellen Randbedingungen. Einsetzen von (10.59) in (10.56) liefert:

$$\left\{\,[\,n^4\,\pi^4 - \lambda_{K0}^2\,n^2\,\pi^2\,(1 + (\Delta F/F_0)\cos \Omega\, t)\,]\,W_n(t) + \mu l^4/E\,I\,W_n(t)^{\cdot\cdot}\,\right\} \cdot$$
$$\sin n\,\pi\,x/l = 0\,. \tag{10.60}$$

Diese Gleichung ist erfüllt, wenn der Ausdruck in der geschweiften Klammer zu jedem Zeitpunkt verschwindet. Man erhält aus dieser Bedingung die Differentialglcichung für die zeitabhängige Größe $W_n(t)$:

$$W_n^{\cdot\cdot} + \omega_n^2\,[\,1 - F_0/F_{Kn} - \Delta F/F_{Kn}\cos \Omega\, t\,]\,W_n = 0\,. \tag{10.61}$$

Es bedeuten:

$\omega_n^2 = n^4 \pi^4 \, E \, I/\mu \, l^4$ n-te Eigenkreisfrequenz des Stabes ohne Längsbelastung,

$F_{Kn} = n^2 \pi^2 \, E \, I/l^2$ n-te Knicklast des Druckstabes.

Unter Einführung der Abkürzungen

$\beta_n^2 = \omega_n^2 \, (1 - F_0/F_{Kn})$ Quadrat der Eigenkreisfrequenz des Stabes, der
unter der Druckkraft F_0 steht,

$\alpha_n = \Delta F/2 \, (F_{Kn} - F_0)$ Verhältnis der zeitlich veränderlichen Zusatzlast
zur Knicklast

findet man die Form:

$$W_n^{\cdot\cdot} + \beta_n^2 \, (1 - 2 \, \alpha_n \, \cos \, \Omega \, t) \, W_n = 0 \; . \tag{10.62}$$

Diese Differentialgleichung ist unter dem Namen Mathieusche Differentialgleichung wohlbekannt [10.1].

Zur Lösung dieser Differentialgleichung verwenden wir den Ansatz, der mit
der Periode 2 T geht:

$$W_n = \sum_{k=1,3,5}^{\infty} (a_k \, \sin \, k \, \Omega \, t/2 + b_k \, \cos \, k \, \Omega \, t/2) \; . \tag{10.63}$$

Einsetzen von (10.63) in (10.62) und Vergleich der mit $\sin k \, \Omega \, t/2$ und
$\cos k \, \Omega \, t/2$ multiplizierten Koeffizienten liefert zwei voneinander entkoppelte
Gleichungssysteme für die a_k und b_k. Sie können zu einer einzigen Darstellung zusammengefaßt werden, wenn man für die in Klammern geschriebenen
Größen b_k an einer Stelle das in Klammern angegebene (-) einsetzt:

$a_1 \, (b_1)$	$a_2 \, (b_2)$	$a_3 \, (b_3)$	. . .	
$[1 \, \genfrac{}{}{0pt}{}{+}{(-)} \, \alpha_n - \Omega^2/4\beta_n^2]$	$- \alpha_n$	0	. . .	$= 0 \, ,$
$- \alpha_n$	$[1 - 9 \, \Omega^2/4\beta_n^2]$	$- \alpha_n$	. . .	$= 0 \, ,$
	$- \alpha_n$	$[1 - 25 \, \Omega^2/4\beta_n^2]$	. . .	$= 0 \, ,$

$$\tag{10.64}$$

Ein entsprechender Ansatz für Lösungen mit der Periode T

$$W_n = b_0^* + \sum_{k=2,4,6}^{\infty} (a_k^* \, \sin \, k \, \Omega \, t/2 + b_k^* \, \cos \, k \, \Omega \, t/2) \tag{10.65}$$

liefert zwei Gleichungssysteme zur Bestimmung der a_k^* und b_k^*:

$$
\begin{array}{ccc}
a_2^* & a_4^* & a_6^* \quad \cdots
\end{array}
$$

$$
\begin{array}{ccccl}
[1 - \Omega^2/\beta_n^2] & -\alpha_n & 0 & \cdots & = 0\,, \\
-\alpha_n & [1 - 4\,\Omega^2/\beta_n^2] & -\alpha_n & \cdots & = 0\,, \\
0 & -\alpha_n & [1 - 16\,\Omega^2/\beta_n^2] & \cdots & = 0\,, \\
\multicolumn{5}{c}{\cdots\cdots\cdots\cdots\cdots\cdots}
\end{array}
\tag{10.66}
$$

$$
\begin{array}{ccc}
b_0^* & b_1^* & b_2^* \quad \cdots
\end{array}
$$

$$
\begin{array}{ccccl}
1 & -\alpha_n & 0 & \cdots & = 0\,, \\
-2\,\alpha_n & [1 - \Omega^2/\beta_n^2] & -\alpha_n & \cdots & = 0\,, \\
0 & -\alpha_n & [1 - 4\,\Omega^2/\beta_n^2] & \cdots & = 0\,, \\
\multicolumn{5}{c}{\cdots\cdots\cdots\cdots\cdots\cdots}
\end{array}
\tag{10.66'}
$$

Die Bereichsgrenzen zwischen kinetisch stabilen und instabilen Lösungen ergeben sich aus den Nullstellen der Determinanten der unendlichen Gleichungssysteme. Durch sukzessive Approximation findet man aus Determinanten erster, zweiter und beliebig hoher Ordnung Näherungsformeln. Wir übernehmen von [10.3], dort § 5, S. 27, die Näherungsformel für die Grenzfrequenzen des Instabilitätsbereiches 1. Ordnung:

$$
\Omega_G = 2\,\beta_n \sqrt{1 \pm \alpha_n + \alpha_n^2/(8 \pm 9\,\alpha_n)}\,.
\tag{10.67}
$$

Aus Determinanten 2. Ordnung, die man aus den Koeffizientenschemata der Beziehungen (10.66) und (10.66') bildet,

$$
\left.
\begin{aligned}
\begin{vmatrix}
[1 - \Omega^2/\beta_n^2] & -\alpha_n \\
-\alpha_n & [1 - 4\,\Omega^2/\beta_n^2]
\end{vmatrix} &= 0\,, \\[2ex]
\begin{vmatrix}
1 & -\alpha_n \\
-2\,\alpha_n & [1 - \Omega^2/\beta_n^2]
\end{vmatrix} &= 0\,,
\end{aligned}
\right\}
\tag{10.68}
$$

findet man die Grenzfrequenzen für den kinetisch instabilen Bereich 2. Ordnung:

$$
\left.
\begin{aligned}
\Omega_G &= \beta_n \sqrt{1 + \alpha_n^2/3}\,, \\
\Omega_G &= \beta_n \sqrt{1 - 2\,\alpha_n^2}\,.
\end{aligned}
\right\}
\tag{10.69}
$$

Aus einer Determinante 2. Ordnung, gebildet aus dem Koeffizientenschema der Beziehung (10.64), findet man die Grenzfrequenzen für den Bereich kinetischer Instabilität 3. Ordnung (s. [10.3], dort (1.37)):

$$\Omega_G = (2/3)\,\beta_n\,\sqrt{1 - 9\,\alpha_n^2/(8 \pm 9\,\alpha_n)}\ . \tag{10.70}$$

Weitere Grenzfrequenzen Ω_G ergeben sich, wenn man in (10.64) und (10.66) den Wert $\alpha_n = 0$ setzt:

$$\Omega_G = 2\,\beta_n/k \qquad (k = 1,2,3,\ldots)\ . \tag{10.71}$$

Das Ergebnis der Untersuchung läßt sich in das Diagramm der Abb. (10.17) eintragen (s. auch [10.3], S. 29, Abb. 5). Man erhält die seit langem bekannten Bereiche kinetischer Instabilität in Abhängigkeit von dem Parameter α_n.

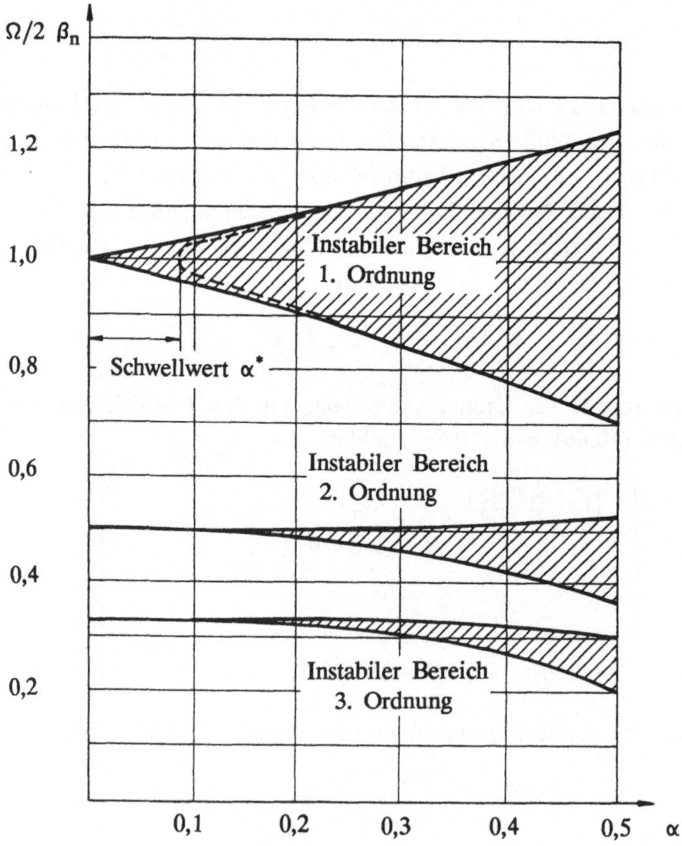

Abb. 10.17 Bereiche kinetischer Instabilität in Abhängigkeit von α_n

Der Bereich kinetischer Instabilität 1. Ordnung ist für das Schwingungsverhalten des Stabes der gefährlichste. Er heißt Hauptinstabilitätsbereich. Die Instabilitätsbereiche 2. und höherer Ordnung sind in der Regel weniger gefährlich, da eine hier nicht berücksichtigte, in Wirklichkeit jedoch stets vorhandene Struktur- oder Werkstoffdämpfung diese Bereiche praktisch unterdrückt.

Die Grenzen des Hauptinstabilitätsbereiches fallen für $\alpha_n = 0$ mit dem Ordinatenwert $\Omega/2\,\omega_n = 1$ zusammen. Auch bei einem praktisch verschwindenden Anteil der harmonisch mit der Kreisfrequenz Ω wechselnden Zusatzlast werden bei einem Zusammenfallen von Ω mit der doppelten Eigenkreisfrequenz des Stabes $2\,\omega_n$ Transversalschwingungen induziert. Man spricht in diesem Fall von Parameterresonanz. Mit wachsendem Parameter α_n wächst dieser Bereich, wie man aus der Abb. 10.17 erkennt, merklich an.

Wie kann man den Hauptinstabilitätsbereich beeinflussen?

Die hier nicht berücksichtigte innere oder äußere Dämpfung führt zu einer Veränderung der Instabilitätsbereiche. Eine theoretische Untersuchung, die in [10.3] durchgeführt ist und hier nicht wiederholt werden soll, zeigt, daß die Instabilitätsbereiche nicht bis zur Grenze $\alpha_n = 0$ vordringen. Die Instabilitätsbereiche werden von dem Schwellwert α_n^* abgeschlossen (s. auch die gestrichelte Linie in der Abb. 10.17). Aus dem Diagramm folgert man für die Praxis: Ein Stab, der aufgrund pulsierender Längsbelastung zu parametererregten Schwingungen neigt, läßt sich durch Einbau von Dämpfungselementen in Form eines Hydraulikdämpfers "beruhigen".

10.7 Die Saite

Ein biegeschlaffes Stabgebilde, das die kontinuierlich verteilte Masse μ trägt und unter der Längszugkraft H_0 steht, nennt man Saite.

Die Bewegungsgleichung der Saite läßt sich mit Hilfe des Schnittprinzips herleiten oder aus (10.23) durch Nullsetzen der Biegesteifigkeit gewinnen:

$$\mu\,w^{\cdot\cdot} - H_0\,w_{,xx} = 0 \; . \tag{10.72}$$

Unter Einführung des Quadrates der Geschwindigkeit der Transversalwelle

$$c_T^2 = H_0/\mu \tag{10.73}$$

findet man aus (10.72):

$$w^{\cdot\cdot} - c_T^2\,w_{,xx} = 0 \; . \tag{10.74}$$

Der Lösungsansatz

$$w(x,t) = \varphi(x)\, e^{\beta t} \tag{10.75}$$

führt auf:

$$[\varphi\, \beta^2 - c_T^2\, \varphi_{,xx}]\, e^{\beta t} = 0 \,. \tag{10.76}$$

Mit dem weiteren Ansatz

$$\varphi(x) = A\, e^{\gamma x} \tag{10.77}$$

ergibt sich:

$$[\beta^2 - c_T^2\, \gamma^2]\, A\, e^{\gamma x}\, e^{\beta t} = 0 \,. \tag{10.78}$$

Diese Beziehung ist nur dann erfüllt, wenn der Klammerausdruck verschwindet. Aus der so gewonnenen charakteristischen Gleichung findet man den Zusammenhang zwischen γ und β:

$$\gamma^2 = \beta^2/c_T^2 \,, \quad \gamma_{1,2} = \pm\, \beta/c_T \,. \tag{10.79}$$

Die Lösung von φ läßt sich in der Form

$$\varphi(x) = A_1\, \cosh \gamma\, x + A_2\, \sinh \gamma\, x \tag{10.80}$$

darstellen.

Die Randbedingungen der beidseitig gelagerten Saite schreiben vor:

$$x = 0:\ \varphi(0) = 0 \,, \quad x = 1:\ \varphi(l) = 0 \,. \tag{10.81}$$

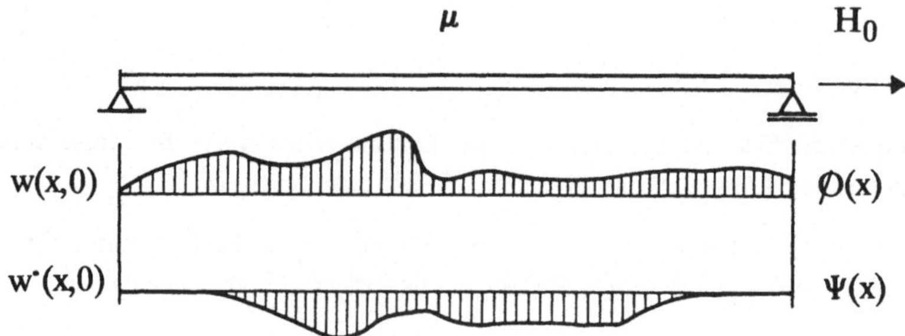

Abb. 10.18 Beiseitig gelagerte Saite mit beliebiger Anfangsauslenkung und Geschwindigkeit

Aus $\varphi(0) = 0$ folgt: $A_1 = 0$. Aus der zweiten Randbedingung $\varphi(l) = 0$ findet man:

$$A_2\, \sinh \gamma\, l = 0 \,. \tag{10.82}$$

Diese Beziehung kann nur für

$$\gamma \, l \; = \; \pm \, i \, k \, \pi \tag{10.83}$$

erfüllt werden. Also lautet die Lösung für das k-te $\varphi(x)$:

$$\varphi_k(x) \; = \; A_k \, \sin k \, \pi \, x/l \; . \tag{10.84}$$

(Andere Randbedingungen führen zu anderen Funktionen $\varphi(x)$).

Die Gesamtlösung erhält in vorliegendem Falle das Aussehen:

$$w,(x,t) \; = \; \sum_{k=1}^{\infty} [A_{k1} \, e^{\beta_{k1} t} + A_{k2} \, e^{\beta_{k2} t}] \, \sin k \, \pi \, x/l \; . \tag{10.85}$$

Darin ist:

$$\beta_{k1,2} \; = \; \gamma_k \, c_T \; = \; \pm \, i \, k \, \pi \, c_T/l \; . \tag{10.86}$$

Die Exponentialfunktionen mit imaginären Exponenten lassen sich zu trigono-metrischen Beziehungen zusammenfassen. Man findet:

$$w(x,t) \; = \; \sum_{k=1}^{\infty} [B_{k1} \, \cos k \, \pi \, c_T \, t/l + B_{k2} \, \sin k \, \pi \, c_T \, t/l] \; \cdot$$
$$\cdot \, \sin k \, \pi \, x/l \; . \tag{10.87}$$

An die Stelle der Konstanten A_{k1}, A_{k2} wird hier B_{k1}, B_{k2} gesetzt.

Die Anfangsbedingungen zur Zeit $t = 0$ lauten allgemein:

$$w(x,0) \; = \; \emptyset(x) \; , \quad w^{\cdot}(x,0) \; = \; \Psi(x) \; . \tag{10.88}$$

Darin bedeuten $\emptyset(x)$, $\Psi(x)$ die Funktionsverläufe der Auslenkung und der Geschwindigkeit zur Zeit $t = 0$.

Bei vorgegebenen $\emptyset(x)$ und $\Psi(x)$ sind in einem ersten Schritt die Konstanten B_{k1} und B_{k2} mit Hilfe einer Fourierreihenentwicklung zu bestimmen. Dazu ist es notwendig, die Geschwindigkeit aus (10.87) herzuleiten:

$$w^{\cdot}(x,t) \; = \; (\pi \, c_T/l) \sum_{k=1}^{\infty} k \, [- B_{k1} \, \sin k \, \pi \, c_T \, t/l + B_{k2} \, \cos k \, \pi \, c_T \, t/l] \; \cdot$$
$$\cdot \, \sin k \, \pi \, x/l \; . \tag{10.89}$$

Die Konstanten ergeben sich im Fall der beidseitig gelagerten Saite aus:

$$\left.\begin{aligned}
B_{k1} \; &= \; \frac{2}{l} \int_0^{l} \emptyset(x) \, \sin k \, \pi \, x/l \; dx \; , \\
B_{k2} \; &= \; \frac{2}{k \, \pi \, c_T} \int_0^{l} \Psi(x) \, \sin k \, \pi \, x/l \; dx \; .
\end{aligned}\right\} \tag{10.90}$$

Die Schwingungsperiode T_k folgt aus:

$$k \, \pi \, c_T \, T_k/l = 2 \, \pi \; .$$

$$T_k = (2 \, l/k) \, \sqrt{\mu/H_0} \; . \qquad (10.91)$$

Die Cembalo-Saite

Die Cembalo-Saite wird durch eine Zunge ausgelenkt und danach schlagartig losgelassen. Die Anfangsbedingungen für den Schwingungsvorgang sind: $\emptyset(x)$ ist ein dreiecksförmiger Verlauf (Abb. 10.19) und $\Psi(x) = 0$.

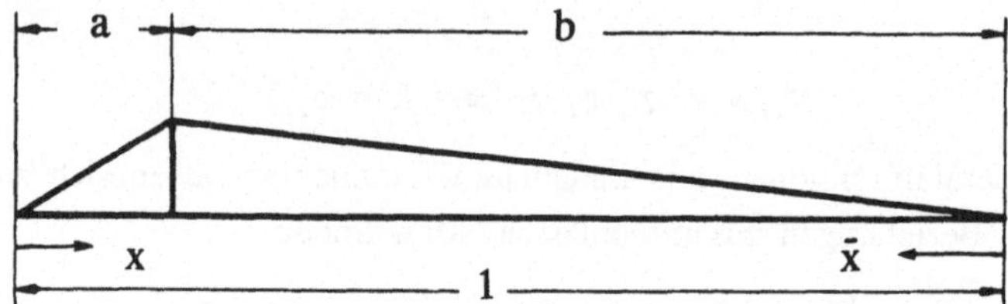

Abb. 10.19 Verlauf der Anfangsauslenkung $\emptyset(x)$

Die Lösung kennt nur Anteile, die mit $\cos k \, \pi \, c_T \, t/l$ gehen. Die Koeffizienten B_{k1} findet man aus der Fourierreihenentwicklung der Dreiecksfunktion:

$$B_{k1} = \frac{2}{l} \left\{ \int_0^a (x/a) \, \sin k \, \pi \, x/l \, dx + (-1)^{(k+1)} \int_0^b (\bar{x}/b) \, \sin k \, \pi \, \bar{x}/l \, d\bar{x} \right\}$$

$$= \frac{2}{k \, \pi} \left\{ - \cos k \, \pi \, a/l + \sin k \, \pi \, a/l/(k \, \pi \, a/l) + \right.$$

$$\left. + (-1)^{(k+1)} \, [- \cos k \, \pi \, b/l + \sin k \, \pi \, b/l/(k \, \pi \, b/l) \,] \right\} \; .$$

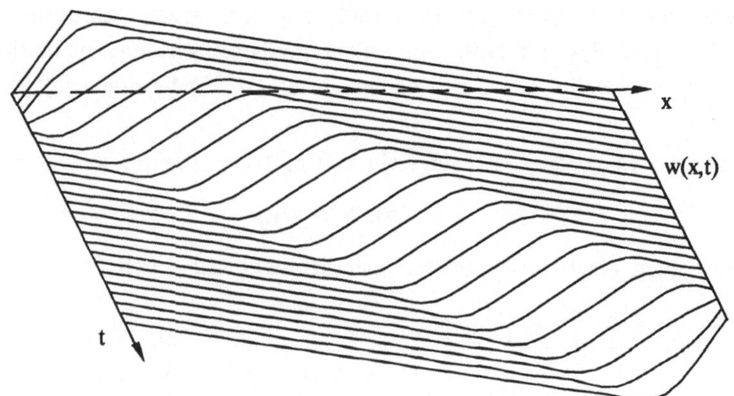

Abb. 10.20 Schwingungsverlauf der Cembalo-Saite

Der Schwingungsvorgang wird durch

$$w(x,t) = \sum_{k=1}^{\infty} (B_{k1} \cos k \pi c_T t/l) \sin k \pi x/l$$

beschrieben.

Der Funktionsverlauf ist für $a/l = 0{,}1$ und die Schwingungszeit der Grundschwingung $T_1 = 2{,}\overline{27}\cdots \cdot 10^{-3}$ s (Kammerton A) in der Abb. 10.20 dargestellt.

Die Klavier-Saite

Die Klavier-Saite wird durch einen Hammer angeschlagen. Die Anfangsbedingungen werden durch einen Rechteckverlauf der Anfangsgeschwindigkeit beschrieben (Abb. 10.21). Wie sieht die Anschlagsfunktion aus?

Die Konstanten B_{k2} folgen aus (10.90):

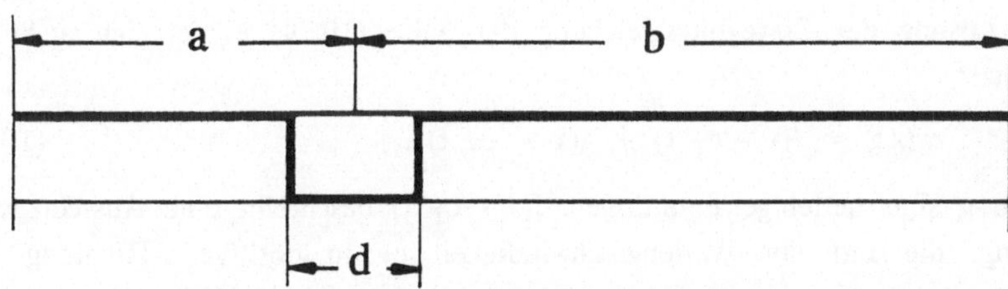

Abb. 10.21 Anfangsgeschwindigkeit $\Psi(x)$

$$B_{k2} = \frac{2}{k \pi c_T} \left\{ \int_{(a-d/2)}^{(a+d/2)} 1 \cdot \sin k \pi x/l \, dx \right\},$$

$$= \frac{4 \, l}{c_T \, k^2 \, \pi^2} \sin k \pi a/l \cdot \sin k \pi d/2 \, l \, .$$

Damit wird

$$w(x,t) = \sum_{k=1}^{\infty} [B_{k2} \cdot \sin k \pi c_T t/l] \sin k \pi x/l \, .$$

Der Verlauf von $w(x,t)$ ist in der Abb. 10.22 zu verschiedenen Zeitpunkten t_j dargestellt.

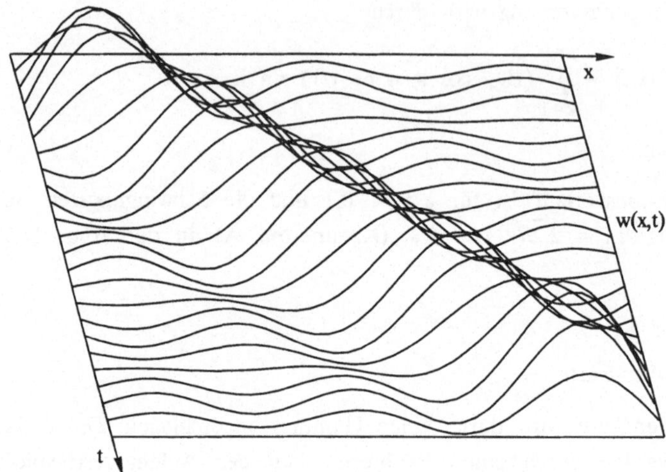

Abb. 10.22 Ausschlagsfunktion w(x,t)

Wellendarstellung

Zur Lösung der Bewegungsgleichung der Saite (10.74) eignet sich auch der Ansatz:

$$w(x,t) = f(x - c_T\, t) + g(x + c_T\, t) \; . \tag{10.92}$$

f und g sind beliebige Funktionen. $f(x - c_T\, t)$ beschreibt eine Ausschlagsverteilung, die mit der Wellengeschwindigkeit c_T in positive x-Richtung verschoben wird. $f(x - c_T\, t)$ ist eine mit c_T fortschreitende Welle. Entsprechend stellt $g(x + c_T\, t)$ eine mit gleicher Wellengeschwindigkeit, aber in entgegengesetzter Richtung fortlaufende Welle dar.

Die Geschwindigkeit ist:

$$w^{\cdot} = - c_T\, f_{,x}\, (x - c_T\, t) + c_T\, g_{,x}\, (x + c_T\, t) \; . \tag{10.92$'$}$$

Die Anfangsbedingungen (10.88) ergeben die Wellenformen zur Zeit t = 0:

$$\left.\begin{aligned}
f(x) \;+\; g(x) \;&=\; \emptyset(x) \; , \\
- c_T\, f_{,x}(x) \;+\; c_T\, g_{,x}(x) \;&=\; \Psi(x) \; .
\end{aligned}\right\} \tag{10.93}$$

Durch Integration der zweiten Beziehung findet man:

$$- f(x) \;+\; g(x) \;=\; (1/c_T) \int_{0}^{x} \Psi(x)\, dx \; . \tag{10.94}$$

(Die Integrationskonstante wird hier Null gesetzt, da sie keinen Einfluß auf das Ergebnis hat).

Aus der ersten Beziehung von (10.93) und aus (10.94) findet man:

$$\left.\begin{aligned}
f(x) &= (1/2)\ \Big\{\ \varnothing(x) - (1/c_T) \int_0^x \psi(x)\ dx\ \Big\}\ , \\[2ex]
g(x) &= (1/2)\ \Big\{\ \varnothing(x) + (1/c_T) \int_0^x \psi(x)\ dx\ \Big\}\ .
\end{aligned}\right\} \tag{10.95}$$

Mit (10.95) sind die Wellenfunktionen f(x) und g(x) im Bereich $0 \le x \le 1$ definiert. Man muß jedoch diese Funktionen auch im Bereich $x < 0$ und $x > 1$ kennen. Hierfür betrachten wir die Randbedingungen an den Saitenrändern:

$$\left.\begin{aligned}
w(0,t) &= 0\ , & w(l,t) &= 0\ , \\[1ex]
f(-c_T\ t) + g(c_T\ t) &= 0\ , & f(l - c_T\ t) + g(l + c_T\ t) &= 0\ .
\end{aligned}\right\} \tag{10.96}$$

Aus beiden Randbedingungen findet man die Spiegelungsgesetze:

$$f = -g\ (x = 0)\quad \text{und}\quad g = -f\ (x = 1)\ . \tag{10.97}$$

Um den Nachweis zu erbringen, daß die Wellendarstellung mit der zuvor gefundenen Lösung der schwingenden Saite übereinstimmt, formen wir die Lösung (10.82) unter Verwendung der Additionstheoreme um:

$$\begin{aligned}
w(x,t) = \sum_{k=1}^{\infty} \Big\{ &(B_{k1}/2)\ \sin k\ \pi\ (x - c_T\ t)/l + (B_{k1}/2)\ \sin k\ \pi\ (x + c_T\ t)/l \\
&+ (B_{k2}/2)\ \cos k\ \pi\ (x - c_T\ t)/l - (B_{k2}/2)\ \cos k\ \pi\ (x + c_T\ t)/l\ \Big\}\ .
\end{aligned} \tag{10.98}$$

Vergleicht man (10.98) mit (10.92), so erkennt man:

$$\left.\begin{aligned}
f(x) &= (1/2) \sum_{k=1}^{\infty} \Big\{ B_{k1}\ \sin k\ \pi\ x/l + B_{k2}\ \cos k\ \pi\ x/l\ \Big\}\ , \\[2ex]
g(x) &= (1/2) \sum_{k=1}^{\infty} \Big\{ B_{k1}\ \sin k\ \pi\ x/l - B_{k2}\ \cos k\ \pi\ x/l\ \Big\}\ .
\end{aligned}\right\} \tag{10.99}$$

Damit ist der Nachweis erbracht, daß es zwei gleichwertige Möglichkeiten für die Darstellung der freien Schwingung der Saite gibt: Die zuerst geschilderte beschreibt das Bewegungsverhalten als Überlagerung von Eigenschwingungen der Saite, die zweite stellt die Bewegung aus der Überlagerung zweier fortschreitender Wellen dar.

Harmonische Zwangserregung

Bei der harmonischen Zwangserregung durch die Kraft $p(x)$, die über die Saite verteilt wirkt, lautet die Bewegungsgleichung:

$$\mu \, w^{\cdot\cdot} - H_0 \, w_{,xx} = p(x) \cos \Omega \, t \quad . \tag{10.100}$$

Im eingeschwungenen Zustand ist nur noch das Parikularintegral vorhanden. Hierfür wählen wir den Ansatz:

$$w_p(x,t) = w_p(x) \cos \Omega \, t \quad . \tag{10.101}$$

Einsetzen in (10.100) liefert:

$$- \gamma^2 \, w_P - w_{P,xx} = P(x) \quad . \tag{10.102}$$

Es bedeuten:

$$\gamma^2 = \Omega^2/c_T^2 \, , \quad P(x) = (1/H_0) \, p(x) \, . \tag{10.103}$$

Für die Weiterrechnung nehmen wir an, daß sich die äußere Belastung durch die Reihe

$$P(x) = \sum_{k=1}^{\infty} C_k \sin k \, \pi \, x/l \tag{10.104}$$

beschreiben läßt. In diesem Falle setzt man für

$$w_P(x) = \sum_{k=1}^{\infty} D_k \sin k \, \pi \, x/l \tag{10.105}$$

und erhält aus (10.102):

$$\sum_{k=1}^{\infty} \left\{ D_k \left[(k \, \pi/l)^2 - \gamma^2 \right] - C_k \right\} \sin k \, \pi \, x/l = 0 \quad . \tag{10.106}$$

Die Amplituden der Auslenkung ergeben sich aus:

$$D_k = C_k / \left[(k \, \pi/l)^2 - \gamma^2 \right] \, , \tag{10.107}$$

und die Partikularlösung lautet:

$$w_P(x,t) = \sum_{k=1}^{\infty} \left\{ C_k / \left[(k \, \pi/l)^2 - \gamma^2 \right] \sin k \, \pi \, x/l \right\} \cos \Omega \, t \quad . \tag{10.108}$$

Die Anteile wachsen über alle Grenzen, wenn

$$\gamma^2 = (k \, \pi/l)^2 \tag{10.109}$$

wird, d.h. wenn Resonanz eintritt.

Eine andere Form der Zwangserregung der Saite soll durch die Verschiebung des Randes $x = l$ mit $\Delta w_2 \cos \Omega \, t$ beschrieben werden. Es liegt in diesem Falle eine zeitlich veränderliche Randbedingung vor:

$$x = 0: \quad w_P(0,t) = 0 \ ,$$
$$x = 1: \quad w_P(l,t) = \Delta w_2 \cos \Omega t \ . \qquad (10.110)$$

Wir wählen zur Lösung der Bewegungsgleichung den Ansatz:

$$w_P(x,t) = w_P(x) \cos \Omega t \ . \qquad (10.111)$$

Einsetzen in (10.72) liefert:

$$- \gamma^2 w_P(x) - w_P(x)_{,xx} = 0 \ . \qquad (10.112)$$

Mit dem weiteren Ansatz

$$w_P(x) = A_1 \cos \beta x + A_2 \sin \beta x \qquad (10.113)$$

findet man $\beta = \gamma$, und die Lösung lautet im eingeschwungenen Zustand:

$$w_P(x,t) = \left\{ A_1 \cos \gamma x + A_2 \sin \gamma x \right\} \cos \Omega t \ . \qquad (10.114)$$

Die Randbedingung in $x = 0$ liefert $A_1 = 0$. Aus der zweiten Randbedingung folgt:

$$A_2 \sin \gamma \, l = \Delta w_2 \ . \qquad (10.115)$$

Die Partikularlösung lautet also:

$$w_P(x,t) = \Delta w_2 \, (\sin \gamma x / \sin \gamma l) \cos \Omega t \ . \qquad (10.116)$$

In der folgenden Abb. 10.23 ist der Verlauf von $w_P(x)$ für das Verhältnis Erregerfrequenz zur Eigenkreisfrequenz $\eta = \Omega/\omega_1 = 1,25$ skizziert.

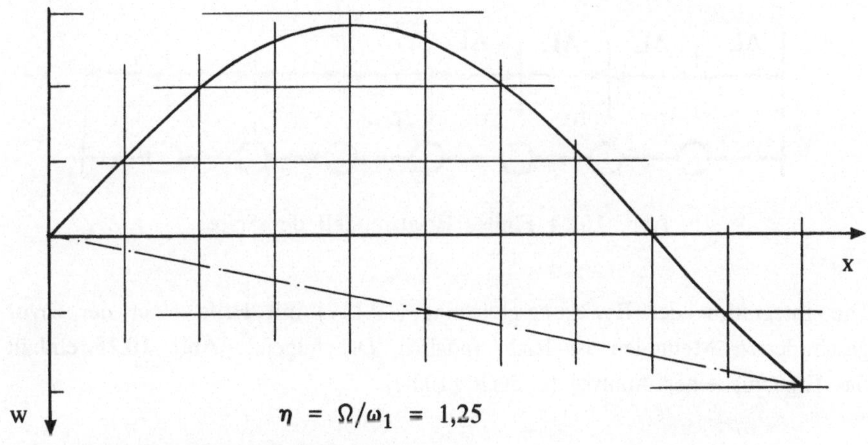

Abb. 10.23 "Stehende" Welle in der Saite bei Randerregung

Differenzengleichungen

Zur Lösung von Bewegungsaufgaben läßt sich anstelle der Differentialgleichung der schwingenden Saite (10.72) ein System von Differenzengleichungen zweiter Ordnung verwenden. Teilt man die Saitenlänge in N gleiche Felder der Länge ΔL, so ergibt sich die matrizielle Bewegungsgleichung:

$$A\,\ddot{u} + C\,u = 0 . \qquad (10.117)$$

Die Trägheitsmatrix A, die Krafteinflußmatrix C und der Vektor der Verschiebungen u besitzen folgendes Aussehen:

$$A = m \begin{bmatrix} 1 & & & & \\ & 1 & & & \\ & & \cdot & & \\ & & & \cdot & \\ & & & & \cdot \\ & & & & & 1 \end{bmatrix}, \quad C = \frac{H_0}{\Delta L} \begin{bmatrix} 2 & -1 & & & \\ & 2 & -1 & & \\ & & \cdot & & \\ & & & \cdot & \\ & & & & \cdot \\ \text{symmetrisch} & & & 2 \end{bmatrix}, \left.\begin{array}{c} \\ \\ \\ \\ \\ \\ \\ \end{array}\right\} (10.118)$$

$$u^T = \left\{ w_1\ w_2\ \cdots\ w_n \right\} ,$$
$$m = \mu \cdot \Delta L .$$

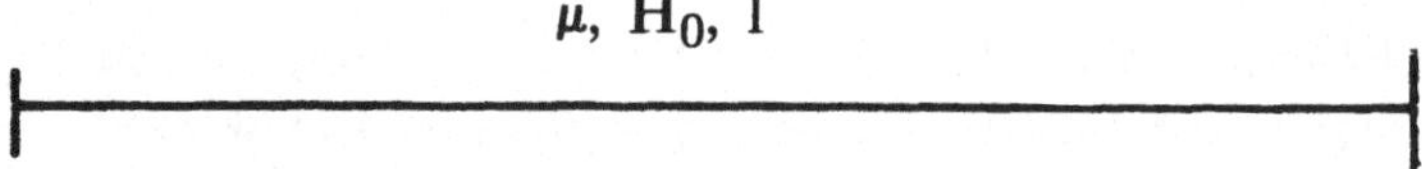

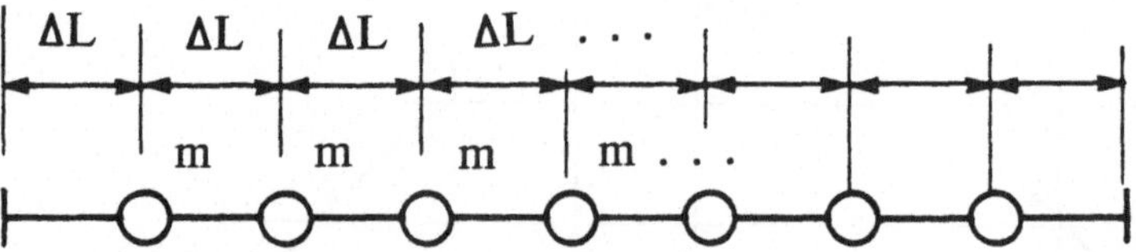

Abb. 10.24 Finites Ersatzmodell der Saite

Die Integration der Bewegungsgleichung (10.117) mit Hilfe einer der zuvor geschilderten Methoden ist leicht möglich. Die folgende Abb. 10.25 enthält das Ergebnis einer Analyse (s. auch [10.8]).

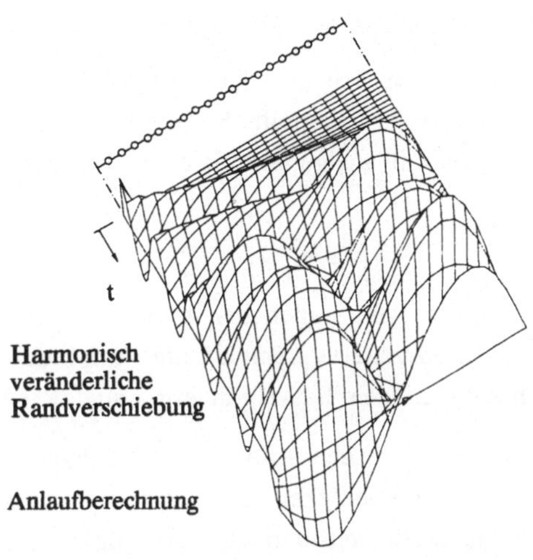

Abb. 10.25 Zeitverlauf der Bewegung einer Saite

10.8 Die Gleichungen in den Verschiebungsgrößen u bei Rahmen und Gemischttragwerken, deren Bauteile kontinuierlich verteilte Trägheit besitzen

In Kap. 7.3.4 ist die Aufstellung der Bewegungsgleichungen in den Verschiebungsgrößen u für Tragwerke gezeigt, die aus masselosen Rahmen- und Fachwerkstäben aufgebaut sind und in den Knotenpunkten konzentrierte mit Masse und Drehmasse behaftete Körper besitzen.

Die dort geschilderten Schritte zur Aufstellung der Bewegungsgleichungen gelten gleichermaßen für den Fall des Ersatzmodells mit kontinuierlich verteilter Masse und Drehmasse.

Die dort eingeführte Krafteinflußmatrix **C** und die Steifigkeitsmatrizen der trägheitslosen Bauteile **S** lassen sich auch bei Bauteilen mit kontinuierlich verteilter Trägheit in ähnlicher Weise einführen (s. die allgemeine Steifigkeitsmatrizenbeziehung (7.58) des Rahmenstabes).

Bei der harmonischen Bewegung des Tragwerkes ändern sich die Verschiebungsgrößen mit dem Sinus der Kreisfrequenz der Schwingung ω. Die Amplituden der Verschiebungsgrößen werden in dem Verschiebungsvektor u zusammengefaßt, und die Bewegungsgleichung erhält in diesem Falle eine von der Kreisfrequenz ω abhängige Kafteinflußmatrix:

$$\widetilde{C}\,u\ =\ 0\ . \tag{10.119}$$

Die Tilde soll die Abhängigkeit der Matrix von ω andeuten.

Die Krafteinflußmatrix $\widetilde{C}$ läßt sich mit den in Kap. 7 geschilderten Methoden aus den Steifigkeitsmatrizen der Bauteile $\widetilde{S}_j$ aufbauen, wobei diese Steifigkeitsmatrizen ebenfalls frequenzabhängige Koeffizienten besitzen.

Für das j-te Bauteil gilt:

$$\mathbf{k}_j = \widetilde{\mathbf{S}}_j \, \mathbf{v}_j \ . \tag{10.120}$$

Der Vektor $\mathbf{k}_j$ enthält die Amplituden der zeitlich harmonisch veränderlichen Teilzwangskräfte und -drehkräfte. $\mathbf{v}_j$ enthält die Amplituden der entsprechenden Verschiebungsgrößen an den Bauteilrändern i und k (Abb. 7.13).

Für den beidseitig biegesteif in den Knoten i und k angeschlossenen Rahmenstab der Länge l, der Biegesteifigkeit E I und der kontinuierlich verteilten Masse μ ergibt sich die Steifigkeitsmatrizenbeziehung

$$
\begin{bmatrix} K_{xik} \\ K_{zik} \\ \hat{K}_{ik} \\ K_{xki} \\ K_{zki} \\ \hat{K}_{ki} \end{bmatrix}
=
\begin{bmatrix}
G^* & 0 & 0 & -H^* & 0 & 0 \\
 & A^* & -C^* & 0 & -F^* & -D^* \\
 & & B^* & 0 & D^* & E^* \\
 & & & G^* & 0 & 0 \\
 & \text{symmetrisch zur} & & & A^* & C^* \\
 & \text{Hauptdiagonalen} & & & & B^*
\end{bmatrix}
\begin{bmatrix} U_i \\ W_i \\ \psi_i \\ U_k \\ W_k \\ \psi_k \end{bmatrix} . \tag{10.121}
$$

Es bedeuten (s. auch die Bez. (10.5) und (10.9)) mit

$$\lambda_L^2 = \omega^2 \, \mu \, l^2 / E\,A \ , \quad \lambda^4 = \omega^2 \, \mu \, l^4 / E\,I$$

und $\qquad \Delta N = 1 - \cosh \lambda \, \cos \lambda$

die Funktionen:

$$
\begin{aligned}
A^* &= (E\,I/l^3)\ \lambda^3(\cosh \lambda \sin \lambda + \sinh \lambda \cos \lambda)/\Delta N \ , \\
B^* &= (E\,I/l)\ \lambda \,(\cosh \lambda \sin \lambda - \sinh \lambda \cos \lambda)/\Delta N \ , \\
C^* &= (E\,I/l^2)\ \lambda^2(\sinh \lambda \sin \lambda)/\Delta N \ , \\
D^* &= (E\,I/l^2)\ \lambda^2(\cosh \lambda - \cos \lambda)/\Delta N \ , \\
E^* &= (E\,I/l)\ \lambda \,(\sinh \lambda - \sin \lambda)/\Delta N \ , \\
F^* &= (E\,I/l^3)\ \lambda^3(\sinh \lambda + \sin \lambda)/\Delta N \ , \\
G^* &= (E\,A/l)\ \lambda_L \, \text{ctg} \, \lambda_L \ , \\
H^* &= (E\,A/l)\ \lambda_L/\sin \lambda_L \ .
\end{aligned}
\right\} \tag{10.122}
$$

Der Verlauf der Balkenfunktionen A^* bis F^* in Abhängigkeit von dem Balkenparameter λ ist in der folgenden Abb. 10.26 dargestellt. Jede der Funktionen geht über alle Grenzen, wenn ihr Nenner ΔN verschwindet:

$$\Delta N = 1 - \cosh \lambda \, \cos \lambda \overset{!}{=} 0 \; . \tag{10.123}$$

Dies ist die Eigenwertbeziehung des beidseitig eingespannten Rahmenstabes (s. Tabelle 10.2), die zu dem niedrigsten Eigenwert führt:

$$\lambda_{e1} = 4,73 \; . \tag{10.124}$$

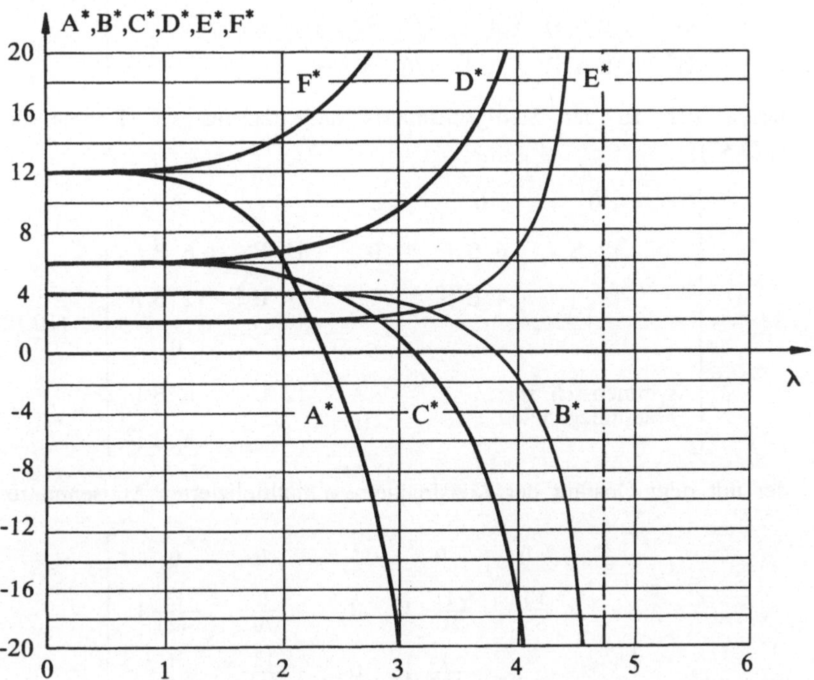

Abb. 10.26 Verlauf der Funktionen A^* bis F^* in Abhängigkeit
von dem Balkenparameter

Die frequenzabhängigen Koeffizienten der Krafteinflußmatrix $\widetilde{C}$ und die entsprechenden Koeffizienten der Steifigkeitsmatrizen der einzelnen Bauteile sind für die Weiterrechnung wenig geeignet. Man ersetzt sie daher häufig durch Näherungsausdrücke, die das Schwingungsverhalten der Stäbe gut beschreiben, solange ihre Eigenfrequenzen ω_{ej} erheblich oberhalb der Schwingungsfrequenz ω des Gesamtsystems liegen.

Aus einer Potenzreihenentwicklung der Funktionen A^* bis H^* und Abbruch der Reihe nach dem zweiten Glied ergeben sich statt der strengen Funktionen ihre Näherungen:

$$
\left.
\begin{aligned}
A^* &\cong (E\,I/l^3) \; (12 - 13/35 \; \lambda^4 - \ldots)\,, \\
B^* &\cong (E\,I/l) \; (4 - 1/105 \; \lambda^4 - \ldots)\,, \\
C^* &\cong (E\,I/l^2) \; (6 - 11/210 \; \lambda^4 - \ldots)\,, \\
D^* &\cong (E\,I/l^2) \; (6 + 13/420 \; \lambda^4 + \ldots)\,, \\
E^* &\cong (E\,I/l) \; (2 + 1/140 \; \lambda^4 + \ldots)\,, \\
F^* &\cong (E\,I/l^3) \; (12 + 9/70 \; \lambda^4 + \ldots)\,, \\
G^* &\cong (E\,A/l) \; (1 - 1/3 \; \lambda_L^2 - \ldots)\,, \\
H^* &\cong (E\,A/l) \; (1 + 1/6 \; \lambda_L^2 + \ldots)\,.
\end{aligned}
\right\}
\qquad (10.125)
$$

Sie lassen sich zu der Steifigkeitsmatrix des trägheitslosen Rahmenstabes (vergl. (7.67))

$$
S_E =
\begin{bmatrix}
c & 0 & 0 & -c & 0 & 0 \\
 & 12\,B & -6\,B\,l & 0 & -12\,B & -6\,B\,l \\
 & & 4\,B\,l^2 & 0 & 6\,B\,l & 2\,B\,l^2 \\
 & & & c & 0 & 0 \\
 & \text{symmetrisch zur} & & & 12\,B & 6\,B\,l \\
 & \text{Hauptdiagonalen} & & & & 4\,B\,l^2
\end{bmatrix}
\qquad (10.126)
$$

und der mit dem Quadrat der Kreisfrequenz ω multiplizierten Massenmatrix

$$
-\omega^2\,M = -\omega^2\,m
\begin{bmatrix}
\dfrac{1}{3} & 0 & 0 & -\dfrac{1}{6} & 0 & 0 \\[2mm]
 & \dfrac{13}{35} & -\dfrac{11}{210}\,l & 0 & \dfrac{9}{70} & \dfrac{13}{420}\,l \\[2mm]
 & & \dfrac{1}{105}\,l^2 & 0 & -\dfrac{13}{420}\,l & \dfrac{1}{140}\,l^2 \\[2mm]
 & & & \dfrac{1}{3} & 0 & 0 \\[2mm]
 & \text{symmetrisch zur} & & & \dfrac{13}{35} & \dfrac{11}{210}\,l \\
 & \text{Hauptdiagonalen} & & & & \dfrac{1}{105}\,l^2
\end{bmatrix}
\qquad (10.127)
$$

zusammenfassen.

Es bedeuten:

$$
c = E\,A/l\,, \quad B = E\,I/l^3\,, \quad m = \mu\,l \;\; \text{(Gesamtmasse des Bauteils)}\,.
$$

Es läßt sich zeigen (s. [10.7]), daß man dieselben Matrizen S_E und M erhält, wenn man statt der Reihenentwicklung das Rayleigh-Ritzsche Verfahren verwendet. Man muß nur die statischen Einheitsverschiebungsfunktionen (Abb. 7.14 und die Bez. (7.84)) einsetzen. Durch Zusammenfügen der statischen Steifigkeitsmatrizen S_E und der Massenmatrizen M der einzelnen Bauteile nach den Regeln des Verschiebungsgrößenverfahrens erhält man anstelle der Beziehung (10.119) die Näherung

$$[- \omega^2 A + C] u = 0 . \tag{10.128}$$

Die hier erscheinende Trägheitsmatrix A hat die gleiche Struktur wie die Krafteinflußmatrix C. (Die Trägheitsmatrix von Kap. 7 ist stattdessen eine Diagonalmatrix).

In dem praktisch wichtigen Fall, daß die Längskraft N in dem Rahmenstab "groß" gegenüber der Querkraft ist, muß man ihren Einfluß auf das Schwingungsverhalten berücksichtigen. Zu den beiden Matrizen S_E und M wird eine geometrische Matrix S_G hinzugefügt, die den Einfluß der "großen" Längskraft näherungsweise erfaßt:

$$N \cdot S_G = N \begin{bmatrix} 0 & 0 & 0 & 0 & 0 & 0 \\ & A^{(0)} & -B^{(0)} & 0 & -A^{(0)} & -B^{(0)} \\ & & C^{(0)} & 0 & B^{(0)} & -D^{(0)} \\ & & & 0 & 0 & 0 \\ \text{symmetrisch zur} & & & & A^{(0)} & B^{(0)} \\ \text{Hauptdiagonalen} & & & & & C^{(0)} \end{bmatrix} \tag{10.129}$$

$$A^{(0)} = 6/5\, l , \quad B^{(0)} = 1/10 , \quad C^{(0)} = 2\, l/15 , \quad D^{(0)} = 4\, l/30 .$$

Rahmen- und Gemischttragwerke sind häufig auch aus Stäben aufgebaut, die an einem Rand ein Momentengelenk besitzen. Die Matrizen S_E, M und S_G, die einem solchen Rahmenstab zugeordnet sind, geben wir ohne Herleitung an:

$$\mathbf{S_E} = \begin{bmatrix} c & 0 & 0 & -c & 0 & 0 \\ & A_g & 0 & 0 & -A_g & -A_g\,l \\ & & 0 & 0 & 0 & 0 \\ & & & c & 0 & 0 \\ \text{symmetrisch zur} & & & & A_g & A_g\,l \\ \text{Hauptdiagonalen} & & & & & A_g\,l^2 \end{bmatrix} , \quad (10.130)$$

$$A_g = 3\,E\,I/l^3 \; ,$$

$$\mathbf{M} = m \begin{bmatrix} \dfrac{1}{3} & 0 & 0 & -\dfrac{1}{6} & 0 & 0 \\[2mm] & \dfrac{33}{140} & 0 & 0 & \dfrac{39}{280} & \dfrac{11}{280}\,l \\[2mm] & & 0 & 0 & 0 & 0 \\[2mm] & & & \dfrac{1}{3} & 0 & 0 \\[2mm] \text{symmetrisch zur} & & & & \dfrac{17}{35} & \dfrac{3}{35}\,l \\[1mm] \text{Hauptdiagonalen} & & & & & \dfrac{2}{105}\,l^2 \end{bmatrix} , \quad (10.130\,')$$

$$\mathbf{S_G} = \begin{bmatrix} 0 & 0 & 0 & 0 & 0 & 0 \\ & A_g^{(0)} & 0 & 0 & -A_g^{(0)} & -C_g^{(0)}\,l \\ & & 0 & 0 & 0 & 0 \\ & & & 0 & 0 & 0 \\ \text{symmetrisch zur} & & & & A_g^{(0)} & C_g^{(0)}\,l \\ \text{Hauptdiagonalen} & & & & & C_g^{(0)}\,l^2 \end{bmatrix} . \quad (10.130\,'')$$

$$A_g^{(0)} = 6/5\,l \; , \quad C_g^{(0)} = 1/5\,l \; .$$

Die Güte einer Näherung sollte man abschätzen können. Die einfachste Methode hierfür bietet die Gegenüberstellung der mathematisch strengen Funktionen A^* bis H^* und deren Näherungsfunktionen. Es soll hier genügen, nur
drei der Funktionen zu betrachten (s. [10.7]).

Aus der Abb. 10.27 erkennt man, daß in der Nähe des Poles die Näherung
stark von der mathematisch strengen Funktion abweicht. Eine brauchbare

Näherung gibt es nur in einem Bereich

$$0 \le \lambda_j \le \lambda_{je1}/3 \ . \tag{10.131}$$

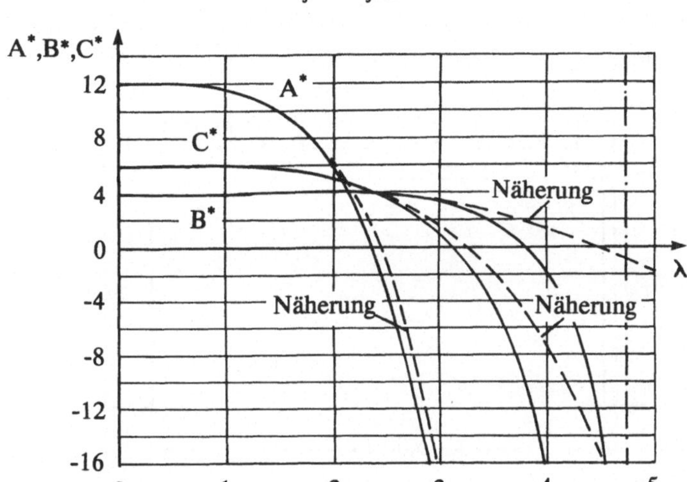

Abb. 10.27 Funktion A^*, B^*, C^* und Näherungsausdrücke

λ_j ist der Balkenparameter des j-ten Stabes, λ_{je1} ist der niedrigste Eigenwert, mit dem der beidseitig biegesteif angeschlossene Stab Eigenschwingungen ausführen kann.

Dieses Ergebnis kann man zum Kriterium für die Beurteilung des Gültigkeitsbereiches der Näherung heranziehen, d.h. es ist stets zu prüfen, ob der Frequenzbereich, in dem das gesamte Tragwerk schwingt, kleiner ist als $\lambda_{je1}/3$.

Die Modifikation der Matrizen S_E, M und S_G, die notwendig sind, wenn das Bauteil neben der Dehn- und Biegenachgiebigkeit auch noch eine Schubnachgiebigkeit besitzt, finden sich in [10.7], [10.9]. Wir wollen im Rahmen dieser Darstellung auf diese Besonderheit nicht eingehen, obwohl sie bei gedrungenen Bauteilen mit dünnwandigem Querschnitt von erheblicher Bedeutung ist (s. auch Kap. 7, Bez. (7.67) u. (7.68)).

Das Eigenverhalten eines Rechteckrahmens

Gegeben ist der in der Abb. 10.28 skizzierte Rechteckrahmen. Die beiden Pfosten seien gleich.

Folgende Daten der Bauteile liegen vor:

$$E_1 = 2,1 \cdot 10^{11} \text{ N/m}^2, \quad A_1 = 7,27 \cdot 10^{-3} \text{ m}^2, \quad I_1 = 1,63 \cdot 10^{-4} \text{ m}^4,$$
$$\mu_1 = 180 \text{ kg/m}, \quad l_1 = 3,00 \text{ m}.$$
$$E_2 = 2,1 \cdot 10^{11} \text{ N/m}^2, \quad A_2 = 6,71 \cdot 10^{-2} \text{ m}^2, \quad I_2 = 5,71 \cdot 10^{-4} \text{ m}^4,$$
$$\mu_2 = 2000 \text{ kg/m}, \quad l_2 = 6,00 \text{ m}.$$

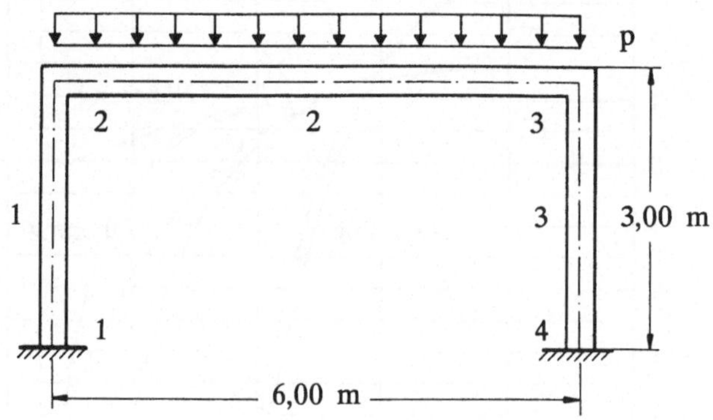

Abb. 10.28 Rechteckrahmen

Der Riegel trage die Gewichtslast p = 20 kN/m.

Gesucht sind die beiden niedrigsten Eigenfrequenzen des Tragwerkes.

Lösungsweg:

1. Wahl der Bezugsgrößen:

$$E_V = E_{max} = 2,1 \cdot 10^{11} \text{ N/m}^2, \quad l_v = l_{max} = 6,00 \text{ m}, \quad I_v = I_{max} = 5,71 \cdot 10^4 \text{ m}^4$$

2. Berechnung der Steifigkeitsmatrizen, der Massenmatrizen und der geometrischen Matrizen:

Stab 1 und 3: (Die Größen sind im E-Format angegeben)

$$S_{E1} = \begin{bmatrix} 2.74\text{E}+01 & 0. & -6.85\text{E}+00 & -2.74\text{E}+01 & 0. & -6.85\text{E}+00 \\ & 9.16\text{E}+02 & 0. & 0. & -9.16\text{E}+02 & 0. \\ & & 2.28\text{E}+00 & 6.85\text{E}+00 & 0. & 1.14\text{E}+00 \\ & & & 2.74\text{E}+01 & 0. & 6.85\text{E}+00 \\ & & & & 9.16\text{E}+02 & 0. \\ & & & & & 2.28\text{E}+00 \end{bmatrix}$$

$$S_{G1} = \begin{bmatrix} 7.20\text{E}-07 & 0. & -3.00\text{E}-08 & -7.20\text{E}-07 & 0. & -3.00\text{E}-08 \\ & 0. & 0. & 0. & 0. & 0. \\ & & 2.00\text{E}-08 & 3.00\text{E}-08 & 0. & -5.00\text{E}-09 \\ & & & 7.20\text{E}-07 & 0. & 3.00\text{E}-08 \\ & & & & 0. & 0. \\ & & & & & 2.00\text{E}-08 \end{bmatrix}$$

$$
M_1 = \begin{bmatrix}
3.61E\text{-}04 & 0. & -2.54\text{-}05 & 1.25E\text{-}04 & 0. & 1.50E\text{-}05 \\
 & 3.24E\text{-}04 & 0. & 0. & 1.62E\text{-}04 & 0. \\
 & & 2.31\text{-}06 & -1.50E\text{-}05 & 0. & -1.73E\text{-}06 \\
 & & & 3.61E\text{-}04 & 0. & 2.54E\text{-}05 \\
 & & & & 3.24E\text{-}04 & 0. \\
 & & & & & 2.31E\text{-}06
\end{bmatrix}
$$

Für den Riegel erhält man die Matrizen:

$$
S_{E2} = \begin{bmatrix}
4.23E\text{+}03 & 0. & 0. & -4.23E\text{+}03 & 0. & 0. \\
 & 1.20E\text{+}01 & -6.00E\text{+}00 & 0. & -1.20E\text{+}01 & -6.00E\text{+}00 \\
 & & 4.00E\text{+}00 & 0. & 6.00E\text{+}00 & 2.00E\text{+}00 \\
 & & & 4.23E\text{+}03 & 0. & 0. \\
 & & & & 1.20E\text{+}01 & 6.00E\text{+}00 \\
 & & & & & 4.00E\text{+}00
\end{bmatrix}
$$

$$
S_{G2} = \begin{bmatrix}
0. & 0. & 0. & 0. & 0. & 0. \\
 & 3.60E\text{-}07 & -3.00E\text{-}08 & 0. & -3.60E\text{-}07 & -3.00E\text{-}08 \\
 & & 4.00E\text{-}08 & 0. & 3.00E\text{-}08 & -1.00E\text{-}08 \\
 & & & 0. & 0. & 0. \\
 & & & & 3.60E\text{-}07 & 3.00E\text{-}08 \\
 & & & & & 4.00E\text{-}08
\end{bmatrix}
$$

$$
M_2 = \begin{bmatrix}
7.20E\text{-}03 & 0. & 0. & 3.60E\text{-}03 & 0. & 0. \\
 & 8.02E\text{-}03 & -1.13E\text{-}03 & 0. & 2.77E\text{-}03 & 6.69E\text{-}04 \\
 & & 2.05E\text{-}04 & 0. & -6.69E\text{-}04 & -1.54E\text{-}04 \\
 & & & 7.20E\text{-}03 & 0. & 0. \\
 & & & & 8.02E\text{-}03 & 1.13E\text{-}03 \\
 & & & & & 2.05E\text{-}04
\end{bmatrix}
$$

Die Matrizen verknüpfen die bezogenen Teilzwangskräfte und -drehkräfte

$$\overline{K}_x = K_x\, l_v^3/E_v\, I_v\,, \quad \overline{K}_z = K_z\, l_v^3/E_v\, I_v\,, \quad \overline{\hat{K}} = \hat{K}\, l_v^2/E_v\, I_v$$

mit den bezogenen Verschiebungsgrößen

$$U\,,\quad W\,,\quad l_v\,\psi\,.$$

3. Lösung der statischen Aufgabe

In einem ersten Schritt wird auf iterativem Wege der Einfluß der "großen" statischen Längskraft (Theorie 2. Ordnung der Statik) auf die statischen Zustandsgrößen untersucht.

Es wird die Verschiebungsgrößengleichung zur Bestimmung der statischen Verschiebungsgrößen aufgestellt:

$$(C_E + C_G)\, u_{St} = p_{St}\,.$$

C_E ist die Krafteinflußmatrix, die nach den Regeln des Verschiebungsgrößenverfahrens aus den Steifigkeitsmatrizen S_{Ej} aufgebaut ist. C_G wird aus den geometrischen Matrizen der Bauteile S_{Gj}, multipliziert mit der Längskraft N_j, gebildet. p_{St} ist der Vektor der statisch wirkenden äußeren Belastung.

Man erhält nach dem ersten Iterationsschritt (Mitnahme der Längskräfte) folgende Matrizen:

$$C_G = \left[\begin{array}{cccccc}
-4.32\text{E-}02 & 0. & 1.80\text{E-}03 & 4.32\text{E-}02 & 0. & 1.80\text{E-}03 \\
 & 0. & 0. & 0. & 0. & 0. \\
 & & -1.20\text{E-}03 & -1.80\text{E-}03 & 0. & 3.00\text{E}.04 \\
 & & & -4.32\text{E-}02 & 0. & -1.80\text{E-}03 \\
 & & & & -5.75\text{E-}03 & 4.79\text{E-}04 \\
 & & & & & -1.83\text{E-}03 \\[6pt]
0. & 0. & 0. & 0. & 0. & 0. \\
0. & 0. & 0. & 0. & 0. & 0. \\
0. & 0. & 0. & 0. & 0. & 0. \\
0. & 0. & 0. & 0. & 0. & 0. \\
0. & 5.75\text{E-}03 & 4.79\text{E-}04 & 0. & 0. & 0. \\
0. & -4.79\text{E-}04 & 1.59\text{E-}04 & 0. & 0. & 0. \\
-4.32\text{E-}02 & 0. & -1.80\text{E-}03 & 4.32\text{E-}02 & 0. & -1.80\text{E-}03 \\
 & -5.75\text{E-}03 & -4.79\text{E-}04 & 0. & 0. & 0. \\
 & & -1.83\text{E-}03 & 1.80\text{E-}03 & 0. & 3.00\text{E-}04 \\
 & & & -4.32\text{E-}02 & 0. & 1.80\text{E-}03 \\
 & & & & 0. & 0. \\
 & & & & & -1.20\text{E-}03
\end{array}\right]$$

$$C_E = \left[\begin{array}{cccccc}
2.74\text{E}+01 & 0. & -6.85\text{E}+00 & -2.74\text{E}+01 & 0. & -6.85\text{E}+00 \\
 & 9.16\text{E}+02 & 0. & 0. & -9.16\text{E}+02 & 0. \\
 & & 2.28\text{E}+00 & 6.85\text{E}+00 & 0. & 1.14\text{E}+00 \\
 & & & 4.25\text{E}+03 & 0. & 6.85\text{E}+00 \\
 & & & & 9.28\text{E}+02 & -6.00\text{E}+00 \\
 & & & & & 6.28\text{E}+00 \\[6pt]
0. & 0. & 0. & 0. & 0. & 0. \\
0. & 0. & 0. & 0. & 0. & 0. \\
0. & 0. & 0. & 0. & 0. & 0. \\
-4.23\text{E}+03 & 0. & 0. & 0. & 0. & 0. \\
0. & -1.20\text{E}+01 & -6.00\text{E}+00 & 0. & 0. & 0. \\
0. & 6.00\text{E}+00 & 2.00\text{E}+00 & 0. & 0. & 0. \\
4.25\text{E}+03 & 0. & 6.85\text{E}+00 & -2.74\text{E}+01 & 0. & 6.85\text{E}+00 \\
 & 9.28\text{E}+02 & 6.00\text{E}+00 & 0. & -9.16\text{E}+02 & 0. \\
 & & 6.28\text{E}+00 & -6.85\text{E}+00 & 0. & 1.14\text{E}+00 \\
 & & & 2.74\text{E}+01 & 0. & -6.85\text{E}+00 \\
 & & & & 9.16\text{E}+02 & 0. \\
 & & & & & 2.28\text{E}+00
\end{array}\right]$$

In einem anschließenden Schritt werden die Matrizen C_E und C_G addiert $(C^* = C_E + C_G)$:

$$C^* = \begin{bmatrix}
2.73E+01 & 0. & -6.84E+00 & -2.73E+01 & 0. & -6.84E+00 \\
 & 9.16E+02 & 0. & 0. & -9.16E+02 & 0. \\
 & & 2.28E+00 & 6.84E+00 & 0. & 1.14E+00 \\
 & & & 4.25E+03 & 0. & 6.84E+00 \\
 & & & & 9.28E+02 & -5.99E+00 \\
 & & & & & 6.28E+00 \\
0. & 0. & 0. & 0. & 0. & 0. \\
0. & 0. & 0. & 0. & 0. & 0. \\
0. & 0. & 0. & 0. & 0. & 0. \\
-4.23E+03 & 0. & 0. & 0. & 0. & 0. \\
0. & -1.19E+01 & -5.99E+00 & 0. & 0. & 0. \\
0. & 5.99E+00 & 2.00E+00 & 0. & 0. & 0. \\
4.25E+03 & 0. & 6.84E+00 & -2.73E+01 & 0. & 6.84E+00 \\
 & 9.28E+02 & 5.99E+00 & 0. & -9.16E+02 & 0. \\
 & & 6.28E+00 & -6.84E+00 & 0. & 1.14E+00 \\
 & & & 2.73E+01 & 0. & -6.84E+00 \\
 & & & & 9.16E+02 & 0. \\
 & & & & & 2.28E+00
\end{bmatrix}$$

Die Einarbeitung der Lagerungsbedingungen (die Knotenpunkte 1 und 4 sind starr gelagert) erfolgt durch Streichen der drei ersten und drei letzten Zeilen und Spalten:

$$C^* = \begin{bmatrix}
4.25E+03 & 0. & 6.84E+00 & -4.23E+03 & 0. & 0. \\
 & 9.28E+02 & -5.99E+00 & 0. & -1.19E+01 & -5.99E+00 \\
 & & 6.28E+00 & 0. & 5.99E+00 & 2.00E+00 \\
 & & & 4.25E+03 & 0. & 6.84E+00 \\
 & & & & 9.28E+02 & 5.99E+00 \\
 & & & & & 6.28E+00
\end{bmatrix}$$

Die Belastungsspalte p_{St} ergibt sich nach den Regeln des Verschiebungsgrößenverfahrens aus den Teilzwangskräften und -drehkräften an den Bauteilrändern aufgrund der statischen Belastung. Man findet in vorliegendem Fall vor Einarbeitung der Lagerungsbedingungen

$$
p_{St} = \begin{bmatrix} 0. \\ 0. \\ 0. \\ 0. \\ 1.08E\text{-}01 \\ -1.80E\text{-}02 \\ 0. \\ 1.08E\text{-}01 \\ 1.80E\text{-}02 \\ 0. \\ 0. \\ 0. \end{bmatrix}
\quad \text{und danach:} \quad
p_{St} = \begin{bmatrix} 0. \\ 1.08E\text{-}01 \\ -1.80E\text{-}02 \\ 0. \\ 1.08E\text{-}01 \\ 1.80E\text{-}02 \end{bmatrix} .
$$

Die Auflösung des Gleichungssystems liefert die Verschiebungsgrößen der Knotenpunkte:

Knoten-Nr.	U	W	$l_v \, \psi$
1	0.	0.	0.
2	.3399E-05	.1179E-03	-.4212E-02
3	-.3399E-05	.1179E-03	.4212E-02
4	0.	0.	0.

Aus einer Nachlaufrechnung ergeben sich die Schnittkräfte und Momente in den einzelnen Bauteilen:

Stab-Nr.	LK	RK	Längskraft	Querkraft Linker Rand Stabmitte Rechter Rand	Biegemoment
1	1	2	-.600E+05	-.159E+05	.159E+05
			-.600E+05	-.159E+05	-.800E+04
			-.600E+05	-.159E+05	-.319E+05
2	2	3	-.159E+05	-.600E+05	-.319E+05
			-.159E+05	0.	.580E+05
			-.159E+05	-.600E+05	-.319E+05
3	3	4	-.600E+05	.159E+05	-.319E+05
			-.600E+05	.159E+05	-.800E+04
			-.600E+05	.159E+05	.159E+05

4. Bestimmung der Bewegungsgleichungen für die Amplituden der zeitlich harmonisch veränderlichen Verschiebungsgrößen $\bar{u}$:

$$
\left[-\,\omega^2 \, \mathbf{A} + (\mathbf{C}_E + \mathbf{C}_G) \right] \bar{u} = 0 \; .
$$

Für die Modalanalyse werden die Matrizen $\mathbf{C}_E + \mathbf{C}_G$ aus der Lösung der statischen Aufgabe übernommen. Es ist aus den Massenmatrizen M_j die Trägheitsmatrix **A** aufzustellen. Man findet zunächst ohne Einarbeitung der Lagerungsbedingungen:

$$
A = \begin{bmatrix}
3.61\text{E-}04 & 0. & -2.54\text{E-}05 & 1.25\text{E-}04 & 0. & 1.50\text{E-}05 \\
 & 3.24\text{E-}04 & 0. & 0. & 1.62\text{E-}04 & 0. \\
 & & 2.31\text{E-}06 & -1.50\text{E-}05 & 0. & -1.73\text{E-}06 \\
 & & & 7.56\text{E-}03 & 0. & 2.54\text{E-}05 \\
 & & & & 8.35\text{E-}03 & -1.13\text{E-}03 \\
 & & & & & 2.08\text{E-}04 \\
0. & 0. & 0. & 0. & 0. & 0. \\
0. & 0. & 0. & 0. & 0. & 0. \\
0. & 0. & 0. & 0. & 0. & 0. \\
3.60\text{E-}03 & 0. & 0. & 0. & 0. & 0. \\
0. & 2.77\text{E-}03 & 6.69\text{E-}04 & 0. & 0. & 0. \\
0. & -6.69\text{E-}04 & -1.54\text{E-}04 & 0. & 0. & 0. \\
7.56\text{E-}03 & 0. & 2.54\text{E-}05 & 1.25\text{E-}04 & 0. & -1.50\text{E-}05 \\
 & 8.35\text{E-}03 & 1.13\text{E-}03 & 0. & 1.62\text{E-}04 & 0. \\
 & & 2.08\text{E-}04 & 1.50\text{E-}05 & 0. & -1.73\text{E-}06 \\
 & & & 3.61\text{E-}04 & 0. & -2.54\text{E-}05 \\
 & & & & 3.24\text{E-}04 & 0. \\
 & & & & & 2.31\text{E-}06
\end{bmatrix}
$$

Nach Einarbeitung der Lagerungsbedingungen ergibt sich:

$$
A = \begin{bmatrix}
7.56\text{E-}03 & 0. & 2.54\text{E-}05 & 3.60\text{E-}03 & 0. & 0. \\
 & 8.35\text{E-}03 & -1.13\text{E-}03 & 0. & 2.77\text{E-}03 & 6.69\text{E-}04 \\
 & & 2.08\text{E-}04 & 0. & -6.69\text{E-}04 & -1.54\text{E-}04 \\
 & & & 7.56\text{E-}03 & 0. & 2.54\text{E-}05 \\
 & & & & 8.35\text{E-}03 & 1.13\text{E-}03 \\
 & & & & & 2.08\text{E-}04
\end{bmatrix}
$$

5. Bestimmung der Eigenkreisfrequenzen und der zugehörigen Eigenschwingungsformen

Die Auswertung der Eigenfrequenzdeterminante erfolgt mit Hilfe des Restgrößenverfahrens. Zur Einschachtelung der Nullstellen verwendet man die Regula Falsi.

Man findet den Determinantenverlauf Det in Abhängigkeit von der Kreisfrequenz ω:

Det	ω
.8903E-02	0
.8351E-02	10
.6757E-02	20
.4302E-02	30
.1279E-02	40
.4600E-07	43,989
-.1915E-02	50
-.4798E-02	60
-.6818E-02	70
-.7380E-02	80
-.5866E-02	90
-.1672E-02	100
-.1152E-08	102,707
.5771E-02	110
.1695E-01	120

Zu den Eigenkreisfrequenzen ω_1 = 43,989 1/s und ω_2 = 102,707 1/s gehören die Eigenvektoren

$$\mathbf{x}_1 = \begin{bmatrix} 0 \\ 0 \\ 0 \\ 5.40E\text{-}01 \\ -5.44E\text{-}03 \\ -4.56E\text{-}01 \\ 5.40E\text{-}01 \\ 5.44E\text{-}03 \\ -4.56E\text{-}01 \\ 0 \\ 0 \\ 0 \end{bmatrix} \qquad \mathbf{x}_2 = \begin{bmatrix} 0 \\ 0 \\ 0 \\ -5.50E\text{-}04 \\ -1.68E\text{-}02 \\ 7.06E\text{-}01 \\ 5.50E\text{-}04 \\ -1.68E\text{-}02 \\ -7.06E\text{-}01 \\ 0 \\ 0 \\ 0 \end{bmatrix}$$

Das Ergebnis ist mit Hilfe des Kriteriums (10.131) zu überprüfen: Aus den Balkenparametern ergeben sich die Eigenkreisfrequenzen der starr eingespannten Bauteile:

$$4,73^4 = \omega_{1e1}^2 \cdot 180 \cdot 3^4/2,1 \cdot 10^{11} \cdot 1,63 \cdot 10^{-4} \quad \Rightarrow \omega_{1e1} = 1084,04 \quad 1/s \; ,$$

$$4,73^4 = \omega_{2e1}^2 \cdot 2 \cdot 10^3 \cdot 6^4/2,1 \cdot 10^{11} \cdot 5,71 \cdot 10^{-4} \Rightarrow \omega_{2e1} = 152,171 \quad 1/s \; .$$

Wegen der Nachbarschaft von ω_{2e1} zu ω_2 ist der Wert ω_2 ungenau und praktisch nicht zu verwenden.

Aus einer hier nicht wiedergegebenen Analyse des Rahmens, bei dem die Pfosten und der Riegel mehrfach unterteilt wurden, gehen die Eigenkreisfrequenzen des Gesamttragwerkes

$$\omega_1 = 43{,}972 \ 1/\text{s} \ , \qquad \omega_2 = 85{,}736 \ 1/\text{s}$$

hervor.

Die folgende Abb. 10.29 enthält das Ergebnis einer Analyse des Rahmens, der elastisch eingespannt gelagert ist. Es wird eine Drehfeder mit der Drehfedersteifigkeit $\hat{c}$ am gelenkigen Fußpunkt angeschlossen. Die Einführung der bezogenen Drehfedersteifigkeit

$$\overline{c} = \hat{c} \ l_v/E_v \ I_v$$

und die ebenfalls angegebene Umrechnung der Eigenkreisfrequenz ω_1 und ω_2 auf die zugehörigen Balkenparameter λ_1^2 und λ_2^2 gestatten allgemeine Schlüsse für die praktische Anwendung:

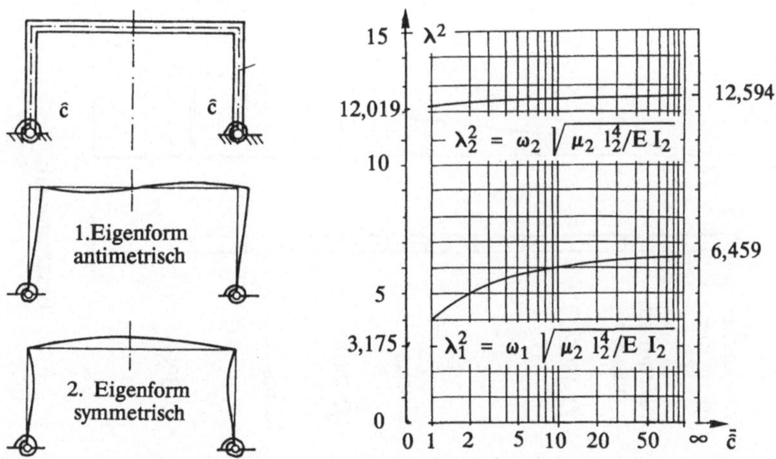

Abb. 10.29 Die Eigenwerte λ_1, λ_2 und die zugehörigen Eigenschwingungsformen des Rahmens mit elastischer Einspannung

Die niedrigste Eigenfrequenz eines Rahmentragwerkes mit gelenkiger Lagerung läßt sich merklich erhöhen, wenn man eine elastische Einspannung einbaut, die mit einem Wert der bezogenen Drehfedersteifigkeit $\overline{c}$ zwischen 2 und 10 verbunden ist.

Die niedrigste Eigenfrequenz eines Rahmens mit elastischer Einspannung, deren bezogene Federsteifigkeit bei $\overline{c} \approx 10$ liegt, läßt sich nur durch eine starke Vergrößerung der Drehfedersteifigkeit um maximal 9 % erhöhen.

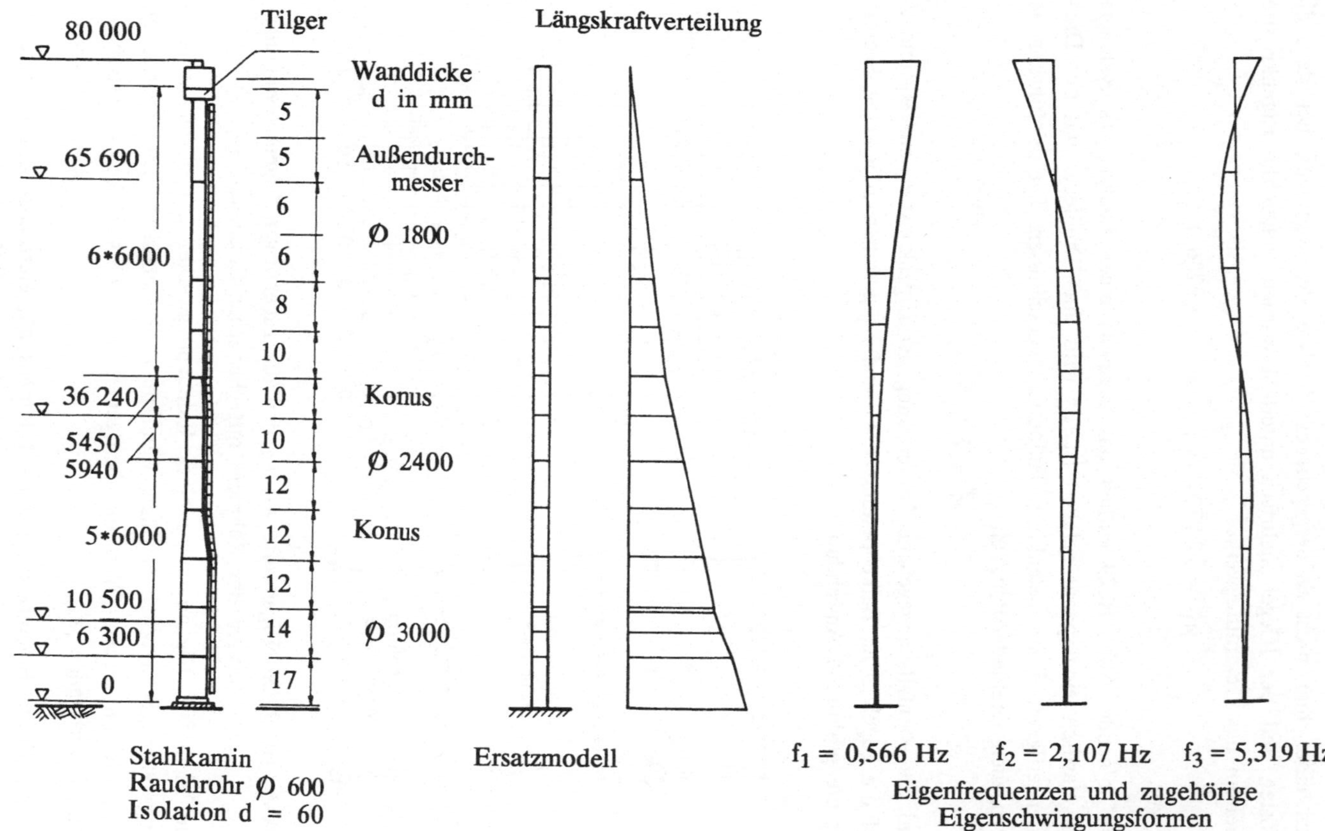

Abb. 10.30 Eigenverhalten eines Stahlkamins

Die zweite Eigenfrequenz läßt sich durch Veränderung der elastischen Einspannung nur geringfügig beeinflussen.

Das Eigenverhalten eines Stahlkamins

Die Abb. 10.30 enthält das Ergebnis einer Schwingungsanalyse eines Stahlkamins. Die zuvor bei dem Rahmen geschilderten Schritte zur Aufstellung der Bewegungsgleichungen werden hier in gleicher Weise begangen.

10.9 Das Drehwinkelverfahren in der Anwendung auf harmonisch schwingende ebene Rahmentragwerke

Im Bauwesen hat sich zur Berechnung des statischen Verhaltens ebener Rahmentragwerke, die in der Tragwerksebene belastet sind, eine spezielle Form des Verschiebungsgrößenverfahrens: das Drehwinkelverfahren eingeführt und bis heute erhalten. Dieses Verfahren geht davon aus, daß die Dehnnachgiebigkeiten der Rahmenstäbe gegenüber den Biegenachgiebigkeiten vernachlässigt werden dürfen. Auf die Mitnahme der Schubdeformation wird in den meisten Fällen verzichtet.

Die Übertragung der aus der Statik bekannten Schritte zur Aufstellung der Drehwinkelgleichungen auf schwingende Rahmentragwerke ist möglich, wenn man sich auf die Grundlagen des Drehwinkelverfahrens besinnt.

Folgende Vorzeichendefinitionen übernehmen wir aus der Statik: Knotendrehwinkel an den Rändern der Bauteile bezeichnen wir mit ψ_i und ψ_k. Sie sind positiv, wenn sie im Gegenuhrzeigersinn drehen (Abb. 10.31). Der Stabdrehwinkel wird mit ϑ_j bezeichnet. Er ist durch die Beziehung

$$\vartheta_j = (w_k - w_i)/l_j$$

definiert. Er ist bei einer Drehung im Uhrzeigersinn positiv.

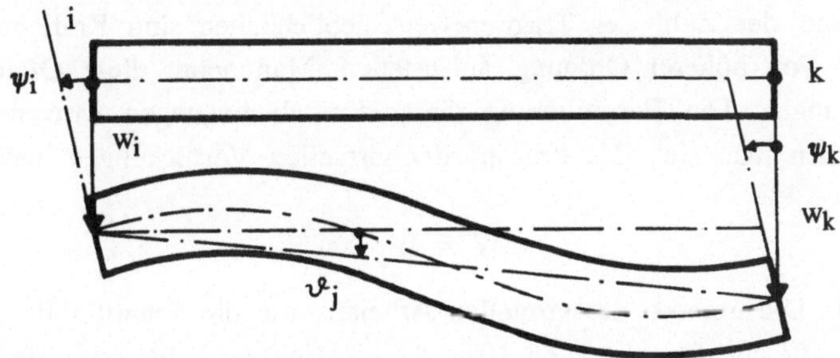

Abb. 10.31 Zur Definition der Knotendrehwinkel und des Stabdrehwinkels

Das Drehwinkelverfahren nimmt in die Rechnung nur die Biegemomente an den Bauteilrändern auf. Auf die Mitnahme der dort auftretenden Längs- und Querkräfte wird gänzlich verzichtet.

Führt man anstelle der Biegemomente M_{ik}, M_{ki} Teilzwangsdrehkräfte $\hat{K}_{ik}$, $\hat{K}_{ki}$ entsprechend der Definitionsgleichungen

$$\hat{K}_{ik} = - M_{ik} \, , \quad \hat{K}_{ki} = M_{ki} \tag{10.132}$$

ein (Abb. 10.32), so lassen sich die Drehwinkelgleichungen schematisch aufstellen. Denn die so definierten Teilzwangsdrehkräfte wirken auf den Knotenpunkt bezogen stets rückstellend.

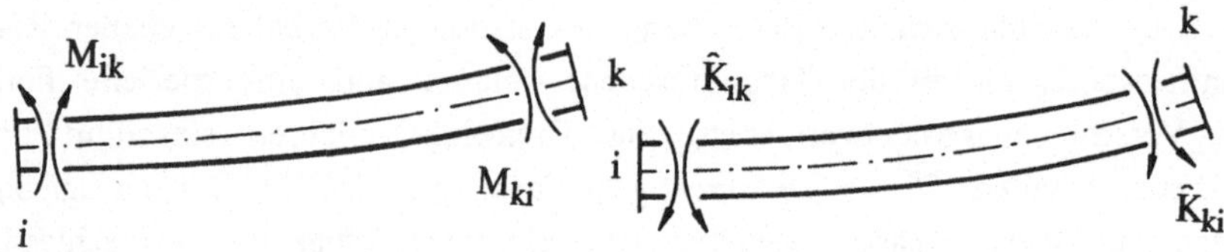

Abb. 10.32 Biegemomente und Teilzwangsdrehkräfte an den Bauteilrändern

Zur Aufstellung der Drehwinkelgleichungen dienen die Knoten- und die Netzgleichungen.

Die Knotengleichungen formulieren das Momentengleichgewicht an den Knotenpunkten des Tragwerkes unter Verwendung der Teilzwangsdrehkräfte. Für den k-ten Knotenpunkt findet man:

$$\sum_{\rho=1}^{N} \hat{K}_{k\rho} = 0 \tag{10.133}$$

(N ist die Zahl der am k-ten Knoten angeschlossenen Stäbe).

Entsprechend der Zahl der Tragwerksverschieblichkeiten sind Kräftebedingungen, meist von höherer Ordnung, aufzustellen. Man nennt diese Gleichungen Netzgleichungen. Die Formulierung dieser Kräftebedingungen wird besonders elegant, wenn man sich des Prinzips der virtuellen Verrückungen bedient. Es lautet:

$$\delta W = 0 \, . \tag{10.134}$$

In Worten: Die Summe der virtuellen Arbeiten, die die Schnittkräfte und die äußeren Kräfte an den virtuellen Verrückungen leisten, heben sich im Gleichgewichtszustand auf.

Der virtuelle Verrückungszustand, der für die Aufstellung der Kräftebeziehung besonders geeignet ist, kennt keine Verkrümmung der Bauteile und keine Drehung der Knotenpunkte. Damit ist der Verlauf der virtuellen Verschiebung $\delta w_j(x)$ entlang der Bauteilachse linear (Abb. 10.33):

$$\delta w_j(x) = \delta w_i + \overline{w}_j(x)\, l_j\, \delta \vartheta_j \; . \tag{10.135}$$

Es bedeuten:

δw_i die virtuelle Verschiebung des linken Randpunktes des Bauteiles,

$\overline{w}_j(x) \triangleq x/l_j$ die lineare Einheitsverschiebungsfunktion,

$\delta \vartheta_j$ ist der virtuelle Stabdrehwinkel.

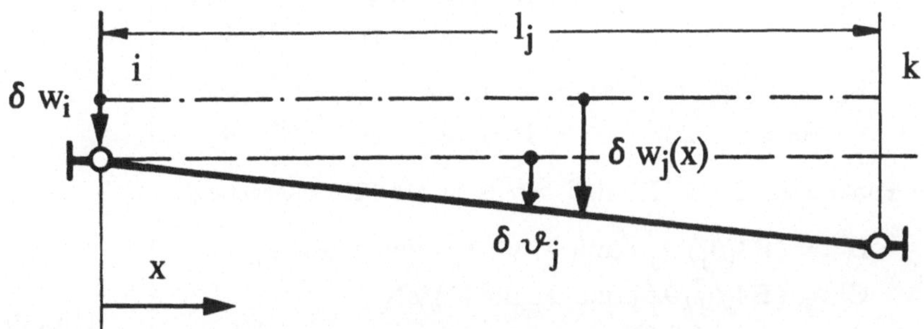

Abb. 10.33 Virtueller Verrückungszustand

Pro Bauteil ergeben sich wegen der speziellen Form des virtuellen Verrückungszustandes Anteile an der virtuellen Arbeit:

$$- (\hat{K}_{ik} + \hat{K}_{ki})\, \delta \vartheta_j \; . \tag{10.136}$$

Aufgrund der kontinuierlich verteilten d'Alembertschen Trägheitskräfte

$$p_T = - \mu_j\, w_j^{\cdot\cdot}(x) \tag{10.137}$$

(μ_j ist die kontinuierlich verteilte Masse) sind in die virtuellen Arbeiten Zusatzterme der Form

$$- \mu_j \int\limits_0^{l_j} w_j^{\cdot\cdot}(x) \, \{\delta w_i + \overline{w}_j(x)\, l_j\, \delta \vartheta_j\}\, dx \tag{10.138}$$

aufzunehmen.

In einem nachfolgenden Rechenschritt werden die Teilzwangsdrehkräfte mit Hilfe des Werkstoffgesetzes durch die Drehwinkel des Stabes ersetzt. Man findet auf diesem Wege die notwendigen Gleichungen für die Amplituden der harmonisch veränderlichen Drehwinkel.

Die Kraftgrößen-Verschiebungsgrößenbeziehungen des schwingenden Rahmenstabes gewinnt man zweckmäßig aus der Lösung der zugeordneten Balkendifferentialgleichung unter Vorgabe spezieller Randverrückungen.

Für den beidseitig verdrehsteif angeschlossenen Stab lauten sie mit dem Balkenparameter $\lambda_j^4 = \omega^2\,\mu_j\,l_j^4\,/\,E\,I_j$:

$$\hat{K}_{ik} = B^*\,\psi_i + E^*\,\psi_k + D^*\,l_j\,\vartheta_j + (D^* - C^*)\,W_i\,,$$
$$\text{oder} \ldots \qquad\qquad + C^*\,l_j\,\vartheta_j + (D^* - C^*)\,W_k\,.$$
$$\hat{K}_{ki} = E^*\,\psi_i + B^*\,\psi_k + C^*\,l_j\,\vartheta_j - (D^* - C^*)\,W_i\,,$$
$$\text{oder} \ldots \qquad\qquad + D^*\,l_j\,\vartheta_j - (D^* - C^*)\,W_k\,. \qquad (10.139)$$

Die Funktionen B^* bis E^* sind bereits in (10.122) angegeben:

$$B^* = (E\,I_j/l_j)\,\lambda_j\,(\cosh\lambda_j\,\sin\lambda_j - \sinh\lambda_j\,\cos\lambda_j)/\Delta N\,,$$
$$C^* = (E\,I_j/l_j^2)\,\lambda_j^2\,(\sinh\lambda_j\,\sin\lambda_j)/\Delta N\,,$$
$$D^* = (E\,I_j/l_j^2)\,\lambda_j^2\,(\cosh\lambda_j - \cos\lambda_j)/\Delta N\,,$$
$$E^* = (E\,I_j/l_j)\,\lambda_j\,(\sinh\lambda_j - \sin\lambda_j)/\Delta N\,. \qquad (10.140)$$

Sie sind für die Weiterrechnung unhandlich. Man verwendet daher Näherungsausdrücke, die man aus den ersten beiden Gliedern einer Potenzreihe gewinnt. Man erhält anstelle von (10.140) die Näherungsbeziehungen (s. auch (10.125)):

$$\hat{K}_{ik} = \frac{EI_j}{l_j}\,\Big\{(4 - \lambda_j^4\,\tfrac{1}{105})\,\psi_i + (2 + \lambda_j^4\,\tfrac{1}{140})\,\psi_k +$$
$$+ (6 + \lambda_j^4\,\tfrac{13}{420})\,\vartheta_j\Big\} + \omega^2\,\mu_j\,l_j^2\,\tfrac{1}{12}\,W_i\,,$$
$$\text{oder} \ldots$$
$$+ (6 - \lambda_j^4\,\tfrac{11}{210})\,\vartheta_j\Big\} + \omega^2\,\mu_j\,l_j^2\,\tfrac{1}{12}\,W_k\,.$$

$$\hat{K}_{ki} = \frac{EI_j}{l_j}\,\Big\{(2 + \lambda_j^4\,\tfrac{1}{140})\,\psi_i + (4 - \lambda_j^4\,\tfrac{1}{105})\,\psi_k +$$
$$+ (6 - \lambda_j^4\,\tfrac{11}{210})\,\vartheta_j\Big\} - \omega^2\,\mu_j\,l_j^2\,\tfrac{1}{12}\,W_i\,,$$
$$\text{oder} \ldots$$
$$+ (6 + \lambda_j^4\,\tfrac{13}{420})\,\vartheta_j\Big\} - \omega^2\,\mu_j\,l_j^2\,\tfrac{1}{12}\,W_k\,. \qquad (10.140\,')$$

Für den Stab mit einem Momentengelenk am linken Rand ergibt sich die Näherungsbeziehung:

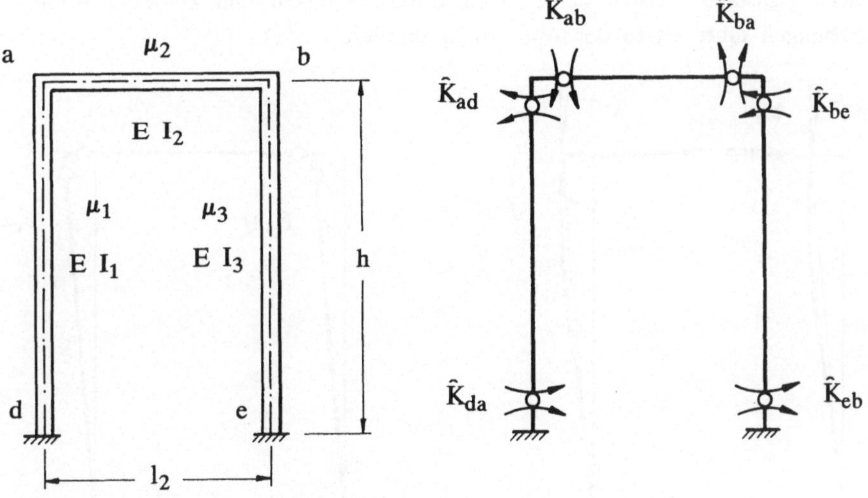

$$\hat{K}_{ki} = \frac{E I_j}{l_j} \left[(3 - \lambda_j^4 \frac{2}{105}) \, \psi_k + (3 - \lambda_j^4 \frac{3}{35}) \, \vartheta_j \right] - \omega^2 \, \mu_j \, l_j^2 \, \frac{1}{8} \, w_i \, ,$$

$$\text{oder} \ldots \qquad + (3 + \lambda_j^4 \frac{11}{280}) \, \vartheta_j \right] - \omega^2 \, \mu_j \, l_j^2 \, \frac{1}{8} \, w_k \, .$$

$$(10.141)$$

Die niedrigste Eigenfrequenz eines Rechteckrahmens

Gegeben ist das Rahmentragwerk der Abb. 10.34. Gesucht sind die niedrigste Eigenfrequenz und die zugehörige Eigenschwingungsform. Folgende Daten stehen zur Verfügung:

$$E I_1 = E I_3 = E I \, , \quad m_1 = m_3 = m \, , \quad l_1 = l_3 = h \, ,$$
$$E I_2 = E I \, , \qquad\qquad m_2 = 3 \, m \, , \qquad l_2 = 2 \, h/3 \, .$$

Abb. 10.34 Einfaches Rahmentragwerk und Teilzwangsdrehkräfte (s. [10.3])

Für die Berechnung des Eigenverhaltens mit Hilfe des Drehwinkelverfahrens wird ein Ersatzmodell gewählt, das unmittelbar neben den Knotenpunkten Gelenke besitzt, die von den Teilzwangsdrehkräften überbrückt werden (Abb. 10.34).

Momentengleichgewicht am Knotenpunkt a liefert:

$$\hat{K}_{ab} + \hat{K}_{ad} = 0 \ .$$

Einsetzen der Kraftgrößen-Verschiebungsgrößenbeziehungen (10.140 ′) ergibt mit den Balkenparametern

$$\lambda_1^4 = \omega^2 \ m \ h^3/E\,I \ , \quad \lambda_2^4 = \omega^2 \ 3 \ m \ l_2^3 \ /E\,I :$$

$$\frac{E\,I}{l} \left\{ (4 - \lambda_2^4/105) \ \psi_a + (2 + \lambda_2^4/140) \ \psi_b \right\} +$$

$$\frac{E\,I}{h} \left\{ (4 - \lambda_1^4/105) \ \psi_a + (6 - \lambda_1^4 \ 11/210) \ \vartheta \right\} = 0 \ .$$

Momentengleichgewicht am Knoten b ergibt die zweite Drehwinkelgleichung:

$$\frac{E\,I}{l} \left\{ (4 - \lambda_2^4/140) \ \psi_b + (4 - \lambda_2^4/105) \ \psi_b \right\} +$$

$$\frac{E\,I}{h} \left\{ (4 - \lambda_1^4/105) \ \psi_b + (6 - \lambda_1^4 \ 11/210) \ \vartheta \right\} = 0 \ .$$

Zur Aufstellung der Kräftegleichung, die die Verschieblichkeit des Tragwerkes erfaßt, wählen wir das Prinzip der virtuellen Verrückungen. Der virtuelle Verrückungszustand, der zu keinerlei Stabverkrümmungen und keinerlei Knotendrehungen führt, ist in der Abb. 10.35 skizziert.

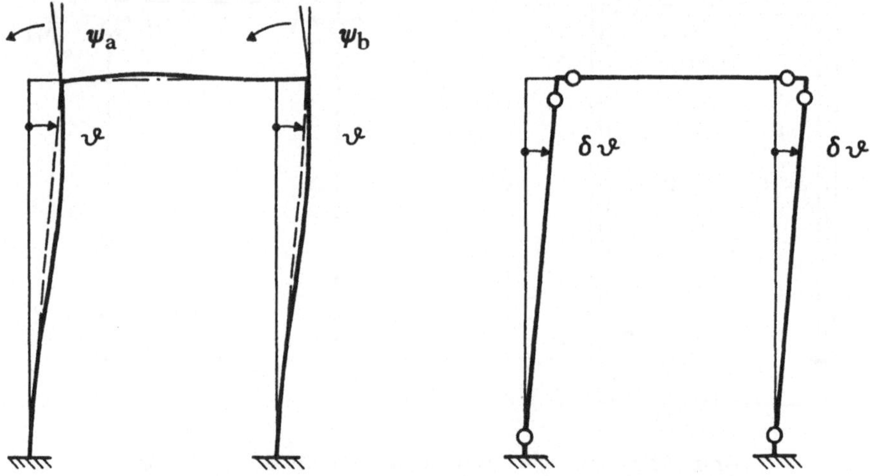

Abb. 10.35 Tatsächlicher und virtueller Verrückungszustand

Man findet die virtuellen Arbeiten:

$$\delta W = - (\hat{K}_{ad} + \hat{K}_{da})\ \delta\vartheta - (\hat{K}_{be} + \hat{K}_{eb})\ \delta\vartheta + \omega^2\ m_2\ h\ \vartheta\ h\ \delta\vartheta$$
$$+ \omega^2\ \mu\ h^2\ \psi_a\ \left\{ \int f_4(\xi)\ \overline{w}\ (\xi)\ d\xi \right\}\ \delta\vartheta +$$
$$+ \omega^2\ \mu\ h^2\ \psi_b\ \left\{ \int f_4(\xi)\ \overline{w}\ (\xi)\ d\xi \right\}\ \delta\vartheta +$$
$$+ 2\ \omega^2\ \mu\ h^3\vartheta\ \left\{ \int f_3(\xi)\ \overline{w}\ (\xi)\ d\xi \right\}\ \delta\vartheta \qquad = \ 0\ .$$

In den Integralen, die durch geschweifte Klammern eingeschlossen sind, stehen Produkte aus den Einheitsverschiebungsfunktionen $f_k(\xi)$ (s. Kap. 7, Abb. 7.14) und den virtuellen Verschiebungsfunktionen $\delta w(\xi)$. Diese Integrale werden für die wichtigsten Fälle ausgewertet und in einer Tabelle zusammengefaßt:

Tabelle 10.3 (s. [10.12])

k	$\int\limits_0^1 f_k(\xi)\ \overline{w}(\xi)\ d\xi$	$\int\limits_0^1 f_k(\xi)\ d\xi$
	Beidseitig verdrehsteif angeschlossener Stab	
1	3/20	1/2
2	- l_j/30	- l_j/12
3	7/20	1/2
4	l_j/20	l_j/12
	Stab mit einem Momentengelenk am linken Rand (ohne Herleitung)	
1	1/10	3/8
-	-	-
3	2/5	5/8
4	l_j/15	l_j/8

Unter Verwendung der Zahlenwerte der Tabelle 10.3 und der Kraftgrößen-Verschiebungsgrößenbeziehungen (10.140´) erhält man zunächst:

$$\frac{E\,I}{h}\ \left\{ (6 + \lambda_1^4\ 13/420) + (6 - \lambda_1^4\ 11/210) \right\}\ \vartheta +$$
$$+ \frac{E\,I}{h}\ \left\{ (2 + \lambda_1^4\ /140\ ) + (4 - \lambda_1^4\ /105) \right\}\ \psi_a +$$
$$+ \frac{E\,I}{h}\ \left\{ (6 + \lambda_1^4\ 13/420) + (6 - \lambda_1^4\ 11/210) \right\}\ \vartheta +$$
$$+ \frac{E\,I}{h}\ \left\{ (2 + \lambda_1^4\ /140\ ) + (4 - \lambda_1^4\ /105) \right\}\ \psi_b -$$
$$- \omega^2\ m_2\ h^2\ \vartheta - \omega^2\ \mu\ h^3\ \psi_a/20 - \omega^2\ \mu\ h^3\ \psi_b/20 -$$
$$- \omega^2\ \mu\ h^3\ \vartheta 2\ (7/20) \qquad = \ 0\ .$$

Für das spezielle Massen- und Längenverhältnis ergibt sich das System von Drehwinkelgleichungen:

$(EI/h)\ \psi_a$	$(EI/h)\ \psi_b$	$(EI/h)\ \vartheta$	
$(10 - \lambda_1^4/45\ )$	$(\ 3\ +\ \lambda_1^4/105)$	$(\ 6\ -\ \lambda_1^4\ 11/210)$	$=\ 0\ ,$
$(\ 3\ +\ \lambda_1^4/105)$	$(10 - \lambda_1^4/45\ )$	$(\ 6\ -\ \lambda_1^4\ 11/210)$	$=\ 0\ ,$
$(\ 6\ -\ \lambda_1^4\ 11/210)$	$(\ 6\ -\ \lambda_1^4\ 11/210)$	$(24 - \lambda_1^4\ 131/35)$	$=\ 0\ .$

Für die Schwingungen mit symmetrischer Eigenschwingungsform gilt: $\psi_b = -\ \psi_a$ und $\vartheta = 0$. Der Frequenzparameter der symmetrischen Schwingungen λ_S folgt aus der ersten Zeile der Drehwinkelgleichung:

$$(14 - \lambda_S^4\ \frac{4}{63}\ )\ \frac{EI}{h}\ \psi_a = 0\ .$$

Daraus ergibt sich:

$$\lambda_S^4\ =\ 220{,}50\ .$$

Für die Schwingungen mit antimetrischer Eigenschwingungsform findet man mit $\psi_b = \psi_a$ und $\vartheta \neq 0$ zunächst:

$(EI/h)\ \psi_a$	$(EI/h)\ \vartheta$	
$(26 - \lambda_a^4\ 8/315)$	$(12 - \lambda_a^4\ 11/105)$	$=\ 0\ ,$
$(12 - \lambda_a^4\ 11/105)$	$(24 - \lambda_a^4\ 131/35)$	$=\ 0\ .$

Aus der Determinante der Koeffizientenmatrix findet man die charakteristische Gleichung

$$\lambda_a^8 - 1134{,}729\ \lambda_a^4 + 5708{,}737\ =\ 0\ .$$

Daraus folgt der niedrigste Wert der antimetrischen Schwingung:

$$\lambda_a^4\ =\ 5.053\ .$$

Das Verhältnis ψ_a/ϑ stellt die Eigenschwingungsform dar. Man findet durch Einsetzen des gefundenen Eigenfrequenzparameters in die erste Zeile des Gleichungssystems:

$$(26 - 5{,}053\cdot 8/315)\ \frac{EI}{h}\ \psi_a + (12 - 5{,}053\cdot 11/105)\ \frac{EI}{h}\ \vartheta = 0\ .$$

Daraus folgt:

$$\psi_a\ =\ 0{,}4435\ \vartheta\ .$$

Die zugehörige Eigenschwingungsform ist in der Abb. 10.36 skizziert.

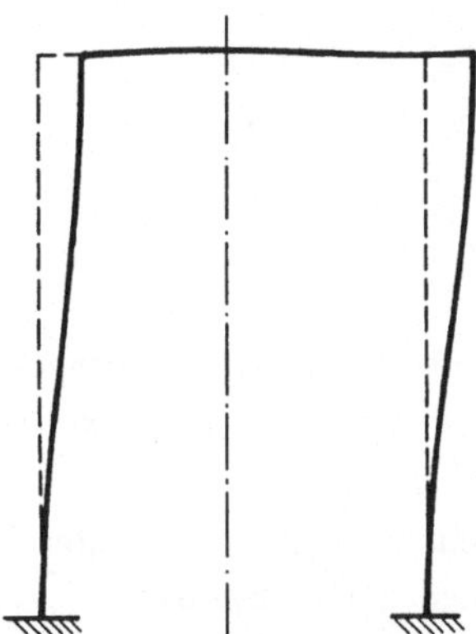

Abb. 10.36 Antimetrische Eigenschwingungsform

Das Ergebnis ist mit dem Kriterium (10.131) zu überprüfen. Man findet in vorliegendem Falle:

$$\lambda_S/\lambda_{1min} = \sqrt[4]{220{,}50/4{,}730} = 3{,}853/4{,}730 = 0{,}815 \geqq 0{,}333 \ .$$

D.h. das Näherungsergebnis λ_S ist wegen der Nähe zur Eigenkreisfrequenz des Pfostens recht ungenau und sollte nicht verwertet werden. Wendet man dieses Kriterium auf den Eigenfrequenzparameter λ_a an, so findet man:

$$\lambda_a/\lambda_{1min} = \sqrt[4]{5{,}5053/4{,}730} = 1{,}499/4{,}730 = 0{,}317 \leqq 0{,}333 \ .$$

Dieser Wert ist praktisch genau genug und weicht von dem strengen Wert nur unbedeutend ab.

Niedrigste Eigenkreisfrequenz eines Sprengwerkes

Gegeben ist das in der Abb. 10.37 dargestellte Ersatzmodell eines Sprengwerkes. Gesucht ist die niedrigste Eigenkreisfrequenz des Tragwerkes.

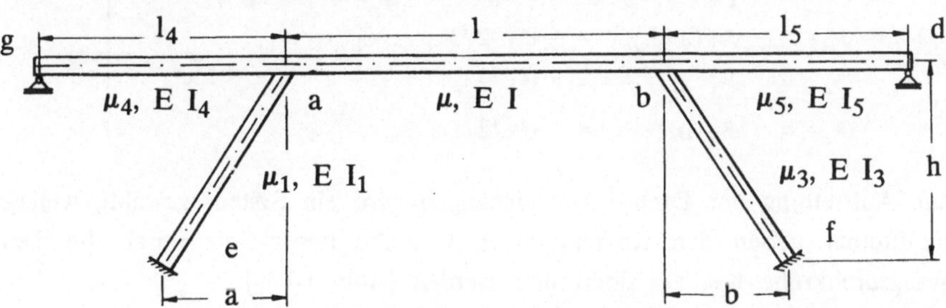

Abb. 10.37 Ersatzmodell eines ebenen Sprengwerkes

Es ist: $l_2 = l$, $l_4 = l_5 = 2\,1/3$, $h = 1/2$, $a = b = 1/3$,

$EI_2 = EI$, $EI_4 = EI_5 = EI$, $EI_1 = EI_3 = 3\,EI/4$,

$\mu_2 = \mu$, $\mu_4 = \mu_5 = \mu$, $\mu_1 = \mu_3 = 3\,\mu/4$.

Lösungsweg:

1. Bestimmung des kinematischen Zusammenhanges zwischen den Stabdrehwinkeln der einzelnen Stäbe. Der Stabdrehwinkel des Stabes 1 wird zum unabhängigen Stabdrehwinkel erklärt.

Zur Beschreibung des kinematischen Zusammenhanges wählt man ein Gelenksystem, dem man den Stabdrehwinkel $\vartheta_1 = $ "1" aufprägt (Abb. 10.38). Aus der Lage der Haupt- und Nebenpole der zwangsläufigen kinematischen Kette findet man die erforderlichen kinematischen Zusammenhänge.

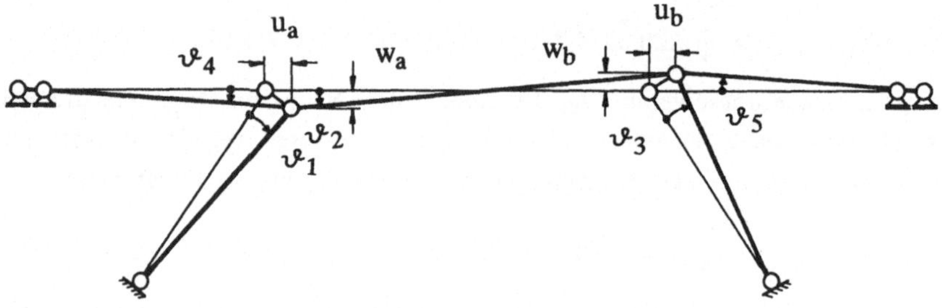

Abb. 10.38 Verrückungszustand der zwangsläufigen kinematischen Kette

Aus der Abb. 10.38 liest man ab:

$$
\begin{aligned}
u_a &= u_b = \vartheta_1\, h = \vartheta_1\, 1/2 , \\
w_a &= \vartheta_1\, a = \vartheta_1\, 1/3 , \quad w_b = -\,\vartheta_1\, b = -\,\vartheta_1\, 1/3 , \\
\vartheta_{21} &= -\,\vartheta_1\,(a+b)/l = -\,\vartheta_1\, 2/3 , \quad \vartheta_{31} = \vartheta_1 , \\
\vartheta_{41} &= \vartheta_1\, a/l_4 = \vartheta_1/2 , \\
\vartheta_{51} &= \vartheta_1\, b/l_5 = \vartheta_1/2 .
\end{aligned}
\right\}
$$

Zur Aufstellung der Drehwinkelgleichungen wird ein System gewählt, welches unmittelbar neben den Knotenpunkten Gelenke besitzt, die durch die Teilzwangsdrehkräfte $\hat{K}_{ik}$, $\hat{K}_{ki}$ überbrückt werden (Abb. 10.39).

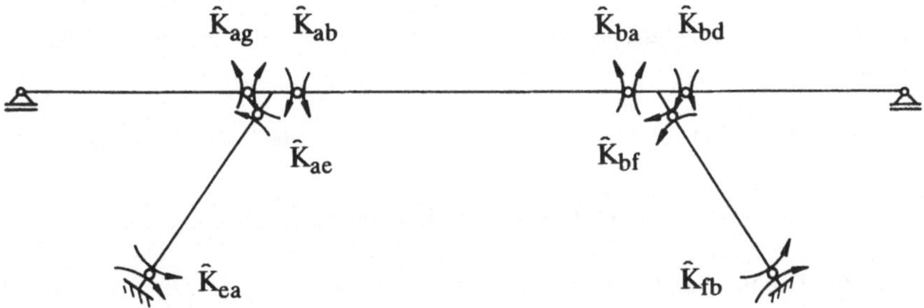

Abb. 10.39 Rahmentragwerk mit Gelenken und Teilzwangsdrehkräften

2. Momentengleichgewicht am Knoten a liefert die Knotengleichung:

$$\hat{K}_{ag} + \hat{K}_{ab} + \hat{K}_{ae} = 0 \ .$$

Mit Hilfe von (10.140') und (10.141) findet man zunächst:

$$\frac{E\,I_4}{l_4} \left\{ (3 - \lambda_4^4 \frac{2}{105}) \ \psi_a + (3 - \lambda_4^4 \ \frac{3}{35}) \ \vartheta_4 \right\} +$$

$$+ \ \frac{E\,I}{l} \left\{ (4 - \lambda_2^4 \frac{1}{105}) \ \psi_a + (2 + \lambda_2^4 \ \frac{1}{140}) \ \psi_b + (6 + \lambda_2^4 \ \frac{13}{420}) \ \vartheta_2 \right\}$$

$$+ \ \omega^2 \ \mu_2 \ l^2 \ \frac{1}{12} \ w_a +$$

$$+ \ \frac{E\,I_1}{l_1} \left\{ (4 - \lambda_1^4 \frac{1}{105}) \ \psi_a + (6 - \lambda_1^4 \ \frac{11}{210}) \ \vartheta_1 \right\} \qquad = \ 0 \ .$$

Einsetzen der Längenverhältnisse der Bauteile, der Querschnittsgrößen E I und der kontuierlich verteilten Masse einschließlich der Frequenzparameter

$$\left.
\begin{aligned}
\lambda_4^4 &= \omega^2 \ \mu_4 \ l_4^4/E\,I_4 \ = \ \lambda_2^4 \ (2/3)^4 \ , \\
\lambda_1^4 &= \omega^2 \ \mu_1 \ l_1^4/E\,I_1 \ = \ \lambda_2^4 \ (13/36)^2
\end{aligned}
\right\}$$

sowie der zuvor gefundenen kinematischen Beziehungen liefert nach kurzer Zwischenrechnung:

$$(13{,}492 - \lambda_2^4 \, 1{,}671 \cdot 10^{-2}) \, \frac{E\,I}{l} \, \psi_a + (2 + \lambda_2^4 \, 7{,}143 \cdot 10^{-3}) \, \frac{E\,I}{l} \, \psi_b +$$

$$+ (5{,}738 - \lambda_2^4 \, 1{,}408 \cdot 10^{-2}) \, \frac{E\,I}{l} \, \vartheta_1 \qquad = \; 0 \; .$$

Aus dem Momentengleichgewicht am Knoten b folgt die zweite Drehwinkelgleichung:

$$(\, 2 + \lambda_2^4 \, 7{,}143 \cdot 10^{-3}) \, \frac{E\,I}{l} \, \psi_a + (13{,}492 - \lambda_2^4 \, 1{,}671 \cdot 10^{-2}) \, \frac{E\,I}{l} \, \psi_b +$$

$$+ (5{,}738 - \lambda_2^4 \, 1{,}408 \cdot 10^{-2}) \, \frac{E\,I}{l} \, \vartheta_1 \qquad = \; 0 \; .$$

Die dritte Drehwinkelgleichung findet man mit Hilfe des Prinzips der virtuellen Verrückungen:

$$- \hat{K}_{ag} \, \delta\vartheta_{41} - (\hat{K}_{ae} + \hat{K}_{ea}) \, \delta\vartheta_1 - (\hat{K}_{ab} + \hat{K}_{ba}) \, \delta\vartheta_{21} - \hat{K}_{bd} \, \delta\vartheta_{51} -$$

$$- (\hat{K}_{bf} + \hat{K}_{fb}) \, \delta\vartheta_{31} +$$

$$+ \omega^2 \, \mu_4 \, l_4 \, u_a \, \delta u_a + \omega^2 \, \mu_4 \, l_4^2 \, \left| w_a \int f_3(\xi) \, \overline{w}(\xi) \, d\xi + \right.$$

$$+ \left. \psi_a \int f_4(\xi) \, \overline{w}(\xi) \, d\xi \right\} \, \delta\vartheta_{41} +$$

$$+ \omega^2 \, \mu_1 \, l_1^2 \, \left| w_a \int f_3(\xi) \, \overline{w}(x) \, d\xi + \psi_a \int f_4(\xi) \, \overline{w}(\xi) \, d\xi \right\} \, \delta\vartheta_1 +$$

$$+ \omega^2 \, \mu_2 \, l_2 \, u_a \, \delta u_a + \omega^2 \, \mu_2 \, l_2 \, \left| \int \left| w_a \, f_1(\xi) + \psi_a \, f_2(\xi) + \right. \right.$$

$$+ w_b \, f_3(\xi) + \psi_b \, f_4(\xi) \, \Big| \, \Big| \, \delta w_a + \overline{w}(\xi) \, l_2 \, \delta\vartheta_{21} \Big| \, d\xi \Big\} +$$

$$+ \omega^2 \, \mu_5 \, l_5 \, u_b \, \delta u_b + \omega^2 \, \mu_5 \, l_5^2 \int \left| w_b \, f_3(\xi) + \psi_b \, f_4(\xi) \right| \, \overline{w}(\xi) \, d\xi \, \delta\vartheta_{51} +$$

$$+ \omega^2 \, \mu_3 \, l_3^2 \int \left| w_b \, f_3(\xi) + \psi_b \, f_4(\xi) \right| \, \overline{w}(\xi) \, d\xi \, \delta\vartheta_{31} \qquad = \; 0 \; .$$

Die Teilzwangsdrehkräfte werden in einem folgenden Rechenschritt mit Hilfe von (10.140 ′) und (10.141) durch die Verschiebungsgrößen ersetzt. Die auftretenden Integrale, die die virtuellen Arbeiten der Trägheitskräfte an den virtuellen Verrückungen erfassen, werden mit Hilfe der Zahlenwerte der Tabelle 10.3 bestimmt.

Führt man noch den zuvor gefundenen kinematischen Zusammenhang zwischen den Stabdrehwinkeln der einzelnen Stäbe und zwischen den virtuellen Stabdrehwinkeln ein, so ergibt sich die dritte Drehwinkelgleichung:

$$(5{,}738 - \lambda_2^4 \, 1{,}408 \cdot 10^{-2}) \, \frac{E\,I}{l} \, (\psi_a + \psi_b) + (35{,}287 - \lambda_2^4 \, 0{,}485) \, \frac{E\,I}{l} \, \vartheta_1 = 0 \; .$$

Die niedrigste Eigenfrequenz ergibt sich für die Schwingungen mit antimetrischer Eigenschwingungsform. Man findet mit $\psi_b = \psi_a$ und $\vartheta_1 \neq 0$

folgendes Gleichungssystem:

$\dfrac{E\,I}{l}\,\psi_a$	$\dfrac{E\,I}{l}\,\vartheta_1$	
$(30{,}985 - \lambda_2^4\,1{,}915\cdot 10^{-2})$	$(11{,}477 - \lambda_2^4\,2{,}816\cdot 10^{-2})$	$= 0\;,$
$(11{,}477 - \lambda_2^4\,2{,}816\cdot 10^{-2})$	$(35{,}287 - \lambda_2^4\,0{,}485)$	$= 0\;.$

Die Determinante der Koeffizientenmatrix ergibt die charakteristische Gleichung:

$$\lambda_2^8 - \lambda_2^4\,1772{,}566 + 113\ 212{,}95 \;=\; 0\;,$$

aus der der niedrigste Eigenwert

$$\lambda_2^4 \;=\; 66{,}35$$

hervorgeht.

Auch dieses Ergebnis ist zu überprüfen. Die Anwendung des Kriteriums (10.131) ergibt:

$$\lambda_2/\lambda_{2\mathrm{min}} \;=\; \sqrt[4]{66{,}35}\,/4{,}730 \;=\; 0{,}603 \;\geqq\; 0{,}333\;.$$

Der Wert der niedrigsten Eigenfrequenz ist also nicht besonders genau. Für die Abschätzung der Größenordnung der niedrigsten Eigenkreisfrequenz ist das Ergebnis trotzdem geeignet.

11. DAS EIGENVERHALTEN VON FLÄCHENTRAGWERKEN

Flächentragwerke zeichnen sich gegenüber den Stabtragwerken dadurch aus, daß eine ihrer drei Abmessungen klein ist gegenüber den übrigen Abmessungen. Man spricht von ebenen Flächentragwerken, wenn ihre Mittelfläche eine Ebene ist. Ein Flächentragwerk mit gekrümmter Mittelfläche heißt Schale.

Im Rahmen dieses Kap. soll nur das Eigenverhalten von Flächentragwerken betrachtet werden. Wir verzichten auf die Betrachtung des kinetischen Verhaltens infolge Zwangserregung oder Selbsterregung.

11.1 Die Rechteck- und Kreismembran

Mit Membran bezeichnet man ein ebenes Flächentragwerk, dessen Tragwirkung durch die Vorspannkraft S (Kraft/Länge) ausgeübt wird. Einer Verbiegung ihrer Mittelfläche setzt die Membran keinen Widerstand entgegen. Sie ist biegeschlaff.

Die Rechteckmembran

Die Bewegungsgleichung der Rechteckmembran läßt sich aus der Beobachtung des Gleichgewichtes an einem Flächenelement (Abb. 11.1) herleiten: Gleichsetzen der Trägheitskraft - μ w$^{\cdot\cdot}$ dx dy mit den Kraftkomponenten in z-Richtung ergibt:

$$\mu \ w^{\cdot\cdot} - S(w_{,xx} + w_{,yy}) = 0 \ . \tag{11.1}$$

μ ist hier die Masse pro Flächeneinheit.

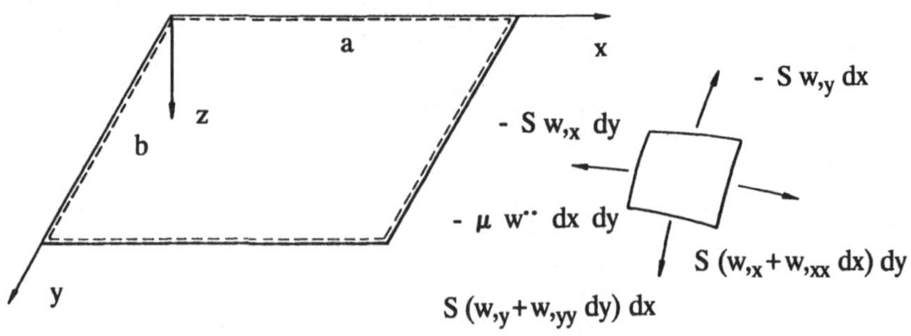

Abb. 11.1 Rechteckmembran

Die Randbedingungen an den Rändern x = 0 und x = a sowie y = 0 und y = b (Abb. 11.1) schreiben vor:

$$\left.\begin{array}{l} (S\ w_{,y} - F_z)\ w(0,y) = 0\ ,\quad (S\ w_{,x} - F_z)\ w(x,0) = 0\ , \\[2mm] (S\ w_{,y} - F_z)\ w(a,y) = 0\ ,\quad (S\ w_{,x} - F_z)\ w(x,b) = 0\ . \end{array}\right\} \tag{11.2}$$

Damit diese Produkte verschwinden, muß stets einer der Faktoren Null sein.

Zur Untersuchung des Eigenverhaltens wählen wir den harmonischen Ansatz

$$w(x,y,t) = w(x,y)\ \sin \omega\ t \tag{11.3}$$

mit der Kreisfrequenz der Schwingung ω. Damit verwandelt sich (11.1) in:

$$\Delta w + \lambda_{mn}^2\ w = 0\ . \tag{11.4}$$

Es bedeuten:

$$\Delta \,\hat{=}\, (\ldots)_{,xx} + (\ldots)_{,yy}\ ,\quad \lambda_{mn}^2 = \omega_{mn}^2\ \mu/S\ . \tag{11.4'}$$

Der Lösungsansatz

$$w_{mn}(x,y) = C_{mn}\ \sin(m\ \pi\ x/a)\ \sin(n\ \pi\ y/b) \tag{11.5}$$

erfüllt die Differentialgleichung und die Randbedingungen der allseitig gelagerten Membran. Durch Einsetzen in (11.4) ergibt sich die charakteristische Gleichung

$$[-\pi^2\ (m^2/a^2 + n^2/b^2) + \lambda_{mn}^2\ ]\ C_{mn} = 0\ . \tag{11.6}$$

Daraus folgen unter Beachtung von (11.4') die Eigenkreisfrequenzen der Rechteckmembran:

$$\omega_{enm}^2 = (S/\mu)\ \pi^2(m^2/a^2 + n^2/b^2)\ . \tag{11.7}$$

Die Eigenschwingungsform, die zu der Eigenkreisfrequenz gehört, ergibt sich aus (11.5).

Die Kreismembran

Die Kreismembran sei am Rande r = R gelagert. Ihre Bewegungsgleichung lautet in den Polarkoordinaten r und φ :

$$\mu\ w^{\cdot\cdot}(r,\varphi,t) - S\ \Delta w(r,\varphi,t) = 0\ , \tag{11.8}$$

worin der Operator Δ in Polarkoordinaten das folgende Aussehen besitzt:

$$\Delta \,\hat{=}\, \partial^2/\partial r^2 + (1/r)\ \partial/\partial r + (1/r^2)\ \partial^2/\partial\varphi^2\ . \tag{11.8'}$$

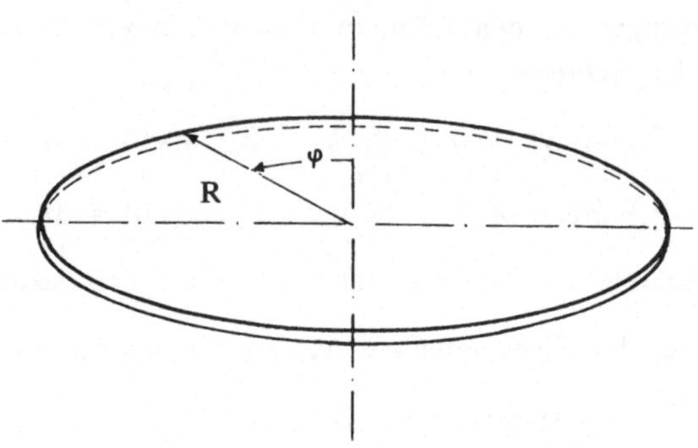

Abb. 11.2 Kreismembran

Die Lösung muß in Umfangsrichtung periodisch sein. Also setzen wir zur Untersuchung des Eigenverhaltens an:

$$w(r,\varphi,t) = w(r)\, \sin n\,\varphi\, \sin\omega\, t \quad . \tag{11.9}$$

Einsetzen von (11.9) in (11.8) ergibt unter Beachtung von (11.8 '):

$$(S/\mu)\,[\,d^2/dr^2 + (1/r)\,d/dr - n^2/r^2\,]\,w(r) + \omega^2\,w(r) = 0 \quad . \tag{11.10}$$

Mit dem Quadrat der Wellengeschwindigkeit $c^2 = S/\mu$ und der Koordinate $x = r\,\omega/c$ verwandelt sich (11.10) in die Besselsche Differentialgleichung:

$$[\,d^2/dx^2 + (1/x)\,d/dx + 1 - n^2/x^2\,]\,w(x) = 0 \quad . \tag{11.11}$$

Ihre allgemeine Lösung lautet unter Einführung der Besselschen Funktion erster Art und n-ter Ordnung $J_n(x)$ und zweiter Art und n-ter Ordnung $Y_n(x)$:

$$w(x) = C_1\,J_n(x) + C_2\,Y_n(x) \quad . \tag{11.12}$$

$Y_n(x)$ geht für $x = 0$ über alle Grenzen: Also muß C_2 verschwinden. Bei der Kreismembran, die am Rande $r = R$ gelagert ist, bleibt:

$$w(x) = C_1\,J_n(x) \quad . \tag{11.13}$$

Die Randbedingung $w(R) = 0$ führt auf die Eigenwertbeziehung:

$$J_n(\lambda_{nm}\,R/c) = 0 \quad . \tag{11.14}$$

Die Nullstellen der Besselfunktion liefern eine unendliche Folge von Eigenwerten. Sie sind in der Tabelle 11.1 für verschiedene n und m zusammengestellt.

Tabelle 11.1   Eigenwerte λ_{nm} der Kreismembran (nach [6.1])

n	m=0	1	2	3
0	2,405	5,520	8,654	11,791
1	3,832	7,016	10,173	13,324
2	5,136	8,417	11,620	14,796

Das Quadrat der Eigenkreisfrequenz ω_{enm} findet man mit Hilfe der Eigenwerte aus:

$$\omega_{enm}^2 = \lambda_{nm}^2 \; c^2/R^2 = \lambda_{nm}^2 \; (S/R^2 \, \mu) \; . \tag{11.15}$$

Die Eigenschwingungsformen findet man mit bekannter Eigenkreisfrequenz aus der Beziehung:

$$w(r,\varphi) = C_1 \sin n \, \varphi \; J_n(\lambda_{nm} \; r/c) \; . \tag{11.16}$$

Knotenlinien folgen aus den Nullstellen der beiden Faktoren: Der Sinus $n \, \varphi$ liefert als Knotenlinien Geraden durch den Kreismittelpunkt; die Nullstellen von J_n führen zu konzentrischen Kreisen als Knotenlinien (s. auch [6.1] und [11.1]).

Die Kreisringmembran

Die Eigenkreisfrequenzen der Kreisringmembran mit dem Außen- und Innenradius R_a und R_i findet man aus den Nullstellen der Lösung (11.12), die beide Besselfunktionen J_n und Y_n enthält. Wir geben hier nur die niedrigste Eigenkreisfrequenz der Kreisringmembran ω_{e0} bezogen auf die Grundfrequenz ω_{e00} der Kreismembran für verschiedene Verhältnisse R_i/R_a an:

Tabelle 11.2 Verhältnis der Eigenkreisfrequenzen ω_{e0}/ω_{e00} (nach [6.1])

R_i/R_a	0	0,05	0,1	0,2	0,5	0,66
ω_{e0}/ω_{e00}	1	1,27	1,38	1,59	2,60	3,92

ω_{e00} ist der Beziehung (11.15) zu entnehmen.

11.2 Die Rechteckplatte und die Kreisplatte

Unter einer Platte verstehen wir ein Flächentragwerk, dessen Mittelfläche eben ist und das auf eine Belastung mit einer Verkrümmung der Plattenmittelfläche antwortet. Als Folge ergeben sich Biegemomente, Drillmomente und Querkräfte in der Platte. Die Plattendicke h sei klein gegenüber den übrigen Abmessungen des Tragwerkes (Abb. 11.3).

Zur Beschreibung des Verhaltens der Platte benötigen wir die folgenden Grundgleichungen.

Die linearen Geometriebeziehungen der schubnachgiebigen Platte:

$$\left. \begin{aligned} \varepsilon_{xx} &= z\,\psi_{x,x}\,, \qquad \varepsilon_{yy} = z\,\psi_{y,y}\,, \\[4pt] \gamma_{xy} &= z\,(\psi_{x,y} + \psi_{y,x})\,, \\[4pt] \gamma_{xz} &= \psi_{x} + w_{,x}\,, \qquad \gamma_{yz} = \psi_{y} + w_{,y}\,. \end{aligned} \right\} \qquad (11.17)$$

w ist die Verschiebung in z-Richtung. ψ_x ist die Querschnittsdrehung um die y-Achse und ψ_y um die negative x-Achse. γ_{xz}, γ_{yz} sind die Gleitungen der schubnachgiebigen Platte und γ_{xy} ist die Gleitung in der Plattenmittelfläche.

Die dynamischen Beziehungen der Platte:

Das Momenten- und Kräftegleichgewicht am Plattenelement der Abmessungen dx dy führt zu den Beziehungen:

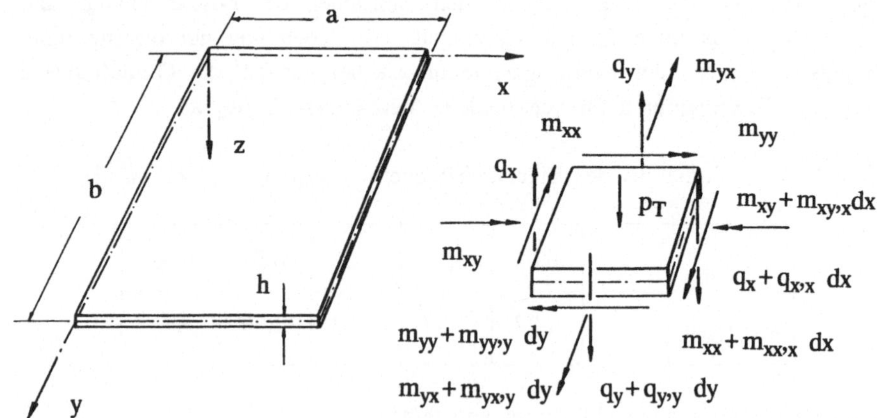

Abb. 11.3 Rechteckplatte und Plattenelement mit zugehörigen Kraftgrößen

$$m_{xx,x} + m_{yx,y} - q_x = 0 \ , \quad m_{xy,x} + m_{yy,y} - q_y = 0 \ ,$$
$$q_{x,x} + q_{y,y} + p_T = 0 \ . \tag{11.18}$$

Es bedeuten: m_{xx}, m_{yy} Biegemomente, die um die y-Achse und x-Achse drehen (Abb. 11.3). m_{xy}, m_{yx} sind die Drillmomente. q_x, q_y sind die Querkräfte, und p_T ist die kontinuierlich verteilte Trägheitskraft - $\mu \, w^{..}$.

Das Werkstoffgesetz:

Das Werkstoffgesetz erhält unter Zugrundelegung eines isotropen, linearelastischen (Hookeschen) Werkstoffes die Form:

$$\sigma_{xx} = E/(1 - \nu^2)\,(\varepsilon_{xx} + \nu\,\varepsilon_{yy}) \ , \quad \sigma_{yy} = E/(1 - \nu^2)\,(\varepsilon_{yy} + \nu\,\varepsilon_{xx}) \ ,$$
$$\sigma_{xy} = G\,\gamma_{xy} \ , \quad \sigma_{xz} = G\,\gamma_{xz} \ , \quad \sigma_{yz} = G\,\gamma_{yz} \ . \tag{11.19}$$

σ_{xx}, σ_{yy} sind die Längsspannungen, σ_{xz}, σ_{yz} die Schubspannungen senkrecht zur Plattenmittelfläche. σ_{xy} ist die Schubspannung in der Plattenmittelfläche. E ist der Elastizitätsmodul, G der Schubmodul, und ν ist die Querkontraktionszahl.

Mit den Definitionsgleichungen für die Biegemomente, die Drillmomente und die Querkräfte:

$$m_{xx} = \int \sigma_{xx}\,z\,dA \ , \quad m_{yy} = \int \sigma_{yy}\,z\,dA \ ,$$
$$m_{xy} = \int \sigma_{xy}\,z\,dA \ , \quad m_{yx} = \int \sigma_{yx}\,z\,dA \ ,$$
$$q_x = \int \sigma_{xz}\,dA \ , \quad q_y = \int \sigma_{yz}\,dA \tag{11.20}$$

ergeben sich die konstitutiven Gleichungen der Kraftgrößen:

$$
\begin{bmatrix} m_{xx} \\ m_{yy} \\ m_{xy} \\ m_{yx} \\ q_x \\ q_y \end{bmatrix}
=
\begin{bmatrix}
K_{11} & K_{12} & & & & \\
K_{21} & K_{22} & & & & \\
& & T & T & & \\
& & T & T & & \\
& & & & S_q & \\
& & & & & S_q
\end{bmatrix}
\begin{bmatrix} \kappa_{xx} \\ \kappa_{yy} \\ \kappa_{xy} \\ \kappa_{yx} \\ \gamma_{xz} \\ \gamma_{yz} \end{bmatrix} \ . \tag{11.21}
$$

Es bedeuten:

$\kappa_{xx} = \psi_{x,x}$, $\kappa_{yy} = \psi_{y,y}$ die Verkrümmungen der Mittelfläche,

$\kappa_{xy} = \psi_{x,y}$, $\kappa_{yx} = \psi_{y,x}$ die Verdrillungen,

$K_{11} = K_{22} = K = E\,h^3/12(1-\nu^2)$ die Plattensteifigkeit,

$K_{12} = K_{21} = \nu\,K$ Koppelglieder,

$T = G\,h^3/12$ die Drillsteifigkeit,

$S_q = G\,h_S$ die Schubsteifigkeit mit der Schubhöhe h_S.

Die Kräftebeziehungen (11.18) und die konstitutiven Gleichungen (11.21) bilden zusammen ein System von acht Differentialgleichungen zur Bestimmung der Zustandsgrößen w, ψ_x, ψ_y, m_{xx}, m_{yy}, m_{xy}, q_x, q_y.

Die Beziehungen (11.18) und (11.21) lassen sich zu einem System von Differentialgleichungen zusammenfassen, das auf der einen Seite des Gleichheitszeichens nur Ableitungen der Zustandsgrößen nach einer Ortskoordinatenrichtung enthält. Unter Einführung des Operators $\partial_1 \triangleq (...)_{,x}$ schreiben wir das Gleichungssystem in Ableitungen nach der y-Koordinate:

$$
\begin{bmatrix} w_{,y} \\ \psi_{y,y} \\ \psi_{x,y} \\ m_{yx,y} \\ m_{yy,y} \\ q_{y,y} \end{bmatrix} =
\begin{bmatrix}
0 & -1 & 0 & 0 & 0 & 1/S_q \\
0 & 0 & -\nu\partial_1 & 0 & 1/K & 0 \\
0 & -\partial_1 & 0 & 1/T & 0 & 0 \\
S_q\,\partial_1 & 0 & d_{43} & 0 & -\nu\partial_1 & 0 \\
0 & 0 & 0 & -\partial_1 & 0 & 1 \\
-S_q\,\partial_1^2 & 0 & -S_q\,\partial_1 & 0 & 0 & 0
\end{bmatrix}
\begin{bmatrix} w \\ \psi_y \\ \psi_x \\ m_{yx} \\ m_{yy} \\ q_y \end{bmatrix} +
\begin{bmatrix} 0 \\ 0 \\ 0 \\ 0 \\ 0 \\ -p_T \end{bmatrix}
$$

$$
d_{43} = S_q - K(1-\nu^2)\,\partial_1^2
$$

$$(11.22)$$

Es bleiben:

$$
\begin{bmatrix} q_x \\ m_{xx} \end{bmatrix} =
\begin{bmatrix}
S_q\,\partial_1 & S_q & 0 \\
0 & K(1-\nu^2)\partial_1 & +\nu
\end{bmatrix}
\begin{bmatrix} w \\ \psi_x \\ m_{yy} \end{bmatrix} . \qquad (11.22\,')
$$

Die Lösung von (11.22) ist möglich, wenn man für die Zeitabhängigkeit der Zustandsgrößen einen harmonischen Ansatz mit sin ω t oder cos ω t wählt und die Funktionen in x-Richtung in eine Fourierreihe entwickelt. Die Abhängigkeit der Zustandsgrößen von der Koordinate y läßt sich danach mit Hilfe des Verfahrens der Übertragungsmatrizen bestimmen (s. z.B. [2.20]).

Wie beim Balken, so kann man auch bei der Platte in den meisten Fällen auf die Mitnahme der Schubdeformation verzichten. In diesem Falle sind die Gleitungen $\gamma_{xz} = \gamma_{yz} = 0$ und die Verknüpfung zwischen der Querschnittsdrehung und der Verschiebungsableitung ist durch

$$
\psi_x = -w_{,x}, \qquad \psi_y = -w_{,y} \qquad (11.23)
$$

gegeben.

Die konstitutiven Gleichungen für die Querkräfte q_x, q_y werden unbrauchbar. Es bleiben die Momentenbeziehungen übrig:

$$m_{xx} = - K (w_{,xx} + \nu\, w_{,yy}) \, ,$$
$$m_{yy} = - K (w_{,yy} + \nu\, w_{,xx}) \, ,$$
$$m_{xy} = m_{yx} = - 2\, T\, w_{,xy} = - K\, (1-\nu)\, w_{,xy} \, . \qquad (11.24)$$

Die Querkräfte findet man aus den Momentengleichungen (11.18):

$$q_x = - K\, [\, w_{,xx} + w_{,yy}\,]_{,x} \, ,$$
$$q_y = - K\, [\, w_{,xx} + w_{,yy}\,]_{,y} \, . \qquad (11.25)$$

Einsetzen von (11.24) und (11.25) in die Kräftegleichung (11.18) liefert die Plattengleichung der schubstarren Platte:

$$w_{,xxxx} + 2\, w_{,xxyy} + w_{,yyyy} = p_T/K \, . \qquad (11.26)$$

Dafür schreibt man unter Einführung des Operators (s. (11.4 ′))

$$\Delta \;\hat{=}\; (\ldots)_{,xx} + (\ldots)_{,yy} : \qquad (11.27)$$

$$\Delta\,\Delta\, w = p_T/K \, . \qquad (11.28)$$

Die Differentialgleichung der schubstarren Platte ist von vierter Ordnung, so daß Randbedingungen von der Art der schubweichen Platte nicht erfüllt werden können. Um auch hier zu verwendbaren Randbedingungen zu gelangen, muß man die Diskrepanz mit Hilfe des Prinzips vom Minimum des elastischen Potentials beseitigen. Man kommt auf diesem Wege zu den bereits von G. R. Kirchhoff eingeführten Randquerkräften

$$q_x^* = q_x + m_{xy,y} \, , \qquad q_y^* = q_y + m_{yx,x} \, , \qquad (11.29)$$

die man nach der physikalischen Deutung durch Lord Kelvin Ersatzquerkräfte nennt.

Die allseitig gelenkig gelagerte Rechteckplatte

Wir wollen hier nicht die beliebig, sondern nur die an ihren Rändern gelenkig gelagerte Rechteckplatte auf ihr Eigenverhalten ausführlich betrachten. Die Differentialgleichung (11.28) wird mit dem harmonischen Ansatz

$$w(x,y,t) = w(x,y)\, \sin \omega\, t \qquad (11.30)$$

zunächst in die Form

$$\Delta\Delta w(x,y) - \omega^2\, (\mu/K)\, w(x,y) = 0 \qquad (11.31)$$

überführt. Ein Ansatz für die ortskoordinatenabhängige Funktion $w(x,y)$, der auch die Randbedingungen der allseitig gelenkig gelagerten Platte:

$$w(0,y) = 0, \quad w(a,y) = 0, \quad w(x,0) = 0, \quad w(x,b) = 0,$$
$$m_{yy}(0,y) = 0, \quad m_{yy}(a,y) = 0, \quad m_{xx}(x,0) = 0, \quad m_{xx}(x,b) = 0 \qquad (11.32)$$

erfüllt, ist die Fouriersche Doppelreihe:

$$w(x,y) = \sum_{m=1}^{\infty} \sum_{n=1}^{\infty} w_{mn} \sin m\pi x/a \, \sin n\pi y/b, \quad m,n = 1,2,3 \ldots \qquad (11.33)$$

Mit diesem Ansatz erhält man aus (11.31) die Frequenzgleichung:

$$(m^2 \, \pi^2/a^2 + n^2 \, \pi^2/b^2)^2 - \omega_{mn}^2 \, (\mu/K) = 0 , \qquad (11.34)$$

und damit die Eigenkreisfrequenzen:

$$\omega_{emn} = \sqrt{K/\mu} \, (\pi^2/b^2) \, [m^2/\alpha^2 + n^2] . \qquad (11.35)$$

m, n sind ganze Zahlen; α = a/b ist das Abmessungsverhältnis.

Die Eigenkreisfrequenzen ω_{emn} lassen sich auf die Grundfrequenz der quadratischen Platte der Seitenlänge b

$$\omega_{e0} \triangleq \omega_{e11} = 2 \, (\pi^2/b^2) \, \sqrt{K/\mu} \qquad (11.36)$$

beziehen. Man findet den Bezugsfaktor:

$$\varphi_{mn} \triangleq \omega_{emn}/\omega_{e0} = (1/2) \, (m^2/\alpha^2 + n^2) . \qquad (11.37)$$

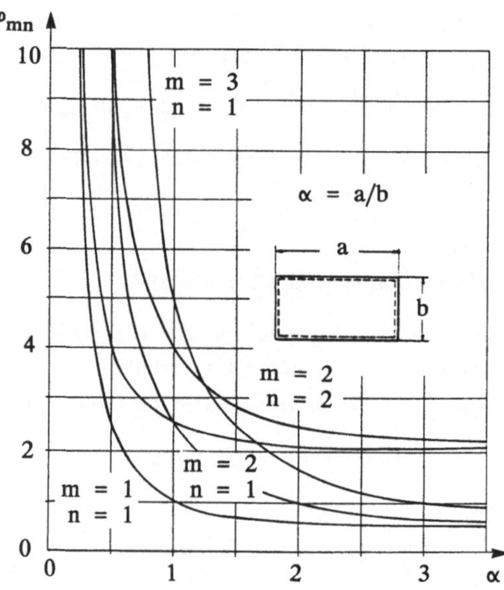

Abb. 11.4 Der Bezugsfaktor φ_{mn} in Abhängigkeit von α

Der Bezugsfaktor ist in der Abb. 11.4 für einige Wellenzahlen m und n als Funktion des Seitenverhältnisses a/b grafisch dargestellt. Man erkennt, daß zu der niedrigsten Eigenkreisfrequenz stets eine Eigenschwingungsform mit m = n = 1 gehört.

Andere Lagerungsbedingungen

Mathematisch strenge Lösungen der Plattengleichung (11.28), die auch die Randbedingungen erfüllen, lassen sich nur bei der Platte mit gelenkiger Lagerung an zwei einander gegenüberliegenden Rändern gewinnen. In diesem Fall läßt sich die Verschiebungsfunktion in einer der Koordinatenrichtungen in Fouriersche Einfachreihen entwickeln und die partielle Differentialgleichung (11.28) so in eine gewöhnliche überführen. Die anschließende Integration dieser so gewonnenen Differentialgleichung läßt sich leicht durchführen. Diese Methode zur Lösung der Aufgabe stützt sich heute auf das Verfahren der Übertragungsmatrizen (s. auch [2.19] und [2.20]).

Für die beliebig gelagerte Rechteckplatte (z.B. eingespannte Lagerung an den Rändern x = 0 und y = 0 und freier Rand für x = a und y = b) gibt es keine mathematisch strenge Lösung, die die Differentialgleichung einschließlich der Lagerungsbedingungen erfüllt. Für die Platte beliebiger Lagerung gibt es daher nur Näherungslösungen. Man kann sie mit Hilfe von Differenzengleichungen, Integralgleichungen oder, was durch die Möglichkeiten des automatischen Rechners gefördert wurde, mit Hilfe des Ritzschen Verfahrens gewinnen (s. [3.5]). Die Schematisierung dieses Verfahrens ist unter dem Namen Finite Element Methode weltweit bekannt.

Wir wollen hier dieses Verfahren nicht in seiner Vollständigkeit zeigen, sondern lediglich seine Anwendung auf ein spezielles Plattenelement, das rechteckige Plattenelement, vorstellen (s. stattdessen [2.22] bis [2.24]).

Das rechteckige Plattenelement

Ein beliebiges Plattentragwerk läßt sich mit Hilfe eines Rechteckrasters in eine Vielzahl von Rechteckplattenelementen zerlegen (Abb. 11.5). Die Gleichungen zur Beschreibung des Tragverhaltens eines solchen Plattenelementes gewinnt man am einfachsten auf energetischem Wege. Man stützt sich auf das Prinzip vom Minimum des elastischen Potentials:

$$\delta\ U\ =\ \delta\ U_i\ +\ \delta\ U_a\ =\ 0\ .\tag{11.38}$$

(s. auch Kap. 3 und besonders Kap. 7 für den Rahmenstab, dort unter b).

11 Uhrig

δ U_i ist die Variation der Formänderungsenergie, die bei einer Deformation des Bauteils in dem Tragwerk gespeichert ist,

δ U_a ist die Variation des Potentials der äußeren Kräfte. Zählt man zu den äußeren Kräften im d'Alembertschen Sinne auch die Trägheitskräfte, so ist in (11.38) auch die Variation der kinetischen Energie enthalten.

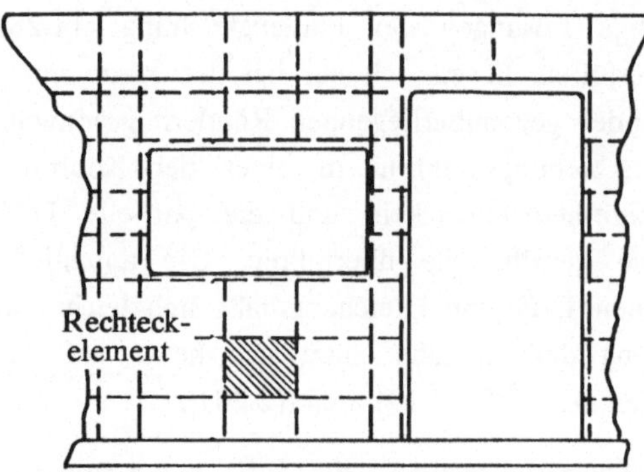

Abb. 11.5 Platten- und Scheibentragwerk mit Rechteckraster

Das Verhalten des rechteckigen Plattenelementes läßt sich durch die zugehörige Steifigkeitsmatrix $\mathbf{S}_{P_\square}$ und Massenmatrix $\mathbf{M}_{P_\square}$ näherungsweise beschreiben.

Für die Herleitung dieser Matrizen übernehmen wir die in Kap. 7 für den Balken eingeführten Vektoren und Matrizen.

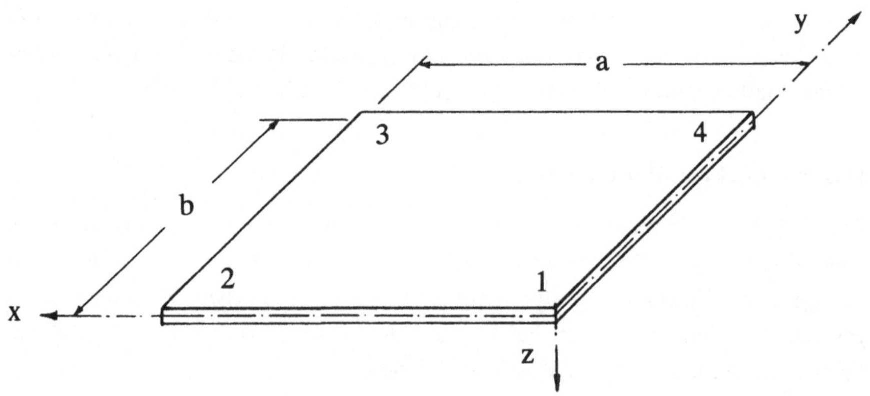

Abb. 11.6 Rechteckplattenelement

Der Verschiebungsverlauf innerhalb des Plattenelementes wird durch die Verschiebungsfunktion w(x,y) berschrieben. Diese Verschiebung drücken wir durch die Verschiebung W_i und die Querschnittsdrehungen ψ_{yi} und ψ_{xi} der Eckpunkte aus:

$$w(x,y) = \left| f_1(x,y) \quad f_2(x,y) \quad f_3(x,y) \quad \ldots \quad f_{12}(x,y) \right| \begin{bmatrix} W_1 \\ \psi_{y1} \\ \psi_{x1} \\ \vdots \\ \psi_{x4} \end{bmatrix} . \tag{11.39}$$

Die Einheitsverschiebungsfunktionen der Rechteckplatte $f_\rho(x,y)$ werden aus Produkten der in Kap. 7 eingeführten Einheitsverschiebungsfunktionen des Rahmenstabes (s. auch Abb. 7.14) gebildet:

$$f_\rho(x,y) = \varphi_m(x)\, \chi_n(y) . \tag{11.40}$$

Darin sind die $\varphi_m(x)$ die in Kap. 7 unter (7.72) eingeführten Balkenfunktionen $f_2(x)$, $f_3(x)$, $f_5(x)$, $f_6(x)$ und die $\chi_n(y)$ ein entsprechender Satz von Funktionen in y-Richtung.

Die ersten drei Einheitsverschiebungsfunktionen der Platte sind in der Abb. 11.7 skizziert (s. auch [11.3]).

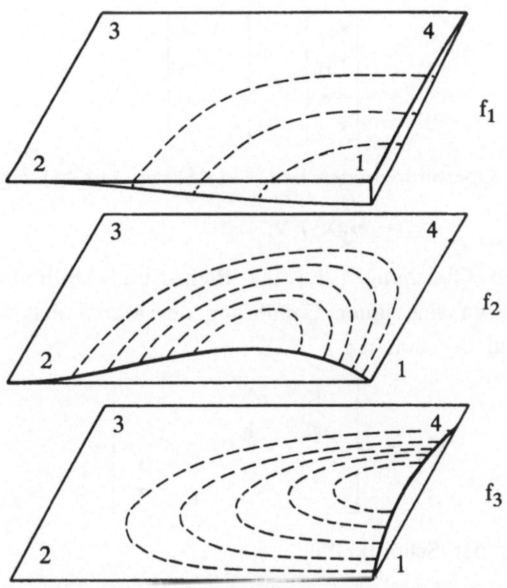

Abb. 11.7 Einheitsverschiebungen $f_1(x,y)$, $f_2(x,y)$, $f_3(x,y)$

Mit den Einheitsverschiebungsfunktionen $\varphi_m(x)$ und $\chi_n(y)$ des Balkens ergeben sich die folgenden Plattenfunktionen:

$$\left.\begin{aligned}
f_1 &= \varphi_1\,\chi_1 \;; & f_2 &= \varphi_1\,\chi_2 \;; & f_3 &= \varphi_2\,\chi_1 \;; \\
f_4 &= \varphi_3\,\chi_1 \;; & f_5 &= \varphi_3\,\chi_2 \;; & f_6 &= \varphi_4\,\chi_1 \;; \\
f_7 &= \varphi_3\,\chi_3 \;; & f_8 &= \varphi_3\,\chi_4 \;; & f_9 &= \varphi_4\,\chi_3 \;; \\
f_{10} &= \varphi_1\,\chi_3 \;; & f_{11} &= \varphi_1\,\chi_4 \;; & f_{12} &= \varphi_2\,\chi_3 \;.
\end{aligned}\right\} \tag{11.41}$$

Für (11.39) schreiben wir unter Einführung des Vektors der Bauteilverrückungen (s. auch die Bez. des Stabes (7.79))

$$\mathbf{v}_j^T = \left|\; W_1 \;\; \psi_{y1} \;\; \psi_{x1} \;\; W_2 \;\ldots\; \psi_{x4} \;\right| \tag{11.42}$$

und des Vektors der Einheitsverschiebungsfunktionen der Platte (entsprechend der Stabbez. (7.78))

$$\mathbf{a}_j(x,y) = \left|\; f_1(x,y) \;\; f_2(x,y) \;\; f_3(x,y) \;\ldots\; f_{12}(x,y) \;\right| \tag{11.43}$$

kürzer

$$w(x,y) = \mathbf{a}_j(x,y)\,\mathbf{v}_j \;. \tag{11.44}$$

Die Verkrümmungen und Verdrillungen der schubstarren Platte übernehmen wir von (11.21) und schreiben sie in den Vektor der Verzerrungen

$$\boldsymbol{\varepsilon} = \begin{bmatrix} \kappa_{xx} \\ \kappa_{yy} \\ \kappa_{xy} \\ \kappa_{yx} \end{bmatrix} = \begin{bmatrix} -\,w_{,xx} \\ -\,w_{,yy} \\ -\,w_{,xy} \\ -\,w_{,yx} \end{bmatrix} \;. \tag{11.45}$$

Anwendung der Operationen der Bez. (11.45) auf (11.44) ergibt:

$$\boldsymbol{\varepsilon}_j = \mathbf{B}_j(x,y)\,\mathbf{v}_j \;. \tag{11.46}$$

Die konstitutiven Gleichungen für die Biege- und Drillmomente der schubstarren Platte lassen sich unter Einführung der Matrix der Werkstoffbeziehungen (entsprechend der Stabbez. (7.82))

$$\mathbf{G}_j = \begin{bmatrix} K & \nu K & & \\ \nu K & K & & \\ & & T & T \\ & & T & T \end{bmatrix} \tag{11.47}$$

und des Vektors der Schnittkräfte

$$\mathbf{n}_j^T = \left|\; m_{xx} \;\; m_{yy} \;\; m_{xy} \;\; m_{yx} \;\right| \tag{11.48}$$

in die Form

$$n_j = G_j \, \varepsilon_j \tag{11.49}$$

bringen.

Die Formänderungsenergie des Plattenelementes erhält damit die Form (s. auch die Bez. (7.83)):

$$U_{ij} = \frac{1}{2} \, v_j^T \left\{ \int_0^b \int_0^a B_j^T(x,y) \; G_j \; B_j(x,y) \; dx \; dy \right\} v_j \; . \tag{11.50}$$

Der Ausdruck in der geschweiften Klammer ist die Steifigkeitsmatrix des Plattenelementes $S_{P_\square}$.

Die Masenmatrix folgt unmittelbar aus der kinetischen Energie T des mit der Masse $\mu(x,y)$ belegten Plattenelementes:

$$T_j = \frac{1}{2} \int_0^b \int_0^a \mu(x,y) \; w^{\cdot 2}(x,y) \; dx \; dy \; . \tag{11.51}$$

Mit $w^{\cdot}(x,y) = a_j \, v_j^{\cdot}$ wird daraus bei konstantem μ :

$$T_j = \frac{1}{2} \, v_j^{\cdot T} \left\{ \int_0^b \int_0^a a_j^T(x,y) \; \mu \; a_j(x,y) \; dx \; dy \right\} v_j \; . \tag{11.52}$$

Einsetzen der Einheitsverschiebungsfunktionen (11.41) der Rechteckplatte in die Beziehung (11.50) und (11.52) führt auf die Steifigkeitsmatrix und die zugehörige Massenmatrix der Rechteckplatte:

$$S_{P_\square} = \begin{bmatrix}
s_{11} & s_{12} & s_{13} & s_{14} & s_{15} & s_{16} & s_{17} & s_{18} & s_{19} & s_{1\,10} & s_{1\,11} & s_{1\,12} \\
 & s_{22} & s_{23} & s_{24} & s_{25} & s_{26} & s_{27} & s_{28} & s_{29} & s_{2\,10} & s_{2\,11} & s_{2\,12} \\
 & & s_{33} & s_{34} & s_{35} & s_{36} & s_{37} & s_{38} & s_{39} & s_{3\,10} & s_{3\,11} & s_{3\,12} \\
 & & & s_{11} & s_{12} & -s_{13} & s_{1\,10} & s_{1\,11} & -s_{1\,12} & s_{17} & s_{18} & -s_{19} \\
 & & & & s_{22} & s_{23} & s_{2\,10} & s_{2\,11} & -s_{2\,12} & s_{27} & s_{28} & -s_{29} \\
 & & & & & s_{33} & -s_{3\,10} & -s_{3\,11} & s_{3\,12} & -s_{37} & -s_{38} & s_{39} \\
 & & & & & & s_{11} & -s_{12} & -s_{13} & s_{14} & -s_{15} & -s_{16} \\
 & \text{symmetrisch zur} & & & & & & s_{22} & s_{23} & -s_{24} & s_{25} & s_{26} \\
 & \text{Hauptdiagonalen} & & & & & & & s_{33} & -s_{34} & s_{35} & s_{36} \\
 & & & & & & & & & s_{11} & -s_{12} & s_{13} \\
 & & & & & & & & & & s_{22} & -s_{23} \\
 & & & & & & & & & & & s_{33}
\end{bmatrix}$$

$$\tag{11.53}$$

$$
M_{P_\square} =
\begin{bmatrix}
t_{11} & t_{12} & t_{13} & t_{14} & t_{15} & t_{16} & t_{17} & t_{18} & t_{19} & t_{1\,10} & t_{1\,11} & t_{1\,12} \\
 & t_{22} & t_{23} & t_{24} & t_{25} & t_{26} & t_{27} & t_{28} & t_{29} & t_{2\,10} & t_{2\,11} & t_{2\,12} \\
 & & t_{33} & t_{34} & t_{35} & t_{36} & t_{37} & t_{38} & t_{39} & t_{3\,10} & t_{3\,11} & t_{3\,12} \\
 & & & t_{11} & t_{12} & -t_{13} & t_{1\,10} & t_{1\,11} & -t_{1\,12} & t_{1\,7} & t_{1\,8} & t_{1\,9} \\
 & & & & t_{22} & t_{23} & t_{2\,10} & t_{2\,11} & -t_{2\,12} & t_{2\,7} & t_{2\,8} & t_{2\,9} \\
 & & & & & t_{33} & -t_{3\,10} & -t_{3\,11} & t_{3\,12} & t_{3\,7} & t_{3\,8} & t_{3\,9} \\
 & & & & & & t_{11} & -t_{12} & -t_{13} & t_{14} & -t_{15} & -t_{16} \\
 & \text{symmetrisch zur} & & & & & & t_{22} & t_{23} & -t_{24} & t_{25} & t_{26} \\
 & \text{Hauptdiagonalen} & & & & & & & t_{33} & -t_{34} & t_{35} & t_{36} \\
 & & & & & & & & & t_{11} & -t_{12} & t_{13} \\
 & & & & & & & & & & t_{22} & -t_{23} \\
 & & & & & & & & & & & t_{33}
\end{bmatrix}
$$

$$(11.54)$$

Die Elemente der Steifigkeits- und Massenmatrix lassen sich unter der Einführung der Abkürzungen

$$
\left.
\begin{array}{llll}
a_1 & = 12 & a_7 & = 1/105 \\
a_2 & = 6 & a_8 & = 9/70 \\
a_3 & = 4 & a_9 & = 13/420 \\
a_4 & = 2 & a_{10} & = 1/140 \\
a_5 & = 13/35 & a_{11} & = 6/5 \\
a_6 & = 11/210 & a_{12} & = 2/15
\end{array}
\right\}
\qquad (11.55)
$$

und der Masse des Plattenelementes $m = \mu\, a\, b$ übersichtlich darstellen.

$$
\begin{aligned}
s_{11} &= K\,[\,a_1\,a_5\,(1/\alpha^2+\alpha^2) + 2\,a_{11}^2\,\alpha]/a^2 & , \quad t_{11} &= m\,a_5^2 & , \\
s_{12} &= -K\,[\,a_1\,a_6/\alpha^2+a_2\,a_5\,\alpha^2+a_{11}/5+\nu\,a_{11}]/a & , \quad t_{12} &= -m\,a_5\,a_6\,b & , \\
s_{13} &= -K\,[\,a_1\,a_6\,\alpha^2+a_2\,a_5/\alpha^2+a_{11}/5+\nu\,a_{11}]/b & , \quad t_{13} &= -m\,a_5\,a_6\,a & , \\
s_{14} &= K\,[-a_1\,a_5/\alpha^2+a_1\,a_8\,\alpha^2-2\,a_{11}^2]/a\,b & , \quad t_{14} &= m\,a_5\,a_8 & , \\
s_{15} &= K\,[\,a_1\,a_6/\alpha^2-a_2\,a_8\,\alpha^2+a_{11}/5+\nu\,a_{11}]/a & , \quad t_{15} &= -m\,a_6\,a_8\,b & , \\
s_{16} &= K\,[-a_2\,a_5/\alpha^2+a_1\,a_9\,\alpha^2-a_{11}/5]/b & , \quad t_{16} &= m\,a_5\,a_9\,a & , \\
s_{17} &= -K\,[\,a_1\,a_8\,(1/\alpha^2+\alpha^2) - 2\,a_{11}^2\,]/a\,b & , \quad t_{17} &= m\,a_8^2 & , \\
s_{18} &= -K\,[\,a_1\,a^9/\alpha^2+a_2\,a_8\,\alpha^2-a_{11}/5]/a & , \quad t_{18} &= m\,a_8\,a_9\,b & , \\
s_{19} &= -K\,[\,a_2\,a_8/\alpha^2+a_1\,a_9\,\alpha^2-a_{11}/5]/b & , \quad t_{19} &= m\,a_8\,a_9\,a & , \\
s_{1\,10} &= K\,[\,a_1\,a_8/\alpha^2-a_1\,a_5\,\alpha^2-2\,a_{11}^2]/a\,b & , \quad t_{1\,10} &= m\,a_5\,a_8 & , \\
s_{1\,11} &= K\,[\,a_1\,a_9/\alpha^2-a_2\,a_5\,\alpha^2-a_{11}/5]/a & , \quad t_{1\,11} &= m\,a_5\,a_9\,b & , \\
s_{1\,12} &= K\,[-a_2\,a_8/\alpha^2+a_1\,a_6\,\alpha^2+9_{11}/5+\nu\,a_{11}]/b & , \quad t_{1\,12} &= -m\,a_6\,a_8\,a & , \\
\end{aligned}
$$

$$
\begin{aligned}
s_{22} &= K\,[\,a_1\,a_7/\alpha^3 + a_3\,a_5\,\alpha + 2\,a_{11}\,a_{12}/\alpha\,] & , \quad t_{22} &= m\,a_5\,a_7\,b^2, \\
s_{23} &= K\,[\,a_2\,a_6\,(1/\alpha^2 + \alpha^2) + 1/50 + 12\,\nu/10] & , \quad t_{23} &= m\,a_5\,a_6\,a\,b, \\
s_{24} &= K\,[\,a_1\,a_6/\alpha^2 - a_2\,a_8\,\alpha^2 + a_{11}/5 + \nu\,a_{11}]/a & , \quad t_{24} &= -m\,a_6\,a_8\,b\,, \\
s_{25} &= -K\,[\,a_1\,a_7/\alpha^3 - a_3\,a_8\,\alpha + 2\,a_{11}\,a_{12}/\alpha] & , \quad t_{25} &= m\,a_7\,a_8\,b^2, \\
s_{26} &= K\,[\,a_2\,a_6/\alpha^2 - a_2\,a_9\,\alpha^2 + 1/50 + \nu/10\,] & , \quad t_{26} &= -m\,a_6\,b_9\,a\,b, \\
s_{27} &= K\,[\,a_1\,a_9/\alpha^2 + a_2\,a_8\,\alpha^2 - a_{11}/5]/a & , \quad t_{27} &= -m\,a_8\,a_9\,b\,, \\
s_{28} &= K\,[\,a_1\,a_{10}/\alpha^3 + a_4\,a_8\,\alpha + a_{11}\,a_{12}/2\,\alpha\,] & , \quad t_{28} &= -m\,a_8\,a_{10}\,b^2, \\
s_{29} &= K\,[\,a_2\,a_9\,(1/\alpha^2 + \alpha^2) - 1/50\,] & , \quad t_{29} &= -m\,a_9^2\,a\,b\,, \\
s_{2\,10} &= K\,[-a_1\,a_9/\alpha^2 + a_2\,a_5\,\alpha^2 + a_{11}/5]/a & , \quad t_{2\,10} &= -m\,a_5\,a_9\,b\,, \\
s_{2\,11} &= K\,[-a_1\,a_{10}/\alpha^3 + a_4\,a_5\,\alpha - a_{11}\,a_{12}/2\,\alpha\,] & , \quad t_{2\,11} &= -m\,a_5\,a_{10}\,b^2, \\
s_{2\,12} &= K\,[\,a_2\,a_9/\alpha^2 - a_2\,a_6\,\alpha^2 - 1/50 - \nu/10\,] & , \quad t_{2\,12} &= m\,a_6\,a_9\,a\,b, \\
s_{33} &= K\,[\,a_3\,a_5/\alpha + a_1\,a_7\,\alpha^3 + 2\,a_{11}\,a_{12}\,\alpha] & , \quad t_{33} &= m\,a_5\,a_7\,a^2, \\
s_{34} &= K\,[\,a_2\,a_5/\alpha^2 - a_1\,a_9\,\alpha^2 + a_{11}/5]/b & , \quad t_{34} &= -m\,a_5\,a_9\,a\,, \\
s_{35} &= -K\,[\,a_2\,a_6/\alpha^2 - a_2\,a_9\,\alpha^2 + 1/50 + \nu/10\,] & , \quad t_{35} &= m\,a_6\,a_9\,a\,b, \\
s_{36} &= K\,[\,a_4\,a_5/\alpha - a_1\,a_{10}\,\alpha^3 - a_{11}\,a_{12}\,\alpha/2\,] & , \quad t_{36} &= -m\,a_5\,a_{10}\,a^2, \\
s_{37} &= K\,[\,a_2\,a_8/\alpha^2 + a_1\,a_9\,\alpha^2 - a_{11}/5\,]/b & , \quad t_{37} &= -m\,a_8\,a_9\,a\,, \\
s_{38} &= K\,[\,a_2\,a_9\,(1/\alpha^2 + \alpha^2) - 1/50\,] & , \quad t_{38} &= -m\,a_9^2\,a\,b\,, \\
s_{39} &= K\,[\,a_4\,a_8/\alpha + a_1\,a_{10}\,\alpha^3 + a_{11}\,a_{12}\,\alpha/2] & , \quad t_{39} &= -m\,a_8\,a_{10}\,a^2, \\
s_{3\,10} &= K\,[-a_2\,a_8/\alpha^2 + a_1\,a_6\,\alpha^2 + a_{11}/5 + \nu\,a_{11}]/b & , \quad t_{3\,10} &= -m\,a_6\,a_8\,a\,, \\
s_{3\,11} &= K\,[-a_2\,a_9/\alpha^2 + a_2\,a_6\,\alpha^2 + 1/50 + \nu/10\,] & , \quad t_{3\,11} &= -m\,a_6\,a_9\,a\,b, \\
s_{3\,12} &= K\,[\,a_3\,a_8/\alpha - a_1\,a_7\,\alpha^3 - 2\,a_{11}\,a_{12}\,\alpha] & , \quad t_{3\,12} &= m\,a_7\,a_8\,a^2.
\end{aligned}
$$

$$(11.56)$$

Die hier ermittelte Steifigkeitsmatrix $S_{P\square}$ gilt für den isotropen Werkstoff, d.h. $T = (1 - \nu)\,K/2$. Es zeigt sich, daß sich in diesem Falle Anteile aus der Querkontraktion gegen diejenigen der Verdrillung herausheben.

Zur Verfeinerung des Ergebnisses hat man zusätzlich zu den hier gewählten Einheitsverschiebungsfunktionen der Rechteckplatte "höhere" Ansatzfunktionen eingeführt. Sie erzeugen an den Rändern des Plattenelementes keine Verschiebungen und Verdrehungen und werden aus diesem Grunde auch "Bubble"-Funktionen genannt.

Man hat (s. auch [11.4] und [11.6]) insgesamt vier zusätzliche Ansatzfunktionen $f_{13}(x,y)$ bis $f_{16}(x,y)$ eingeführt. Sie werden wieder aus Produkten der Balkenfunktionen hergeleitet.

Der Verlauf einer der zuzsätzlich eingeführten Einheitsverschiebungsfunktionen: $f_{13}(x,y) = \varphi_2(x)\,\chi_2(y)$ ist in der Abb. 11.8 skizziert. Eine andere Wahl

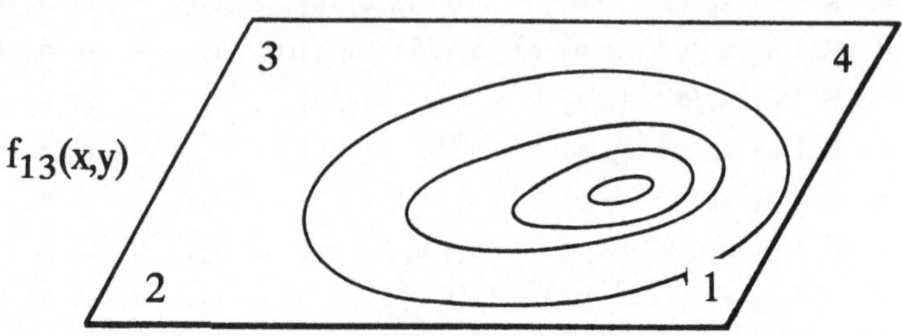

Abb. 11.8 Einheitsverschiebungsfunktion höherer Ordnung $f_{13}(x,y)$

von "Bubble"-Funktionen ist durchaus möglich.

Die Steifigkeitsmatrix der Rechteckscheibe

Wegen des später zu betrachtenden Tragverhaltens von Schalentragwerken, bei denen die Platten- und Scheibenwirkung gleichzeitig zum Verhalten beitragen, wollen wir die Steifigkeitsmatrix der Rechteckscheibe herleiten.

Der Verschiebungszustand im Innern der Rechteckscheibe (Abb. 11.9) wird durch die Verschiebungskomponenten u(x,y) und v(x,y) beschrieben. Beide Verschiebungskomponenten werden zu dem Vektor

$$u(x,y) = \begin{bmatrix} u(x,y) \\ v(x,y) \end{bmatrix} \tag{11.57}$$

zusammengefaßt. Die Verschiebungen u(x,y) und v(x,y) stellt man entsprechend

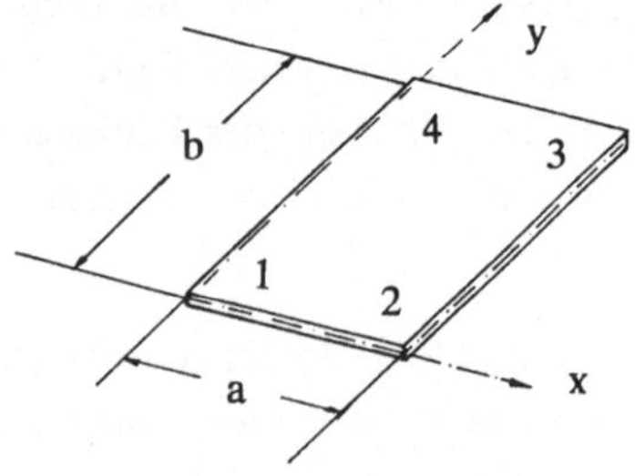

Abb. 11.9 Rechteckiges Scheibenelement

der Vorgehensweise bei der Rechteckplatte durch die Eckpunktverschiebungen in x- und y-Richtung

$$\mathbf{v}_j^T = \begin{vmatrix} U_1 & V_1 & U_2 & V_2 & U_3 & V_3 & U_4 & V_4 \end{vmatrix} \tag{11.58}$$

und entsprechend gewählte Einheitsverschiebungsfunktionen der Rechteckscheibe

$$\mathbf{A}_j = \begin{bmatrix} (1-\frac{x}{a})(1-\frac{y}{b}) & 0 & \frac{x}{a}(1-\frac{y}{b}) & 0 & \frac{x}{a}\frac{y}{b} & 0 & (1-\frac{x}{a})\frac{y}{b} & 0 \\[2ex] 0 & (1-\frac{x}{a})(1-\frac{y}{b}) & 0 & \frac{x}{a}(1-\frac{y}{b}) & 0 & \frac{x}{a}\frac{y}{b} & 0 & (1-\frac{x}{a})\frac{y}{b} \end{bmatrix} \tag{11.59}$$

dar. Auf die Mitnahme des Drehfreiheitsgrades um die z^*-Achse wird in der Regel verzichtet.

Die beiden ersten Einheitsverschiebungsfunktionen sind in der folgenden Abb. 11.10 skizziert. Sie führen zu der Eckpunktverschiebung $U_1 = 1$ bzw. $V_1 = 1$. Alle übrigen Eckpunktverschiebungen sind Null.

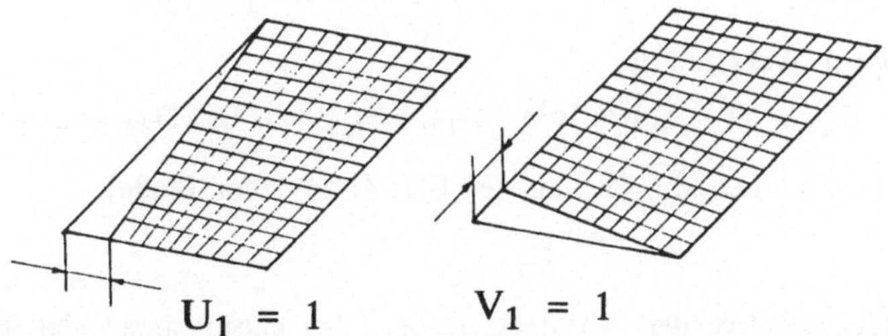

Abb. 11.10 Zwei Einheitsverschiebungsfunktionen der Reckteckscheibe

Die Verzerrungen der Scheibe, die Dehnungen in den körperfesten Koordinaten x^* und y^* und die Gleitung in der Scheibenebene lassen sich zu dem Vektor der Verzerrungen

$$\boldsymbol{\varepsilon} = \begin{bmatrix} \varepsilon_{xx} \\ \varepsilon_{yy} \\ \gamma_{xy} \end{bmatrix} \tag{11.60}$$

zusammenfassen. Er ist über das Geometriegesetz mit den Verschiebungsableitungen verknüpft:

$$\boldsymbol{\varepsilon} = \begin{bmatrix} \varepsilon_{xx} \\ \varepsilon_{yy} \\ \gamma_{xy} \end{bmatrix} = \begin{bmatrix} u,_x \\ v,_y \\ u,_y + v,_x \end{bmatrix}. \tag{11.61}$$

Die Anwendung der Operationen (11.61) auf die Matrix der Einheitsverschiebungen A_j liefert die Matrix der Verzerrungen:

$$
B_j = \begin{bmatrix}
-\dfrac{1}{a}(1-\dfrac{y}{b}) & 0 & \dfrac{1}{a}(1-\dfrac{y}{b}) & 0 & \cdots \\[3mm]
0 & -\dfrac{1}{b}(1-\dfrac{x}{a}) & 0 & -\dfrac{1}{b}\dfrac{x}{a} & \cdots \\[3mm]
-\dfrac{1}{b}(1-\dfrac{x}{a}) & -\dfrac{1}{a}(1-\dfrac{y}{b}) & -\dfrac{1}{b}\dfrac{x}{a} & \dfrac{1}{a}(1-\dfrac{y}{b}) & \cdots
\end{bmatrix} . \qquad (11.62)
$$

Das Werkstoffgesetz verknüpft die Kraftflüsse der Scheibe

$$
n_{xx} = h\,\sigma_{xx} , \quad n_{yy} = h\,\sigma_{yy} , \quad n_{xy} = h\,\sigma_{xy} \qquad (11.63)
$$

(h ist die Scheibendicke und σ_{xx}, σ_{yy} und σ_{xy} sind die Spannungen) mit den Verzerrungen. Dieses Werkstoffgesetz erhält bei orthogonaler Werkstoffanisotropie das Aussehen:

$$
\begin{bmatrix} n_{xx} \\ n_{yy} \\ n_{xy} \end{bmatrix} =
\begin{bmatrix}
D_{11} & D_{12} & 0 \\
D_{21} & D_{22} & 0 \\
0 & 0 & D_{33}
\end{bmatrix}
\begin{bmatrix} \varepsilon_{xx} \\ \varepsilon_{yy} \\ \gamma_{xy} \end{bmatrix} . \qquad (11.64)
$$

Bei isotropem Werkstoff ist

$$
D_{11} = D_{22} = D = E\,h/(1-\nu^2), \quad D_{12} = D_{21} = \nu\,D, \quad D_{33} = S = G\,h .
$$

Für (11.64) schreiben wir (analog der Bez. (11.49) der Platte):

$$
n_j = G_j\,\varepsilon_j . \qquad (11.65)
$$

Die Steifigkeitsmatrix der Rechteckscheibe folgt entsprechend der Beziehung der Rechteckplatte (11.50) aus:

$$
S_{S\square} = \int_0^b \int_0^a B_j^T\,G_j\,B_j\,dx\,dy . \qquad (11.66)
$$

Die zugehörige Massenmatrix folgt aus:

$$
M_{S\square} = \int_0^b \int_0^a A_j^T\,\mu\,A_j\,dx\,dy . \qquad (11.67)
$$

Unter Einführung des Seitenverhältnisses $\alpha = a/b$ und der Abkürzungen

$$
\left.
\begin{aligned}
A1 &= (D/\alpha + S\,\alpha)/3 , & A2 &= (D\,\alpha + S/\alpha)/3 , \\
B1 &= (\nu\,D + S)/4 , & B2 &= (\nu\,D - S)/4 , \\
C1 &= (D\,\alpha - S/2\,\alpha)/3 , & C2 &= (D/\alpha - S\,\alpha/2)/3 , \\
D1 &= (D/2\,\alpha - S\,\alpha)/3 , & D2 &= (D\,\alpha/2 - S/\alpha)/3
\end{aligned}
\right\} \qquad (11.68)
$$

ergibt sich:

$$
\mathbf{S}_{S_\square} = \begin{bmatrix}
A1 & B1 & -C2 & B2 & A1/2 & -B1 & D1 & -B2 \\
 & A2 & -B2 & D2 & -B1 & -A2/2 & B2 & -A2 \\
 & & A1 & -B1 & D1 & B2 & -A1/2 & B1 \\
 & & & A2 & -B2 & -C1 & B1 & -A2/2 \\
 & & & & A1 & B1 & -C2 & B2 \\
 & \text{symmetrisch zur} & & & & A2 & -B2 & D2 \\
 & \text{Hauptdiagonalen} & & & & & A1 & -B1 \\
 & & & & & & & A2
\end{bmatrix},
$$

$$\tag{11.69}$$

$$
\mathbf{M}_{S_\square} = \frac{m}{36} \begin{bmatrix}
4 & 0 & 2 & 0 & 1 & 0 & 2 & 0 \\
 & 4 & 0 & 2 & 0 & 1 & 0 & 2 \\
 & & 4 & 0 & 2 & 0 & 1 & 0 \\
 & & & 4 & 0 & 2 & 0 & 1 \\
 & & & & 4 & 0 & 2 & 0 \\
 & \text{symmetrisch zur} & & & & 4 & 0 & 2 \\
 & \text{Hauptdiagonalen} & & & & & 4 & 0 \\
 & & & & & & & 4
\end{bmatrix} . \tag{11.70}
$$

Die zuvor angegebene Steifigkeits- und Massenmatrix des Rechteckplattenelementes läßt sich in Verbindung mit dem Verschiebungsgrößenverfahren zur Berechnung der Eigenfrequenzen und zugehörigen Eigenschwingungsformen einer Rechteckplatte einsetzen. Die Lagerungsbedingungen können beliebig vorgegeben sein.

Wir wollen für einige Platten mit häufig vorkommenden Lagerungsbedingungen Ergebnisse in Form von Kurventafeln angeben. Dazu führen wir als Bezugsfrequenz die Eigenkreisfrequenz der quadratischen Platte mit allseitig gelenkiger Lagerung ein (s. (11.36)):

$$
\omega_{e0} = (2\,\pi^2/b^2)\,\sqrt{K/\mu} \ . \tag{11.71}
$$

b ist die Seitenlänge der quadratischen Platte, $K = E\,h^3/12(1 - \nu^2)$.

Für die Eigenkreisfrequenzen der beliebig gelagerten Reckteckplatte führt man Beiwerte φ_{mn} entsprechend (11.37) in der Form

$$
\omega_{emn} = \varphi_{mn}\,\omega_{e0} \tag{11.72}
$$

ein.

Die folgenden Abbn. enthalten die Beiwerte für Rechteckplatten in Abhängigkeit von dem Seitenverhältnis α .

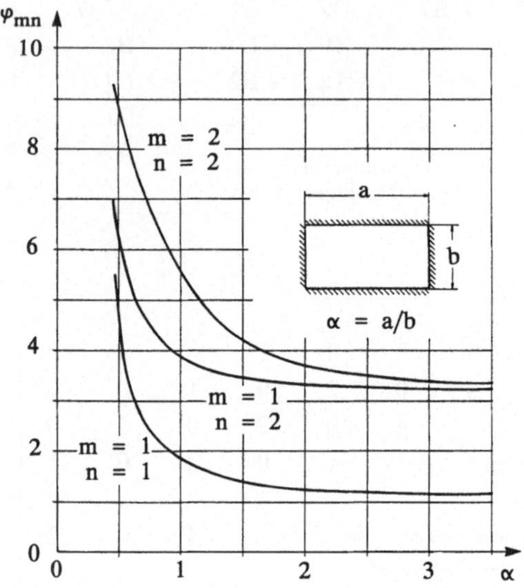

Abb. 11.11 Die allseitig eingespannt gelagerte Platte

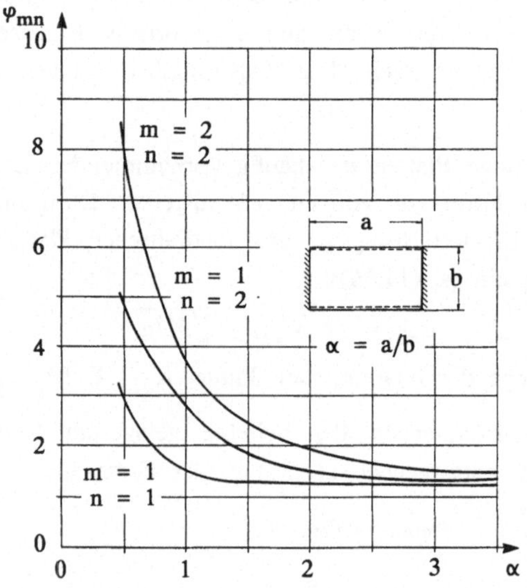

Abb. 11.12 Rechteckplatte, deren Ränder an zwei gegenüberliegenden
Seiten gelenkig und eingespannt gelagert sind

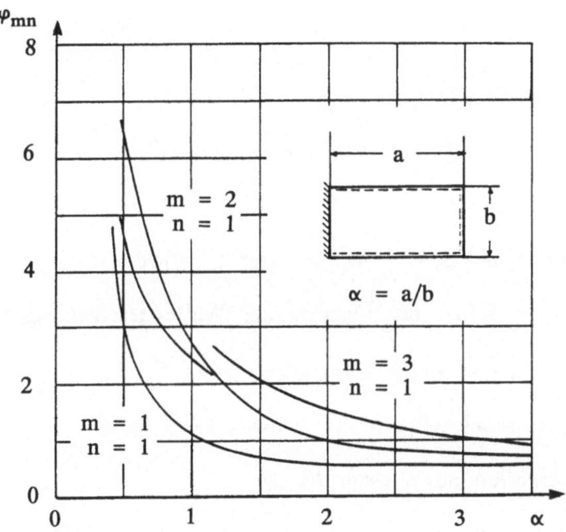

Abb. 11.13 Reckteckplatte, deren Ränder an einer Seite eingespannt, sonst gelenkig gelagert sind

Die Kreisplatte

Das Eigenverhalten der Kreisplatte wird durch die Differentialgleichung in den Polarkoordinaten r und φ

$$(\frac{\partial^2}{\partial r^2} + \frac{1}{r} \frac{\partial}{\partial r} + \frac{1}{r^2} \frac{\partial^2}{\partial \varphi^2})^2 \, w(r,\varphi,t) + \frac{\mu}{K} \, \ddot{w}(r,\varphi,t) = 0 \qquad (11.73)$$

beschrieben. Unter Einführung des Δ-Operators in Polarkoordinaten entsprechend (11.8´) ergibt sich die unter (11.28) angegebene Form der Plattengleichung.

Die Biege- und Drillmomente folgen aus den Beziehungen

$$\begin{aligned} m_{rr} &= - K \, [\frac{\partial^2 w}{\partial r^2} + \nu \, (\frac{1}{r} \frac{\partial w}{\partial r} + \frac{1}{r^2} \frac{\partial^2 w}{\partial \varphi^2})] \, , \\[2ex] m_{\varphi\varphi} &= - K \, [\frac{1}{r} \frac{\partial w}{\partial r} + \frac{1}{r^2} \frac{\partial^2 w}{\partial \varphi^2} + \nu \, \frac{\partial^2 w}{\partial r^2}] \, , \\[2ex] m_{\varphi r} = m_{r\varphi} &= - K \, (1 - \nu) \, \frac{\partial}{\partial r} (\frac{1}{r} \frac{\partial w}{\partial \varphi}) \, . \end{aligned} \qquad (11.74)$$

Zur Untersuchung des Eigenverhaltens wählen wir den zeitlich harmonischen Ansatz:

$$w(r,\varphi,t) = w(r,\varphi)\ e^{i\omega t} \tag{11.75}$$

und erhalten aus (11.73):

$$\Delta\Delta\ w - \lambda^4\ w = (\Delta + \lambda^2) \cdot (\Delta - \lambda^2)\ w = 0\ . \tag{11.76}$$

Es bedeuten:

$$\left.\begin{aligned} \lambda^4 &= \omega^2\ \mu/K = \omega^2/c^2 \quad \text{der Eigenwert ,}\\[2mm] c^2 &= K/\mu \quad \text{das Quadrat der Wellengeschwindigkeit.} \end{aligned}\right\} \tag{11.77}$$

Die Lösung der beiden Differentialgleichungen

$$\Delta w + \lambda^2\ w = 0\ , \qquad \Delta w - \lambda^2\ w = 0 \tag{11.78}$$

führt zu vier Anteilen der Gesamtlösung:

$$\begin{aligned} w(r,\varphi) = \cos m\varphi\ \big[\ &C_1\ J_{mn}(\lambda r) + C_2\ Y_{mn}(\lambda r)\\ &+ C_3\ J_{mn}(i\lambda r) + C_4\ Y_{mn}(i\lambda r)\ \big]\ . \end{aligned} \tag{11.79}$$

Darin sind:

$J_{mn}(\lambda r)$, $J_{mn}(i\lambda r)$ die Besselschen Funktionen erster Art,

$Y_{mn}(\lambda r)$, $Y_{mn}(i\lambda r)$ die Besselschen Funktionen zweiter Art.

$i = \sqrt{-1}\ .$

Wegen der Singularität der Besselschen Funktionen zweiter Art im Plattenmittelpunkt $r = 0$ müssen die Integrationskonstanten C_2, C_4 verschwinden. Die Besselsche Funktion mit imaginärem Argument läßt sich unter Beachtung von

$$I_n(z) = i^{-n}\ J_n(i\ z) \tag{11.80}$$

in eine reelle Form bringen. I_n ist die modifizierte Besselsche Funktion (analog der Beziehung $\cosh x = \cos ix$).

Die Lösung erhält damit die endgültige Form:

$$w(r,\varphi) = \cos m\varphi\ \big[\ A_1\ J_{mn}(\lambda r) + B_1\ I_{mn}(\lambda r)\ \big]\ . \tag{11.81}$$

Die Randbedingungen liefern die charakteristische Gleichung, aus der die Eigenwerte λ_{mn} bestimmt werden.

Wir wollen die Aufgabe spezialisieren für die am äußeren Rand eingespannte Kreisplatte. Die Randbedingungen lauten:

$$w(R,\varphi) = 0 \;, \qquad (w(r,\varphi)_{,r})_{(r=R)} = 0 \;. \qquad\qquad (11.82)$$

Aus der ersten Randbedingung folgt:

$$B_1 = - A_1 \, J_{mn}(\lambda R)/I_{mn}(\lambda R) \;. \qquad\qquad (11.83)$$

Unter Beachtung des Zusammenhanges

$$\left.\begin{array}{l}
I_{n-1}(z) - I_{n+1}(z) = \dfrac{2\,n}{z}\, I_n(z) \;, \\[3mm]
\dfrac{d}{dz}\, I_n(z) = \dfrac{1}{2}\, [\, I_{n-1}(z) + I_{n+1}(z)\,] \;, \\[3mm]
\int I_0(z)\, dz = z\, I_1(z) \;, \quad \int I_1(z)\, dz = I_0(z)
\end{array}\right\} \qquad (11.84)$$

ergibt sich aus der zweiten Randbedingung von (11.82) die transzendente Eigenwertgleichung:

$$[\, I_{mn}(\lambda R)\, \frac{d}{dr}\, J_{mn}(\lambda r) - J_{mn}(\lambda R)\, \frac{d}{dr}\, I_{mn}(\lambda r)\,]_{(r=R)} = 0 \;. \quad (11.85)$$

Aus den Nullstellen dieser Gleichung folgen die Eigenwerte $(\lambda_{mn}\, R)$. Führt man die Eigenkreisfrequenz in der Form

$$\omega_{emn} = \pi^2/R^2\, \beta_{mn}^2\, \sqrt{K/\mu} \qquad\qquad (11.86)$$

ein, so ergeben sich mit $\lambda_{mn}\, R = \pi\, \beta_{mn}$ die folgenden Beiwerte β_{mn}.

Tabelle 11.3   Beiwerte β_{mn} der eingespannten Kreisplatte (s. [6.1])

n	m = 0	1	2	3
0	1,017	1,468	1,879	2,274
1	2,007	2,483	2,927	3,354
2	3,004	3,488	3,948	4,392
3	4,003	4,491	4,959	

m ist die Anzahl der Knotendurchmesser, n ist die Anzahl der Knotenkreise.

Die Eigenschwingungsformen ergeben sich bei bekannter Eigenkreisfrequenz aus der Beziehung:

$$w(r,\varphi) = C_1 \cos m\varphi\, [\, J_{mn}(\lambda_{mn} r) - \frac{J_{mn}(\lambda_{mn} R)}{I_{mn}(\lambda_{mn} R)}\, I_{mn}(\lambda_{mn} r)\,] \qquad (11.87)$$

Die Abb. 11.14 enthält einige Eigenschwingungsformen der Kreisplatte.

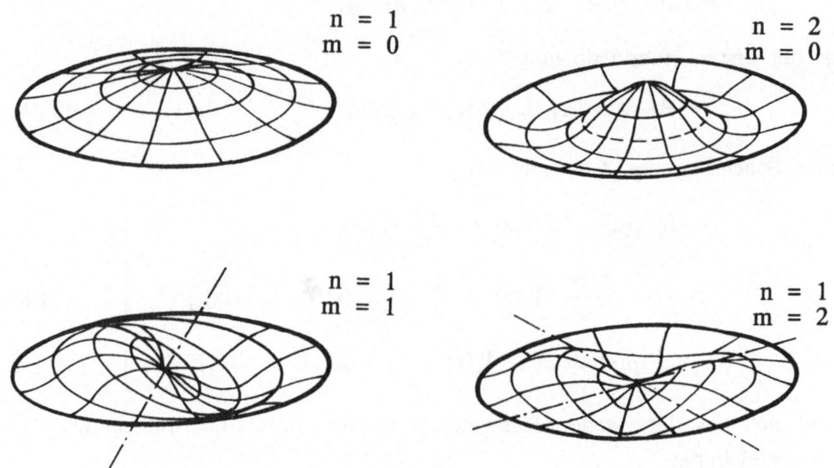

Abb. 11.14 Vier Eigenschwingungsformen der Kreisplatte

Entsprechende Beiwerte β_{mn} sind in der Tabelle 11.4 für die Kreisplatte mit gelenkiger Lagerung angegeben.

Tabelle 11.4   Beiwerte β_{mn} der gelenkig gelagerten Kreisplatte (nach [11.2])

		m	
n	0	1	2
0	0,710	1,188	1,612
1	1,736	2,217	2,666
2	2,742	3,227	3,689
3	3,744	4,233	4,702

Die Kreisringplatte

Die Lösung der Differentialgleichung der Kreisringplatte enthält die volle Zahl der Lösungsanteile. Die Integrationskonstanten C_1 bis C_4 folgen aus insgesamt vier Randbedingungen am Innen- und Außenrand. Das Ergebnis ist ein System homogener Gleichungen, aus dem die Eigenwerte λ_{mn} ermittelt werden.

Für die am Innenrand eingespannte, am Außenrand freie Kreisringplatte enthält die Tabelle 11.4 einige Beiwerte β_{mn} in Abhängigkeit von dem Radienverhältnis R_i/R_a. Die Beiwerte gelten für $m = 0$, d.h. die Zahl der Knotendurchmesser ist Null.

Tabelle 11.5 Beiwerte β_{0n} für die am Innenrand eingespannte, am Außenrand freie Kreisringplatte (nach [6.1])

R_i/R_a	β_{00}	R_i/R_a	β_{01}	R_i/R_a	β_{02}	R_i/R_a	β_{03}
0,276	0,796	0,060	0,535	0,186	0,796	0,43	1,273
0,642	1,591	0,397	0,955	0,349	0,955	0,59	1,591
0,840	2,865	0,603	1,464	0,522	1,273	0,71	2,228
		0,634	1,592	0,769	2,546	0,82	3,183
		0,771	2,546	0,810	3,183		

Weitere Tabellen für Beiwerte von Kreisringplatten findet man in [11.2].

Der Einfluß großer Längskräfte auf das Schwingungsverhalten der Rechteckplatte

Das Eigenverhalten der Rechteckplatte wird durch die Wirkung von statischen Längsdruckkräften p_x und p_y (Abb. 11.15) merklich beeinflußt. Zur Beschreibung dieser Wirkung muß man die Differentialgleichung der schwingenden Platte (s. die Bez. (11.28)) um die aus den Druckkräften herrührenden Komponenten senkrecht zur Plattenmittelfläche erweitern. Man erhält:

$$K \, \Delta \Delta \, w + p_x \, w_{,xx} + p_y \, w_{,yy} + \mu \, w^{\cdot\cdot} = 0 \; . \tag{11.88}$$

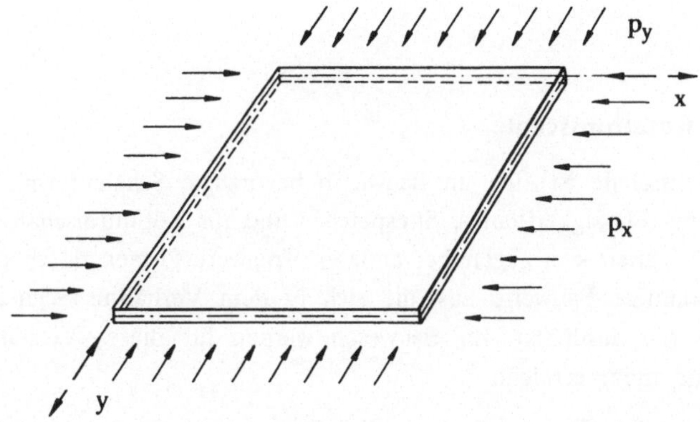

Abb. 11.15 Die Rechteckplatte unter statischen Längsdruckkräften p_x und p_y

Wir lösen (11.88) für den Sonderfall konstanter Längsdruckbelastung und der gelenkigen Lagerung mit dem Doppelfourierreihenansatz (11.33).

Man erhält mit diesem Ansatz aus (11.88) die Frequenzgleichung:

$$[(m\,\pi/a)^2 + (n\,\pi/b)^2]^2 - p_x/K\,(m\,\pi/a)^2 - p_y/K\,(n\,\pi/b)^2 - \omega_{mn}^2\,(\mu/K) = 0\ .$$

$$(11.89)$$

Sie geht bei fehlender Längsdruckbelastung in die Bez. (11.34) über.

Zur Verfolgung des Längskrafteinflusses auf die Eigenkreisfrequenz spezialisieren wir die Aufgabe: Die Platte sei quadratisch, d.h. b = a, und die Längsdruckkraft $p_y = 0$.

Wir führen in die spezialisierte Freqenzgleichung (11.89) die Beullast der Quadratplatte:

$$p_{xK} = 4\ K\ \pi^2/a^2 \qquad\qquad (11.90)$$

und die niedrigste Eigenkreisfrequenz der unbelasteten Quadratplatte

$$\omega_1^2 = (\pi/a)^2\ K/\mu$$

ein und erhalten den folgenden Zusammenhang:

$$\omega/\omega_1 = \sqrt{1 - p_x/p_{xK}}\ . \qquad\qquad (11.91)$$

Diese Beziehung ist bereits für die Abhängigkeit der Eigenkreisfrequenz des längs gedrückten Stabes in Kap. 10 (s. die Bez. (10.38)) ermittelt worden. Das dort angegebene kinetische Interaktionsprogramm kann man unmittelbar verwenden, wenn man dort

$$(\lambda_e/\lambda_1)^2 = \omega/\omega_1\ , \qquad (\lambda_K/\lambda_{K1})^2 = p_x/p_{xK} \qquad\qquad (11.92)$$

setzt.

11.3 Die Rotationsschale

Die Rotationsschale ist eine im Bauwesen bevorzugte Schalenform. Man wählt sie häufig für Flüssigkeitstanks, Silospeicher und für Kühlturmschalen. Schalentragwerke zeichnen sich gegenüber anderen Tragwerksformen durch eine besonders dünnwandige Bauweise aus, die sich in dem Verhältnis Schalenradius zu Wanddicke r/h ausdrückt. Im Bauwesen werden für dieses Verhältnis Werte um 100 und mehr erreicht.

Wegen der großen Bedeutung dieser Schalenform gegenüber anderen, allgemeineren Formen wollen wir in diesem Abschnitt nur Rotationsschalen betrachten. Beim Vorliegen von Schalentragwerken mit allgemeineren Schalenformen, die es im Bauwesen ebenfalls gibt, verweisen wir auf die Spezialliteratur (s. z. B. [11.11] bis [11.14]).

Das kinetische Verhalten von Rotationsschalen wird von den Grundgleichungen der Schalentheorie beschrieben. Diese sind anderenorts ausführlich hergeleitet, weshalb wir hier auf eine erneute Herleitung verzichten wollen (s. z.B. [11.11] bis [11.14]). Wir stützen uns auf die Grundgleichungen der technischen Schalentheorie, deren Beziehungen wir von anderer Stelle übernehmen.

Die Schalenmetrik wird durch die Basisvektoren a_1, a_2, a_3 im Punkt P der Schalenmittelfläche und g_1, g_2, g_3 im Punkt Q des Schalenraumes beschrieben. Die Lagevektoren der Punkte P und Q sind r und r^*. Der Abstand des Punktes Q von P wird durch θ^3 angegeben. Es gelten die Beziehungen:

$$\left.\begin{array}{ll} a_\alpha = r_{,\alpha} \, , & a_3 = a_1 \times a_2 / \,|\, a_1 \times a_2 \,| \, , \\[2mm] g_\alpha = r^*_{,\alpha} = a_\alpha + \theta^3 a_{3,\alpha} \, , & g_3 = a_3 \, . \end{array}\right\} \qquad (11.93)$$

Die Indizes a,β geben die Richtungen der Vektoren an. $\alpha = 1$ gibt die Richtung der Tangente an den Breitenkreis, $\alpha = 2$ die Tangentenrichtung an den Meridian im Punkt P der Schalenmittelfläche an.

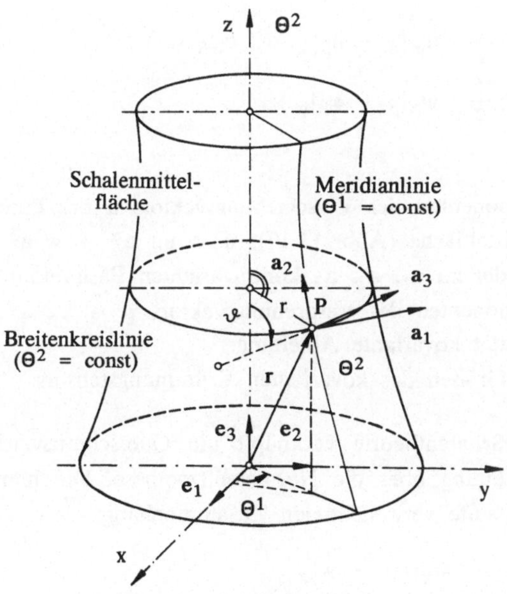

Abb. 11.16 Rotationsschale mit Bezeichnungen und Basisvektoren
(nach [11.13])

Die kinematischen Beziehungen der Rotationsschale

Die Verzerrrungen des Schalenraumes werden durch die Komponenten des Greenschen Verzerrungstensors $\gamma_{\alpha\beta}$ beschrieben. Sie sind definiert durch die Differenz der Maßzahlen der Gittervektoren des deformierten und des unverformten Schalenraumes:

$$\gamma_{\alpha\beta} = \frac{1}{2}\left(\hat{g}_{\alpha\beta} - g_{\alpha\beta} \right) = \frac{1}{2}\left(\hat{g}_\alpha\, \hat{g}_\beta - g_\alpha\, g_\beta \right) . \tag{11.94}$$

Darin bedeuten $\hat{g}_\alpha$, $\hat{g}_\beta$ die Gittervektoren im deformierten Zustand (Abb. 11.17). $\hat{g}_{\alpha\beta}$, $g_{\alpha\beta}$ sind die Maßzahlen der Vektoren im verformten und unverformten Zustand.

Die Komponenten des Verzerrungstensors lassen sich in die Anteile aus den Membranverzerrungen $\alpha_{\alpha\beta}$ und den Verkrümmungen der Schalenmittelfläche $\kappa_{\alpha\beta}$ zerlegen:

$$\gamma_{\alpha\beta} = \alpha_{\alpha\beta} + \Theta^3\, \kappa_{\alpha\beta} . \tag{11.95}$$

Für die Größen $\alpha_{\alpha\beta}$, $\kappa_{\alpha\beta}$ ergeben sich Näherungsausdrücke entsprechend der gewählten Approximationsstufe der Schalentheorie. Für die Marguerre-Donnellsche Schalennäherung, der wir hier folgen wollen, findet man (s. z. B. [11.13], Kap. 6.3):

$$\left.\begin{aligned}
\alpha_{\alpha\beta} &= \frac{1}{2}\left(u_\alpha|_\beta + u_\beta|_\alpha - 2\, b_{\alpha\beta}\, w \right) , \\[2mm]
\kappa_{\alpha\beta} &= \frac{1}{2}\left(\psi_\alpha|_\beta + \psi_\beta|_\alpha \right) .
\end{aligned}\right\} \tag{11.95'}$$

Es bedeuten:

u_1, u_2, w Komponenten des Verschiebungsvektors u des Punktes P der Schalenmittelfläche (Abb. 11.17): $u = u_\alpha\, a^\alpha + w\, a^3$ ($\alpha = 1,2$) .

a^1, a^2, a^3 Satz der zu a_1, a_2, a_3 kontravarianten Basisvektoren.

ψ_1, ψ_2 Komponenten des Verdrehungsvektors $\psi = \psi_\alpha\, a^\alpha$.

$(...)_\alpha|_\beta$ bedeutet kovariante Ableitung.

$b_{\alpha\beta}$ sind Größen des kovarianten Krümmungstensors.

Die technische Schalentheorie verknüpft die Querschnittsverdrehung mit der Verschiebungsableitung über die Normalenhypothese. Die hier gewählte Schalenapproximationsstufe verwendet den Zusammenhang:

$$\psi_\alpha = -\, w|_\alpha . \tag{11.96}$$

Für die Basisvektoren $\hat{a}_\alpha$, $\hat{g}_\alpha$ des verformten Zustandes gelten die Beziehungen:

$$\hat{a}_\alpha = \hat{r}_{,\alpha} = a_\alpha + u_{,\alpha} \ , \quad \hat{a}_3 = \hat{a}_1 \times \hat{a}_2 / |\hat{a}_1 \times \hat{a}_2| ,$$
$$\hat{g}_\alpha = \hat{r}^*_{,\alpha} = g_\alpha + u^*_{,\alpha} \ , \quad \hat{g}_3 = \hat{a}_3 \ . \qquad\qquad\qquad (11.97)$$

$\hat{r}$, $\hat{r}^*$ sind die Lagevektoren im verformten Zustand (Abb. 11.17).

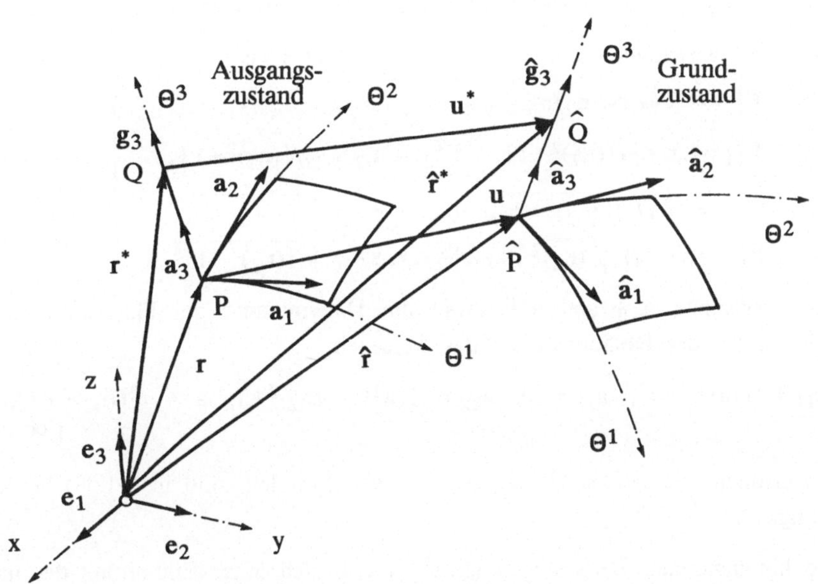

Abb. 11.17 Schalenelement im Ausgangs- und Grundzustand
(nach [11.13])

Nach der Ausführung der kovarianten Ableitungen in (11.95 ') erhält man (s. z. B. [11.13], Kap. 6.3):

$$\alpha_{11} = u_{1,1} - \Gamma^2_{11} u_2 - b_{11} w \ ,$$
$$\alpha_{12} = \frac{1}{2} (u_{1,2} + u_{2,1} - 2 \Gamma^1_{12} u_1) \ ,$$
$$\alpha_{22} = u_{2,2} - \Gamma^2_{22} u_2 - b_{22} w \ ,$$
$$\kappa_{11} = \psi_{1,1} - \Gamma^2_{11} \psi_2 \ ,$$
$$\kappa_{12} = \frac{1}{2} (\psi_{1,2} + \psi_{2,1} - 2 \Gamma^1_{12} \psi_1) ,$$
$$\kappa_{22} = \psi_{2,2} - \Gamma^2_{22} \psi_2 \ . \qquad\qquad (11.98)$$

Die Christoffelsymbole $\Gamma^\lambda_{\alpha\beta}$ und die Größen des kovarianten Krümmungstensors $b_{\alpha\beta}$, sowie die später verwendeten Größen des gemischtvarianten Krümmungstensors b^β_α sind durch

$$b_{\alpha\beta} = a_3\, a_{\alpha,\beta}\ , \quad b^\beta_\alpha = a^{\alpha\lambda}\, b_{\lambda\beta}\ , \quad \Gamma^\lambda_{\alpha\beta} = a^\lambda\, a_{\alpha,\beta} \tag{11.99}$$

definiert. Die Maßzahlen der kontravarianten Basisvektoren $a^{\alpha\beta}$ sind mit denjenigen der kovarianten Basis $a_{\alpha\beta}$ über $a^{\alpha\beta} = (a_{\alpha\beta})^{-1}$ verknüpft. Bei der Rotationsschale verschwinden die Größen:

$$\Gamma^1_{11} = \Gamma^1_{22} = \Gamma^2_{12} = \Gamma^2_{21} = 0\ , \quad b_{12} = b_{21} = b^2_1 = b^1_2 = 0\ . \tag{11.99$'$}$$

Von Null verschieden sind (z. B. [11.13], Tafel 1.2):

$$\left.\begin{aligned}
\Gamma^1_{12} &= \Gamma^1_{21} = r_{,2}/r\ , \\[4pt]
\Gamma^2_{11} &= r\, r_{,2}/[(r_{,2})^2+1]\ , \quad \Gamma^2_{22} = r_{,2}\, r_{,22}/[(r_{,2})^2+1]\ , \\[4pt]
b_{11} &= -\, r/\sqrt{(r_{,2})^2+1}\ , \quad b_{22} = r_{,22}/\sqrt{(r_{,2})^2+1}\ , \\[4pt]
b^1_1 &= -\, 1/r\sqrt{(r_{,2})^2+1}\ , \quad b^2_2 = r_{,22}/\sqrt{[(r_{,2})^2+1]^3}\ .
\end{aligned}\right\} \tag{11.99$''$}$$

Die Maßzahlen $a_{\alpha\beta}$ und $a^{\alpha\beta}$ sowie die Determinante der Flächenmetrik a erhalten bei der Rotationsschale das Aussehen:

$$a_{11} = 1/a^{11} = r^2,\ \ a_{12} = 0,\ \ a_{22} = 1/a^{22} = (r_{,2})^2+1,\ \ a = r^2[(r_{,2})^2+1]. \tag{11.99$'''$}$$

Die Größen, die bei der Rotationsschale verschwinden, sind in (11.98) berücksichtigt.

Die kinematischen Beziehungen (11.98) lassen sich unter Einführung des matriziellen Vektors $\boldsymbol{\varepsilon}$ mit

$$\boldsymbol{\varepsilon}^T = \{\ \alpha_{11}\ \ \alpha_{12}\ \ \alpha_{22}\ \ \kappa_{11}\ \ \kappa_{12}\ \ \kappa_{22}\ \} \tag{11.100}$$

und dem Vektor der Verschiebungsgrößen $\mathbf{v}$ mit

$$\mathbf{v}^T = \{\ u_1\ \ u_2\ \ w\ \ \psi_1\ \ \psi_2\ \} \tag{11.101}$$

und der Operatormatrix der kinematischen Beziehungen $\mathbf{D}_K$ $(\partial_\alpha \triangleq (...)_{,\alpha})$ mit

$$\mathbf{D}_K = \begin{bmatrix}
\partial_1 & -\,\Gamma^2_{11} & -\,b_{11} & & & \\
(\partial_2 - 2\Gamma^1_{12})/2 & \partial_1/2 & 0 & & & \\
0 & (\partial_2 - \Gamma^2_{22}) & -\,b_{22} & & & \\
 & & & \partial_1 & -\,\Gamma^2_{11} & \\
 & & & (\partial_2 - 2\Gamma^1_{12})/2 & \partial_1/2 & \\
 & & & 0 & (\partial_2 - \Gamma^2_{22}) &
\end{bmatrix} \tag{11.102}$$

kürzer

$$\boldsymbol{\varepsilon} = \mathbf{D}_K\, \mathbf{v} \tag{11.103}$$

schreiben.

Die dynamischen Beziehungen

Am Schalenelement wirken die Vektoren der inneren Kraftgrößen: die Kraft- und Momentenvektoren $n^{(\alpha)}$, $m^{(\alpha)}$ und ihre Zuwächse. Als "Belastung" wirken die Vektoren der Trägheitskräfte und -drehkräfte p_T, $\hat{p}_T$ (Abb. 11.18). Die Vektoren der inneren Kraftgrößen zerlegt man in ihre Komponenten: die Längskraftflüsse $n^{(11)}$, $n^{(22)}$, die Schubflüsse $n^{(12)}$, $n^{(21)}$, die Biegemomente $m^{(11)}$, $m^{(22)}$, die Drillmomente $m^{(12)}$, $m^{(21)}$ sowie die Querkräfte $q^{(1)}$, $q^{(2)}$ (Abb. 11.18):

$$n^{(\alpha)} = n^{(\alpha\beta)} a_{(\beta)} + q^{(\alpha)} a_3 \; , \quad m^{(\alpha)} = m^{(\alpha\mu)} a_3 \times a_{(\mu)} = m^{(\alpha\mu)} \epsilon_{\mu\beta} a^{(\beta)}. \quad (11.104)$$

$\epsilon_{\mu\beta}$ sind die Komponenten des ϵ-Tensors.

Anstelle der physikalischen Komponenten der inneren Kraftgrößen führt man tensorielle Größen entsprechend

$$n^{\alpha} = n^{\alpha\beta} a_\beta + q^\alpha a_3 \; , \quad m^\alpha = m^{\alpha\beta} a^\beta \quad (11.105)$$

ein. Die physikalischen und tensoriellen Kraftgrößen sind über

$$n^{(\alpha\beta)} = \sqrt{\frac{a_{\beta\beta}}{a^{\alpha\alpha}}}\, n^{\alpha\beta}, \quad q^{(\alpha)} = \frac{1}{\sqrt{a^{\alpha\alpha}}}\, q^\alpha, \quad m^{(\alpha\beta)} = \sqrt{\frac{a_{\beta\beta}}{a^{\alpha\alpha}}}\, m^{\alpha\beta} \quad (11.106)$$

miteinander verknüpft.

Die Trägheitskräfte und -drehkräfte zerlegt man in ihre Komponenten:

$$p_T = p_T^\alpha\, a_\alpha + p_T^3\, a_3 \; , \quad \hat{p}_T = \hat{p}_T^\alpha\, a^\alpha \, . \quad (11.107)$$

Aus der Beobachtung des Kräfte- und Momentengleichgewichtes ergibt sich die Komponentenform der dynamischen Beziehungen:

$$\left.\begin{array}{r}
n^{\alpha\beta}\big|_\alpha - q^\alpha\, b_\alpha^\beta + p_T^\beta = 0, \\[4pt]
n^{\alpha\beta}\, b_{\alpha\beta} + q^\alpha\big|_\alpha + p_T^3 = 0, \\[4pt]
m^{\alpha\beta}\big|_\alpha - q^\beta + \hat{p}_T^\beta = 0.
\end{array}\right\} \quad (11.108)$$

Die hier nicht aufgestellte Momentenbeziehung um die a_3-Achse wird durch den Ersatzschubfluß

$$\widetilde{n}^{(\alpha\beta)} = n^{(\alpha\beta)} + b_\lambda^\beta\, m^{(\alpha\lambda)},_\beta \quad (11.108')$$

ausgeglichen.

Nach der Ausführung der kovarianten Ableitungen und dem Übergang auf physikalische Kraftgrößen erhält man ausführlich (z. B. [11.13], Kap. 6.3):

$$
\left.
\begin{aligned}
&n^{(11)},_1 + n^{(12)},_2 + n^{(12)}(3\ \Gamma^1_{12} + \Gamma^2_{22}) - q^1\,b^1_1 + p^1_T = 0, \\[4pt]
&n^{(12)},_1 + n^{(22)},_2 + n^{(11)}\Gamma^2_{11} + n^{(22)}(2\ \Gamma^2_{22} + \Gamma^1_{12}) - q^2\,b^2_2 \\
&\hspace{8cm} + p^2_T = 0, \\[4pt]
&n^{(11)}\,b_{11} + n^{(22)}\,b_{22} + q^1,_1 + q^2,_2 + q^2(\Gamma^1_{12} + \Gamma^2_{22}) \\
&\hspace{8cm} + p^3_T = 0, \\[4pt]
&m^{(11)},_1 + m^{(12)},_2 + m^{(12)}(3\ \Gamma^1_{12} + \Gamma^2_{22}) - q^1 + \hat{p}^1_T = 0, \\[4pt]
&m^{(12)},_1 + m^{(22)},_2 + m^{(11)}\ \Gamma^2_{11} + m^{(22)}(2\ \Gamma^2_{22} + \Gamma^1_{12}) \\
&\hspace{8cm} - q^2 + \hat{p}^2_T = 0.
\end{aligned}
\right\}
\qquad (11.109)
$$

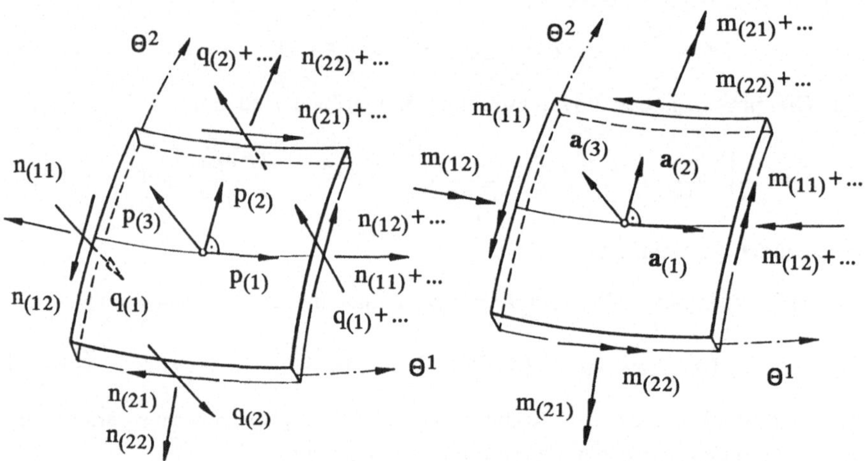

Abb. 11.18 Physikalische Komponenten der inneren und äußeren
Kraftgrößen am Schalenelement (nach [11.13])

Diesen Beziehungen kann man unter Einführung des matriziellen Vektors der
Trägheitskräfte p_T mit

$$
p^T_T = \{\ p^1_T \quad p^2_T \quad p^3_T \quad \hat{p}^1_T \quad \hat{p}^2_T\}
\qquad (11.110)
$$

und des Vektors der Kraftgrößen n mit

$$
n^T = \{\ n^{(11)} \quad n^{(12)} \quad n^{(22)} \quad q^1 \quad q^2 \quad m^{(11)} \quad m^{(12)} \quad m^{(22)}\ \}
\qquad (11.111)
$$

und unter Einführung der Gleichgewichtsoperatormatrix

$$\mathbf{D_D} = \begin{bmatrix} & & -b_1^1 & 0 & \\ & \mathbf{D}_{11} & & & 0 \\ & & 0 & -b_2^2 & \\ b_{11} & 0 & b_{22} & \partial_1 \, [\partial_2 + \Gamma_{12}^1 + \Gamma_{22}^2] & \\ & & -1 & 0 & \\ & \mathbf{0} & & & \mathbf{D}_{11} \\ & & 0 & -1 & \end{bmatrix} \tag{11.112}$$

mit

$$\mathbf{D}_{11} = \begin{bmatrix} \partial_1 & [\partial_2 + 3\Gamma_{12}^1 + \Gamma_{22}^2] & 0 \\ \Gamma_{11}^2 & \partial_1 & [\partial_2 + 2\Gamma_{22}^2 + \Gamma_{12}^1] \end{bmatrix} \tag{11.112'}$$

die matrizielle Form

$$\mathbf{D_D} \, \mathbf{n} + \mathbf{p_T} = \mathbf{0} \tag{11.113}$$

geben.

Die konstitutiven Beziehungen

Die konstitutiven Beziehungen verknüpfen die Kraftgrößen mit den Verzerrungen und Verkrümmungen. Für isotropes linearelastisches Material erhält man mit der Dehn- und Biegesteifigkeit

$$D = E\,h/(1 - \nu^2), \quad K = E\,h^3/12(1 - \nu^2), \quad (G = E/[2(1 + \nu)]):$$

$$\left. \begin{aligned} n^{(\alpha\beta)} &= D\,H^{\alpha\beta\lambda\mu}\,\alpha_{\lambda\mu}\,, \\ m^{(\alpha\beta)} &= K\,H^{\alpha\beta\lambda\mu}\,\kappa_{\lambda\mu}\,. \end{aligned} \right\} \tag{11.114}$$

Der Elastizitätstensor $H^{\alpha\beta\lambda\rho}$ wird durch

$$H^{\alpha\beta\lambda\mu} = \frac{(1-\nu)}{2}\,[a^{\alpha\lambda}\,a^{\beta\mu} + a^{\alpha\mu}\,a^{\beta\lambda} + \frac{2\,\nu}{(1-\nu)}\,a^{\alpha\beta}\,a^{\lambda\mu}] \tag{11.115}$$

angegeben. Für die Rotationsschale erhält (11.114) unter Beachtung von (11.115) die matrizielle Form:

$$\begin{bmatrix} n^{(11)} \\ n^{(12)} \\ n^{(22)} \\ m^{(11)} \\ m^{(12)} \\ m^{(22)} \end{bmatrix} = \begin{bmatrix} Da^{11}a^{11} & 0 & \nu\,Da^{11}a^{22} & & & \\ & D\frac{(1-\nu)}{2}\,a^{11}a^{22} & 0 & & & \\ & & Da^{22}a^{22} & & & \\ \text{symmetrisch} & & & Ka^{11}a^{11} & 0 & \nu\,Ka^{11}a^{22} \\ \text{zur Hauptdiagonalen} & & & & K\frac{(1-\nu)}{2}\,a^{11}a^{22} & 0 \\ & & & & & Ka^{22}a^{22} \end{bmatrix} \varepsilon \; \cdot$$

$$\tag{11.116}$$

In einem folgenden Schritt lassen sich die Komponenten des Verschiebungs- und Verdrehungsvektors mit Hilfe der Verknüpfung

$$
\begin{bmatrix} u_1 \\ u_2 \\ w \\ \psi_1 \\ \psi_2 \end{bmatrix} = \begin{bmatrix} 1/\sqrt{a^{11}}\; u_{(1)} \\ 1/\sqrt{a^{22}}\; u_{(2)} \\ w \\ 1/\sqrt{a^{11}}\; \psi_{(1)} \\ 1/\sqrt{a^{22}}\; \psi_{(2)} \end{bmatrix}
\tag{11.116$'$}
$$

in die physikalischen Größen überführen.

Das Trägheitsgesetz

Das Trägheitsgesetz verknüpft die Komponenten des Lastvektors mit den Beschleunigungen. Unter der Voraussetzung kleiner Verschiebungen und Verdrehungen läßt sich der Vektor der Beschleunigungen **a** durch die zweiten Ableitungen des Verschiebungs- und Verdrehungsvektors nach der Zeit ausdrücken ($\partial \triangleq d(...)/dt$):

$$
\mathbf{p}_T^T = -\,\rho\; h\; \{\partial^2 u_1 \quad \partial^2 u_2 \quad \partial^2 w \quad (h^2/12)\,\partial^2 \psi_1 \quad (h^2/12)\,\partial^2 \psi_2 \}\,.
\tag{11.117}
$$

ρ ist die Dichte des Schalenmaterials.

Zustandsgrößen an den Breitenkreisrändern

Die Gleichungen (11.103), (11.113), (11.116) und (11.117) beschreiben das kinetische Verhalten der beliebigen Rotationsschale. Zusätzlich müssen die Zustandsgrößen an den Breitenkreisrändern formuliert werden. Es zeigt sich, daß die Formulierung der Kraftgrößen in einem Falle zu Schwierigkeiten führt. Sie wird durch die Einführung der Ersatzquerkraft

$$
\widetilde{q}^2 = q^2 + m^{(12)}{}_{,1}
\tag{11.118}
$$

umgangen (s. auch die Bez. (11.29) der Platte).

Die Zahl der Gleichungen wird durch Elimination der Verzerrungen in (11.116) mit Hilfe von (11.103) und der Trägheitskräfte in (11.113) mit Hilfe von (11.117) reduziert. Man findet ein System von Differentialgleichungen für die insgesamt dreizehn Zustandsgrößen der Rotationsschale. Davon werden acht in dem matriziellen Vektor **z** mit

$$
\mathbf{z}^T = \{\; u_{(1)} \quad u_{(2)} \quad n_{(22)} \quad \widetilde{n}_{(12)} \quad w \quad \psi_{(2)} \quad m_{(22)} \quad \widetilde{q}_{(2)} \;\}
\tag{11.119}
$$

zusammengefaßt. Die hier durch tief in Klammern gesetzte Indizes gekennzeichneten Größen sind die physikalischen Komponenten des Verschiebungsvektors, eine Komponente des Verdrehungsvektors und Komponenten der Membrankraftflüsse und diejenige der biegesteifen Rotationsschale. Für diese Randgrößen an den Breitenkreisrändern gilt die Verknüpfung:

$$
\begin{bmatrix} u_{(1)} \\ u_{(2)} \\ n_{(22)} \\ \widetilde{n}_{(12)} \\ w \\ \psi_{(2)} \\ m_{(22)} \\ \widetilde{q}_{(2)} \end{bmatrix}
=
\begin{bmatrix} u_1\sqrt{a^{11}} \\ u_2\sqrt{a^{22}} \\ n^{(22)}\,a_{22} \\ \widetilde{n}^{(12)} \\ w \\ \psi_2\sqrt{a^{22}} \\ m^{(22)}\,a_{22} \\ \widetilde{q}^{\,2}\sqrt{a_{22}} \end{bmatrix} .
\tag{11.120}
$$

Das System von Differentialgleichungen läßt sich derart ordnen, daß auf einer Seite des Gleichheitszeichens nur Ableitungen nach θ^2 erscheinen. Man erhält für den Vektor der Zustandsgrößen die Matrizendifferentialgleichung $(\partial_2 \triangleq \partial(\ldots)/\sqrt{a_{22}}\ \partial\theta^2)$:

$$
\partial_2\,z = D_i\,z .
\tag{11.121}
$$

Darin ist D_i eine Operatormatrix, die auf der folgenden S. angegeben ist. Die Operatormatrix für statische Lasten ist in der Arbeit [11.15] ausführlich hergeleitet (s. auch [11.13], Kap. 7.4).

Lösungsmöglichkeiten

Das Verfahren der Übertragungsmatrizen

Zur Untersuchung des Eigenverhaltens einer Rotationsschale wird man sie zunächst in eine Vielzahl von "Zwiebelringen" zerlegen (Abb. 11.19). Für jeden dieser Ringe sind die Beziehungen (11.121) aufzustellen und die Operatoren für die spezielle Schalenform zu verifizieren.

Die zeitliche Änderung der Zustandsgrößen wird durch den harmonischen Ansatz

$$
z(\theta^1,\theta^2,t) = z(\theta^1,\theta^2)\,\sin\omega\,t
\tag{11.122}
$$

abgegolten.

336 *Das Eigenverhalten von Flächentragwerken*

Mit den in der Arbeit [11.15] eingeführten Abkürzungen

$\Gamma = \Gamma^1_{12}/\sqrt{a_{22}}$ und $k = K/D$ sowie $\mu = \rho\,h$ ($\rho\,h^3/12$ wird vernachlässigt) wird

$$\mathbf{D_i} = \left[\begin{array}{cccccccc}
2\,\Gamma & -\partial_1 & 0 & 1/G\,h & 2\,k\,\Gamma\,b^1_1\,\partial_1 & 2\,k\,b^1_1\partial_1 & 0 & 0 \\[4pt]
-\nu\,\partial_1 & -\nu\,\Gamma & 1/D & 0 & b^2_2+\nu\,b^1_1 & 0 & 0 & 0 \\[4pt]
E\,h\,\Gamma\,\partial_1 & E\,h\,[\Gamma\,\Gamma-2k/(1+\nu)\,b^1_1 b^1_1\partial^2_1]+\mu\,\partial^2 & -(1{-}\nu)\,\Gamma & -\partial_1 & -E\,h\,\Gamma\,b^1_1[1+2k/(1+\nu)\partial^2_1] & -2K(1{-}\nu)b^1_1\partial^2_1 & 0 & b^2_2 \\[4pt]
-E\,h\,\partial^2_1+\mu\,\partial^2 & -E\,h\,\Gamma\,\partial_1 & -\nu\,\partial_1 & -2\,\Gamma & E\,h\,b^1_1(\partial_1{-}k\,\partial^3_1) & K\,\Gamma\,b^1_1\,\partial_1 & \nu\,b^1_1\,\partial_1 & 0 \\[4pt]
0 & -b^2_2 & 0 & 0 & 0 & -1 & 0 & 0 \\[4pt]
\nu\,b^1_1\,\partial_1 & 0 & 0 & 0 & \nu\,\partial^2_1 & -\nu\,\Gamma & 1/K & 0 \\[4pt]
-(1{-}\nu^2)\,K\,\Gamma\,b^1_1\,\partial_1 & -2(1{-}\nu)\,K\,b^1_1\partial^2_1 & 0 & 2\,k\,b^1_1\,\partial_1 & d_{75} & d_{76} & (1{-}\nu)\,\Gamma & 1 \\[4pt]
-E\,h\,b^1_1(\partial_1{-}k\,\partial^3_1) & -E\,h\,\Gamma\,b^1_1[1+2k/(1+\nu)\partial^2_1] & -b^2_2-\nu\,b^1_1 & 2\,k\,\Gamma\,b^1_1\partial_1 & d_{85} & d_{86} & \nu\,\partial^2_1 & -\Gamma
\end{array}\right]$$

$$(11.121')$$

$d_{75} = d_{86} = -K(1{-}\nu)(3{+}\nu)\,\Gamma\,\partial^2_1;\quad d_{76} = K(1{-}\nu^2)[\Gamma\,\Gamma-2/(1+\nu)\partial^2_1];$

$d_{85} = (1{-}\nu^2)\,D\{b^1_1 b^1_1+k[\partial^4_1+2/(1+\nu)\,\Gamma\,\Gamma\,\partial^2_1]\}+\mu\partial^2.$

Hier und auch in (11.121) und später in (11.124) bedeuten speziell:

$$\partial_1 \triangleq \partial(\ldots)/\sqrt{a_{11}}\,\partial\theta^1\,,\quad \partial_2 \triangleq \partial(\ldots)/\sqrt{a_{22}}\,\partial\theta^2\,.$$

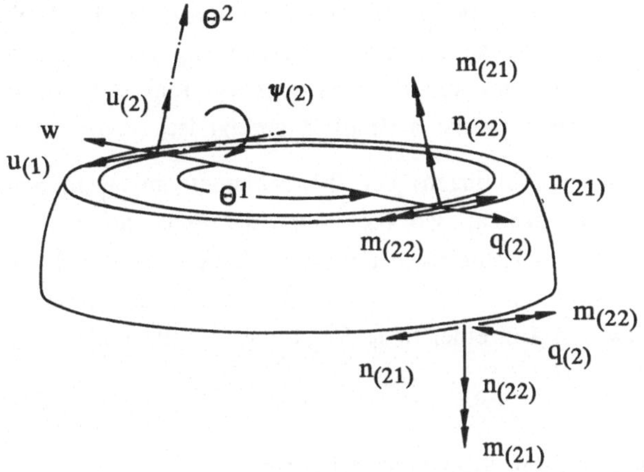

Abb. 11.19 "Zwiebelring" einer Rotationsschale

Die verbleibenden Funktionen $z(\theta^1,\theta^2)$ lassen sich in eine Fourierreihe in θ^1-Richtung ($\hat{=}$ Umfangsrichtung) entwickeln:

$$z(\theta^1,\theta^2) = z_0(\theta^2) + \sum_{n=1}^{N} \begin{bmatrix} u_{(1)n} \, \sin n\theta^1 \\ u_{(2)n} \, \cos n\theta^1 \\ n_{(22)n} \, \cos n\theta^1 \\ \tilde{n}_{(12)n} \, \sin n\theta^1 \\ w_n \, \cos n\theta^1 \\ \psi_{(2)n} \, \cos n\theta^1 \\ m_{(22)n} \, \cos n\theta^1 \\ \tilde{q}_{(2)n} \, \cos n\theta^1 \end{bmatrix} + \sum_{n=1}^{N} \begin{bmatrix} u^*_{(1)n} \, \cos n\theta^1 \\ u^*_{(2)n} \, \sin n\theta^1 \\ n^*_{(22)n} \, \sin n\theta^1 \\ \tilde{n}^*_{(12)n} \, \cos n\theta^1 \\ w^*_n \, \sin n\theta^1 \\ \psi^*_{(2)n} \, \sin n\theta^1 \\ m^*_{(22)n} \, \sin n\theta^1 \\ \tilde{q}^*_{(2)n} \, \sin n\theta^1 \end{bmatrix} . \quad (11.123)$$

Die $u_{(1)n},...$ und $u^*_{(1)n},...$ sind Funktionen von θ^2. Auf diesem Wege ergeben sich drei Sätze von entkoppelten Differentialgleichungen erster Ordnung:

$$\partial_2 z_0 = D_{i0} \, z_0 , \quad \partial_2 z_n = D_{in} \, z_n , \quad \partial_2 z^*_n = D_{in} \, z^*_n . \quad (11.124)$$

Bei Untersuchungen des Eigenverhaltens von Rotationsschalen ist der zweite und dritte Satz identisch.

Die Lösung von (11.124) kann auf numerischem Wege mit Hilfe einer der in Kap. 5 angegebenen Methoden gefunden werden. Zweckmäßig wählt man den Weg der numerischen Bestimmung der Übertragungsmatrix. Man erhält auf diesem Wege eine Übertragungsmatrizenbeziehung, die die Zustandsgrößen der einander gegenüberliegenden Breitenkreisränder eines Zwiebelringes verknüpft.

Für die anschließende Verknüpfung der Zustandsgrößen der Breitenkreisränder der einzelnen Schalenringe wählt man zweckmäßig ein in Übertragungsmatrizen formuliertes größeres Gleichungssystems (s. Kap. 10, wo dieser Berechnungsschritt für Stabtragwerke ausführlich gezeigt ist).

Wegen des raschen Abklingens der Biegemomente $m_{(22)}$ in Schalenlängsrichtung ist darauf zu achten, daß die Länge der Schalenringe kleiner als diese Abklinglänge ist. Überschreitet nämlich die Länge des Schalenringes die Abklinglänge, so sind numerische Schwierigkeiten bei der Lösung der Aufgabe zu erwarten (wegen Einzelheiten s. [7.1] und [2.20] und die dort angegebene Literatur).

Halbmomenten- oder Stabschalentheorie

Wegen des schnellen Abklingens der Biegemomente $m_{(22)}$ in Schalenlängsrichtung bei dünnwandigen Schalentragwerken hat man die Biegetheorie der Rotationsschale durch vollständiges Streichen dieser Biegemomente modifiziert. Man bezeichnet die so gewonnene Schalentheorie auch "Halbmomenten-" oder "Stabschalentheorie". Sie behält in dem Vektor der Zustandsgrößen, den wir hier mit z^o bezeichnen, lediglich die ersten vier Größen des Vektors z (Bez. (11.119)) bei. Die so reduzierten Schalengleichungen setzen die Biegesteifigkeit der Schale in Umfangsrichtung und die äußeren Kräfte in θ^3-Richtung ($\triangleq$ Radialrichtung) in einen Schubfluß $\widetilde{n}_{(12)}$ um. (Wegen Einzelheiten s. [11.14] und [2.20] und die dort angegebene Literatur).

Mit Hilfe der Stabschalentheorie lassen sich dünnwandige und durch Ringspante versteifte Rotationsschalentragwerke unter statischen oder zeitlich veränderlichen Lasten vorteilhaft untersuchen. Denn die hier gestrichenen, schnell abklingenden Biegemomente bestimmen nicht mehr die Länge der Zwiebelringe. Sie darf hier größer gewählt werden, als es die Biegetheorie der Schale sonst erforderlich machen würde. Und die Gesamtzahl der Zwiebelringe und damit die Zahl der Unbekannten des Gleichungssystems, das ist der Vorteil der Stabschalentheorie gegenüber der vollständigen Biegetheorie der Schale, wird kleiner.

Das Verschiebungsgrößenverfahren

Zur schematischen Aufstellung der Verschiebungsgrößengleichungen dienen die Steifigkeitsmatrizen der Teilgebilde. Für den Rotationsschalenring läßt sich die entsprechende Steifigkeitsmatrizenbeziehung aus der numerisch gewonnenen Übertragungsmatrizenbeziehung durch Auflösen nach den Kraftgrößen mit anschließender physikalischer Umdeutung der Kraftgrößen in Teilzwangskräfte gewinnen. (Dieser Weg ist in Kap. 10 für den Stab gezeigt).

Das anschließende Zusammenfügen der einzelnen Steifigkeitsmatrizen zu der Krafteinflußmatrix C der Verschiebungsgrößengleichungen ist in Kap. 10 für Stabtragwerke ausführlich geschildert und braucht nicht wiederholt zu werden.

Die Steifigkeitsmatrizen von Rotationsschalenringen lassen sich wie bei Stab- oder ebenen Flächentragwerken auch mit Hilfe energetischer Überlegungen bestimmen. Maßgebend für die Genauigkeit des Ergebnisses ist die Wahl der Ansatzfunktionen für den Verschiebungszustand in dem Schalenelement (s. auch [11.13] und die dort angegebene Literatur sowie [11.16] bis [11.20]).

Für beliebige Schalenformen, die wir hier nicht betrachten wollen, hat es sich als zweckmäßig erwiesen, das zu untersuchende Schalengebilde mit Hilfe eines Rasters in rechteckige oder dreieckige Flächenelemente zu zerlegen. Die entsprechenden Steifigkeitsmatrizen und Massenmatrizen werden einem Matrizenkatalog entnommen und anschließend zu der Krafteinflußmatrix C und der Trägheitsmatrix A zusammengefügt (s. auch [2.22] bis [2.24]). Diese Vorgehensweise ist für die Anwendung auf jede beliebige Schalenform geeignet. Auch Schalen mit Öffnungen oder Rohre mit Rohrstutzen lassen sich mühelos modellieren.

Das Eigenverhalten eines Naturzug-Kühlturmes

Das Eigenverhalten einer Kühlturmschale drückt sich in den niedrigsten Eigenfrequenzen und den zugehörigen Eigenschwingungsformen aus. Das Ergebnis einer Studie, die mit Hilfe eines kommerziellen Rechenprogrammes durchgeführt wurde, ist für die Kühlturmschale der Abb. 11.20 in der Abb. 11.21 zusammengestellt.

Der Radius der Mittelfläche des Kühlturmes wird von der Hyperbelgleichung

$$r(z) = r_0 + (a/b) \sqrt{(z - h_1)^2 + b^2} \qquad (11.125)$$

bestimmt. Für den Naturzug-Kühlturm der Abb. 11.20 wurden gewählt:

$$r_0 = -23{,}74 \text{ m}, \ a = 58{,}82 \text{ m}, \ b = 121{,}68 \text{ m}, \ h_1 = 32{,}00 \text{ m}. \qquad (11.125')$$

Die Abb. 11.21 enthält Draufsichten auf die Kühlturmschale mit den zu den drei ersten Eigenfrequenzen gehörenden Eigenschwingungsformen. Die zur niedrigsten Eigenfrequenz gehörende Eigenschwingungsform ovalisiert den Querschnitt mit der Umfangswellenzahl $n = 2$. Sie besitzt in Richtung der Schalenachse eine Knotenlinie ($\triangleq$ Knotenring) in der Nähe des oberen

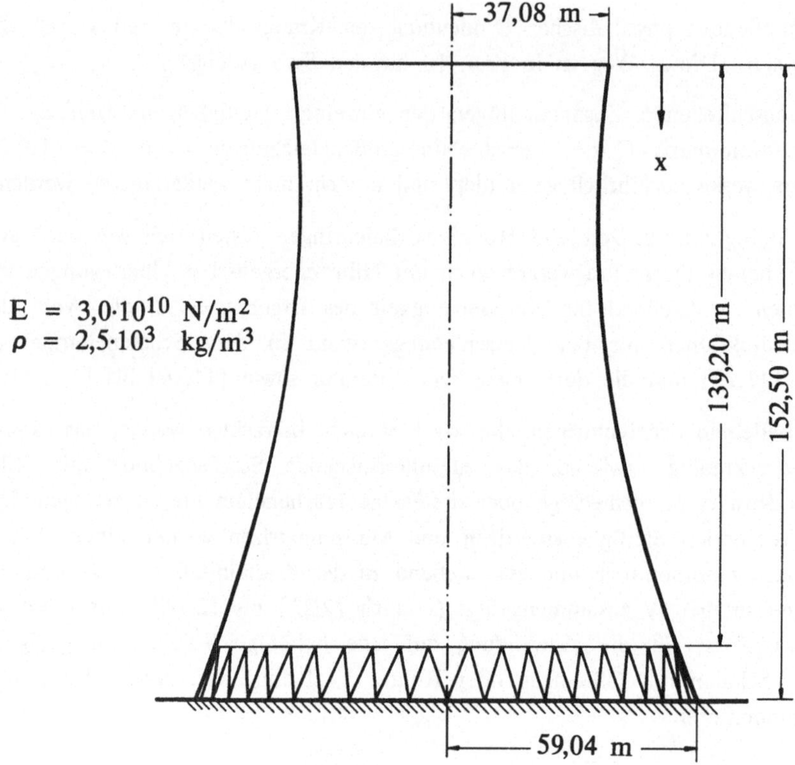

Abb. 11.20 Naturzug-Kühlturm (nach [11.21])

Schalenrandes. Die zur zweiten Eigenfrequenz gehörende Eigenschwingungsform führt zu einer dreifachen Ondulation des Querschnittes. In Achsrichtung besitzt sie einen Knotenring in der oberen Schalenhälfte. Die zur dritten Eigenfrequenz gehörende Eigenschwingungsform ovalisiert den Querschnitt ($n=2$) und besitzt in Achsrichtung einen Knotenring in der Nähe des unteren Schalenrandes.

Die hier gefundene Reihung der Eigenschwingungsformen anhand der Eigenfrequenzen ist abmessungsbedingt. Sie läßt sich nicht auf andere Schalenformen übertragen.

Die Unversteifte Kreiszylinderschale

Zur Untersuchung der Abhängigkeit des Eigenverhaltens einer unversteiften Kreiszylinderschale von der Schalenlänge L wird eine Modalanalyse von Schalen gleichen Radius R = 40 m, aber unterschiedlicher Länge durchgeführt.

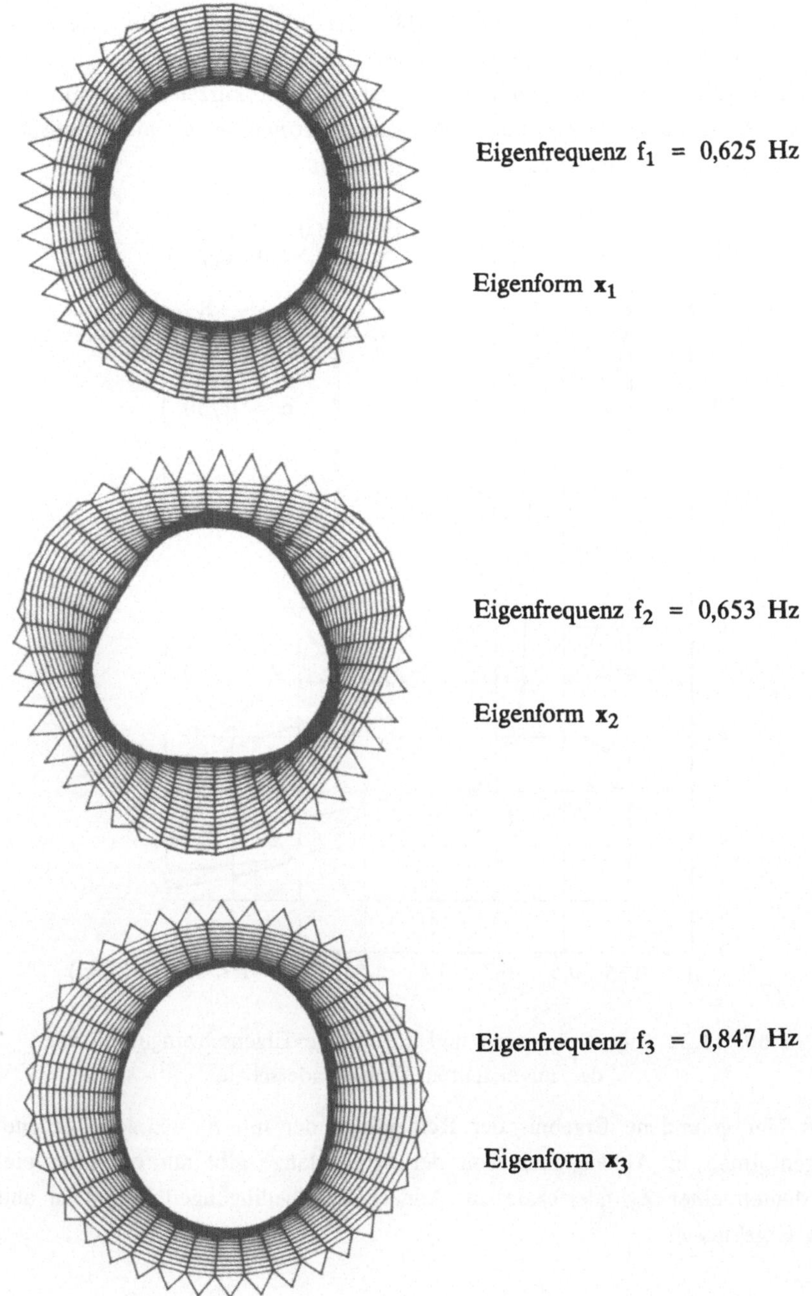

Abb. 11.21 Eigenschwingungsformen eines Naturzug-Kühlturmes

Das Ergebnis der Studie ist in der Abb. 11.22 dargestellt. Man erkennt, daß
die zur niedrigsten Eigenfrequenz gehörende Eigenschwingungsform von einer
in Umfangsrichtung stark ondulierten Form bei sehr kurzer Schale mit wachsender Schalenlänge in die Form der Stabschwingung ohne Querschnittsdefor-
mation bei der Schalenlänge $L = 12,0$ übergeht.

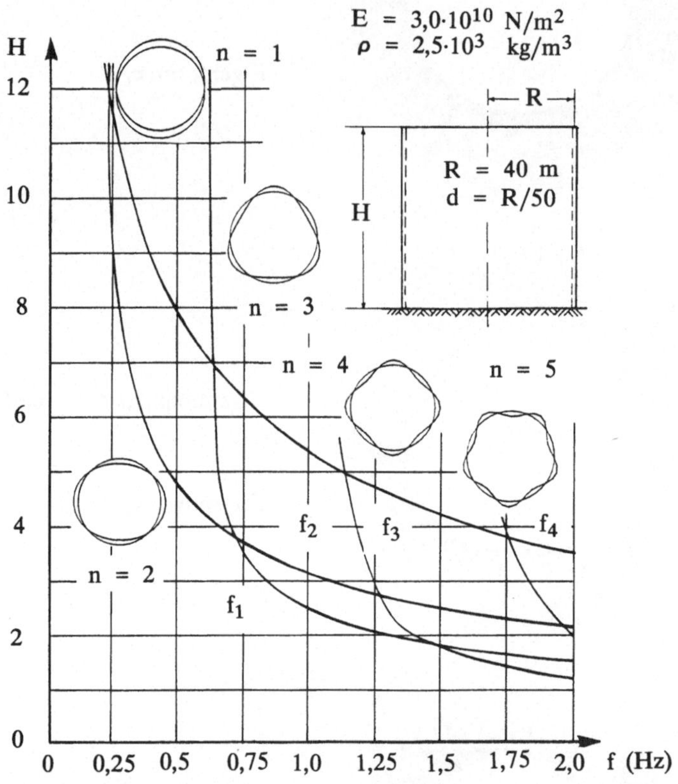

Abb. 11.22 Eigenfrequenzen und zugehörige Eigenschwingungsformen
der unversteiften Kreiszylinderschale

Das hier gefundene Ergebnis der Reihenfolge der mit $n = 1,2,3...$ gehenden
Eigenformen in Abhängigkeit von der Schalenlänge gibt nur das prinzipielle
Verhalten einer Zylinderschale an. Andere Randbedingungen führen zu ande-
ren Ergebnissen.

12. BESONDERE FRAGESTELLUNGEN

12.1 Schwingungsanregung durch rasche Fahrzeugbewegungen

Bereits unmittelbar nach der Einführung der Eisenbahn als Verkehrsmittel ergaben sich Schäden an Eisenbahnbrücken, die man auf den Einfluß der raschen Fahrzeugbewegungen zurückführte.

Die wohl erste Untersuchung von Brückentragwerken unter rollenden Fahrzeugen stammt von G. G. Stokes ([12.1]). Er stützte sich auf ein Ersatzmodell, das aus einem masselosen Balken und einem mit Trägheit behafteten punktförmigen Fahrzeug zusammengesetzt ist (Abb. 12.1).

Um die Jahrhundertwende untersuchte S. Timoshenko das Verhalten eines Brückentragwerkes auf der Basis eines kontinuierlich mit Masse und Biegenachgiebigkeit belegten Balkens. Die Masse des punktförmigen Fahrzeuges setzte er Null. Nur das Fahrzeuggewicht wurde beibehalten (Abb. 12.1).

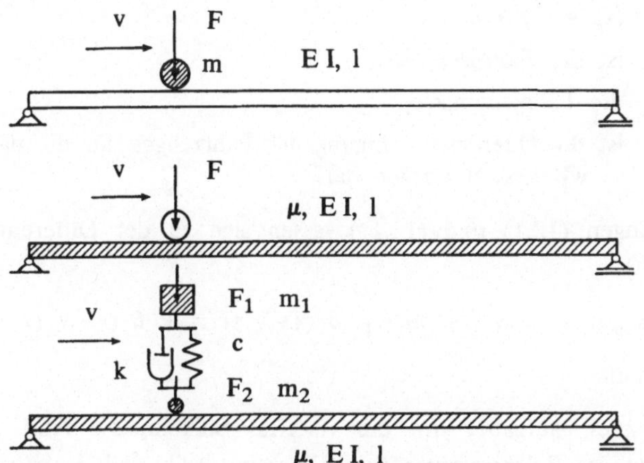

Abb. 12.1 Ersatzmodelle eines Brückentragwerks mit punktförmigem Fahrzeug

Dieses Ersatzmodell kommt der Wirklichkeit näher, da die Fahrzeugmasse in der Regel gegenüber der Fahrbahn abgefedert ist und sich damit die Kraftwirkung auf das Brückentragwerk nur unerheblich verändert.

Jüngere Arbeiten verfeinern das Fahrzeug und unterscheiden zwischen abgefederten und nichtabgefederten Trägheitsanteilen. Weitere Verfeinerungen nehmen die Fahrbahnunebenheiten und die Radunrundheiten mit. Ein Überblick über die klassischen Arbeiten zu diesem Themenkreis findet sich in [1.10].

Die Lösung von G. G. Stokes

Die Differentialgleichungen zur Beschreibung des kinetischen Verhaltens eines Balkens sind in Kap. 3 ausführlich hergeleitet. Wir übernehmen von dort:

$$w_{,x} = - \psi , \quad \psi_{,x} = M/E\,I , \quad M_{,x} = Q , \qquad (12.1)$$

und ergänzen:

$$Q_{,x} = \mu \, w^{\cdot\cdot} - F \, \delta \, (x - v \, t) + m \, a \, \delta \, (x - v \, t) . \qquad (12.1\,')$$

Es bedeuten:

v   konstant angenommene Fahrzeuggeschwindigkeit,

$\delta \, (x - v \, t)$ Diracsche Deltafunktion. Für sie gilt:

$$\int_{x_a}^{x_b} \delta \, (x - v \, t) \, f(x) \, dx = \begin{cases} 0 & v \, t < x_a , \\ f(x) \; \text{für} \; x_a < v \, t < x_b , \\ 0 & v \, t > x_b , \end{cases}$$

$$(x_b - x_a) << 1 .$$

F   ist das Fahrzeuggewicht,

m   die Fahrzeugmasse,

a   ist die Querbeschleunigung des Fahrzeuges, für die näherungsweise $w_F^{\cdot\cdot}$ gesetzt werden darf.

Die Beziehungen (12.1) und (12.1 ') lassen sich zu der Differentialgleichung $(E\,I = \text{const})$

$$E\,I \, w_{,xxxx} + \mu \, w^{\cdot\cdot} + m \, w_F^{\cdot\cdot} \, \delta \, (x - v \, t) = F \, \delta \, (x - v \, t) \qquad (12.2)$$

zusammenfassen.

Zur Lösung der Aufgabe wird die verteilte Balkenmasse Null gesetzt. Die Durchsenkung des Balkens unter dem Fahrzeug ergibt sich in diesem Fall näherungsweise aus einer rein statischen Betrachtung:

$$w_F = F_R \, \frac{l^3}{3\,E\,I} \, (\frac{x}{l})^2 \, (1 - \frac{x}{l})^2 . \qquad (12.3)$$

F_R ist die resultierende Kraft. Sie setzt sich aus der Gewichtskraft F und der d'Alembertschen Trägheitskraft zusammen:

$$F_R = F - m \, w_F^{\cdot\cdot} . \qquad (12.4)$$

Bei konstanter Geschwindigkeit ist:

$$x = v\,t\,, \qquad dx = v\,dt\,, \qquad dt = dx/v\,. \tag{12.5}$$

Die zeitliche Ableitung läßt sich hiermit in eine ortskoordinatenabhängige umwandeln. Man findet aus (12.4):

$$F_R = F - \frac{F}{g}\,w_{\ddot{F}} = F\left(1 - \frac{v^2}{g}\,w_{F,xx}\right)\,. \tag{12.6}$$

Für die Durchsenkung unter dem Fahrzeug ergibt sich aus (12.3) mit (12.6):

$$w_F = F\left(1 - \frac{v^2}{g}\,w_{F,xx}\right)\frac{l^3}{3\,E\,I}\,\left(\frac{x}{l}\right)^2\left(1 - \frac{x}{l}\right)^2\,. \tag{12.7}$$

$w_{F,xx}$ wird aus der statischen Durchsenkung (12.3) hergeleitet:

$$w_{F,xx} = F\,\frac{2\,l}{3\,E\,I}\,\left[\,1 - 6\,\frac{x}{l}\left(1 - \frac{x}{l}\right)\,\right]\,. \tag{12.8}$$

Einsetzen von (12.8) in (12.7) ergibt:

$$w_F = F\,\frac{l^3}{3\,E\,I}\,\left(\frac{x}{l}\right)^2\left(1 - \frac{x}{l}\right)^2\left(1 - \frac{v^2}{g}\,F\,l\,\frac{2}{3\,E\,I}\,\left[1 - 6\left(\frac{x}{l}\right)\left(1 - \frac{x}{l}\right)\right]\right.. \tag{12.9}$$

Den Maximalwert max w_F findet man für die Fahrzeugstellung in Brückenmitte (x = 1/2):

$$\max\,w_F = \frac{F\,l^3}{48\,E\,I}\left(1 + \frac{v^2}{g}\,\frac{F\,l}{3\,E\,I}\right)\,. \tag{12.10}$$

Mit der statischen Durchsenkung in Balkenmitte

$$w_{stat} = F\,l^3/\,48\,E\,I \tag{12.11}$$

findet man die Näherungsformel:

$$\max\,w_F = w_{stat}\,\left[1 + 16\,w_{stat}\,(v^2/g\;l^2)\right]\,. \tag{12.12}$$

Der zweite Term des Klammerausdruckes erfaßt die Trägheitskraft des Fahrzeuges, die es aufgrund der Brückensenkung zusätzlich zu seinem Eigengewicht abgibt. Man nennt den Klammerausdruck auch Stokes-Effekt und bezeichnet ihn mit φ:

$$\varphi = 1 + 16\,w_{stat}\,v^2/g\;l^2 \tag{12.13}$$

Für eine praxisnahe statische Durchbiegung eines Balkentragwerkes in Brückenmitte von 1/900 ist die Formel (12.13) in der Abb. 12.2 ausgewertet. Man erkennt, daß bei einer Geschwindigkeit von v = 27,78 m/s ($\hat{=}$ 100 km/h) der Faktor φ mit wachsender Länge gegen 1 geht.

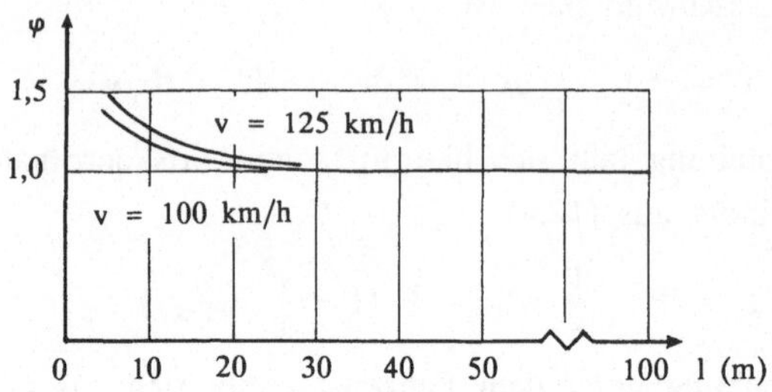

Abb. 12.2 Auswertung der Formel (12.13)

Der heute in der Dienstvorschrift der Bundesbahn DV 804 (BE) angegebene
Schwingfaktor Φ ist nach umfangreichen theoretischen und experimentellen Untersuchungen von Brückentragwegen als empirische Formel gefunden worden:

$$\Phi = 1{,}44/\left[\sqrt{l_\Phi} - 0{,}2\right] + 0{,}82 \ . \tag{12.14}$$

Darin ist l_Φ die Stützweite der Balkenbrücke. Die Formel gilt in dem Bereich

$$3{,}61 \text{ m} \le l_\Phi \le 67{,}24 \text{ m} \ . \tag{12.14'}$$

In diese Formel geht zwar die Fahrzeuggeschwindigkeit nicht ein, sie deckt
aber als Umhüllende die experimentell gefundenen Maximalbeanspruchungen
eines Brückentragwerkes bei gemischtem Zugbetrieb ausreichend genau ab.

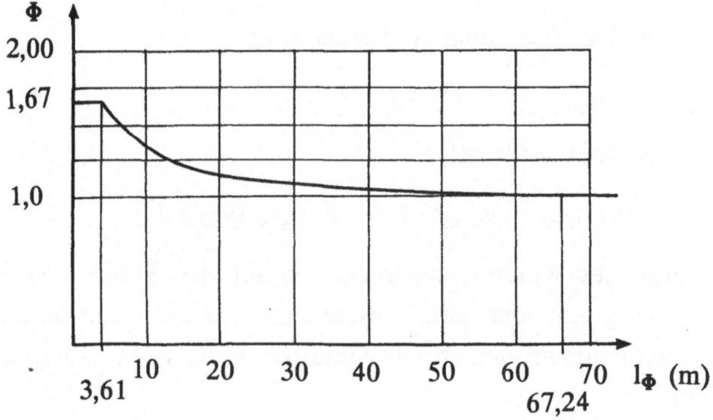

Abb. 12.3 Schwingfaktor Φ der DV 804 (BE)

Zur Berechnung der Beanspruchungen in einem Tragwerk werden laut Vorschrift die Lasten aus dem Belastungsbild UIC71 mit dem Schwingfaktor Φ
multipliziert und als quasistatische Lasten auf das Tragwerk aufgebracht. Mit
dieser sehr einfachen statischen Berechnungsmethode sollen Trägheitswirkungen
der Lastenzüge abgegolten werden.

Verfeinerte Berechnungsmethode

Neuere Untersuchungen haben das Ziel, auch bei einem Brückentragwerk, das von einem Sonderfahrzeug mit hoher Geschwindigkeit überfahren wird, ausreichend genaue Ergebnisse über die kinetischen Beanspruchungen des Tragwerkes zu erhalten. Für diese Untersuchungen wählt man ein verfeinertes Ersatzmodell, das aus einer Vielzahl von Bauteilen besteht und von einem oder mehreren Fahrzeugen überfahren wird (Abb. 12.4).

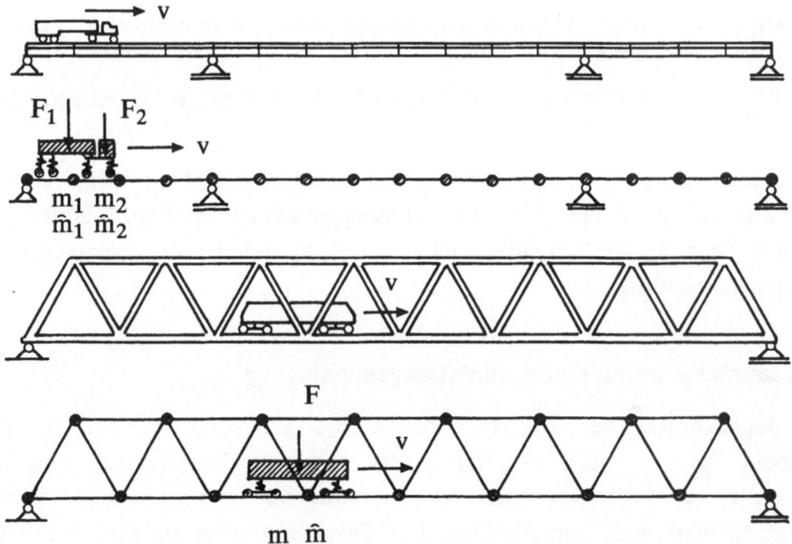

Abb. 12.4 Brückentragwerke und verfeinerte Ersatzmodelle

Die Bewegungsgleichungen, die das Verhalten dieses verfeinerten Ersatzmodells beschreiben, lassen sich zum Zeitpunkt t in die Form

$$\begin{bmatrix} (A+A_{Fu}) & 0 \\ 0 & A_F \end{bmatrix} \begin{bmatrix} u^{\cdot\cdot} \\ u_F^{\cdot\cdot} \end{bmatrix} + \begin{bmatrix} (B+B_{Fu}) & B_K \\ B_K^T & B_F \end{bmatrix} \begin{bmatrix} u^{\cdot\cdot} \\ u_F^{\cdot} \end{bmatrix} + \begin{bmatrix} (C+C_{Fu}) & C_K \\ C_K^T & C_F \end{bmatrix} \begin{bmatrix} u \\ u_F \end{bmatrix} = \begin{bmatrix} 0 \\ p \end{bmatrix}$$

$$(12.15)$$

bringen.

Es bedeuten:

$u^{\cdot\cdot}$, $u^{\cdot}$, u Vektor der Beschleunigungen, der Geschwindigkeiten und der Verschiebungen der Tragwerksknotenpunkte,

$u_F^{\cdot\cdot}$, $u_F^{\cdot}$, u_F Vektor der Beschleunigungen, der Geschwindigkeiten und der Verschiebungen des Fahrzeuges,

A, B, C   Trägheits-, Dämpfungseinfluß- und Krafteinflußmatrix des Trag-
                     werks; diese Matrizen sind zeitunabhängig,

A_{Fu}, B_{Fu}, C_{Fu} Trägheits-, Dämpfungseinfluß- und Krafteinflußmatrix der un-
                     gefederten Fahrzeugmasse (z.B. Radmassen), der mit dem
                     Tragwerk verbundenen Dämpfungselemente und der Federele-
                     mente des Fahrzeuges; diese Matrizen sind zeitveränderlich,

A_F, B_F, C_F Trägheits-, Dämpfungseinflußmatrix und Krafteinflußmatrix des
                     Fahrzeuges, diese Matrizen sind zeitunabhängig,

B_K, C_K Koppelmatrizen, sie müssen nach jedem Zeitschritt verändert
                     werden,

p   Lastvektor aus Eigengewicht des Fahrzeuges; er ist zeitabhän-
                     gig.

Eine geschlossene Lösung der Bewegungsgleichung (12.15) ist nicht möglich.
Man wird daher auf die numerischen Lösungsverfahren des Kap. 5 zurückgreifen und nach jedem Zeitschritt eine erneute Aufstellung der Bewegungsgleichungen durchführen.

Balkenbrücke unter einem fünfachsigen Fahrzeug

Die Balkenbrücke der Abb. 12.5 besitze die Stützweite l = 15 m. Der
E-Modul sei E = $2,1 \cdot 10^8$ kN/m², das Flächenträgheitsmoment wird mit
I = $1,747 \cdot 10^{-2}$ m⁴, das Brückengewicht wird mit 98,62 kN angenommen.
Dämpfung wird nicht berücksichtigt. Das Fahrzeug besitze die fünf Achslasten
F = 250 kN. Es wird ein Massenanteil der ungefederten Körper (Radmasse)
von $5 \cdot 10^3$ kg angenommen.

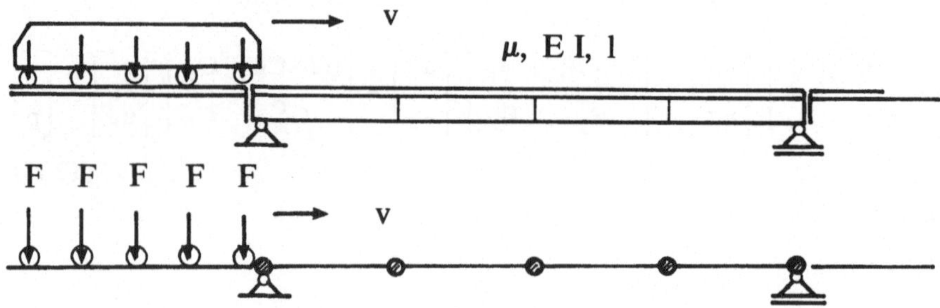

Abb. 12.5 Balkenbrücke mit Fahrzeug und Ersatzmodell

Die Abbn. 12.6 bis 12.9 zeigen Berechnungsergebnisse, die mit Hilfe des in
[12.26] geschilderten Rechenprogrammes gefunden wurden. Gleichzeitig sind

die entsprechenden Ergebnisse eingetragen, die sich aus einer statischen Berechnung unter Berücksichtigung des Schwingfaktors der DV 804 ergeben.

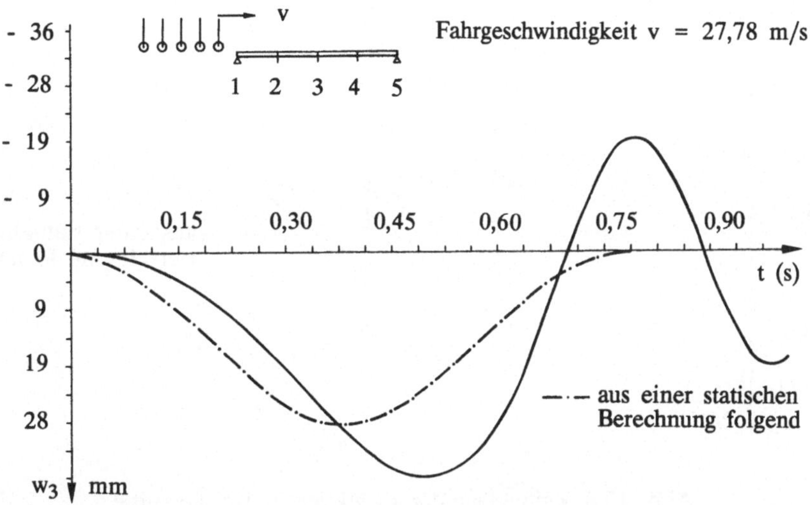

Abb. 12.6 Zeitverlauf der Verschiebung des Knotens 3

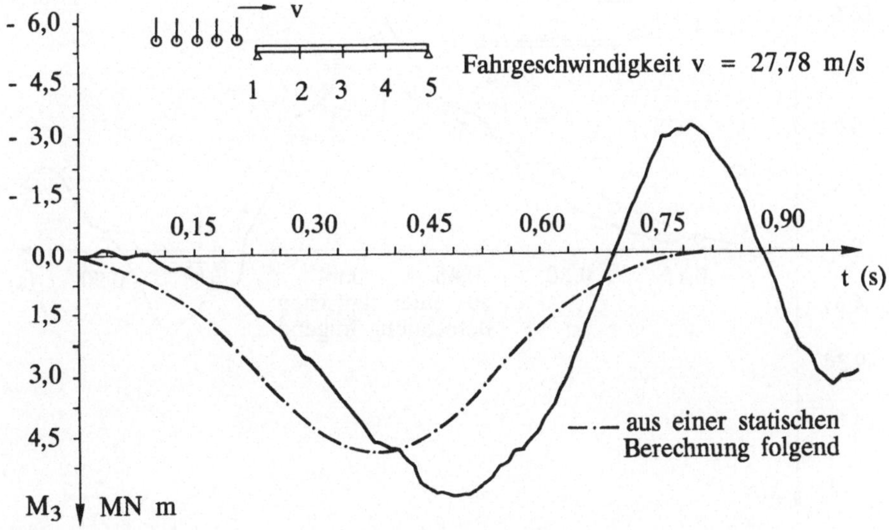

Abb. 12.7 Zeitverlauf des Biegemomentes in der Brückenmitte

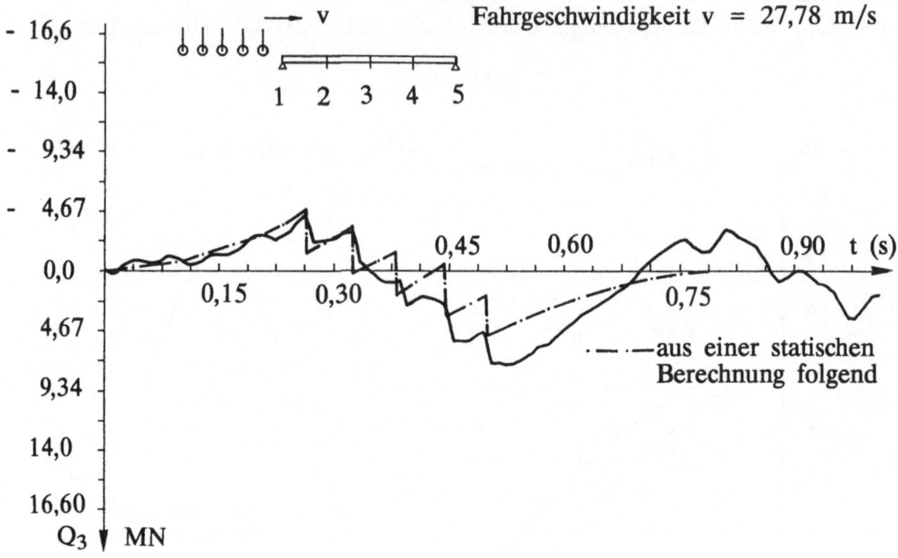

Abb. 12.8 Zeitverlauf der Querkraft in Brückenmitte

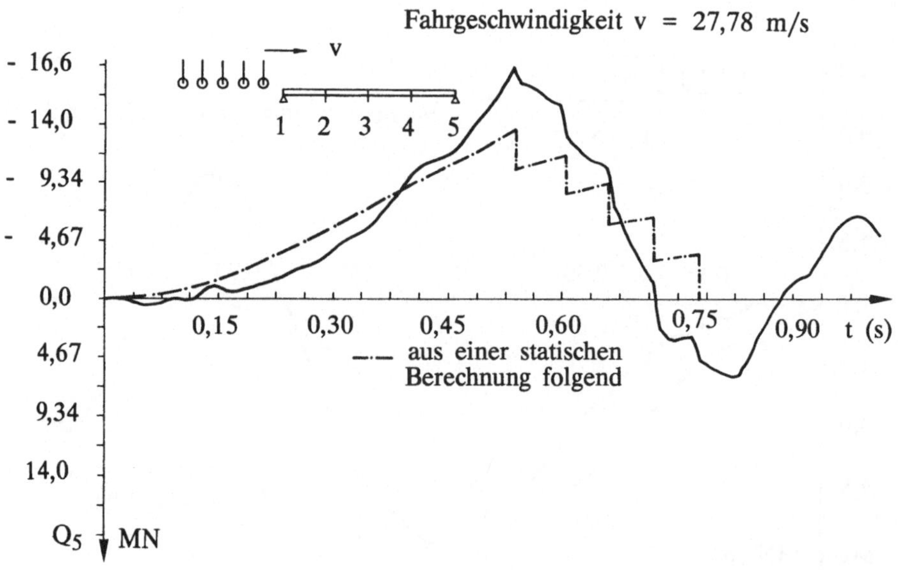

Abb. 12.9 Zeitverlauf der Querkraft am rechten Auflager

Die Verschiebung in Brückenmitte und die Schnittkräfte, die man mit Hilfe einer quasistatischen Betrachtung findet, stimmen mit denen, die man unter Beachtung von Trägheitswirkungen findet, erstaunlich gut überein. Das Nachschwingen der Brücke nach Verlassen des Fahrzeuges wird jedoch mit einer statischen Betrachtung nicht erfaßt.

Ergebnisse von Untersuchungen anderer Brückentragwerke unter dem fünfachsigen Fahrzeug finden sich in [12.26]. Wir verweisen auf die Literatur [12.2] bis [12.25], [12.27].

12.2 Schwingungsanregung durch Windeinwirkungen

Luftströmungen in der Atmosphäre kann man bei niedriger Strömungsgeschwindigkeit, obwohl stets Turbulenzen vorhanden sind, vereinfachend als quasilaminar ansehen. Diese Betrachtungsweise erlaubt die Annahme, daß Stromlinien in der Luftströmung, die parallel zur Strömungsrichtung verlaufen, parallel bleiben.

Trifft eine derartige Luftströmung auf einen festen Körper, so wird die Strömungsgeschwindigkeit abgebremst und ihre Richtung geändert (Abb. 12.10). Auf der Oberfläche des Körpers bildet sich je nach Form des Körpers eine dünne laminare oder turbulente Grenzschicht, innerhalb derer die Strömungs-

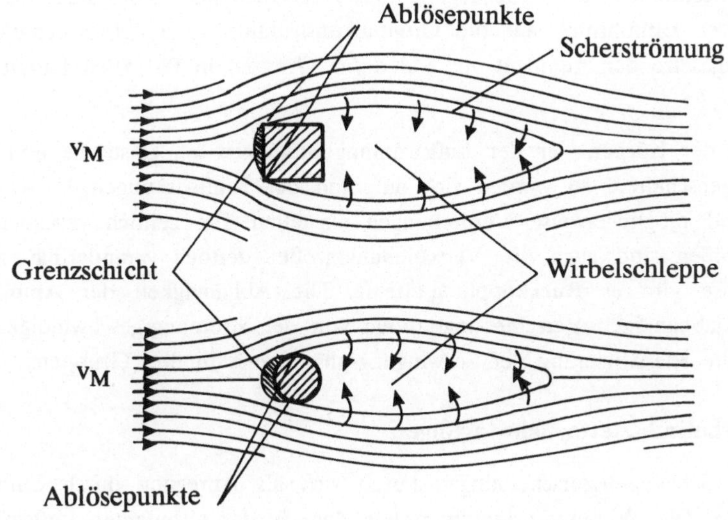

Abb. 12.10 Luftströmung um gedrungene Körper

geschwindigkeit praktisch auf Null abfällt. Der Umschlag von der laminaren zur turbulenten Grenzschicht erfolgt in den Umschlagpunkten. In den Ablösepunkten löst sich die Strömung von dem Körper gänzlich ab und bildet im Nachlauf eine Wirbelschleppe.

Die Wirkung des festen Körpers auf die Luft äußert sich in einer Geschwindigkeits- und Richtungsänderung der Strömung. Die entgegengesetzte Wirkung der Luftströmung auf den festen Körper äußert sich als Kraft.

Die Bestimmung dieser Kraftwirkungen auf den Körper wird trotz der recht komplizierten Strömungsvorgänge durch die Einführung dimensionsloser Koeffizienten stark erleichtert. Man führt den aerodynamischen Widerstandsbeiwert c_W, den Auftriebsbeiwert c_A (auch c_Q bezeichnet) und den Momentenbeiwert c_M ein. Sie verknüpfen die in Strömungsrichtung wirkende Widerstandskraft F_W, die senkrecht dazu gerichtete Auftriebskraft F_A und die Drehkraft $\hat{F}_M$ mit dem Quadrat der Strömungsgeschwindigkeit v_M:

$$c_W = F_W/(\tfrac{1}{2}\rho_L\, v_M{}^2\, A), \quad c_A = F_A/(\tfrac{1}{2}\rho_L\, v_M{}^2\, A), \quad c_M = \hat{F}_M/(\tfrac{1}{2}\rho_L\, v_M{}^2\, A\, d)$$

$$(12.16)$$

Darin ist ρ_L die Luftdichte (1.25 kg/m^3), A die Querschnittsfläche und d eine typische Länge des Querschnittes.

Die Koeffizienten c_W, c_A, c_M lassen sich aus Modelluntersuchungen im Windkanal bestimmen. Die Übertragung dieser Koeffizienten, darin liegt der Vorteil ihrer Einführung, auf die Originalkonstruktion ist unter Beachtung der Modellgesetze der Aerodynamik und deren Grenzen in fast allen Fällen möglich.

Besitzt der Körper, der der Luftströmung ausgesetzt ist, elastische und Trägheitseigenschaften, so werden sich aufgrund der Kraftwirkungen Verschiebungen und möglicherweise Verdrehungen einstellen. Bei zeitlich veränderlichen Kraftgrößen sind auch die Verschiebungsgrößen zeitlich veränderlich. Möglicherweise gibt es Rückkopplungseffekte. Die Abhängigkeit der Amplituden der zeitabhängigen Verschiebungsgrößen von der Strömungsgeschwindigkeit erlaubt die Klassifizierung der Schwingungsphänomene in drei Gruppen.

1. Wirbelinduzierte Schwingungen

Einige Schwingungserscheinungen lassen sich als Anregung durch Luftwirbel erklären. Die Wirbel werden in großer Zahl in der turbulenten Luftströmung mitgeführt. Ihr Auftreten in der Luft ist weitgehend regellos. Ihre Größe wächst mit wachsender Strömungsgeschwindigkeit an.

Wegen dieser Eigenschaften wachsen die Maximalamplituden der Schwingungen eines Tragwerkes bei der Wirbelinduzierung mit wachsender Strömungsgeschwindigkeit monoton entsprechend dem Diagramm der Abb. 12.11 an.

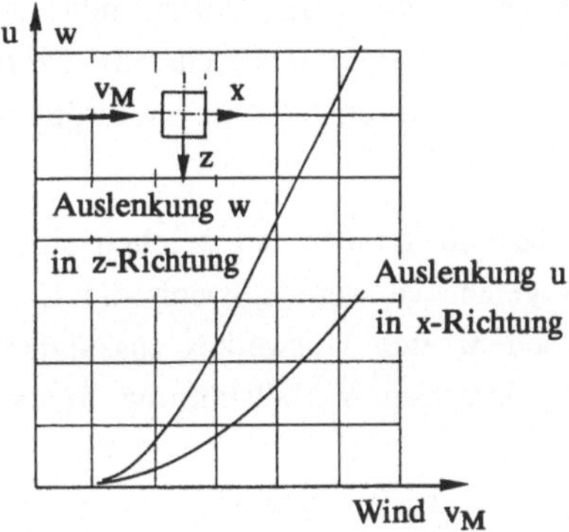

Abb. 12.11 Abhängigkeit der Amplitude von der Strömungsgeschwindigkeit bei wirbelinduzierten Schwingungen

Man hat versucht, die weitgehend regellose Verteilung der Wirbel in der turbulenten Luftströmung durch das Modell eines periodisch wiederkehrenden Wirbels zu ersetzen (s. [12.33], [1.5]). Als Ergebnis dieser Modellierung des natürlichen Windes findet man einen Böenfaktor, der die Kraftwirkung des turbulenten Windes um einen "dynamischen" Faktor erhöht. Dieser Böenfaktor ist an die niedrigste Eigenschwingungszeit T_0 des Tragwerkes gebunden.

Das kinetische Verhalten von Tragwerken unter der Einwirkung des turbulenten Windes ist ein regelloser Vorgang. Er wird heute ausschließlich mit Hilfe statistischer Methoden der Mathematik untersucht. Als Ergebnis solcher Untersuchungen ergeben sich statistische Mittelwerte der Strömungsgeschwindigkeit, der Windlasten und der Amplituden der Tragwerksschwingungen (s. z.B. [12.31]).

Wahrscheinlichkeitstheoretische Betrachtungen erlauben danach, die Überschreitungshäufigkeit der statistischen Mittelwerte im Laufe der Lebensdauer des Tragwerkes anzugeben. Und die Bemessungslasten können danach mit der Wahl eines Versagensrisikos festgelegt werden.

Wir wollen hier nicht auf die statistischen Methoden zur Bestimmung der Amplituden von Tragwerksschwingungen eingehen und verweisen auf die Spezialliteratur ([12.31] bis [12.38], [1.5]).

2. Schwingungsanregung durch v. Kármánsche Wirbel

Bei der Umströmung fester Körper bilden sich in zeitlich periodischem Abstand Wirbel an den Ablösepunkten in örtlich alternierender Folge (Abb. 1.2). Dieses alternierende Ablösen der Wirbel führt zu einer alternierenden Kraftwirkung auf den festen Körper senkrecht zur Strömungsrichtung. Sie besitzt eine erheblich größere Wirkung als die in Strömungsrichtung angreifende Kraft.

Ist der träge Körper elastisch gelagert, so ergeben sich zwangserregte Schwingungen, die besonders gefährlich werden, wenn die Frequenz der Wirbelablösung mit der Eigenfrequenz des Tragwerkes zusammenfällt (Wirbelresonanz). Die Frequenz der alternierenden Wirbelablösung f_W ist mit der Strouhalzahl S_r über

$$f_W = S_r \, v_M/D_{\ddot{a}} \qquad (12.17)$$

verknüpft. $D_{\ddot{a}}$ ist der aerodynamisch wirksame Durchmesser, v_M die mittlere Strömungsgeschwindigkeit (s. auch Kap. 1, Bez. (1.6)).

Die kritische Strömungsgeschwindigkeit v_{kr}, die zur Wirbelresonanz führt, folgt aus:

$$v_{kr} = f_e \, D_{\ddot{a}}/S_r \; . \qquad (12.18)$$

f_e ist die niedrigste Eigenfrequenz des Tragwerkes.

Schwingungen, die durch v. Kármánsche Wirbel induziert werden, lassen sich aus der Amplitudenabhängigkeit von der Strömungsgeschwindigkeit erkennen (Abb. 12.12). Beim Erreichen der kritischen Strömungsgeschwindigkeit v_{kr} ergibt sich ein Ausschlagsmaximum aufgrund der Wirbelresonanz. Nach dem

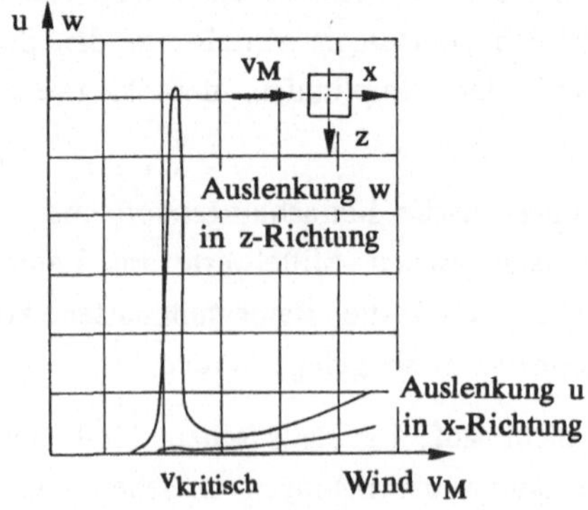

Abb. 12.12 Schwingungsanregung durch v. Kármánsche Wirbel

Überschreiten der kritischen Geschwindigkeit fällt die Amplitude rasch wieder auf niedrigere Werte ab.

Es zeigt sich, daß die Strouhalzahl keineswegs eine Konstante ist. Sie hängt von weiteren Faktoren, auch von der Geschwindigkeitshöhe ab. Ein Maß dafür ist die Reynoldszahl:

$$R_e = v_M \, D_ä / \nu_L \; . \tag{12.19}$$

ν_L ist die kinematische Zähigkeit der Luft.

Die Reynoldszahl ist ein Maß für das Strömungsverhalten. Sie gibt an, ob die Strömung vorwiegend laminar oder turbulent ist. Der Umschlag von laminarer zu turbulenter Strömung erfolgt bei der kritischen Reynoldszahl R_e^*. Für Luft werden Werte für R_e^* mit 10^2 angegeben.

Für baupraktische Untersuchungen ist die Reynoldszahl im Bereich $R_e = 10^3$ bis 10^5 ausgewiesen. In diesem Bereich ist die Strouhalzahl praktisch konstant. Für den Kreisquerschnitt ergibt sich $S_r = 0,2$.

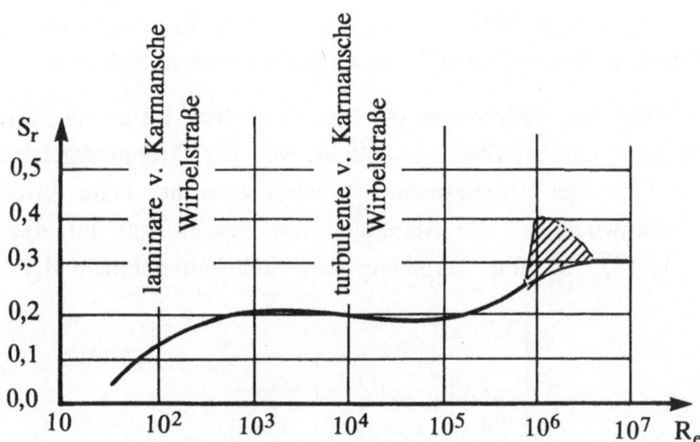

Abb. 12.13 Strouhalzahl für Kreisquerschnitt in Abhängigkeit von R_e (nach [11.37])

Für Rechteckquerschnitte wurden Werte von $S_r = 0,125$ ermittelt. Ein Ansatz zur Beschreibung der quer zur Anströmrichtung wirkenden Windkraft F_Q ist:

$$F_Q = (\rho_L/2) \, v_M{}^2 \, D_ä \, c_Q \sin \omega_W t \; . \tag{12.20}$$

($\omega_W = 2 \pi f_W$). Bei bekanntem Quertriebsbeiwert c_Q läßt sich die Anregungskraft berechnen. Beim Eintritt in die Wirbelresonanz können die Schwingungsausschläge des elastisch gelagerten trägen Körpers die Strömungsbedingungen beeinflussen. Es kann zu einer Rückkopplung zwischen dem Schwingungssystem und den aerodynamischen Kräften kommen.

3. Aeroelastische Phänomene

Zeitliche Schwankungen der Windkraft führen zu zeitveränderlichen Verschiebungen eines elastisch gelagerten trägen Körpers. Die Relativbewegung des Körpers zur Strömungsgeschwindigkeit kann die Strömungsbedingungen derart verändern, daß ein Rückkopplungsmechanismus zwischen schwingendem Körper und der Luftströmung in Gang kommt. Man spricht von aeroelastischen Schwingungen.

Die Windkraftkomponente ist in diesem Falle mit der Strömungsgeschwindigkeit und der Bewegungsgeschwindigkeit des Körpers gekoppelt. In der Bewegungsgleichung für den Körper ergibt sich ein geschwindigkeitsproportionaler Term, den man aerodynamische Dämpfung nennt. Dieser Term kann sein Vorzeichen wechseln, so daß durch die Luftströmung eine Schwingungsanfachung erzeugt wird. Ist die Summe aus Strukturdämpfung und aerodynamischer Dämpfung kleiner Null, so tritt aeroelastische Instabilität ein. Die zugehörige Strömungsgeschwindigkeit heißt kritische Geschwindigkeit.

Zur Einordnung des Phänomens der aeroelastischen Instabilität wird wieder die Abhängigkeit der Schwingungsamplitude von der Strömungsgeschwindigkeit gewählt. Im Falle der aeroelastischen Instabilität springt beim Erreichen der kritischen Geschwindigkeit die Amplitude von nahezu Null auf einen Größtwert (Abb. 12.14). Bei einer Strömungsgeschwindigkeit oberhalb der kritischen

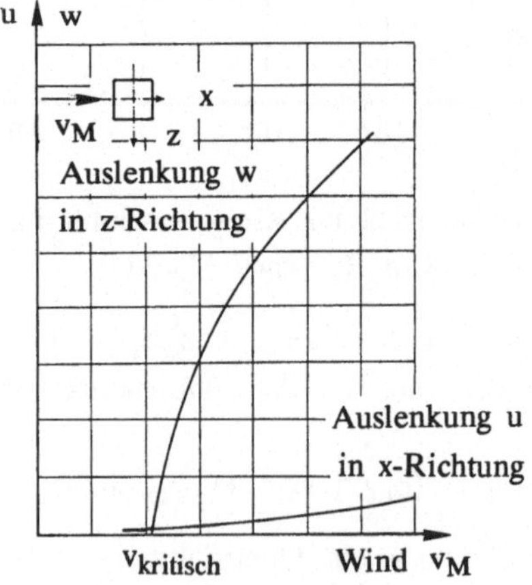

Abb. 12.14 Aeroelastische Instabilität (nach [11.34])

Geschwindigkeit wächst die Amplitude in der Regel nichtlinear aufgrund nichtlinearer elastischer Rückstellkräfte und nichtlinearer Effekte in der aerodynamischen Dämpfung an.

3. a) Galloping Instabilität

Ein Schwingungsphänomen, das man zuerst bei Freileitungen der Elektrizitätswirtschaft beobachtete, wird wegen des hüpfenden Schwingungsverhaltens der Leitungen Galloping Instabilität genannt. Es wurde inzwischen an schlanken Hochbauten, an Masten und Brückenpylonen ebenfalls beobachtet und kann zur Zerstörung des Bauwerkes führen.

Zur Erklärung des Phänomens betrachten wir einen elastisch gelagerten trägen Körper, dessen Querschnitt als gedrungen bezeichnet wird (keine Stromlinienform) (Abb. 12.15). Der Körper bewege sich senkrecht zur Strömungsrich-

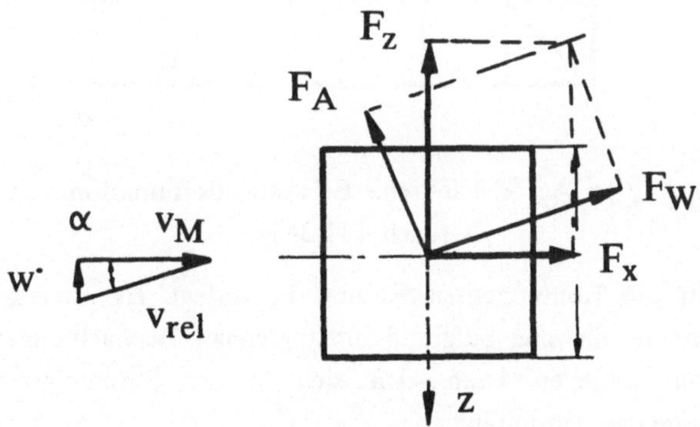

Abb. 12.15 Luftkraftkomponenten F_W, F_A und F_Z, F_x

tung mit der Geschwindigkeit w'. Die Körpergeschwindigkeit führt zu einem fiktiven Anstellwinkel der Luftströmung:

$$\alpha = \text{arctg } (w'/v_M) \ . \tag{12.21}$$

Aufgrund der Körpergeschwindigkeit stellt sich eine Strömungsgeschwindigkeit

$$v_{rel} = v_M/\cos \alpha \tag{12.22}$$

ein (sie ist größer als die Strömungsgeschwindigkeit).

Es entstehen Luftkraftkomponenten in Richtung von v_{rel} und senkrecht dazu:

$$F_W = c_W(\alpha) \ (\rho_L/2) \ A \ v_{rel}^2 \ , \quad F_A = c_A(\alpha) \ (\rho_L/2) \ A \ v_{rel}^2 \ . \tag{12.23}$$

c_W und c_A sind Beiwerte, die von dem Anstellwinkel α abhängig sind. Die Querschnittsfläche A läßt sich durch den aerodynamisch wirksamen Durchmesser $D_\ddot{a} \cdot 1$ (Ausdehnung in y-Richtung 1) ausdrücken. Die Luftkraftkomponen-

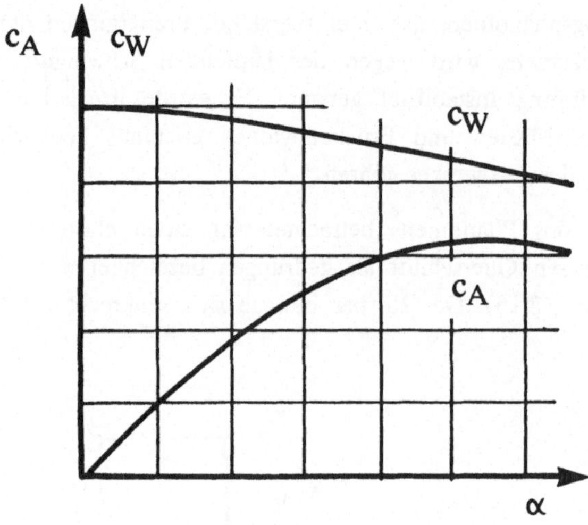

Abb. 12.16 Aerodynamische Beiwerte als Funktion von α
(nach [11.34])

ten werden in die Komponenten F_z und F_x zerlegt. Es interessiert hier nur die z-Komponente, da man aufgrund umfangreicher Beobachtungen und Experimente davon ausgehen kann, daß sich in der Strömungsrichtung keine Schwingungsvorgänge einstellen.

$$
\left.
\begin{aligned}
F_z &= - [F_a \cos \alpha + F_W \sin \alpha] , \\
F_z &= - (\rho_L/2)\ D_\ddot{a}\ v_M^2\ [c_A/\cos \alpha + c_W \sin \alpha/\cos^2 \alpha] .
\end{aligned}
\right\}
\qquad (12.24)
$$

Für den Klammerausdruck führen wir den Beiwert

$$
c_F(\alpha) = - (c_A \cos \alpha + c_W \sin \alpha)/\cos^2 \alpha \qquad (12.25)
$$

ein. Dieser Beiwert ist inzwischen durch viele Experimente für die verschiedensten Querschnittsformen belegt (s. Abb. 1.4 und 12.17).

Mit (12.24) und (12.25) erhält die Bewegungsgleichung des gedämpften Schwingers mit einem Freiheitsgrad (s. auch Kap. 4) das Aussehen:

$$
m\ \ddot{w} + k\ \dot{w} + c\ w = (\rho_L/2)\ D_\ddot{a}\ v_M^2\ c_F(\alpha) . \qquad (12.26)
$$

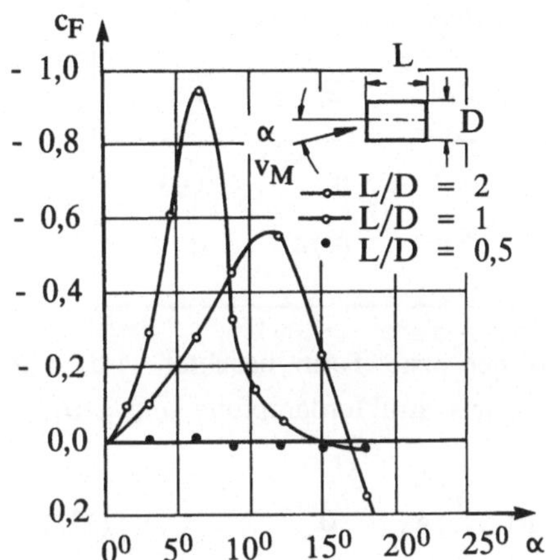

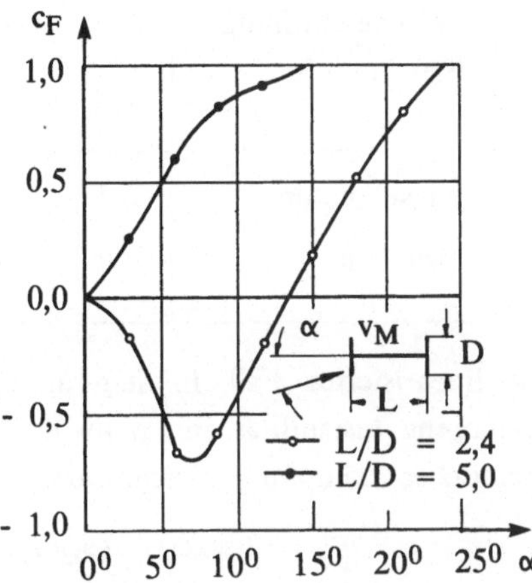

Abb. 12.17 Beiwerte c_F für den Rechteck- und I-Querschnitt
(nach [1.4])

oder nach Division durch m und Einführung des Lehrschen Dämpfungsmaßes:

$$w^{\cdot\cdot} + 2\,\kappa\,\omega\,w^{\cdot} + \omega^2\,w = (\rho_L/2)(D_\ddot{a}/m)\,v_M^2\,c_F(\alpha)\ . \qquad (12.26\,')$$

Die Abhängigkeit des Beiwertes c_F von α ist gleichbedeutend mit seiner Abhängigkeit von $(w^{\cdot}/v_M)$. Diese Abhängigkeit läßt sich für die Approximation der nichtlinearen Funktion $c_F(w^{\cdot}/v_M)$ durch eine Potenzreihe entsprechend

$$c_F(w^{\cdot}/v_M) = A_1(w^{\cdot}/v_M) + A_2(w^{\cdot}/v_M)^2\,\text{sign}\,w^{\cdot} + A_3(w^{\cdot}/v_M)^3 + \ldots$$
$$(12.27)$$

ausnutzen. Die A_i sind Koeffizienten der Potenzreihe, die man an die nichtlineare Funktion c_F (Abb. 12.17) anpassen muß.

Es ist z.B.:

$$A_1 = |\,dc_F/d\alpha\,|_{\alpha=0} = -\,[d\,c_A/d\alpha + c_W]_{\alpha=0}\ . \qquad (12.28)$$

Einige Werte für A_1 mögen als Anhaltspunkt für ihre Größenordnung dienen.

Tabelle 12.1 Beiwerte A_1 für den Rechteckquerschnitt nach [12.34]

Windgeschwindig-keit v_M	Seitenverhältnis Breite/Tiefe				
	1/1	3/2	2/1	2/3	1/2
quasilaminar	2,7	1,91	2,8	0	- 0,03
turbulent	2,0	1,83	- 2,0	0,74	0,17

Im linearisierten Fall, in dem für c_F nur der erste Term beachtet wird, tritt Galloping Instabilität ein, wenn die Summe aus Strukturdämpfung und aerodynamischer Dämpfung verschwindet:

$$2 \, \kappa \, \omega_e - (\rho_L/2) \, (D_\ddot{a}/m) \, v_M \, A_1 = 0 \; . \tag{12.29}$$

Daraus folgt die kritische Geschwindigkeit (s. auch [6.2]):

$$v_{kr} = 4 \, \kappa \, \omega_e \, m/(D_\ddot{a} \, \rho_L \, A_1) \; . \tag{12.30}$$

Die linearisierte Beziehung von c_F beschreibt seine Abhängigkeit von $w^{\cdot}/v_M$ bei größeren Anstellwinkeln nur unvollkommen. Man muß daher in der Praxis weitere Glieder mitnehmen. In diesem Falle wird die Bewegungsgleichung wegen der mit $w^{\cdot 2}$ gehenden Terme nichtlinear. Eine Stabilitätsuntersuchung ist in diesem Falle aufwendiger aber unumgänglich.

3. b) Flatter-Instabilität

Unter Flatter-Instabilität im klassischen Sinn versteht man die aeroelastische Instabilität eines Tragwerkes unter der Windströmung, bei der mindestens zwei Freiheitsgrade beteiligt sind: in der Regel ein Verschiebungs- und ein Verdrehfreiheitsgrad.

Flatter-Instabilität wurde erstmals an Flugzeugtragflügeln während des ersten Weltkrieges beobachtet. Beim Erreichen der kritischen Fluggeschwindigkeit ergaben sich schlagartig Schwingungen mit anwachsenden Ausschlägen. Der Bruch des Flügels war unvermeidlich.

Der spektakuläre Einsturz der Tacoma-Narrows-Brücke im Jahre 1940 (Abb. 1.5) ist auf Flatter-Instabilität zurückzuführen. Seit dieser Zeit werden beim Entwurf von Hängebrücken stets umfangreiche Untersuchungen zum Nachweis der Flatterfreiheit des Tragwerkes auch während des Baues durchgeführt .

Zur Beschreibung des Phänomens der Flatter-Instabilität betrachten wir den

Brückenquerschnitt der Abb. 12.18. Pro Längeneinheit der Brücke ergeben sich Windkräfte und eine Drehkraft. Die Komponente in x-Richtung (= Strömungsrichtung) ist in der Regel nicht interessant, da sich in dieser Richtung

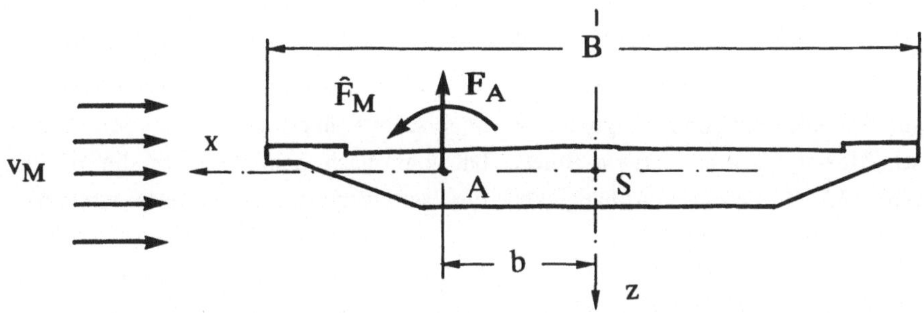

Abb. 12.18 Brückenquerschnitt in der Luftströmung

keine bemerkenswerten Verschiebungen einstellen.

Für die Windkraftkomponente senkrecht zur Strömungsrichtung kann man näherungsweise ansetzen:

$$F_A = - (\rho_L/2) \, v_M^2 \, B \, c_{A\alpha} \, (\psi + w_A^{\cdot}/v_M) \; . \qquad (12.31)$$

Es bedeuten:

w_A , $w_A^{\cdot}$ Verschiebung und Geschwindigkeit des Auftriebsmittelpunktes A,

ψ ist die Verdrehung des Brückenquerschnittes um die Brückenlängsachse (hier die y-Achse),

B   ist die Brückenbreite,

$c_{A\alpha}$ ist der vom Anstellwinkel abhängige Auftriebsbeiwert.

Es ist:

$$w_A = w - b \, \psi \, , \qquad w_A^{\cdot} = w^{\cdot} - b \, \psi^{\cdot} \; . \qquad (12.32)$$

w, $w^{\cdot}$ ist die Verschiebung und die Geschwindigkeit des Querschnittsschwerpunktes in z-Richtung,

b   ist der Abstand des Auftriebsmittelpunktes vom Schwerpunkt. (Der Auftriebsmittelpunkt bei Tragflügelprofilen (NACA-Profilen) fällt mit dem vorderen Viertelpunkt der Flügeltiefe zusammen, d.h. eine gute Schätzung ist b = B/4).

Die aerodynamische Drehkraft $\hat{F}_M$ wird durch den Ansatz

$$\hat{F}_M = - (\rho_L/2) \, v_M^2 \, B^2 \, c_M \qquad (12.33)$$

beschrieben (Bez. (12.16)). Der aerodynamische Beiwert c_M läßt sich durch

$$c_M = c_{M,\alpha}\,\alpha_{eff} + c_{M,\dot\alpha}\cdot\dot\alpha_{eff} = c_{M\alpha}\,\alpha_{eff} + c_{M\dot\alpha}\cdot\dot\alpha_{eff} \qquad (12.33\,')$$

darstellen, also aus einem mit dem Anstellwinkel und der Geschwindigkeit des Anstellwinkels gehenden Anteil. Für Brückentragwerke kann man näherungsweise setzen (s. [12.50]):

$$\hat F_M = -\,(\rho_L/2)\,v_M\,B^2\,c_{M\dot\alpha}\cdot\dot\psi \; . \qquad (12.33\,'')$$

Die aerodynamischen Beiwerte $c_{A\alpha}$ und $c_{M\dot\alpha}$ werden aus Modellversuchen bestimmt und auf den Originalbrückenquerschnitt übertragen. Für den Querschnitt der Tacoma-Narrows-Brücke hat man nach dem Einsturz die in der Abb. 12.19 skizzierte Abhängigkeit der aerodynamischen Beiwerte vom Anstellwinkel α gefunden.

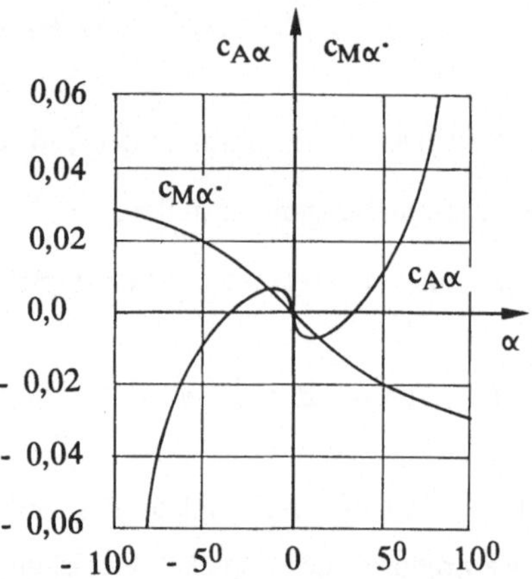

Abb. 12.19 Aerodynamische Beiwerte $c_{A\alpha}$, $c_{M\dot\alpha}$ (nach [12.50])

Zur Bildung des Ersatzmodells des Brückentragwerkes mit zwei Freiheitsgraden berechnen wir die generalisierte Masse und Drehmasse, die generalisierte Feder- und Drehfedersteifigkeit sowie die entsprechenden Dämpfungseinflußgrößen unter Verwendung der Querschnittswerte mit Hilfe des Galerkinschen Verfahrens (s. Kap. 3). Wir setzen für die Funktionen $w(y,t)$ und $\psi(y,t)$ die Eigenschwingungsformen der ersten Biege- und Torsionsschwingung an.

Für Hängebrücken herkömmlicher Bauart ist der Ansatz

$$w(x,t) = W(t)\,\sin 2\,\pi\,y/l, \quad \psi(x,t) = \psi(t)\,\sin 2\,\pi\,y/l \qquad (12.34)$$

eine brauchbare Näherung. D.h. sowohl die Eigenschwingungsform der Biegeschwingung als auch diejenige der Torsionsschwingung besitzen in Brückenmitte einen Schwingungsknoten.

Man erhält entsprechend der Rechenvorschrift des Galerkinschen Verfahrens ein System von Bewegungsgleichungen für die zeitabhängigen Größen W und ψ. Beide Zustandsgrößen schreibt man in den Vektor

$$u = \begin{bmatrix} W \\ \psi \end{bmatrix} \tag{12.35}$$

ein. Man findet die Bewegungsgleichungen in der Form:

$$A\,\ddot{u} + B\,\dot{u} + C\,u = p \ . \tag{12.36}$$

Die Trägheitsmatrix, Dämpfungseinflußmatrix und die Krafteinflußmatrix sind im Falle des symmetrischen Querschnittes, bei dem der Querschnittsschwerpunkt und der elastische Schwerpunkt zusammenfallen, entkoppelt:

$$A = \begin{bmatrix} m & \\ & \hat{m} \end{bmatrix}, \quad B = \begin{bmatrix} k & \\ & \hat{k} \end{bmatrix}, \quad C = \begin{bmatrix} c & \\ & \hat{c} \end{bmatrix} \ . \tag{12.37}$$

Die Belastungsspalte erhält mit (12.31) und (12.33) das Aussehen:

$$p = -(\rho_L/2) \begin{bmatrix} 0 & v_M^2\,S\,c_{A\alpha} \\ 0 & 0 \end{bmatrix} \begin{bmatrix} W \\ \psi \end{bmatrix} - (\rho_L/2)\,v_M \begin{bmatrix} S\,c_{A\alpha} & -S\,c_{A\alpha}\,b \\ 0 & S^*\,c_{M\alpha\cdot} \end{bmatrix} \begin{bmatrix} \dot{W} \\ \dot{\psi} \end{bmatrix}$$

$$\tag{12.38}$$

S, S^* sind generalisierte Größen, die anstelle der Brückenbreite B und B^2 eingeführt werden.

Für (12.38) schreiben wir unter Einführung aerodynamischer Federungs- und Dämpfungsmatrizen C_a und B_a kürzer:

$$p = -C_a\,u - B_a\,\dot{u} \ . \tag{12.38'}$$

Die Bewegungsgleichung erhält damit die spezielle Form:

$$A\,\ddot{u} + [B + B_a]\,\dot{u} + [C + C_a]\,u = 0 \ . \tag{12.39}$$

Zur Lösung des Gleichungssystems wählt man den Ansatz (s. Kap. 6, Bez. (6.35)):

$$u = \bar{u}_c \cos \omega t + \bar{u}_s \sin \omega t \ . \tag{12.40}$$

Einsetzen in (12.39) ergibt für die Amplitudenvektoren das Gleichungssystem:

$$\begin{bmatrix} (-\omega^2 A + C + C_a) & \omega (B + B_a) \\ -\omega (B + B_a) & (-\omega^2 A + C + C_a) \end{bmatrix} \begin{bmatrix} \bar{u}_c \\ \bar{u}_s \end{bmatrix} = 0 \ . \tag{12.41}$$

Von Null verschiedene Amplituden ergeben sich beim Verschwinden der Determinante dieses Gleichungssystems. Die zugehörige Strömungsgeschwindigkeit v_M ist die für die Flatterinstabilität maßgebende kritische Geschwindigkeit.

Für die Tacoma-Narrows-Hängebrücke wurde mit Hilfe der Daten dieser Brücke (s. [12.50]) und der hier geschilderten Methode eine kritische Windgeschwindigkeit von

$$v_{kr} = 60{,}9 \ km/h = 16{,}9 \ m/s$$

errechnet. Die tatsächliche Windgeschwindigkeit am Tag des Brückeneinsturzes betrug $v_M = 67 \ km/h \triangleq 18{,}6 \ m/s$ (Abweichung 10 %).

Folgende Maßnahmen zur Erhöhung der Flattergeschwindigkeit lassen sich ergreifen:

1. Erhöhung der Torsionssteifigkeit des Versteifungsträgers durch Wahl eines geschlossenen Kastenquerschnittes.

2. Verkürzung der Stützweite durch eine Zwischenstütze, die an dieser Stelle die Verdrillung unterdrückt.

3. Öffnen des Brückenquerschnittes durch Trennen der Fahrbahn. Dadurch wird zwischen Ober- und Unterseite des Versteifungsträgers ein aerodynamischer Druckausgleich möglich. Es entsteht keine Auftriebs- und Drehkraft.

Es ist darauf zu achten, daß nicht nur der Zustand der fertiggestellten Brücke, sondern alle Bauzustände sorgfältig auf Flatterfreiheit geprüft werden.

C NICHTLINEARE BEWEGUNGSGLEICHUNGEN

13. NICHTLINEARE SCHWINGUNGEN

13.1 Die Bewegungsgleichung des Pendels

Die wohl bekannteste nichtlineare Bewegungsgleichung ist diejenige des frei schwingenden Pendels (Abb. 13.1):

$$\hat{m}_A \; \ddot{\psi} + m \, g \, l \, \sin \, \psi = 0 \; . \tag{13.1}$$

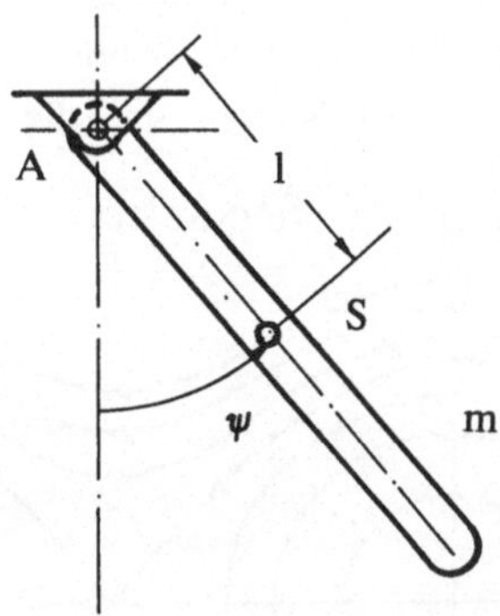

Abb. 13.1 Physikalisches Pendel

$\hat{m}_A$ ist die Drehmasse des Pendels bezogen auf den Aufhängungspunkt A, l der Abstand des Schwerpunktes S von A.

Den ersten Schritt zur mathematisch strengen Lösung von (13.1) findet man durch Multiplikation mit $\dot{\psi}$:

$$\hat{m}_A \; \dot{\psi} \; \ddot{\psi} + m \, g \, l \, \dot{\psi} \, \sin \, \psi = 0 \; . \tag{13.2}$$

Dies ist aber auch:

$$\frac{d}{dt} \, [\hat{m}_A \frac{1}{2} \, \dot{\psi}^2 + m \, g \, l \int \sin \, \psi \, d \, \psi] = 0 \; . \tag{13.2'}$$

In dem ersten Term erkennt man die kinetische Energie T, der zweite ist die potentielle Energie U. (13.2') ist also die Formulierung des Energiesatzes (s. Kap. 3).

Aus der Zeitintegration folgt:

$$\hat{m}_A \frac{1}{2} \, \dot{\psi}^2 - m \, g \, l \, \cos \, \psi = E_0 \; . \tag{13.3}$$

Die Intergrationskonstante ist die Gesamtenergie zum Zeitpunkt t = 0. Wir bezeichnen sie mit E_0.

Für den Fall, daß das Pendel aus der Ruhelage $\psi(0) = \psi_0$ losgelassen wird
($\dot{\psi}_0 = 0$), findet man:

$$\dot{\psi} = \pm \omega_0 \sqrt{2 (\cos \psi - \cos \psi_0)} \ . \tag{13.4}$$

Darin bedeutet:

$$\omega_0^2 = m \ g \ l/\hat{m}_A \tag{13.5}$$

das Quadrat der Kreisfrequenz der Schwingung der linearisierten Bewegungsgleichung.

Der Zusammenhang zwischen der Geschwindigkeit $\dot{\psi}$ und dem Ausschlag ψ
läßt sich vorteilhaft in dem Phasenporträt (Abb. 13.2) darstellen. Es ergeben
sich bei periodischen Bewegungen Kurven um die stabile Gleichgewichtslage

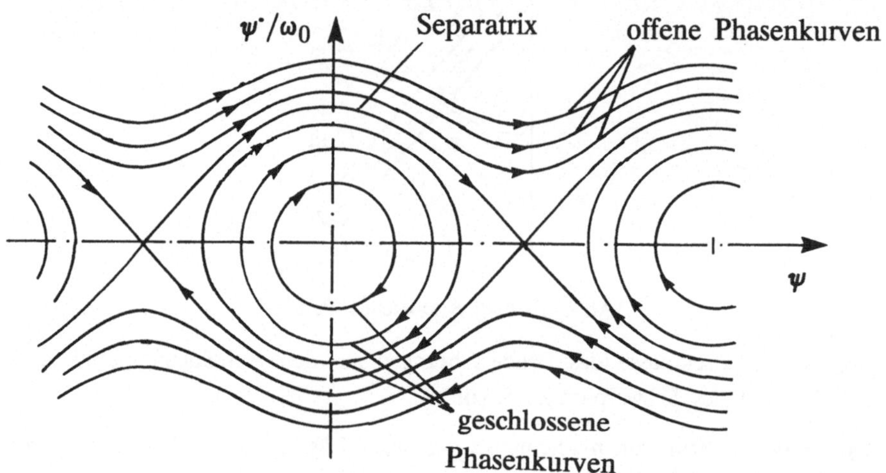

Abb. 13.2 Phasenporträt für Pendelschwingungen

$\psi = 0, 2\pi, \dots$. Offene Kurven findet man für den Pendelüberschlag (Abb.
13.2). Die Separatrix trennt die geschlossenen von den offenen Kurven.

Die Separatrix beschreibt die Bewegung aus der instabilen Gleichgewichtslage
$\psi_0 = \pi$. Aus (13.4) folgt für die Winkelgeschwindigkeit:

$$\dot{\psi}_S/\omega_0 = \sqrt{2 (1 + \cos \psi)} = 2 \cos (\psi/2) \ . \tag{13.6}$$

Den folgenden Integrationsschritt findet man mit $E_0^* = E_0/m \ g \ l$ aus (13.4)
nach der Trennung der Veränderlichen:

$$dt = d\psi/\sqrt{2 \ \omega_0^2 (\cos \psi - E_0^*)} \tag{13.7}$$

mit dem Ergebnis:

$$t - t_0 = \int\limits_{\psi_0}^{\psi} d\psi / \sqrt{2\,\omega_0^2\,(\cos\psi - E_0^*)} \quad . \tag{13.8}$$

Wir setzen $\cos\psi = 1 - 2\sin^2(\psi/2)$ und erhalten mit $C = \arccos E_0^*$:

$$t - t_0 = \frac{1}{\omega_0} \int\limits_{\psi_0}^{\psi} d\psi / \sqrt{2\,(\cos\psi - \cos C)} = \frac{1}{\omega_0} \int\limits_{\psi_0}^{\psi} d\psi/2 \sqrt{\sin^2\frac{C}{2} - \sin^2\frac{\psi}{2}} \quad . \tag{13.9}$$

Mit der Substitution $\sin(\psi/2) = \sin(C/2)\sin z$ findet man:

$$d\psi = 2\sin\frac{C}{2}\cos z\, dz/\cos\frac{\psi}{2} = 2\sin\frac{C}{2}\cos z\, dz / \sqrt{1 - \sin^2\frac{C}{2}\sin^2 z} \quad . \tag{13.10}$$

(13.9) läßt sich mit (13.10) umformen. Man erhält für die Anfangsbedingungen $t_0 = 0$ und $\psi_0 = 0$:

$$t = \frac{1}{\omega_0} \int\limits_0^{\alpha} dz / \sqrt{1 - k^2\sin^2 z} \quad . \tag{13.11}$$

Es bedeuten:

$$k = \sin\frac{C}{2}, \quad \alpha = \arcsin\left(\sin\frac{\psi}{2} / \sin\frac{C}{2}\right) . \tag{13.11'}$$

Das Integral in (13.11) ist das unvollständige elliptische Integral erster Gattung in der Normalform von Legendre. Es wird mit $F(k,\alpha)$ bezeichnet. k heißt auch Modul.

Zur Bestimmung der Schwingungszeit T genügt es in vorliegendem Fall, $\alpha = \pi/2$ zu setzen:

$$T = \frac{4}{\omega_0} \int\limits_0^{\pi/2} dz / \sqrt{1 - k^2\sin^2 z} = \frac{4}{\omega_0} F(k,\pi/2) \triangleq \frac{4}{\omega_0} K(k) . \tag{13.12}$$

K(k) ist das vollständige elliptische Integral erster Gattung.

Sowohl $F(k,\alpha)$ als auch $K(k)$ sind für Werte k und α tabelliert (z. B. [13.21]).

Für das aus der Ruhelage losgelassene Pendel folgt aus (13.12):

$$\omega_0\, T/4 = K(\sin\psi_0/2) . \tag{13.13}$$

K(k) läßt sich in die Potenzreihe

$$K(k) = (\pi/2) \left[1 + \left(\tfrac{1}{2}\right)^2 k^2 + \left(\tfrac{1.3}{2.4}\right)^2 k^4 + \left(\tfrac{1.3.5}{2.4.6}\right)^2 k^6 + \ldots\right] \qquad (13.14)$$

entwickeln. Man kann sie bei kleinen Ausschlägen frühzeitig abbrechen. Für sehr kleine Ausschläge ist $\omega_0\, T/4 = \pi/2$ und damit unabhängig vom Ausschlag (linearisierte Bewegungsgleichung !).

Für $\psi_0 = \pi/2$ wird $k = \sin(\pi/4) = 0{,}707$. Man findet aus der Tabelle für $K = 1{,}8541$. Für den Anfangsausschlag $\psi_0 = 2{,}967$ rd ($\triangleq 170^\circ$) wird $k = \sin 1{,}4835 = 0{,}9962$. Der zugehörige Wert $K = 3{,}8317$.

Einige Zahlenwerte sind in der folgenden Tabelle zusammengestellt:

Tabelle 13.1 (nach [10.21])

$\psi_0/2$ gr	$\psi_0/2$ rd	$k=\sin(\psi_0/2)$	$K(k)$	T/T_0
0,0	0,0	0,0	$\pi/2$	1,0000
10	0,1745	0,17364	1,5828	1,0076
20	0,34906	0,34202	1,6200	1,0313
30	0,52359	0,50000	1,6858	1,0732
40	0,69813	0,64278	1,7868	1,1375
45	0,78540	0,70710	1,8541	1,1803
50	0,87266	0,76604	1,9356	1,2322
60	1,04719	0,86602	2,1565	1,3728
70	1,22173	0,93969	2,5046	1,5944
80	1,39626	0,94807	3,1534	2,0075
85	1,48350	0,99619	3,8317	2,4390
90	$\pi/2$	1,00000	∞	∞

Die Abhängigkeit des Zeitverlaufs t von ψ wird in der Regel nicht gesucht. Es interessiert stattdessen die Umkehrfunktion $\psi = \psi(t)$.

Die Umkehrung des elliptischen Integrals $F(k,\alpha)$ ergibt die Jacobische elliptische Sinusfunktion $sn(k,\omega_0 t) = \sin\alpha$.

$$\sin(\psi/2) = k\, sn(k,\omega_0 t) \; . \qquad (13.15)$$

Die elliptische Sinusfunktion $sn(k,\omega_0 t)$ geht für $k = 0$ in den $\sin\omega_0 t$ über. Für $k = 1$ ergibt sich eine Rechteckfunktion (Abb. 13.4).

Man beachte, daß die Kurven über T aufgetragen sind, T jedoch wiederum von k abhängt und für k = 1 unendlich ist.

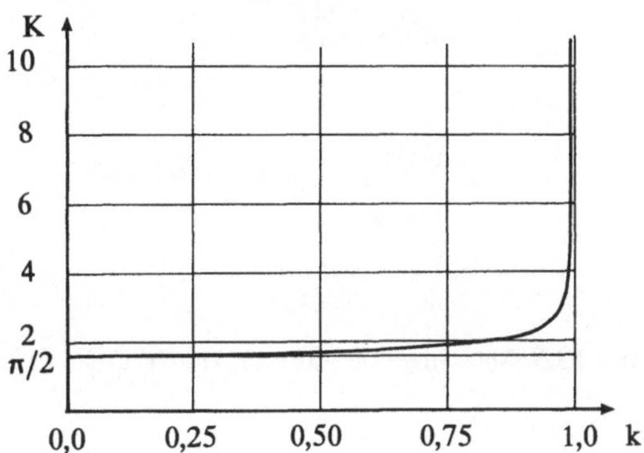

Abb. 13.3   K(k) in Abhängigkeit von k

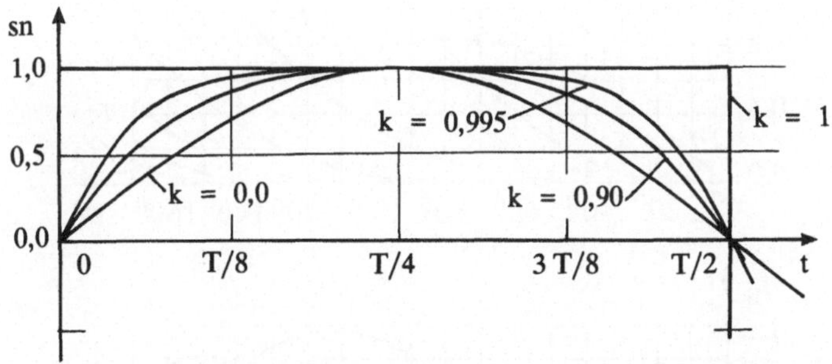

Abb. 13.4 Die elliptische Sinusfunktion (nach [2.2])

Die Bauvorschrift für die Berechnung und Ausführung von Glockentürmen DIN 4178 ermittelt die horizontale und vertikale Komponente der Lagerkraft der schwingenden Glocke (Abb. 13.5) aufgrund einer Fourierreihenentwicklung der elliptischen Sinusfunktion. Man erhält:

$$\left.\begin{aligned}
H(t) &= c\,G\,\sum_{i}^{\infty} \gamma_i \sin i\,\omega\,t\ , & i &= 1,3,5,\ \dots,\\[2mm]
V(t) &= c\,G\,\sum_{j}^{\infty} \beta_j \cos j\,\omega\,t\ , & j &= 2,4,6,\ \dots\ .
\end{aligned}\right\} \qquad (13.16)$$

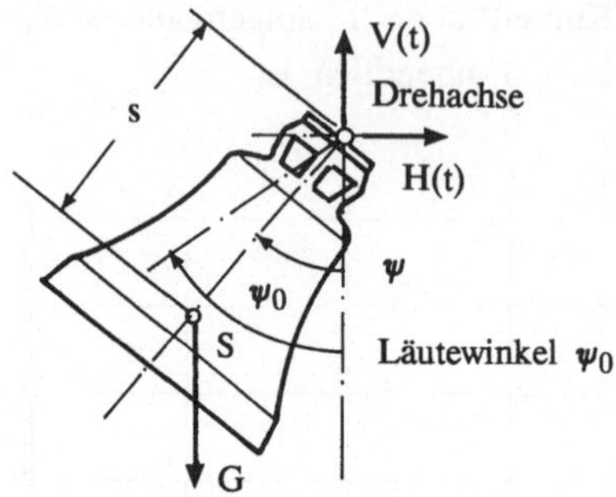

Abb. 13.5 Schwingende Glocke (nach DIN 4178)

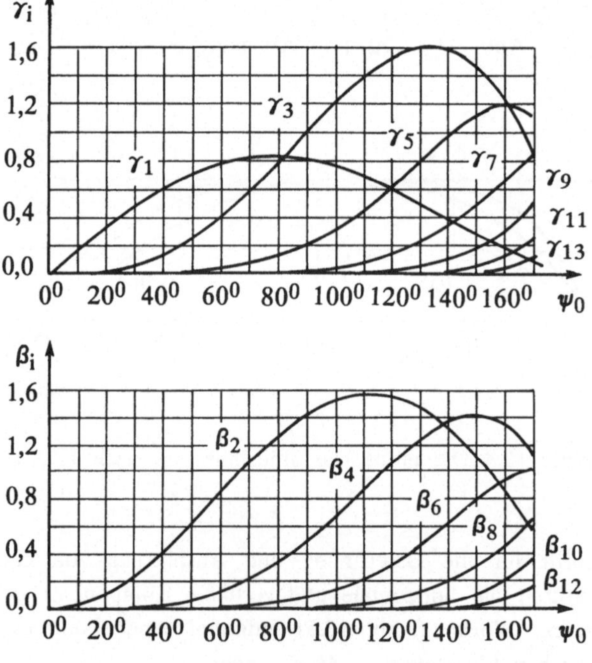

Abb. 13.6 Vom Läutewinkel ψ_0 abhängige Fourierkoeffizienten

Es bedeuten:

$$c = m\ s^2/(\hat{m}_S + m\ s^2),$$

G   ist das Gewicht und m die Masse der Glocke,

$\hat{m}_S$ ist die Drehmasse bezogen auf den Glockenschwerpunkt S,

s   ist der Abstand des Glockenschwerpunktes von der Drehachse,

γ_i, β_j sind Fourierkoeffizienten, die man einem Diagramm entnimmt. Sie sind von dem Läutewinkel ψ_0 abhängig (Abb. 13.6),

ω Kreisfrequenz der Schwingung (1/2 Klöppelanschlagzahl pro sec entspricht der Frequenz f).

Die Lasten, die man mit Hilfe der Bez. (13.16) ermitteln kann, wirken auf den elastischen und trägen Glockenturm als zeitlich veränderliche Erregerkräfte. Der Nachweis der Standsicherheit des Glockenturmes muß geführt werden.

Für kleine Schwingungsausschläge kann man in der Bewegungsgleichung (13.1) anstelle des sin ψ die Potenzreihe

$$\sin \psi = \psi - \frac{1}{3!}\,\psi^3 + \frac{1}{5!}\,\psi^5 - \frac{1}{7!}\,\psi^7 + \ldots \qquad (13.17)$$

schreiben und diese nach wenigen Gliedern abbrechen. Abbruch nach der dritten Potenz liefert:

$$\psi^{\cdot\cdot} + \omega_0^2\,\psi - \omega_0^2/6\,\psi^3 = 0\ . \qquad (13.18)$$

13.2 Die Duffingsche Bewegungsgleichung

Anstelle des Ausschlages ψ schreiben wir zur Verallgemeinerung der Aufgabe u und erhalten die unter dem Namen Duffingsche Gleichung bekannte Form:

$$u^{\cdot\cdot} + \omega^2\,u + \mu\,u^3 = 0\ . \qquad (13.19)$$

Der Parameter μ wird als klein angenommen. ω bedeutet Kreisfrequenz der linearen Schwingung.

Bei $\mu > 0$ spricht man von einer überlinearen,
bei $\mu < 0$ von unterlinearer Federkennlinie (Abb. 13.7).

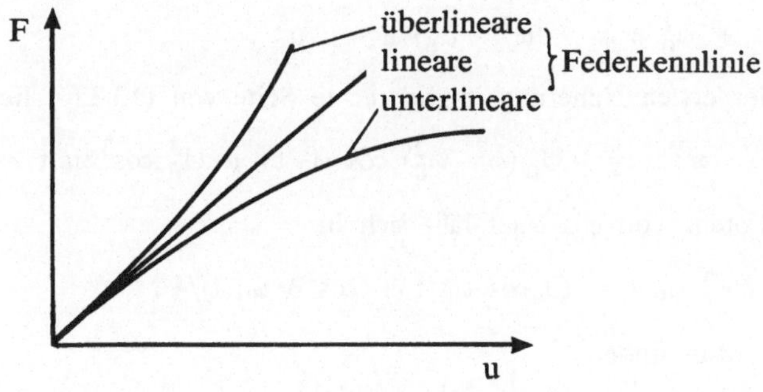

Abb. 13.7 Federkennlinien

Die mathematisch strenge Lösung der Gleichung (13.19) läßt sich mit Hilfe der für das Pendel angegebenen, aber für den allgemeinen Kennlinienfall erweiterten Methode der Quadraturen gewinnen (s. z.B. [13.11]).

Statt der strengen Lösung sucht man vielfach Näherungslösungen, für die man eine Vielzahl von Näherungsmethoden entwickelt hat. Bei schwacher Nichtlinearität, d.h. $\mu \ll 1$, führen sie zu brauchbaren Ergebnissen.

Wir wollen hier nur eine der Näherungsmethoden vorstellen (s. auch [6.1], [13.8] bis [13.12] u. [13.15] bis [13.20]).

Die Störungsrechnung nach Lindstedt

Die von Poincaré entwickelte Störungsrechnung zur Lösung einer schwach nichtlinearen Bewegungsgleichung ([13.1]) wurde für die Anwendung auf Schwingungsprobleme von Lindstedt erweitert ([13.2]). Sie ist eine Verallgemeinerung der Methode der sukzessiven Näherung (s. auch [6.1]).

Wir wählen die Anfangsbedingungen $u(0) = U_0$ und $u^{\cdot}(0) = 0$. Als erste Näherung für die Lösung von (13.19) kann man

$$u = U_0 \cos \omega_0 t \qquad (13.20)$$

ansetzen. ω_0 ist die Kreisfrequenz, die nur wenig von der Kreisfrequenz der linearen Schwingung abweichen wird:

$$\omega^2 = \omega_0^2 + (\omega^2 - \omega_0^2) \ . \qquad (13.21)$$

Darin bedeutet $(\omega^2 - \omega_0^2)$ eine kleine Größe. Mit (13.21) verwandelt sich (13.19) in:

$$u^{\cdot\cdot} + \omega_0^2 u + (\omega^2 - \omega_0^2) u + \mu u^3 = 0 \ . \qquad (13.22)$$

Anders geordnet ist dies:

$$u^{\cdot\cdot} + \omega_0^2 u = - (\omega^2 - \omega_0^2) u - \mu u^3 \ . \qquad (13.22\,')$$

Einsetzen der ersten Näherung in die rechte Seite von (13.22 ') liefert:

$$u^{\cdot\cdot} + \omega_0^2 u = - U_0 (\omega^2 - \omega_0^2) \cos \omega_0 t - \mu U_0^3 \cos^3 \omega_0 t \ . \qquad (13.23)$$

Die dritte Potenz von $\cos \omega_0 t$ läßt sich in

$$\cos^3 \omega_0 t = (3 \cos \omega_0 t + \cos 3 \omega_0 t)/4 \qquad (13.24)$$

umwandeln. Man findet:

$$u^{\cdot\cdot} + \omega_0^2 u = - (\omega^2 - \omega_0^2 + 3 \mu U_0^2/4) U_0 \cos \omega_0 t - \mu U_0^3/4 \cos 3 \omega_0 t \ . \qquad (13.25)$$

Die Bez. (13.25) hat die Form der zwangserregten Schwingung eines linearen, ungedämpften Schwingers. Der erste Term der rechten Seite beschreibt die Erregung mit der Frequenz ω_0, die mit der Eigenfrequenz übereinstimmt. Die Lösung, die sich in diesem Resonanzfall einstellt, geht nach kurzer Zeit über alle Grenzen.

Bei freien Schwingungen des nichtlinearen Schwingers ist ein derartiger Vorgang nicht beobachtet worden. Man muß also, damit dieser Lösungsanteil verschwindet, die Klammer des ersten Terms Null setzen. Man kommt zu der Näherung:

$$\omega_0^2 = \omega^2 + \mu\, 3\, U_0^2/4 \ . \tag{13.26}$$

In Worten: Die Eigenkreisfrequenz des quasilinearen Schwingers ergibt sich in zweiter Näherung aus der Eigenkreisfrequenz des linearen Schwingers, die um den Betrag $3\,\mu\,U_0^2/4$ erhöht wird.

Die Lösung der um den ersten Term reduzierten Bez. (13.25) lautet allgemein:

$$u = C_1 \cos \omega_0\, t + C_2 \sin \omega_0\, t + (\mu\, U_0^3/32\, \omega_0^2) \cos 3\, \omega_0\, t \ . \tag{13.27}$$

Aus den Anfangsbedingungen $u(0) = U_0$ und $u^{\cdot}(0) = 0$ folgen:

$$C_1 = U_0 - \mu\, U_0^3/32\, \omega_0^2 \ , \qquad C_2 = 0 \ , \tag{13.28}$$

und die zweite Näherung der Lösung ist:

$$u = U_0 \cos \omega_0\, t + (\mu\, U_0^3/32\, \omega_0^2)(\cos 3\, \omega_0\, t - \cos \omega_0\, t) \ . \tag{13.29}$$

Ist eine dritte Näherung erwünscht, so muß man die zweite Näherung in die Bez. (13.23) einsetzen und die nachfolgenden Berechnungsschritte erneut gehen.

Man kommt auf diesem Wege zu der von Lindstedt entwickelten Störungsrechnung. Sie setzt sowohl für u als auch für ω eine unendliche Reihe an:

$$\left.\begin{aligned}
u &= u_0 + \mu\, u_1 + \mu^2\, u_2 + \ldots \ , \\
\omega^2 &= \omega_0^2 + \mu\, \omega_1^2 + \mu^2\, \omega_2^2 + \ldots \ .
\end{aligned}\right\} \tag{13.30}$$

Einsetzen von (13.30) in (13.19) und Ordnen nach Potenzen von μ ergibt:

$$u_0^{\cdot\cdot} + \omega_0^2\, u_0 + \mu(u_1^{\cdot\cdot} + \omega_0^2\, u_1 + u_0^3 + \omega_1^2\, u_0) +$$
$$+ \mu^2\, (u_2^{\cdot\cdot} + \omega_0^2\, u_2 + 3\, u_0^2\, u_1 + \omega_2^2\, u_0 + \omega_1^2\, u_1) +$$
$$+ \mu^3\, (u_3^{\cdot\cdot} + \omega_0^2\, u_3 + \omega_3^2\, u_0 + \omega_2^2\, u_1 + \omega_1^2\, u_2 + 3\, u_0^2\, u_2 + 3\, u_0\, u_1^2)$$
$$+ \ldots = 0 \ . \tag{13.31}$$

Durch Nullsetzen der einzelnen Klammerausdrücke ergibt sich das unendliche System von Gleichungen:

$$\ddot{u}_0 + \omega_0^2 \, u_0 = 0 \; ,$$

$$\ddot{u}_1 + \omega_0^2 \, u_1 = - u_0^3 - \omega_1^2 \, u_0 \; ,$$

$$\ddot{u}_2 + \omega_0^2 \, u_2 = - 3 \, u_0^2 \, u_1 - \omega_2^2 \, u_0 - \omega_1^2 \, u_1 \; ,$$

$$\ddot{u}_3 + \omega_0^2 \, u_3 = - 3 \, u_0^2 \, u_2 - 3 \, u_0 \, u_1^2 - \omega_3^2 \, u_0 - \omega_2^2 \, u_1 - \omega_1^2 \, u_2 \; ,$$

$$\cdot \; \cdot \; \cdot \; \cdot \; \cdot \; \cdot \tag{13.32}$$

Dieses Gleichungssystem läßt sich rekursiv lösen. Aus der ersten Gleichung erhält man:

$$u_0 = C_1 \cos \omega_0 \, t + C_2 \sin \omega_0 \, t \; . \tag{13.33}$$

Darin sind C_1 und C_2 mathematische Konstanten, die an die Anfangsbedingungen angepaßt werden müssen. Mit den zuvor gewählten Anfangsbedingungen wird:

$$u_0 = U_0 \cos \omega_0 \, t \; . \tag{13.33'}$$

Einsetzen von (13.33') in die zweite Bez. von (13.32) ergibt unter Beachtung von (13.24):

$$\ddot{u}_1 + \omega_0^2 \, u_1 = - (3 \, U_0^3/4) \cos \omega_0 \, t - (U_0^3/4) \cos 3 \, \omega_0 \, t -$$
$$- \omega_1^2 \, U_0 \cos \omega_0 \, t \; . \tag{13.34}$$

Zur Vermeidung einer unzulässigen Resonanz müssen sich die Terme, die mit $\cos \omega_0$ t gehen, aufheben. Diese Forderung führt zu:

$$\omega_1^2 = - 3 \, U_0^2/4 \; . \tag{13.35}$$

Als allgemeine Lösung von (13.34) erhält man anschließend:

$$u_1 = C_1^* \cos \omega_0 \, t + C_2^* \sin \omega_0 \, t + (U_0^3/32 \, \omega_0^2) \cos 3 \, \omega_0 \, t \; . \tag{13.36}$$

Zur Erfüllung der Anfangsbedingung $u_1(0) = \dot{u}_1(0) = 0$ wird

$$C_1^* = - U_0^3/32 \, \omega_0^2 \; , \quad C_2^* = 0 \; . \tag{13.36'}$$

Die zweite Näherung lautet:

$$u = U_0 \cos \omega_0 \, t + \mu \, (U_0^3/32 \, \omega_0^2)(\cos 3 \, \omega_0 \, t - \cos \omega_0 \, t) \; . \tag{13.37}$$

Sie stimmt mit der Bez. (13.29) überein.

Aus der dritten Bez. von (13.32) folgt mit der Lösung (13.37):

$$\ddot{u}_2 + \omega_0^2\, u_2 = -\,\omega_2^2\, U_0 \,\cos\,\omega_0\, t +$$
$$+\, 3\, U_0^2 \,(1/4 - \cos^2\,\omega_0\, t)\,(U_0^3/32\,\omega_0^2)\,(\cos\,3\,\omega_0\, t - \cos\,\omega_0\, t)\ .$$

$$(13.38)$$

Die Produkte der trigonometrischen Funktionen lassen sich in Funktionen der Vielfachen des Winkels umformen. Man findet:

$$\ddot{u}_2 + \omega_0^2\, u_2 = -\, U_0\,(\omega_2^2 - 3\, U_0^4/128\,\omega_0^2)\,\cos\,\omega_0\, t -$$
$$-\,(3\, U_0^5/128\,\omega_0^2)\,\cos\,5\,\omega_0\, t\ .$$

$$(13.39)$$

Zur Vermeidung von Resonanz muß die Amplitude des mit $\cos\,\omega_0\, t$ gehenden Terms Null werden. Daraus folgt:

$$\omega_2^2 = 3\, U_0^4/128\,\omega_0^2\ .$$

$$(13.40)$$

Die allgemeine Lösung der verbleibenden Bez. (13.39) lautet:

$$u_2 = C_1^{**} \cos\,\omega_0\, t + C_2^{**} \sin\,\omega_0\, t + (U_0^5/1024\,\omega_0^4)\,\cos\,5\,\omega_0\, t\ . \qquad (13.41)$$

Die Anfangsbedingungen $u_2(0) = \dot{u}_2(0) = 0$ werden von

$$C_1^{**} = -\, U_0^5/1024\,\omega_0^4\,, \quad C_2^{**} = 0$$

erfüllt. Die dritte Näherung der Lösung lautet:

$$u = U_0\,\cos\,\omega_0\, t + \mu\,(U_0^3/32\,\omega_0^2)\,(\cos\,3\,\omega_0\, t - \cos\,\omega_0\, t) +$$
$$+\, \mu^2\,(U_0^5/1024\,\omega_0^4)\,(\cos\,5\,\omega_0\, t - \cos\,\omega_0\, t)\ .$$

$$(13.42)$$

Die Kreisfrequenz der Schwingung folgt bei dieser Näherungsstufe aus:

$$\omega_0^2 = \omega^2 + \mu\, 3\, U_0^2/4 - \mu^2 3\, U_0^4/128\,\omega_0^2\ .$$

$$(13.43)$$

Man kann das Verfahren der Störungsrechnung fortsetzen und eine folgende Näherungsstufe finden. Wir verzichten auf diesen Schritt und verweisen stattdessen auf [6.1]. Zusammenfassend stellen wir fest, daß die hier geschilderte Methode die freien Schwingungen eines ungedämpften Schwingers mit nichtlinearer Federkennlinie durch eine Folge von trigonometrischen Funktionen darstellt. Bei einem $\mu \ll 1$ läßt sich die Folge rasch abbrechen.

Folgende Methoden zur näherungsweisen Lösung der nichtlinearen Bewegungsgleichungen stehen zur Verfügung:

- die Methode der abschnittsweisen Linearisierung der nichtlinearen Federkennlinie,

- die Methode der langsam veränderlichen Amplitude und Phase,

- die Methode der harmonischen Balance,

- das Ritzsche Verfahren zur Mittelwertbildung,
- die Methode der multiplen Skalen.

Wir wollen diese Methoden hier nicht vorstellen und verweisen auf die Literatur (z.B. [6.1] und [13.8] bis [13.12] und [13.15] bis [13.20]).

13.3 Harmonische Zwangserregung des nichtlinearen Schwingers

Zur Beobachtung des Verhaltens des nichtlinearen Schwingers unter harmonischer Zwangserregung wählen wir die Duffingsche Bewegungsgleichung (s. [13.6]):

$$u^{\cdot\cdot} + \omega^2 u + \mu u^3 = (F/m) \cos \Omega t \ . \tag{13.44}$$

Für die Lösung im eingeschwungenen Zustand wählen wir als Ausgangsnäherung den Ansatz:

$$u_0 = C \cos \Omega t \ . \tag{13.45}$$

Einsetzen in die umgestellte Bewegungsgleichung

$$u_1^{\cdot\cdot} = - \omega^2 u_0 - \mu u_0^3 + (F/m) \cos \Omega t \tag{13.46}$$

liefert:

$$u_1^{\cdot\cdot} = (F/m - \omega^2 C) \cos \Omega t - \mu C^3 \cos^3 \Omega t \ . \tag{13.46'}$$

Unter Beachtung von (13.24) wird daraus:

$$u_1^{\cdot\cdot} = (F/m - \omega^2 C - \mu 3 C^3/4) \cos \Omega t - (\mu C^3/4) \cos 3 \Omega t \ . \tag{13.46''}$$

Die zweifache Integration liefert die erste Iterationsstufe der Lösung:

$$u_1 = \frac{1}{\Omega^2} [\omega^2 + \mu 3 C^2/4 - (F/m \, C)] C \cos \Omega t$$

$$+ \mu (C^3/36 \, \Omega^2) \cos 3 \Omega t \ . \tag{13.47}$$

Man kann die Iteration fortsetzen, indem man das gefundene Ergebnis in (13.46) einsetzt und die anschließenden Rechenschritte wiederholt. Wir wollen mit dem ersten Schritt den Iterationsvorgang abbrechen, denn (13.47) zeigt bereits eine bemerkenswerte Schwierigkeit: Die Konstante in (13.47) ist unbestimmt.

Duffing hat diese Schwierigkeit durch Gegenüberstellung des Ansatzes (13.45) und der verbesserten Lösung (13.47) beseitigt und erhielt mit (s. [13.6])

$$C = \frac{1}{\Omega^2} [\omega^2 + \mu 3 C^2/4 - (F/m \, C)] C \tag{13.48}$$

die Amplituden-Erregerfrequenzbeziehung:

$$\mu \; 3 \; C^3/4 \; \omega^2 = (\Omega^2/\omega^2 - 1) \; C + u_{St} \; . \tag{13.49}$$

$u_{St} = F/c$ ist die statische Auslenkung des fiktiven linearen Schwingers unter der Last F.

Auf der linken Seite des Gleichheitszeichens steht die in C kubische Parabel, rechts davon die in C lineare Funktion. Die Abhängigkeit der Amplitude C von der Erregerfrequenz läßt sich grafisch als Schnittpunkt der Parabel mit der Geraden bestimmen. Dazu berechnet man für ein gegebenes ω und μ den Verlauf der Parabel (Abb. 13.8). Für ein gegebenes u_{St} zeichnet man danach Geraden in Abhängigkeit von Ω^2/ω^2 ein und bildet die Schnittpunkte mit der Parabel (Abb. 13.8). Die Schnittpunkte trägt man anschließend in das Diagramm der kinetischen Antwort in Abhängigkeit von Ω/ω ein. Man erhält auf diese Weise die beiden ausgezogenen Kurvenäste der Abb. 13.9.

Im Punkt E im ersten Diagramm berührt die Gerade durch den Punkt 0 die Parabel. Im Diagramm der kinetischen Antwort gibt der entsprechende Punkt E´ den Berührungspunkt der vertikalen Tangente an die Antwort-Funktion an.

Für $u_{St} = 0$ folgt aus (13.49) die Amplituden-Frequenzbeziehung der freien Schwingung (vergl. (13.43)):

$$\mu \; 3 \; C^2/4 \; \omega^2 = \Omega^2/\omega^2 - 1 \; . \tag{13.50}$$

Der Verlauf von (13.50) in Abhängigkeit von Ω ist als gestrichelte Linie in das Diagramm eingezeichnet. Diese Funktion heißt Rückgratkurve. Sie ist bei einer überlinearen Federkennlinie ($\mu > 0$) nach rechts, bei einer unterlinearen ($\mu < 0$) nach links gekrümmt.

Im Grenzfall $\mu = 0$, dem linearen Schwinger, verläuft die Rückgratkurve ungekrümmt. Das Diagramm entspricht dann der Vergrößerungsfunktion, die in Kap. 4 angegeben ist.

Aus dem Verlauf der kinetischen Antwort zeigt sich noch ein Phänomen, welches nichtlinearen Schwingungssystemen unter einer harmonischen Zwangserregung eigen ist: das Sprungphänomen.

Bei langsamer stetiger Erhöhung der Erregerfrequenz, beginnend mit $\Omega = 0$, folgt die kinetische Antwort dem linken Ast der Kurve von Abb. 13.9. Beim Erreichen des Punktes D´ springt aufgrund einer kleinen Störung die Amplitude schlagartig auf den Wert E´ des rechten Astes der Kurve. Die zugehörige Erregerfrequenz wird als kritische Frequenz Ω_{kr} bezeichnet. Gleichzeitig springt der Phasenverschiebungswinkel φ von 0 auf π. Bei weiterer Erhöhung

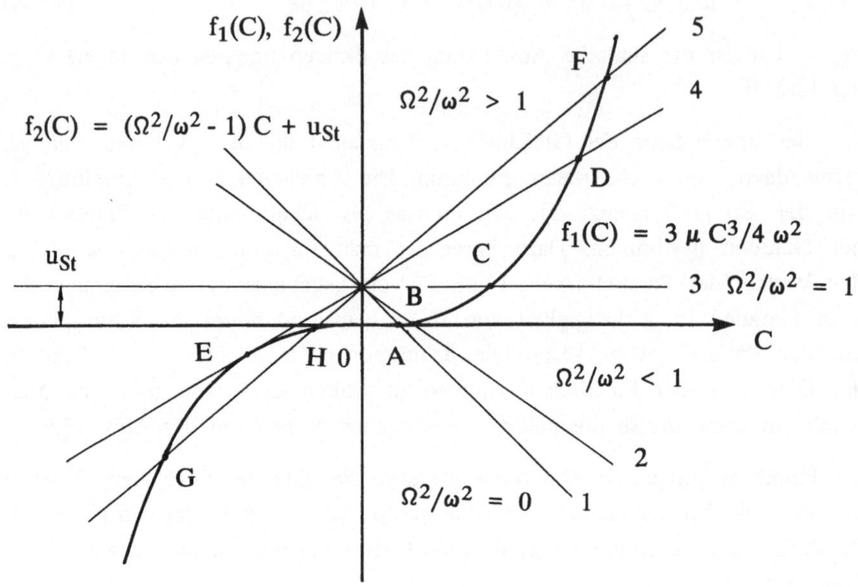

Abb. 13.8 Zur grafischen Lösung der Bez. (13.49) (nach [6.1])

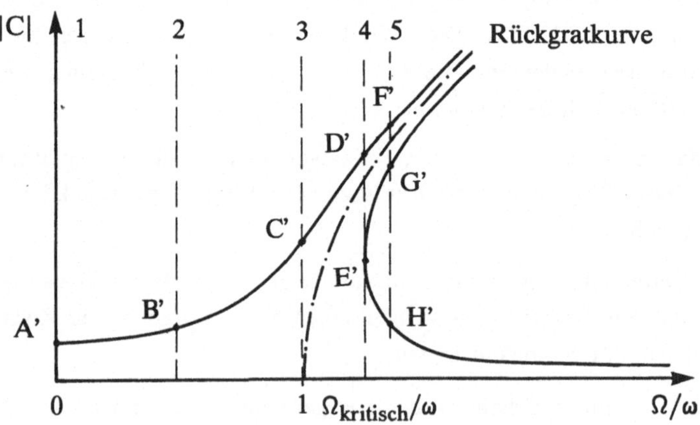

Abb. 13.9 Kinetische Antwort des Duffing-Schwingers (nach [6.1])

der Erregerfrequenz Ω folgt die kinetische Antwort dem rechten Ast der Kurve.

Bei einer langsamen Verminderung der Erregerfrequenz, beginnend von einem großen Wert, folgt die kinetische Antwort zunächst dem rechten Kurvenast, bis der Punkt E ′ erreicht ist. Wieder wird durch eine kleine Störung ein Sprung in der kinetischen Antwort von E ′ nach D ′ hervorgerufen. Bei weiterer Verminderung der Erregerfrequenz folgt die kinetische Antwort dem linken Ast der Kurve. Der Sprung ist Ausdruck einer kinetischen Instabilität der Lösung und typisch für die Zwangserregung nichtlinearer Schwingungssysteme.

Anders als beim linearen Schwinger ist die kinetische Antwort auch von der Größe der Belastung F abhängig. Man erhält also nicht eine einzige, sondern für jede Lasthöhe eine entsprechend modifizierte Kurve.

Dämpfung wird in der Regel als geschwindigkeitsproportionale Dämpfung eingeführt. Der Duffing-Schwinger mit einem linearen Dämpfungsglied folgt der Bewegungsgleichung:

$$\ddot{u} + 2\,\kappa\,\omega\,\dot{u} + \omega^2\,u + \mu\,u^3 = (F/m)\,\cos\,\Omega\,t\ . \tag{13.51}$$

Die Lösung von (13.51) im eingeschwungenen Zustand läßt sich wieder in einem kinetischen Antwortdiagramm entsprechend der Abb. 13.9 darstellen. In diesem Fall ist der Ausschlag durch die Resonanzamplitude C_{Res} auf der Rückgratkurve begrenzt. Wegen Einzelheiten verweisen wir auf [6.1], [13.11] und [13.12].

13.4 Die Van-der-Polsche Bewegungsgleichung

Neben dem Duffing-Schwinger mit seiner Bewegungsgleichung der freien Schwingung (13.19) steht der Van-der-Polsche Schwinger mit der nichtlinearen Bewegungsgleichung

$$\ddot{u} + \omega^2\,u - \mu\,(\alpha^2 - u^2)\,\dot{u} = 0 \tag{13.52}$$

wegen seiner besonderen Eigenschaften im Mittelpunkt der Diskussion nichtlinearer Schwingungsphänomene.

Das Phasenporträt (Abb. 13.10) des Van-der-Polschen Schwingers zeigt die Besonderheit des selbsterregten Schwingers: für kleine Ausschläge, d.h. $u^2 < \alpha^2$, ergibt sich eine Schwingungsanfachung, bei großen Ausschlägen, d.h. $u^2 > \alpha^2$, entsteht eine Schwingungsdämpfung. Nach einigen Umläufen in der Phasenebene nähern sich die Phasenkurven dem semi-stabilen Grenzzyklus und verlassen ihn nicht mehr.

Eigentümlich für Schwinger mit nichtlinearem Dämpfungs- und Rückstellglied

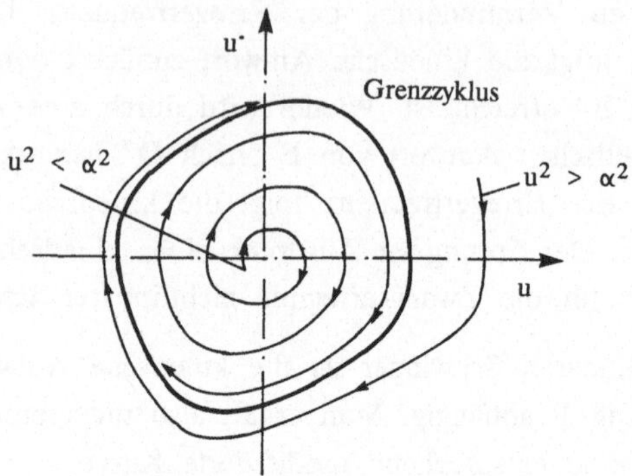

Abb. 13.10 Phasenporträt des Van-der-Polschen Schwingers

ist das Auftreten von subharmonischen und superharmonischen Resonanzen, d.h. bei einer harmonischen Anregung mit der Kreisfrequenz Ω können sich Resonanzstellen bei Ω/n und Ω n (n ganzzahlige Größen) ergeben. Ferner sind Kombinationsresonanzen beobachtet worden, Phänomene, die sich bei Schwingern mit linearen Dämpfungs- und Rückstelleigenschaften nicht einstellen. Wegen Einzelheiten verweisen wir auf [13.8] bis [13.12] und [13.15] bis [13.20].

13.5 Computerorientierte Lösungsverfahren

Die computerorientierten numerischen Verfahren zur Integration linearer Bewegungsgleichungen (s. z.B. Kap. 5 und die dort angegebene Literatur) werden neuerdings auch für die Lösung der Bewegungsgleichungen von Schwingern mit nichtlinearem Dämpfungs- und Rückstellglied erfolgreich eingesetzt.

Eines dieser Verfahren überführt die allgemein nichtlineare Bewegungsgleichung des Schwingers mit einem Freiheitsgrad

$$m\,\ddot{u} + k(\dot{u},u)\,\dot{u} + c(\dot{u},u)\,u = F(t) \tag{13.53}$$

mit den geschwindigkeits- und ausschlagsabhängigen Größen $k(\dot{u},u)$ und $c(\dot{u},u)$ und der äußeren Kraft $F(t)$ durch Einführung der Geschwindigkeit als neuer Variablen

$$\dot{u} = u_1 \tag{13.54}$$

in die Matrizendifferentialgleichung erster Ordnung:

$$\begin{bmatrix} \dot{u} \\ \dot{u}_1 \end{bmatrix} = \begin{bmatrix} 0 & 1 \\ -\,m^{-1}\,c(\dot{u},u) & -\,m^{-1}\,k(\dot{u},u) \end{bmatrix} \begin{bmatrix} u \\ u_1 \end{bmatrix} + \begin{bmatrix} 0 \\ m^{-1}\,F(t) \end{bmatrix}. \tag{13.55}$$

Dafür schreiben wir mit dem Vektor der Zustandsgrößen z, der Matrix der Differentialbeziehung D_i und dem Vektor der Störgrößen r kürzer:

$$z^{\cdot} = D_i \, z + r \, . \qquad (13.55\,')$$

Zur Lösung dieser Differentialgleichung setzt man die zum Zeitpunkt t gültigen Werte für c und k in die Differentialmatrix ein und gewinnt die Lösung zum Zeitpunkt $t + \Delta t$ in Form der Übertragungsmatrizenbeziehung:

$$z_{t+\Delta t} = T \, z_t + \hat{t} \, . \qquad (13.56)$$

In Einzelfällen wird man das Ergebnis durch iterative Maßnahmen zur Approximation der Größen c und k verbessern. Es ist darauf zu achten, daß die Iterationsschrittweite Δt an die zur Eigenkreisfrequenz des linearen Schwingers gehörige Eigenschwingungszeit angepaßt werden muß (s. auch Kap. 4).

Der Vergleich von Zahlenrechnungen zeigt, daß die computerorientierten und die klassischen Lösungsverfahren zu den gleichen Phasenporträts führen. Mit den numerischen Methoden können auch große Nichtlinearitäten ausreichend genau erfaßt werden.

Die Bewegungsgleichungen des Schwingers mit mehreren Freiheitsgraden lassen sich in der matriziellen Form

$$A \, u^{\cdot\cdot} + B(u^{\cdot},u) \, u^{\cdot} + C(u^{\cdot},u) \, u = p(t) \qquad (13.57)$$

angeben. Die Matrizen B und C seien hier nichtlineare Funktionen von $u^{\cdot}$ und u (s. auch Kap. 6 und 7 für den Schwinger mit konstanten Matrizen B und C).

Das System von Differentialgleichungen erster Ordnung, welches man aus (13.57) gewinnt, lautet mit der Einheitsmatrix E:

$$\begin{bmatrix} u^{\cdot} \\ u_1^{\cdot} \end{bmatrix} = \begin{bmatrix} 0 & E \\ - A^{-1} \, C(u^{\cdot},u) & - A^{-1} \, B(u^{\cdot},u) \end{bmatrix} \begin{bmatrix} u \\ u_1 \end{bmatrix} + \begin{bmatrix} 0 \\ A^{-1} \, p \end{bmatrix} . \qquad (13.58)$$

Die Integration dieser Matrizendifferentialgleichung ist mit Hilfe geeigneter numerischer Verfahren möglich und führt zu der Lösung zum Zeitpunkt $t+\Delta t$ bei bekannten Zustandsgrößen zum Zeitpunkt t. In vorliegendem Falle der nichtkonstanten Matrizen B und C muß man die Integration mit einem inkrementell iterativen Algorithmus kombinieren, um die Matrizen B und C im Zeitintervall Δt genügend genau approximieren zu können.

13.6 Die schwach gespannte Saite

Das Schwingungsverhalten der schwach gespannten Saite wurde bereits von G. Kirchhoff untersucht (s. [13.4]). Wir wollen die Saite nochmals als Beispiel für ein Schwingungssystem mit geometrisch nichtlinearer Federkennlinie wählen und die einzelnen Schritte zur Aufstellung und Lösung der Bewegungsgleichungen zeigen.

Die kinematischen Beziehungen der in der x-z-Ebene schwingenden Saite findet man aus der Beobachtung des Lagevektors zweier benachbarter Punkte A und B vor

$$r_A = x\, e_x\ , \quad r_B = (x + dx)\, e_x\ , \tag{13.59}$$

und nach der Deformation (Abb. 13.11):

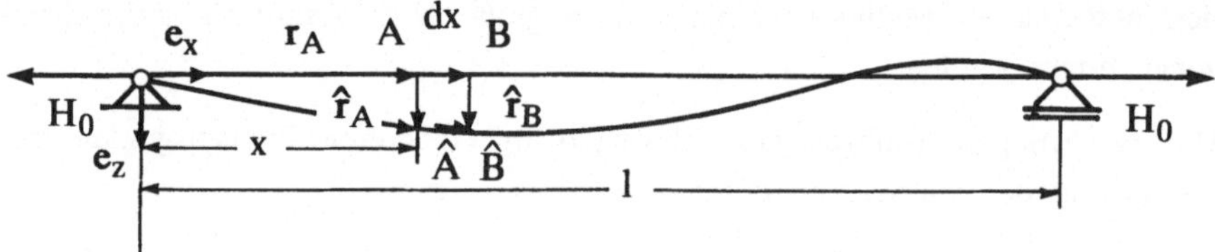

Abb. 13.11 Ebene Bewegung der schwach gespannten Saite

$$\left.\begin{aligned}
\hat{r}_A &= (x + u)\, e_x + w\, e_z\ , \\[2mm]
\hat{r}_B &= (x + dx + u + u_{,x}\, dx)\, e_x + (w + w_{,x}\, dx)\, e_z.
\end{aligned}\right\} \tag{13.60}$$

Daraus folgen die Vektordifferentiale:

$$\left.\begin{aligned}
d\, r &= dx\, e_x\ , \\[2mm]
d\, \hat{r} &= (dx + u_{,x}\, dx)\, e_x + w_{,x}\, dx\, e_z.
\end{aligned}\right\} \tag{13.61}$$

Das Greensche Verzerrungsmaß findet man definitionsgemäß aus der Differenz der Quadrate der Vektordifferentiale:

$$d\, \hat{r}^2 - d\, r^2 = dx^2\, (2\, u_{,x} + u_{,x}^2 + w_{,x}^2)\ . \tag{13.62}$$

Daraus ergibt sich die Dehnung:

$$\varepsilon_{xx} = u_{,x} + \frac{1}{2}\, (u_{,x}^2 + w_{,x}^2)\ . \tag{13.63}$$

In diesem Ausdruck wird in Übereinstimmung mit fast allen Beiträgen zur

Theorie geometrisch nichtlinearer Verzerrungen das Glied $u_{,x}^2$ neben $w_{,x}^2$ gestrichen:

$$\varepsilon_{xx} = u_{,x} + \frac{1}{2} w_{,x}^2 . \tag{13.63'}$$

Die Piola-Kirschhoffsche Spannung σ_{xx} folgt aus der Dehnung ε_{xx} durch Einführung des Stoffgesetzes. In vorliegendem Falle tritt noch der Anteil aus der Vorspannkraft H_0 hinzu:

$$\sigma_{xx} = H_0/A + E \varepsilon_{xx} . \tag{13.64}$$

A ist die Querschnittsfläche, E der Elastizitätsmodul.

Aus der Beobachtung des Kräftegleichgewichts am Saitenelement der Länge dx folgen die Komponentengleichungen in x- und z-Richtung:

$$\left.\begin{aligned}
\mu\, u^{\cdot\cdot} &= E\ A\ (u_{,x} + \frac{1}{2} w_{,x}^2)_{,x} , \\[2ex]
\mu\, w^{\cdot\cdot} &= \{H_0\, w_{,x} + E\ A\ (u_{,x} + \frac{1}{2} w_{,x}^2)\, w_{,x}\}_{,x} .
\end{aligned}\right\} \tag{13.65}$$

μ ist die kontinuierlich verteilte Masse. $u^{\cdot\cdot}$, $w^{\cdot\cdot}$ sind die Komponenten des Beschleunigungsvektors.

Die Randbedingungen an den Rändern $x = 0$ und $x = 1$ schreiben

$$u(0) = u(1) = w(0) = w(1) = 0 \tag{13.65'}$$

vor.

Unter der Annahme, daß die Längs- von den Querschwingungen entkoppelt sind, läßt sich in der ersten Bez. von (13.65) die Trägheitskraft $-\mu\, u^{\cdot\cdot}$ Null setzen. Aus der so vereinfachten ersten Gleichung folgt:

$$\varepsilon_{xx}(x,t)_{,x} = \{u_{,x} + \frac{1}{2} w_{,x}^2\}_{,x} = 0 . \tag{13.66}$$

D.h. die Dehnung ist von der x-Koordinate unabhängig. Aus der Integration ergibt sich:

$$u(x,t) = \varepsilon_{xx}(t)\, x - \frac{1}{2} \{ \int_0^x w_{,x}^2 \}\, dx , \tag{13.67}$$

und mit den Randbedingungen findet man:

$$\varepsilon_{xx}(t)\, 1 - \frac{1}{2} \{ \int_0^1 w_{,x}^2 \}\, dx . \tag{13.67'}$$

Diesen Ausdruck setzt man in die zweite Bez. von (13.65) ein und findet:

$$\mu \, w^{\cdot\cdot} = H_0 \, w_{,xx} + (E\,A/2\,l) \, [\{ \int_0^l w_{,x}{}^2 \} \, dx \,] \, w_{,xx} \, . \tag{13.68}$$

Die partielle Differentialgleichung wird in einem folgenden Schritt mit Hilfe des Verfahrens von Galerkin in ein System von gewöhnlichen Differentialgleichungen überführt (s. auch Kap. 3). Dazu verwendet man Formfunktionen für die ortskoordinatenabhängige Verschiebung w(x), die man aus der Lösung der linearisierten Bewegungsgleichung gewinnt. Sie lauten (s. auch Kap. 10):

$$w(x,t) = \sum_{k=1}^{N} W_k(t) \, \sin k \, \pi \, x/l \, . \tag{13.69}$$

Man erhält mit Hilfe des Galerkinschen Formalismus die k-te Bewegungsgleichung in der Form:

$$W_k^{\cdot\cdot} + \omega_k^2 \, W_k = \Psi_k \, . \tag{13.70}$$

Es bedeuten:

$$\omega_0^2 = (H_0/\mu) \, (\pi/l)^2 \text{ das Quadrat der Eigenkreisfrequenz der}$$
$$\text{linearen Seilschwingung,}$$

$$\omega_k^2 = (H_0/m) \int_0^l (k \, \pi/l)^2 \sin^2(k \, \pi \, x/l) \, dx = k^2 \omega_0^2,$$
$$\text{das Quadrat der k-ten Eigenkreisfrequenz,}$$

$$m = \mu \int_0^l \sin^2(k \, \pi \, x/l) \, dx = \mu \, l/2, \text{ die mitschwingende Masse.}$$

$$\tag{13.71}$$

Die rechte Seite von (13.70) lautet mit dem Quadrat der Eigenkreisfrequenz der Longitudinalschwingung $\omega_{L0}^2 = (E\,A/\mu)\,(\pi/l)^2$:

$$\Psi_k = - \, \omega_{L0}^2 \, (\pi/2\,l)^2 \, [\sum_{j=1}^{N} j^2 \, W_j^2 \,] \, k^2 \, W_k \, . \tag{13.72}$$

Durch rigoroses Streichen der Koppelglieder in (13.72) ergeben sich aus (13.70) Einzelgleichungen in den W_k vom Typ der Duffingschen Bewegungsgleichung. Allerdings sind die mit der dritten Potenz von W_k gehenden Rückstellglieder keineswegs als klein gegenüber dem linearen Glied anzusehen.

13.7 Die ebene Bewegung des schräg angeordneten trägen Seiles

Das schräg angeordnete träge Seil der Abb. 13.12 repräsentiere eines der Seile einer Schrägseilbrücke. Es sei mit dem einen Rand an dem Pylon, mit dem anderen Rand an dem Versteifungsträger befestigt. Sein Durchhang sei klein, d.h. das Verhältnis aus der senkrecht zur Verbindungslinie der Seillager gemessenen statischen Auslenkung in Seilmitte f_0 zum Abstand der Seillager l soll klein sein. Für praktisch interessierende Fälle ist $f_0/l < 1/100$.

Unter dieser Voraussetzung läßt sich die statische Ruhelage des Seiles w_0 durch folgende Parabelgleichung approximieren:

$$w_0 = 4 \, f_0 \, (x/l) \, (1 - x/l) \,. \tag{13.73}$$

Die Seilkinematik drückt sich in den Vektordifferentialen $d\,r$ und $d\,\hat{r}$ aus (s. die entsprechende Bez. (13.61) der Saite):

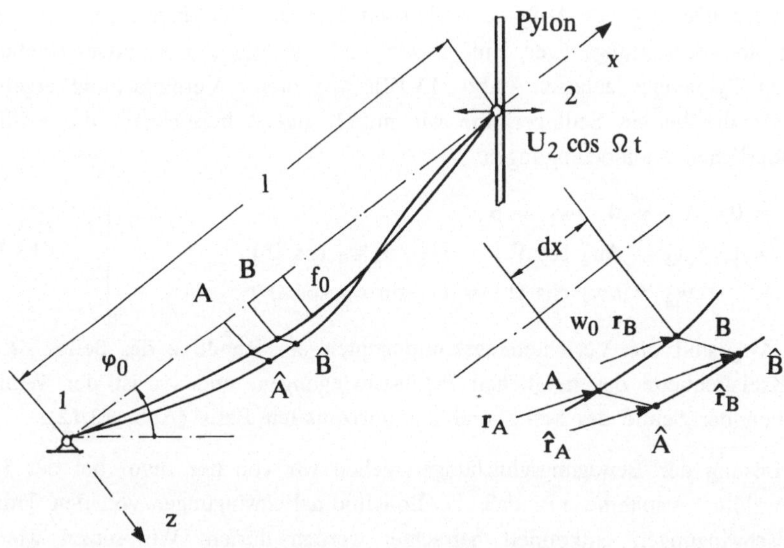

Abb. 13.12 Ebene Bewegung des schräg angeordneten trägen Seiles

$$\left.\begin{aligned} d\,r &= dx \, e_x + w_{0,x} \, dx \, e_z \,, \\[2mm] d\,\hat{r} &= (dx + u_{,x} \, dx) \, e_x + (w_{0,x} \, dx + w_{,x} \, dx) \, e_z \,. \end{aligned}\right\} \tag{13.74}$$

Die Dehnung ergibt sich aus der Definition des Greenschen Verzerrungsmaßes.

Das Glied $u_{,x}^2$ streichen wir wieder neben $w_{,x}^2$ und erhalten:

$$\varepsilon_{xx} = u_{,x} + w_{0,x}\, w_{,x} + \frac{1}{2}\, w_{,x}^2 \ . \tag{13.75}$$

Die Längskraft im Seil folgt daraus durch Einführung des Stoffgesetzes entsprechend der Bez. (13.64).

Die Bewegungsgleichungen des trägen Seiles, die den Beziehungen (13.65) der Saite entsprechen, lauten:

$$\left.\begin{aligned}
\mu\, u^{\cdot\cdot} &= E\,A\,(u_{,x} + w_{0,x}\, w_{,x} + \tfrac{1}{2}\, w_{,x}^2)_{,x}\ , \\[2ex]
\mu\, w^{\cdot\cdot} &= \{H_0\, w_{,x} + E\,A\,(u_{,x} + w_{0,x}\, w_{,x} + \tfrac{1}{2}\, w_{,x}^2)\,(w_{0,x} + w_{,x})\}_{,x}\ .
\end{aligned}\right\} \tag{13.76}$$

Die Seillager müssen den Verschiebungen des Versteifungsträgers und des Pylons folgen. Diese Verschiebungen haben ihren Ursprung in möglichen Biegeschwingungen des Pylons und des Versteifungsträgers.

Zur Vereinfachung der Aufgabe wollen wir hier die Verschiebungen des Seillagers am Versteifungsträger Null setzen und nur die Horizontalverschiebung U_2 am Pylonlager zulassen (Abb. 13.12). Mit dieser Vereinfachung ergeben sich für die beiden Seillager, die wir mit 1 und 2 bezeichnen, die zeitlich veränderlichen Randbedingungen:

$$\left.\begin{aligned}
x = 0: \quad & u_1 = 0\ , \quad w_1 = 0\ , \\
x = l: \quad & u_2 = \Delta u_2 \cos\Omega\, t = U_2 \cos\varphi_0 \cos\Omega\, t\ , \\
& w_2 = \Delta w_2 \cos\Omega\, t = U_2 \sin\varphi_0 \cos\Omega\, t\ .
\end{aligned}\right\} \tag{13.77}$$

Δu_2, Δw_2 sind die Verschiebungskomponenten am Rande 2 des Seiles; Ω ist die Kreisfrequenz der möglichen Pylonschwingungen, und φ_0 ist der Winkel zwischen der Sehne des Seiles und der horizontalen Basis (Abb. 13.12).

Zur Lösung der Bewegungsgleichungen gehen wir von der zuvor bei der Saite gewählten Annahme aus, daß die Longitudinalschwingungen von den Transversalschwingungen entkoppelt betrachtet werden dürfen. Wir setzen wieder die Trägheitskraft $-\mu\, u^{\cdot\cdot}$ Null. Aus der so vereinfachten ersten Bez. von (13.76) findet man:

$$\varepsilon_{xx}(x,t)_{,x} = \{u_{,x} + w_{0,x}\, w_{,x} + \frac{1}{2}\, w_{,x}^2\}_{,x} = 0\ . \tag{13.78}$$

Daraus ergibt sich durch Integration:

$$u(x,t) = \varepsilon_{xx}(t)\, x - \int\limits_0^x \{w_{0,x}\, w_{,x} + \frac{1}{2}\, w_{,x}^2\}\ dx\ . \tag{13.79}$$

Die Einführung der ersten Randbedingung am Rande $x = l$ ergibt:

$$u(l,t) = \Delta u_2 \cos \Omega t = \varepsilon_{xx}(t)\, l - \int_0^l \{w_{0,x}\, w_{,x} + \tfrac{1}{2} w_{,x}^2\}\, dx . \qquad (13.80)$$

Daraus folgt:

$$\varepsilon_{xx}(t) = (\Delta u_2/l) \cos \Omega t + (1/l) \int_0^l \{w_{0,x}\, w_{,x} + \tfrac{1}{2} w_{,x}^2\}\, dx . \qquad (13.81)$$

Dieser Ausdruck für die Verzerrung führt mit dem Stoffgesetz zu dem Längskraftanteil F_x:

$$F_x(t) = E\, A\, \varepsilon_{xx}(t) = (E\, A/l)\, [\Delta u_2 \cos \Omega t + \int_0^l \{w_{0,x}\, w_{,x} + \tfrac{1}{2} w_{,x}^2\}\, dx] .$$

$$(13.82)$$

Diesen Kraftanteil setzen wir in die zweite der Bewegungsgleichungen (13.76) ein und erhalten:

$$\mu\, w^{\cdot\cdot} = \{H_0\, w_{,x} + \frac{E\, A}{l}\, [\Delta u_2 \cos \Omega t + \int_0^l \{w_{0,x}\, w_{,x} + \tfrac{1}{2} w_{,x}^2\}\, dx]\, (w_{0,x} + w_{,x})\}_{,x} .$$

$$(13.83)$$

Diese partielle Differentialgleichung überführen wir mit Hilfe des Galerkinschen Verfahrens in ein System gewöhnlicher Differentialgleichungen. Die Formfunktionen für die ortskoordinatenabhängige Verschiebung entnehmen wir wieder den Lösungen der linearisierten Bewegungsgleichung. Zusätzlich kommt ein Term hinzu, der die Randpunktanregung durch $\Delta w_2 \cos \Omega t$ erfaßt (s. auch Kap. 10):

$$w(x,t) = \sum_{k=1}^{N} W_k(t) \sin k\, \pi\, x/l + \Delta w_2\, \frac{\sin \gamma\, \pi\, x/l}{\sin \gamma\, \pi}\, \cos \Omega t . \qquad (13.84)$$

$\gamma = \Omega/\omega_0$ ist das Verhältnis der Kreisfrequenz der Zwangserregung zur niedrigsten Eigenkreisfrequenz der linearen Seilschwingungen (s. die Bez. (13.71)). Der Galerkinsche Formalismus führt auf ein System von Bewegungsgleichungen, deren k-te Gleichung das Aussehen der Bez. (13.70) besitzt. Die rechte Seite Ψ_k enthält jetzt jedoch erwartungsgemäß eine Vielzahl von Gliedern:

$$\Psi_k = -\sum_{j=1}^{N} a_{1jk} W_k - \{ a_{2k} + \sum_{j=1}^{N} a_{2jk}^* \} W_k^2 - a_{3k} [\sum_{j=1}^{N} j^2 W_j^2] W_k -$$

$$- \{ p_{1k} W_k + \sum_{j=1}^{N} b_{1j} \} (\Delta u_2/l) \cos \Omega t +$$

$$+ \{ [q_{1k} + r_{1k} + \sum_{j=1}^{N} r_{1jk}^*] W_k + \sum_{j=1}^{N} c_{1j} \} (\Delta w_2/l) \cos \Omega t +$$

$$+ \{ \sum_{j=1}^{N} q_{2jk} + q_{2k}^*] W_k^2 \} (\Delta w_2/l) \cos \Omega t +$$

$$+ \sum_{j=1}^{N} A_{1j} (\Delta u_2/l) (\Delta w_2/l) \cos^2 \Omega t +$$

$$+ \{ [\sum_{j=1}^{N} b_{2jk} + \sum_{j=1}^{N} b_{2jk}^*] W_k + \sum_{j=1}^{N} c_{2j} + \sum_{j=1}^{N} c_{2jk}^* \} (\Delta w_2/l)^2 \cos^2 \Omega t +$$

$$+ \sum_{j=1}^{N} c_{3j} (\Delta w_2/l)^3 \cos^3 \Omega t \ . \tag{13.85}$$

Zur Darstellung der Koeffizienten in (13.85) führen wir die folgenden Abkürzungen ein. Man erhält mit dem Quadrat der Wellengeschwindigkeit von Longitudinalwellen $c_L^2 = E \ A/\mu$:

$$d_{1k} = (\pi/l) \int_0^l \sin k \, \pi \, x/l \, dx = [1 - (-1)^k]/k,$$

$$d_{1j} = (\pi/l) \int_0^l \sin j \, \pi \, x/l \, dx = [1 - (-1)^j]/j,$$

$$d_{\gamma j} = (\gamma \, \pi/l)^2 (\pi/l) \, (1/\sin \gamma \pi) \int_0^l \sin \gamma \, \pi \, x/l \, \sin j \, \pi \, x/l \, dx,$$

$$= (\gamma \, \pi/l)^2 \, j/(\gamma^2 - j^2) \, (-1)^j,$$

$$d_{\gamma\gamma} = - \, 4(\gamma \, \pi/l) \, (1/\sin \gamma \pi) \int_0^l (1 - 2 \, x/l) \cos \gamma \, \pi \, x/l \, dx,$$

$$= \ 4 \, [1 - 2 \, (1 - \cos \gamma \, \pi)/(\gamma \, \pi \sin \gamma \, \pi)],$$

$$d_{\gamma k} = (k \, \pi/l) \, (\gamma \, \pi/l) \, (1/\sin \gamma \pi) \int_0^l \cos k \, \pi \, x/l \, \cos \gamma \, \pi \, x/l \, dx,$$

$$= (k \, \pi/l) \, (\gamma/2) \, [\sin (k+\gamma) \, \pi/(k+\gamma) +$$

$$\sin (k-\gamma) \, \pi/(k-\gamma)]/\sin \gamma \, \pi,$$

$$d_{2\gamma k} = (\gamma \, \pi/l)^2 (2/l) \, (1/\sin^2 \gamma \pi) \int_0^l \cos^2 \gamma \, \pi \, x/l \, dx \ ,$$

$$= (\gamma \, \pi/l)^2 \, [1 + (1/2 \, \gamma \, \pi) \sin 2 \, \gamma \, \pi]/\sin^2 \gamma \, \pi \, .$$

$$\tag{13.86}$$

Die Koeffizienten in (13.85) lauten mit (13.86):

$$a_{1jk} = 2 \, (8 \, f_0/l)^2 (c_L/l \, \pi)^2 \, d_{1j} \, d_{1k},$$

$$a_{2k} = (8 \, f_0/l) \, (c_L^2/l \, \pi) \, (k \, \pi/l)^2 \, d_{1k},$$

$$a_{2jk}^* = (4 \, f_0/l) \, (c_L^2/l \, \pi) \, (k \, \pi/l)^2 \, d_{1j},$$

$$a_{3k} = (c_L^2/4) \, (\pi/l)^4 \, k^2,$$

$$p_{1k} = c_L^2 \, (k \, \pi/l)^2, \qquad\qquad b_{1j} = 2 \, (8 \, f_0/l) \, (c_L^2/l \, \pi) \, d_{1j},$$

$$q_{1k} = (4 \, f_0/l) \, c_L^2 \, (k \, \pi/l)^2 d_{\gamma\gamma}, \qquad r_{1k} = - \, 2 \, (8 \, f_0/l) \, (c_L/\pi)^2 d_{1k} \, d_{\gamma j},$$

$$r_{1jk}^* = -2 \, (8 \, f_0/l) \, (c_L^2/l \, \pi) \, d_{\gamma k} \, d_{1j}, \quad c_{1j} = (8 \, f_0/l)^2 \, (c_L^2/l \, \pi) \, d_{\gamma\gamma} \, d_{1j},$$

$$q_{2jk} = - \, (c_L^2 \, l/\pi) \, (k \, \pi/l)^2 \, d_{\gamma j} \, , \qquad q_{2k}^* = - \, c_L^2 \, (k \, \pi/l)^2 \, d_{\gamma k},$$

$$A_{1j} = - \, 2(c_L^2 \, l/\pi) \, d_{\gamma j},$$

$$b_{2jk} = - \, 2(c_L^2 l/\pi) \, d_{\gamma k} \, d_{\gamma j}, \qquad b_{2jk}^* = - \, (c_L l/2)^2 \, (k \, \pi/l)^2 \, d_{2\gamma k},$$

$$c_{2j} = (8 \, f_0/l) \, (c_L^2 \, l/\pi) \, d_{\gamma\gamma} \, d_{\gamma j}, \quad c_{2jk}^* = - \, (4 \, f_0/l) \, (c_L^2 \, l/\pi) \, d_{2\gamma k} \, d_{1j},$$

$$c_{3jk} = - \, (c_L^2 \, l^3/2 \, \pi) \, d_{2\gamma k} \, d_{\gamma j} \, .$$

$$(13.87)$$

Diese Größen müssen physikalisch gedeutet werden:

Die a_{1jk} folgen aus dem Durchhang des Kabels. Sie gehen mit $(f_0/l)^2$ und werden wegen höherer Kleinheit gegenüber den übrigen Koeffizienten vernachlässigt. Die a_{2k} folgen ebenfalls aus dem Durchhang des Kabels. Sie führen zu einem mit W_k^2 gehenden Rückstellglied. Die a_{3k} folgen aus der Theorie großer Verformungen und liefern einen mit W_k^3 gehenden Federsteifigkeitsanteil (s. (13.72) der Saite).

Die p_{1k} und q_{1k} beschreiben die lineare Parametererregung infolge Δu_2 und Δw_2. Die b_{1j} und c_{1j} sind Koeffizienten, die zu einer linearen Zwangserregung gehören. Es erscheinen ferner Koeffizienten, die einer quadratischen Parametererregung durch Δw_2 zuzuordnen sind. Die Koeffizienten A_{1j} gehören zu einer mit $\Delta u_2 \, \Delta w_2$ gehenden Zwangserregung. Und es erscheinen Koeffizienten, die eine lineare Zwangserregung und Parametererregung mit Δw_2^2 beschreiben. Schließlich erscheint ein Term der Zwangserregung mit Δw_2^3.

Wir wollen hier nur das grundsätzliche Verhalten des Seiles bei der durch die Pylonverschiebung induzierten Schwingung verfolgen und streichen rigoros alle Koppelglieder und Glieder mit Potenzen von W_k, Δu_2 und Δw_2.

Wir erhalten so die Bewegungsgleichung:

$$W_1^{\cdot\cdot} + \omega_0^2\, W_1 = p_{11}\, W_1\, (\Delta u_2/l)\, \cos\, \Omega\, t\,. \qquad (13.88)$$

Der Koefizient p_{11} entspricht dem Quadrat der Kreisfrequenz der Longitudinalschwingungen ω_{L0}^2 (s. die Bez. (13.72). Wir erhalten:

$$W_1^{\cdot\cdot} + \omega_0^2\, [1 + (\omega_{L0}/\omega_0)^2(\Delta u_2/l)\, \cos\, \Omega\, t\,]\, W_1 = 0\,. \qquad (13.89)$$

Dies ist die Mathieusche Differentialgleichung. Sie wurde bereits in Kap. 10 als Bez. (10.62) angegeben. Die Bez. (13.89) läßt sich in die dort angegebene Gleichung überführen, wenn man dort β_n^2 durch ω_0^2 und $2\,\alpha_n$ durch $(\omega_{L0}/\omega_0)^2\,\Delta u_2/l$ ersetzt.

Die Diskussion der Stabilität der Lösung der Mathieuschen Gleichung wurde in Kap. 10 geführt. Sie mündet in dem Parameterdiagramm der Abb. 10.17, das die Bereiche kinetisch stabiler von denen kinetisch instabiler Lösungen trennt. Das Aussehen des dort angegebenen Parameterdiagrammes wird deformiert, wenn man nichtlineare Glieder in der Bewegungsgleichung mitnimmt. Wir verweisen auf [13.17], [13.18].

Räumliche Seilschwingungen wurden bei einer ebenen Parametererregung beobachtet (whirling motions). Sie haben ihre Ursache in der geometrisch nichtlinearen Kopplung der Bewegungen in der x-z-Ebene mit denjenigen in der x-y-Ebene. Wegen Einzelheiten s. [13.27].

Folgerungen für den Entwurf von Schrägseilbrücken sind in [13.30] gezogen: Man muß zur Unterdrückung möglicher instabiler Seilschwingungen energieverzehrende Dämpfer einbauen. Der Einbau von gedämpften Tilgern in den Pylonen und den Versteifungsträgern, wie er gelegentlich vorgenommen wird, beeinflußt dagegen die Instabilitätsgrenzen nicht und ist daher wenig wirkungsvoll (s. auch [13.29]).

13.8 Zur Stabilität einer Bewegung

Das Beispiel des Stabes unter harmonisch veränderlicher Längsbelastung (Kap. 10.6) und des trägen Seiles unter einer pulsierenden Randverschiebung (Kap. 13.7) weist auf die Wichtigkeit der Überprüfung der kinetischen Stabilität der Lösung der Bewegungsgleichung hin. Es gibt weitere Beispiele, die diese Bedeutung unterstreichen.

In diesem Abschnitt soll die Theorie der kinetischen Stabilität nicht in ihrer Vollständigkeit vorgestellt werden. Es soll genügen, die wichtigsten Grundbegriffe dieser Theorie anzugeben (s. z.B. [13.17] und die neueren Arbeiten [13.32] bis [13.34], [13.36], [13.37]).

Man nennt eine Lösung schwach stabil, wenn eine beliebig kleine Störung δ des Zustandsvektors z_0 zum Zeitpunkt t_0 einen Zustandsvektor z^* zum Zeitpunkt t zur Folge hat, der eine beliebig kleine Abweichung ε von dem Zustandsvektor z besitzt, der aus dem ungestörten Ausgangszustand z_0 hervorgeht:

$$||z - z^*|| < \varepsilon \ . \tag{13.90}$$

Die Doppelstriche bedeuten eine geeignete Vektornorm.

Man spricht von einer asymptotisch stabilen Lösung, wenn zusätzlich die Bedingung

$$\lim_{t \to \infty} ||z - z^*|| = 0 \tag{13.91}$$

erfüllt ist.

Eine Lösung ist instabil, wenn die zuvor angegebenen Bedingungen nicht erfüllt sind.

Eine Methode zum Nachweis der Stabilität einer Lösung wählt zum Ausgangspunkt die aus den Beziehungen (13.55) oder (13.58) durch Linearisation gewonnenen Differentialgleichungen (1. Ljapunovsche Näherung [13.5]).

Unter der Voraussetzung, daß die Linearisierung zu einer konstanten und reellen Differentialmatrix führt, gelten ihre Eigenwerte als Kriterium für den Charakter der Lösung:

Sind die Realteile der Eigenwerte λ_i der Differentialmatrix D_i

$$\left. \begin{array}{lll} & < 0 & \text{ist die Lösung asymptotisch stabil.} \\ \text{Re}(\lambda_i) & = 0 & \text{liegt Semi-Stabilität der Lösung vor.} \\ & > 0 & \text{ist die Lösung instabil.} \end{array} \right\} \tag{13.92}$$

Die Aussage (13.92) läßt sich durch das Eigenwertdiagramm der Abb. 13.13 darstellen: Stabile Lösungen sind dann vorhanden, wenn die Realteile der Eigenwerte links von der imaginären Achse liegen. Die Lösungen sind instabil, wenn die Realteile der Eigenwerte rechts von der imaginären Achse liegen.

Dieses Ergebnis hat auch unmittelbare Bedeutung für die numerische Integration der Matrizendifferentialgleichung: Das Verfahren der Übertragungsmatrizen zur Lösung von Randwertaufgaben in Kombination mit dem speziellen Eliminationsverfahren, dem Übertragungsverfahren, ist nur dann numerisch stabil, wenn die Realteile der Eigenwerte der entsprechenden Differentialmatrix

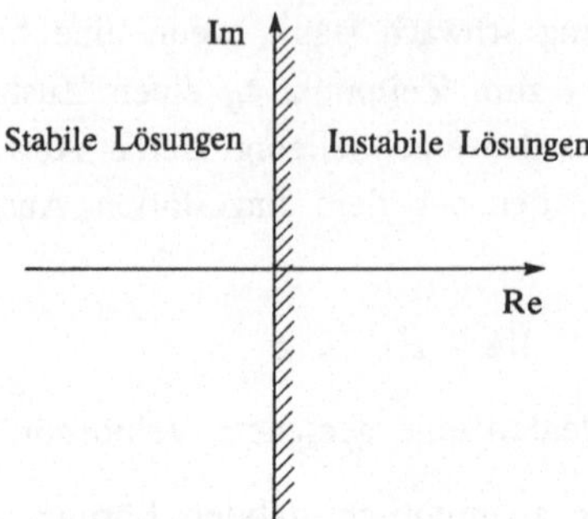

Abb. 13.13 Gaußsche Zahlenebene für die Eigenwerte λ_i der Differentialmatrix

links von oder auf der imaginären Achse des Eigenwertdiagrammes liegen. Anderenfalls sind numerische Schwierigkeiten des Übertragungsverfahrens zu erwarten. Abhilfen zur Umgehung dieser Schwierigkeiten sind in [7.1] angegeben (s. auch [2.20]).

Die zuvor gemachten Aussagen zum Charakter der Lösung gelten nur bei kleinen Nichtlinearitäten. Für Aufgaben, bei ,denen die Lösung des Grundzustandes in den gestörten Zustand einbezogen werden muß, ist die 1. Ljapunovsche Näherung zu erweitern.

Die Erweiterung, die auf die Anwendung des Computers gerichtet ist, wurde in den Arbeiten [13.32] bis [13.34], und [13.36], [13.37] vorgestellt. Wir übernehmen von dort das Endergebnis:

Zu den Bewegungsgleichungen (13.53) oder (13.57) tritt bei Aufgaben mit großer Nichtlinearität die Bewegungsgleichung für die inkrementellen Größen des Nachbarzustandes hinzu:

$$\mathbf{A}\,\overset{+}{\ddot{u}} + \mathbf{B}_T\,\overset{+}{\dot{u}} + \mathbf{C}_T\,\overset{+}{u} = \mathbf{p} - \mathbf{p}_G\,. \tag{13.93}$$

Es bedeuten:

$\overset{+}{\ddot{u}}$, $\overset{+}{\dot{u}}$, $\overset{+}{u}$ inkrementell kleine Zustandsgrößen des Nachbarzustandes.
Sie sind mit den Zustandsgrößen zum Zeitpunkt t: $\ddot{u}$, $\dot{u}$, u und denjenigen zum Zeitpunkt t-Δt: $\bar{\ddot{u}}$, $\bar{\dot{u}}$, $\bar{u}$ über

$$\ddot{u} = \bar{\ddot{u}} + \overset{+}{\ddot{u}}, \quad \dot{u} = \bar{\dot{u}} + \overset{+}{\dot{u}}, \quad u = \bar{u} + \overset{+}{u} \tag{13.94}$$

verknüpft.

$\mathbf{A}$, $\mathbf{B}_T$, $\mathbf{C}_T$ Trägheitsmatrix, Matrix der tangentialen Dämpfungs- und Matrix der tangentialen Krafteinflußgrößen,

p ist der Vektor der äußeren Belastung,

$p_G = A \, \bar{u}^{\cdot\cdot} + B \, \bar{u}^{\cdot} + C \, \bar{u}$ ist der Vektor der Kräfte infolge der Zustandsgrößen zum Zeitpunkt t-Δt .

Die Matrizen der tangentialen Dämpfungs- und Krafteinflußzahlen lassen sich aus den speziellen Stoffgleichungen der einzelnen Bauteile des Tragwerkes herleiten. Man kann diese Matrizen als Ableitung nach der Geschwindigkeit $u^{\cdot}$ und dem Ausschlag u deuten:

$$B_T = B_{,u^{\cdot}} \quad , \qquad C_T = C_{,u} \tag{13.95}$$

Wegen Einzelheiten verweisen wir auf [13.33].

Die Bez. (13.93) läßt sich in das System von Differentialgleichungen erster Ordnung

$$\begin{bmatrix} \overset{+}{u}{}^{\cdot} \\[1ex] \overset{+}{u}{}_1^{\cdot} \end{bmatrix} = \begin{bmatrix} 0 & E \\[1ex] - A^{-1} C_T & - A^{-1} B_T \end{bmatrix} \begin{bmatrix} \overset{+}{u} \\[1ex] \overset{+}{u}{}_1 \end{bmatrix} + \begin{bmatrix} 0 \\[1ex] A^{-1}(p - p_G) \end{bmatrix} \tag{13.96}$$

oder kürzer

$$\overset{+}{z}{}^{\cdot} = \overset{+}{D}{}_i \, \overset{+}{z} \tag{13.96'}$$

überführen.

Zur Lösung der nichtlinearen Aufgabe ist die Bez. (13.96) nach jedem Integrationsschritt neu aufzustellen und mit Hilfe eines numerischen Verfahrens zu integrieren. Die Zustandsgrößen zum Zeitpunkt t ergeben sich anschließend durch Einsetzen des Ergebnisses in (13.94). Aus der begleitenden Beobachtung der Eigenwerte der Differentialmatrix von (13.96') läßt sich auf den Charakter der Lösung schließen (Einzelheiten s. [13.33]).

Es ist zu erwarten, daß der Rechenaufwand für die Lösung der nichtlinearen Aufgabe beträchtlich und nur mit Hilfe inkrementell-iterativ arbeitender Lösungsalgorithmen und entsprechender Eigenwertroutinen möglich ist.

Die Parametererregung eines Tragwerkes führt, wie die Beispiele des parametererregten Druckstabes (Kap. 10.6) und des parametererregten trägen Seiles (Kap. 13.7) zeigen, zu Bewegungsgleichungen mit periodischen Koeffizienten.

Bei kleinen Nichtlinearitäten führt der Linearisierungsprozeß zu der matriziellen Bewegungsgleichung:

$$A \, u^{\cdot\cdot} + B \, u^{\cdot} + [\, C_E + \alpha \, C_G + \beta \, C_D \cos \Omega \, t \,] \, u = 0 \quad . \tag{13.97}$$

Es bedeuten (s. z.B. [10.2]):

A, B   die Trägheits- und die Dämpfungsmatrix,

C_E die Krafteinflußmatrix der elastischen Rückstellkräfte,

C_G die geometrische Matrix, die aus den statischen Längskraftanteilen der Bauteile hervorgeht,

C_D die Matrix der Rückstellkräfte, die aus der harmonisch veränderlichen Längsbelastung der Bauteile hervorgeht,

α, β Faktoren der statischen und der harmonisch veränderlichen Längskräfte.

Zur Bestimmung der Instabilitätsbereiche wählt man für den Vektor der Verschiebungsgrößen **u** Ansätze, die mit der Periode 2 T und T gehen. Man transformiert auf diesem Wege die Bewegungsgleichung (13.97) mit harmonisch veränderlichen Koeffizienten in ein unendliches System von algebraischen Gleichungen. Die Nullstellen der Determinanten von sukzessiv gefundenen endlichen Koeffizientenmatrizen geben die Grenzen der stabilen Lösungen an. (s. z. B. [10.2], dort Kap. XIV).

Die Parametererregung eines Tragwerkes, die zu Bewegungsgleichungen mit großen Nichtlinearitäten führt, ist ebenfalls in [10.2] behandelt (s. auch die Beiträge [10.3], [13.17]). In [13.34] wird die Floquetsche Theorie ([13.3]) zum Nachweis der Stabilität der Lösung für die Anwendung auf vielgliedrige Schwingungssysteme aufbereitet.

Der Bewegungsgleichung läßt sich in diesem Falle die allgemeine Form

$$\mathbf{A}\, \ddot{\mathbf{u}} + \mathbf{B}\, \dot{\mathbf{u}} + [C_E + \alpha\, C_G + \beta\, C_D \cos \Omega\, t]\, \mathbf{u} + \boldsymbol{\psi}(\mathbf{u}, \dot{\mathbf{u}}, \ddot{\mathbf{u}}) = 0 \qquad (13.98)$$

geben. Zu den Größen der linearen Gleichung (13.97) tritt hier der Vektor $\boldsymbol{\psi}$ hinzu. In ihm sind alle nichtlinearen Glieder, die auch harmonisch veränderlich sein können, zusammengefaßt. Es sei vermerkt, daß sowohl die Trägheitsglieder als auch die Dämpfungsglieder im allgemeinen Fall nichtlineare Anteile enthalten können.

Die gleichzeitige Parameter- und Zwangserregung ist in [10.2] behandelt. In der Bez. (13.98) ist in diesem Falle als rechte Seite des Gleichungssystems anstelle der Null der Vektor der äußeren Belastung **p** einzusetzen.

Wir verfolgen die Frage nach der Stabilität einer Lösung nicht weiter und verweisen auf die Spezialliteratur (s. Literatur zu Kap. 13).

14. LITERATURVERZEICHNIS

Literatur zu Kap. 1

1.1 WIEGEL, R.L.: Earthquake Engineering, Englewood Cliffs, N.Y.: Prentice-Hall 1970

1.2 LEGGET, R.F., Editor: Wind Effects on Buildings and Structures, Proc. of the Int. Research Seminar, Ottawa 11.-15. Sept. 1967, Toronto, University of Toronto Press 1968

1.3 EATON, K.J., Editor: Wind Effects on Building Structures, Proc. of the 4th Int. Conference, Cambridge...: Cambridge University Press 1977

1.4 FÖRSCHING, H.W.: Aeroelastische Probleme an Hochbaukonstruktionen in freier Windströmung, in: Neuere Erkenntnisse über Schwingungen von Bauwerken im Wind, Tagung am 3. Dez. 1975, Essen: Vulkan-Verl. 1976

1.5 PETERSEN, Chr.: Aerodynamische und seismische Einflüsse auf die Schwingungen insbesondere schlanker Bauwerke, VDI-Fortschr.-Ber. Reihe 11, Nr. 11, Düsseldorf: VDI-Verl. 1971

1.6 SOCKEL, H.: Aerodynamik der Bauwerke, Braunschweig,...: Vieweg 1984

1.7 BIGGS, J.M.: Introduction to Structural Dynamics, New York,...: Mc-Graw-Hill 1964

1.8 RIERA, J.D.: On the stress analysis of structures subjected to aircraft impactforces, Nuclear Engineering and Design 8 (1968), S. 415

1.9 HENRYCH, J.: The Dynamics of Explosion and its Use, Developments in Civil-Engineering, Amsterdam,...: Elsevier Scientific Pub. Co. 1979

1.10 FRYBA, L.: Vibration of solids and structures under moving loads, Groningen: Noordhoff 1972

1.11 HARRIS, C.M. and CREDE, C.E., Editors: Shock and Vibration Handbook, 2nd Ed., New York,...: McGraw-Hill 1976

Literatur zu Kap. 2

2.1 BEYER, R.: Technische Raumkinematik, Berlin,...: Springer 1963

2.2 MAGNUS, K.; MÜLLER, H.H.: Grundlagen der Technischen Mechanik, 5. Aufl., Stuttgart: Teubner 1987

2.3 MAGNUS, K.: Kreisel, Berlin,...: Springer 1971

2.4 MARGUERRE, K.: Technische Mechanik, Teil I Statik, Teil II Elastostatik, Teil III Kinetik, Berlin,...: Springer 1967/68

2.5 SZABO, I: Einführung in die Technische Mechanik, 5. Aufl., Berlin,...: Springer 1975

2.6 NEUBER, H.: Technische Mechanik, Teil I, Statik, Teil II, Festigkeitslehre, Teil III, Kinetik, Berlin,...: Springer 1967/74

2.7 PESTEL, E.: Technische Mechanik, Bd. 1: Statik, Bd. 2: Kinematik und Kinetik, 1. Teil, Bd. 3: Kinematik und Kinetik, 2. Teil, Mannheim: Bibliogr. Inst. 1963

2.8 WASHIZU, K.: Variational Methods in Elasticity and Plasticity, Oxford, New York,...: Pergamon Press 1975

2.9 MUSHKELISHVILI, N.I.: Some Basic Problems of the Mathematical Theory of Elasticity, Leyden: Noordhoff Int. Publ. 1975

2.10 LEIPHOLZ, H.: Theory of Elasticity, Leyden: Noordhoff Int. Publ. 1974

2.11 FLÜGGE, W.: Tensor Analysis and Continuum Mechanics, Berlin,...: Springer 1974

2.12 VOIGT, W.: Lehrbuch der Kristallphysik, Leipzig,...: Teubner 1910

2.13 TSAI, ST.W.: Introduction to Composite Materials, Westport, Conn. USA: Technomic. Publ. Comp. 1980

2.14 HILL, R.: The Mathematical Theory of Plasticity, Oxford: Clarendon Press 1950

2.15 DRUCKER, D.C.: Plasticity, Structural Mechanics, p. 407, London: Pergamon Press 1960

2.16 JAEGER, J.C.: Elasticity, Fracture and Flow with Engineering and Geological Applications, Canberra: Methuen & Co Ltd 1969

2.17 FLÜGGE, W.: Viscoelasticity, Berlin,...: Springer 1975

2.18 LIPPMANN, H.: Mechanik des plastischen Fließens, Berlin,...: Springer 1981

2.19 PESTEL, E.C., LECKIE, F.A.: Matrix Methods in Elastomechanics, New York, ...: McGraw-Hill 1963

2.20 UHRIG, R.: Elastostatik und Elastokinetik in Matrizenschreibweise, Das Verfahren der Übertragungsmatrizen, Berlin,...: Springer 1973

2.21 MARGUERRE, K.: Ansätze zur Lösung der Grundgleichungen der Elastizitätstheorie, ZaMM 35 (1955), S. 242

2.22 ZIENKIEWICZ, O.C.: The Finite Element Method in Engineering Science New York,...: McGraw-Hill 1971

2.23 PRZEMIENIECKI, J.S.: Theory of Matrix Structural Analysis, New York,...: McGraw-Hill 1968

2.24 BATHE, K.-J.: Finite Element Procedures in Engineering Analysis, Englewood Cliffs, USA: Prentice Hall 1982

Literatur zu Kap. 3

3.1 ZURMÜHL, R.: Praktische Mathematik für Ingenieure und Physiker, 3. Auflage, Berlin,...: Springer 1961

3.2 COLLATZ, L.: The Numerical Treatment of Differential Equations, 3rd. Ed., Berlin,...: Springer 1966

3.3 WÖRNLE, H.-TH.: Ein systematischer Weg zur Gewinnung der Schwingungsgleichungen, Ing. Archiv 31 (1962), S. 140

3.4 TIMOSHENKO, S.: On the Correction for Shear of the differential equation for transverse Vibration of prismatic Bars, Philosophical Magazine 41 (1921), p. 744

3.5 RITZ, W.: Über eine neue Methode zur Lösung gewisser Variationsprobleme der mathematischen Physik, J. Reine Angew. Math. 135 (1908) S. 1, Ann. Phys., Leipzig, (1909), S. 737

3.6 GALERKIN, B.G.: Reihenentwicklungen für einige Fälle des Gleichgewichts von Platten und Balken, Wjestnik Ingenerow, Petrograd 1915 (in russisch)

Literatur zu Kap. 4

4.1 MARGUERRE, K.: Technische Mechanik, Teil III Kinetik, Berlin,...: Springer 1968

4.2 HAUGER, W., SCHNELL, W., GROSS, D.: Technische Mechanik, Bd. 3: Kinetik, Berlin,...: Springer 1983

4.3 NEUBER, H.: Technische Mechanik, 3. Teil: Kinetik, Berlin,...: Springer 1974

4.4 WITTENBURG, J., ZIERIP, J., BÜHLER, J.: Technische Mechanik, Mechanik fester Körper, Kap. E in Hütte, Die Grundlagen der Ingenieurwissenschaften, 29. völlig neu bearbeitete Auflage, Berlin,...: Springer 1989

4.5   KOWALEWSKI, J.:   Neuere Erkenntnisse über Schwingungen von
      Bauwerken im Wind, Rheinisch Westfälische Akademie der Wissen-
      schaften, 232. Sitzg. 5.3.1975: Westf. Verl. Opladen 1976

Literatur zu Kap. 5

5.1   ZURMÜHL, R.: Praktische Mathematik für Ingenieure und Physiker,
      3. Aufl. Berlin,...: Springer 1961

5.2   COLLATZ, L.: The Numerical Treatment of Differential Equations,
      3rd. Ed. Berlin,...: Springer 1966

5.3   BATHE, K.-J., WILSON, E.L.: Numerical Methods in Finite Ele-
      ment Analysis, Englewood Cliffs: Prentice Hall 1976

Literatur zu Kap. 6

6.1   TIMOSHENKO, S., YOUNG, D.H., WEAVER JR., W.: Vibration
      problems in Engineering, 4-th Ed., New York,...: J. Wiley & Sons 1974

6.2   DEN HARTOG, J.P.: Mechanical Vibrations, New York: McGraw-
      Hill 1956

Literatur zu Kap. 7

7.1   MARGUERRE, K., UHRIG, R.: Berechnung vielgliedriger Schwinger-
      ketten I, Das Übertragungsverfahren und seine Grenzen, ZaMM 44
      (1964), S. 1

7.2   MARGUERRE, K., UHRIG, R.: Berechnung vielgliedriger Schwinger-
      ketten II, Deformations- und Kraftgrößenmethode, ZaMM 44 (1964),
      S. 349

7.3   HINTON, E., OWEN, D.R.J.: An Introduction to Finite Element Com-
      putations, Swansea, U.K.: Pineridge Press Ltd 1981

7.4   OWEN, D.R.J., HINTON, E.: Finite Elements in Plasticity, Theory and
      Practice, Swansea, U.K.: Pineridge Press Ltd 1980

7.5   KOLOUSEK, V.: Dynamics in Engineering Structures, London: Butter-
      worth: 1973

7.6   GASCH, R., KNOTHE, K.: Strukturdynamik, Bd. 1, Diskrete Systeme,
      Berlin, ...: Springer 1987

7.7   GASCH, R., KNOTHE, K.: Strukturdynamik Bd. 2, Berlin, ...: Springer
      1988

7.8 HURTY, W.C., RUBINSTEIN, M.F.: Dynamics of Structures, Englewood Cliffs, N. Jersey, USA: Prentice-Hall 1964

7.9 MC. GUIRE, W., GALLAGHER, R.H.: Matrix Structural Analysis, New York,...: John Wiley 1979

7.10 UHRIG, R.: Zur Berechnung der Steifigkeitsmatrizen des Balkens, Der Stahlbau 34 (1965), S. 123

7.11 UHRIG, R.: Der Einfluß der Schubnachgiebigkeit auf das kinetische Verhalten von Tragwerken des Konstruktiven Ingenieurbaus, die unter stoßartiger Belastung stehen, in: STEIN, E. (Hrsg): Nichtlineare Berechnung im Konstruktiven Ingenieurbau, Berlin,...: Springer 1989

Literatur zu Kap. 8

8.1 ZURMÜHL, R., FALK, S.: Matrizen und ihre Anwendungen, 5. überarbeitete und erweiterte Aufl., Berlin,...: Springer 1984, Teil 1: Grundlagen, Teil 2: Numerische Methoden

8.2 COURANT, R., HILBERT, D.: Methoden der Mathematischen Physik, Berlin,...: Springer 1968

8.3 WILKINSON, J.H.: The Algebraic Eigenvalue Problem, Oxford: Clarendon Press 1965

8.4 WALLER, H., KRINGS, W.: Matrizenmethoden in der Maschinen- und Bauwerksdynamik, Mannheim,...: Bibl. Inst. 1975

Literatur zu Kap. 9

9.1 DIN 4149 Bauten in deutschen Erdbebengebieten, Ausgabe April 1981

9.2 Seismic Design Guidelines for Highway Bridges, ATC-6 Pub., Berkeley, Cal. 1981

9.3 Earthquake Resistant Regulations, A World List, Int. Ass. f. Earthquake Engineering, Tokyo 1989

9.4 CEB Model Code for Seismic Design of Concrete Structures, Bulletin d'Information No. 165, April 1985

9.5 Tentative Provisions for the Development of Seismic Regulations for Buildings, National Bureau of Standards, Applied Technology Council ATC-Pub. 78-8, Washington 1978

9.6 Entwurf Eurocode 8: Bauten in Erdbebengebieten, Entwurf und Bemessung, Komm. d. Europäischen Gemeinschaften, 1988

9.7   European Recommendations for Steel Structures in Seismic Zones, ECCS Nr. 54, 1988

9.8   CLOUGH, R.W., PENZIEN, J.: Dynamics of Structures, Int. Student Ed., Tokyo,...: McGraw-Hill 1975

9.9   HOUSNER, G. W.: Design Spectrum, in [9.8], S. 93

9.10 NEWMARK, N.M., ROSENBLUETH, E.: Fundamentals of Earthquake Engineering, Englewood Cliffs, N.Y.,...: Prentice-Hall 1971

9.11 HOSSER, D. et al.: Realistische seismische Lastannahmen für bauliche Anlagen Sekundärrisiko, Abschlußber., im Auftrag des Instituts f. Bautechnik, König und Heunisch, Frankfurt 1983

9.12 HOSSER, D. et al.: Realistische seismische Lastannahmen für Bauwerke, Abschlußber. Phase II, im Auftrag des Instituts f. Bautechnik, König und Heunisch, Frankfurt 1986

9.13 FACCIOLI, E.: Engineering Seismic Risk Analysis of the Friuli Region, Boll. Geofisica Teoria ed Aplicata, Vol. XXI (1979), p. 173

9.14 Preliminary Analysis of Strong Motion Records obtained at Ulcinj, Bar and Petrovac from the April 15, 1979 Montenegro-Yugoslavia Earthquake, Institute of Earthquake Engineering and Engineering Seismology, Skopje, Yugoslavia, Pub 64, 1979

9.15 BERTERO, V.V., KAMIL, H.: Nonlinear Seismic Design of Multistory Frames, Can. J. Civ. Eng. 2 (1975), p. 494

9.16 MESKOURIS, K., WEBER, B.: Über die Anwendung inelastischer Response-Spektren bei der Erdbebenberechnung von Tragwerken, VDI-Berichte Nr. 355, 1979, S. 51

9.17 MESKOURIS, K.: Anwendungsorientierte nichtlineare Erdbebenuntersuchung von Tragwerken, in Baustatik-Baupraxis 1, T-H Darmstadt, 1981, Kap. 12

9.18 KRÄTZIG, W.B. und MESKOURIS, K.: Wirtschaftlichere Erdbebensicherheit durch Ausnutzung inelastischer Werkstoffeigenschaften, in Baustatik-Baupraxis 2, Univ. Bochum 1984, Kap. 14

9.19 KRÄTZIG, W.B., MESKOURIS, K.: Nonlinear Seismic Analysis of Reinforced Concrete Frames, in Earthquake Prognostics and Hazard Assessment, Risk Evaluation and Damage Prevention, Proc. 2nd. Int. Seminar, Berlin, 24.-27. Juni 1986, Braunschweig,...: Vieweg 1987, S. 453

9.20 RAMM, E., BURMEISTER, A., SCHWEIZERHOF, K.: Zum Nachweis der Erdbebensicherheit nach DIN 4149 (neu) - Grundlagen und Anwendung -, in Baustatik und Baupraxis 2, Univ. Bochum 1984, Kap. 13

9.21 VELETSOS, A.F., NEWMARK, N.M.: Effects of inelastic behaviour of the Response of simple systems to earthquake motions, Proc. 2nd. World Conf. on Earthquake Engineering, Tokyo-Kyoto 1969

9.22 NEWMARK, N.M.: A response spectrum approach for inelastic seismic design of nuclear reactor facilities, 3-rd SMIRT-Symposium, London 1975

9.23 TASSIOS, T.P.: Seismic Design of Concrete Structures, in Dynamic Actions on Buildings and Structures, March 1990, Lehrstuhl f. Baustatik, T-H Aachen, Kap. 13

9.24 LAPPAS, G.: Plastic Joints in Concrete Structures, in Dynamic Actions on Buildings and Structures, March 1990, Lehrstuhl f. Baustatik, T-H Aachen, Kap. 14

9.25 Neufassung der Zwölften Verordnung zur Durchführung des Bundes-Immissionsschutzgesetzes (Störfall-Verordnung) vom 19. Mai 1988, BMf Umwelt, Naturschutz u. Reaktorsicherheit

9.26 Verordnung zur Änderung von Verordnungen zur Durchführung des Bundes-Immissionsschutzgesetzes vom 19. Mai 1988, Art. I, Anh. I u. II, Art. 2 bis 7, der Bundeskanzler, der BMf Umwelt, Naturschutz u. Reaktorsicherheit u. der BMf Arbeit u. Sozialordnung

9.27 Gesetz zum Schutz vor schädlichen Umwelteinwirkungen durch Luftverunreinigung, Geräusche, Erschütterungen und ähnliche Vorgänge (Bundes-Immissionsschutzgesetz) vom 15. März 1974, Der Bundespräsident, der Bundeskanzler, der BM des Innern, der BMf Verkehr

9.28 GIESBRECHT, H.: Evaluation of Vapour Cloud Explosions by Damage Analysis, J. of Hazardous Materials, 17 (1988), S. 247

9.29 BAKER, W. E., COX, P. A., WESTING, P. S., KULESZ, J. J, STREHLOW, R. A.: Explosion Hazards and Evaluation, Amsterdam: Elsevier 1983

9.30 BALEMANS, A. W. M. and VAN DE PUTTE, T. et al.: Guideline for Explosion Resistant Control Buildings in the Chemical Process Industry, in: Europäische Föderation für Chemie-Ingenieur-Wesen, Loss Prevention and Safety Promotion in the Process Industries, Proc. 2nd Int. Symposium on Loss Prevention and Safety Promotion in the Process Industries, Heidelberg, vom 6. bis 9.9.1977, IV, S. 215

9.31 DUDDECK, H.: Traglasttheorie der Stabtragwerke, in: Betonkalender, Teil II, 1984, S. 1007, Berlin: W. Ernst u. Sohn 1984

9.32 GRASSER, E.: Bemessung der Stahlbetonteile, I. Bemessung für Biegung mit Längskraft, Schub und Torsions, in: Betonkalender Teil I 1989, Berlin: W. Ernst u. Sohn 1989

9.33 SAWZUK, A. u. JAEGER, Th.: Grenztragfähigkeitstheorie von Platten, Berlin,...: Springer 1963

9.34 DÄHLER, G., RAABE, K.-H., SIGL, H., UHRIG, R.: Der Einfluß der Schubdeformation auf das kinetische Verhalten von Stabtragwerken unter stoßartiger Belastung, im Rahmen des Schwerpunktprogrammes Nichtlineare Berechnung im konstruktiven Ingenieurbau von der DFG gefördertes Forschungsvorhaben, Ber. des Lehrstuhles für Baustatik, Hochschule der Bundeswehr München, 83-4 (1983)

Literatur zu Kap. 10

10.1 MATHIEU, E.L.: Dynamique Analytique, Paris: Gauthier-Villars 1878

10.2 BOLOTIN, W.W.: Kinetische Stabilität Elastischer Systeme, Berlin: VEB Deutscher Verlag der Wissenschaften 1961

10.3 SCHMIDT, G.: Parametererregte Schwingungen, Berlin: VEB Deutscher Verlag der Wissenschaften 1975

10.4 WAGNER, K.W.: Einführung in die Lehre von den Schwingungen und Wellen, Wiesbaden: Dieterichsche Verlagsbuchhandlung 1947

10.5 UHRIG, R.: Steifigkeits- und Nachgiebigkeitsmatrizen zur Lösung von Balkenproblemen, Der Stahlbau 32 (1963), S. 368

10.6 UHRIG, R.: Finite Berechnung von Schwingern mit kontinuierlich verteilter Masse und Nachgiebigkeit, Ing. Archiv 34 (1965), S. 95

10.7 BECK, M.: Die Knicklast des einseitig eingespannten, tangential gedrückten Stabes, Zeitschr. f. angewandte Mathematik und Physik 3 (1952), S. 225

10.8 SIGL, H., RAABE, K.-H., DÄHLER, G., und UHRIG, R.: ERAK022, Rechenprogramm zur Berechnung der Eigenfrequenzen und zugehörigen Eigenschwingungsformen oder der Knicklast und der zugehörigen Knickbiegelinie von Rahmentragwerken, Bericht Nr. 84/3 Inst. f. Mechanik und Baustatik, Fakultät für Bauingenieur- und Vermessungswesen der Univ. der Bw München, Sommer 1984

10.9 UHRIG, R.: The influence of shear deformation on the critical tangential follower force of a bar with thin walled cross-section, J. Sound and Vibration 138 (3) (1990), S. 517

10.10 UHRIG, R.: Vibration Problems in Coalmine Hauling Systems, Proc. Third Int. Conference on Recent Advances in Structural Dynamics 18.-22. July 1988, Southampton

10.11 UHRIG, R.: Die Anwendung des Drehwinkelverfahrens auf harmonisch schwingende ebene Rahmentragwerke, Der Stahlbau 55 (1986), S. 304-308 und 56 (1987), S. 96

Literatur zu Kap. 11

11.1 NOWACKI, W.: Baudynamik, 2. Aufl., Wien,...: Springer 1974

11.2 SZILARD, R.: Theory and Analysis of Plates, Classical and Numerical Methods, Englewood Cliffs, New Yersey: Prentice Hall 1974

11.3 UHRIG, R.: On a Finite Approach of Kinetik Beam and Plate Problems, Revue Française de Mécanique 15 (1965), S. 87

11.4 BOGNER, F.K., FOX, R.L. and SCHMITT, L.A.: The Generation of Interelement compatible Stiffness and Mass Matrices by the use of interpolation formulas, Proc. of the Conference on Matrix Methods in Structural Mechanics, 1966, p. 397

11.5 MASON, V.: Rectangular Finite Element Analysis of Plate Vibrations, J. Sound and Vibration 7 (1968), p. 437

11.6 BUFLER, H., STEIN, E: Zur Plattenberechnung mittels finiter Elemente, Ing. Archiv 39 (1970), S. 248

11.7 WITHUM, D.: Berechnung von Platten nach dem Ritzschen Verfahren mit Hilfe dreieckförmiger Maschennetze, Mitteilungen des Institutes für Statik der T.H. Hannover, 1966

11.8 TURNER, W.J., CLOUGH, R.W., MARTIN, H.C. and TOPP, L.J.: Stiffness and Deflection Analysis of Complex Structures, J. of the Aeronautical Sciences (1956), p. 805

11.9 ARGYRIS, J.H. et al.: ISD-Veröffentlichungen - Berichte - Vorträge 1940-1970, Institut für Statik und Dynamik der Luft- und Raumfahrtkonstruktionen der Universität Stuttgart, Stuttgart 1971

11.10 GALLAGHER, R.H.: The Finite Element Method in Elastic Instability Analysis, Symposium on Finite Element Techniques at the Institut für Statik und Dynamik der Luft- und Raumfahrtkonstruktionen, University of Stuttgart, 10.-12. Juni 1969

11.11 FLÜGGE, W.: Statik und Dynamik der Schalen, 3. neub. Aufl., Berlin,...: Springer 1962

11.12 WLASSOW, W.S.: Allgemeine Schalentheorie und ihre Anwendung in der Technik, Berlin: Akad. Verl. 1958

11.13 BAÇAR, Y., KRÄTZIG, W.B.: Mechanik der Flächentragwerke, Braunschweig,...: Vieweg u. Sohn 1985

11.14 SCHNELL, W., ESCHENAUER, H.: Elastizitätstheorie II, Schalen, Mannheim,...: Bibliographisches Institut 1984

11.15 WUNDERLICH, W.: Zur Berechnung von Rotationsschalen mit Übertragungsmatrizen, Ing. Archiv 36 (1967), S. 262

11.16 ARGYRIS, J.H., SCHARPF, D.W.: The SHEBA Family of Shell Elements for the Matrix Displacement Method, The Aeronautical J. of the Royal Aeronautical Soc. 72 (1068), p. 873

11.17 ARGYRIS, J.H., SCHARPF, D.W.: A sequel to Technical Note 13. The Curved Tetrahedronal and Triangular Element TEC and TRIC for the Matrix Displacement Method, Part I and II, The Aeronautical J. of the Royal Aeronautical Soc., 73 (1969), p. 55

11.18 CANTIN, G., CLOUGH, R.W.: A Curved Cylindrical Shell Finite Element, AIAA-J., 6 (1968). p. 1057

11.19 GRAFTON, P.E., STROME, D.R.: Analysis of Axisymmetrical Shells by the Direct Stiffness Method, AIAA-J., 1 (1963), p. 2342

11.20 UHRIG, R.: Zur statischen Berechnung dünnwandiger Schalengebilde mit Hilfe von Steifigkeitsmatrizen, I Kreiszylinder- und Kreisspant, II Das abschnittsweise aus Kreiszylinder- und Kreiskegelschalen zusammengesetzte und durch Spante versteifte Gebilde, Zeitschr. f. Flugwissenschaften 16 (1968), S. 82 und 444

Literatur zu Kap. 12

12.1 STOKES, G.G.: Diskussion of a Differential Equation Relating to the Breaking of Railway Bridges, Trans. Cambridge Philosoph. Soc. 8 (1849), S. 707-735, Repr.: Math. and Phys. Papers, 2 (1883), S. 179

12.2 ZIMMERMANN, H.: Die Schwingungen eines Trägers mit bewegter Last, Centralbl. d. Bauverwaltung 16 (1896), S. 249, 257, 264, 283

12.3 SCHALLENKAMP, A.: Schwingungen von Trägern bei bewegten Lasten, Ing. Archiv 8 (1937), S. 182

12.4 DÖRR, J.: Der unendliche, federnd gebettete Balken unter dem Einfluß einer gleichförmig bewegten Last, Ing. Archiv 14 (1943), S. 167

12.5 DÖRR, J.: Das Schwingungsverhalten eines federnd gebetteten, unendlich langen Balkens, Ing. Archiv 16 (1948), S. 287

12.6 PESTEL, E.: Ein strenges allgemeines Verfahren zur Berechnung von Trägerschwingungen unter wandernden Lasten, Diss. T.H. Hannover 1947

12.7 PESTEL, E.: Ein Beitrag zur Theorie der Biegeschwingungen von Trägern unter wandernden ungefederten und gefederten Lasten, Habilitationsschrift, TH Hannover 1950

12.8 PESTEL, E.: Tragwerksauslenkung unter bewegter Last, Ing. Archiv 19 (1951), S. 378

12.9 STÜSSI, F.: Trägerschwingungen unter bewegter Last, Abh. Intern. Vereinigung f. Brückenbau und Hochbau, Bd. 13 (1953), S. 339

12.10 MARQUARD, E.: Zur Berechnung von Brückenschwingungen unter rollenden Lasten, Ing. Archiv 32 (1955), S. 19

12.11 STEELE, C.R.: The Finite Beam with a Moving Load, J. Appl. Mech., Trans. ASME, Series E, 34 (1967), S. 111

12.12 SCHIFFNER, K., STEELE, C.R.: The Cylindrical Shell with an Axisymmetric Moving Load, Stanford University, Dep. o. Aeron. and Astron., Report No. 386, August 1969

12.13 TSCHAUNER, J.: Die Durchbiegung eines Balkens unter einer bewegten Last, Ing. Archiv 42 (1973), S. 331

12.14 POPP, K.: Literaturstudie über Schwingungen von elastischen Strukturen unter bewegten Lasten, Ber. des Inst. B für Mechanik, Techn. Universität München, im Auftrag des BMFT, München, Jan. 1974

12.15 POPP, K., HABECK, R.: Modelle für das System Fahrzeug-Bahn, Ber. des Inst. B für Mechanik, Techn. Universität München, im Auftrag des BMFT, München, August 1974

12.16 BREINL, W.: Dynamisches Verhalten einfacher Ersatzmodelle des Systems Magnetschwebefahrzeug-Fahrbahn, Ber. des Inst. B für Mechanik, Techn. Universität München, im Auftrag des BMFT, München, Mai 1975

12.17 POPP, K., SCHWEITZER, G.: Grenzbelastungen des Systems Fahrzeug-Bahn, Teil I, Instabilitäten und Resonanzen, Ber. des Inst. B für Mechanik, Techn. Universität München, im Auftrag des BMFT, München, Juli 1975

12.18 HABECK, R.: Grenzbelastungen des Systems Fahrzeug-Bahn, Teil II, Stoßbelastungen, Ber. des Inst. B für Mechanik, Techn. Universität München, im Auftrag des BMFT, München, Juli 1975

12.19 POPP, K., HABECK, R., BREINL, W.: Untersuchungen von Magnetschwebefahrzeugen auf elastischen Fahrwegen, Ing. Archiv 46 (1977), S. 1

12.20 SCHWEITZER, G.: Angefachte Schwingungen einer elastischen Fahrbahn bei der Überfahrt eines langen Zuges, Ing. Archiv 46 (1977), S. 53

12.21 POPP, K.: Näherungslösung für die Durchsenkung eines Balkens unter einer Folge von wandernden Lasten, Ing. Archiv 46 (1977), S. 85

12.22 MALSCH, H.: Zur Berechnung von Durchsenkungen eines Balkens unter Folgen von wandernden Lasten mit finiten Raum-Zeit-Elementen, Ing. Archiv (1977)

12.23 LINK, M.: Dynamische Beanspruchung von Brücken, Vortrag zur 63. Arbeitstagung Wehrtechnik - Brücken und Übersetzmittel an der Bundesakademie für Wehrverwaltung und Wehrtechnik, Mannheim, 21.5.-23.5.1975

12.24 LINK, M.: Berechnung von Schwingbeiwerten für Schwimmbrücken mittels einfacher Rechenmodelle, Symposium Sonderprobleme militärischer Brücken und Übersetzmittel, 9./10.3. 1976, Bundesakademie für Wehrverwaltung und Wehrtechnik, Mannheim

12.25 CHONAN, S.: Moving Load on a Pre-Stressed Plate Resting on a Fluid Half-Space, Ing. Archiv 45 (1976), S. 171

12.26 UHRIG, R., BARKE, A.: Die Berechnung der Zustandsgrößen von ebenen Stabtragwerken infolge schnell rollender Fahrzeuge, Ber. des Institutes für Mechanik und Statik, Baustatik, Fak. f. Bauingenieur- und Vermessungswesen, Universität der Bundeswehr München, 1980

12.27 SEDLACEK, G., DROSNER, St.: Dynamik bei Brücken in "Baustatik und Baupraxis", Tagungsheft BB4, Hannover 1990, 3. Fachsitzung, Kap. 15

12.28 STROUHAL, V.: Über eine besondere Art der Tonerregung. Ann. Phys. Chem., Bd. 5 (1878), S. 216

12.29 KÁRMÁN, Th.v.: Über den Mechanismus des Widerstands, den ein bewegter Körper in einer Flüssigkeit erfährt. Nachr. d. Kgl.-Gesellsch. d. Wiss. zu Göttingen Math.-Phys. Kl., (1912), S.509-517 u. S.547-536, s.a.: Collected Works of Th. v. KÁRMÁN, Butterworths Sci. Publ., London 1956, Vol. I, S. 324

12.30 THEODORSEN, Th.: General Theory of Aerodynamic Instability and the Mechanism of Flutter, NACA Rep. 496 (1935)

12.31 DAVENPORT, A.G.: A Stastistical Approachs to the Treatment of Wind Loading on Tall Masts and Suspension Bridges, Ph. D. Diss., Bristol, 1961

12.32 DAVENPORT, A.G.: The Application of statistical concepts to the wind loading of structures, Proc. Institution of Civil Engineers, Vol. 19 (1961) p. 449

12.33 DAVENPORT, A.G.: Gust Loading Factors, Proc. ASCE Struct. Div., Vol 93 (1967), No. ST3

12.34 DAVENPORT, A.G. and NOVAK, M.: Vibrations of Structures induced by Wind, Chap. 29 in [1.11]

12.35 SCRUTON, C. and FLINT, A.R.: Wind excited oscillations of structures, Proc. Institution of Civil Engineers, Vol. 27 (1964), p. 673

12.36 SCRUTON, C.: Wind effects on Structures, The Instition of Mechanical Engineers, Lecture 24th. 2. 1971, Proceedings 1970-71, Vol. 185, p. 301

12.37 EATON, K.J., Editor: Wind Effects on Building Structures, Proceedings of the 4th Int. Conf., Heathrow 1975, Cambridge: Univ. Press 1977

12.38 LIENHARD, J.H.: Synopsis of Lift, Drag and Vortex Frequency Data for Rigid Circular Cylinders, Bull. 300, College of Eng. Res. Div., Washington 1976

12.39 BLEICH, F.: Dynamic Instability of Truss stiffened Suspension Bridges under Wind Actions, Trans. ASCE Vol. 114 (1949), S. 1177

12.40 FUNG, Y.C.: An Introduction to the Theory of Aeroelasticity, New York: Dover 1969

12.41 LEGGET, R.F., Editor: Wind Effects on Buildings and Structures, Int. Res. Seminar Ottawa Canada 11.-15.9.1967 Proceedings, Toronto: University Press 1968

12.42 FÖRSCHING, H.: Grundlagen der Aeroelastik, Berlin,...: Springer 1974

12.43 ROSEMEIER, G.: Winddruckprobleme bei Bauwerken, Berlin,...: Springer 1976

12.44 NATKE, H.G., MAHRENHOLTZ, O., Veranstalter: Kolloquium Aeroelastische Probleme außerhalb der Luft- und Raumfahrt, TU Hannover 2./3. März 1978, Mitt. d. Curt-Risch-Institutes

12.45 KLÖPPEL, K. und WEBER, G.: Teilmodellversuche zur Beurteilung des aerodynamischen Verhaltens von Brücken, Der Stahlbau 32 (1963), S. 75, 113

12.46 KLÖPPEL, K. und THIELE, F.: Modellversuche im Windkanal zur Bemessung von Brücken gegen die Gefahr winderregter Schwingungen, Der Stahlbau 36 (1967), S. 353

12.47 RUSCHEWEYH, H.: Dynamische Windwirkungen an Bauwerken, Grundlagen, Anwendungen, Wiesbaden: Bauverlag 1982

12.48 SOCKEL, H.: Aerodynamik der Bauwerke, Braunschweig,...: Vieweg 1984

12.49 SIMIU, E., SCANLAN, R.H.: Wind Effects on Structures, 2nd Ed., New York: J. Wiley 1986

12.50 WLASSOW, W.S.: Dünnwandige elastische Stäbe, Bd. 2, Berlin: VEB-Verl. für Bauwesen 1965

12.51 HUTLOFF, H.: Untersuchungen periodischer Wirbelablösungen und Kräfte an schlanken scharfkantigen Körpern, Diss. TU Hannover 1972

12.52 EMDE, P.: Winderregte Seilschwingungen bei Schrägseilbrücken und Maßnahmen zu deren Verhinderung, Diss. Ges.-Hochschule Kassel 1989

Literatur zu Kap. 13

13.1 POINCARE, H.: Les Méthodes nouvelles de la mécanique céleste, Vol. 1.-3., Erstausg. 1882, New York: Dover 1957

13.2 LINDSTEDT, A.: Mem. Acad. Imp. 31, Petrograd 1883

13.3 FLOQUET, G.: Sur les équations différentielles linéaires à coefficients périodiques, Anal. Ecole Norm. (2), 12 (1883), S. 47-89

13.4 KIRCHHOFF, G.: Vorlesungen über mathematische Physik, Bd. 1 Mechanik, 3. Aufl., Leipzig: Teubner 1883

13.5 LJAPUNOV, A.M.: Problème général de la stabilité du mouvement, Annales de la Faculté des Sciences de Toulouse, Bd. 9, Paris 1907

13.6 DUFFING, G.: Erzwungene Schwingungen bei veränderlicher Eigenfrequenz, Braunschweig: Vieweg 1918

13.7 VAN-DER-POL, B.: On a Type of Oscillation Hysteresis in a simple Triode Generator, Phil. Mag. 43 (1922), S. 177

13.8 KRYLOFF, A.N. and BOGOLJUBOFF, N.: Introduction to Nonlinear Mechanics, Princeton, New York: Univ. Press 1943

13.9 STOKER, J.J.: Nonlinear Vibrations, New York: Interscience 1950

13.10 MINORSKY, N.: Nonlinear Oscillations, Princeton, Pennsylvania: University Press 1962

13.11 KLOTTER, K.: Technische Schwingungslehre, Vol.1, Berlin,...: Springer 1951

13.12 KLOTTER, K.: Technische Schwingungslehre Bd. 1, Einfache Schwingungen Teil A und B, Berlin,...: Springer 1978, Bd. 2 Berlin:,...: Springer 1960

13.13 KLOTTER, K. and PINNEY, E.: A Comprehensive Stability Criterion for the Forced Vibrations of Non-Linear Systems, J. Appl. Mech., 20 (1953), S. 9

13.14 KLOTTER, K.: Non-Linear Vibration Problems Treated by the Averaging Method of W. Ritz, Proc. 1st U.S. Natl. Congr., Appl. Mech. 1951, p. 125

13.15 KAUDERER, H.: Nichtlineare Mechanik, Berlin,...: Springer 1958

13.16 MAGNUS, K.: Schwingungen, Stuttgart: Teubner 1961

13.17 HAGEDORN, P.: Nichtlineare Schwingungen, Wiesbaden: Akad. Verl. 1978

13.18 HAGEDORN, P.: Non-Linear Oscillations, Oxford: Clarendon Press 1981

13.19 NAYFEH, A. H., MOOK, D. T.: Nonlinear Oscillations, New York: 1979

13.20 MEIROVITCH, L.: Elements of Vibration Analysis, New York,...: MacGraw-Hill 1975

13.21 JAHNKE, E., EMDE, F. und LÖSCH, F: Tafeln höherer Funktionen, 7. Aufl., Stuttgart: Teubner 1966

13.22 Hayashi, Ch.: Nonlinear Oscillations in Physical Systems, New York,...: McGraw Hill 1964

13.23 WEIDENHAMMER, F.: Nichtlineare Biegeschwingungen des axial-pulsierend belasteten Stabes, Ing. Archiv 20 (1952), S. 315

13.24 METTLER, E.: Nichtlineare Schwingungen und kinetische Instabilität bei Saiten und Stäben, Ing. Archiv 23 (1955), S. 354

13.25 IRVINE, H.M.: Cable Structures, Cambridge, Mass.: MIT-Press 1981

13.26 HAGEDORN, P. und SCHÄFER, B.: On non-linear free vibrations of an elastic cable, J. Nonlinear Mechanics, Vol. 15 (1980), No. 1, p. 333

13.27 LUONGO, A., REGA, G. and VESTRONI, F.: Planar non-linear free vibrations of an elastic cable, J. Nonlinear Mechanics, Vol. 19 (1984) Nr. 1, S. 39

13.28 TONIS, D.: Zum dynamischen Verhalten von Abspannseilen, Diss. 1989, Univ. d. Bundeswehr München, 8014 Neubiberg

13.29 KOVACS, I.: Zur Frage der Seilschwingungen und der Seildämpfung, Die Bautechnik, 59 (1982), S. 325

13.30 UHRIG, R.: Schwingungserscheinungen bei Schrägseilbrücken und Maßnahmen zu ihrer Unterdrückung, Stahlbau 60 (1991), S. 241

13.31 NAYFEH, A.H. and PAI, P.F.: Non-linear non-planar parametric responses of an inextensional beam, J. Nonlinear Mechanics, Vol. 24 (1989), No. 2, P. 139

13.32 ELLER, C.: Nichtlineare Stabilitätsanalyse periodisch belasteter Strukturen, Diss. Ruhr-Universität Bochum, 1988

13.33 KRÄTZIG, W.B.: Eine einheitliche numerische Stabilitätstheorie in der Statik und Dynamik der Tragwerke, Festschrift H. Duddeck, T.U. Braunschweig, 1988, S. 1

13.34 ELLER, C., KRÄTZIG, W.B.: Numerische Stabilitätsanalyse linear und nichtlinear deformierbarer, parametererregter Schalentragwerke, Ing. Archiv 59 (1989), S. 345

13.35 KRÄTZIG, W.B. et altera Editors: Structural Dynamics, Proceedings of the European Conference on Structural Dynamics, EURODYN 90, 5.-7. June 1990 in Bochum, Germany, Rotterdam,...: A. A. Alkema Pub. 1991

13.36 BASAR, Y., ELLER, C., KRÄTZIG, W.B. und QUANTE, R.: Finite element analysis of nonlinear dynamic instability phenomena of arbitrary shell structures, in [13.35], p. 91

13.37 RAMM, E., BURMEISTER, A.: Stability of shell structures under time dependent loading, in [13.35], p. 121

13.38 SCHMIDT, T., STEINDL, A. und TROGER, H.: Flow induced instabilities of imperfect three-dimensional elastic tubes, in [13.35], p. 135

15. Index

Aerodynamisch wirksamer Durchmesser — 3

Aerodynamische Dämpfungs- und Federungsmatrizen — 363

Aeroelastische Instabilität — 356

Aeroelastische Phänomene — 356

a_0-Werte (DIN4149) — 200

α-Werte (DIN4149) — 200

Ähnlichkeitstransformation — 182

Akzelerogramm des
El-Centro-Bebens — 11
Friuli-Bebens — 193

Anstellwinkel — 5

Antwortspektrenmethode — 196

Aperiodische Bewegung — 80

Aperiodischer Grenzfall — 80

Arbeitsbegriff — 49

Arbeitssatz — 49

Auftriebsbeiwert — 352

Ausgangszustand — 22

Balken mit Randdrehfedern — 242

Balken, beidseitig gelenkig gelagert — 237

Bebenhäufigkeit — 192

Belastungsvektor — 119

Beliebig angeordneter Rahmenstab — 170

Beltramische Gleichungen — 52

Beschleunigungsplan — 55

Beschleunigungsvektor — 23

Besselfunktionen — 302

Bezogene Zustandsgrößen — 62

Biegemoment — 60

Bilinearer Verlauf des Stoffgesetzes — 107

Binormalenvektor — 25

Blockfundament — 137

Bö — 2

Eigenkreisfrequenz — 67

Eigenschwingungsform — 67,122

Eigenverhalten
des Schwingers mit einem Freiheitsgrad — 79
des Schwingers mit zwei Freiheitsgraden — 119

Eigenwertaufgabe — 178

Einheitsmatrix — 123

Einheitsverschiebungsfunktion
des Rahmenstabes — 164
des Plattenelementes — 311

Elastizitätsmodul — 59

Elasto-plastisches Stoffgesetz — 219

El-Centro-Beben — 11

Elliptisches Integral — 367

Elliptische Sinusfunktion — 368,369

Energieprinzipien — 64

Energiesatz der Mechanik — 66

Entwurfsantwortspektrum — 199,201

Epizentrum — 7,8

Erdbeben — 7

Erdbebeneinwirkungen — 191

Erdbebenenergie — 7

Erdbebenzonen der BRD — 12

Ersatzlasten f. Straßenfahrzeuge — 15

Ersatzmodell — 57

Explosionslasten — 17

Fahrzeuganprall — 14

Federnachgiebigkeit — 73

Federsteifigkeit — 67

Finites Ersatzmodell, allgemein — 61
der Saite — 270

Flächenträgheitsmoment — 59,61

Flatterinstabilität — 5,360

Fliegende Bauten — 20

Fließbedingungen — 49

Formzahlen — 122

Formänderungsarbeit — 50

Formänderungsenergie — 65

Fourierreihe 29
Fourierspektrum 31
Frequenz der Schwingung 29
Führungsbeschleunigung 28
Führungsgeschwindigkeit 28
Fußpunktserregung 269

Galerkinsches Verfahren 77
Galloping Instabilität 5,357
Gedämpfte Schwingung 81
Geklumpte Körper 57
Gemischte Gleichungen 52
Geometrische Matrix 275,276
Geradlinige Bewegung 29
Geschwindigkeitsplan 55
Geschwindigkeitsvektor 23
Gestaltänderungsarbeit 50
Gittervektor 34
Givens-Verfahren 184
Gleitreibungsbeiwert 50
Gleitungen 35
Glockenschwingungen 370
Gradientenhöhe 1
Gradientengeschwindigkeit 1
Grenzschicht 351
Grenztragfähigkeitsnachweis 219
Grenzzyklus 380
Grundgleichungen der Kinetik 35
Grundzustand 22

Halbmomententheorie 338
Harmonische Bewegung 30
Harmonische Zwangserregung 376
des Schwingers mit
einem Freiheitsgrad 82
zwei Freiheitsgraden 125,127
Hessenberg-Verfahren 183
Hintereinanderschaltung 72
H-Kraft 60
Horizontale Ersatzlasten 200
Householder-Verfahren 184

Hypozentrum 7,8
Instabilität der Schwingungen 260
Interaktionsdiagramm 249,253,255
Jacobisches Rotationsver-
fahren 183
v. Kármánsche Wirbel 2,354
Kernkraftwerk 16
Kernkraftwerksanbau 230
Kinematik der Bewegung
des Punktes 16
des festen Körpers 26
Kinematische Beziehungen
des Stabes 59
des Balkens 59
Kinematische Zähigkeit 355
Kinematische Zwangserregung 87
Kinetische Antwort 101
Kinetische Energie 66
Kinetische Instabilität 260
Klaviersaite 265
Knotendrehwinkel 287
Knotengleichungen 289
Kochsches Verfahren 186
Körperfestes Koordinaten-
system 27,170
Kompressionsmodul 46
Kontinuierlich verteilte Träg-
heit und Nachgiebigkeit 58,232
des Stabschwingers 233
des Balkenschwingers 236
Kräftesatz 36
Krafteinflußmatrix 119,146
Krafteinflußzahlen 123
Kraftsprung 100
Kreisfrequenz der Grund-
schwingung 29,62
Kreismembran 301
Kreisplatte 321
Kreisringmembran 303

Kreisringplatte	324	Naturzug-Kühlturm	339
Krümmungsradius	24	Netzgleichungen	288
κ-Werte (DIN 4149)	200	Newmark-Verfahren	113
		Nichtlineare Schwingungen	365
Lageplan	55	Nichtperiodische Anregung des Schwingers mit	
Längskraft	60	einem Freiheitsgrad	97
Längsspannung	44	mit zwei Freiheitsgraden	139
Lehrsches Dämpfungsmaß	79	Nichtrichtungstreue Druckkraft	251
Lindstedtsche Störungsrechnung	372	Normalenvektor	24
Lineare Grundgleichungen der Mechanik	51	"Optimale" Abstimmung	132
Lösung der Bewegungsgleichungen mit Eigenvektoren	189	Orthogonalität der Eigenvektoren	187
Lösungsmöglichkeiten	52	Ortsvektor	22
Logarithmisches Dämpfungsmaß	2	Parallelschaltung	72
Logarithmisches Dekrement	83	Parametererregung	256
Lovewellen	7	Periode	29
Luftwiderstandsbeiwert	1,5	Periodische Bewegung	29
		Pendelschwingungen	365
Magnitude	7,191	Pfostenbündel	149
Massenbeweglichkeit	147	Phasenportrait	366
Massendeviationsmomente	39	Phasenverschiebungswinkel	31,89
Massenmatrix des		Picard-Iteration	116
Stabes	274,276	Platten der Erdkruste	10
Plattenelementes	314	Plattenschwingungen	304
Scheibenelementes	319	Polymerisationsanlage	217
Massenzuschläge	71,72	Praxis der Gleichungsaufstellung	148
Maurer/Petersen-Tilger	136	Pseudoantwortspektren	198
Meereswellen	13	Quadratsummenregel	210
Membranschwingungen	300	Quasihomogene Formulierung	98
Methoden zur Lösung der Bewegungsgleichungen	110	Querkraft	60
v. Misessches Iterationsverf.	185	Querschnittsdrehung	60
Mittelspannung	46	Querschnittsfläche	59
Modalanalyse	178	Quertriebsbeiwert (aerodyn.)	355
Momentenbeiwert (aerodyn.)	352	Radialbeschleunigung	26
Momentensatz	36,38	Radialgeschwindigkeit	26
MSK-Skala	8,9	Randbedingungen, allgemein	47
Nachgiebigkeitszahlen	46		
Näherungsformeln für niedrigste Eigenfrequenzen	85,86,87		

Rasche Fahrzeugbewegungen 19,343

Raumfestes Koordinatensystem 27,170

Räumliche Anordnung des Rahmenstabes 173

Rayleigh-Quotient 67

Rayleigh-Wellen 7

Rechteckiges Plattenelement 309

Rechteckmembran 300

Rechteckplatte 304

Rechteckplatte unter statischen Druckkräften 325

Regellose Vorgänge 32

Relativbeschleunigung 28

Relativdrehimpuls 39

Relativgeschwindigkeit 27

Restgrößenverfahren 179

Reutlinger-Tilger 136

Reynoldszahl 355

Richtungstreue statische Druckkraft 245

Ritzsches Verfahren 74

Rotationsschale 326

Saitenschwingungen 261

Scherfließgrenze 50

Schermodell 118

Scherwellen 7

Schiffsanlegestoß 15

Schnittkräftegleichungen 5

Schnittkraft-Verschiebungsgrößengleichungen 142

Schockdiagramm 102

Schräg angeordnetes Seil 385

Schubfläche 59,61

Schubmodul 59,61

Schubspannung 44

Schwach gespannte Saite 382

Schwebung 94

Schwinger mit einem Freiheitsgrad 78

zwei Freiheitsgraden 118

n Freiheitsgraden 140

Schwingfaktor 19,346

Schwingungsisolation 91

Schwingungsparameter
des Stabes 233
des Balkens 235

Scrouton-Wendel 4

Seismicity 8

Seismische Einwirkungen 7

Spannung 43

Spannungs-Dehnungslinien für Beton u. Betonstahl 226

Spannungsdeviator 46

Spannungsvektor 43

Spitzenbeschleunigungen 192

Spitzenüberdruck 17,216

Sprengwerk 295

Sprungphänomen 378,379

Stabdrehwinkel 287

Stabilität einer Bewegung 390

Stabschalentheorie 338

Stahlbetonrechteckquerschnitt (DIN1045) 224

Stahlkamin, allgemein 286
mit gedämpftem Tilger 133,135

Starrer Körper 38

Staudruck 1

Steifigkeitsmatrix
des Plattenelementes 313
des Rahmenstabes 160,162,274,276
des Scheibenelementes 316
des Stabes 152

Steifigkeitsmatrizenbeziehung allgemein 166

Steifigkeitszahlen 45

Störvektor 97

Stoffgesetz, allgemein 45
des Stabes 61

Stokesscher Lösungsansatz 19,344

Stoßartige Kräfte 14

Stoßbelastung, allgemein 103,106
durch Explosionsdruck 215
Strouhalzahl 3,93

Tangentenvektor 23
Tangentiale
Dämpfungsmatrix 392
Krafteinflußmatrix 392
Teilzwangsdrehkräfte 160
Teilzwangskräfte 152
Tilger 129,131
Trägerrost 172
Trägheitsgesetz, allgemein 47
für den Stab 61
Trägheitsmatrix 119
Trägheitsradius 61
Transformationsbeziehungen 40
Transiente Schwingung 31
Transmissionsmatrix 82,143
Turbinen-Generator-
Fundament-System 6

Überdruck-Zeitverlauf 17,218,230
Überschieben von Stei-
figkeitsmatrizen 153
Übertragungsmatrix
des Stabes 155
des Balkens 155
des Punktkörpers mit Stützfeder 157
des Rahmenstabes 156,158
Übertragungsmatrizenglei-
chungen 143
Übertragungsmatrizenver-
fahren 82,143
Übertragungsverfahren 82

Van-der-Polsche Bewegungsgleichung 379
Vergrößerungsfunktion des
Schwingers mit
einem Freiheitsgrad 89
zwei Freiheitsgraden 126,127

Verschiebungseinflußmatrix 145
Verschiebungseinflußzahlen 123
Verschiebungsgrößen-
gleichungen 45,52,271
Verschiebungsvektor 22
Verrückungen 65
Verzerrungsdeviator 46
Verzerrungstensor 34
Verzerrungs-Verschiebungs-
Beziehungen 32
V-Kraft 60
Volumendehnung 46
Vorschriften 20

Wellendarstellung 266
Wellengeschwindigkeiten im
Baugrund 18
Wellenhöhe 13
Widerstandsbeiwert 1,5,352
Wielandtsche Iteration 186
Wilson-θ-Verfahren 111
Windeinwirkungen 1,351
Wirbelablösefrequenz 3
Wirbelanregung eines
Schornsteins 93
Wirbelinduzierte Schwingungen 352
Wirbelschleppe 351

Zeitverlaufberechnung mit
direkter Integration 194
unter Verwendung von Eigen-
schwingungsformen 195
Zentripetalbeschleunigung 25,28
Zirkularbeschleunigung 26
Zirkulargeschwindigkeit 26
Zustandsvektor 82,97
Zwangserregung der Saite 268
Zwiebelring einer Rotations-
schale 337

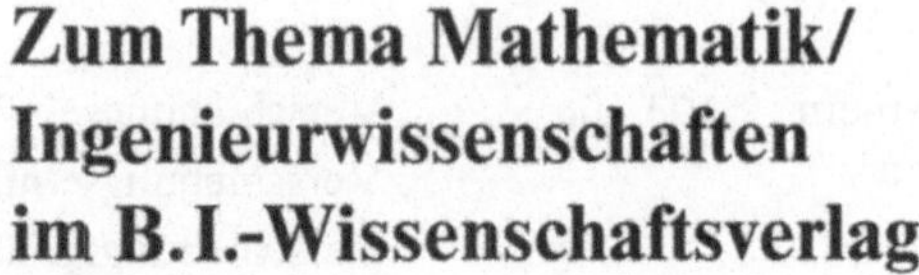

Zum Thema Mathematik/ Ingenieurwissenschaften im B.I.-Wissenschaftsverlag

Engeln-Müllges, G./F. Reutter
Formelsammlung zur Numerischen Mathematik mit Quick-BASIC-Programmen
Eine Formelsammlung, die praxisbezogen Fragen und Verfahren der Numerischen Mathematik bereitstellt. Die Verfahren sind algorithmisch formuliert. Im Anhang: BASIC-Programme zu den im Buch enthaltenen Algorithmen. 1032 Seiten. 3., vollständig überarbeitete und erweiterte Auflage 1991. Gebunden.

Engeln-Müllges, G./F. Reutter
Formelsammlung zur Numerischen Mathematik mit C-Programmen
Die Autoren dokumentieren Standardverfahren der Numerischen Mathematik unter Verzicht auf Beweisgänge. Die Verfahren werden algorithmisch formuliert, ihre Auswahl durch Entscheidungshilfen erleichtert. Im Anhang: C-Programme zu den angegebenen Algorithmen. 762 Seiten. 2., vollständig überarbeitete Auflage 1990. Gebunden.

Engeln-Müllges, G./F. Reutter
Formelsammlung zur Numerischen Mathematik mit Turbo-PASCAL-Programmen
Eine algorithmische Darstellung von Standardmethoden der Numerischen Mathematik. Im Anhang sind für die meisten Verfahren Programme in der jeweiligen Programmiersprache wiedergegeben. Etwa 900 Seiten. 3., völlig neu bearbeitete und erweiterte Auflage 1991. Gebunden.

Engeln-Müllges, G./F. Reutter
Formelsammlung zur Numerischen Mathematik mit Standard-FORTRAN 77-Programmen
Auch diese Formelsammlung überzeugt durch eine ebenso übersichtliche wie anwendungsbezogene Auswahl und Darstellung. Im Anhang: Standard-FORTRAN 77-Programme zu den im Textteil formulierten Algorithmen; sie sind als Unterprogramme formuliert und ausführlich dokumentiert. 808 Seiten. 6., völlig neu bearbeitete und erweiterte Auflage 1988. Kartoniert.

Wissenschaftsverlag
Mannheim/Leipzig/Wien/Zürich

Zum Thema
Ingenieurwissenschaften
im B. I.-Wissenschaftsverlag

Gawehn, W.
ANSI C-TURBO C
Eine vollständige Einführung einschließlich der TURBO C-Grafik und der C-Bibliothek.
448 Seiten. 1989. Kartoniert.

Gatzemeier, M. (Hrsg.)
Verantwortung in Wissenschaft und Technik
Die Problematik der Verantwortung von Wissenschaftlern und Technikern einerseits unter theoretischen Aspekten philosophischer Ethik und Wissenschaftstheorie, andererseits unter praktischen Gesichtspunkten der Wissenschafts- und Technikentwicklung.
450 Seiten. 1989. Gebunden.

Waller, H./R. Schmidt
Schwingungslehre für Ingenieure
Grundlagen, Simulation und Anwendung
Kompakte Darstellung der Theorie und der numerischen Behandlung von Schwingungen bis zur Aufbereitung von Methoden und Werkzeugen zur Lösung von Schwingungsproblemen aus der Praxis.
720 Seiten. 1989. Gebunden.

Bertram, A.
Axiomatische Einführung in die Kontinuumsmechanik
Die Grundlagen der Kontinuumsmechanik werden auf mathematisch axiomatische Weise entwickelt.
288 Seiten. 1989. Kartoniert.

Walz, G.
Spline-Funktionen im Komplexen
Umfassender Überblick über die Theorie der Kurven-Splines und der planaren Splines einer komplexen Variablen.
190 Seiten. 1991. Kartoniert.

Klingbeil, E
Variationsrechnung
Einführung für Studenten der Mathematik, Physik und Ingenieurwissenschaften im 2. Studienabschnitt.
2., überarbeitete Auflage.
331 Seiten. 1988. Kartoniert.

Wissenschaftsverlag
Mannheim/Leipzig/Wien/Zürich